异位发酵床
微生物组多样性

Yiwei fajiaochuang
weishengwuzu duoyangxing

刘 波　陈倩倩　王阶平　张海峰　等著

化学工业出版社

·北京·

本书针对异位发酵床处理猪粪过程微生物组变化进行研究，全书共分5章，分别阐述了微生物发酵床概述、发酵床微生物宏基因组研究方法、异位发酵床微生物宏基因组分析、异位发酵床细菌微生物组多样性以及异位发酵床真菌微生物组多样性。另外，书后提供了真菌分类纲要和细菌分类纲要。

本书可供从事有机污染物微生物治理及其废弃物循环利用及相关领域的科研人员、企业技术人员和管理人员参考，也可供高等学校环境科学与工程、生态学及相关专业师生参阅。

图书在版编目（CIP）数据

异位发酵床微生物组多样性/刘波等著. —北京：化学工
业出版社，2018.9
ISBN 978-7-122-32573-0

Ⅰ.①异… Ⅱ.①刘… Ⅲ.①微生物-发酵-生物多样
性 Ⅳ.①TQ920.1

中国版本图书馆 CIP 数据核字（2018）第 149115 号

责任编辑：刘兴春　刘　婧　　　　　　　文字编辑：汲永臻
责任校对：王素芹　　　　　　　　　　　　装帧设计：刘丽华

出版发行：化学工业出版社（北京市东城区青年湖南街13号　邮政编码100011）
印　　装：中煤（北京）印务有限公司
787mm×1092mm　1/16　印张25¾　彩插2　字数648千字　　2019年7月北京第1版第1次印刷

购书咨询：010-64518888　　　　　　　　售后服务：010-64518899
网　　址：http://www.cip.com.cn
凡购买本书，如有缺损质量问题，本社销售中心负责调换。

定　　价：180.00元

《异位发酵床微生物组多样性》
著者名单

著　　者：（按姓氏拼音顺序排列）

车建美　陈德局　陈　华　陈梅春　陈倩倩　陈　峥
戴文霄　葛慈斌　黄勤楼　黄素芳　黄　瑜　蓝江林
李兆龙　林　斌　林营志　刘　波　潘志针　阮传清
史　怀　苏明星　唐建阳　王阶平　王隆柏　翁伯琦
夏江平　肖荣凤　叶鼎承　余文权　张海峰　郑回勇
郑雪芳　朱育菁

支持单位：

福建省农业科学院农业生物资源研究所
微生物菌剂开发与应用国家地方联合工程研究中心
东南区域农业微生物资源利用科学观测实验站
海西农业微生物菌剂国际科技合作基地

前　言

著者研究团队从事微生物发酵床养猪至今，研发出 4 个类型微生物发酵床：①原位微生物发酵床（In situ microbial fermentation bed，In situ MFB），由传统猪舍与发酵床结合形成，猪舍地面直接铺上垫料；②低位微生物发酵床（lower microbial fermentation bed，LMFB），由漏缝地板与发酵床结合形成，在漏缝地板的下方建设发酵床；③饲料微生物发酵床（fodder microbial fermentation bed，FMFB），由发酵饲料与发酵床结合形成，利用猪可饲性农业副产物为垫料铺设猪舍，其上猪养，粪便排泄其上，粪便作为可饲性垫料的补充氮源和健康猪肠道微生物组的接种来源，与垫料一同发酵，形成发酵饲料提供猪取食；④异位微生物发酵床（ectopic microbial fermentation bed，EMFB），由猪粪处理池与发酵床结合形成。目前，微生物发酵床技术向大型化、机械化、智能化方向发展，在动物养殖方面拓展出了新的应用领域，成功地应用在猪、牛、羊、兔、鸡、鸭、鹅等畜禽规模化养殖上，实现了无臭味、零排放、资源化的畜禽污染治理和资源高效利用的目标。

作为微生物发酵床中的一种类型，异位微生物发酵床是集中处理有机污染物的一种有效方法，其可用于养殖污染、餐厨垃圾、城市污水、有机废料等微生物处理，具有无臭味、成本低、效率高、分解彻底等优点。异位发酵床的发酵装备可分为小型、中型、大型，适应于家庭、餐馆、养殖场中废物的集中处理。异位发酵床由钢构房、喷淋池和发酵池组成（或发酵床箱），配备翻堆机、喷淋流加泵、微生物发酵菌种等设备和菌种。发酵床内铺设垫料，将有机污染物引导到异位微生物发酵床内，通过翻堆机将排泄物与发酵垫料混合，进行发酵，消纳粪污，消除臭味，实现零排放。发酵产物用于生产微生物菌剂、复合微生物肥料、生物有机肥等。异位发酵床投资少、运行费用低、操作简便，可适用于各种有机污染物微生物治理及其废弃物循环利用，具有较高的生态效益、经济效益和社会效益。

异位发酵床是利用微生物发酵集中处理养殖粪污等固体有机废弃物的一种槽式发酵装备，适用于动物粪便、餐厨垃圾、城市污泥等废弃物的发酵处理和资源转化。本书针对异位发酵床处理猪粪过程中的微生物组变化进行研究，全书共分五章。第一章概述，阐述了微生物发酵床研究进展、基于宏基因组技术分析微生物组研究进展、异位发酵床的原理与结构。第二章发酵床微生物宏基因组研究方法，阐述了发酵床微生物群落研究进展、基于宏基因组技术分析发酵床微生物组研究方法、发酵床微生物高通量测序与统计工作流程、微生物发酵床细菌分类操作单元（OTU）分析、微生物发酵床核心微生物组（OTUs）分析、α-多样性种类复杂度分析、β-多样性种类复杂度分析、差异效应判别分析（LEfSe）、种类冗余（RDA）分析等。第三章异位发酵床微生物宏基因组分析，阐述了样本采集与数据分析、微生物组种类（OTUs）多样性指数分析、稀释曲线分析、热图分析、成分分析、分类学分析、Venn 图分析等。第四章异位发酵床细菌微生物组多样性，阐述了细菌群落数量分布多样性、细菌群落种类（OTUs）分布多样性、细菌丰度（%）分布多样性。第五章异位发酵床真菌微生物组多样性，阐述了真菌群落数量（reads）分布多样性、真菌群落种类（OTUs）分布多样性。书后列出了真菌分类纲要和细菌分类纲要。

本书研究从 2013 年开始，得到了国家农业部公益性行业（农业）科研专项——功能性微生物制剂在农业副产物资源化利用中的研究与示范（201303094）、984 重点项目——高效新型微生物资源引进与创新（2011-G25）等的支持；得到了国家科技部国际合作项目——规模化养猪污染微生物治理关键技术联合研发（2012DFA31120）、国家重点研发计划——农业废弃物耗氧发酵技术与智能控制设备研发（2016YFD0800606）、国家科技支撑计划——规模化养殖场发酵床微生物制剂研究及其废弃物多级循环利用技术的集成示范（2012BAD14B00）、国家 973 计划前期项目——芽胞杆菌种质资源多样性及其生态保护功能基础研究（2011CB111607）等的支持；得到了国家基金委自然科学基金项目——中国芽胞杆菌资源分类及系统发育研究（31370059）等的支持；得到了福建省政府财政厅、发改委、科技厅等部门多个项目的支持，如养殖污染微生物综合治理——微生物发酵床大栏养殖系统的研究、财政科技专项——生产性工程化实验室重大装备建设、农业"五新"工程项目——利用猪粪资源固体发酵微生物菌剂产品的研究与应用、科技创新平台——福建省农业生物药物研究与应用平台（2007N02010）、农业微生物科技创新团队项目——农业微生物基础生物学与农业生物药物的研究与应用（STIF-Y03）等的支持，在此一并致谢。

本书研究过程得到了许多专家学者的支持和帮助，其中我们与中国农业科学院农业环境与可持续发展研究所朱昌雄博士等进行了多年的合作研究；福建农林大学林乃铨博士、关雄教授、张绍升教授、尤民生教授在实验方法讨论方面提供了许多帮助；中国科学院微生物研究所姚一建博士为异位发酵床菌种芽胞杆菌的采集提供许多支持；福建农林大学谢联辉院士、福建农科院谢华安院士、吉林农业大学李玉院士等对本书的著述给予了极大的鼓励和支持；等等。在此深表感谢。

限于著者学术水平，书中不足与疏漏之处在所难免，望国内同行批评指正，与之共勉。

著者

2018 年 5 月于福州

目　录

第一章
概　述

│第一节│ 微生物发酵床研究进展

一、微生物发酵床养猪技术起源

1. 中国古代猪圈垫草的方法

微生物发酵床养猪技术与中国古代的猪圈垫草产生厩肥的原理相似，微生物发酵床养猪技术应该起源于中国。《沈氏农书》记载：猪圈垫以秸秆，"养猪六口……垫窝草一千八百斤"。"磨路"，其实就是以碎草和土为垫圈材料，经猪踩踏后与粪尿充分混合而成的一种厩肥。《沈氏农书》大约是明崇祯末年（1640 年前后）浙江归安（今浙江吴兴县）佚名的沈氏所撰，由张履祥辑补成《补农书》。张履祥（1611～1674），字考夫，号念芝，浙江桐乡杨园村（今浙江桐乡市）人。明亡后，隐居家乡讲授理学并兼务农业，世称"杨园先生"，生平事迹载在《清史稿·儒林传》。他对《沈氏农书》极为欣赏，但尚感有不足，又根据本人经验和从老农那里得到的知识，约在清顺治十五年（1658）写成《补农书》。内容包括"补农书后""总论"和"附录"3 个部分，主要论述有关种植业、养殖业的生产和集约经营等知识，记载了桐乡一带较重要的经济作物如梅豆、大麻、甘菊和芋芳等栽培技术，内容相当广泛，且切实可行。乾隆年

图 1-1　沈氏农书

间，朱坤编辑《杨园全集》时，把《沈氏农书》与《补农书》合为一本，分上下两卷，统称为《补农书》，故后世刊本多用此书名。中华书局 1956 年出版了以张履祥辑补为作者的《沈氏农书》（图 1-1）。

2. 现代养猪微生物发酵床的起源

许多学者认为现代微生物发酵床养猪技术源于日本，20 世纪 40 年代，日本微生物专家

岛本觉先生开创研究了一门新型农业高新技术——酵素菌（称岛本微生物农法）。20世纪50年代，日本山岸会在日本本国和韩国、泰国、德国、瑞士、澳大利亚、美国、巴西7个国家设立了50多个山岸农法示范基地。这些基地遵循循环农业的原理，将养殖业与种植业有机地结合在一起，发酵床养猪技术就是其中的一项重要技术。

二、微生物发酵床养猪技术原理

1. 微生物发酵床技术原理

微生物发酵床养猪技术又称自然养猪法、环保养猪法、懒汉养猪法、生态养猪技术、零污染养猪技术、微生物发酵床等，国外称为 Pig on litter、breeding pig on litter（Tam et al.，1993；Tiquia，1996；Tam et al.，1996）、deep-litter-system（Morrison et al.，2007；Turner et al.，2000）、in situ decomposition of manure、bio-bed System（Tiquia et al.，1997）、the microbial fermentation bed（陈绿素等，2010）。该技术核心是根据微生态和生物发酵原理，筛选功能微生物，通过特定营养条件培养形成土著微生物原种，将原种按一定比例掺拌谷壳、木屑等材料，控制发酵条件，制成有机垫料。将垫料按一定厚度铺设在猪舍内，制成发酵床，利用生猪拱翻的生活习性，使垫料和排泄的猪粪尿充分混合，通过微生物的原位发酵，使猪粪尿中的有机物质进行充分分解和转化（王连珠等，2008；Collin et al.，2001），最终达到降解、消化猪粪尿，除去异味和无害化的目的，是一种无污染、零排放的新型环保养猪技术。

2. 微生物发酵床优点

与传统养猪模式相比，微生物发酵床养猪技术结合了微生态技术、发酵技术及畜禽养殖技术，有许多优点。

（1）发酵床垫料对猪粪的原位降解　微生物发酵床养猪技术利用垫料里活性有益微生物对猪只排泄物进行原位分解发酵，无需冲洗猪舍，减少废水排放，减少氨、氧化亚氮、硫化氢和吲哚等臭味物质产生和挥发，猪舍内无臭味，提高了猪舍的卫生（Chan et al.，1994）。

（2）大空间发酵床结构设计　微生物发酵床猪舍一般采用全开放式，通风透气好，温湿度均适宜猪的生长，发酵床垫料松软，适应猪翻拱的自然生活习性，改善了猪的生活环境（Pedersen et al.，2003）。

（3）发酵床养殖减少病害发生　与传统养猪法相比，发酵床猪舍的猪花在站立、拱翻等运动上的活动时间更多，机体抵抗力增强（Morrison et al.，2007）；猪发病减少，特别是消化道疾病的发生率的下降，减少了抗生素、抗菌性药物的使用；可以提高育肥猪的蛋白质合成，增加机体氮沉积量，促进生长（谢红兵等，2011）。

（4）发酵床充分降解猪粪实现零排放　猪粪尿与垫料的混合物在微生物的作用下迅速发酵分解，产生热量，中心温度可达 40～50℃，表层温度能维持在 25～30℃，能很好地解决猪舍的冬季保温难题，节约了能源。

（5）发酵床实现机械化管理　无需冲洗猪舍，可节约大量用水；机械翻耕，节约大量人力。

三、微生物发酵床的管理

1. 微生物发酵床垫料组成

发酵床是填入垫料池中垫料的总称，它是微生物发酵床养猪法中的核心技术之一。好的垫料应价廉易得，它能使动物安乐、舒适，吸水、吸氨气性能强，粉尘少，有害有毒物质少，粪尿不易使其腐败（Wirth，1983）。发酵床的面积根据猪的大小和饲养数量的多少进行确定。保育猪一般为 $0.5\sim0.8m^2$/头，育肥猪 $0.8\sim1.5m^2$/头，母猪 $2.0\sim2.5m^2$/头（周开锋，2008），以 50% 稻壳 + 50% 锯末 + 麸皮 1% + 菌种 0.1% 饲养效果最好（董建平和王玉梅，2012；池跃田等，2011）。随着应用面积的扩大，垫料资源需求增加，出现了多元化的垫料配方。用 65% 的棉秆、椰子壳粉等代替锯末、稻壳制作发酵床，在 30℃ 条件下发酵效果较为稳定，降解猪粪的效果较好（李宏健等，2012）。以粉碎玉米秸秆为主的发酵床、以花生壳为主的发酵床和以锯末为主的发酵床饲喂生猪较常规水泥地面饲养组均能够提高猪的生长性能及免疫效果，且利用玉米秸秆和花生壳作为发酵床垫料能够明显提高猪的增重率和饲料利用率（高金波等，2012）。利用废弃食用菌块代替垫料原料中的锯末，对育肥猪生长性能与对照组相比差异不显著，不影响饲养效果（邓贵清和蒋宗平，2011）。

2. 微生物发酵床垫料管理技术

微生物发酵床养猪体系中，垫料发酵的控制是垫料管理的核心，如何使猪的排泄物与垫料的处理能力达到平衡对发酵床养猪非常关键。由于地区和操作过程的差异，有些猪场垫料的发酵效果并不理想，存在发霉、发酸、不发酵的现象，直接导致发酵的失败，造成人力、物力的大量浪费，甚至会造成猪的中毒现象。许多学者对发酵床气味控制、培养基调控、营养元素分解进行了大量的研究。要使垫料发酵成功，其湿度必须维持在 50% 左右，具有较高的 pH 值和较低的尿素、氨气和亚硝酸盐，但是不溶性蛋白质和硫酸盐含量应较高，管理得当的发酵床垫料有利于控制恶臭气体的产生（Chan et al.，1994）。垫料发酵直接影响着发酵床的猪粪降解、臭气分解、物质转化、病原菌防控（Groenestein et al.，1996）。宋泽琼等采用"盐梯度悬浮法"测定不同发酵时间发酵床垫料的悬浮率，根据垫料表观确定其发酵程度级别，构建垫料发酵指数方程，判别的相关系数高达 94.20%。能快速、准确地判定未知垫料的发酵程度，对生产具有指导意义（宋泽琼等，2011）。在日常饲养过程中，对于猪粪便堆积得比较多的地方，要及时疏粪。发酵床表面既要保持很松散，又不能扬尘，要及时调节水分，否则猪容易患呼吸道疾病。垫料减少明显时要及时补充新鲜的垫料。猪全部出栏后，最好将垫料放置干燥 $2\sim3d$；将垫料从底部反复翻弄均匀 1 次，视情况可以适当补充发酵床菌种混合物，重新堆积发酵，间隔 24h 后即可再次进猪饲养（方如相，2012；安宝聚，2012；蒲丽，2011）。

四、发酵床微生物特性研究

1. 发酵床微生物特性

在微生物发酵床的发酵过程中，猪粪尿排泄在垫料上，自然发酵不断进行，微生物在发酵进程中发挥着重要作用，微生物的种类和数量的变化影响着发酵床的运行状况，其过程与禽畜粪便堆肥的腐熟过程有许多相似之处。郑雪芳等（2011）报道了微生物垫料在发酵进行的过程中，大肠杆菌在微生物发酵床基质垫层的种群数量随着使用时间的增加逐步减少，表层（第 1 层 $0\sim10cm$）和底层（第 4 层 $60\sim70cm$）分布量最大，第 2 层（$20\sim30cm$）分布量最少。大肠杆菌毒素基因的分布规律与之类似。基质垫层能明显抑制大肠杆菌的生长。基质垫层使用后期（第 9 个月）比使用初期（第 1 个月）大肠杆菌种群数量明显减少，降低幅度在 67.45%~96.53%，说明微生物发酵床能抑制大肠杆菌特别是携带毒素基因的大肠杆菌的生长，且对大肠杆菌的生防效果随使用时间的延长而增加。大肠菌群值均在 $10^4 cFu/100g$ 之内，达到了

GB 7959—2012 中规定的无公害化，由此可以看出厚垫料养猪所得到的猪肉产品在对食品安全方面造成严重威胁的大肠菌群方面不存在问题（栾炳志，2009）。

凌云等（2007）研究发现，在禽畜粪便堆肥过程中，发酵床里细菌的数量最多，在不同堆肥温度时期各微生物的数量有不同的变化，如升温期各种微生物数量均增加，高温期只有高温细菌和高温放线菌的数量继续上升，在腐熟期细菌数量下降，而放线菌和霉菌数量明显上升，发酵床的微生物群落结构不断发生着变化。张庆宁等（2009）从生态养猪模式的发酵床中分离纯化到 14 株优势好氧细菌，这些菌株在猪粪和垫料组成的发酵床中生长优势强，耐发酵高热，能产生多种与猪粪降解相关的酶类，除臭效果明显，对某些病原菌具有抑制作用，对猪安全并有促进生长的功能。刘让等（2010）通过实验室和野外采集样本，分别获得 1 株地衣芽胞杆菌、3 株蜡样芽胞杆菌、1 株短小芽胞杆菌、1 株乳酸杆菌，研究得到这 6 株菌对大肠杆菌、葡萄球菌均有不同程度的抑制作用，且动物试验安全，为生态养猪提供了发酵菌种。

刘云浩等（2011）通过对比 6 种关于养猪发酵床垫料微生物总 DNA 的提取方法，表明 SDS-CTAB 结合法是一种高效、可靠的垫料微生物总 DNA 提取方法，有利于进行下游的分子生态学研究。此外，刘波等运用脂肪酸生物标记法研究了零排放猪舍基质垫层微生物群落的多样性，结果表明不同生物标记多样性指数在基质垫层不同层次分布不同，提出了微生物群落分布的特征指标，构建发酵指数指示基质垫层的发酵特性（2008）。发酵床中微生物种类很多，采用二氧化氯和威特消毒王两种消毒药对发酵床消毒后，对 0cm、−5cm、−15cm 三个层面的垫料菌数有些影响，但经 48h 后细菌数量随着时间的延长开始增长，如果观察到垫料对粪便降解能力下降，可及时喷洒营养剂缓解，或清除垫料表层添加新垫料（郑雪芳等，2009）。

2. 微生物发酵床垫料对猪病害抑制作用

郑雪芳等（2011）通过调查微生物发酵床养猪基质垫层大肠杆菌及其毒素基因的数量分布变化动态，分析微生物发酵床对猪舍大肠杆菌的生物防治作用。分离不同使用时间、不同层次基质垫层的大肠杆菌，利用 PCR 特异性扩增 UdiA 基因来鉴定、检测大肠杆菌，并对大肠杆菌 12 种毒素基因进行多重 PCR 检测。构建大肠杆菌种群分布的动态模型，分析微生物发酵床对大肠杆菌病原的生防效果。从不同使用时间不同层次基质垫层分离鉴定出大肠杆菌 419 株，并从这些菌株中检测出 59 株携带毒素基因，毒素基因类型为 8 种。其中 1 个月基质垫层的毒素基因阳性检出率最高，为 22.47%，其次是 7 个月基质垫料，为 16.5%，最低的是 9 个月基质垫料，为 4.23%。大肠杆菌在微生物发酵床基质垫层种群数量时间变化规律为：随着使用时间的增加种群数量逐步减少；种群数量空间变化规律为：表层（第 1 层 0~10cm）和底层（第 4 层 60~70cm）分布量最大，第 2 层（20~30cm）分布量最少。大肠杆菌毒素基因的分布规律与之类似。从构建的大肠杆菌种群分布动态模型可以看出，基质垫层第 1 层（$y=169.67x^{-1.0137}$）和第 3 层（$y=313.11x^{-2.1885}$）大肠杆菌种群数量随使用时间呈指数线性方程分布；第 2 层（$y=0.1006x^3-2.3733x^2+16.094x-22.454$）和第 4 层（$y=0.3159x^3+6.0913x^2-35.634x+79.513$）大肠杆菌种群数量随使用时间呈一元三次方程分布，基质垫层能明显抑制大肠杆菌的生长。基质垫层使用后期（第 9 个月）比使用初期（第 1 个月）大肠杆菌种群数量明显减少，降低幅度在 67.45%~96.53%，说明微生物发酵床对猪舍大肠杆菌能起到显著的生物防治作用。微生物发酵床能抑制大肠杆菌特别是携带毒素基因大肠杆菌的生长，且对大肠杆菌的生防效果随使用时间的延长而增加。

卢舒娴等（2011）通过调查微生物发酵床养猪基质垫层中细菌、真菌、放线菌的群落动态，并以大肠杆菌和沙门氏菌作为指示菌，分析微生物发酵床对猪肠道细菌性疾病的生物防治作用。采用 NA、PDA 和高氏一号培养基对不同使用时间、不同层次基质垫层中的细菌、真菌和放线菌进行分离，用特异性培养基伊红亚甲蓝琼脂和亚硫酸铋琼脂分离基质垫层中大肠杆菌和沙门氏菌，研究发酵床微生物群落动态，分析微生物发酵床对病原菌的生防效果。微生物发酵床中细菌是优势菌，分布数量达到了 10^8 数量级，其群落动态呈现先上升后下降的趋势，真菌和放线菌的数量相对于细菌低 $3\sim4$ 个数量级，并随着垫料使用时间的增加，分布量逐渐减少。基质垫层有一定量大肠杆菌和沙门氏菌的分布，其相对含量与细菌呈显著的负相关，而与真菌和放线菌呈显著正相关，在垫料使用的后期（第 5 个月）比使用前期（第 1 个月）分布数量明显较少，其减少幅度分别为 $82.8\%\sim100.0\%$ 和 $60.3\%\sim89.6\%$，说明微生物发酵床对猪舍大肠杆菌和沙门氏菌病原能起到显著的生物防治作用。微生物发酵床能够抑制大肠杆菌和沙门氏菌的生长，对大肠杆菌和沙门氏菌病原具有生防效果。

3. 微生物发酵床养猪生态行为

唐建阳等（2011）比较了微生物发酵床养殖和传统的养殖条件下仔猪的行为特点，结果表明，两种养殖模式下，仔猪躺卧和睡眠行为持续时间在被测的行为中比例最高，达 70% 以上，采食和饮水行为次之，分别为 15.96%（微生物发酵床养殖）和 9.33%（传统的养殖）。相比传统养殖，微生物发酵床养殖下，仔猪的探究行为发生的概率和持续时间比例明显增加，分别增加了 28.62% 和 12.21%；争斗行为发生概率和持续时间比例明显减少，分别减少了 49.83% 和 91.26%。我们引入营养指数和健康指数来评价微生物发酵床养殖下仔猪的健康概况，结果表明，微生物发酵床饲养下仔猪的营养指数和传统饲养下仔猪的营养指数相当，分别为 10.83 和 10.03，而微生物发酵床饲养下仔猪的健康指数明显高于传统饲养下仔猪的健康指数，分别为 245.12 和 21.96，说明微生物发酵床养殖模式下，仔猪生长得更为健康。

4. 微生物发酵床的挥发性物质

猪排泄物在微生物作用下厌氧分解产生的恶臭物质多达 160 余种，主要包括挥发性脂肪酸、酚类、吲哚类、氨和挥发性胺、含硫化合物（Le et al.，2005），其中挥发性脂肪酸包括乙酸、丙酸、异戊酸、己酸等，吲哚和酚类化合物主要包括吲哚、粪臭素、甲酚和 4-乙酚，挥发性含硫化合物主要包括硫化物、甲硫醇和乙硫醇，来自粪中硫酸盐的还原和含硫氨基酸的代谢。猪舍内粪尿分解产生的恶臭使猪抵抗力和免疫力降低，代谢强度减弱，生产能力下降，对疾病的易感性提高，长期生活在养猪场周边恶臭环境中的人们更易患气管炎、支气管炎、肺炎等呼吸系统疾病（Mitloehner et al.，2007）。

微生物发酵床猪舍为全开放猪舍，猪的排泄物被垫料中的细菌作为营养迅速降解、消化，猪舍内无明显异味感。正常发酵状态下，微生物发酵床分解猪粪的过程产生挥发性物质，包括烷类、酯类、烯类、酚类、苯类、噻吩类和哌啶类等，如 butylated hydroxytoluene（二丁基羟基甲苯）、eicosane（二十碳烷）、hexacosane（二十六碳烷）、heptacosane（二十七烷）、pentacosane（二十五烷）等（蓝江林等，2012）。良好发酵进程的发酵床可以减少尿素、氨、氧化亚氮、硫化氢、吲哚、3-甲基吲哚等臭味物质产生和挥发（Groenestein et al.，1996），可以减少许多令人不愉快的气体（Shilton，1994；Bonazzi et al.，1992；Kaufmann，1997）。但是当垫料中微生物因某些原因生长不良时，排泄在垫料上的猪粪无法分解，就会产生恶臭味，无法达到微生物降解猪粪的目的，这也是判别发酵床微生物发酵好坏的方法之一。如在混合肥料和锯屑的微生物发酵过程中，如果发酵条件不理想，就会产生污染空气的挥发性中间气体 N_2O 和 NO，直接影响猪的生长（Groenestein et al.，1996）。

五、微生物发酵床垫料的资源化利用技术

1. 发酵床垫料成分组成

对于已经达到使用年限，没有再生必要的垫料以及在垫料再生过程中淘汰的部分，可以经过高温堆肥处理，对垫料进行高温杀菌消毒和腐熟后，制成有机肥料使用，实现资源化利用（常志州等，2009；郑社会，2011）。发酵床养猪系统中产生的有机垫料经过堆肥化处理后的产物达到了有机肥料标准，pH 值为 7.23、有机质含量为 37.81%、全氮含量为 2.49%、全磷（P_2O_5）含量为 3.68%，总养分含量达到 7.59%，是一种优质的有机肥（黄义彬等，2007）。使用时间较久的养猪发酵床垫料含有高浓度的有机碳和营养素，其传导率、Cu 和 Zn 的含量也更高（Tam et al.，1993）。但发酵不成功的垫料循环回收利用于农业土壤中，会产生危害植物的毒性物质影响种子发芽、农作物的生长（Turner et al.，2000）。在生猪养殖过程中，为了防止疾病、提高饲料利用率和促进生长，在饲料添加剂中大量使用铜、铁、锌、锰、钴、硒、碘、砷等中微量元素（黄玉溢等，2011）。由于这些重金属元素在动物体内的生物效价很低，大部分随畜禽粪便排出体外，故畜禽粪便中往往含有高量的重金属，从而增加了农用畜禽粪便污染环境的风险（刘荣乐等，2005）。应三成等（2010）对不同使用时间和类型的生猪发酵床垫料中的 22 个有机和无机成分进行了测定分析，使用 1～3 年的垫料中 Cu、Zn 的平均值接近或超过国家标准的最高允许含量，表明废弃垫料不能直接用作有机肥还田（应三成等，2010）。此外，发酵床垫料废渣可用来栽培鸡腿菇（郑社会，2011），而对于更加系统的资源利用技术尚未见更多报道，亟待深入研究。

2. 微生物发酵床垫料资源化利用体系的构建

微生物发酵床技术在生产中显现的问题虽然在一定程度上限制技术的推广应用，但这项技术在养殖污染控制方面显现出来的优势是无可比拟的。因此，亟须对生产中出现的新问题深入研究，构建资源循环利用体系，引导产业链形成。技术体系将养猪过程作为生物资源的转化过程，通过开发利用资源，进行清洁生产，废弃物资源化利用，形成"资源—产品—再生资源"的闭环反馈式循环过程（见图 1-2）（刘波等，2009）。

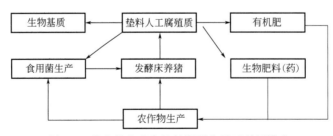

图 1-2　微生物发酵床垫料资源化循环利用模式

在该循环体系中，养猪作为体系的核心环节，将猪作为高效生物反应器，生产猪肉产品和垫料人工腐殖质产品，然后，将垫料人工腐殖质作为生产原料，加工成为有机肥；接种功能微生物，加工成生物肥料（药）；替代食用菌（部分）栽培料，种植食用菌；调整配方，生产育苗基质；食用菌菌渣可再次用来生产有机肥或生物肥料（药）；这些产品用于农作物生产，生产饲料产品和发酵床原料产品，再用于发酵床养猪。如此，形成闭环循环，实现"最佳生产，最适消费，最少废弃"，达到人与自然和谐的、可持续发展的新型社会的目标。

|第二节|基于宏基因组技术分析微生物组研究进展

一、微生物宏基因组技术发展与应用

1. 概述

环境微生物是自然界中分布最广、种类最多、数量最大的生物类群。列文虎克（1663）利用自制显微镜首次揭开微生物神秘的面纱之后近 300 多年的时间里，人们对于微生物的研究主要是建立在纯培养基础上，后来人们发现通过纯培养方法估计的环境微生物多样性只占总量的 0.1%～1%，这使得微生物的多样性资源难以得到全面的开发和利用，如何充分开拓利用环境微生物新资源是目前环境微生物研究的重要课题之一。近年来发展起来的宏基因组学技术避开传统的微生物分离培养方法直接从环境样品中提取总 DNA，通过构建和筛选宏基因组文库来获得新的功能基因和生物活性物质，宏基因组文库既包括了可培养的又包括了未可培养的微生物遗传信息，因此增加了获得新生物活性物质的机会。

宏基因组（metagenome），也称微生物环境基因组（microbial environmental genome）或元基因组，是由 Handelsman 等（1998）提出的新名词，其定义为 "the genomes of the total microbiota found in nature"，即环境中全部微小生物遗传物质的总和。它包含了可培养的和未可培养的微生物的基因，目前主要指环境样品中的细菌和真菌的基因组总和。宏基因组学（或元基因组学，metagenomics）是一种以环境样品中的微生物群体基因组为研究对象，以功能基因筛选和/或测序分析为研究手段，以微生物多样性、种群结构、进化关系、功能活性、相互协作关系及与环境之间的关系为研究目的的新的微生物研究方法。一般包括从环境样品中提取基因组 DNA，进行高通量测序分析，或克隆 DNA 到合适的载体，导入宿主菌体，筛选目的转化子等工作。

特定生物种基因组研究使人们的认识单元实现了从单一基因到基因集合的转变，宏基因组研究将使人们摆脱物种界限，揭示更高更复杂层次上的生命运动规律。在目前的基因结构功能认识和基因操作技术背景下，细菌宏基因组成为研究和开发的主要对象。细菌宏基因组、细菌人工染色体文库筛选和基因系统学分析使研究者能更有效地开发细菌基因资源，更深入地洞察细菌多样性。

2. 宏基因组学的发展

宏基因组学的发展经历了如下 4 个阶段。

（1）环境基因组学阶段　1991 年首次提出环境基因组学（environmental genomics）的概念，同年构建了第一个通过克隆环境样品中 DNA 的噬菌体文库。1998 年美国国立环境卫生科学研究所启动了环境基因组计划（environmental genome project，EGP），开展有关人体遗传变异与环境胁迫相互关系的研究。环境基因组学第一次提出特定生态条件下，全部生物基因组总体概念，这是基因组学的重要进展。

（2）微生物基因组学阶段　1998 年提出生命研究对象应是生物环境中全部微小生物的基因组，首次提出针对特定环境样品中细菌和真菌的基因组总和进行研究的这一宏基因组（metagenome）概念。2007 年 3 月，美国国家科学院以 "环境基因组学新科学——揭示微生物世界的奥秘" 为题发表咨询报告，指出宏基因组学为探索微生物世界的奥秘提供新的方法，这是继发明显微镜以来研究微生物方法的最重要进展，是对微生物世界认识的革命性突破。

（3）宏基因组学阶段 广义宏基因组是指特定环境下所有生物遗传物质的总和，它决定了生物群体的生命现象。它是以生态环境中全部DNA作为研究对象，通过克隆、异源表达来筛选有用基因及其产物，研究其功能和彼此之间的关系和相互作用，并揭示其规律的一门科学。狭义宏基因组学则以生态环境中全部细菌和真菌基因组DNA作为研究对象，它不是采用传统的培养微生物的基因组，而是包含了可培养和还不能培养的微生物的基因，通过克隆、异源表达来筛选有用基因及其产物，研究其功能和彼此之间的关系和相互作用，并揭示其规律。

（4）人类宏基因组学阶段 把人体内所有微生物菌群基因组的总和称为"人体宏基因组"（human metagenome）。人类宏基因组学（human metagenomics）研究人体宏基因组结构和功能、相互之间关系、作用规律和与疾病关系的学科。它不仅要把总体基因组序列信息都测定出来，而且还要研究与人体发育和健康有关的基因功能。人类宏基因组计划目标是：把人体内共生菌群的基因组序列信息都测定出来，而且要研究与人体发育和健康有关的基因功能。

3. 宏基因组的研究步骤

研究步骤：①分离特定环境生物DNA；②纯化大分子量DNA进行克隆；③将带有宏基因组DNA的载体通过转化方式转入模式微生物建立各自的无性繁殖系；④对宏基因组文库的DNA进行分析。

4. 宏基因组的应用

（1）宏基因组学在微生态学上的应用 Zhang等（2008）构建红树林淤泥宏基因组文库，通过PCR扩增及变性梯度凝胶电泳（DGGE）对该区域固氮菌的多样性进行分析，结果揭示红树林地区固氮菌的生物多样性特征，其结果表明多数为变形菌，也含少数的固氮菌属、除硫单胞菌属、德克斯氏菌属和根瘤菌等。张薇等（2007）采用宏基因组技术对西北黄土高原柠条种植区土壤微生物多样性进行分析，发现变形杆菌纲是根表土壤区系中的有优势微生物菌群（70.3%），尤其存在大量能够诱导植物形成根瘤的根瘤菌和对植物有促生长作用的γ-变形菌类微生物，说明了植物根系和土壤环境微生物菌群具有相互选择性。Fierer等（2007）通过构建牧场、沙漠、雨林土壤宏基因组文库对环境中细菌、古生菌、真菌及病毒多样性进行了研究，并揭示了土壤环境中包含着大量不可培养的新病毒种类，其基因型特征与常规培养获得的病毒具有很大的差异性。Kim等（2008）通过构建稻田土壤宏基因组文库，利用多重置换扩增（MDA）技术对土壤样品中病毒基因多样性进行了研究，结果表明扩增得到的病毒基因序列与目前报道的病毒序列具有很大的差异性，进一步说明了土壤环境中包含着大量不可培养的病毒种类。Breitbart等（2003）首次通过构建宏基因组文库对人体排泄物中的未培养病毒多样性进行研究，经过扩增及鸟枪测序鉴定，结果表明获得的病毒大约有1200种基因型，其基因序列与先前报道的病毒序列具有很大的差异性，多为新的基因型病毒，并揭示存在人体中的新病毒与人类疾病可能具有一定的相互性。Cann等（2005）通过构建宏基因组文库对马排泄物中的未培养病毒多样性进行研究，经过测序鉴定，获得233种不同基因型的病毒，其中52%为长尾噬菌体科、26%为未分类的噬菌体、17%为肌病毒科、4%为短尾病毒科、2%为脊椎动物正痘病毒。

（2）宏基因组学在海洋微生物资源开发上的应用 宏基因组工程与海洋生物学进行有机的结合，促使人类了解许多为培养海洋微生物的基因组序列及其功能产物，在海洋天然药物研究、海洋极端环境微生物研究、海洋微生物多样性探索中具有十分重要的应用前景。Martín 等（2007）构建地中海深层水体微生物宏基因组文库，通过序列分析和 16S rRNA 系统发育比对，发现该水体的微生物种群与太平洋阿罗哈水域中层水体的微生物种群具有一定的相似性，并提出在无光的条件下，温度是影响微生物种群在水体中分布的主要因素。肖凯等（2008）以宏基因组 DNA 为模板，采用不同的 PCR 引物对温泉的高温水底沉积物微生物多样性进行分析，发现了一株新的菌株 JS-X2，与在美国黄石公园温泉发现的未培养细菌有 95％的相似性，并且与嗜热蓝细菌聚球藻有 89％的相似性。Sabet 等（2006）通过构建宏基因组文库对美国莫诺湖水体中噬菌体的多样性进行了研究，研究发现不可培养的噬菌体才是该特殊生境中的优势群体，揭示了海洋是一个巨大的未知 RNA 病毒库。Breitbart 等（2003）通过构建海水及海底沉积物宏基因组文库对该地区不可培养病毒的多样性进行分析，结果发现扩增得到的病毒基因型中 65％为新的基因型，其中包含一类海藻病毒，多数病毒具有新的基因型，与节肢动物和高等植物病毒存在很大的序列差异性。

（3）宏基因组学在环境保护和污染修复上的应用 挖掘降解基因和功能菌株，进行生物修复。获取任何序列的基因或功能，由此合成新物质或发现新的生物物种。发掘极端环境微生物的新物种，了解其耐受机制，帮助极端环境的污染修复。从宏基因组中分离的重要基因元件组编成具有其他活性成分或可降解污染物功能的基因簇，以替代原有不易降解化合物，或直接降解环境中石油烃、有毒有害化合物、重金属。可以有效地从环境中分离新的基因、化合物和生物催化剂；所构建的工程菌可用于处理各种复杂污染物，是非常有前景的降解酶系基因筛选方法；所获取的多样性信息可以在废水处理的各种反应器系统、污染物降解过程中微生物的作用和调控、营养物循环和富营养作用的微生物生态、微生物对环境和气候的监测等研究中发挥作用；分析微生物种群多样性，检测评价环境健康。

（4）宏基因组学在医学领域的应用 宏基因组技术的出现为新药物的探索和发现提供了可能的技术支持，并扩大了微生物代谢产物及分子活性物质筛选平台。例如早在 2000 年，Wang 等（2000）构建土壤宏基因组文库，通过文库筛选获得 Terragine A 及其相关成分，目前已广泛应用于医学治疗领域，证明了自然环境中的丰富微生物代谢产物可以通过宏基因组技术为人们所利用；同年 Brady 等（2000）从土壤宏基因组文库中筛选发现一种长链 N-酰氨基酸抗生素物质；并在 2004 年构建凤梨科植物树茎流出液宏基因组文库，筛选鉴定获得了抗菌物质 Palmitoyl Putrescine。Macneil 等（2001）构建了土壤宏基因组 BAC 文库，通过序列分析筛选获得 5 个能产生抗菌小分子物质靛玉红并对其相关成分进行研究；Gillespie 等（2002）构建土壤宏基因组文库筛选获得两种抗菌物质 Turbomycin A 和 B，并且发现 Turbomycin A 和 B 对革兰氏阴性菌和革兰氏阳性菌具有广谱抗菌活性；Diaz Torres 等（2003）通过构建人唾液宏基因组文库，筛选获得一种新的四环素抗性基因 Tet，该活性物质对四环素具有很好的抗性；Mori 等（2008）通过活性污泥宏基因组文库筛选获得两种不同的博来霉素抗性基因，经过比对发现与来源放射菌类基因差异较大，可能为新的博来霉素抗性基因。国内利用宏基因组技术获取新型药物的研究较少，尚处于萌芽阶段。赵晶等从南极中山站排污口采集污泥，构建宏基因组文库，并通过差异性 DNA 修复实验（DDRT）筛选得到具有抗肿瘤效应的物质。利用宏基因组技术研究探讨人类肠道中不可培养微生物多样性也有了很大进展。如 Kurokawa 等（2007）利用宏基因组技术对 13 个处于不同年龄层的健康人体粪便微生物种群进行了研究，结果分析表明未断奶婴儿的肠道微生物种群在系统发育和基因组成上具有较大个体差异性，而在成人及已断奶儿童则呈现出高度的功能一致性，并对成人及婴儿肠道内编码该生境微生物主要功能的基因家族的特性进行分析，发现了一个新的人类肠道微生物基因家族和一个共轭转座子。Breitbart 等（2003）通过构建宏基因组文库对人体排放物中的未培养病毒多样性进行研究，经过鸟枪测序法鉴定，获得的病毒大约有 1200 种基因型，结果比对表明其基因序列与先前报道的病毒具有很大的差异性，大多数为新病毒，并证明这些病毒极有可能与人类的疾病有着密切的关系。Finkbeiner 等（2008）通过构建 12 个腹泻小孩肠道内容物宏基因组文库，来观察病人肠道中病毒的生物多样性，发现扩增得到的病毒序列与 GenBank 病毒库中的已知序列同源性很低，并推断这些病毒极有可能与人类的腹泻疾病有着密切的关系。随着宏基因组技术的成熟，必将加快宏基因组技术在医学中的应用，在人体微生物抗药性的研究、人体与不可培养病原菌的相互关系的探索等方面将做出重大贡献。

（5）宏基因组学在生物酶制剂开发中的应用　宏基因组学技术最引人注目的贡献主要集中在新型生物酶制剂的探索和开发领域。传统的新型酶的筛选方法大大限制了筛选的广泛性和有效性。宏基因组学通过直接从环境中提取 DNA 样品，尽可能为后面的筛选提供更加全面和多样的基因资源，从而有效地提高了新酶的筛选效率。近年来研究者们已成功构建了土壤、海底淤泥、温泉淤泥、油厂污泥、动物瘤胃内容物、动物粪便等宏基因组文库，并筛选到脂肪酶、蛋白酶、淀粉酶、乙醇氧化酶、木聚糖酶、纤维素酶及脱羧酶等酶制剂，并且在此基础上获得新酶的许多特征信息。所采用的载体种类十分广泛，包括 Fosmid、Cosmid、BAC、λ噬菌体以及各种穿梭载体，所采用的宿主系统为常用的大肠杆菌、链霉菌和假单胞菌等。通过宏基因文库筛选得到的生物分子大多数与已知的基因产物相似性差或者完全是新的分子，这些新的生物分子主要来源于环境未培养微生物的基因和其多样的代谢物。环境样品 DNA 的克隆和筛选只是所有环境遗传信息多样性的一小部分，环境微生物和宏基因组的多样性仍旧是发现新的天然活性产物的丰富广阔资源，为研究者们探索开发新的生物催化剂提供了巨大的资源空间。

5. 宏基因组学存在的问题

目前已发表的文库很少能够覆盖整个宏基因组，这需要进一步优化 DNA 的提取及克隆方法。高通量的有效筛选平台，目前从几万或几十万个克隆中只能筛选到几个有活性的基因，这主要是由于微生物多样性高，宏基因组比较复杂，以及外源基因在宿主菌中的表达障碍等。宏基因组学研究主要集中于原核生物，对真菌等真核生物研究较少，所构建文库多为 DNA 文库，cDNA 文库较少。

二、细菌群落宏基因组研究进展

氨氧化古菌（AOA）能够在一些氧含量极低的环境条件下进行氨氧化作用，并且 AOA *amoA* 基因在环境宏基因组中有着远远高于 AOB *amoA* 基因的拷贝数，这引起了越来越多的关注。陈春宏（2011）应用分子生物学手段，结合生物信息分析软件，研究了东北平原地区冬季不同土壤环境下，氨氧化古菌和氨氧化细菌的 *amoA* 基因的多样性、群落结构及系统发育关系，比较了不同的环境因子影响下氨氧化微生物的丰富程度和分布规律，探索了影响 AOA 分布的生态因子条件，为探明氨氧化古菌的生理机制提供了实验证据，同时对印证氨氧化古菌在全球氮循环中的地位提供了进一步的理论支持。应用分子生物学技术从湿地、旱土、河流沉积物样品中提取微生物全基因组，分别应用针对 AOA 和 AOB *amoA* 基因特异性引物扩增目的基因，进而构建克隆文库。测序结果应用生物信息学软件 Mothur 和

MEGA 进行 OTUs 分类分析，计算不同环境样品内部克隆子之间和各分组间的物种丰度、分布差异、生物多样性差别，构建系统发生树。将统计结果与环境因子结合进行分析。研究结果表明，AOA 在平原陆生环境中广泛存在，对生态因子的改变具有良好的适应性。湿地环境和旱地环境中的 AOA 各有其不同的优势物种。由于一些在湿地环境中广泛存在的 AOA 在旱地土壤中也有分布，这些湿地环境中的 AOA 对环境因子的耐受性显然更强。在以后的研究中应针对应用目的的不同，采集不同的环境样品作为研究对象。不同生境中，AOA 的多样性截然不同，不同环境的 AOA，在系统发生分类上也大多分属不同类群（group）。在有人工施加肥料等营养物质的操作条件下，氨氧化微生物的物种多样性更为丰富。显示了氨氧化古菌对于氮元素添加的响应。AOB 在土壤中的丰度要低于 AOA，在系统发生分类上只分属于几个属。AOB 对于人工施肥的响应也与 AOA 不尽相同，似乎营养元素的加入改变了生态因子的多样性，使 AOB 群落向着形成几个优势物种的方向发展（陈春宏，2011）。

在过去的 100 年，全球的平均气温上升了 0.74℃。温度升高的一个后果就是全球各地的山地冰川都发生了退缩。新暴露出来的土地为原生裸地，是研究动植物原生演替的理想环境。目前对于冰川前缘微生物演替研究还比较少，尤其是亚洲地区高山冰川退缩地微生物的研究。对采自天山 1 号冰川前沿裸露地的年代序列土壤样品进行了分析，运用寡营养恢复培养技术、限制性片段长度多态性（RFLP）分析技术等，对土壤样品理化性质、可培养细菌的数量、多样性及其相关性进行了分析，同时采用宏基因组测序技术全面了解了冰川退缩地微生物群落结构和演替规律。主要结果如下所述。

（1）土壤的理化性质变化　天山 1 号冰川前缘退缩地土样中总氮（N）和有机碳（C）含量都比较低，其中 N 的含量变化在 0.048% ～ 0.388%，C 的含量变化在 0.393% ～ 4.930%，且随演替呈上升趋势。pH 值随演替呈下降趋势。随着冰川退缩时间的累积，多酚氧化酶、脲酶、脱氢酶和蔗糖酶活性呈升高趋势。

（2）可培养细菌的数量及多样性变化　在 4℃培养条件下土壤中可培养微生物数量介于 $1.39 \times 10^5 \sim 1.14 \times 10^6$ cfu/g，在 25℃培养条件下土壤中可培养微生物数量介于 $1.84 \times 10^5 \sim 3.31 \times 10^6$ cfu/g，且微生物数量都随着演替年代的增加而升高。可培养细菌经 ARDRA 分析，共分类为 35 株菌株，16S rDNA 测序结果显示其归类于：α-变形菌门（α-Proteobacteria）、β-变形菌门（β-Proteobacteria）、γ-变形菌门（γ-Proteobacteria）、放线菌门（Actinobacteria）、拟杆菌门（Bacteroides）和栖热菌门（Deinococcus-Thermus）六大类群。其中，放线菌门、拟杆菌门和 α-变形菌门都属于优势菌群。

（3）可培养细菌的数量与土壤的理化性质间的关系　相关性分析表明，冰川前缘退缩地土壤中可培养细菌数量与 N 含量（$r=0.987$，$p<0.01$）、C 含量（$r=0.992$，$p<0.01$）、脲酶活性（$r=0.995$，$p<0.01$）呈极显著正相关；与脱氢酶（$r=0.813$，$p<0.05$）和蔗糖酶活性（$r=0.813$，$p<0.05$）呈显著正相关，与 pH 值、蛋白酶、多酚氧化酶和过氧化氢酶活性的相关性不显著。

（4）土壤细菌宏基因组测序分析　细菌丰度（OTUs）在 1892～5159 个/g 土壤。在演替初期 Shannon-Wiener 指数变化较大，随着演替时间延长而逐渐放缓，在演替后期（100a）达到一个最大值，显著性分析表明 Shannon-Wiener 指数随演替年代呈显著上升趋势。Simpson 多样性指数随演替时间呈现下降的趋势，反映出细菌群落结构的异质性随着演替时间逐渐增大。演替过程中细菌种群有一个非常高的演替指数，并且在演替初期演替指数达到了 19%，而在演替后期降到了 0.9%。所有序列可以归类 31 个类群和一小部分不能归类的序列。酸杆菌（Acidobacteria）、放线菌（Actinobacteria）、拟杆菌（Bacteroidetes）和变形菌（Proteobacteria）为冰川前沿裸露地细菌演替过程中的优势菌落。且拟杆菌和变形菌随演替呈下降趋势，酸杆菌随演替呈上升趋势。

（5）宏基因组测序功能菌多样性和变化规律　宏基因组测序结果中还发现了所占比例非常少的功能菌，这些功能菌包括硝化细菌、固氮菌、甲烷氧化菌和硫还原细菌。一些功能菌在整个演替过程中都存在，一些功能菌仅出现在演替的早期而在后期消失，一些功能菌在演替初期没有而在后期出现，另一些功能菌仅在演替中期出现而在演替初期和后期都没有出现。这说明了冰川前沿功能菌群落也存在一个演替过程，但对于这些功能菌的演替变化原因目前还不清楚，还需要进一步的研究（陈伟，2012）。

对云南省纳帕海高原湿地土壤中的细菌群落结构研究，为揭示纳帕海高原湿地生态环境变化提供理论依据。方法运用 Illumina Miseq 高通量测序平台，对纳帕海高原湿地不同生境类型土壤的细菌群落进行宏基因组测序，检测了纳帕海高原湿地淤泥、湿地和泥炭 3 种土壤样本细菌群落结构的变化。结果通过对 Silva 119 数据库进行对比，共获得 475288 条序列，可由 91069 条非冗余序列代表。对细菌群落结构的分析，结果表明，纳帕海湿地淤泥、湿地和泥炭 3 种土壤样本的优势菌群均为变形菌、绿弯菌和酸杆菌，但未经分类的细菌仍占有一定比例。本研究首次揭示了纳帕海高原湿地土壤细菌群落的多样性，阐明了 3 种土壤类型中细菌群落的结构变化（陈伟等，2015）。

随着经济的不断发展，我国城镇化也日益升高，小城镇的建立凸显出诸多的环境问题，例如小城镇环境基础设施落后，污水集中处理设施缺乏，小城镇污染源数量较多且分散，污水水量变化大、成分复杂，所以寻求一个适应小城镇污水排放特点的水处理方式是实现我国小城镇经济不断发展、居民生活质量提高的必由之路。适合小城镇实际情况的多产业型城镇不污水处理工艺——耕作层下 A/O 土地处理系统应运而生，该系统充分考虑了小城镇污水水质水量的特点，且其较低的好氧单元处理负荷、较低的能耗以及较低的运行成本等，均为小城镇污水的有效处理找到了出路。研究对象——耕作层下 A/O 土地处理系统，虽然具有 COD 去除率高、运行状况稳定等一系列优点，但从已经建成的示范基地处理效果来看，该污水处理系统在脱氮方面仍然存在一定的潜力，系统存在进一步的优化空间。本研究针对城镇污水脱氮处理的技术难题，提出了复合铁酶促生物膜技术这一新概念——通过铁离子参与微生物的生化反应与能量代谢过程中，强化铁离子参与的电子传递作用与酶促反应激活剂作用，从而提高微生物的活性，进而提高生物脱氮的效率，该技术拟从根源上解决耕作层下 A/O 土地处理系统的硝化效率低等问题，以期对该系统进一步优化，在现有基础上继续降低运行成本，提高氮的排放指标。实验通过模拟耕作层下 A/O 土地处理系统生物膜处理段，以实际生活污水作为系统进水，对不同含铁量的生物膜小试系统进行研究。实验分别在春季与夏季考察了不同含铁量的生物膜系统与普通生物膜系统的脱氮效率、COD_{Cr} 的去除率、微生物活性、能量代谢以及电子传递体系活性的区别，确定不同季节的最佳投铁量，并通过宏基因组测序技术对传统生物膜以及最优复合铁酶促生物膜的微生物多样性进行重点研究，从宏观和微观两个角度明确复合铁酶促生物膜强化脱氮的作用机制，为这一新概念的实际推广、应用提供理论依据。实验研究结果表明如下。

（1）春季以及夏季，复合铁酶促生物膜的脱氮效果以及 COD_{Cr} 的去除率均高于传统生物膜，且铁对生物膜的处理能力的促进作用随含铁量的增大而增强，且含铁量 6% 的生物膜促进效果最显著，但含铁量超过 6％时，其促进作用会明显下降，但没有抑制作用。在春季，含铁量 6％的生物膜 COD$_{Cr}$ 的去除率提高了 13.3％，氨氮的去除率提高了 16.4％，总氮的去除率提高了 30.5％。在夏季，其 COD$_{Cr}$ 的去除率提高了 8.5％，氨氮的去除率提高了 12.4％，总氮的去除率提高了 25.8％。

（2）春季以及夏季，复合铁酶促生物膜的脱氢酶活性以及电子传递体系活性均高于传统生物膜活性，随着含铁量的增加，铁对生物膜活性的促进作用也进一步增强，且当含铁量为 6％时促进效果最显著，当投铁量超过 6％时，其促进作用会明显下降，但没有抑制作用。在春季，含铁量 6％的生物膜，脱氢酶活性提高量为 40.5％，电子传递体系活性提高量为 43.8％。在夏季，其脱氢酶活性提高量为 37.3％，电子传递体系活性提高量为 38.2％。

（3）通过宏基因组检测发现，处理效果最佳的 6％复合铁酶促生物膜和传统生物膜的物种丰度、群落结构、优势菌等都具有极大的差异。6％复合铁酶促生物膜物种分配较均匀、群落多样性较高，而且其中的某些具有硝化或反硝化功能的菌属无法或极少在传统生物膜样品中检测到，说明铁离子的加入改变了生物膜的微生物种群结构，促进了某些脱氮菌的生长，使得 6％复合铁酶促生物膜系统获得了更高以及更稳定的脱氮效率（陈雅，2014）。

通过对红壤中细菌菌体回收的各影响因素的比较分析，确定了焦磷酸钠作为分散剂匀浆，并用蔗糖和 Nycodenz 密度梯度离心的菌体提取纯化流程，提取率可以达到 30％以上，获得了能够全面反映红壤中细菌多样性的菌体细胞。对这些菌体细胞进行包埋裂解，可以获得大小超过 400kb 的大片段 DNA，将其部分酶切后，再经脉冲场电泳分离和电洗脱收集 50～100kb 的 DNA 片段，构建了红壤宏基因组 BAC 文库。该文库库容约 300Mb，95％以上为阳性克隆，70％以上克隆子插入片段在 50～100kb。随机挑选克隆子进行 BAC 末端测序分析，结果表明，该文库中 80％的核酸序列未可知（崔中利，2009）。应用 PCR-DGGE 技术研究生活垃圾堆肥过程中的细菌群落演替规律，对堆肥不同时期的宏基因组 DNA 进行提取，扩增 16S rDNA 的 V3 区，分析生活垃圾堆肥过程中细菌群落的变化。DGGE 图谱表明，随着堆体温度的升高，DNA 条带表现出了明显的动态变化，降温期出现了新的优势条带并趋于稳定，说明堆肥不同时期的细菌群落发生了更替。对条带分布进行聚类分析，结果表明：以 55℃为界，将 14 个堆肥样品划分为 2 个族，族间的相似性仅为 13％，说明堆肥过程中常温期（＜55℃）和高温期（＞55℃）微生物群落结构差别较大。对优势条带回收测序的结果表明：在升温期，堆肥堆体中检测到 H. obtusa 和人类排泄物中的细菌；但随着温度的升高，具有纤维素降解功能的嗜热微生物嗜热纤维梭菌成为堆肥高温期的优势细菌；当堆体温度小于 55℃时出现了大量的未培养微生物（党秋玲等，2011）。

生物冶金技术不仅能有效地处理低品位矿石和难处理的尾矿，而且对环境友好，矿区微生物甚至能很好地用于矿山污染环境的修复。云南省是著名的"有色金属王国"，为了使微生物资源能够更好地服务于矿业领域，实验室重点开展了有色金属矿区微生物的多样性研究。本研究样品采集于云南省 3 个典型的有色金属矿山——兰坪铅锌矿区、北衙金矿区和文山铝土矿区。样品采用分区多点的方法采集，样品包含矿区矿石样和土样。首先通过构建细菌 16S rRNA 高变区基因文库的方法分析了 3 个矿区细菌的多样性。文库测序结果表明矿区样品中细菌种类丰富。兰坪铅锌矿基因文库聚类为 4 个类群，分别是变形菌门（Proteobacteria）、厚壁菌门（Firmicutes）、拟杆菌门（Bacteroidetes）和放线菌门（Actinobacteria）。这 4 个类群又可以细分为 27 个属，分别为水栖菌属（*Enhydrobacter*）、*Elizabethkingia*、丙酸杆菌属（*Propionibacterium*）等，优势菌群为变形菌门，占克隆总数的 51.7％，其次是厚壁菌门，占克隆总数的 25.8%；北衙金矿文库也聚类为拟杆菌门、变形菌门、放线菌门和厚壁菌门 4 个类群，可细分为 23 个属，分别为 *Hymenobacter*、沙雷氏菌（*Serratia*）、莫拉克氏菌属（*Moraxella*）等。优势菌群为变形菌门，占克隆总数的 68.3%，其次为拟杆菌门，占克隆总数的 12.5%；文山铝土矿文库包含 5 个类群，分别是变形菌门、厚壁菌门、拟杆菌门、放线菌和梭杆菌门。这 5 个类群可细分为 25 个属，分别为气单胞菌属（*Aeromonas*）、假单胞菌属（*Pseudomonas*）、志贺氏菌属（*Shigella*）等，变形菌门仍为优势菌群，占克隆总数的 69.2%，其次是厚壁菌门，占克隆总数的 20%。同时采用流式细胞术对文山铝土矿采集的 6 个样品进行了分析，结果发现除了 3 号样品不能在散点图中找到第二大优势菌群外，其余的都可以找到第二大优势菌群，散点图的分布间接证明了文山铝土矿样品中细菌多样性丰富，并显示了矿区样品中细菌群落的大致分布。研究也运用宏基因组的方法对 3 个矿区细菌多样性进行了分析，结果正在返回中。通过研究表明，云南省 3 个典型有色金属矿山——兰坪铅锌矿、北衙金矿和文山铝土矿样品中的细菌种类丰富，主要以变形菌门为主。3 个矿区有其独特细菌类群，也有相同类群的细菌，其中某些类群与未培养菌的相似度较高，说明三个矿区中可能都存在新的分类单元（邓伟，2012）。

蔗糖水解酶是蔗糖转化生成生物质能源的关键酶，且还具有重要的转糖苷功能。针对蔗糖富集的土壤环境，利用未培养的宏基因组技术对蔗糖水解相关的酶基因进行克隆。首先使用微生态分子技术对蔗糖富集的土壤样品进行分析，在可信区间为 95% 的情况下，样品覆盖率为 20%（C 指数为 0.2），物种丰富度指数为 235.0，Shannon 指数为 5.2889，说明这个蔗糖富集样品中的微生物来源具有广泛性。然后使用宏基因组技术构建这个土壤样品中微生物的 DNA 文库。成功构建一个包含约 100000 个克隆的大片段 DNA Fosmid 文库。对文库中的 Fosmid 质粒进行随机测序，发现质粒的外源 DNA 与已报道的 DNA 都没有同源性，文库所克隆的 DNA 都来源于仍没有被研究的微生物。使用蔗糖作为唯一碳源对文库进行筛选，获得了能水解蔗糖的克隆。在蔗糖水解能力最强的两个克隆中所包含的蔗糖水解酶与 GenBank 数据库中已知蔗糖酶的相似性分别为 38% 和 68%（杜丽琴等，2010）。

微生物作为环境有机物的主要分解者和环境无机物的主要转化者，在环境污染物治理和生态修复中发挥关键作用。本研究旨在通过宏基因组学手段，研究受持久性有机物、石油、重金属和氮磷污染的滨海湿地沉积物中的细菌多样性，结合地表植被和土壤理化因子，了解植物和微生物修复污染土壤的机理。取滨海湿地距表层 10cm 处土壤，提取土壤总 DNA，PCR 扩增 16S rDNA 的 V3 区，对 PCR 产物进行高通量测序（每个样品不少于 10000 个 reads），利用生物信息学方法对每条序列（read）赋予物种分类单元（门 phylum，纲 class，目 order，科 family，属 genus）（方蕾等，2014）。

大连新港"7·16"输油管道爆炸溢油事故发生后，为探究石油污染与细菌群落结构变化之间的关系及在石油生物降解过程中起重要作用的细菌菌群，本研究对大连湾表层沉积物中石油烃含量和细菌宏基因组 16S rDNA V3 区进行分析。结果表明：溢油初期 2010 年 8 月 DLW01 站位表层沉积物石油烃含量高达 1492mg/kg，符合第三类沉积物质量标准，随着时间推移，2011 年 4 月、2011 年 7 月、2011 年 12 月航次各站位沉积物中石油烃含量基本呈下降趋势，且均符合第一类沉积物质量标准；16S rDNA PCR-DGGE 方法分析表明，石油烃含量高的区域优势细菌种类少，反之则较丰富；海洋环境中同一地点的细菌群落能保持一定稳定性；大连湾石油污染沉积物中变形菌门 γ-变形菌纲和拟杆菌门一直保持较高的优势度，是在石油生物降解过程中起重要作用的细菌菌群，而厚壁菌门只在石油烃含量低的区域出现；此外，出现的对污染物敏感的嗜冷杆菌可作为石油污染指示生物进行深入研究（高小玉等，2014）。

氮的生物地球化学循环主要由微生物驱动，除固氮作用、硝化作用、反硝化作用和氨化作用外，近年还发现厌氧氨氧化是微生物参与氮循环的一个重要过程。同时，随着宏基因组学等分子生物技术的快速发展和应用，参与氮循环的新的微生物类群——氨氧化古菌也逐渐被发现。这两个重要的发现大大改变了过去人们对氮循环的认识，就近年有关厌氧氨氧化细菌、氨氧化古菌和氨氧化细菌的生态学研究进展作一简要综述（贺纪正等，2009）。

β-葡萄糖苷酶是纤维素酶系中的一种，是纤维素降解的限速酶。因此，通过构建基因工程菌以促进 β-葡萄糖苷酶的表达，是实现纤维素高效降解的有用途径。构建未培养细菌的宏基因组文库是新兴的筛选新型基因的有效方法。在本研究中，我们采用 β-葡萄糖苷酶活性筛选策略，从未培养碱性污染物宏基因组 AL01 文库中筛选到 3 个编号分别为 pGX-AG142、pGXAG313 和 pGXAG805 的阳性克隆。对它们进行 DNA 测序后进行了生物信息学分析。结果显示，这 3 个克隆的外源片段分别包含有 783bp、510bp 和 1443bp 的 ORF，分别编码 281、170、481 个氨基酸组成的蛋白质，pI/Mw 分别为 4.88/29079.25kDa、6.28/18513.32kDa、5.16/57383.4kDa。BLAST 软件分析这 3 个基因与现有数据库中的 β-葡萄糖苷酶基因没有任何 DNA 或者氨基酸的同源性，可能是新型的 β-葡萄糖苷酶编码基因。PCR 扩增这 3 个基因的 ORF 后将它们分别亚克隆到表达载体 pETBlue-2 上，然后转化至 $E.Coli$ Rosetta（DE3）plysS，平板酶活检测显示它们仍能降解底物，说明均携带了正确的读码框架。我们以大肠杆菌表达菌株 pGXAG142G/Rosetta（DE3）plysS 的表达蛋白 Bglg142 为主要研究对象，对其进行了酶学性质的初步研究，发现该酶的最适 pH 为 5.5～8.0，最佳作用温度为 50℃，K_m 值为 0.238mmol/L，V_{max} 为 10.6U/min，最适条件下酶活为 24.8U·mL。K^+、Mg^{2+}、Zn^{2+} 对酶反应有激活作用，Ca^{2+}、Co^{2+}、Cu^{2+}、Ba^{2+} 则抑制酶活。HPLC 产物分析结果确证 Bglg142 编码蛋白为 β-葡萄糖苷酶。本研究所阐述的 3 个新型 β-葡萄糖苷酶是采用未培养方法获取的，为该方法发现新基因的有效性提供了又一个有力的依据（胡婷婷，2007）。

应用 PCR-RFLP 和 rRNA 分析法研究了户用沼气池厌氧活性污泥细菌的多样性。采用直接提取法提取了户用沼气池微生物宏基因组 DNA，构建了细菌的 16S rDNA 克隆文库。随机挑取了 144 个准确含有 16S rDNA 的阳性克隆进行 PCR-RFLP 分析，聚类得到 46 个 OTUs（operational taxonomic units），其中 3 个 OTUs 是优势类群，分别占 14%、10% 和 9%，21 个 OTUs 只含有单个克隆。随机挑取了 26 个克隆进行测序，并构建了系统发育进化树。结果表明：农村户用沼气池中细菌种类较为丰富，占优势的类群分别为厚壁菌（28%）、变形菌（18%）和拟杆菌（17%），大多数 16S rDNA 序列与 GenBank 数据库中未培养细菌相似性最高（91%～99%），为进一步研究、利用沼气池能源提供了基础资料（蒋建林等，2008）。

据初步统计，生活于海洋环境包括大洋深处的微生物有 100 万种以上，构成了一个动态的遗传基因库，其中绝大多数微生物或者从来没有经过实验室培养，或者至今无法培养，因而其分类地位及其生态学功能尚未为人类所认识。随着 16S rRNA 序列分析与系统分类学的广泛应用，海洋微生物多样性研究领域已经发生了很可观的改变，这些变化极大地丰富了人们对微生物多样性及其生态功能的认识和理解。这里结合笔者近十年来的工作实践，讨论近年来在海洋微生物资源开发利用方面的研究进展，提出一个带有自动化特征的宏基因组功能表达平台，探讨海洋微生物资源利用的新途径。可以预见在不久的将来，海洋环境宏基因组工程研究将在一定程度上使得传统未培养海洋微生物基因资源及其功能产物能够为人类所开发和利用（李翔等，2007）。

煤层气是一种重要的能源资源，有生物成因和热成因两种类型。生物成因煤层气是在煤层微生物的作用下形成的。本研究通过向煤层气井中注入培养基，采用宏基因组学技术对煤层水中细菌菌群的组成多样性进行分析。结果表明，在培养基注入前后，煤层水中微生物均具有较丰富的多样性，注入前丛毛单胞菌科、甲基球菌科、假单胞菌科、鞘氨醇单胞菌科和嗜甲基菌科的微生物为优势菌种。注入 3 个月后，优势菌种主要为链球菌科、丛毛单胞菌科、嗜甲基菌科和红环菌科。注入 6 个月后，红环菌科和甲基球菌科的丰度最高。主成分分析显示，红环菌科、甲基球菌科、弯曲杆菌科、鞘氨醇单胞菌科、假单胞菌科、丛毛单胞菌科、嗜甲基菌科和链球菌科 8 个科的微生物对生物成气过程有重要影响。细菌菌群的 α 多样性从 chao1、ACE、Shannon 和 Simpson 指数进行分析，结果显示，培养基的注入能显著增加物种的多样性。本研究结果为解析煤层生物成气过程中微生物的动态变化提供了依据（刘建民等，2015）。趋磁细菌孢内的磁小体为一类由生物膜包被的纳米级磁性颗粒，其生物兼容性、分散性良好等特性使其在分子生物学、免疫学、医学、信息存储、环境重金属处理及地质学等多方面具有潜在的应用价值与理论意义。由于磁小体的形成与成链机制还不够明确，目前相关的研究主要集中在趋磁螺菌，对环境中存在的其他趋磁细菌及其磁小体的研究还存在很多困难。而以环境样品为研究对象的宏基因组学技术，在无须获得纯培养的条件下即可进行序列和功能方面的分析，因此该技术可用于环境样品中趋磁细菌与磁小体的研究。简述目前对趋磁菌磁小体形成相关基因和蛋白的研究进展，并介绍利用宏基因组学技术对环境样品中趋磁细菌以及磁小体基因和蛋白的研究，同时提出今后可进一步开展对趋磁细菌与磁小体的研究工作（刘新星等，2013）。

自然环境中大量微生物处于可生存但不可培养状态（viable but nonculturable，VBNC），实验室中微生物的可培养性通常不足 1%。造成微生物可培养性低的原因很多，其中一个主要的原因是实验室条件下缺乏细胞间交流的信号因子。过低的可培养性已经成为筛选新型天然活性产物的瓶颈。革兰氏阴性菌通常采用小分子化合物作为细胞与细胞间交流的信号分子。在培养基中加入 QS（quorum sensing）信号系统中的酰基高丝氨酸环内酯（N-acyl homoserine lactones，AHLs）和参与大多数革兰氏阴性菌基因调控的 cAMP 均能有效提高海水和淡水中浮游细菌的可培养性。但作为生物活性物质重要来源的放线菌属于革兰氏阳性菌，而革兰氏阳性菌通常使用寡肽作为信号分子。复苏促进因子 Rpf（resuscitation promoting factor）是第一个被发现的细菌的细胞因子，在皮摩尔浓度下便能促进休眠期的细菌复苏和生长。Rpf 家族蛋白广泛分布于革兰氏阳性菌中，高度保守并具有种间活性。通过在大肠杆菌中克隆表达结核分枝杆菌 $H_{37}Rv$ $rpfC$，经 IPTG 诱导，Ni^{2+} Sepharose 纯化可溶性重组蛋白；同时制备藤黄微球菌在 LMM 培养基中对数生长中后期上清（含天然Rpf）。纯化后的 rRpfC 及藤黄微球菌上清均能显著缩短休眠状态的藤黄微球菌低密度接种（100 细胞/mL）到基本培养基（LMM）中的延滞期。在重庆北碚缙云山黛湖采集水样，测定样品非生物因素：温度 15.8℃，pH 7.38，TOC 4.91mg/mL，COD_{Cr} 27.5mg/mL。部分水样 2% 戊二醛固定，PI 染色，荧光显微镜 535nm 激光波长下观察计算得出黛湖浮游细菌含量为 1.29×10^{6} 细胞/mL。将样品做 10 倍梯度稀释，MPN 法测得添加 rRpfC 及藤黄微球菌上清后水样中浮游细菌可培养数量约占细菌总数的 0.2%，与对照相当。通过改良的试剂盒法抽提宏基因组 DNA 及 MPN 法培养后的细菌总 DNA，PCR 扩增 16S rDNA V3～V5 区，DGGE 指纹图谱分析发现添加 Rpf 后细菌多样性增加，添加 rRpfC 及藤黄微球菌上清有一定差异。通过 Rpf 介导提高环境微生物的可培养性，有望筛选到之前未曾培养的新菌种，进而筛选新型天然活性产物（柳云帆，2007）。

为探明免耕土壤与普通耕作土壤环境中细菌群落的多样性，获取相关优势菌落信息，该研究利用宏基因组学方法获得免耕土和普通耕作土样品总 DNA，利用 PCR 获得 16S rDNA V3 片段，并进行变性梯度凝胶电泳（denaturation gradient gel electrophoresis），通过微生物种群丰度比较两样品中群落的丰富性，同时选取相关 DNA 条带进行克隆、测序和生物信息学分析。结果显示：免耕土壤中细菌群落多样性更加丰富；两类型土壤样品间细菌群落组成具有显著差异，证明耕作制度影响了土壤细菌群落结构。BLAST 分析与系统发生分析结果表明，免耕土壤中特异存在的细菌群落与具有生物固氮、降解甲苯和倍硫磷等特性的细菌序列相似性较高或进化关系较近，推测其在免耕土壤肥力、有毒物质降解及有机质转变等过程中起作用（马振刚等，2011）。

利用 PCR 技术对分离自我国南海的细薄星芒海绵 Stelletta tenui、皱皮软海绵 Halichondria、贪婪倔海绵 Dysidea avara 和澳大利亚厚皮海绵 Craniella australiensis 85 株细菌及南海皱皮软海绵的宏基因组进行了聚酮合酶（PKS）基因和超氧化物歧化酶（SOD）基因的筛选研究。从芽胞杆菌 C89、B111 中获得了两条 670bp 的片段，BLAST 比对结果表明该基因对应的氨基酸序列和枯草芽胞杆菌Ⅰ型聚酮合成酶基因（PKS）KS 域的相似性达 93％以上。通过系统发育分析推测芽胞杆菌 C89 和 B111 的 PKS 基因属于 trans-AT 型。接着从芽胞杆菌 C93、C123、B18、B19、B22、B27 菌株 DNA 及南海皱皮软海绵宏基因组中克隆到 7 条 480bp 的片段，BLAST 比对结果表明该基因对应的氨基酸序列和芽胞杆菌属超氧化物歧化酶（SOD）有较高的相似性，并且属于 Mn-SOD 型。通过系统发育分析结合 BLAST 结果推断 C123-SOD 是未被发现的新的 SOD。研究证明：①南海皱皮软海绵 Halichondria 和贪婪倔海绵 Dysidea avara 共附生微生物中存在 PKS 基因及 SOD 基因；也证明了皱皮软海绵宏基因组中存在 SOD 基因，并发现了新的 SOD 基因——C123-SOD。②海绵共附生微生物中芽胞杆菌属是富含 SOD 基因和 PKS 基因的菌种。16S rDNA 序列进化分析证明了带有 PKS 或 SOD 基因的 8 株芽胞杆菌属的菌株的基因多样性，发现的 PKS、SOD 功能基因同源性分析也显示较高的多样性。推测 Mn-SOD 可能在海绵共生菌芽胞杆菌与海绵的共生关系中尤其在侵入中扮演重要的角色，而 PKS 则在海绵共生菌芽胞杆菌与海绵的共生关系中起到帮助宿主防御外来侵害的作用，也为海绵活性物质的微生物来源假说提供了证据（孟庆鹏，2007）。

为了解茅台酒酒曲微生物的菌群组成结构，为其制曲工艺的稳定及质量评估提供理论依据，利用宏基因组学方法分别提取 2011～2013 年的茅台酒酒曲微生物总基因组 DNA，经 PCR 扩增 16S rDNA V4 区构建文库并测序，进行茅台酒酒曲细菌群落多样性的研究。结果表明：茅台酒酒曲微生物群落构成较稳定，主要分布于 γ-变形菌纲（50％以上）和芽胞杆菌纲（30％以上），分属于魏斯氏菌属、片球菌属、明串珠菌属、糖多孢菌属、欧文氏菌属、真丝菌属、短状杆菌属、鞘氨醇杆菌属、醋酸杆菌属、糖单胞菌属、盐单胞菌属和德库菌属；各年茅台酒酒曲细菌群落结构差异不大（唐婧等，2014）。

2013 年 1 月 8～14 日，北京出现了严重的雾霾污染。雾霾污染时高浓度的大气颗粒物增加了暴露人群的健康风险，而大气中的微生物也可能带来一些风险，但目前对雾霾污染时大气中微生物组成了解较少。本研究选取了 2013 年 1 月 8～14 日北京 7d 的 $PM_{2.5}$ 和 PM_{10} 采样样本，通过对细菌 16S rRNA 基因 V3 区扩增和 Mi Seq 测序，得到 $PM_{2.5}$ 和 PM_{10} 中的细菌群落结构特征，并将结果与相同采样样本的宏基因组测序结果及三项国外基于 16S rRNA 基因测序方法的大气中细菌研究结果进行了比较。研究发现 7d 连续采样条件下，$PM_{2.5}$ 中细菌群落结构在门和属的均差别不大。在属级别上，节杆菌属（*Arthrobacter*）和弗兰克氏菌属（*Frankia*）是北京冬季大气中细菌群落的主要类群。16S rRNA 基因测序与宏基因组测序结果对比分析发现，在属级别上，两种分析方法中有 39 个相同的属类群（两种分析方法丰度前 50 的细菌类群合并所得），弗兰克氏菌属和副球菌属（*Paracoccus*）在 16S rRNA 基因测序分析结果中相对含量较多，而考克氏菌属（*Kocuria*）和地嗜皮菌属（*Geodermatophilus*）在宏基因组测序结果中相对含量较高。在门和属的 $PM_{2.5}$ 和 PM_{10} 中细菌群落结构特征呈现出相似的规律。在门，放线菌门（Actinobacteria）在 $PM_{2.5}$ 中的相对百分比较大，而厚壁菌门（Firmicutes）在 PM_{10} 中的相对百分比较大；在属，梭菌属（*Clostridium*）在 PM_{10} 中的相对百分比较大。与三项国外基于 16S rRNA 基因测序研究结果对比发现，尽管在采样地点和采样时间上有较大差异，大气中普遍存在一些相同的细菌类群，且近地面大气细菌群落结构特征相似度较高，区别于高空对流层中细菌群落结构特征（王步英等，2015）。

氮素是影响杨树人工林生产力的最重要元素，研究杨树人工林连作和轮作氮素循环细菌类群演变动态及氮素代谢结构特征，有助于从养分循环角度揭示杨树人工林连作障碍机制。采用宏基因组测序技术，研究杨树人工林Ⅰ代林地、连作Ⅱ代林地、Ⅱ代林地主伐后轮作花生地和轮荒地土壤中氮素循环细菌类群及氮素代谢随不同连作代数及不同轮作模式的演变规律，发现参与氮素循环细菌 4 类 11 属，其中固氮细菌有拜叶林克氏菌属、慢生根瘤菌、根瘤菌属和弗兰克氏菌属，硝化细菌有硝化杆菌属和亚硝化螺菌属，反硝化细菌有假单胞菌属、罗尔斯通菌属、伯克氏菌属、芽胞杆菌属和链霉菌属，氨化细菌有芽胞杆菌属和假单胞菌属；杨树人工林连作 1 代后，土壤中参与氮素循环细菌总数增加 4.73%，土壤中氮素细菌的种类没有增减，固氮细菌的相对丰度增加 53.44%，硝化细菌的相对丰度没有变化，反硝化细菌的相对丰度增加 0.14%，氨化细菌的相对丰度增加 1.33%；与Ⅱ代林相比，花生地土壤中的氮素细菌的种类没有增减，固氮细菌的相对丰度减少 71.14%，硝化细菌、反硝化细菌和氨化细菌的相对丰度分别增加 120%、15.63% 和 20.76%；轮荒地中的土壤氮素循环细菌缺少了硝化细菌，固氮细菌的相对丰度减少 79.10%，反硝化细菌和氨化细菌的相对丰度分别增大 17.39% 和 24.56%；杨树人工林连作 1 代后，土壤中的固氮细菌代谢活性增强，硝化细菌中的硝化杆菌属的代谢活性减弱，亚硝化螺菌属的代谢活性增强，氨化细菌代谢活性减弱；与Ⅱ代林相比，轮作花生地中仅有硝化细菌的代谢活性增加，其他 3 种氮素代谢功能菌的活性都降低；轮荒地中，所有的氮素循环细菌的代谢活性均比杨树Ⅱ代林地低。杨树人工林连作 1 代后，土壤中参与氮素循环的细菌总数增加，但代谢活性降低；轮作花生后，大多数氮素代谢细菌的数量增加，但仅有硝化细菌的代谢活性明显增强；轮作可以改善连作对杨树人工林地土壤硝化细菌生长繁殖和代谢活动的影响（王文波等，2016）。自发现以来，厌氧氨氧化菌以其低能耗、无需投加外来碳源、理论上不产生 N_2O、运行工艺简单等优点成为环境工程领域的研究热点。然而由于其倍增时间长达 11d 左右，至今没有完成厌氧氨氧化菌的纯菌培养，并且代谢机理尚不完全明确，这些限制了厌氧氨氧化细菌的应用进程。2011 年 Kartal 等通过对 Candidatus Brocadiafulgida 的宏基因组分析提出了一系列氧化还原理论来解释厌氧氨氧化过程，从而明确了与厌氧氨氧化代谢相关的重要功能基因（王志彬等，2014）。

　　分别采用间接提取法和直接提取法从造纸废水纸浆沉淀物中提取宏基因组 DNA，使用含 2‰酸洗 PVPP 的 Sephadex G200 凝胶柱和电洗脱两步法进行纯化。以直接提取法获得并纯化的 DNA 为模板，PCR 扩增该环境中细菌的 16S rDNA 并构建文库。随机挑取文库克隆进行测序，BlastN 对比表明该环境中存在大量的未培养细菌，并具有种类的多样性，系统发育分析显示这些未培养细菌可分为螺旋体、变形杆菌、拟杆菌和厚壁菌 4 个群落。分别回收间接提取法和直接提取法获得的宏基因组 DNA 中 30～50kb 的片段并补平末端，以柯斯质粒 pWEB::TNC 为载体构建了两个宏基因组文库 PS1 和 PS2。以间接提取法提取的 DNA 构建的文库 PS1 含 8000 个克隆，外源总 DNA 容量为 $2.43×10^8$ bp；以直接提取法提取的 DNA 构建的文库 PS2 含 10000 个克隆，外源总 DNA 容量为 $3.53×10^8$ bp。经活性筛选从文库 PS1 中得到一个表达内切葡聚糖酶活性的克隆；从文库 PS2 中得到 2 个表达内切葡聚糖酶活性的克隆、3 个表达外切葡聚糖酶活性的克隆及 2 个表达 β-葡萄糖苷酶活性的克隆。选择文库 PS1 中的活性克隆 PS1-C64，文库 PS2 中表达不同活性克隆中活性最强的 PS2-C2、PS2-M6 和 PS2-B1 作为进一步研究的对象。经亚克隆、测序和表达鉴定了四个新的纤维素酶基因 Umcel 5F、Umcel 5L、Umcel 5M 和 Umbgl 3D。Umcel 5F 全长 1110bp，编码一个含 369 个氨基酸残基的内切葡聚糖酶，该酶与一个来自嗜酸细菌的内切葡聚糖酶（GenBank 索引号：AF40690）的同源性最高，具有 38％的一致性和 54％的相似性。Umcel 5L 全长 1521bp，编码一个含 506 个氨基酸残基的内切葡聚糖酶，该酶与大豆慢生根瘤菌的一个内切葡聚糖酶（GenBank 索引号：BAC48632）的同源性最高，具有 43％的一致性和 59％的相似性。Umcel 5M 全长 1053bp，编码一个含 350 个氨基酸残基的纤维糊精酶，该酶与产琥珀酸丝状杆菌的一个纤维糊精酶（GenBank 索引号：AAA50210）的同源性最高，具有 48％的一致性和 69％的相似性。Umbgl 3D 全长 2382bp，编码一个含 793 个氨基酸残基的 β-葡萄糖苷酶，该酶与海栖热袍菌的一个 β-葡萄糖苷酶（GenBank 索引号：AAD35119）的同源性最高，具有 46％的一致性和 61％的相似性。在 KTA explorer 100 蛋白纯化仪上使用 Source 15Q 阴离子交换柱对重组蛋白 Umcel 5F 进行纯化。以羧甲基纤维素（CMC）为底物对纯化蛋白 Umcel 5F 进行酶学特性分析，该酶的最适反应 pH 值为 6.5，最适反应温度为 55℃，K_m 为 16.44mg/mL，V_{max} 为 433.7U/mg 蛋白，该酶可在 pH 5.5～10.0 及温度低于 50℃保持活力稳定。以各种寡糖作为底物来分析 Umcel 5F 的底物特异性，薄层层析显示 Umcel 5F 对纤维二糖和纤维三糖没有水解作用，纤维四糖被完全水解为纤维二糖，纤维五糖被水解为纤维二糖和纤维三糖。对 Umcel 5F 降解 CMC 的产物进行黏度测定，结果表明随着反应时间的推移，反应产物的黏度缓慢下降，同时伴随着还原糖量的不断上升。这说明 Umcel 5F 是一个具有外切作用方式的内切葡聚糖酶。这是第一次采用未培养方法对造纸废水纸浆沉淀物的细菌多样性进行分析并从中克隆新的纤维素酶基因的研究报告（许跃强等，2006）。

　　宏基因组是特定环境全部生物遗传物质总和，决定生物群体生命现象。特定生物种基因组研究使人们的认识单元实现了从单一基因到基因集合的转变，宏基因组研究将使人们摆脱物种界限，揭示更高更复杂层次上的生命运动规律。在目前的基因结构功能认识和基因操作技术背景下，环境细菌宏基因组成为研究和开发的主要对象。环境细菌宏基因组细菌人工染色体文库筛选和基因系统学分析使研究者能更有效地开发细菌基因资源，更深入地洞察环境细菌多样性（杨官品等，2001）。根际细菌丰富多样，对植物的生长发育有重要影响。为更好地了解野生蒙桑和移植栽培蒙桑根际细菌的多样性组成和差异，本研究提取了两样本的宏基因组 DNA，利用 Roche 454 GS FLX 测序技术对样本菌群的 16S rRNA 基因的 V1～V3 区域进行测序。测序结果表明：野生蒙桑根际细菌的主导类群为变形菌门（31.62%）和酸杆菌门（19.8%）；栽培蒙桑的主导类群为厚壁菌门（89.07%），两样本的香农指数分别为 5.8 和 1.33。栽培蒙桑样本 OTUs498 的基因序列数占总样本的 78.9%，其最相近菌属为苏云金芽胞杆菌；野生蒙桑 OTUs656、OTUs556、OTUs568 和 OTUs665 占总样本的 8.17%，最相近菌属是丝状共生菌。进化分析发现两样本菌群具有各自的特异性，大都来源于同一菌门的不同菌属，分别聚类。本研究表明移栽后蒙桑根际细菌的多样性降低，主导类群也发生了变化，基于 16S rRNA 测序可以揭示根际细菌的组成结构（杨金宏等，2015）。

从自制堆肥样品中提取未培养细菌的总 DNA，用柯斯质粒 pWEB::TNC 为载体构建宏基因组文库，对文库进行筛选获得表达木聚糖酶活性的克隆，再进行亚克隆、测序分析以及 Blastx 搜索 GenBank 分析木聚糖酶基因。结果构建得到一个包含约 5 万个克隆的宏基因组文库，文库中外源 DNA 总容量约为 $1.8×10^6$ kb，获得 2 个表达木聚糖酶活性的克隆：pGXN 1050 和 pGXN 1051，鉴定分析表明：pGXN 1050 上潜在的木聚糖酶基因 Um xyn 11A 具 1 个 771bp 的 ORF（open read ing fram e），可编码含 257 个氨基酸的蛋白质，所编码产物与混合纤维弧菌（Cellvibriomixtus）的内切 1,4-β-木聚糖酶（GenBank 索引号：Z48925.1）的氨基酸序列有 46% 的一致性和 57% 的相似性；pGXN 1051 上潜在的木聚糖酶基因 um xyn 11B 具一个 723bp 的 ORF，可编码含 241 个氨基酸的蛋白质，编码产物与混合纤维弧菌的内切 1,4-β-木聚糖酶（GenBank 索引号：Z48925.1）的氨基酸序列有 73% 的一致性和 80% 的相似性。木聚糖酶 Umxyn 11A 和 Umxyn 11B 都属于糖基水解酶家族 11 的成员（张鹏等，2005）。由于黏细菌自身生长特性的限制，分离纯化的困难和耗时，极大地限制了菌种资源的开发。该文简要介绍了黏细菌的生物生理学特性，探讨了基于纯培养技术筛选黏细菌的常用方法，以及运用宏基因组技术来获得未培养或无子实体克隆菌株的流程，指出了当前在菌种筛选方面存在的主要问题，对进一步的研究开发给出了一些见解，并展望了其在医药、农业、生态环境和工业生产中的应用前景，使黏细菌得到更多研究者的重视，弥补其应用研究的不足（张宜涛等，2010）。

为了研究南方根结线虫与伴生细菌的互作及其伴生细菌多样性，采用碘海醇介质离心技术、SDS 裂解法和酚/氯仿抽提法等构建了南方根结线虫（Meloidogyne incognita）伴生细菌宏基因组 fosmid 文库，并进行文库特征分析。结果表明，该文库包含 3 万个克隆，插入片段大小分布在 30～45kb，平均长度为 40kb 左右；共计包含 1171Mb DNA；质粒在 fosmid 传代中稳定遗传，没有发现插入片段的丢失或重排。末端测序结果显示，文库中南方根结线虫序列占 2.04%，细菌序列占 44.90%，无同源序列占 53.06%；南方根结线虫伴生细菌优势种群为鞘氨醇盒菌属（Sphingopyxis）和代尔夫特菌属（Delftia）（张玉等，2009）。土壤细菌在温室土壤环境中具有十分重要的生态功能，与温室作物以及微生物内部存在互作关系。研究土壤细菌的群落结构组成，有助于了解土地利用变化与生态环境效应之间的关系。结合 16S rRNA 基因克隆文库和宏基因组末端测序对温室黄瓜根围土壤细菌的多样性进行了分析。在 16S 文库中，根据 97% 的序列相似性划分 OTUs，共有 35 个 OTUs，其中优势菌群是 γ-变形菌，其次为厚壁菌、杆菌为优势细菌。在纲分类，16S 文库和宏基因组末端测序结果均包含 γ-变形菌、α-变形菌、δ-变形菌、β-变形菌、放线菌（Actinomycetales）和厚壁菌（Firmicutes），各纲比例有差别；在优势种群属，末端测序的结果包含的属多于 16S 文库；在优势细菌种类上，两者反映的结果一致，均为 Bacillus。但是，宏基因组末端测序包含了大多数的弱势种群，更能反映细菌多样性的真实。与露地土壤细菌 16S 文库相比较，土壤细菌多样性降低，这可能与温室多年连作、种植蔬菜种类单一直接相关（赵志祥等，2010）。

三、真菌群落宏基因组研究进展

利用微生物的基因组信息预测其合成特定天然产物的潜能，进而进行新化合物分离纯化和结构鉴定的基因组挖掘技术，已经成为国内外研究的热点，并在多种细菌和真菌的天然产物发现中得到成功应用。综述了基因组挖掘技术的最新进展，包括生物信息分析和结构预测、基因组指导的天然产物的发现、沉默基因的激活和异源表达技术等，以及我国学者开发的转录组挖掘技术，并重点综述了影像质谱技术在基因组挖掘中的应用。目前对海洋放线菌进行基因组挖掘的研究还比较少，而基因组挖掘技术的发展，将极大地促进对海洋放线菌天然产物的发现和鉴定。未来除了充分挖掘可培养微生物的基因组，对未培养微生物宏基因组的挖掘将进一步深入。此外，除了开发利用基因组中合成天然产物的结构基因和调节基因，还应该充分开发利用其他不同的遗传元件，包括不同转录活性和响应不同环境条件和信号的启动子，以及具有调节作用的 RNA 等（陈亮宇等，2013）。

以东北林业大学哈尔滨城市林业示范基地 8 种人工纯林（胡桃楸、水曲柳、黄檗、白桦、兴安落叶松、樟子松、黑皮油松、红皮云杉）为研究对象，在对不同纯林的土壤酸碱度、相对含水量和电导率等基本理化性质检测的基础上，进行了各样品的土壤真菌宏基因组间差异研究，结果显示：不同人工纯林的土壤酸碱度、相对含水量和电导率都存在着显著的差异，pH 值为 4.597～7.393，相对含水量为 4.11%～10.90%，土壤电导率为 953.000～3443.333μS/cm，其中胡桃楸林的土壤 pH 值和电导率最高，兴安落叶松林相反。土壤真菌宏基因组检测发现 9 个样品土壤真菌宏基因组间存在明显的差异，9 个样品中共检测到 8 个真菌门、24 个纲、63 个目、124 个科、211 个属、362 个种。其中真菌门和真菌纲的变化最明显，主要涵盖了子囊菌门、担子菌门、壶菌门、接合菌门、球囊菌门。另外，在黑皮油松中检测到近年来新发现的子囊菌门古菌根菌纲真菌，在对照样品中检测到担子菌门柄锈菌亚门伞型束梗孢菌纲真菌，在胡桃楸和水曲柳样品中检测到球囊菌门真菌，而担子菌门黑粉菌亚门外担菌纲真菌仅在对照和红皮云杉样品中检测到。在真菌门分类，胡桃楸、水曲柳、兴安落叶松、樟子松样品中以子囊菌门真菌为优势菌种；白桦、黑皮油松、红皮云杉样品中以担子菌门真菌为优势菌种。在真菌纲分类，主要以伞菌纲真菌为优势菌种。水曲柳土样样品中发现优势菌种为子囊菌门盘菌亚门下的粪壳菌纲真菌（高微微等，2016）。

经济适用的木质纤维素水解工艺是实现纤维素乙醇商品化的关键环节。研究土壤中多样性的木质纤维素分解微生物及其酶基因资源，将为开发新型木质纤维素水解酶系奠定基础。通过对一系列不同环境不同来源的森林土壤的理化及生物酶活性分析，筛选出一组具有良好木质纤维素分解能力的酸性森林土壤样品 SD。提取样品 SD 总基因组 DNA 为模板，用特异的 16S rDNA 及 18S rDNA 引物进行 PCR 扩增，构建环境微生物的 16S rDNA 及 18S rDNA 基因文库，并对文库进行 RFLP（restriction fragment length polymorphism）分析、测序、序列分析和构建系统进化树。对该土壤细菌和真菌的菌群结构及生态功能进行分析。结果表明，从挑取的 112 个克隆中一共鉴定出 66 个不同细菌类群，主要类群包括酸杆菌（Acidobacteria）（包含 Gp1、Gp2、Gp3、Gp10 以及 Gp13 等 5 个簇），变形菌（Proteobacteria）（包含 alpha，beta，delta 和 gamma 四亚门），疣微菌（Verrucomicrobia）和未分类菌（Unclassified Bacteria）。其中，Acidobacteria 是最大的类群，含有 80 个克隆，占总克隆数的 71.5%；Proteobacteria 次之，含有 27 个克隆，占总克隆数的 24.1%。相对细菌来说，真菌菌群具有更为丰富的多样性则，鉴定出的 40 个不同的真菌带型包括 6 大类，即子囊菌（Ascomycota）（36.2%）、担子菌（Basidiomycota）（42.8%）、接合菌（Zygomycota）（13.8%）、壶菌（Chytridiomycota）（2.9%）和未分类真菌（Fungi incertae sedis）（4.3%）。其中 Basidiomycota 和 Ascomycota 是 18S rDNA 文库克隆中的主要菌型，占总菌群的 79%。分析表明 SD 土壤样品中包含有丰富的木质纤维素分解微生物，细菌有鞘氨醇单胞菌（Sphingomonas）和伯克霍尔德（Burkholderia）以及一些固氮细菌；真菌中包含有更多的参与木质纤维素分解的微生物种类，主要包括担子菌门的白蘑科（Tricholomataceae），球盖菇科（Strophariaceae）和伞菌科（Agaricaceae）；子囊菌门的圆盘菌属（Orbilia）、曲霉菌属（Aspergillus）、Phialocephala，附球菌属（Epicoccum）、茎点霉属（Phoma）和接合菌门（Zygomycota）的毛霉目（Mucorales）等。为了开发这些土壤微生物所蕴含的丰富的木质纤维素分解酶基因资源，构建了森林土壤的宏基因组文库。通过对土壤样品总基因组 DNA 大量抽提、剪切、浓缩，首先获得适合文库构建的 DNA。纯化的基因组片段插入 cosmid 黏粒，包装，转染大肠杆菌宿主，构建成功森林土壤宏基因组文库。文库包含约 230000 个克隆，随机酶切和测序分析显示，插入片段平均大小为 35kb，总库容为 8.03Gb。根据 NCBI 数据库公布的木聚糖酶基因和漆酶基因的保守序列分别设计特异性引物，扩增获得包含有漆酶基因保守区域长 121bp 的 DNA 片段，利用该片段对宏基因组文库进行原位杂交筛选。同时通过高通量功能筛选方法对文库进行了木聚糖酶、纤维素酶、淀粉酶以及蛋白酶等工业用酶的初步筛选，得到了 35 个具有明显蛋白酶水解圈的阳性克隆，进一步的分析正在进行中。我们的研究为以后对文库的进一步筛选以及将来从土壤中鉴定更多的木质纤维素水解酶奠定了坚实的基础（黄钦耿，2009）。

　　红壤是我国南方典型的土壤资源类型，该地区也是重要的粮食和经济作物产区。但近年来，水土流失、土壤生物活性下降、肥力减退及环境污染等问题已严重影响红壤地区农业经济的可持续发展。土壤微生物是土壤生态系统的重要组成部分，在土壤生态平衡、物质循环和植物养分转换等过程中起着重要的作用。长久以来，人们都是利用传统的微生物学培养方法对土壤微生物进行研究，分子生物学技术的引入为认识和了解土壤环境中微生物的多样性和功能提供了新的契机。以荒草地、菜地和马尾松林地三种土地利用方式下的江西典型红壤样品为研究对象，采用传统的培养方法、基于 16S rDNA 的 ARDRA 分析和宏基因组文库分析等方法研究了红壤的微生物数量、群落结构多样性，并进行了部分基因功能的分析和预测。通过平板计数、MPN 计数和荧光染料 DAPI 染色计数比较了三种不同的土地利用方式下的微生物数量。结果表明：菜地红壤中的细菌、真菌、放线菌的数量以及与 N 素循环相关的功能菌群数量均高于其他土地利用方式下相应微生物数量；荒草地中微生物总量随着土层深度的增加而减少；同一种土壤样品的 DAPI 染色计数结果比传统的平板计数结果高约 2个数量级。确立了适合本研究中红壤样品的土壤微生物总 DNA 提取方法。对于水田和旱地两种土地利用方式下的红壤黏土类型，间接法（blending method）提取的 DNA 分别为 0.34μg/g 干土和 0.53μg/g 干土，直接法（Zhou's method）分别为 13.62μg/g 干土和 24.32μg/g 干土。间接法的提取效率低于直接法，但所得 DNA 片段更大，纯度更高，是适合于本研究样品的土壤 DNA 提取方法。研究了分散、离心、缓冲液成分等物理、化学影响因素对间接法提取效率和纯度的影响。通过 Nycodenz 密度梯度离心法回收土壤中微生物细胞并包埋裂解获得的 DNA 片段大于 400kb，可用于大片段文库的构建。RISA 图谱表明，不同的提取方法得到的 DNA 存在差异。采用 16S rDNA 指纹法研究了菜地红壤微生物多样性和种群结构组成。分别以菜地红壤细菌总 DNA 和平板培养细菌混合后提取的总 DNA 构建 16S rDNA 文库（文库 i 和文库 m）。各挑取 100 个克隆进行 ARDRA 分析。统计分析发现，文库 i 的 Shannon-Wienner 指数、Simpson 指数、丰富度、均一度分别为 6.328、0.987、18.361 和 0.9822，均高于文库 m 中相应的多样性参数（分别为 5.248、0.961、10.954、0.787），即土壤中实际的细菌群落结构多样性要高于平板培养方法所展现的多样性。系统发育分析显示，红壤中的微生物类群分布广泛，未培养的类群居多且没有明显的优势种群，而 *Bacillus sp.* 和 *Pseudomonas sp.* 成为平板培养中的优势菌群。这也从分子生物学角度说明传统培养方法造成了红壤微生物原始群落结构的改变，在探索红壤中微生物多样性和潜力方面存在局限。采用间接法提取红壤微生物基因组 DNA，DNA 的产量约为 6.28μg/g 干土。利用高效的 TA 克隆方法构建了红壤宏基因组文库。初步估计每克土壤样品能获得 15000 个左右的克隆，外源插入片段的平均大小为 3~4kb，插入效率在 80% 以上。随机挑取克隆进行单向测序并结合生物学软件初步分析，发现其中包含新的基因序列并预测其中可能包含一些编码功能性蛋白质部分氨基酸的 ORF。文库的构建为红壤地区微生物群落结构多样性分析，生态环境的改善以及微生物基因资源的开发利用奠定基础（黄婷婷，2006）。

　　我国冰川冻土资源非常丰富，但相对国外来说，低温微生物的开发研究还比较落后，国内在低温酵母菌的研究基本为零。随着全球气候变暖逐渐加剧，冰川逐年退化，因此对低温微生物的研究迫在眉睫，由于酵母与人类生活息息相关，低温酵母菌的研究就越发显得重要，根据世界范围内目前对低温酵母菌开发利用的深度和宽度了解，也存在严重的不足，因此从天山一号冰川中分离、纯化低温酵母菌对于特殊地域低温微生物的开发与利用意义重大。利用乌鲁木齐天山一号冰川分离筛选低温酵母菌的资源，研究其遗传多样性、分子系统学能够进一步深入了解低温酵母菌的生态、生理、生化状况，从而筛选出能够极大适应低温生态环境的菌株，从而更好地了解低温微生物的系统发育情况。相信随着世界各国科学技术的不断进步以及相互交流的增加，我国对低温微生物及其相关产物的研究将取得一定的研究成果。方法：天山乌鲁木齐河源一号冰川是我国在冰川水文、气候变化、生态退缩等基础研究方面最为详尽的冰川，本研究依托新疆这种独特的低温地理环境，从天山一号冰川底部沉积层空水及融水中分离筛选耐低温酵母菌菌株，采用分离培养基以及纯化培养基分离纯化菌株，对已分离菌株的最适生长温度、最适 pH 值及耐盐性进行测试，通过纯培养方法分离冰川低温酵母菌并测序研究其系统多样性，利用 ITS 和 26S rRNA 基因序列分析确定低温酵母菌种的系统进化地位，运用分子生物学方法揭示菌株的物种多样性、系统进化关系，了解其生态生理；采用宏基因组学技术对所采集的天山冰川水样建立天山冰川低温微生物基因文库，以期得到大量来源于未培养微生物的遗传信息；从纯培养分离的低温酵母菌中筛选、纯化产低温酶菌株，包括脂肪酶、酯酶、淀粉酶、蛋白酶、果胶酶以及几丁质酶，通过选择性培养基分别测试了菌株的产胞外酶性状，并通过 MSP-PCR 指纹技术对 26S rRNA 基因高度同源性的菌株做进一步区分，研究了产胞外酶的菌株特征，以期为后续研究开发低温酵母菌的生物技术利用提供基础，并拟解决低温酶的酶源问题，特别是关于他们能够开发作为冷活性酶的一个来源和生物降解的能力研究。通过稀释平板法共分离得到 66 株可培养物，在显微镜下鉴定其确为酵母菌，且分离菌多数能产色素（68.4%），菌落颜色呈大红、橘黄、乳黄、乳白等，分离得到的低温微生物最适生长温度为 $18\sim24℃$，绝大多数属于耐冷菌。

经 26S rDNA 与 ITS 序列分析法测定后，进行系统发育分析，这些低温可培养菌株在发育树上分属于担子菌纲（Basidiomycetes）、子囊菌纲（Ascomycetes）、类酵母菌纲（yeast-like Organisms）3 个系统发育类群，其中担子菌纲为优势菌群。隐球菌属（Cryptococcus）是优势菌属，占总菌数比重最大，对冰川中可培养低温微生物多样性贡献最大，产酶比重最多，其次是红酵母属（Rhodotorula）、掷孢酵母属（Sporobolomyces）和木拉克酵母属（Mrakia）。本研究表明天山冰川是菌种保藏的天然产所，其可培养低温微生物具有丰富的多样性。采用宏基因组学技术构建天山冰川低温真菌基因克隆文库，阳性克隆体经菌液 PCR 验证、双酶切检测基因测序后得到 94 条序列，其中担子菌门（Basidiomycota）共有 14 条、子囊菌门（Ascomycota）共有 47 条、壶菌门（Chytridiomycota）1 条、未知真菌（Uncultured Fungus）32 条。文库中子囊菌门（Ascomycota）是最大的进化簇，且拟青霉属（Simplicillium sp.）和曲霉属（Aspergillus sp.）所占比重较大，分别为 17.02% 和 27.66%，未知真菌（Uncultured Fungus）居其次，分为假散囊菌属（Uncultured Pseudeurotium）与假担子菌属（Uncultured Basidiomycotd）。研究表明分子学方法比人工培养能够获得更多的遗传信息，多样性更加丰富，并能更准确地体现天山冰川中低温微生物中的真菌分布状况。本研究通过对已分离酵母菌的筛选，共获得 47 株产低温酶菌株，其中 15 株可产低温脂肪酶、21 株可产低温淀粉酶、12 株可产低温果胶酶、17 株可产低温蛋白酶、5 株可产低温几丁质酶。所得产酶菌株最适生长温度大多数为 20℃ 左右（室温下），生长温度范围基本处于 $4\sim24℃$，属耐冷菌范畴。最适生长 NaCl 浓度在 7% 左右，大多数属于微好盐菌，47 株产低温酶菌株分别属于担子菌纲、子囊菌纲、类酵母菌纲 3 个系统发育类群，其中担子菌纲为主要产酶菌群。由实验结论可知，低温酵母菌的产低温酶的能力大而丰富，因此，天山冰川中蕴藏着极其丰富多样的产低温酶微生物资源，是理想的酶源（姜远丽，2014）。

红树林土壤处于"海洋-陆地"界面潮间带环境，其生境的独特性决定了其中微生物的多样性及基因资源的珍稀性，深入开展红树林土壤微生物的研究将加快新型功能基因、新颖天然产物的发现进程。完全不依赖于平板分离的现代宏基因组学技术为充分探索不同自然生境中的微生物资源提供了有力手段。然而，将该技术实施于红树林土壤微生物的研究时，尚存在若干困难：①红树林土壤为高黏质、高有机质含量类型土壤，提取 DNA 时存在大量腐殖酸及腐殖酸类等高分子量抑制性物质的共提取等问题，造成所得 DNA 品质低下，难于进行微生物多样性分析；②DNA 提取过程中，红树林土壤中高含量的黏质极易吸附刚从微生物细胞裂解释放的大片段 DNA，造成所得 DNA 提取物中大片段 DNA 所占比率低下，难以构建大片段宏基因组文库应用于特色微生物资源的"生物探矿"。

针对上述难点，系统开展了红树林土壤 DNA 提取缓冲液的改良与应用研究；红树林土壤大片段宏基因组文库构建方法的改良与应用研究；并针对现行环境宏基因组学技术所存在的"群落结构偏差"和"基因遗漏"等瓶颈，开展了不同裂解方式对红树林土壤不同类型土著微生物细胞裂解能力的研究。获得了如下主要研究结果与结论。

① 提取土壤 DNA 时，缓冲液中的 NaCl 是决定抑制性物质共提取量高低的关键因素之一，随 NaCl 浓度的升高，腐殖酸等抑制性物质的共提取量明显下降，而 Na_3PO_4 对抑制性物质共提取量的影响却呈现完全相反的规律；PVP 在土壤微生物细胞裂解前及裂解过程中使用均增加抑制性物质的共提取量，裂解后使用反而能提高 DNA 提取物的品质；PVPP 在

土壤微生物细胞裂解前及裂解过程中使用均减少抑制性物质的共提取量，裂解后使用反而无效；CTAB 在土壤微生物细胞裂解前、裂解过程中及裂解后使用均能提高 DNA 初提物的品质；随缓冲液中 SDS 浓度的升高和裂解时间的延长，抑制性物质的共提取量明显增加；随缓冲液中 CTAB 浓度的升高，抑制性物质的共提取量逐渐减少，随裂解时间的延长，抑制性物质的共提取量表现为先增加后减少的规律；CTAB 在缓冲液中使用具有裂解微生物细胞和去除抑制性物质的双重作用，去除抑制性物质的作用占主导地位；PVP、PVPP 及 CTAB 在不同浓度及不同作用方式下使用均不改变环境样品的细菌群落结构；提取缓冲液含 1.5mol/L NaCl、2%CTAB 及 2%PVPP 时，所得红树林土壤 DNA 初提物不经纯化即可成功进行 PCR 扩增反应。

② 运用本研究改良后的原位裂解提取法能有效提高大片段 DNA 在总土壤 DNA 中的比率，该方法与电洗脱纯化法联用能高效构建红树林土壤大片段宏基因组文库。所得 4 个季节红树林土壤宏基因组文库，含 9570 个 cosmid 克隆子，每个克隆子的平均插入片段均大于 35kbp。运用功能筛选方法，从该文库中得到 1 株具有四环素抗性的克隆子，1 株产褐色色素的克隆子和 1 株具有淀粉酶活性的克隆子。

③ 通过古生菌、细菌、真菌及放线细菌特异性引物对不同裂解方法所得红树林土壤 DNA 进行 PCR 反应，结果表明：SDS、溶菌酶、液氮冻融、玻璃珠剧烈振荡、超声波、微波 6 种常规裂解方式单独应用均能裂解红树林土壤土著细菌和古生菌，均不能裂解红树林土壤土著放线细菌和真菌；SDS、溶菌酶及玻璃珠剧烈振荡 3 种方法联用时能裂解红树林土壤土著真菌；SDS、溶菌酶、玻璃珠剧烈振荡及微波 4 种方法联用时能裂解红树林土壤土著放线细菌。

④ 运用 DGGE 方法比较上述 6 种裂解方式捕捉红树林土壤土著细菌群落结构信息的能力，结果显示：没有 1 种裂解方式能获得完整的细菌群落结构信息；超声波、微波裂解法所得红树林土壤细菌群落结构与溶菌酶裂解法所得结果相似；其他 4 种裂解法所得红树林土壤细菌群落结构各不相同，每种裂解方法均含有其他方法所遗漏的物种信息。

⑤ 红树林土壤微生物胞外 DNA 包含细菌和古生菌的基因组信息，不包含放线细菌及真菌的基因组信息；同种红树植物-白骨壤根际土壤细菌群落受土壤深度及季节变化因素影响小。红树林土壤微生物宏基因组学研究平台技术的建立，不仅为潮间带特色微生物的生态学基础研究、生物技术应用研究提供了有力的技术保障，而且为其他生境宏基因组学领域的研究提供了有益借鉴（蒋云霞，2007）。

城市林业在城市生态环境建设中具有重要地位。土壤资源是森林能够持续发展与经营的必要物质基础，研究城市森林土壤养分分布情况和土壤微生物群落结构具有重要意义：为城市森林环境的管理和改良提供基础资料和理论依据，推动城市生态环境建设。以东北林业大学城市林业示范基地为取样地，采集 8 种人工林下土壤：水曲柳林、胡桃楸林、黑皮油松林、黄波罗林、兴安落叶松林、蒙古栎林、白桦林、樟子松林的土样，研究不同森林类型对林下土壤的理化性质影响，结果表明：胡桃楸林下土壤有五项指标在 8 个样品中为最高值：含水率 5.464%，pH 7.273，电导率 26.47μS/cm，有机碳含量 22.713g/kg，全氮含量 2.086g/kg。蒙古栎林下土全磷含量最高，为 0.8218g/kg，土壤全钾含量差异相对较小。相关性分析：含水率与 pH 值、电导率、全钾全氮含量显著正相关，pH 值与电导率显著正相关，有机碳与全氮显著正相关。土壤酶活性检测结果显示：土壤过氧化物酶的活性在不同林型间较为接近；多酚氧化酶的活性在胡桃楸林下土中最高，黄波罗林下土中最低；脲酶活性在胡桃楸和水曲柳林下土中数值较高，显著高于其他 6 个样品；蔗糖酶活性在胡桃楸、水曲柳、黄波罗林下土中数值较高，而在三种针叶树种土壤中活性都很低。土壤微生物群落计数实验结果表明土壤中细菌的生长呈对数曲线，真菌呈近 S 形曲线，放线菌培养的曲线在各个样品之间差异较大，白桦林下土的生长曲线，早期增长较快，稳定期到来得更早，呈现典型的对数曲线；樟子松林下土、水曲柳林下土、胡桃楸林下土等样品则生长曲线更加平缓，更趋于"匀速生长"。采用宏基因组测序技术对 8 个样品土壤细菌菌落进行 454 高通量测序，结果显示土壤细菌主要包括放线菌门（Actinobacteria）、酸杆菌门（Acidobacteria）、变形菌门（Proteobacteria）、绿弯菌门（Chloroflex）、浮霉菌门（Planctomycetes）、硝化螺旋菌门（Nitrospirae）、芽单胞菌门（Gemmatimonadetes）、疣微菌门（Verrucomicrobia），以上为优势菌门。菌门的相对丰度与土壤含水率、土壤 pH 值、土壤电导率等理化因素呈显著或极显著正/负相关。变形菌门在 8 个样品中的丰度占据最大的比例，水曲柳和胡桃楸中的比例最高，分别达到了37.86％和37.19％，是两个样品各自最优势的菌门。而其他 6 个样品中则相对丰度较低，均在20％～28％；放线菌门在 8 个样品中的丰度均占较大的比例，在兴安落叶松中林下土达到了总量的 42.7％，接近微生物总量的一半；白桦林下土和黄波罗林下土分别达到了40.3％和39.7％；而水曲柳林下土和胡桃楸林下土两个样品与其他 6 个样品表现出了极大的差异，二者均在 20％以下，但仍为优势菌门。这一结果与土壤的含水率、pH 值以及土壤电导率呈一定程度的正相关（李聪，2013）。

　　松嫩平原的盐碱地面积逐年扩大，严重限制了该区域农牧业的发展，盐碱土改良成为该地区面临的艰巨任务。研究以盐碱土地区大庆市肇州县为试验基点，对苏打盐碱地桑树/大豆间作土壤 pH 值、含盐量及土壤酶活性进行检测，以此对土壤质量进行初步评估。通过稀释平板法测定了土壤三大类微生物数量的变化，同时采用 Biolog 微孔板鉴定系统和宏基因组学分析了桑树/大豆间作土壤细菌群落结构的变化，为进一步优化这种间作方式及改良盐碱土地提供了理论依据。主要研究结论如下：土壤 pH 值、含盐量及土壤酶活性检测表明，间作种植模式下 pH 值显著低于单作而趋于中性；同时，间作降低了桑树根际土壤的含盐量。间作体系中的桑树和大豆根际土壤脲酶活性分别高于相应单作桑树和大豆。土壤过氧化氢酶和碱性磷酸酶活性也表现相同的结果，表明间作模式在改善土壤质量的同时还促进了土壤酶活性的提高。而土壤蔗糖酶活性在间作与单作处理间差异不显著。三大类土壤微生物数量可以反映土壤环境质量的变化。间作对桑树和大豆根际土壤微生物数量的影响较大。与单作相比，间作细菌和放线菌微生物总数及比例均有所增加，而真菌数量变化不显著。由此可见，细菌和放线菌对间作的反应较敏感，说明桑树/大豆间作种植模式在提高微生物数量的同时对微生物群落比例也产生了不同程度的影响。利用 BiologTM 技术研究了桑树/大豆间作对盐碱土植物根际微生物多样性的影响，结果发现：桑树/大豆间作的土壤微生物活性的平均颜色变化率（AWCD）明显高于桑树或大豆单作，其中间作大豆的 AWCD 最高，单作桑树的最低。桑树/大豆间作的土壤微生物均匀度指数高于单作，而土壤微生物的多样性指数和优势度指数间作和单作之间差异不显著。以上结果说明桑树/大豆间作改变了盐碱土根际微生物群落结构组成、提高了根际微生物群落多样性。通过主成分分析表明，桑树/大豆间作和单作的土壤微生物碳源利用模式出现分异，起引异作用主要表现为糖类、羧酸和聚合物类物质等碳源。说明盐碱土桑树/大豆间作的植物生态多样性改善了土壤微生物群落的多样性。利用 454 焦磷酸测序技术，分析桑树/大豆间作和单作种植模式下土壤细菌 16S rD-

NA 多样性差异，探究间作对土壤细菌群落结构多样性的影响。结果表明，间作桑树丰富度指数（Chao1 和 Ace）和多样性指数（Shannon 和 Simpson）均高于桑树单作，相应的间作大豆丰富度指数高于大豆单作。说明间作种植模式显著提高了微生物群落多样性。对门进行研究，其分类群所占百分比大小顺序为：变形菌门（Proteobacteria）＞酸杆菌门（Acidobacteria）＞放线菌门（Actinobacteria）＞绿弯菌门（Chloroflexi）＞拟杆菌门（Bacteroidetes）＞浮霉菌门（Planctomycetes）＞芽单胞菌门（Gemmatimonadetes）。间作种植模式在改变了大豆根际微生物主要类群的同时，对桑树根际微生物也产生了显著的影响，主要表现为：改变了各类群在群落中多度的分布状况，增加了某些特殊菌群，从而增加了碳代谢功能多样性，改变细菌群落结构。由此可知，在苏打盐碱土地区，间作种植模式在有效降低了土壤 pH 值和盐度的同时，还显著促进了土壤微生物群落多样性的提高（李鑫，2012）。

从深圳福田红树林保护区采集五种红树植物的叶、花、果、根、皮、根际土壤共 26 个样品，运用微生物纯培养技术研究了红树林环境可培养细菌、真菌和放线菌的多样性，分析了土壤含水量、盐度、pH 值、有机质、P 和 K 含量等对土壤可培养微生物（细菌、真菌、放线菌）数量的影响。通过检测分离菌株的抗肿瘤、抗白色念珠菌、抗金黄色葡萄球菌的活性，分析不同红树林样品可培养的拮抗细菌、拮抗真菌、拮抗放线菌的微生物多样性，为红树林环境微生物资源的利用提供参考依据。从深圳红树林保护区不同红树树种根际土壤混合样品及湛江红树林混合样品提取总 DNA，利用表达载体 pBluescript SK＋构建宏基因组文库，构建了一个包含 5280 个克隆子的宏基因组文库，文库外源 DNA 总容量约为 15.5Mb，平均插入片段 3.2kb。根据外源基因赋予宿主细胞的新性状对文库进行生物活性筛选。利用高通量的酶标仪法和传统的琼脂挖块法测定抗细菌（金黄色葡萄球菌 Staphylococcus aureus）、抗真菌（白色念珠菌 Candida abbicans）活性，利用 MTT 法测定细胞毒（小鼠黑色素瘤 B16 细胞）活性。得到 12 个抗白色念珠菌的中强活性克隆子，其中从深圳样品中得到 10 个，从湛江样品中得到 2 个，活性克隆子所占比例分别为 0.298％和 0.104％，其中深圳样品土壤 DNA 经 Sau 3AⅠ酶切所构建的文库得到 3 个活性克隆子，经 Bam HⅠ和 EcoRⅠ双酶切构建的文库得到 7 个活性克隆子；湛江样品土壤 DNA 经 Sau 3AⅠ酶切和经 Bam HⅠ和 EcoRⅠ双酶切所构建的文库得到活性克隆子均为 1 个。两个不同地区的红树林根际土壤 DNA 用相同的方法构建的文库筛选的抗白色念珠菌（Candida abbicans）活性克隆子的比例不同。从湛江样品中得到一个细胞毒（小鼠黑色素瘤 B16 细胞）活性克隆子。测定了 2 个抗白色念珠菌活性克隆子的外源插入片段序列，在 GenBank 中比对，发现和这两个克隆子最相似的 GeneBank 序列中，相似率最高只有 50.1％和 38.2％，都是一段未知的新的序列（刘峰，2006）。

该研究通过应用第二代测序技术（NGS），即高通量测序方法测序青海野生桃儿七根内真菌宏基因组 ITS 1 区，并依据 RDP 中设置的分类阈值对处理后的序列进行物种分类，鉴定内生真菌的群落组成。研究结果显示，测序结果经过质量控制共获得有效条带 22565 条，依据 97％的序列相似性做聚类相似性分析，获得全部样品的可分类操作单元（OTUs）共 517 个，RDP 分类依据 0.8 的分类阈值鉴定出的全部真菌可归类为 13 纲、35 目、44 科、55 属。3 个样品 LD1、LD2、LD3 中共同的优势属真菌为 Tetracladium 属（所占比例分别为 35.49％、68.55％、12.96％），样品的香农多样性指数和辛普森多样性指数分别在 1.75～2.92 和 0.11～0.32。研究结果表明，青海上北山林场野生桃儿七根内内生真菌具有较高的多样性和较复杂的群落组成，蕴含着丰富的内生真菌资源，且高通量测序技术对于研究植物内生真菌群落组成及多样性具有显著的优势（宁祎等，2016）。

利用微生物生态学方法客观分析清香大曲真菌群落结构有利于分析大曲功能，同时明确大曲功能菌。利用高通量测序法分析了冷季和热季清香白酒生产用曲真菌群落结构。结果表明，用不同的宏基因组 DNA 提供试剂盒，以及不同测序区域得到较为一致的结果，清香大曲在热季和冷季的主要真菌类群相同，主要的真菌类群有霉菌和酵母，霉菌有米根霉（*Rhizopus oryzae*）和伞枝犁头霉（*Lichtheimia corymbifera*），酵母有库德毕赤酵母（*Pichia kudriavzevii*）和扣囊复膜酵母（*Saccharomycopsis fibuligera*），2 种霉菌含量明显高于酵母，而且冷季酵母比例较热季明显减少。通过实验可以确认清香大曲主要真菌类群有米根霉、伞枝犁头霉，酵母菌则比较少，主要有扣囊复膜酵母和库氏毕赤酵母（乔晓梅等，2015）。

真菌广泛存在于自然界，在生态系统中发挥着重要的作用。随着分子生物学技术在微生物多样性研究中的广泛应用以及宏基因组学技术的出现，打破了传统微生物培养法的局限性，人们对于真菌多样性的认识日渐提高。石莉娜等（2014）主要综述了研究真菌多样性方法的主要发展历程，介绍了几种有关真菌多样性研究常用的分子生物学方法，包括基于 PCR 的克隆文库方法、变性梯度凝胶电泳、末端限制性长度多态性、实时荧光定量 PCR、荧光原位杂交、序列标签标记的高通量测序以及宏基因组技术，并且阐述宏基因组学技术在此领域蕴含的巨大发展潜力。木质纤维素是地球上储量最为丰富的可再生有机碳源，开发以木质纤维类原料替代粮食资源的燃料乙醇技术，是未来解决燃料乙醇原料成本高、原料有限的根本出路。利用分子生态学技术研究土壤木质纤维素降解过程中微生物群落结构及其动态演化规律，挖掘不同阶段的优势菌群，探索未来木质纤维素商品化利用的新策略。以西双版纳地区热带雨林土壤为研究对象，以提取的土壤总基因组 DNA 为模板，分别 PCR 扩增细菌的 16S rRNA 基因和真菌的 18S rRNA 基因，构建 16S rRNA 及 18S rRNA 基因文库，并进行了 PCR-RFLP 分析。通过对 75 个不同 RFLP 带型所代表的细菌克隆和 26 个不同 RFLP 带型所代表的真菌克隆进行了测序、分析以及系统发育进化树构建，分别分析了该土壤中的细菌和真菌群落结构。结果表明，西双版纳地区热带雨林土壤主要的细菌菌群为 Acidobacteria、Proteobacteria、Actinobacteria 和一个未分类的细菌类群。其中 Acidobacteria 是细菌菌群的绝对优势菌群，占总克隆数的 89.4%，包含 Gp1、Gp2、Gp3 和 Gp5 四个大族。而真菌菌落大致可以分为 Fungi incertae sedis、Ascomycota 和 Basidiomycota 三大菌群。Fungi incertae sedis 是第一大类群，占 63.0%，包括 Mucoromycotina 和 Unclassified Zgomycetes 两大亚类群。Ascomycota 次之，占总克隆数的 32.4%，而 Basidiomycota 在此克隆文库当中检出比例仅占克隆总数的 4.6%。从已鉴别的微生物类群中，大多数真菌类群，如 Basidiomycota 门的 *Cryptococcus* 和 *Panaeolus*；Ascomycota 门的 *Tricladium*、*Aspergillus*、*Penicillium* 和 *Neurospora* 菌属等都被报道具有木质纤维素分解能力。参与土壤中木质纤维素生物降解的微生物类群不仅具有多样性，而且降解过程按一定的次序进行，参与的微生物类群显示出明显的演替规律。以天然木质纤维素为主要培养基质，分别选取培养 8d 和 15d 的土样再次构建真菌的 18S rRNA 基因文库。随机挑取克隆子进行 PCR-RFLP 带型分析，并与先前的带型结果进行对比，统计带型比例的变化，并对新的带型（培养 8d 出现 16 个新带型、15d 出现 11 个新带型）对应的克隆测序分析。结果表明，培养的不同阶段真菌群落结构不断变化，其优势菌群也随之变化。最初，以子囊菌类营腐生的污染性机会菌数量和种类为主，随着培养时间的延长，子囊菌类逐渐减少，而担子菌类木腐菌的数量和种类逐渐增多并最终占主要优势。微生物对木质纤维素的降解主要通过分泌一系列的酶系来完成。担子菌在整个降解过程中分布具有持续的连贯性，并且它是土壤中的主要木腐菌类。我们以担子菌的木质素降解酶基因作为主要考察指标，进一步从酶基因追踪和解释微生物降解木质纤维素的演替变化规律。根据已公布的担子菌漆酶基因保守序列设计特异引物，以提取的土壤基因组总 DNA 为模板，PCR 扩增了 140bp 的担子菌种群漆酶基因铜离子结合保守区与序列。用地高辛标记此段序列作为探针，通过菌落原位杂交从已构建的西双版纳土壤宏基因组文库中筛选含有该漆酶基因片段的阳性克隆子。通过筛选大约30000 个宏基因组克隆，最终一共获得了 6 个有杂交信号的克隆子。对其中的一个阳性克隆子进行亚克隆并测序，获得的测序结果与葡糖酸内酯酶（Gluconolactonase）具有较高的同源性。葡糖酸内酯酶和漆酶同属于氧化酶家族，因此可能参与了木质素的氧化过程。继续对阳性克隆子进行分析，获得理想的漆酶基因并进行标记追踪将为研究土壤木质纤维降解微生物在土壤中的行为提供最为直接的证据（王春香，2010）。

小叶满江红（*A. microphylla*）是满江红科满江红属的水生蕨类植物。经研究相继发现在其叶腔内有共生蓝藻、内生菌的存在，形成了一种特殊的共生模式。2007 年实验室曾用 DGGE 和电子显微镜等方法对其内生细菌进行研究，率先从分子和超微结构方面证明了满江红内生细菌高度的遗传多样性，并发现至少有 5 种内生细菌是不可培养的。上述研究的延续，拟以 6 种类型的小叶满江红为材料，用 T-RFLP 方法，进一步揭示包括古细菌、真菌等在内的内生菌的遗传多态性，为建立满江红-蓝细菌共生体的宏基因组奠定基础（王瑾等，2008）。

Epichloae 内生真菌包括有性型的 *Epichloe* 属和无性型的 *Neotyphodium* 属真菌，能与禾本科植物互利共生。本研究以产子座鹅观草中的内生真菌 *Epichloe yangzii* 为实验材料，利用自行设计以及前人的 PCR 引物研究了我国 *E. yangzii* 中 NRPS 基因分布和特征；并拓展了一些 NRPS 基因研究的应用方法。

第一，从江苏、安徽、浙江 3 省 5 市 13 地采集长有子座的鹅观草属植物 200 多株，经鉴定均为 Roegneria kamoji（Ohwi）（Keng and Chen）。从中分离菌株 80 株，各菌株的菌落类型相似，选其中 20 株研究了形态学特征。菌落正面白色，棉质，质地紧密或疏松，中央隆起，背面棕色至褐色，向周围渐浅，在 PDA 培养基上生长速度为 35.5～67.5mm/21d（25℃）；分生孢子无色透明，单个顶生，卵圆形或肾形，长（3.6±0.6）～（5.8±1.2)μm，宽（2.2±0.1）～（3.5±0.8)μm；分生孢子梗单生，瓶梗状，垂直于菌丝，通常基部或近基部有隔膜，长为（14.3±2.3）～（22.7±2.4)μm，基部宽为（1.4±0.4）～（3.2±1.1)μm。这些特征与 *E. yangzii* 相符。

第二，作为提取真菌基因组 DNA 的方法，本研究对 QS（quick and safe）法进行了改良，以玻璃棒手动搅拌和研磨代替电动研磨，同时添加少许玻璃珠，便于棉质菌丝的研磨，将菌丝体于 65℃下温浴 10min。以生长在平板上的菌丝体为起始材料，整个提取过程约40min，仪器要求简单、操作简便，快速安全、省时省力，并命名为 IQS（improved quick and safe）法。用 IQS 法提取 DNA，以此为模板检测了内生真菌中的 NRPS 基因。这种快速提取法所获得的基因组 DNA 质量高，可用于后续研究。

第三，本研究采用高效的简并引物设计方法，通过 CODEHOP 在线网站根据一些保守氨基酸序列设计简并引物进行 PCR 扩增，通过氨基酸序列比对，在禾本科植物内生真菌中发现了多种保守的蛋白，其中编码合成含铁色素铁载体（Ferrichrome siderophore）的 *sidC* 基因是一种 NRPS 基因，大小为 600bp。

第四，采用 PCR 和巢式 PCR 法进行 *E. yangzii* 菌株的 NRPS 基因检测时发现我国 *E. yangzii* 菌株中广泛存在 NRPS 基因。其中，NRPS2、NRPS5、NRPS6、NRPS7、NRPS8 存在于所有供试菌株中；而其他 NRPS 基因则在供试菌株中呈现不均匀分布，*sidC* 基因在部分 *E. yangzii* 菌株中也有分布。此外，分离自同一地区的 4 株 *E. yangzii* 菌株的 NRPS 基因分布表现出一定的差异性，同一种 NRPS 基因在来自不同地点的 *E. yangzii* 菌株中也呈现一定差异性。

第五，本研究以生物碱波胺合成基因为对象，根据已知片段的保守区域设计引物，用 Tail-PCR 和普通 PCR 等技术扩增了 3 段约 3kb 的序列，拼接为 8.5kb 的 *perA* 基因。结构域分析显示该片段编码一双模块 NRPS。利用 3 对特异性引物调查我国禾本科植物内生真菌中的 *perA* 基因的分布，进一步检测我国菌株合成波胺生物碱的能力。

第六，通过对鹅观草、拂子茅、早熟禾和臭草等禾本科植物的检测发现，NRPS8 基因片段只存在于含有内生真菌的禾本科植物基因组 DNA 中，而在不含内生真菌的其他组织材料中并未发现此片段，再次验证 NRPS8 基因可特异性的检测宏基因组中内生真菌的存在与否。

因此，通过宏基因组检测的可证明：内生真菌具有宿主依赖性，只存在于与其共生的宿主体内。本研究调查了不同 *E. yangzii* 菌株的形态学特征；改良了真菌基因组 DNA 的提取方法；利用 CODEHOP 网站在线设计引物，从我国禾本科植物内生真菌中发现了 *sidC* 基因；并调查了不同采样区 *E. yangzii* 菌株中 NRPS 基因的分布；通过对基因的克隆，证明我国的 *E. yangzii* 菌株也具有波胺生物碱合成潜力；最后基于某些特殊 NRPS 基因验证禾本科植物内生真菌的宿主依赖特性，展示了 NRPS 基因研究的广阔前景（王永，2012）。

根系分泌物是植物与土壤进行物质交换和信息传递的重要载体物质，是植物响应外界胁迫的重要途径，是构成植物不同根际微生态特征的关键因素，也是根际对话的主要调控者。根系分泌物对于生物地球化学循环、根际生态过程调控、植物生长发育等均具有重要功能，尤其是在调控根际微生态系统结构与功能方面发挥着重要作用，调节着植物-植物、植物-微生物、微生物-微生物间复杂的互作过程。植物化感作用、作物间套作、生物修复、生物入侵等都是现代农业生态学的研究热点，它们都涉及十分复杂的根际生物学过程。越来越多的研究表明，不论是同种植物还是不同种植物之间相互作用的正效应或是负效应，都是由根系分泌物介导下的植物与特异微生物共同作用的结果。近年来，随着现代生物技术的不断完善，有关土壤这一"黑箱"的研究方法与技术取得了长足的进步，尤其是各种宏组学技术（meta-omics technology），如环境宏基因组学、宏转录组学、宏蛋白组学、宏代谢组学等的问世，极大地推进了人们对土壤生物世界的认知，尤其是对植物地下部生物多样性和功能多样性的深层次剖析，根际生物学特性的研究成果被广泛运用于指导生产实践。深入系统地研究根系分泌物介导下的植物-土壤-微生物的相互作用方式与机理，对揭示土壤微生态系统功能、定向调控植物根际生物学过程、促进农业生产可持续发展等具有重要的指导意义。吴林坤等（2014）综述了根系分泌物的概念、组成及功能，论述了根系分泌物介导下植物与细菌、真菌、土壤动物群之间的密切关系，总结了探索根际生物学特性的各种研究技术及其优缺点，并对该领域未来的研究方向进行了展望。

探讨不同种源浙贝母根际真菌群落多样性差异，以了解浙贝母的土壤微生态机制。利用变性凝胶梯度电泳（DGGE）和454焦磷酸测序技术检测不同种源浙贝在同一块地种植其根际真菌的多样性及组成。DGGE结果表明，本地种源（宁波种）根际真菌Shannon指数高于南通和磐安种源。测序结果显示宁波产地的浙贝根际真菌主要由子囊菌、半知菌、接合菌以及一些未知真菌组成。其中，3个种源根际大部分真菌种类相同，但每个种源均有特异性真菌。454测序结果发现磐安本地种真菌多样性高于宁波和南通等外地种，与DGGE结果相同，这可能是本地种进化适应的结果。磐安实验地的根际土真菌包括Fungi _ incertae _ sedis、Ascomycota、Mucoromycotina、Basidiomycota、Chytridiomycota等10个门，其中前5门几乎占据了整个群落的90%，其真菌的种类和数量均超过宁波实验地，充分显示出产地的差异以及宏基因组测序的优越性。磐安种根际真菌隶属于10门29科28属159种，宁波种6门20科19属136种，南通种8门37科47属289种，非根际土则隶属于7门25科24属102种。其中*Dothidea*、*Capnobotryella*、*Conidiobolus*等属仅存在于南通种，而*Pyrenochaeta*、*Glomus*、*Pseudonectria*等则只存于磐安种，暗示这些真菌的存在与浙贝母相关。种源和产地实验发现本地种的真菌多样性高于外地种，每个种源根际均有特异性真菌，说明根际真菌多样性及组成是由浙贝母种源和产区的土壤类型共同决定，而这些真菌等微生物通过与土壤-根际微生态系统的互作，反过来会进一步影响浙贝母的生长（袁小凤等，2014）。

天然木质纤维素主要由纤维素、半纤维素和木质素构成，结构复杂、性质稳定，生物降解过程周期长，降解效率低。为了研究天然木质纤维素在自然条件下的降解情况，以未经过预处理的甘蔗渣为底物，以甘蔗渣自然降解以及甘蔗渣与不同气候和植被类型森林土壤富集培养中的微生物作为研究对象，通过测定甘蔗渣降解过程中不同时期的纤维素酶和木聚糖酶活性变化情况，了解甘蔗渣的降解过程的酶活变化规律并对其进行评价分析，为后续的宏基因组学和宏蛋白质组学研究提供理论依据。在甘蔗渣自然降解过程中，随着降解的进行微生物纤维素酶和木聚糖酶的酶逐渐升高，从第42天开始一直到第120天，纤维素酶酶活和木聚糖酶酶活保持稳定并较高。因此选取经45d降解培养的甘蔗渣样品作为后续宏基因组学和宏蛋白质组学的研究时间点。在土壤富集培养中，甘蔗渣降解速度明显快于自然降解，4个样品微生物纤维素酶酶活和木聚糖酶酶活在21d左右达到平衡，随后分别达到最高值并在富集50d左右开始下降，其中土样样品XG具有最高的酶活活性并维持较长时间。所以在后续的研究木质纤维素降解过程中微生物与酶系变化演替中，选择土壤XG作为研究对象。首先运用宏基因组学和宏蛋白质组学研究策略，解析了参与甘蔗渣自然降解过程的微生物及其酶系的组成和结构。在宏基因组学研究中，提取甘蔗渣滓降解样品总基因组DNA，通过高通量测序、组装，基因预测和功能注释（CAZy）共预测755个参与糖类代谢的糖苷水解酶家族基因（GH），包括纤维素酶、木聚糖酶、淀粉酶等。进而从自然降解甘蔗渣样品中提取了总蛋白，通过iTRAQ技术，共鉴定得到26011个肽段，经过简约装配并去除杂质蛋白之后共得到2004个蛋白质，其中包括124个参与天然木质纤维素降解的酶，这些酶绝大多数是来自以子囊菌门（Ascomycota）真菌，表明在木质纤维素降解过程中真菌是主要的参与者。本研究阐释了在自然条件下天然木质纤维素降解过程初期的微生物及其酶系的组成和结构。随着研究的继续深入，最终将会揭示天然木质纤维素降解的微生物体系及其复合酶系，并详细阐释其降解过程（周俊雄，2015）。

| 第三节 | 异位发酵床的原理与结构

一、异位发酵床原理与处理工艺

1. 发酵床类型

微生物发酵床是养殖污染治理的有效方法，利用农业废弃物如谷壳、锯末、秸秆、椰糠等作为垫料，添加微生物菌剂，对猪粪便等进行发酵降解，并形成有机肥，从而免去冲洗猪舍的劳动，达到无臭味、无排放、循环利用猪粪的目的（刘波和朱昌雄，2009；武英等，2012；曹传闰等，2014）。微生物发酵床养猪发展至今出现 4 个类型的发酵床。

（1）传统猪舍与发酵床结合形成原位微生物发酵床（in situ fermentation bed）　猪舍地面直接铺上垫料（蓝江林等，2012；沙宗权，2013）。

（2）漏缝地板与发酵床的结合形成高位微生物发酵床（lower fermentation bed）　在漏缝地板的下方建设发酵床（蒋建明等，2013；陈志明，2011；李道波和吴小江，2014）。

（3）发酵饲料与发酵床结合形成饲料微生物发酵床（fodder fermentation bed）　利用猪可饲性农业副产物为垫料铺设猪舍，其上猪养，粪便排泄其上，粪便作为可饲性垫料的补充氮源和健康猪肠道微生物组的接种来源，与垫料一同发酵，形成发酵饲料提供猪取食。

（4）猪粪处理池与发酵床结合形成异位微生物发酵床（ectopic fermentation bed）　也是要介绍的一种新型养猪污染治理发酵床，在传统猪舍的周围建造一个独立的微生物发酵床，铺设有机物垫料，将猪舍的排泄物引导到异位微生物发酵床内，通过翻堆机将排泄物与发酵垫料混合，进行发酵，消纳粪污，消除臭味，实现零排放，并且生产有机肥。关于异位微生物发酵床的整体研究未见报道，现将研究结果小结如下。

2. 异位微生物发酵床原理

异位微生物发酵床是相对于原位微生物发酵床而言的。处理猪粪污染方面，异位微生物发酵床与原位的原理相似，只是异位发酵床不作为猪舍养猪，只作为集中处理养猪废弃物的固体发酵池。异位发酵床由发酵槽、发酵垫料、发酵微生物接种剂、翻堆装备、粪污管道、防雨棚等组成。异位发酵床利用谷壳、锯糠、椰糠等作为原料，加入微生物发酵剂，混合搅拌，铺平在发酵池内，将猪等动物的排泄物直接导入在发酵床上，利用自动翻堆机翻耙，使粪污和垫料充分搅拌混合，调整垫料湿度在 $40\%\sim60\%$，通过搅拌增加垫料通气量，有利于发酵微生物充分发酵，分解粪污等有机物质，同时，产生较高的温度（$40\sim60$℃）将水分蒸发，多次导入粪污循环发酵，最终转化产生生物有机肥。其技术核心在于"异位发酵床"的建设和管理，可以说"异位发酵床"效率高低决定了污染治理效益的高低。

3. 异位微生物发酵床处理工艺

异位微生物发酵床是为了适应传统养猪污染治理方法而建立的，整个工艺装备由排粪沟、集粪池、喷淋池、异位发酵床、翻堆机等组成。异位微生物发酵床处理工艺见图 1-3。猪舍内的粪污通过尿泡粪，经过排粪沟进入集粪池，在集粪池内通过粪污切割搅拌机搅拌防止沉淀，粪污切割泵打浆并抽到喷淋池，喷淋机将粪污浆喷洒在异位发酵床上，添加微生物发酵剂，由行走式翻堆机翻堆，将垫料与粪污混合发酵，消除臭味，分解猪粪，产生高温，蒸发水分。喷淋机周期性地喷淋粪污，翻堆机周期性地翻耕混合垫料，如此往复循环，完成粪污的处理，最终产生生物有机肥。

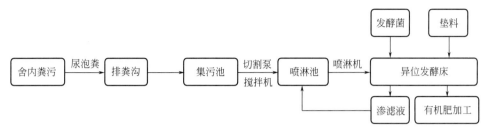

图 1-3　粪污异位微生物发酵床处理工艺流程

二、异位微生物发酵床结构设计

1. 异位发酵床结构

典型的异位微生物发酵床由钢构房、发酵池、翻堆机、喷淋泵等构成（图 1-4）。发酵池宽度为 4m，深度为 1.5m，长度为 40m（可以根据面积要求变化），一般一个发酵床由 4 个发酵池组成（可以根据面积要求变化）（图 1-5、图 1-6），两个发酵池中央有一个喷淋池，宽度为 1m，深度和长度与发酵池相同。这样，典型异位发酵床的标准体积为 $960m^3$。

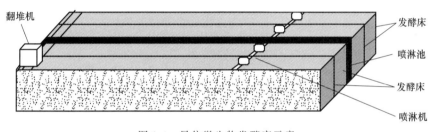

图 1-4　异位微生物发酵床示意

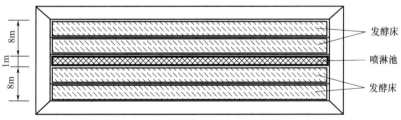

图 1-5　异位微生物发酵床俯视图

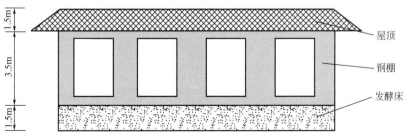

图 1-6　异位微生物发酵床侧视图

发酵池上方配有依轨道运行的翻堆机。翻堆机可升降的高度为 1～1.5m，行走速度为 4m/min，10min 完成一趟（40m），发酵床的两头有变池轨道装备，可以横向运动，翻堆机通过变池轨道从一个池变轨到另一个池，继续作业。配合翻堆机的作业，在喷淋池上方配有依轨道运行的粪污浆喷淋机，进浆管口潜入喷淋池，出浆喷头安装在横跨发酵池的水管上，每个喷头对准一个发酵池，喷淋机边行进边把喷淋池内的粪污喷淋在发酵床上，喷淋机与翻堆机共享同一套行走轨道，喷淋机行走速度为 4m/min，一次作业完成一个循环的粪污浆喷淋后，喷淋机放回发酵床一端的喷淋机架上，而后，翻堆机开始作业，如此往复循环完成粪污的喷淋吸附、翻堆混合，发酵分解。

2. 异位发酵床翻堆机设计

福建省农业科学院与福建省农科农业发展有限公司合作研发设计和生产的"轨道行走升降式异位微生物发酵床翻堆机（FJNK 型）"，实现了异位发酵床粪污喷淋，翻堆增氧，连续发酵的技术创新，广泛应用于异位发酵床有机废弃物的无害化处理。该机导轨式行走设计可前进、倒退、转弯，由一人操控驾驶。

FJNK 型-翻堆机（图 1-7）宽 4m，翻堆深 1.5m，行驶中整车骑跨在发酵池边的轨道上，由机架下挂装的旋转刀犁对发酵池垫料实施翻拌、破碎、蓬松、移堆、混合等动作，翻堆机车过之后形成新的条形垛堆，促进垫料发酵，随着物料发酵形成高温使垫料逐渐脱水，具有破碎装置的刀犁可有效地破碎发酵过程形成的板结垫料，翻拌蓬松垫料提高对粪污的吸附能力，使得异位发酵床处理效率提升，使用成本降低，从根本上解决了异位发酵床通气量制约的问题。图 1-8 为其安装状态。

图 1-7 FJNK 型-翻堆机框架

图 1-8 FJNK 型-翻堆机安装状态

FJNK 型-翻堆机特点：①适用于畜禽粪便、糟渣饼粕和秸秆锯屑等有机废弃物的发酵翻堆，广泛应用于有机肥厂、复混肥厂等的发酵腐熟和除水分作业；②适用于好氧发酵的物料翻松增氧，可与太阳能增温发酵室等配套使用，提高发酵温度；③翻堆机与移行机配套使用可实现一机多池应用的功能，运行平稳，坚固耐用，翻抛均匀；④翻堆机采用集中控制，可实现手动或自动控制，配有软启动器，启动时冲击负荷低，设计限位行程开关，起到安全和限位作业；⑤翻堆机配有刀犁液压升降系统，可在 0～1.4m 内调节升降高度，适应不同高度的物料翻堆，对物料具有一定的打碎和混合功能。

FJNK 型-翻堆机型号配置如表 1-1 所列。

表 1-1　FJNK 型-翻堆机型号配置

型号	FJNK6000×1050	FJNK5000×1050	FJNK4000×1050	FJNK3000×1050
工作宽度/m	6	5	4	3
配套动力/kW	25.74	25.74	16.25	16.25
工作速度/(m/h)	240	240	240	240
空载速度/(m/h)	480	480	480	480
发酵槽尺寸(宽×高)/mm	6000×1050	5000×1050	4000×1050	3000×1050
外形尺寸(长×宽×高)/m	6670×3920×2740	5670×3920×2740	4670×3920×2740	3670×3920×2740
搅拌刀犁升起高度/mm	1400	1400	1400	1400
翻堆能力/(m³/h)	2160	1800	1440	1080

三、异位微生物发酵床运行管理

1. 异位微生物发酵床垫料配方

采用椰壳粉、锯末、谷壳各 1/3，加入微生物发酵剂，混合搅拌，填入发酵池铺平，将粪污导入异位发酵床、翻堆机翻堆，每天多次翻堆。异位发酵床微生物迅速发酵，粪污除臭，分解猪粪，异位发酵床可连续使用，连续添加垫料，连续出有机肥。

2. 异位微生物发酵床治污能力

每吨垫料含水量达 50% 时，吸污能力为 2.2 倍，即每吨垫料第一次可以吸纳粪污（干物质 10%）1200kg，每天翻抛 2 次垫料，每天每吨垫料吸污料可蒸发水分 10%，即每天蒸发掉 120kg 水分，每天可补充（吸纳）粪污 120kg，每个月能够吸纳 3600kg 粪污，即每吨垫料每月能够处理 3t 的粪污。

3. 异位微生物发酵床治污面积

每吨垫料为约 3m³，每立方垫料每个月可以吸纳粪污 3600kg；按每头母猪平均每天产生 10kg 粪污计算，每头母猪每个月的粪污量 300kg，需要 0.083m³ 垫料来吸纳；1000 头母猪的粪污量需要的垫料为 83m³；按发酵池深度 1.5m、宽度 4m 计算，需要发酵池的长度为 55m，即 3 头母猪需 1m³ 垫料。配套一个 1000 头母猪场，可建造 30m 长、1.5m 深、4m 宽的发酵池 2 条；这样建立一个钢构房面积，加上两边走道各留 1m，发酵池两头各留 2.5m 翻堆机移位机位，总面积为 12m×35m＝420m²。育肥猪每日排泄量为 6kg，为母猪排泄量的 60%，按同样的计算方法，1000 头育肥猪需要的垫料为 49.8m³，发酵池长度为 33m，钢构房面积为 252m²，长度 22m，宽度 12m。

异位发酵床建设面积方程：

$$Y=(0.78X-91.83)/4.5$$

异位发酵床建设造价方程：

$$Y = 0.08X + 25.04$$

式中，Y 为异位发酵床建设造价，万元；X 为异位发酵床面积，m^2。

4. 异位微生物发酵床技术适用性

适用于面积大小不同的传统猪舍，猪群不与垫料直接接触，在猪场的外围建立异位微生物发酵床，将各个猪舍的粪污通过沟渠或管道，送到异位发酵床，统一发酵处理。垫料选择范围大，可以是谷壳、锯糠、椰糠、秸秆粉、菌糠等。发酵处理周期灵活，如需要生产有机肥，发酵时间可以控制在45d左右，将有机肥取出后，补充垫料，继续运行。如果不急需有机肥，垫料可以600d更换一次。异位微生物发酵床的实施过程见图1-9。

(a) 填垫料 (b) 喷淋池

(c) 发酵床 (d) 喷淋机

(e) 翻堆机 (f) 发酵状态

图1-9 异位微生物发酵床的实施过程

四、讨论

异位微生物发酵床是独立于猪舍而建造的猪粪污染治理装备，垫料配方采用椰壳粉、锯末、谷壳各1/3，加入微生物发酵剂，混合搅拌，填入发酵池铺平，将粪污导入异位发酵床，通过翻堆机每天多次翻堆。异位发酵床中的微生物迅速发酵，粪污除臭，分解猪粪。异位发酵床可以连续使用，连续添加垫料，连续出有机肥。异位微生物发酵床的技术体系包括了以下技术原理。

（1）空气对流蒸发水分原理　因地制宜的建设异位发酵床，充分利用不同季节空气流向，辅助以卷帘机等可调节通风的设施，用于控制发酵床空气的流向和流速，将异位发酵床蒸发出来的水分排出，无需额外能量。

（2）微生物发酵原理　利用粪污提供微生物以营养，促进微生物生长，在垫料上、空气中甚至各个角落都弥漫着有益菌，使有益菌成为优势菌群，形成阻挡有害菌的天然屏障，消除臭味，分解粪污，从而达到处理粪污的效果。

（3）温室凉亭效应原理　异位发酵床的阳光棚起着调节温度作用，冬暖夏凉，改善异位发酵床常年工作温度条件，在冬天，整个发酵床形成温室效应，保障发酵床垫料发酵温度，在夏季，敞开窗户，形成了扫地风、穿堂风等类似凉亭效应，防止温度过高。结合垫料管理，异位发酵床治污效果理想，但异位发酵床养猪污染治理的整体研究目前尚未见报道。

异位微生物发酵床技术体系中，核心工作部件为翻堆机，而且翻堆机的研究在国内外有过许多的报道。林家祥等（2015）设计了翻堆机避障装置，为研究翻堆机的速度和力学性能提供参考。张兴权等（2011）详细论述了滚筒式内置动力装置污泥翻堆机的结构特点、技术性能及应用效果，为我国污泥处理中的翻抛技术装备发展与进步提供了一种可供参考借鉴的工程实例。徐鹏翔等分析了堆肥方式和翻堆机的特点与适用性，提出了翻堆机的发展趋势，对国内堆肥发展形势和翻堆机的应用情况进行了分析和总结。林家祥等运用 SolidWorks 建立构件的三维模型，导入 HyperMesh 进行网格划分，得到构件前六阶非刚体固有频率和相应的振型，整机重量也减少了 24%，以验证机型设计的合理性（林家祥等，2014；林家祥和田伟，2013）。王泽民等（2013）通过 AN-SYS 求解得到刮板、主动链轮和驱动轴的固有频率与对应的模态振型。闵令强（2013）和吴昊昊（2013）模态分析的结果为刮板、主动链轮和驱动轴的进一步优化设计提供了参考依据。林家祥等（2013）运用稳健设计的方法对翻堆机工作装置进行参数设计。罗旻昊（2013）利用 SolidWorks Simulation 对翻转机构的受力进行了有限元校核。采用正交设计方法，初步选出相关因素，结合有限元分析，得出合理的、可操作的方案（田伟等，2012，白威涛等，2012；贾晓静等，2012；管福生，2012；林家祥等，2011；秦田，2011）。付君等（2011）采用先进的电气自动化控制手段操作翻堆机，极大地提升了我国有机肥翻堆机的自动化。

笔者研制的异位微生物发酵床 FJNK 型-翻堆机特点如下。

（1）具有疏松发酵床增氧的功能　异位发酵床采用耗氧发酵工艺，翻堆机疏松垫料，增加通气量，促进微生物耗氧发酵，提升发酵床处理粪污的效率。

（2）具有翻堆搅拌粉碎的性能　异位发酵床工作过程使得垫料逐步结块变硬，影响持续发酵，翻堆机在翻堆的同时具备搅拌粉碎功能，同时具有刀犁升降功能，能适应垫料的高低，有效地把黏稠的粪污、微生物菌种、垫料粉碎拌匀，为物料发酵创造了更好的好氧环境，在这种松散物料性状下，发酵温度可提升到 60～70℃维持 3～4d，达到充分发酵的目的。

（3）具有节省能耗和劳力的特点　翻堆机配套匀浆切割机和喷淋机系统，能均匀地将粪污喷淋于垫料之上，整机动力均衡适宜、耗能低、产量大，降低了粪污治理的成本，按机器技术参数测算，小型机每小时可翻拌垫料 1000m³ 左右，相当于相同时间内 200 个人同时工作，节省大量的劳动力，整个有机肥（粪污处理）生产线人员最多 4～5 个，使成品有机肥具有明显的价格优势。

（4）具有整机结构紧凑经久耐用的优势　机器整体结构合理，整机刚性好，受力平衡，简明，结实，性能安全可靠，易操控，对场地适用性强，除粗壮的机架，零部件均为标准件，使用、维护方便。

异位微生物发酵床系统研制成功，很好地解决了粪污收集，搅拌匀浆，均匀喷淋，粉碎翻堆，耗氧发酵，扩大了粪污处理能力，提高了发酵运行效率，延长了垫料使用寿命，提升了有机肥发酵质量。适应于各种传统养猪方法的污染治理，具有较高的生态效益、经济效益和社会效益。

第二章
发酵床微生物宏基因组研究方法

| 第一节 | 概述

一、发酵床的原理与优势

微生物发酵床养猪是利用植物废弃物如谷壳、秸秆、锯糠、椰糠等农业副产品制作发酵床垫料层，添加微生物发酵剂，经发酵后铺垫到猪舍，生猪（母猪、公猪、小猪、育肥猪）生活在垫料上，排泄物混入垫料发酵，利用生猪的拱翻习性和机械翻耕，使猪粪尿和垫料充分混合，通过发酵床的微生物分解猪粪，消除恶臭，发酵床形成的有益微生物群落为限制猪病源的蔓延创造了有利条件，不仅实现了猪场的零排放，而且猪粪和垫料经发酵转化还可以生产优质微生物菌肥（刘波等，2009）。同时，饲喂饲用益生菌，替代抗生素，抑制猪病发生，解决猪肉药残问题。微生物发酵床养猪具有"五省、四提、三无、两增、一少、零污染"优点。五省，即省水、省工、省料、省药、省电；四提，即提高品质、提高猪抗病力、提早出栏、提高肉料比；三无，即无臭味、无蝇蛆、无环境污染；两增，即增加经济效益、增加生态效益；一少，即减少猪肉药物残留；零污染，即猪粪尿由微生物在猪舍内降解消纳，而实现零污染（刘波等，2014）。

二、发酵床微生物群落研究进展

微生物发酵床养猪技术综合利用了微生物学、生态学、发酵工程学原理，以活性功能微生物作为物质能量"转换中枢"的一种生态养殖模式。该技术的核心在于利用活性强大的有益功能微生物复合菌群，长期和持续稳定地将动物粪尿废弃物进行降解（王远孝等，2011）。尽管以往的研究涉及发酵床的微生物群落，如刘波等（2008）研究了零排放猪场基质垫层微生物群落脂肪酸生物标记多样性，郑雪芳等（2009）利用磷脂脂肪酸生物标记分析猪舍基质垫层微生物亚群落的分化；李娟等（2014）进行了鸡发酵床不同垫料理化性质及微生物菌群变化规律研究；张学锋等（2013）研究了不同深度垫料对养猪土著微生物发酵床稳定期微生物菌群的影响；赵国华等（2015）进行了生物发酵床养猪垫料中营养成分和微生物群落研究；王震等（2015）研究了发酵床垫料中优势细菌的分离鉴定及生物学特性；但至今，发酵床微生物种类、数量、结构等方面的系统研究未见报道。其原因之一是通过传统的可培养方法分离鉴定发酵床微生物种类的工作量非常大，要完成丰富的微生物种类的调查难度很大。宏基因组测定，为发酵微生物群落的调查提供了方法。

三、基于宏基因组技术分析微生物组研究

宏基因组学是研究直接来自环境的微生物基因材料的学科，被认为是微生物学发展中的一个里程碑。通过测序分析微生物组主要包括 16Sr RNA 和宏基因组两大技术，它不仅使得对未培养或者不可培养的微生物的研究成为可能，也使得研究同一环境中的微生物在自然条件下的相互作用以及微生物和环境因子的相互作用成为可能（常秦，2012）。宏基因组学应用范围很广，如传统食醋发酵过程微生物多样性分析（聂志强等，2013）、牙菌斑微生物群落分析（陈林，2014）、牛胃菌群组成分析（彭帅，2015）、人和动物胃肠道微生物群落分析（许波等，2013）、深海样本宏基因分析（江夏薇，2013）、温室黄瓜根结线虫发生地土壤微生物宏基因组分析（赵志祥等，2010）、铅锌尾矿酸性废水微生物宏基因组分析（韩玉姣，2013）、普洱茶渥堆发酵过程中微生物宏基因组分析（吕昌勇，2013）、红树林土壤微生物宏基因组分析（蒋云霞，2007）。

宏基因组数据分析主要包括序列处理、分类、注释及统计分析 4 个环节。随着测序技术的升级，测序成本将逐步降低，而大数据分析将成为核心内容。数据具备标准化、可积累性特点，通过数据建模是未来应用的基础，培养和基于培养的功能验证将是未来的重点之一。微生物组学将阐述并调控环境与微生物组之间的关系，此领域相关研究有巨大的发展空间（盛华芳，2015）。

宏基因组分析方法是理解环境中微生物组种类、数量、结构的工具。异位发酵床与原位发酵床在猪粪发酵处理方面具有同样功能，以原位发酵床垫料微生物宏基因组为材料，阐明宏基因组测序的样本采集、样本处理、数据分析等方法，为异位发酵床微生物群落的分析提供基础和参考。

│第二节│ 基于宏基因组技术分析发酵床微生物组研究方法

一、发酵床垫料样本采集及垫料理化性质测定

实验地点位于福清渔溪现代设施农业样本工程示范基地微生物发酵床大栏养猪舍，大栏发酵床养殖面积为 $1617m^2$（33m×49m），深度 80cm，发酵床垫料由 70% 椰糠和 30% 谷壳组成。发酵床饲养 1617 头育肥猪，饲养密度为 1 头/m^2。按下表将发酵床划分为 8×4 个方格，冬季（11 月）和春季（3 月）取样两次，空间取样在各个区域内随机挖取 10cm 深度的垫料样本，深度取样分别取 0cm、20cm、40cm、60cm 深度的发酵床样本。冬季采样空间平面样本 32 个点和 3 个点 4 个深度样本 12 个，春季采样空间平面样本 32 个点和 2 个点 4 个深度样本 8 个，共 84 个样本。分别测定各垫料样本的温度、pH 值、含水量、含盐量、硝态氮和粗纤维含量等理化性质。

1-4	2-4	3-4	4-4	5-4	6-4	7-4	8-4
1-3	2-3	3-3	4-3	5-3	6-3	7-3	8-3
1-2	2-2	3-2	4-2	5-2	6-2	7-2	8-2
1-1	2-1	3-1	4-1	5-1	6-1	7-1	8-1

二、发酵床垫料的发酵程度等级划分

将垫料铺平，将色差计的出光口正对垫料，使其不露光，测定垫料跟空白垫料的色差值（ΔE）。每份垫料重复 3 次，取平均值作为该份垫料的最终值。在大量分析数据的基础上，快速而准确地判定各样本的发酵程度，并进行发酵等级划分。其中 $0 < \Delta E < 30$ 为发酵等级一级；$30 < \Delta E < 50$ 为发酵等级二级；$50 < \Delta E < 65$ 为发酵等级三级；$65 < \Delta E < 80$ 为发酵等级四级。

三、宏基因组高通量测序

（1）总 DNA 的提取　按土壤 DNA 提取试剂盒 FastDNA SPIN Kit for Soil 的操作指南，分别提取各垫料样本的总 DNA，于 $-80℃$ 冰箱冻存备用。

（2）16S rDNA 和 ITS 测序文库的构建　采用扩增原核生物 16S rDNA 的 V3～V4 区的通用引物 U341F 和 U785R 对各垫料样本的总 DNA 进行 PCR 扩增，并连接上测序接头，从而构建成各垫料样本的真细菌和古菌 16S rDNA V3～V4 区测序文库。采用扩增真菌 5.8S 和 28S rDNA 之间的转录间区的通用引物 ITS-F1-12 和 ITS-R1-12 对各垫料样本的总 DNA 进行 PCR 扩增，并连接上测序接头，从而构建成各垫料样本的真菌 ITS 测序文库。

（3）高通量测序　使用 Illumina MiSeq 测序平台，采用 PE300 测序策略，每个样本至少获得 10 万条短序列（reads）。

四、宏基因组测序数据质控

通过 PADNAseq 软件利用重叠关系将双末端测序得到的成对短序列（reads）拼接成一条序列，得到高变区的长 reads（Masella et al.，2012）。然后使用撰写的程序对拼接后的 reads 进行处理而获取去杂短序列（clean reads）：去除平均质量值低于 20 的 reads；去除 reads 含 N 的碱基数超过 3 个的 reads；reads 长度为 250～500nt。

五、分类操作单元（OTUs）聚类分析

为便于下游的物种多样性分析，将标签（tags）聚类成分类操作单元（operational taxonomic units，OTUs）。首先把 tags 中的单例标签（singletons，即对应的 reads 序列只有一条）过滤掉，因为这些单例标签可能由于测序错误造成，故将这部分序列去除，不加入聚类分析。然后，利用 usearch 软件，在 0.97 相似度下进行聚类，对聚类后的序列进行嵌合体过滤后，得到用于物种分类的 OTUs，每个 OTU 被认为可代表一个物种（Edgar，2013）。

六、分类操作单元（OTUs）抽平处理

为避免因各样本数据大小不同而造成分析时的偏差，我们在样本达到足够测序深度的情况下，对每个样本进行随机抽平处理。测序深度用 α-多样性（alpha diversity）指数来衡量。抽平的参数必须在保证测序深度足够的前提下去选取。

七、核心微生物组（core microbiome）分析

根据样本的共有 OTUs 以及 OTUs 所代表的物种，可以找到核心微生物组（core microbiome，即覆盖 90% 样本的微生物组）。OTUs 维恩图（Venn）分析。Venn 图可以很好

地反映组间共有以及组内特有的 OTUs 数目。利用 R 语言编写的 VennDiagram 软件里的 venn. diagram 函数实现。OTU 的主坐标分析 (PCoA)，可以初步反映出不同处理或不同环境间的样本可能表现出分散和聚集的分布情况，从而可以判断相同条件的样本组成是否具有相似性。利用 R 语言编写的 ade4 软件里的 dudi. pca 函数实现。

八、物种分类和丰度分析

物种注释分析：首先，分别从各个 OTUs 中挑选出一条序列作为该 OTUs 的代表序列，将该代表序列与已知物种的 16S 数据库 (网站 GreenGenes, http: //greengenes. lbl. gov) 进行比对，从而对每个 OTUs 进行物种鉴定 (McDonald et al. , 2012)；然后，根据每个 OTU 中序列的条数，得到各个 OTU 的丰度值。物种丰度分析：在门、纲、目、科、属，将每个注释上的物种或 OTUs 在不同样本中的序列数整理在一张表格，形成物种丰度的柱状图、星图及统计表等。物种热图分析：物种热图利用颜色梯度可以很好反映出样本在不同物种下的丰度大小以及物种聚类、样本聚类信息，可利用 R 语言的 gplots 包的 heatmap. 2 函数实现。

九、样本复杂度分析

(1) 单个样本复杂度分析 α-多样性也称为生境内的多样性 (within-habitat diversity)，是对单个样本中物种多样性的分析，常用的度量指标有：测定物种 (observed species) 指数、Chao1 指数、香农 (Shannon) 指数、辛普森 (Simpson) 指数以及谱系多样性 (phylogenetic diversity, PD _ whole _ tree) 指数等。利用 QIIME 软件计算样本的 α-多样性指数值，并做出相应的稀释曲线 (Paul et al. , 2004)。稀释曲线是利用已测得 16S rDNA 序列中已知的各种 OTUs 的相对比例，来计算抽取 n 个 (n 小于测得 reads 序列总数) reads 时各 α-多样性指数的期望值，然后根据一组 n 值 (一般为一组小于总序列数的等差数列) 与其相对应的 α-多样性指数的期望值做出曲线来。并作出 α-多样性指数的统计表格。

(2) 样本间复杂度比较分析 β-多样性也称为生境间的多样性 (between-habitat diversity)，反映了不同样本在物种多样性方面存在的差异大小。分析各类群在样本中的含量，进而计算出不同样本间的 β-多样性值。本分析通过 QIIME 软件，采用迭代算法，分别在加权物种分类丰度信息和非加权物种分类丰度信息的情况下进行差异计算，得到最终的统计分析结果表并做出组间的距离箱线图 (Box Plot) 及主成分分析 (principal component analysis, PCA) 展示图。

十、显著性差异分析

(1) 判别效应分析 (LEfSe) LEfSe 分析即 LDA Effect Size 分析，LEfSe 采用线性判别分析 (linear discriminative analysis, LDA) 来估算每个组分 (物种) 丰度对组分间差异效果影响的大小，可以实现多个分组之间的比较，分组比较的内部还进行亚组比较分析，从而找到组间在丰度上有显著差异的物种标记 (biomaker)，找出对组分划分产生显著性差异性影响的群落或物种 (Zhang et al. , 2013)。本分析采用 LEfSe Tools 进行 (Segata et al. , 2011)。基本分析过程如下：首先，在多组样本中采用 Kruskal-Wallis 非参数多组检验法来检测不同分组间丰度差异显著的物种；然后，在上一步中获得的显著差异物种，用成组的威尔科克森 (Wilcoxon) 秩和检验来进行组间差异分析；最后，用线性判别分析

（LDA）对数据进行降维和评估差异显著的物种的影响力（即 LDA score）。LEfse 分析可以进行本地分析也可以在线分析，在线分析的网址是 https：//huttenhower.sph. harvard. edu/galaxy/。

（2）组间差异分析　使用秩和检验的方法对不同分组进行显著性差异分析，以找出对组间划分产生显著性差异影响的物种。本分析对于两组间的差异分析采用 R 语言 stats 包的 wilcox. test 函数，对于两组以上的组间差异分析采用 R 语言 stats 包的 kruskal. test 函数。

（3）物种典型分析（CCA）/冗余分析（RDA）　即典型分析（canonical correspondence analysis，CCA）/冗余分析（redundancy analysis，RDA）。RDA 基于线性模型，CCA 基于单峰模型。CCA/RDA 主要用来检测环境因子、样本、菌群三者之间的关系或者两两之间的关系。可以基于样本的所有 OTUs，也可基于样本的优势物种或者差异物种。CCA 采用 R 语言编写的 vegan 软件的 cca 函数，RDA 采用 vegan 软件的 rda 函数。

｜第三节｜发酵床微生物高通量测序与统计工作流程

一、微生物组高通量测序

养猪发酵床微生物组高通量测序（图 2-1）和生物信息学分析工作流程（图 2-2）分别归纳为：通过 Illumina 平台（Hiseq 或者 Miseq）进行配对末端（paired-end）测序，通过 reads 之间的覆盖部分（overlap）关系拼接成长 reads，并对拼接后的 reads 进行质控，除去

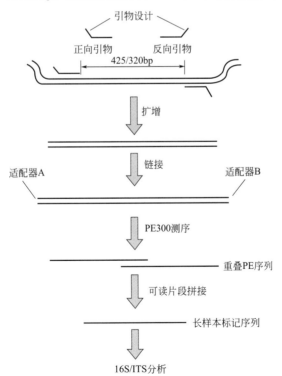

图 2-1　发酵床微生物组高通量测序的原理及工作流程

（利用 16S/ITS 特定引物扩增特异区域，得到 425/320bp 左右扩增片段。加接头，采用 Miseq 平台，测序得到 2×300bp 的 paired-end 数据，通过拼接，可以得到较长序列，从而进行 16S/ITS 分析。）

平均质量值低于 20 的 reads，除去 reads 含 N 的碱基数超过 3 个的 reads；reads 长度为 250～500nt，得到 clean reads（图 2-1）。

二、短序列去杂

测序处理后得到的去杂短序列（clean reads），进入生物信息学分析。通过拼接→去杂统计→OTU 聚类→抽平处理→序列选择→分类比对→丰度统计等，得到发酵床微生物种类的分类操作单元（OTUs），为微生物群落分析提供基础（图 2-2）。

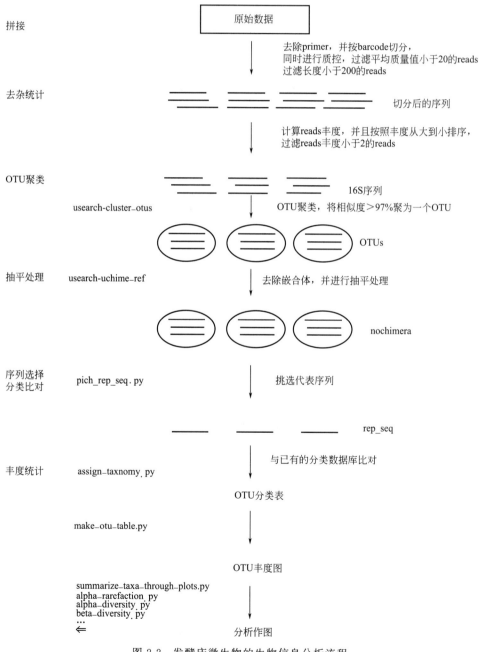

图 2-2　发酵床微生物的生物信息分析流程

|第四节| 微生物发酵床细菌分类操作单元（OTU）分析

一、发酵床细菌分类操作单元（OTU）提取

将序列完全一样的去低值 reads（clean reads）归为一种标签（tag），统计每条 tag 对应的丰度（即 reads 数目），然后将 tags 根据其丰度大小进行排序，将其中的单例标签（singletons，即对应 reads 只有一条的序列）过滤掉，因为单例标签可能由于测序错误造成，故将这部分序列去除，否则不能进行后期分类操作单元（OTU）聚类。利用 usearch7.0 软件，在 0.97 相似度下进行聚类，对聚类后的序列进行嵌合体过滤后，得到用于物种（OTUs），最后将所有去低值 reads 比对到 OTUs 序列上，将能比对上 OTUs 的 reads 提取出来，得到最终的比对 reads（mapped reads）（表 2-1）。从表 2-1 可知，发酵床不同深度层次的垫料微生物测序标签数（tags）、单一序列数（singleton）、对比序列数（mapped reads）、去杂序列数（clean tags）、分类操作单元数（OTUs）存在显著差异。用微生物发酵床夏季和冬季 2 个季节垫料进行微生物宏基因组测序，2 个季节共采样 84 个样本，分析结果表明，总体趋势是发酵床表层和底层的相应数值较小，中间层的相应数值较大。统计各个样本每个 16S rRNA-OTUs 中的丰度信息，一共产生 154556 个 16S rRNA-OTU（表 2-1），平均每个样本有 1862.12±505.96 个 OTUs。分析结果表明养猪发酵床垫料中的微生物 OTUs 种类非常丰富。

表 2-1　养猪发酵床样本数据和 16SrRNA 部分 OTUs 统计

发酵床空间样本 (sample name)	标签 (tags)	单例标签(singleton)		比对序列(mapped reads)		去杂标签 (clean tags)	分类操作单元 (OTUs)
		数量	百分比 P/%	数量	百分比 P/%		
S1.1.1(S1 0cm)	94647	54256	57.3246	3345	3.5342	61329	1647
S1.1.2(S1 20cm)	109136	60098	55.0671	3031	2.7773	74752	2196
S1.1.3(S1 40cm)	96491	49476	51.2753	1225	1.2695	76527	2428
S1.1.4(S1 060m)	112998	60340	53.3992	3015	2.6682	80082	2214
S1.2.1(S2 0cm)	124999	45227	36.1819	737	0.5896	113803	1825
S1.2.2(S2 20cm)	109998	63017	57.2892	2510	2.2819	80422	2398
S1.2.3(S2 40cm)	110447	56751	51.3830	3153	2.8548	79703	2126
S1.2.4(S2 60cm)	123999	59013	47.5915	3612	2.9129	92364	1494

注：第一列 sample name 是样本名称，S1.1.1 代表样点 S1，1 的表层，顺序下去为 20cm、40cm、60cm 层的样本；第二列 tags 是将测序数据经过拼接和质控后得到的长 reads 数目；第三列 singleton 是 singleton 的条数；第四列 singleton（%）是 singleton 占 clean reads 的比例；第五列 mapped reads 是比对上 OTUs 的 clean reads 的条数；第六列 mapped reads（%）是比对上 OTUs 的 reads 占 clean reads 的比例；第七列是过滤掉单拷贝和嵌合体后的 clean tags；第八列 OTUs 是样本所含有的 OTUs 个数。

二、发酵床细菌分类操作单元（OTU）比对

对原始数据进行质量检验（QC）后，用 usearch7.0 软件对数据进行去嵌合体和聚类的操作，usearch7.0 软件聚类时，先将 reads 按照丰度从大到小排序，通过 97% 相似度的标准聚类，得到 16S rRNA 分类操作单元（OTUs），每个 OTUs 被认为可代表一个细菌物种。在聚类过程中利用从头测序（de novo）方法去除嵌合体（chimeras）。接下来对每个样本的

标签（tags）进行随机抽平处理以保证数据质量，提取对应的 OTUs 序列。然后使用微生物生态学数量评估软件（quantitative insights into microbial ecology，QIIME，QIIME v 1.9.0），做 α-多样性指数稀释曲线。根据稀释曲线选择合理的抽平参数，利用 QIIME 软件对得到的抽平后的分类操作单元（OTUs）进行分析，首先从 OTUs 中分别提取一条 reads 作为代表序列，将该代表序列与核苷酸数据库（ribosomal database project，RDP）的 16S rRNA 比对，从而对每个 OTUs 进行细菌物种分类。归类后，根据每个 OTUs 中序列的条数，从而得到 OTUs 物种含量丰度，最后根据该 OTUs 丰度表进行后续分析（表 2-1）。

三、发酵床细菌分类操作单元（OTU）抽平处理

由于不同样本对应的 reads 数量差距较大，为了保证后期分析结果合理，我们对每个样本的数据进行随机抽平处理，抽平参数根据 alpha 多样性指数的稀释曲线来确定。α-多样性反映的是单个样本内部的物种多样性，包括测定物种指数（observed species）、丰富度 Chao1 指数，香农（Shannon）多样性指数以及辛普森（Simpson）优势度指数，谱系多样性指数（PD whole tree）等。测定物种指数（observed species）和 chao1 指数反映样本中细菌群落的丰富度（species richness），即简单指细菌群落物种总的数量，而不考虑细菌群落每个物种的丰度情况。这 2 个指数对应的稀释曲线还可以反映样本测序量是否足以覆盖所有类群。为了对各样品进行定量比较分析，根据发酵床细菌群落 α-多样性分析结果，结合测序饱和度和样本信息完整性，对各样本的测序数据进行随机抽平处理。根据分析结果，我们从发酵床部分样本的测序结果中随机抽取 60623 条 reads，进行各样本的各 OTU 丰度计算，分析部分结果见表 2-2。可以看出发酵床 S（1，1）点表层垫料的细菌种类（OTUs）为 1643，20cm 深度垫料细菌种类（OTUs）为 2055 等，说明发酵床不同深度垫料的细菌种类（OTUs）差异显著。

表 2-2   发酵床部分样本微生物群落 OTUs 抽平统计

样本名称(sample name)	短序列 reads	分类操作单元 OTUs
S1.1.1(0cm 深度)	60623	1643
S1.1.2(20cm 深度)	60623	2055
S1.1.3(40cm 深度)	60623	2266
S1.1.4(60cm 深度)	60623	2041

注：第二列 even_reads_num 是抽平的 reads 数，第三列 final_OTUss 是抽平后样本所含有的 OTUs 个数。

四、发酵床细菌分类操作单元（OTU）稀释曲线

微生物多样性分析中需要验证测序数据量是否足以反映样本中的物种多样性，稀释曲线（丰富度曲线）可以用来检验这一指标，评价测序量是否足以覆盖所有类群，并间接反映样本中物种的丰富程度。稀释曲线是利用已测得 16S rDNA 序列中已知的各种 OTUs 的相对比例，来计算抽取 n 个（n 小于测得 reads 序列总数）reads 时出现 OTUs 数量的期望值，然后根据一组 n 值（一般为一组小于总序列数的等差数列，如 0、2×10^4、4×10^4、6×10^4、8×10^4 等）与其相对应的 OTUs 数量的期望值做出曲线来。

当曲线趋于平缓或者达到平台期时，也就可以认为测序深度已经基本覆盖到样本中所有的物种；反之，则表示样本中物种多样性较高，还存在较多未被测序检测到的物种。图 2-3 展示了发酵床垫料样本细菌 chao 指数和测定物种指数（observed species）的稀释曲线图。

结果显示，各样本均具有较好的物种丰富度，且不同样本的物种丰富度存在明显差异；在测序达到一定深度后，各样本的 Chao 指数和测定物种指数的稀释曲线趋于平缓或者达到平台期，表明测序深度已经基本覆盖到样本中所有的物种。同时，与其他样品相比，图 2-3 中最下方的 4 条曲线表示这 4 个样品中的物种多样性明显偏低。

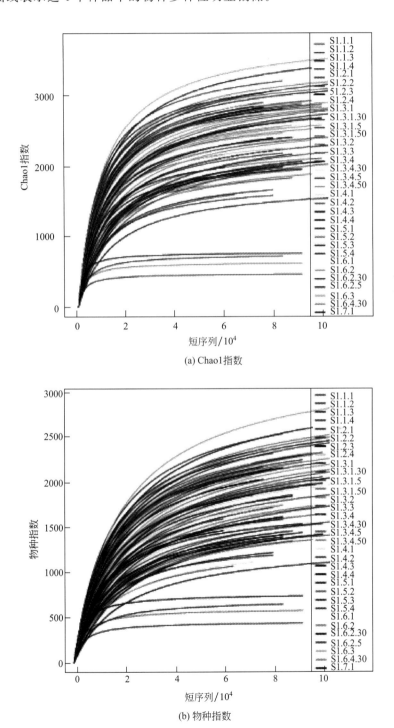

(a) Chao1 指数

(b) 物种指数

图 2-3　发酵床微生物（OTUs）的测定丰富度 Chao1 指数
和物种指数（observed species）稀释曲线

五、发酵床细菌分类操作单元（OTU）群落 α-多样性

香农（Shannon）多样性指数以及辛普森（Simpson）优势度指数反映群落的物种多样性（species diversity），受样本细菌群落中物种丰富度（species richness）和物种均匀度（species evenness）的影响。相同物种丰富度的情况下，群落中各物种均匀度越大，则认为群落多样性越高，同样，Shannon 指数和 Simpson 指数值越大，说明个体分分布越均匀。如果每一个体都属于不同的种，Shannon 指数和 Simpson 指数就大，如果每一个体都属于同一种，则 Shannon 指数和 Simpson 指数就小。图 2-4 展示了发酵床垫料部分样本的 Shan-

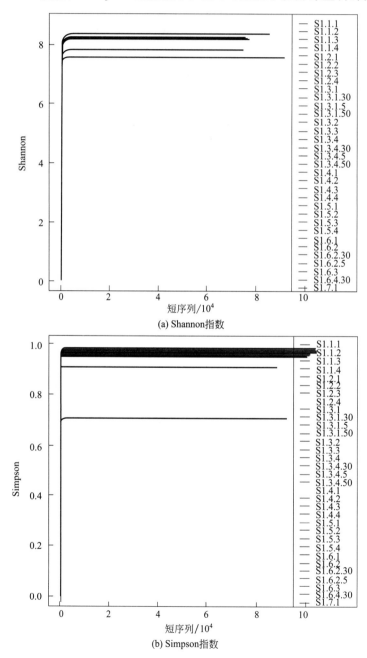

(a) Shannon指数

(b) Simpson指数

图 2-4 发酵床部分样本微生物（OTUs）α-多样性指数稀释曲线

non 指数和 Simpson 指数稀释曲线图。结果表明，绝大多数样本的 Shannon 指数和 Simpson 指数稀释曲线很快就达到了平台期，说明各个样本均具有较好的物种多样性，而且不同个体属于不同种的可能性大，物种均匀度大。

六、发酵床部分样本微生物（OTUs）物种谱系演化

α-多样性指数（PD whole tree and Goods coverage）稀释曲线（图 2-5）。该指数反映了样本中细菌物种谱系演化的差异。谱系多样性指数（PD whole tree）越大说明物种谱系演化差异越大。测序深度指数（Goods coverage）反映了测序的深度，指数越接近于 1，说明测序深度已经基本覆盖到样本中所有的物种。图 2-5 展示了样本谱系多样性指数和测序深度

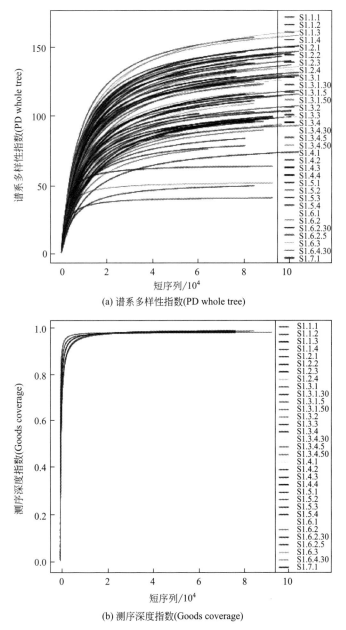

(a) 谱系多样性指数(PD whole tree)

(b) 测序深度指数(Goods coverage)

图 2-5　发酵床部分样本微生物（OTUs）物种谱系演化 α-多样性指数稀释曲线

指数的稀释曲线。图中一条曲线代表一个样本，横轴表示从某个样本中随机抽取的 clean reads 数目，纵轴表示该 reads 数目对应的 α-多样性指数的大小。在测序深度指数的稀释曲线中，随着测序深度的增加，当曲线趋于平缓时，表示此时测序深度已经基本覆盖到样本中所有的物种，测序数据量比较合理。从图 2-5 可以看出，我们的每一个样品均获得了高质量的测序深度，能覆盖样品中的所有物种信息。

│第五节│微生物发酵床核心微生物组（OTUs）分析

一、发酵床微生物组共有 OTUs 数与覆盖样本数关系

基于 16S rRNA 基因信息的系统分类结果与基于全基因组信息的分类结果很相似，并且消除了克隆问题，可以综合研究各个可变区，分析方法也相对成熟，广泛应用于核心微生物组（core microbiome）的研究。以微生物发酵床垫料样本为例，对采集的夏季和冬季的 84 个样本分别进行宏基因组分析，列出各样本的细菌种类分类操作单元（OTUs），对各样本共有的 OTUs 进行统计。

分析结果见图 2-6，展示了微生物发酵床垫料各样本共有细菌种类（OTUs）数与覆盖样本数的关系，图中横坐标表示的是覆盖一定比例以上（如＞0.5、＞0.6、＞0.7、＞0.8、＞0.9 等）样本的共有细菌种类（OTUs）数目的比例，纵坐标是统计的覆盖大于此比例样本的共有细菌种类（OTUs）数目。例如，若一个细菌种类（OTUs）覆盖 50％以上的样本，则在＞0.5 的横坐标所对应的纵坐标的细菌种类（OTUs）数目为 1200 种（OTUs），覆盖 60％以上的样本细菌种类数目（OTUs）为 880 种，以此类推，覆盖样本越高的细菌种类（OTUs）其数量越少，覆盖 100％样本的细菌种类（OTUs）则非常少（图 2-6）。

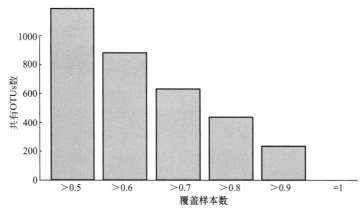

图 2-6　发酵床微生物共有 OTUs 数与覆盖样本数的关系

二、微生物发酵床冬季和春季共有与特有微生物组（OTUs）分析

在 0.97 的相似度下，得到了发酵床垫料每个样本的 OTUs 个数，利用维恩图（Venn）展示多样本共有和各自特有细菌物种（OTUs）数目，直观展示样本间物种重叠情况。结果表明，微生物发酵床冬季样本（S1）（40 个）和春季样本（S2）（44 个）鉴定到的细菌种类

（OTUs）数目分别为 5472 和 6858 个，冬季和春季特有的 OTUs 数目分别为 598 和 1984 个，春季的 OTUs 比冬季略丰富，而共有的 OTUs 数目为 4874 个，说明垫料的微生物群落具有一定的稳定性（图 2-7）。

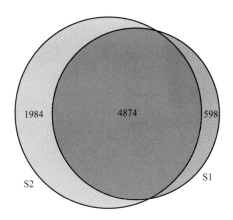

图 2-7　微生物发酵床冬季样本（S1）和春季样本（S2）的细菌种类（OTUs）Venn 图分析
（不同颜色图形代表不同样本或者不同组别，不同颜色图形之间交叠部分数字为两个样本或两个组别之间共有的 OTUs 个数。同理，多个颜色图形之间交叠部分数字为多个样本或组别之间共有 OTUs 个数）

三、发酵床微生物组（OTUs）丰度主成分分析

主成分分析（principal component analysis，PCA）是一种分析和简化数据集的技术。主成分分析经常用于减少数据集的维数，保持数据集中的对方差贡献最大的特征。通过保留低阶主成分，忽略高阶主成分。保留的低阶成分往往能够最大限度地保留数据的重要特征。PCA 运用降维的思想，通过分析不同样本 OTUs（97％相似性）组成可以反映样本的差异和距离，将多维数据的差异反映在二维坐标图上，坐标轴取值采用对方差贡献最大的前两个特征值。两个样本距离越近，则表示这两个样本的组成越相似。

不同处理或不同环境间的样本，可表现出分散和聚集的分布情况，从而可以判断相同条件的样本组成是否具有相似性。以微生物发酵床两个季节的部分样本进行分析说明，结果表明，微生物发酵床两个季节的部分样本的微生物组成具有一定的相似性（图 2-8）。分析结果表明，两个季节共有的种类主要集中在第 1 象限，种类较多，表明微生物群落具有稳定性；春季 S2 独有的种类主要分布在第 3 象限，分布较为分散，表明中间差异较大；冬季 S1 独有的种类主要分布在第 4 象限，分布较为集中，表明中间差异较小。

四、发酵床微生物组（OTUs）秩-多度曲线

秩-多度曲线（rank abundance curve）能同时解释样本所含物种的丰富度和均匀度。物种的丰富程度由曲线横轴的长度来反映，物种的相对丰度由纵坐标的长度来反映；物种组成的均匀程度由曲线整体斜率来反映，曲线斜率越大则表示样本中各物种所占比例差异较大，分布越均匀。如图 2-9 所示，微生物发酵床冬季和春季 84 个样本的曲线在横轴上均在 10^3 左右，说明各样本具有较高的丰富度；各曲线的斜率相对较大，表明各样本的均匀度较好，且样本间的均匀度存在一定差异。

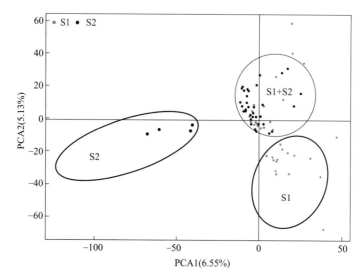

图 2-8 基于分类操作单元（OTUs）微生物发酵床细菌种类丰度主成分分析

（横坐标表示第一主成分，括号中的百分比则表示第一主成分对样本差异的贡献率；纵坐标表示第二
主成分，括号中的百分比表示第二主成分对样本差异的贡献率。图中点分别表示各个样本。
不同的点代表样本属于不同的分组，冬季 S1 和春季 S2）

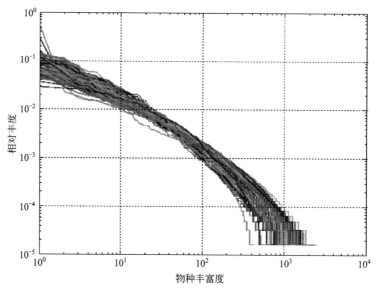

图 2-9 微生物发酵床冬季和春季 84 份样本的秩-多度曲线

五、发酵床微生物组（OTUs）物种累积曲线

物种累积曲线（species accumulation curves）用于描述随抽样量增加物种数量增加的
状况，是理解和预测物种丰富度（species richness）的有效工具，利用物种累积曲线不仅
可以判断抽样量充分性，在抽样量充分的前提下，运用物种累积曲线可以对物种丰富度
进行预测。对微生物发酵床冬季和春季 84 个垫料样本细菌物种（OTUs）测序结果进行
抽样，分析结果如图 2-10 所示。随着抽样 reads 的增加，垫料样本的物种累积曲线迅速趋

于平缓，最后达到平台期，说明样本测序深度符合要求，同时说明各样品具有较好的物种丰富度。

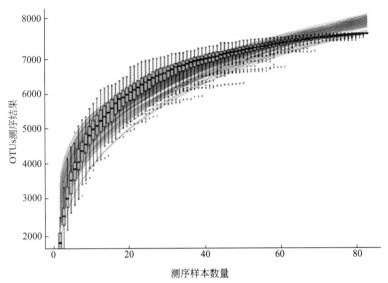

图 2-10　微生物发酵床冬季和春季 84 个样本测序结果物种累积曲线分析

六、发酵床微生物组（OTUs）分类阶元数量分布

统计结果见表 2-3。从各个 OTUs 中挑选出丰度最高的一条序列，作为该 OTU 的代表序列。使用核苷酸数据库（RDP）比对方法，将该代表序列与已知物种的 16S rRNA 数据库进行比对，从而对每个 OTU 进行物种归类。微生物发酵床样本共鉴定出细菌分类操作单元（OTUs）总数为 7456，每个样本可鉴定的分类操作单元（OTUs）为 1643～2467，其中可鉴定到科的 OTUs 有 4886 个，可鉴定到属的 OTUs 有 2351 个，可鉴定到种的 OTUs 有 246 个。

表 2-3　微生物发酵床选择样本细菌分类操作单元（OTU）统计

项　　目	数　　量
细菌分类操作单元总数	7456
细菌科分类操作单元总数	4886
细菌属分类操作单元总数	2351
细菌种分类操作单元总数	246
每个样本最小分类操作单元	1643
每个样本最大分类操作单元	2467

七、发酵床微生物组（OTUs）丰度柱状图分析

书后彩图 1 列出了微生物发酵床所有 84 份样本门分类阶元物种（OTUs）含量前 20 位的物种的组成与丰度柱状图。结果表明，丰度在前 5 位的分别是放线菌门（Actinobacteria）＞厚壁菌门（Firmicutes）＞变形菌门（Proteobacteria）＞拟杆菌门（Bacteroidetes）＞绿弯菌门（Chloroflexi），与一般的土壤样本（变形菌门含量最高）存在明显差异，说明微生物发酵床具有独特的生境类型。

八、发酵床冬季和春季微生物组（OTUs）丰度柱状图分析

分析见图 2-11。将发酵床冬季和春季分别作为样本，两个样本细菌物种门分类阶元（OTUs）的相对丰度在前 5 位的也是放线菌门（Actinobacteria）＞厚壁菌门（Firmicutes）＞变形菌门（Proteobacteria）＞拟杆菌门（Bacteroidetes）＞绿弯菌门（Chloroflexi）。

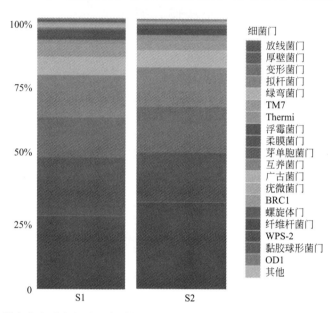

图 2-11　微生物发酵床冬季和春季样本 TOP20 门分类（OTUs）组成与丰度柱状图
（横轴为分组名称，纵轴为相对丰度的比例。颜色对应不同物种名称，
色块长度表示该色块所代表的物种的相对丰度的比例）

九、发酵床微生物组（OTUs）物种丰度热图分析

分析结果见书后彩图 2。物种热图（heatmap）是以颜色梯度来代表数据矩阵中数值的大小，并能根据物种或样本丰度相似性进行聚类的一种图形展示方式。聚类结果加上样本的处理或取样环境分组信息，可以直观观察到相同处理或相似环境样本的聚类情况，并直接反映了样本的群落组成的相似性和差异性。微生物发酵床冬季和春季样本中的细菌种类分别在门、纲、目、科、属、种分类等级进行 heatmap 聚类分析。纵向聚类表示所有物种在不同样本间的相似情况，距离越近，枝长越短，说明样本的物种组成及丰度越相似。横向聚类表示该物种在各样本丰度相似情况，与纵向聚类一样，距离越近，枝长越短，说明两物种在各样本间的组成越相似。

十、发酵床微生物组（OTUs）物种丰度星图分析

图 2-12 展示了发酵床冬季和春季 84 份样本属丰度在前 10 位的细菌物种（OTUs）整理的星图（starmap），每个星形图中的扇形代表一个物种，用不同颜色区分，用扇形的半径来代表物种相对丰度的大小，扇形半径越长代表此扇形所对应的物种的相对丰度越高。我们的结果表明，不同样本在属的物种组成存在明显差异性，而且，两个季节样本中的棒杆菌属（Corynebacterium）、葡萄球菌属（Staphylococcus）、梭菌属（Clostridium）是多数样本的

优势属，这 3 个属主要来源于人和动物病原菌，凸显了养殖微生物发酵床中的微生物组成与区别于一般土壤样本微生物组成的差异。

图 2-12　微生物发酵床冬季和春季 84 份样本中属分类 Top10 物种组成丰度星图

| 第六节 | 发酵床微生物组（OTUs）α-多样性种类复杂度分析

一、发酵床单个样本微生物组（OTUs）种类复杂度分析

为了分析单个微生物发酵床样本的细菌种类复杂度，我们分别进行了衡量各个样品细菌种类组成和丰度复杂度的 α-多样性指数常用度量指标［包括测定物种指数（observed species）、chao1 指数、香农（Shannon）指数、辛普森（Simpson）指数、测序深度指数（Goods coverage）以及谱系多样性指数（PD whole tree）］的计算。表 2-4 展示了部分冬季和春季部分样本的 α-多样性指数的统计结果，可以看出，测序深度指数（Goods coverage）和辛普森指数均接近于 100% 或 1，表明有较好的 α-多样性。

表 2-4 微生物发酵床单个样本细菌物种（OTUs）α-多样性指数统计实例

样本	chao1 指数	测序深度指数	测定物种	谱系多样性指数	香农指数	辛普森指数
S1.6.4.30	3076.5200	0.9885	2227	140.2418	8.2013	0.9878
S2.8.2	3204.8370	0.9875	2322	127.0928	7.9744	0.9820
S1.3.4.50	2430.2340	0.9904	1728	115.2661	7.4462	0.9795
S2.3.3	2853.0090	0.9890	2194	133.8351	8.0937	0.9857

注：第二列至最后一列是样本的不同的 α-多样性指数的数值。

二、发酵床冬季和春季微生物组（OTUs）箱线图分析

图 2-13 展示了发酵床冬季（S1）和春季（S2）样本 α-多样性指数箱线图（Box-plot），能更直观显示各样品的 α-多样性指数差异。其中，中间的黑色横线是数据的中位数（median），即数据中占据中间位子的数，数据中有 1/2 大于中位数（在其之上），另 1/2 小于中位数（在其之下）。盒子的上下两边称为上下四分位数（hinges），其意义为：数据中有 1/4 的数目大于上四分位数（即盒子的上边），即在盒子之上；另外有 1/4 的数目小于下四分位数（即盒子的下边），也就是在盒子之下。也就是说有 1/2 的数目在中间封闭盒子的范围内，有 1/2 分布在盒子上下两边。在盒子上下两边分别有一条纵向的线段，叫触须线。上截止横线是变量值本体最大值，下截止横线是变量值本体最小值。本体指的是除异常值和极值以外的变量值，称为本体值。异常值标记为 o，极值标记为 *。

高于触须线上截止横线的值的取值范围为：异常值 $x >$ 上四分位数 $+1.5$IQR；极值 $x >$ 上四分位数 $+3.0$IQR。低于触须线下截止横线的值的取值范围为：异常值 $x <$ 下四分位数 -1.5IQR；极值 $x <$ 下四分位数 -3.0IQR；从而表明盒子外面数值点的分布。IQR（interquartile range）$=$ 上四分位数 $-$ 下四分位数。

从图 2-13 可以看出：①春季的度量比冬季的分散得多；②冬季和春季的辛普森指数几乎没有差异，而且数值均较高，春季的测序深度指数（Goods coverage）略优于冬季，其他 4 个指数均为冬季优于春季（主要根据中位数和盒子的位置来判断）。

三、发酵床微生物组（OTUs）α-多样性指数秩和检验

对细菌物种（OTUs）α-多样性指数进行秩和检验（rank sum test），分析不同条件下显

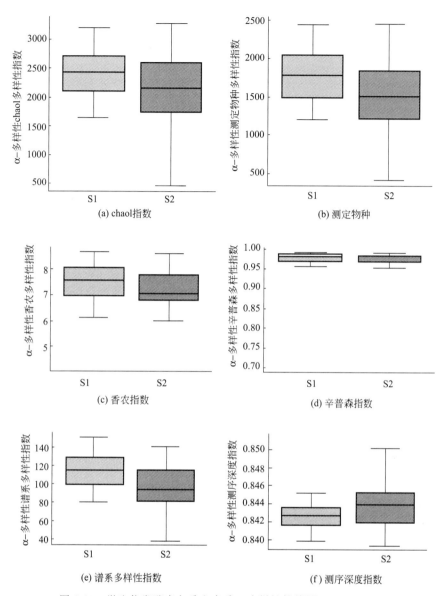

图 2-13　微生物发酵床冬季和春季 α-多样性箱线图（Box-plot）

［盒形图可以显示 5 个统计量（最小值，第一个四分位数，中位数，第三个中位数和最大值，及由下到上的 5 条线），
异常值以"°"标出。横轴是分组名称，纵轴是不同分组下的 α-多样性指数的值］

著差异的 α-多样性指数。分析结果见表 2-5，表明冬季和春季的香农指数和辛普森指数均无
显著差异，其 P 值分别为 0.1269 和 0.1036（远大于 0.05 或 0.01），说明在多样性上冬季
和春季微生物组无显著差异；冬季和春季微生物组的测定物种（observed species）、测序深
度指数（Goods coverage）、chao1 指数差异显著（$P<0.05$），谱系多样性指数（PD whole
tree）差异极显著（$P<0.01$）。

表 2-5　微生物发酵床细菌物种（OTUs）α-多样性指数秩和检验

α-多样性指数	冬季平均数(S1)	春季平均数(S2)	P 值
chao1 指数	2423.5670	2105.2830	0.0169

续表

α-多样性指数	冬季平均数(S1)	春季平均数(S2)	P 值
测序深度指数	0.9906	0.9919	0.0139
测定物种	1767.9230	1522.6360	0.0185
谱系多样性指数	113.9643	96.0538	0.0006
香农指数	7.4513	7.1795	0.1269
辛普森指数	0.9773	0.9693	0.1036

注：第一列是 α-多样性指数；第二列与第三列分别为十组样本的均值；最后一列为秩和检验的 P 值。

| 第七节 | 发酵床微生物组（OTUs） β-多样性种类复杂度分析

一、发酵床样本间微生物组（OTUs）UniFrac 距离

通过利用系统进化的信息来比较样本间的细菌群落差异，其计算结果可以作为一种衡量 β-多样性指数，它考虑了物种间的进化距离，该指数越大表示样本间的差异越大。微生物发酵床部分样品 β-多样性 UniFrac 距离数据矩阵如表 2-6 和表 2-7 所列。

表 2-6　加权物种丰度信息计算得到的样本 β-多样性数据矩阵

项　　目	S1. 6. 4. 30	S2. 8. 2	S1. 3. 4. 50	S2. 3. 3	S1. 3. 1. 50
S1. 6. 4. 30	0.0000	0.2773	0.2255	0.2954	0.2763
S2. 8. 2	0.2773	0.0000	0.2932	0.1686	0.2288
S1. 3. 4. 50	0.2255	0.2932	0.0000	0.2577	0.2620
S2. 3. 3	0.2954	0.1686	0.2577	0.0000	0.2852
S1. 3. 1. 50	0.2763	0.2288	0.2620	0.2852	0.0000

表 2-7　非加权物种丰度信息计算得到的样本 β-多样性数据矩阵

项　　目	S1. 6. 4. 30	S2. 8. 2	S1. 3. 4. 50	S2. 3. 3	S1. 3. 1. 50
S1. 6. 4. 30	0.0000	0.4368	0.3617	0.4483	0.3659
S2. 8. 2	0.4368	0.0000	0.4729	0.3529	0.4437
S1. 3. 4. 50	0.3617	0.4729	0.0000	0.4669	0.3604
S2. 3. 3	0.4483	0.3529	0.4669	0.0000	0.4507
S1. 3. 1. 50	0.3659	0.4437	0.3604	0.4507	0.0000

二、发酵床样本间微生物组（OTUs）UniFrac 距离聚类分析

分析结果见图 2-14。展示了发酵床样品的 UniFrac 距离分布热图（heatmap）和聚类图，通过对 UniFrac 距离的聚类，具有相似的 β-多样性的样本聚类在一起，反映了样本间的相似性。

三、发酵床样本间微生物组（OTUs）主成分分析（PCA）

为了进一步展示样本间物种多样性差异，使用 PCA 分析的方法展示各个样本间的差异大小。书后彩图 3 给出了 PCA 对样本间物种多样性的分析结果，如果两个样本距离较近，

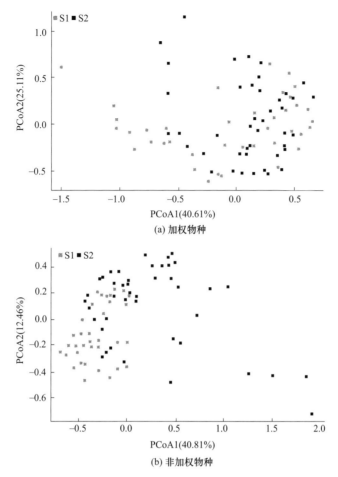

图 2-14　冬季和春季 84 份样本的 β-多样性 PCA 分析图

(PCA 是一种研究数据相似性或者差异性的可视化方法，它没有改变样本点之间的项目位置关系，
只改变了坐标系统。横坐标表示第一主坐标，括号中的百分比则表示第一主坐标对样本差异的
贡献率；纵坐标表示第二主坐标，括号中的百分比表示第二主坐标对样本差异的贡献率。
图中点分别表示各个样本，S1 代表冬季样本，S2 代表春季样本)

则表示这两个样本的物种组成较相近。从结果来看，与加权的样本相比，非加权的冬季和春季样本间物种多样性的差异更加显著。

┃第八节┃发酵床微生物组（OTUs）差异性分析

一、发酵床微生物组（OTUs）差异效应判别分析（LEfSe）

分析结果见书后彩图 4。LEfSe（LDA effect size）分析结果可以用 LDA 值（linear discriminant analysis）作分布柱状图 ［彩图 4(a)］和进化分支图 ［彩图 4(b)］。在 LDA 值分布柱状图中，展现了发酵床不同组中（红色代表春季，绿色代表冬季）微生物组（OTUs）丰度有显著差异的物种，即具有统计学差异的微生物标记（biomaker），柱状图的长度代表差异物种的影响值大小。在进化分支图中的着色原则：无显著差异的物种统一着色为黄色，差异物种跟随组别进行着色，红色节点表示在春季组别起到重要作用的微生物类群，绿色节点表示在冬季组别中起到重要作用的微生物类群，其他圈颜色意义类同。图中英文字母表示的物种名称在右侧图例中进行展示。由内至外辐射的圆圈代表了由门至属（或种）的分类级别。在不同分类级别上的每一个小圆圈代表该下的一个分类，小圆圈直径大小与相对丰度大小呈正比。从结果可以看出，不同季节各自对应不同的差异物种，而且，春季的差异物种明显多于冬季。

二、发酵床不同分类阶元微生物组（OTUs）差异分析

分析结果见表 2-8。分别从门、纲、目、科、属阶元，通过秩和检验对冬季和春季样本筛选显著差异（$P < 0.05$，Kruskal-Wallis test）的物种，表 2-8 是在冬季和春季组间 20 个差异显著的不同分类 OTUs（$P < 0.05$），共找到 317 个，其中 g 代表属（genus）、f 代表科（family）、o 代表目（order）、c 代表纲（class）。

表 2-8　发酵床冬季和春季不同分类阶元微生物组（OTUs）差异分析

分类阶元	分类代码	春季均值 (S1)	冬季均值 (S2)	P 检验	种类分类
纲	denovo1722	0.0000004	0.0000394	0.0010067	c_Gammaproteobacteria
目	denovo1069	0.0000004	0.0000642	0.0009847	o_Clostridiales
	denovo949	0.0000000	0.0002040	0.0055913	o_JG30-KF-CM45
科	denovo4232	0.0000089	0.0000004	0.0017846	f_Bacteriovoracaceae
	denovo4046	0.0000085	0.0000030	0.0130353	f_Lachnospiraceae
	denovo1208	0.0000004	0.0001230	0.0100337	f_Pseudomonadaceae
	denovo3832	0.0000000	0.0000075	0.0179035	f_Ruminococcaceae
	denovo5222	0.0000025	0.0000000	0.0314359	f_Verrucomicrobiaceae
	denovo5046	0.0000042	0.0000004	0.0323376	f_WCHD3-02
属	denovo5505	0.0000034	0.0000008	0.0372197	g_Anaeromusa
	denovo6215	0.0009207	0.0005420	0.0177782	g_Clostridium
	denovo1685	0.0000089	0.0000248	0.0122750	g_Clostridium
	denovo3889	0.0000004	0.0000094	0.0219417	g_Dethiobacter
	denovo227	0.0007231	0.0015780	0.0075986	g_Luteimonas
	denovo6016	0.0000047	0.0000004	0.0038200	g_Methylophaga
	denovo251	0.0006977	0.0008080	0.0486668	g_Planctomyces
	denovo650	0.0000000	0.0007470	0.0100353	g_Rhodococcus
	denovo3279	0.0000343	0.0000041	0.0002054	g_Sphaerochaeta
	denovo472	0.0000869	0.0004270	0.0062958	g_Syntrophomonas
	denovo976	0.0000000	0.0001790	0.0100337	g_Thermomonas

注：第一列是 OTUs 名称；第二列至第三列分别为两组样本的均值；第四列是秩和检验的 P 值；最后一列是该 OTUs 所代表的物种。

三、发酵床属分类阶元微生物组（OTUs）差异分析

通过 Kruskal-Wallis test 分析可以找出在冬季和春季组间有明显差异（$P < 0.05$）的属共有 136 个，表 2-9 展示了部分结果，可看到各属的基本信息。

表 2-9　发酵床冬季和春季属分类阶元微生物组（OTUs）差异分析

属名	春季均值(S1)	冬季均值(S2)	P 检验
g_Methanobrevibacter	0.00078	0.00053	0.02020
g_Methanomethylovorans	0.00001	0.00000	0.00874
g_Iamia	0.00041	0.00072	0.02414
g_Georgenia	0.00111	0.00212	0.00487

注：第一列是物种名称；第二列和第三列分别为两组样本的均值；最后一列是秩和检验的 P 值。

四、发酵床冬季和春季微生物组（OTUs）热图和主成分分析

为了直观地展示这些具有显著差异的物种（属），分别对它们进行 PCA 分析（图 2-15）和热图（书后彩图 5）。结果可以看出，冬季和春季的差异物种（属）可以分别聚类在一起（图 2-15）。

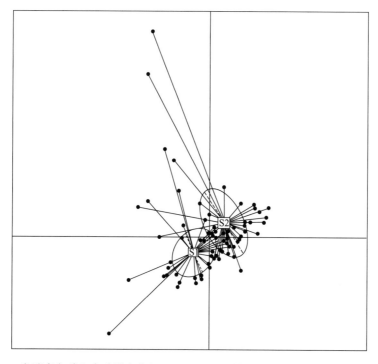

图 2-15　发酵床冬季和春季微生物组（OTUs）差异物种（属）的主成分分析（PCA）

|第九节|发酵床微生物组（OTUs）种类冗余（RDA）分析

一、梯度分析

梯度分析理论，如基于单峰模型的典型分析（canonical correspondence analysis，CCA）和基于线性模型的冗余分析（redundancy analysis，RDA），可用于多指标之间的对比，进行描述环境变迁的可信度（显著性）及解释的能力（重要性）等问题的统计学定量刻画。其

中 RDA 是一种直接梯度分析方法，能从统计学的角度来评价一个或一组变量与另一组多变量数据之间的关系。图 2-16 展示了微生物发酵床垫料中的微生物组与季节因子（即气温）RDA 分析（即关联性分析）结果，为了保证图中字符不重叠，物种名取了前 8 个字符来代表，图中标出了丰度为前 20 位的物种。

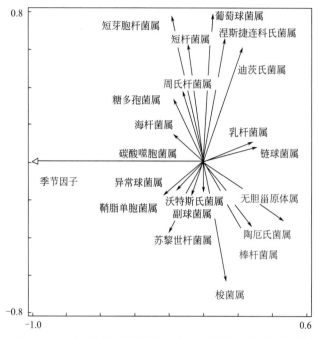

图 2-16　微生物发酵床垫料中的微生物组与季节因子（气温）的关联性分析

二、分析结果

微生物组线条与季节因子线条成锐角，表示这些物种与季节因子（气温）呈正相关；与季节因子线条成钝角，表示这些物种与季节因子（气温）呈负相关。微生物组（OTUs）落在第二象限的种类与季节呈正相关，如短芽胞杆菌属（*Brevibacillus*）、短杆菌属（*Brachybacterium*）、周氏杆菌属（*Zhouia*）（它是 2006 年发现的黄杆菌科 Flavobacteriaceae 中的一个属，为纪念中科院微生物所周培瑾教授而设立）、糖多孢菌属（*Saccharopolyspora*）、海杆菌属（*Marinobacter*）、碳酸噬胞菌属（*Aequorivita*）等，它们与季节因子（气温）均具有显著的正相关性，其他种类为负相关性。

| 第十节 | 讨论

一、我国畜禽粪便农业面源污染的治理

我国畜禽粪便是农业面源污染的主要来源，每年仅猪粪的产生量就突破 50 亿吨，由于处理不当对环境造成严重污染，已经成为经济发达地区及水环境敏感地区优先控制的污染源。微生物发酵床能彻底地处理畜禽粪便污染，其作用机理在于发酵床垫料中的微生物（刘波等，2009）。尽管以往的研究有涉及发酵床微生物群落，如发酵床微生物群落脂肪酸标记

多样性（刘波等，2008）、发酵床微生物脂肪酸亚群落分化（郑雪芳等，2009）、鸡发酵床微生物菌群变化（李娟等，2014）、稳定期发酵床微生物菌群特性（张雪峰等，2013）、发酵床微生物群落研究（赵国华等，2015）、发酵床优势细菌鉴定等（王震等，2015），但至今对发酵床与微生物的密切相关性知之甚少。鉴于此，本研究利用高通量的宏基因组学分析方法，全面而系统地开展了微生物发酵床的微生物组研究，揭示不同空间、不同深度、不同发酵程度、不同垫料组成、不同季节、不同管理的发酵床中的微生物组成、区系演替规律，以搞清猪粪降解机理、资源化利用机制以及污染治理原理。宏基因组分析方法的出现为发酵床微生物组分析提供了强有力的工具，为使这一技术尽快地应用到发酵床微生物组的分析上，作者从样本采集、样本处理、测序原理、分析模型、数据统计、结果表述等方面进行了系统介绍，以推进发酵床微生物组的研究。

二、微生物宏基因已广泛应用于微生物生态学研究

姬洪飞等（2016）综述了宏基因组学在环境微生物生态学中的应用研究，杨晓峰等（2015）分析了植物根围微生物宏基因组，关琼等（2014）分析了人类母乳微生物菌群宏基因组，夏乐乐等（2013）进行了云南蝙蝠轮状病毒宏基因组分析，吴莎莎等（2012）介绍了利用宏基因组学研究胃肠道微生物，贺纪正等（2009）利用宏基因组研究氮循环氨氧化微生物，强慧妮等（2009）介绍了宏基因组在新基因发现方面的应用，张薇等（2008）介绍了宏基因组在污染修复中的应用，李翔等（2007）综述了海洋微生物宏基因组工程进展。然而，利用宏基因组分析发酵床微生物组的研究未见报道。

三、养猪发酵床微生物宏基因组分析

养猪发酵床微生物宏基因组分析是在不同环境/生物条件下，识别具有显著丰度差别的操作分类单元（OTU）。这里的操作分类单元通常是通过对微生物的标签基因序列按一定的相似度归类得到的，可以认为是比物种更细化的生物分类单元。针对这类问题的方法十分有限，主要包括应用两样本 t 检验或 Wilcoxon 秩和检验的方法，检验两种条件下给定 OTUs 的平均差别。因为有些 OTUs 非常稀疏，只在很少的样本中出现，因此可以用 Fisher 精确检验（Fisher exact test）方法来检验分类单元出现与否是否有显著差别。这些方法都是对每一个单元分别检验，而不考虑每一样本中各 OTUs 组成成分数据的和为1。寻找有显著丰度差别的 OTUs，这个问题很类似于基因表达研究中寻找异常表达基因的问题。然而作为微生物组成数据，数据的特点有所不同，因此需要新的统计方法。作者利用宏基因组分析发酵床核心微生物组（OTUs）举例说明了分析方法，包括发酵床微生物组共有 OTUs 数与覆盖样本数关系、冬季和春季共有和特有微生物组（OTUs）分析、丰度主成分分析、秩-多度曲线、物种累积曲线、分类阶元数量分布、丰度柱状图分析、冬季和春季微生物组（OTUs）丰度柱状图分析、物种热图分析、物种星图（star）分析等。

四、发酵床微生物组（OTUs）α-多样性种类复杂度分析

α-多样性也称为生境内的多样性（within-habitat diversity），是对单个样本中物种多样性的分析，已经有很多度量指标〔包括测定物种指数（observed species）、chao1 指数、香农（Shannon）指数、辛普森（Simpson）指数以及谱系多样性指数（phylogenetic diversity，PD whole tree）等〕可进行评价（Bassiouni et al.，2015）。β-多样性也称为生境间的多

样性（between-habitat diversity），反映了不同样本在物种多样性方面存在的差异大小，可衡量群落之间的差别，在许多研究领域，尤其是生态学研究中具有重要的意义（Laroche et al.，2016）。然而，目前 β-多样性的评价方法不多，在这些方法中，加权 UniFrac（weighted UniFrac）和非加权 UniFrac（unweighted UniFrac）的应用非常广泛（Chang et al.，2011）。其中加权 UniFrac 考虑了物种的丰度，非加权 UniFrac 则不考虑物种丰度。与 P-检验类似，UniFrac 分析的先决条件是一个包含所有物种的有根、各枝长已知的系统发生树。两个群落之间的 UniFrac 距离定义为：对于系统发育树所有分枝，考查其指向的叶节点是否只存于同一个群落，那些叶节点只存在于同一群落的枝的枝长和占整个树的枝长总和的比例。直观来讲，就是计算了仅被一个群落占据的进化历史的相对大小，这个值越大，说明两个群落中独立的进化过程越多，也就表明这两个群落的差别越大。若两个群落完全相同，那么它们没有各自独立的进化过程，UniFrac 距离为 0；若两个群落在进化树中完全分开，即它们是完全独立的两个进化过程，那么 UniFrac 距离为 1（Lozupone et al.，2007）。

第三章
异位发酵床微生物宏基因组分析

|第一节| 样本采集与数据分析

一、样本采集

2016 年 8 月 26 日，位于宁德市屏南县的屏南百惠猪场，养殖规模为 1000 头母猪，设计处理能力 60t/d，建设面积 1600m^2，投资 150 万元。由福建省农业科学院主办，福建省农业厅畜牧总站协办，福建省农科农业发展有限公司承办的异位微生物发酵床现场会期间，对垫料原料（AUG-CK）、浅发酵垫料（AUG-H，发酵 3d 左右）、深发酵垫料（AUG-L，发酵 30d 左右）、未发酵猪粪（AUG-PM，未进入垫料混合）进行取样；取样时，每个处理五点取样，各点取样量 500g，而后混合，带回实验室保存于低位冰箱，从冰箱样本中取出分析样本，送样分析。异位微生物发酵床结构如图 3-1 所示。

(a)   (b)

(c)   (d)

图 3-1　异位微生物发酵床结构

理化参数测定结果见表 3-1。样本处理：总 DNA 的提取，按土壤 DNA 提取试剂盒

FastDNA SPIN Kit for Soil 的操作指南，分别提取各垫料样本的总 DNA，于−80℃冰箱冻存备用。

表 3-1 异位微生物发酵床不同处理组物料测定

处理组	代号	粗蛋白质/%	粗纤维/%	钙/(mg/100g)	粗灰分/%	盐/%	氮/%	碳/%
垫料原料组（AUG_CK）	N162133	0.53	34.0	12.51	0.81	0.19	0.09	42.8
深发酵垫料组（AUG_H）	N162135	1.46	16.6	99.47	3.07	0.16	0.23	12.8
浅发酵垫料组（AUG_L）	N162136	1.48	22.3	86.37	4.50	0.16	0.24	23.1
未发酵猪粪组（AUG_PM）	N162134	1.30	25.0	75.84	4.41	0.47	0.21	26.8

二、宏基因组测定

1. 高通量测序

使用 Illumina MiSeq 测序平台，采用 PE300 测序策略，每个样本至少获得 10 万条 reads。

原始数据样品区分与统计，根据 index 序列区分各个样本的数据，提取出的数据以 fastq 格式保存，MP 或 PE 数据每个样本有 fq1 和 fq2 两个文件，里面为测序两端的 reads，序列按顺序一一对应。Fastq：Fastq 是 Solexa 测序技术中一种反映测序序列的碱基质量的文件格式。每条 read 包含 4 行信息，其中第一行和第三行由文件识别标志和读段名（ID）组成（第一行以"@"开头，第三行以"+"开头；第三行中 ID 可以省但"+"不能省略），第二行为碱基序列，而第四行是第二行中的序列内容每个碱基所对应的测序质量值。为方便保存和共享各实验室产生的高通量测序数据，NCBI 数据中心建立了容量的数据库 SRA（sequence read archive，http：//www. ncbi. nlm. nih. gov/Traces/sra）来存放共享的原始测序数据。如下所示：@HWI-ST531R：144：D11RDACXX：4：1101：1212：19461：N：0：ATTCCT，ATNATGACTCAAGCGCTTCCTCA GTTTAATGAAGCTA-AC TT CAATGCTGAGATCGTTGACGACATCGAATGGG，+ HWI-ST531R：144：D11RDACXX：4：1101：1212：1946 1：N：0：ATT CCT,？ A♯AFFDF FHGFFHJJGI-JJJIICHIII IJJG GH IIJJIIJIIJIHGI@ FEHIIJB FFHGJJI IHHHDFFFFDCCCCEDDCDDC-DEACC。

数据优化与统计：Illumina 平台测序得到的是双端序列数据，首先根据 PE reads 之间的 overlap 关系，将成对的 reads 拼接（merge）成一条序列，同时对 reads 的质量和 merge 的效果进行质控过滤，根据序列首尾两端的 barcode 和引物序列区分样品得到有效序列，并校正序列方向。

数据去杂方法和参数：过滤 read 尾部质量值 20 以下的碱基，设置 50bp 的窗口，如果窗口内的平均质量值低于 20，从窗口开始截去后端碱基，过滤质控后 50bp 以下的 read；根据 PE reads 之间的 overlap 关系，将成对 reads 拼接（merge）成一条序列，最小 overlap 长度为 10bp；拼接序列的 overlap 区允许的最大错配比率为 0.2，筛选不符合序列；根据序列首尾两端的 barcode 和引物区分样品，并调整序列方向，barcode 允许的错配数为 0，最大引物错配数为 2。

2. 16S rDNA 和 ITS 测序文库的构建

采用扩增原核生物 16S rDNA 的 V3～V4 区的通用引物 U341F 和 U785R 对各垫料样本

的总 DNA 进行 PCR 扩增，并连接上测序接头，从而构建成各垫料样本的真细菌和古菌 16S rDNA V3～V4 区测序文库。采用扩增真菌 5.8S 和 28S rDNA 之间的转录间区的通用引物 ITS-F1-12 和 ITS-R1-12 对各垫料样本的总 DNA 进行 PCR 扩增，并连接上测序接头，从而构建成各垫料样本的真菌 ITS 测序文库。

3. 宏基因组测序数据质控

通过 PADNAseq 软件（Masella et al.，2012）利用重叠关系将双末端测序得到的成对短序列（reads）拼接成一条序列，得到高变区的长 reads。然后使用撰写的程序对拼接后的 reads 进行处理而获取去杂短序列（clean reads）：去除平均质量值低于 20 的 reads；去除 reads 含 N 的碱基数超过 3 个的 reads；reads 长度为 250～500nt。

三、数据分析

1. 原始数据样品区分与统计

根据 index 序列区分各个样本的数据，提取出的数据以 fastq 格式保存，MP 或 PE 数据每个样本有 fq1 和 fq2 两个文件，里面为测序两端的 reads，序列按顺序一一对应。Fastq：Fastq 是 Solexa 测序技术中一种反映测序序列的碱基质量的文件格式。每条 read 包含 4 行信息，其中第一行和的第三行由文件识别标志和读段名（ID）组成（第一行以"@"开头，第三行以"+"开头；第三行中 ID 可以省但"+"不能省略），第二行为碱基序列，而第四行是第二行中的序列内容每个碱基所对应的测序质量值。为方便保存和共享各实验室产生的高通量测序数据，NCBI 数据中心建立了容量的数据库 SRA（Sequence Read Archive，http：//www.ncbi.nlm.nih.gov/Traces/sra）来存放共享的原始测序数据。如下所示：@HWI-ST531R：144：D11RDACXX：4：1101：1212：19461：N：0：ATTCCTATNAT GACTCAAGCGCTTCCTCAGTTTAATGAAGCTAACTTCAATGCTGAGATCGTTGAC GA CATCGAATGGG＋HWI-ST531R：144：D11RDACXX：4：1101：1212：19461：N：0：ATTCCT? A♯AFFDFFHGF FHJJGIJJJIICHIIIIJJGGHIIJJIIJIIJIHGI@FEHIIJBFFH-GJJIIHHHDFFFFDCCCCEDDCDDCDEACC。

2. 数据优化与统计

Illumina 平台测序得到的是双端序列数据，首先根据 PE reads 之间的 overlap 关系，将成对的 reads 拼接（merge）成一条序列，同时对 reads 的质量和 merge 的效果进行质控过滤，根据序列首尾两端的 barcode 和引物序列区分样品得到有效序列，并校正序列方向。数据去杂方法和参数：过滤 read 尾部质量值为 20 以下的碱基，设置 50bp 的窗口，如果窗口内的平均质量值低于 20，从窗口开始截去后端碱基，过滤质控后 50bp 以下的 read；根据 PE reads 之间的 overlap 关系，将成对 reads 拼接（merge）成一条序列，最小 overlap 长度为 10bp；拼接序列的 overlap 区允许的最大错配比率为 0.2，筛选不符合序列；根据序列首尾两端的 barcode 和引物区分样品，并调整序列方向，barcode 允许的错配数为 0，最大引物错配数为 2。

3. OTUs 聚类

OTUs 聚类：OTUs（operational taxonomic units）是在系统发生学或群体遗传学研究中，为了便于进行分析，人为给某一个分类单元（品系、属、种、分组等）设置的同一标志。要了解一个样品测序结果中的菌种、菌属等数目信息，就需要对序列进行归类操作（cluster）。通过归类操作，将序列按照彼此的相似性分归为许多小组，一个小组就是一个

OTUs。可根据不同的相似度，对所有序列进行 OTUs 划分，通常在 97% 的相似下的 OTUs 进行生物信息统计分析。软件平台，Usearch（vsesion 7.1 http：//drive5.com/ uparse/）。分析方法，对优化序列提取非重复序列，便于降低分析中间过程冗余计算量（http：//drive5.com/usearch/manual/dereplication.html）。去除没有重复的单序列（http：//drive5.com/usearch/manual/singletons.html）。按照 97% 相似性对非重复序列（不含单序列）进行 OTUs 聚类，在聚类过程中去除嵌合体，得到 OTUs 的代表序列。将所有优化序列 map 至 OTUs 代表序列，选出与 OTUs 代表序列相似性在 97% 以上的序列，生成 OTUs 表格。结果目录：OTUs-Taxa/。otu_table.xls：各样品 OTUs 中序列数统计表。OTUs 聚类得到每个样品中各个 OTUs 的丰度，结果形式为每行是一个 OTUs 在不同样品中的序列数，每列对应一个样品。otu_reps.fasta：fasta 格式 OTUs 代表序列；otu_se-qids.txt：每个 OTUs 中包含的序列编号列表。otu_table.biom：biom 格式 otu 表。biom（Biological Observation Matrix）格式是生物学样品中观察列联表的一种通用格式，具体信息参考 http：//biom-format.org/。

4. 稀释曲线（rarefaction curve）

稀释曲线是从样本中随机抽取一定数量的个体，统计这些个体所代表的物种数目，并以个体数与物种数来构建曲线。它可以用来比较测序数据量不同的样本中物种的丰富度，也可以用来说明样本的测序数据量是否合理。采用对序列进行随机抽样的方法，以抽到的序列数与它们所能代表 OTUs 的数目构建 rarefaction curve，当曲线趋向平坦时，说明测序数据量合理，更多的数据量只会产生少量新的 OTUs，反之则表明继续测序还可能产生较多新的 OTUs。因此，通过作稀释性曲线，可得出样品的测序深度情况。软件：使用 97% 相似度的 OTUs，利用 mothur 做 rarefaction 分析，利用 R 语言工具制作曲线图。结果目录：Rare-factions/meta.*.rarefaction.xls：每个样品在不同取样值的 OTUs 数目表 Numsampled：随机取样数（预设为从 1 开始每增加 100 计算一次直到本次该样品取样数）；Lci \ hci，统计学中的下限和上限值。

5. 多样性指数（α-diversity）

群落生态学中研究微生物多样性，通过单样品的多样性分析（α-多样性）可以反映微生物群落的丰度和多样性，包括一系列统计学分析指数估计环境群落的物种丰度和多样性。计算菌群丰度（community richness）的指数有：Chao-the Chao1 estimator（http：//www.mothur.org/wiki/ Chao）；Ace-the ACE estimator（http：//www.mothur.org/wiki/Ace）；计算菌群多样性（community diversity）的指数有：Shannon-the Shannon index（http：//www.mothur.org/wiki/Shannon）。Simpson the Simpson index（http：//www.mothur.org/wiki/Simpson）。测序深度指数有 Coverage-the Good's coverage（http：//www.mothur.org/wiki/Coverage）。

各指数算法如下。

（1）Chao 是用 chao1 算法估计样品中所含 OTUs 数目的指数，Chao1 在生态学中常用来估计物种总数，由 Chao（1984）最早提出。

（2）Ace 用来估计群落中 OTUs 数目的指数，由 Chao 提出，是生态学中估计物种总数的常用指数之一，与 Chao 1 的算法不同。

（3）辛普森指数 用来估算样品中微生物多样性指数之一，由 Edward Hugh Simpson（1949）提出，在生态学中常用来定量描述一个区域的生物多样性。辛普森指数值越大，说明群落多样性越低。

（4）香农指数　用来估算样品中微生物多样性指数之一。它与辛普森指数常用于反映 α-多样性指数。香农指数越大，说明群落多样性越高。

（5）Coverage　是指各样库的覆盖率，其数值越高，则样本中序列被测出的概率越高，而没有被测出的概率越低。该指数反映本次测序结果是否代表了样本中微生物的真实情况。

（6）分析软件　mothur version v.1.30.1（http：//www.mothur.org/wiki/ Schloss_SOP ♯ Alpha_diversity）指数分析，用于指数评估的 OTUs 相似 97%（0.97）。结果目录：Estimators/meta. *.summary.xls：每个样品的指数值。其中 label：0.97 即相似；ace \ chao \ simpson \ simpson 分别代表各个指数；* _lci \ * _hci 分别表示统计学中的下限和上限值（Schloss et al.，2011）。

6. 分类学分析

为了得到每个 OTUs 对应的物种分类信息，采用 RDP classifier 贝叶斯算法对 97% 相似的 OTUs 代表序列进行分类学分析，并在各个（domain，kingdom，phylum，class，order，family，genus，species）统计每个样品的群落组成。数据库选择，16s 细菌和古菌核糖体数据库（没有指定的情况下默认使用 silva 数据库）：Silva（Release123http：//www.arb-silva.de），RDP（Release 11.3 http：//rdp.cme.msu.edu/），Greengene（Release 13.5 http：//greengenes.secondgenome.com/）（Quast et al.，2013；Cole et al.，2009；Desantis et al.，2006）。

ITS 真菌：Unite（Release 7.0 http：//unite.ut.ee/index.php）的真菌数据库。功能基因：FGR，RDP 整理来源于 GeneBank 的（Release7.3 http：//fungene.cme.msu.edu/）的功能基因数据库。软件及算法：Qiime 平台（http：//qiime.org/scripts/assign_taxonomy.html）。RDP Classifier（http：//sourceforge.net /projects/rdp-classifier/），置信度阈值为 0.7（Kõljalg et al.，2013；Fish et al.，2013；Wang et al.，2007）。

结果目录：OTUs-Taxa/otu_taxa_table.xls：OTUs 分类学综合信息表，将 OTUs 分析结果分类学信息结合得到的综合表；OTUs ID 为 OTUs 编号；第二列至 taxonomy 列的前一列为各样本的序列在各个 OTUs 中的分布情况。taxonomy 列拉开可查看分类学系谱信息。各级分类以“；”隔开，分类学名称前的单个字母为分类等级的首字母缩写，以“_”隔开。tax_summary_a/：各分类学样品序列数统计表。tax_summary_r/：各分类学样品序列数相对丰度百分比统计表；otu_taxa_table.biom：biom 格式 otu 物种分类表。biom（Biological Observation Matrix）格式是生物学样品中观察列联表的一种通用格式，具体信息参考 http：//biom-format.org/otu_summary/otu.taxa.table.xls：类似于 otu_taxa_table.xls 形式，不同的是表格中列出的是 OTUs 是否出现，1 表示有，0 表示无。otu_summary/tax.otu.a/：各分类学样本 OTUs 数统计表。otu_summary/tax.otu.r/：各分类学样本 OTUs 相对丰度百分比统计表。注：分类学数据库中会出现一些分类学谱系中的中间等级没有科学名称，以 norank 作为标记。分类学比对后根据置信度阈值的筛选，会有某些分类谱系在某一分类级别分值较低，在统计时以 Unclassified 标记。

7. Shannon-Wiener 曲线

Shannon-Wiener 是反映样本中微生物多样性的指数，利用各样本的测序量在不同测序深度时的微生物多样性指数构建曲线，以此反映各样本在不同测序数量时的微生物多样性。当曲线趋向平坦时，说明测序数据量足够大，可以反映样本中绝大多数的微生物信息。软件：使用97％相似度的OTUs，利用mothur计算不同随机抽样下的Shannon值，利用R语言工具制作曲线图。

结果目录：Shannon _ rarefac/meta. ＊. shannon. xls：每个样本在不同取样值的shannon指数表，shannon. All. pdf：shannon曲线图。Shannon-Wiener文库数据：338F _ 806R。

8. OTUs 分布 Venn 图

Venn图可用于统计多个样本中所共有和独有的OTUs数目，可以比较直观的表现环境样本的OTUs数目组成相似性及重叠情况（Fouts et al.，2012）。通常情况下，分析时选用相似为97％的OTUs样本表。软件：R语言工具统计和作图。结果目录：Venn/venn. otu _ table. xls. pdf：文氏图venn. sets. otu _ table. xls：文氏图中各部分的OTUs名称。文库数据：338F _ 806R。注：不同的颜色代表不同的样本，如果两个不同颜色圆圈重叠的区域标注有数字100，说明这两个样本均有序列被划分入相同的OTUs中，且这样的OTUs有100个。图中的样本数量一般为2~5个。

9. 热图（heatmap）

热图可以用颜色变化来反映二维矩阵或表格中的数据信息，它可以直观地将数据值的大小以定义的颜色深浅表示出来（Jami et al.，2013）。常根据需要将数据进行物种或样本间丰度相似性聚类，将聚类后数据表示在heatmap图上，可将高丰度和低丰度的物种分块聚集，通过颜色梯度及相似程度来反映多个样本在各分类群落组成的相似性和差异性。结果可有彩虹色和黑红色两种选择。软件及算法：R语言vegan包，vegdist和hclust进行距离计算和聚类分析；距离算法为Bray-Curtis，聚类方法为complete。图中颜色梯度可自定为两种或两种以上颜色渐变色。样本间和物种间聚类树枝可自定是否画出。结果目录：Heat-map/heatmap. ＊. pdf：heatmap图。热图文库数据：338F _ 806R。

10. 群落结构组分图

根据分类学分析结果，可以得知一个或多个样本在各分类的分类学比对情况。在结果中，包含了2个信息：①样本中含有何种微生物；②样本中各微生物的序列数，即各微生物的相对丰度。因此，可以使用统计学的分析方法，观测样本在不同分类的群落结构。将多个样本的群落结构分析放在一起对比时，还可以观测其变化情况。根据研究对象是单个或多个样本，结果可能会以不同方式展示。通常使用较直观的饼图或柱状图等形式呈现（Oberauner et al.，2013）。群落结构的分析可在任一分类进行。软件：基于tax _ summary _ a文件夹中的数据表，利用R语言工具作图或在EXCLE中编辑作图。结果目录：Community/bar. tax. phylum. pdf：多样本柱状图。sample. pie. pdf：单样本饼图。文库数据：338F _ 806R。

注：1. 多样本柱状图，为使视图效果最佳，作图时可将丰度低于1％的部分合并为other在图中显示。

2. 高丰度物种门属对应图，选取所有样品丰度最高的一些物种（属）绘制柱状图并显示该物种对应的门分类信息，同一颜色物种表示来源于同一门类。

11. 单样本多级物种组成图

单样品多级物种组成图通过多个同心圆由内向外直观地展现出单个样品在域、门、纲、目、科等分类学的物种比例和分布。结果目录：分类阶元 _ pie/ ＊. krona. html：单样品多级物种组成图；注：从最里圈往外圈看，依次是域、门、纲、目、科的物种组成。

12. 分类学系统组成树状图

根据每个样本或者多个样本与 Silva 或者 RDP 数据库的分类学比对结果，选出优势物种（丰度前 N 或所占百分比大于指定 p）的分类，与此同时画出其所包含在的门纲目科，以树枝状呈现。单个样本图中圆圈大小代表该物种在该所占的比重，圆圈下的数字，第一个表示只比对到该物种（不能比对到该级以下的）的序列数，第二个数字表示共有多少序列比对到该物种。多样本比较图中的饼图表示每个样本在该分类所占的相对百分比。圆圈下的数字，第一个表示只比对到该分类（不能比对到该分类等级以下的分类）的序列数，第二个数字表示共有多少序列比对到该分类。软件：python 语言编写。结果目录：分类阶元 _ tree/otu _ taxa _ table. xls：用于作图的 otu 分类表，sample. pdf：分类系统组成树状图。文库数据：338F _ 806R。

13. PCA 分析

主成分分析（principal component analysis，PCA）是一种对数据进行简化分析的技术，这种方法可以有效地找出数据中最"主要"的元素和结构，去除噪声和冗余，将原有的复杂数据降维，揭示隐藏在复杂数据背后的简单结构（Yu et al.，2012）。其优点是简单且无参数限制。通过分析不同样本 OTUs（97%相似性）组成可以反映样本间的差异和距离，PCA 运用方差分解，将多组数据的差异反映在二维坐标图上，坐标轴取能够最大反映方差值的两个特征值。如样本组成越相似，反映在 PCA 图中的距离越近。不同环境间的样本可能表现出分散和聚集的分布情况，PCA 结果中对样本差异性解释度最高的两个或三个成分可以用于对假设因素进行验证。软件：R 语言 PCA 统计分析和作图。结果目录：Pca/pca. sites. xls：记录了样本在各个维度上的位置，其中 PC1 为 x 轴，PC2 为 y 轴，依此类推。pca _ rotation. xls：记录了每个 OTUs 对各主成分的贡献度。pca _ importance. xls：记录了各维度解释结果的百分比。如果 PC1 值为 50%，则表示 x 轴的差异可以解释全面分析结果的 50%。文库数据：338F _ 806R。注：结果文件中的 pc1-2、pc1-3、pc2-3 分别是用前三个主要成分两两组合，分别进行了作图。不同颜色或形状的点代表不同环境或条件下的样本组，横、纵坐标轴的刻度是相对距离，无实际意义。PC1、PC2 分别代表对于两组样本微生物组成发生偏移的疑似影响因素，需要结合样本特征信息归纳总结，例如 A 组（红色）和 B 组（蓝色）样本在 PC1 轴的方向上分离开来，则可分析为 PC1 是导致 A 组和 B 组分开（可以是两个地点或酸碱不同）的主要因素，同时验证了这个因素有较高的可能性影响了样本的组成。

14. PCoA 分析

主坐标分析（principal co-ordinates analysis，PCoA）是一种非约束性的数据降维分析方法，可用来研究样本群落组成的相似性或差异性，与 PCA 分析类似；主要区别在于，PCA 基于欧氏距离，PCoA 基于除欧氏距离以外的其他距离，通过降维找出影响样本群落组成差异的潜在主成分。PCoA 分析，首先对一系列的特征值和特征向量进行排序，然后选择排在前几位的最主要特征值，并将其表现在坐标系里，结果相当于是距离矩阵的一个旋转，它没有改变样本点之间的相互位置关系，只是改变了坐标系统。软件：R 语言工具统计和作图。结果目录：Pcoa/pcoa _ * otu _ table. txt _ sites：记录了样本在各个维度上的位置，其中 PCo1 为 x 轴，PCo2 为 y 轴，依此类推。pcoa _ * otu _ table. txt _ rotation：记录了每个 OTUs 对各主成分的贡献度。pcoa _ * otu _ table. txt _ importance：记录了各维度解释结果的百分比。如果 PC1 值为 50%，则表示 x 轴的差异可以解释全面分析结果的

50％。文库数据：338F＿806R。注：结果文件中的 pc1-2、pc1-3、pc2-3 分别是用前三个主要成分两两组合，分别进行了作图。不同颜色或形状的点代表不同环境或条件下的样本组，横、纵坐标轴的刻度是相对距离，无实际意义。PC1、PC2 分别代表对于两组样本微生物组成发生偏移的疑似影响因素，需要结合样本特征信息归纳总结，例如 A 组（红色）和 B 组（蓝色）样本在 PC1 轴的方向上分离开来，则可分析为 PC1 是导致 A 组和 B 组分开（可以是两个地点或酸碱不同）的主要因素，同时验证了这个因素有较高的可能性影响了样本的组成。

15. 基于 Beta 多样性距离的非度量多维尺度分析（NMDS）

非度量多维尺度法是一种将多维空间的研究对象（样本或变量）简化到低维空间进行定位、分析和归类，同时又保留对象间原始关系的数据分析方法（Noval et al.，2013）。适用于无法获得研究对象间精确的相似性或相异性数据，仅能得到他们之间等级关系数据的情形。其基本特征是将对象间的相似性或相异性数据看成点间距离的单调函数，在保持原始数据次序关系的基础上，用新的相同次序的数据列替换原始数据进行度量型多维尺度分析。换句话说，当资料不适合直接进行变量型多维尺度分析时，对其进行变量变换，再采用变量型多维尺度分析，对原始资料而言，就称之为非度量型多维尺度分析。其特点是根据样本中包含的物种信息，以点的形式反映在多维空间上，而对不同样本间的差异程度，则是通过点与点间的距离体现的，最终获得样本的空间定位点图。软件：Qiime 计算 beta 多样性距离矩阵，R 语言 vegan 软件包作 NMDS 分析和作图。结果目录：NMDS/nmds＿bray＿cruist＿sites.xls：记录了样本在坐标空间中各个维度上的位置；文库数据：338F＿806R。

16. 多样本相似度树状图

利用树枝结构描述和比较多个样本间的相似性和差异关系。首先使用描述群落组成关系和结构的算法计算样本间的距离，即根据 beta 多样性距离矩阵进行层次聚类（hierarchical cluatering）分析（Jiang et al.，2013），使用非加权组平均法 UPGMA（unweighted pair group method with arithmetic mean）算法构建树状结构，得到树状关系形式用于可视化分析。软件：Qiime 计算 beta 多样性距离矩阵，计算距离矩阵的算法为 bray curtis。SA，$i=$ 表示 A 样本中第 i 个 OTUs 所含的序列数；SB，$i=$ 表示 B 样本中第 i 个 OTUs 所含的序列数。结果目录：Hcluster＿tree/hcluster＿tree＿bray＿cruist＿average.tre：newick-formatted 树文件；newick 是一种树状的标准格式文件，可被多种建树软件识别，例如：PHYLIP、TREEVIEW、ARB。newick 格式：(((SAMP1：0.02120，(SAMP2：0.09111，SAMP3：0.04491) node1：0.00097) node2：0.00194，(SAMP4：0.03160，SAMP5：0.04378) node3：0.00365) node4：0.00188，SAMP6：0.00881) node5：0.00739；其中括号内聚到一起相似的树枝，冒号后为距离。hcluster＿tree＿bray＿cruist＿average.pdf：多样本相似度树状图。文库数据：338F＿806R。注：树枝长度代表样本间的距离，样本可按预先的分组以不同颜色区分。

17. 基于 UniFrac 的 PCoA 分析

UniFrac 分析得到的距离矩阵可用于多种分析方法，可通过多变量统计学方法 PCoA 分析，直观显示不同环境样本中微生物进化上的相似性及差异性。PCoA（principal coordinates analysis）是一种研究数据相似性或差异性的可视化方法，通过一系列的特征值和特征向量进行排序后，选择主要排在前几位的特征值，PCoA 可以找到距离矩阵中最主要的坐标，结果是数据矩阵的一个旋转，它没有改变样本点之间的相互位置关系，只是改变了坐标系统（Jiang et al.，2013）。UnifracPCoA 基于进化距离，在进化挖掘影响样品群落组成差异的潜在主成分。软件：R 语言 PCoA 分析和作 PCoA 图。结果目录：Unifrac_PCoA/pcoa_*weighted_unifrac_dm. txt_sites：记录了样本在各个维度上的位置，其中 PCo1 为 x 轴，PCo2 为 y 轴，依此类推。pcoa_（un）weighted_unifrac_dm. txt_rotation：记录了每个 OTUs 对各主成分的贡献度。pcoa_（un）weighted_unifrac_dm. txt_importance：记录了各维度解释结果的百分比。如果 PC1 值为 50%，则表示 x 轴的差异可以解释全面分析结果的 50%。文库数据：338F_806R。注：结果文件中的 pc1-2、pc1-3、pc2-3 分别是用前三个主要成分两两组合，分别进行了作图。不同颜色或形状的点代表不同环境或条件下的样本组，横、纵坐标轴的刻度是相对距离，无实际意义。PC1、PC2 分别代表对于两组样本微生物组成发生偏移的疑似影响因素，需要结合样本特征信息归纳总结，例如 A 组（红色）和 B 组（蓝色）样本在 PC1 轴的方向上分离开来，则可分析为 PC1 是导致 A 组和 B 组分开（可以是两个地点或酸碱不同）的主要因素，同时验证了这个因素有较高的可能性影响了样本的组成。

18. 基于 UniFrac 的聚类树分析

UniFrac 分析得到的距离矩阵可用于多种分析方法，通过层次聚类（hierarchical clustering）中的非加权组平均法 UPGMA 构建进化树等图形可视化处理，可以直观显示不同环境样本中微生物进化上的相似性及差异性（Noval et al.，2013）。UPGMA（unweighted pair group method with arithmetic mean）假设在进化过程中所有核苷酸/氨基酸都有相同的变异率，即存在着一个分子钟。通过树枝的距离和聚类的远近可以观察样本间的进化距离。软件：R 语言 vegan 包 UPGMA 分析和作进化树。结果目录：Unifrac_Hcluster/unifrac. tree. pdf：样本进化树分析图。文库数据：338F_806R。

注：树枝颜色为预先定义的不同分组标注。

| 第二节 | 微生物组种类（OTUs）多样性指数分析

一、细菌种类（OTUs）多样性指数

分析结果见表 3-2。检测到异位发酵床不同处理组细菌 reads 数量达 93475。细菌种类（OTUs）为 329（深发酵垫料组 AUG_H）～817（未发酵猪粪组 AUG_PM），物种特性指数 ace 指数和 chao 指数为 323（深发酵垫料组 AUG_H）～883（未发酵猪粪组 AUG_PM），表明不同处理细菌种类数量差异显著；不同处理组香农（Shannon）多样性指数差异显著，垫料原料组（AUG_CK）为 3.95，深发酵垫料组（AUG_H）为 4.29，浅发酵组（AUG_L）为 3.96，未发酵猪粪组（AUG_PM）为 5.0，表明 AUG_CK 细菌种类多样性最低，AUG_PM 最高；不同处理组优势度指数（Simpson）差异显著，垫料原料组（AUG_CK）为 0.0871，深发酵垫料组（AUG_H）为 0.0255，浅发酵组（AUG_L）为 0.0619，未发酵猪粪组（AUG_PM）为 0.0176，优势度指数越高，表明细菌种类的集中度越高，分析结果表明，AUG_CK 组细菌种类集中度最高，是集中度最低的 AUG_PM 组 2.4 倍。细菌种类检测覆盖率（coverage）为 0.99，说明测序深度已经基本覆盖到样本中所有的物种。

表 3-2　异位发酵床细菌种类（OTU）多样性分析

处理组	reads	相似性系数 0.97					检测覆盖率
		OTUs	ace	Chao 指数	香农指数	辛普森指数	
垫料原料组（AUG_CK）	93475	728	764 (750,788)	786 (760,836)	3.95 (3.94,3.97)	0.0871 (0.0857,0.0886)	0.999273
深发酵垫料组（AUG_H）	93475	329	353 (341,379)	356 (340,395)	4.29 (4.28,4.29)	0.0255 (0.0253,0.0258)	0.999668
浅发酵垫料组（AUG_L）	93475	711	825 (792,873)	838 (793,909)	3.96 (3.95,3.98)	0.0619 (0.061,0.0627)	0.998566
未发酵猪粪组（AUG_PM）	93475	817	862 (846,888)	883 (855,933)	5.0 (4.99,5.01)	0.0176 (0.0173,0.0179)	0.999133

注：括号中数字为每组两个平行样本的值。

二、真菌种类（OTUs）多样性指数

分析结果见表 3-3。检测到异位发酵床不同处理组真菌 reads 数量达 100371，比细菌来的高，因为真菌样本检测中包含了其他真核生物的种类。真菌种类（OTUs）为 26（深发酵垫料组 AUG_H）～114（垫料原料组 AUG_CK），物种特性指数 ace 指数和 chao 指数为 49（深发酵垫料组 AUG_H）～114（垫料原料组 AUG_CK），表明真菌种类数量比细菌少得多，不同处理真菌种类数量差异显著；不同处理组真菌香农（Shannon）多样性指数差异显著，垫料原料组（AUG_CK）为 2.5，深发酵垫料组（AUG_H）为 1.07，浅发酵组（AUG_L）为 2.75，未发酵猪粪组（AUG_PM）为 1.26，表明 AUG_CK 真菌种类多样性最低，AUG_L 最高，相差 1.4 倍；不同处理组真菌优势度指数（Simpson）差异显著，垫料原料组（AUG_CK）为 0.1489，深发酵垫料组（AUG_H）为 0.4093，浅发酵组（AUG_L）为 0.1209，未发酵猪粪组（AUG_PM）为 0.5897，优势度指数越高，表明真菌种类的集中度越高，分析结果表明，AUG_PM 组真菌种类集中度最高，是集中度最低的 AUG_L 组 3.8 倍。真菌种类检测覆盖率为 0.99，说明测序深度已经基本覆盖到样本中所有的物种。

表 3-3　异位发酵床真菌种类（OTU）多样性

处理组	reads	相似性系数 0.97					检测覆盖率
		OTUs	ace	Chao 指数	香农指数	辛普森指数	
垫料原料组（AUG_CK）	100371	114	114 (114,118)	114 (114,120)	2.5 (2.49,2.51)	0.1489 (0.1474,0.1504)	0.999980
深发酵垫料组（AUG_H）	100371	26	49 (36,83)	54 (33,132)	1.07 (1.07,1.08)	0.4093 (0.4076,0.411)	0.999920
浅发酵垫料组（AUG_L）	100371	98	100 (98,107)	99 (98,104)	2.75 (2.74,2.76)	0.1209 (0.1198,0.1221)	0.999970
未发酵猪粪组（AUG_PM）	100371	102	106 (103,116)	108 (103,129)	1.26 (1.25,1.28)	0.5897 (0.5858,0.5936)	0.999920

| 第三节 | 微生物组种类稀释曲线分析

一、细菌种类（OTUs）稀释曲线分析

微生物多样性分析中需要验证测序数据量是否足以反映样本中的物种多样性，稀释曲线（rarefaction curve，也称丰富度曲线）可以用来检验这一指标，评价测序量是否足以覆盖所有类群，并间接反映样本中物种的丰富程度。稀释曲线是利用已测得 16S rDNA 序列中已知的各种 OTUs 的相对比例，来计算抽取 n 个（n 小于测得 reads 序列总数）reads 时出现 OTUs 数量和香农（Shannon）指数的期望值，然后根据一组 n 值（一般为一组小于总序列数的等差数列，如 0、2×10^4、4×10^4、6×10^4、8×10^4 等）与其相对应的 OTUs 数量和香农指数的期望值做出曲线来。当曲线趋于平缓或者达到平台期时，也就可以认为测序深度已经基本覆盖到样本中所有的物种；反之，则表示样本中物种多样性较高，还存在较多未被测序检测到的物种。

分析结果表明，当取样 8×10^4，OTUs 数量（图 3-2）和香农指数（图 3-3）曲线趋于平缓达到平台期时，表明测序深度已经基本覆盖到样本中所有的细菌物种。

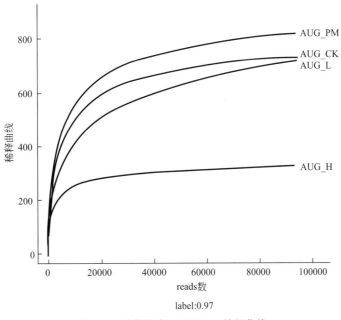

label:0.97

图 3-2 细菌种类（OTUs）稀释曲线

二、真菌种类（OTUs）稀释曲线分析

微生物多样性分析中需要验证测序数据量是否足以反映样本中的物种多样性，稀释曲线（丰富度曲线）可以用来检验这一指标，评价测序量是否足以覆盖所有类群，并间接反映样本中物种的丰富程度。稀释曲线是利用已测得 ITS 序列中已知的各种 OTUs 的相对比例，来计算抽取 n 个（n 小于测得 reads 序列总数）reads 时出现 OTUs 数量和香农指数的期望

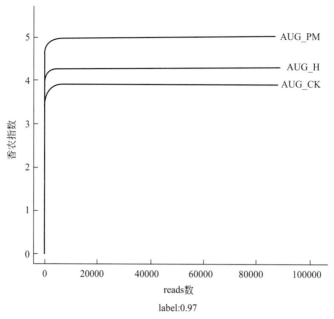

图 3-3　细菌种类香农指数稀释曲线

值，然后根据一组 n 值（一般为一组小于总序列数的等差数列，如 0、2×10^4、4×10^4、6×10^4、8×10^4 等）与其相对应的 OTUs 数量和香农多样性指数的期望值做出曲线来。当曲线趋于平缓或者达到平台期时，也就可以认为测序深度已经基本覆盖到样本中所有的物种；反之，则表示样本中物种多样性较高，还存在较多未被测序检测到的物种。当取样 8×10^4，OTUs 数量（图 3-4）和香农多样性指数（图 3-5）曲线趋于平缓达到平台期时，表明测序深度已经基本覆盖到样本中所有的真菌物种。

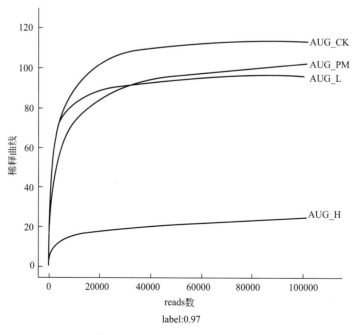

图 3-4　真菌种类（OTUs）稀释曲线

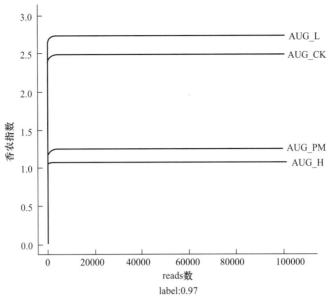

图 3-5　真菌种类香农指数稀释曲线

| 第四节 | 微生物组种类（OTUs）丰度比例结构

一、细菌种类（OTUs）丰度比例结构

1. 细菌门丰度比例结构

异位发酵床细菌门种类（OTUs）丰度比例结构见表 3-4。根据细菌种类在不同处理组丰度分布，可将细菌门分为 5 类，其中第 1 类具有高含量属性，细菌门分别为醋杆菌门（Acidobacteria）、放线菌门（Actinobacteria）、拟杆菌门（Bacteroidetes）、绿弯菌门（Chloroflexi）、厚壁菌门（Firmicutes）、变形菌门（Proteobacteria）、糖杆菌门（Saccharibacteria），在垫料原料组（AUG_CK）、深发酵垫料组（AUG_H）、浅发酵垫料组（AUG_L）、未发酵猪粪组（AUG_PM）分布的丰度超过 94%。其余 4 类皆为低含量属性，在不同处理组中的分布不超过 1%。

表 3-4　异位发酵床细菌门种类（OTUs）丰度比例结构

组别	分类阶元	AUG_CK	AUG_H	AUG_L	AUG_PM
第 1 类	酸杆菌门（Acidobacteria）	0.0031	0.0000	0.0034	0.0528
	放线菌门（Actinobacteria）	0.0432	0.1631	0.0089	0.0629
	拟杆菌门（Bacteroidetes）	0.3124	0.3095	0.6081	0.1287
	绿弯菌门（Chloroflexi）	0.0139	0.0000	0.0041	0.1758
	厚壁菌门（Firmicutes）	0.0329	0.2293	0.0215	0.1116
	变形菌门（Proteobacteria）	0.5810	0.2723	0.3200	0.3661
	糖杆菌门（Saccharibacteria）	0.0066	0.0000	0.0234	0.0454
	小计	0.9931	0.9742	0.9894	0.9433

续表

组别	分类阶元	AUG_CK	AUG_H	AUG_L	AUG_PM
第2类	螺旋体（Spirochaetae）	0.0000	0.0009	0.0002	0.0000
	互养菌门（Synergistetes）	0.0000	0.0001	0.0001	0.0000
	柔膜菌门（Tenericutes）	0.0000	0.0010	0.0013	0.0000
	小计	0.0	0.002	0.0016	0.0
第3类	装甲菌门（Armatimonadetes）	0.0009	0.0000	0.0005	0.0021
	未分类细菌门（Bacteria_unclassified）	0.0002	0.0000	0.0001	0.0003
	衣原体门（Chlamydiae）	0.0003	0.0000	0.0000	0.0004
	绿菌门（Chlorobi）	0.0006	0.0000	0.0004	0.0012
	纤维杆菌门（Fibrobacteres）	0.0000	0.0000	0.0000	0.0002
	Hydrogenedentes[1]	0.0001	0.0000	0.0001	0.0015
	微基因组菌门（Microgenomates）[1]	0.0005	0.0000	0.0001	0.0004
	Parcubacteria[1]	0.0000	0.0000	0.0000	0.0001
	SM2F11[2]	0.0000	0.0000	0.0002	0.0008
	TM6[2]	0.0002	0.0000	0.0001	0.0007
	小计	0.0028	0.0	0.0015	0.0077
第4类	候选细菌门 WS6（Candidate_division_WS6）	0.0008	0.0000	0.0007	0.0188
	蓝细菌门（Cyanobacteria）	0.0002	0.0000	0.0022	0.0056
	异常球菌-栖热菌门（Deinococcus-Thermus）	0.0004	0.0230	0.0023	0.0081
	芽单胞菌门（Gemmatimonadetes）	0.0004	0.0008	0.0004	0.0094
	浮霉菌门（Planctomycetes）	0.0003	0.0000	0.0002	0.0041
	疣微菌门（Verrucomicrobia）	0.0014	0.0000	0.0016	0.0028
	小计	0.0035	0.0238	0.0074	0.0488
第5类	SHA-109[2]	0.0002	0.0000	0.0000	0.0000
	TA06[2]	0.0001	0.0000	0.0000	0.0000
	WCHB1-60[2]	0.0001	0.0000	0.0000	0.0000
	WD272[2]	0.0004	0.0000	0.0000	0.0000
	小计	0.0008	0.0	0.0	0.0

① 无中文翻译。
② 不可培养。

从纵向看，第4类细菌门 Candidate_division_WS6、蓝细菌门、异常球菌-栖热菌门、芽单胞菌门、浮霉菌门、疣微菌门在未发酵猪粪组（AUG_PM）分布含量较高，合计可达 4.9%。

2. 细菌属丰度比例结构

异位发酵床细菌属种类（OTUs）丰度比例结构见表 3-5。不同处理组为指标分类，可将细菌门分为 4 类。第 1 类含有 9 个细菌属，包括肠杆菌属（*Enterobacter*）、伯克氏菌属（*Burkholderia*）、噬几丁质菌属（*Chitinophaga*）、克洛诺杆菌属（*Cronobacter*）、苍白小杆菌属（*Ochrobactrum*）、假黄单胞菌属（*Pseudoxanthomonas*）、根瘤菌属（*Rhizobium*）、鞘氨醇小杆菌属（*Sphingobacterium*）、链霉菌属（*Streptomyces*），主要分布在垫料原料组（AUG_CK）；第 2 类含有 16 个细菌属，即不动杆菌属（*Acinetobacter*）、不可培养厌氧绳菌科的一属（Anaerolineaceae_uncultured）、芽胞杆菌属（Bacillus）、小链芽菌属（Blastocatella）、未分类候选菌门 WS6 的一属（Candidate_division_WS6_norank）、卡斯特拉尼菌属（Castellaniella）、金色单胞菌属（Chryseolinea）、德沃斯氏菌属（Devosia）、藤黄单胞菌属（Luteimonas）、类芽胞杆菌属（Paenibacillus）、假单胞菌属（Pseudomonas）、莱菌河杆菌属（Rhodanobacter）、玫瑰弯菌属（Roseiflexus）、未分类糖杆菌门的一属（Saccharibacteria_norank）、Subgroup_6_norank、太白山菌属（Taibaiella）、芽胞杆菌、放线菌、假单胞菌主要在这里，分布主要在未发酵猪粪组（AUG_PM）；第 3 类含有 9 个细菌属，即金黄小杆菌属（Chryseobacterium）、未分类丛毛单胞菌科的一属（Comamonadaceae_unclassified）、DSSF69_norank、未分类黄小杆菌科的一属（Flavobacteriaceae_unclassified）、黄小杆菌属（Flavobacterium）、漠河杆菌属（Moheibacter）、寡食单胞菌属（Stenotrophomonas）、热单胞菌属（Thermomonas）、不可培养噬几丁质科的一属（Chitinophagaceae_uncultured），主要分布在深发酵垫料组（AUG_H）；第 4 类含有 16 细菌属，即食烷菌属（Alcanivorax）、不可培养芽胞杆菌科的一属（Bacillaceae_uncultured）、短状小杆菌属（Brachybacterium）、狭义梭菌属_1（Clostridium_sensu_stricto_1）、棒状杆菌属_1（Corynebacterium_1）、橙色杆菌属（Luteivirga）、海洋微菌属（Marinimicrobium）、橄榄形杆菌属（Olivibacter）、Order_Ⅲ_uncultured、少盐芽胞杆菌属（Paucisalibacillus）、极小单胞菌属（Pusillimonas）、不可培养鞘氨醇小杆菌科的一属（Sphingobacteriaceae_uncultured）、土壤产孢杆菌属（Terrisporobacter）、特吕珀属（Truepera）、石莼杆菌属（Ulvibacter）、未分类黄单胞菌科的一属（Xanthomonadaceae_unclassified），主要分布在浅发酵垫料组（AUG_L）。

表 3-5　异位发酵床细菌属种类（OTUs）丰度比例结构

类别	序号分类阶元	AUG_CK	AUG_H	AUG_L	AUG_PM
第 1 类	[1]　肠杆菌属（Enterobacter）	0.3626	0.0008	0.0000	0.0260
	[2]　伯克氏菌属（Burkholderia）	0.0212	0.0000	0.0001	0.0052
	[3]　噬几丁质菌属（Chitinophaga）	0.0603	0.0000	0.0000	0.0002
	[4]　克洛诺杆菌属（Cronobacter）	0.0489	0.0001	0.0000	0.0018
	[5]　苍白小杆菌属（Ochrobactrum）	0.0156	0.0000	0.0026	0.0048
	[6]　假黄单胞菌属（Pseudoxanthomonas）	0.0176	0.0000	0.0076	0.0024
	[7]　根瘤菌属（Rhizobium）	0.0206	0.0000	0.0007	0.0007
	[8]　鞘氨醇小杆菌属（Sphingobacterium）	0.1710	0.0061	0.0714	0.0004
	[9]　链霉菌属（Streptomyces）	0.0241	0.0001	0.0001	0.0171
	小计	0.7419	0.0071	0.0825	0.0586
第 2 类	[1]　不动杆菌属（Acinetobacter）	0.0331	0.0060	0.0495	0.0370
	[2]　不可培养厌氧绳菌科的一属（Anaerolineaceae_uncultured）	0.0123	0.0000	0.0025	0.2208
	[3]　芽胞杆菌属（Bacillus）	0.0026	0.0000	0.0039	0.0779
	[4]　小链芽菌属（Blastocatella）	0.0005	0.0000	0.0029	0.0331
	[5]　未分类候选菌门 WS6 的一属（Candidate_division_WS6_norank）[1]	0.0010	0.0000	0.0009	0.0289
	[6]　卡斯特拉尼菌属（Castellaniella）	0.0005	0.0000	0.0054	0.0342
	[7]　金色单胞菌属（Chryseolinea）	0.0007	0.0000	0.0018	0.0312
	[8]　德沃斯氏菌属（Devosia）	0.0032	0.0000	0.0026	0.0216
	[9]　藤黄单胞菌属（Luteimonas）	0.0028	0.0000	0.0109	0.0467
	[10]　类芽胞杆菌属（Paenibacillus）	0.0100	0.0000	0.0001	0.0247
	[11]　假单胞菌属（Pseudomonas）	0.0300	0.0595	0.0138	0.0292
	[12]　莱菌河杆菌属（Rhodanobacter）	0.0007	0.0000	0.0011	0.0446
	[13]　玫瑰弯菌属（Roseiflexus）	0.0019	0.0000	0.0014	0.0239
	[14]　未分类糖杆菌门的一属（Saccharibacteria_norank）	0.0084	0.0000	0.0289	0.0698
	[15]　Subgroup_6_norank[1]	0.0013	0.0000	0.0009	0.0417
	[16]　太白山菌属（Taibaiella）	0.0093	0.0004	0.0821	0.0848
	小计	0.1183	0.0659	0.2087	0.8501

续表

类别	序号分类阶元	AUG_CK	AUG_H	AUG_L	AUG_PM
第3类	[1] 金黄小杆菌属(*Chryseobacterium*)	0.0156	0.0000	0.2170	0.0176
	[2] 未分类丛毛单胞菌科的一属(Comamonadaceae_unclassified)	0.0035	0.0000	0.0330	0.0051
	[3] DSSF69_norank[①]	0.0001	0.0000	0.0294	0.0067
	[4] 未分类黄小杆菌科的一属(Flavobacteriaceae_unclassified)	0.0000	0.0078	0.0150	0.0000
	[5] 黄小杆菌属(*Flavobacterium*)	0.0108	0.0000	0.0340	0.0007
	[6] 漠河杆菌属(*Moheibacter*)	0.0069	0.0153	0.1886	0.0030
	[7] 寡食单胞菌属(*Stenotrophomonas*)	0.0100	0.0000	0.0689	0.0011
	[8] 热单胞菌属(*Thermomonas*)	0.0014	0.0000	0.0232	0.0135
	[9] 不可培养噬几丁质科的一属(Chitinophagaceae_uncultured)	0.0017	0.0000	0.0870	0.0119
	小计	0.05	0.0231	0.6961	0.0596
第4类	[1] 食烷菌属(*Alcanivorax*)	0.0000	0.0791	0.0000	0.0007
	[2] 不可培养芽胞杆菌科的一属(Bacillaceae_uncultured)	0.0000	0.0296	0.0000	0.0000
	[3] 短状小杆菌属(*Brachybacterium*)	0.0001	0.1089	0.0000	0.0000
	[4] 狭义梭菌属_1(*Clostridium_ sensu_stricto_1*)	0.0064	0.1019	0.0051	0.0146
	[5] 棒状杆菌属-1(*Corynebacterium_1*)	0.0000	0.0262	0.0001	0.0001
	[6] 橙色杆菌属(*Luteivirga*)	0.0000	0.0312	0.0000	0.0001
	[7] 海洋微菌属(*Marinimicrobium*)	0.0000	0.0256	0.0000	0.0000
	[8] 橄榄形杆菌属(*Olivibacter*)	0.0826	0.1225	0.0004	0.0001
	[9] Order_Ⅲ_uncultured[①]	0.0000	0.0503	0.0000	0.0000
	[10] 少盐芽胞杆菌属(*Paucisalibacillus*)	0.0000	0.0289	0.0000	0.0000
	[11] 极小单胞菌属(*Pusillimonas*)	0.0001	0.0239	0.0029	0.0012
	[12] 不可培养鞘氨醇小杆菌科的一属(Sphingobacteriaceae_uncultured)	0.0000	0.0811	0.0000	0.0000
	[13] 土壤产孢杆菌属(*Terrisporobacter*)	0.0001	0.0374	0.0005	0.0018
	[14] 特吕珀菌属(*Truepera*)	0.0005	0.0328	0.0028	0.0124
	[15] 石莼杆菌属(*Ulvibacter*)	0.0000	0.0664	0.0000	0.0000
	[16] 未分类黄单胞菌科的一属(Xanthomonadaceae_unclassified)	0.0001	0.0581	0.0008	0.0003
	小计	0.0899	0.9039	0.0126	0.0313

① 不可培养。

二、真菌种类（OTUs）丰度比例结构

1. 真菌门丰度比例结构

异位发酵床真菌门种类（OTUs）丰度比例结构见表3-6。不同处理组为指标分类，可将细菌门分为4类，第1类4个原核生物门，包括 Apusozoa_norank、Ciliophora、Nematoda、Nucleariidae_and_Fonticula_group，主要是线虫等原生动物类，主要分布在浅发酵垫料组（AUG_L）；第2类3个真菌门，Amoebozoa_unclassified_amoebozoa、Apicomplexa、Porifera，主要是原生生物类，分布量较小，在浅发酵垫料组（AUG_L）少量分布；第3类6个真菌门，Ascomycota、Basidiomycota、environmental_samples、environmental_samples_norank、Fungi_incertae_sedis、Fungi_unclassified_fungi，在不同处理组分布量最多；第4类9种原核生物门，主要是原生生物和原始真菌种类，包括Cercozoa、Chlorophyta、Chytridiomycota、Discosea、Eukaryota_norank、Glomeromycota、Opisthokonta_incertae_sedis、Stramenopiles_norank、Tubulinea，在4类不同处理组分

布量很少。

表 3-6　异位发酵床真菌门种类（OTUs）丰度比例结构

类别	序号分类阶元		AUG_CK	AUG_H	AUG_L	AUG_PM
第1类	[1]	无根虫门（Apusozoa）	0.0000	0.0000	0.0018	0.0008
	[2]	纤毛虫门（Ciliophora）	0.0026	0.0001	0.0073	0.0005
	[3]	线虫门（Nematoda）	0.0000	0.0000	0.0107	0.0000
	[4]	Nucleariidae_and_Fonticula_group	0.0018	0.0000	0.0046	0.0025
		小计	0.0044	0.0001	0.0244	0.0038
第2类	[1]	变形虫门（Amoebozoa）	0.0000	0.0000	0.0001	0.0000
	[2]	顶复门（Apicomplexa）	0.0000	0.0000	0.0003	0.0000
	[3]	多孔动物门（Porifera）	0.0000	0.0000	0.0002	0.0000
		小计	0.0	0.0	0.0006	0.0
第3类	[1]	子囊菌门（Ascomycota）	0.5130	0.0811	0.0533	0.0181
	[2]	担子菌门（Basidiomycota）	0.0058	0.9105	0.0741	0.0139
	[3]	环境样本（environmental_samples）	0.0226	0.0001	0.0913	0.0354
	[4]	未分类的环境样本（environmental_samples_norank）	0.2854	0.0067	0.7143	0.9061
	[5]	未分类真菌（Fungi_incertae_sedis）	0.1659	0.0006	0.0065	0.0057
	[6]	Fungi_unclassified_fungi（未分类真菌）	0.0005	0.0009	0.0347	0.0157
		小计	0.9932	0.9999	0.9742	0.9949
第4类	[1]	丝足虫类（Cercozoa）	0.0002	0.0000	0.0000	0.0000
	[2]	绿藻门（Chlorophyta）	0.0000	0.0000	0.0000	0.0000
	[3]	壶菌门（Chytridiomycota）	0.0001	0.0000	0.0000	0.0001
	[4]	变形虫门（Discosea）	0.0011	0.0000	0.0000	0.0001
	[5]	Eukaryota_norank（未分类真核生物）	0.0001	0.0000	0.0000	0.0000
	[6]	球囊菌门（Glomeromycota）	0.0000	0.0000	0.0000	0.0000
	[7]	Opisthokonta_incertae_sedis（未定阶元后鞭毛生物）	0.0002	0.0000	0.0001	0.0000
	[8]	Stramenopiles_norank（未明确茸鞭生物界生物）	0.0004	0.0000	0.0006	0.0006
	[9]	变形虫门（Tubulinea）	0.0002	0.0000	0.0001	0.0003
		小计	0.0023	0.0	0.0008	0.0011

2. 真菌属丰度比例结构

异位发酵床真菌属种类（OTUs）丰度比例结构见表 3-7。不同处理组为指标分类，可将真菌门分为 8 类。第 1 类的 *Aspergillus*、*Candida*、*Cunninghamella*、*Cyberlindnera*、*Hyphopichia*、*Lichtheimia*、*Meyerozyma*、*Rhizopus* 真菌属主要分布在垫料原料组（AUG_CK）；第 4 类的 *Ascozonus*、*Mucor*、*Cephaliophora* 和第 5 类的 *Trichosporon*、*Acremonium*、*Naganishia*、*Rhodotorula* 真菌属主要分布在深发酵垫料组（AUG_H）；第 8 类的 *Achroceratosphaeria*、*Apiotrichum*、environmental_samples、Fungi_norank、*Geotrichum*、*Leptopharynx*、*Mononchoides*、*Parasterkiella* 真菌属主要分布在浅发酵垫料组（AUG_L）和未发酵猪粪组（AUG_PM）。

表 3-7　异位发酵床真菌属种类（OTUs）丰度比例结构

类别	分类阶元	AUG_CK	AUG_H	AUG_L	AUG_PM
第1类	[1] 曲霉属（*Aspergillus*）	0.3153	0.0000	0.0076	0.0091
	[2] 假丝酵母属（*Candida*）	0.0230	0.0000	0.0002	0.0000
	[3] 小坎宁安霉属（*Cunninghamella*）	0.1130	0.0000	0.0000	0.0000
	[4] 酵母的属（*Cyberlindnera*）	0.1026	0.0000	0.0001	0.0000
	[5] 毕赤酵母属（*Hyphopichia*）	0.0335	0.0000	0.0000	0.0000
	[6] 横梗霉属（*Lichtheimia*）	0.0321	0.0001	0.0000	0.0001
	[7] *Meyerozyma*	0.0316	0.0000	0.0000	0.0006
	[8] 根霉属（*Rhizopus*）	0.0164	0.0000	0.0003	0.0000
	小计	0.6675	0.0001	0.0082	0.0098
第2类	未分类的环境样本（environmental_samples_norank）	0.3083	0.0068	0.8057	0.9419
	小计	0.3083	0.0068	0.8057	0.9419
第3类	[1] 犁头霉属（*Absidia*）	0.0016	0.0000	0.0000	0.0001
	[2] 浆霉属（*Alloascoidea*）	0.0006	0.0000	0.0000	0.0000
	[3] *Cavernomonas*[①]	0.0002	0.0000	0.0000	0.0000
	[4] 双珠霉属（*Dimargaris*）	0.0007	0.0000	0.0000	0.0000
	[5] *Gaertneriomyces*[①]	0.0001	0.0000	0.0000	0.0000
	[6] *Jianyunia*[①]	0.0010	0.0000	0.0000	0.0000
	[7] *Protacanthamoeba*[①]	0.0009	0.0000	0.0000	0.0000
	[8] 根毛霉属（*Rhizomucor*）	0.0008	0.0000	0.0000	0.0000
	[9] *Scheffersomyces*[①]	0.0002	0.0000	0.0000	0.0000
	[10] 齿梗孢属（*Scolecobasidium*）	0.0014	0.0000	0.0000	0.0000
	[11] *Spiromyces*[①]	0.0006	0.0000	0.0000	0.0000
	[12] *Stenamoeba*[①]	0.0002	0.0000	0.0000	0.0000
	[13] *Symmetrospora*[①]	0.0001	0.0000	0.0000	0.0000
	[14] *Tritirachium*[①]	0.0003	0.0000	0.0000	0.0000
	[15] *Wallemia*[①]	0.0001	0.0000	0.0000	0.0000
	小计	0.0088	0.0000	0.0000	0.0001
第4类	[1] 囊环粪盘属（*Ascozonus*）	0.0005	0.0013	0.0006	0.0000
	[2] 毛霉属（*Mucor*）	0.0000	0.0005	0.0000	0.0000
	[3] 头梗霉属（*Cephaliophora*）	0.0001	0.0006	0.0007	0.0000
	小计	0.0006	0.0024	0.0013	0.0000
第5类	[1] 丝孢酵母属（*Trichosporon*）	0.0009	0.5115	0.0625	0.0123
	[2] 支顶孢属（*Acremonium*）	0.0001	0.0792	0.0000	0.0000
	[3] *Naganishia*[①]	0.0003	0.3756	0.0002	0.0001
	[4] 红酵母属（*Rhodotorula*）	0.0021	0.0192	0.0000	0.0001
	小计	0.0034	0.9855	0.0627	0.0125
第6类	*Copromyxa*[①]	0.0000	0.0000	0.0000	0.0003
	小计	0.0000	0.0000	0.0000	0.0003

续表

类别		分类阶元	AUG_CK	AUG_H	AUG_L	AUG_PM
第7类	[1]	*Amastigomonas*[①]	0.0000	0.0000	0.0004	0.0000
	[2]	*Capsaspora*[①]	0.0002	0.0000	0.0001	0.0000
	[3]	*Echinamoeba*[①]	0.0002	0.0000	0.0001	0.0000
	[4]	棕榈斑叶病菌属(*Graphiola*)	0.0002	0.0000	0.0007	0.0000
	[5]	赭球藻属(*Ochromonas*)	0.0002	0.0000	0.0005	0.0005
	[6]	网褶菌属(*Paragyrodon*)	0.0000	0.0000	0.0008	0.0000
	[7]	*Rigifila*[①]	0.0000	0.0000	0.0014	0.0008
	[8]	银耳属(*Tremella*)	0.0003	0.0002	0.0003	0.0000
	[9]	寻常海绵纲未定位属(*Demospongiae*_norank)	0.0000	0.0000	0.0002	0.0000
	[10]	粗糙孔菌属(*Trechispora*)	0.0000	0.0000	0.0002	0.0000
		小计	0.0011	0.0002	0.0047	0.0013
第8类	[1]	*Achroceratosphaeria*[①]	0.0020	0.0000	0.0084	0.0008
	[2]	*Apiotrichum*[①]	0.0004	0.0039	0.0094	0.0011
	[3]	环境样本(environmental_samples)	0.0045	0.0000	0.0116	0.0085
	[4]	未定真菌(Fungi_norank)	0.0005	0.0009	0.0347	0.0157
	[5]	地霉属(*Geotrichum*)	0.0000	0.0000	0.0353	0.0070
	[6]	薄咽虫属(*Leptopharynx*)	0.0024	0.0000	0.0028	0.0001
	[7]	拟单齿线虫属(*Mononchoides*)	0.0000	0.0000	0.0107	0.0000
	[8]	*Parasterkiella*[①]	0.0001	0.0000	0.0045	0.0004
		小计	0.0099	0.0048	0.1174	0.0336

① 无中文译名。

| 第五节 | 微生物组种类（OTUs）成分分析

一、微生物种类主成分分析（PCA）

1. 主成分分析原理

主成分分析（principal component analysis，PCA）是一种分析和简化数据集的技术。主成分分析经常用于减少数据集的维数，保持数据集中的对方差贡献最大的特征。通过保留低阶主成分，忽略高阶主成分而做到。保留的低阶成分往往能够最大限度地保留数据的重要特征。PCA运用降维的思想，通过分析不同样本OTUs（97％相似性）组成可以反映样本的差异和距离，将多维数据的差异反映在二维坐标图上，坐标轴取值采用对方差贡献最大的前两个特征值。如果两个样本距离越近，则表示这两个样本的组成越相似。不同处理或不同环境间的样本，可表现出分散和聚集的分布情况，从而可以判断相同条件的样本组成是否具有相似性。

2. 细菌群落Q型主成分分析

异位发酵床不同处理组细菌种类（OTUs）建立数据矩阵如表3-8所列。计算Q型数据相关系数见表3-9、规格化特征向量见表3-10、特征值见表3-11。异位发酵床不同处理细菌种类（OTUs）共1334种，不同处理间相关性极低，相关系数低于0.1188。前3个主成分特征值累计达78.10％，表明能很好地反映总体信息（表3-11）。从格式化特征向量可知：

第一因子影响作用最大的是未发酵猪粪组（0.7028），第二因子影响作用最大的是浅发酵垫料组（－0.7207），并且与第一因子成反比；第三因子影响作用最大的是深发酵垫料组（0.7590），与第一因子成正比。主成分分析结果表明，大部分的细菌集中在一个区域，聚集性很高（图 3-6）。

表 3-8　异位发酵床不同处理组细菌种类（OTUs）数据矩阵

OTU ID	AUG_CK	AUG_H	AUG_L	AUG_PM	OTU ID	AUG_CK	AUG_H	AUG_L	AUG_PM
OTU1	0	0	42	1275	OTU38	11	0	0	0
OTU2	3	0	10	132	OTU39	0	0	63	1027
OTU3	63	0	1	2	OTU40	34	0	0	0
OTU4	0	1	40	81	OTU41	0	0	0	20
OTU5	2	275	9	2	OTU42	0	0	4	7
OTU6	17	0	0	0	OTU43	9	0	0	0
OTU7	2	0	18	13	OTU44	39	0	6	1
OTU8	1	0	4	15	OTU45	0	0	0	4
OTU9	0	0	1	11	OTU46	3	0	117	30
OTU10	0	647	1	0	OTU47	0	736	0	0
OTU11	0	0	9	0	OTU48	0	131	11	0
OTU12	0	0	0	124	OTU49	76	0	470	3
OTU13	0	21	0	0	OTU50	10	0	0	0
OTU14	0	5	0	0	OTU51	0	1	53	8732
OTU15	49	0	2	1	OTU52	13	0	100	14
OTU16	0	0	5	0	OTU53	0	0	32	843
OTU17	0	0	0	12	OTU54	0	53	0	0
OTU18	77	0	0	0	OTU55	1	0	62	1169
OTU19	0	124	5	0	OTU56	0	2022	0	0
OTU20	0	0	12	9	OTU57	23	0	0	0
OTU21	2	0	16	1	OTU58	0	0	57	713
OTU22	8	0	45	3	OTU59	0	0	4	269
OTU23	0	0	2	4	OTU60	0	0	134	1895
OTU24	8	0	0	0	OTU61	64	0	0	0
OTU25	25	0	354	29	OTU62	0	0	3	10
OTU26	0	1	42	56	OTU63	0	0	1	17
OTU27	42	0	0	0	OTU64	1	0	10	7
OTU28	25	0	0	0	OTU65	1	0	0	25
OTU29	4	0	10	32	OTU66	3	0	0	0
OTU30	97	0	18	13	OTU67	26	0	0	0
OTU31	0	0	0	5	OTU68	28	1	2	3
OTU32	0	44	0	0	OTU69	37	0	96	230
OTU33	0	13	1	0	OTU70	0	440	0	0
OTU34	0	307	0	0	OTU71	7	0	24	162
OTU35	0	0	109	962	OTU72	28	0	4	27
OTU36	0	0	6	127	OTU73	14	0	0	0
OTU37	9	0	0	0	OTU74	1	0	5	155

OTU ID	AUG_CK	AUG_H	AUG_L	AUG_PM	OTU ID	AUG_CK	AUG_H	AUG_L	AUG_PM
OTU75	0	6	0	0	OTU116	0	0	31	0
OTU76	14	0	2	158	OTU117	15	0	0	0
OTU77	5	0	0	0	OTU118	0	497	12	7
OTU78	18	0	1	44	OTU119	0	151	0	0
OTU79	6	0	13	44	OTU120	22	0	0	12
OTU80	0	36	0	0	OTU121	14	0	0	0
OTU81	0	0	19	0	OTU122	7	0	0	0
OTU82	0	0	0	6	OTU123	42	0	2	1
OTU83	13	0	0	0	OTU124	0	0	4662	58
OTU84	0	4	0	0	OTU125	7	0	1	1
OTU85	15	0	0	10	OTU126	25	0	0	6
OTU86	15	0	2	0	OTU127	0	0	25	0
OTU87	55	0	0	1	OTU128	0	0	0	36
OTU88	0	0	3	4	OTU129	15	0	0	0
OTU89	0	0	1	12	OTU130	0	0	155	59
OTU90	12	0	1	0	OTU131	0	40	0	0
OTU91	0	4	33	2	OTU132	52	0	0	0
OTU92	0	2032	0	0	OTU133	36	121	20	3
OTU93	9	0	0	0	OTU134	0	0	37	0
OTU94	5	0	0	0	OTU135	17	0	1	2
OTU95	203	0	827	2831	OTU136	1	0	13	117
OTU96	0	0	62	0	OTU137	53	0	11	1
OTU97	33	0	12	30	OTU138	0	1825	0	1
OTU98	2	0	1	37	OTU139	0	0	13	221
OTU99	7	0	0	7	OTU140	0	0	0	24
OTU100	0	12	0	0	OTU141	0	0	0	9
OTU101	2	0	4	40	OTU142	0	8	20	0
OTU102	14	0	2	22	OTU143	0	0	4	4
OTU103	12	0	0	0	OTU144	0	24	0	0
OTU104	0	0	3	11	OTU145	13	0	0	6
OTU105	1	0	30	0	OTU146	0	249	0	0
OTU106	13	0	16	87	OTU147	1	0	8	103
OTU107	0	116	0	0	OTU148	0	15	0	0
OTU108	0	0	2	1702	OTU149	0	82	0	0
OTU109	0	14	0	0	OTU150	0	0	55	0
OTU110	144	0	0	2	OTU151	0	0	34	0
OTU111	0	0	2	139	OTU152	3	0	1	8
OTU112	0	13	0	0	OTU153	0	532	0	0
OTU113	17	0	139	886	OTU154	23	1	25	7
OTU114	144	0	0	9	OTU155	15	0	11	130
OTU115	6	0	3	3	OTU156	3	0	0	8

续表

OTU ID	AUG_CK	AUG_H	AUG_L	AUG_PM	OTU ID	AUG_CK	AUG_H	AUG_L	AUG_PM
OTU157	8	0	88	1	OTU198	0	9	0	0
OTU158	3	12	0	0	OTU199	25	0	21	1
OTU159	0	0	0	17	OTU200	1071	26	1	4
OTU160	0	0	32	3	OTU201	0	0	29	0
OTU161	0	0	0	7	OTU202	17	0	0	0
OTU162	36	0	0	0	OTU203	0	106	10	5
OTU163	0	1593	0	0	OTU204	0	4132	0	1
OTU164	28	0	2	9	OTU205	2	0	3	12
OTU165	76	0	22	71	OTU206	1	0	1	47
OTU166	0	45	0	0	OTU207	0	2341	0	0
OTU167	0	0	0	4	OTU208	167	0	0	12
OTU168	340	0	8	273	OTU209	0	0	2	40
OTU169	0	21	0	4	OTU210	0	2	783	782
OTU170	2	0	0	1	OTU211	32	0	0	0
OTU171	0	85	0	0	OTU212	3	0	2	276
OTU172	38	0	0	0	OTU213	26	0	0	2
OTU173	88	2	291	122	OTU214	19	0	2	8
OTU174	0	102	0	0	OTU215	53	0	0	0
OTU175	0	0	0	8	OTU216	71	0	20	127
OTU176	0	0	0	9	OTU217	0	0	7	38
OTU177	2	0	0	4	OTU218	101	2	119	19
OTU178	0	0	55	0	OTU219	4	0	13	33
OTU179	96	0	73	13	OTU220	5	0	1	0
OTU180	0	0	1	158	OTU221	1	0	0	16
OTU181	0	0	0	104	OTU222	20	0	0	0
OTU182	150	0	1	4	OTU223	0	3	0	0
OTU183	216	1	775	998	OTU224	6	0	0	0
OTU184	70	1	120	12	OTU225	0	533	0	0
OTU185	0	33	2	2	OTU226	0	27	0	0
OTU186	0	36	0	0	OTU227	9	0	50	12
OTU187	0	91	0	0	OTU228	126	0	2	3
OTU188	25	0	0	0	OTU229	3634	0	0	1
OTU189	3	0	1	11	OTU230	258	0	0	5
OTU190	4	0	70	0	OTU231	0	0	0	13
OTU191	21	0	0	4	OTU232	36	0	75	67
OTU192	0	0	5	1	OTU233	34	0	16	191
OTU193	4	332	5	53	OTU234	210	0	70	25
OTU194	0	77	0	0	OTU235	0	0	0	46
OTU195	0	0	1	15	OTU236	44	0	0	0
OTU196	6	0	3	0	OTU237	0	7	4	0
OTU197	13	0	1	0	OTU238	20	0	0	0

续表

OTU ID	AUG_CK	AUG_H	AUG_L	AUG_PM	OTU ID	AUG_CK	AUG_H	AUG_L	AUG_PM
OTU239	0	0	66	1759	OTU280	80	0	0	0
OTU240	27	0	0	0	OTU281	0	1	8	0
OTU241	7	0	54	0	OTU282	10	0	0	0
OTU242	0	0	1	33	OTU283	4	22	121	24
OTU243	13	0	0	0	OTU284	52	0	0	0
OTU244	8	0	2	1	OTU285	130	0	1	0
OTU245	18	0	30	5	OTU286	0	0	0	14
OTU246	15	0	0	0	OTU287	0	0	0	105
OTU247	0	0	16	226	OTU288	0	58	0	0
OTU248	11	0	1	43	OTU289	0	0	0	8
OTU249	62	0	0	0	OTU290	61	0	2	0
OTU250	4	0	0	2	OTU291	0	0	0	3
OTU251	8	0	0	0	OTU292	0	0	0	10
OTU252	0	3307	0	0	OTU293	119	0	0	0
OTU253	8	0	4	4	OTU294	0	14	0	0
OTU254	77	0	0	0	OTU295	36	0	1	0
OTU255	0	0	0	18	OTU296	1	0	0	3
OTU256	0	0	2	11	OTU297	24	0	15567	11
OTU257	0	0	3	55	OTU298	0	0	2	63
OTU258	13	0	0	2	OTU299	10	0	0	1
OTU259	137	0	2	23	OTU300	9	0	45	1
OTU260	0	0	1	11	OTU301	10	0	0	0
OTU261	35	0	1	8	OTU302	0	68	0	0
OTU262	2	165	4	9	OTU303	1	0	1	140
OTU263	142	2	0	1	OTU304	1	0	0	8
OTU264	3	0	4	2	OTU305	4	0	0	49
OTU265	0	0	0	5	OTU306	217	0	222	1151
OTU266	12	0	0	0	OTU307	1	0	1	75
OTU267	0	0	4	21	OTU308	0	6	0	0
OTU268	0	102	0	0	OTU309	14	0	7	11
OTU269	53	0	1	0	OTU310	0	0	7	0
OTU270	0	170	0	0	OTU311	26	0	0	5
OTU271	0	0	1	43	OTU312	4	0	4	9
OTU272	8	76	0	22	OTU313	3	0	0	0
OTU273	0	0	4	16	OTU314	0	1681	0	0
OTU274	0	65	0	0	OTU315	0	0	0	73
OTU275	7	0	0	0	OTU316	18	0	65	2
OTU276	0	0	8	2	OTU317	44	0	21	14
OTU277	5	0	3	15	OTU318	0	9	0	0
OTU278	3	0	460	289	OTU319	4	7153	0	0
OTU279	0	0	15	3	OTU320	3	0	75	9

OTU ID	AUG_CK	AUG_H	AUG_L	AUG_PM	OTU ID	AUG_CK	AUG_H	AUG_L	AUG_PM
OTU321	0	0	4	8	OTU362	0	0	1	2
OTU322	206	0	0	0	OTU363	95	0	0	0
OTU323	0	0	0	5	OTU364	0	86	0	0
OTU324	7	0	0	0	OTU365	0	4	0	0
OTU325	0	44	0	0	OTU366	1	0	3	36
OTU326	0	443	0	0	OTU367	297	0	0	1
OTU327	25	2	117	333	OTU368	20	0	0	0
OTU328	0	0	4	16	OTU369	0	0	0	70
OTU329	0	0	4	82	OTU370	48	0	12	288
OTU330	3	1	0	0	OTU371	0	14	0	0
OTU331	1370	3	91	59	OTU372	1	34	0	0
OTU332	0	0	0	6	OTU373	4	0	1	11
OTU333	46	0	0	0	OTU374	51	0	25	0
OTU334	2	0	2	58	OTU375	0	0	8	438
OTU335	0	0	0	11	OTU376	29	0	34	243
OTU336	0	0	11	15	OTU377	3	0	3	3
OTU337	199	0	85	6	OTU378	9	0	0	0
OTU338	12	0	0	79	OTU379	12	0	2	9
OTU339	44	0	0	0	OTU380	0	0	0	10
OTU340	1	0	318	4	OTU381	0	35	1	1
OTU341	2	0	60	12	OTU382	4	2	192	4
OTU342	29	0	1	1	OTU383	40	1	7	1
OTU343	16	2	1	3	OTU384	8	0	0	0
OTU344	0	0	1	6	OTU385	0	32	0	0
OTU345	0	61	0	0	OTU386	3	0	5	4
OTU346	0	0	162	264	OTU387	0	0	0	24
OTU347	8	0	0	2	OTU388	0	0	16	8
OTU348	0	0	80	318	OTU389	24	0	225	0
OTU349	0	38	0	0	OTU390	230	4	67	66
OTU350	25	2	0	0	OTU391	0	0	1	32
OTU351	0	0	0	4	OTU392	4	0	0	1
OTU352	258	0	43	135	OTU393	0	200	0	0
OTU353	8	0	8	45	OTU394	0	434	0	0
OTU354	22	0	0	0	OTU395	60	0	0	263
OTU355	3	0	2016	270	OTU396	66	0	9	5
OTU356	9	0	0	0	OTU397	20	0	7	2
OTU357	16	0	700	4	OTU398	121	320	55	143
OTU358	0	13	0	0	OTU399	5	0	5	5
OTU359	0	15	0	0	OTU400	0	0	85	123
OTU360	1	0	110	77	OTU401	38	1	410	2080
OTU361	0	0	1	12	OTU402	3	0	5	22

OTU ID	AUG_CK	AUG_H	AUG_L	AUG_PM	OTU ID	AUG_CK	AUG_H	AUG_L	AUG_PM
OTU403	34	0	2	26	OTU444	0	161	0	0
OTU404	6	0	35	9	OTU445	0	0	20	0
OTU405	0	27	0	0	OTU446	0	0	3	8
OTU406	0	9	0	0	OTU447	53	0	0	0
OTU407	30	0	2	57	OTU448	0	0	0	13
OTU408	2	9	1	0	OTU449	0	11	0	0
OTU409	0	64	1	0	OTU450	17	0	0	0
OTU410	0	354	1	0	OTU451	246	1	434	26
OTU411	18	0	0	0	OTU452	0	0	1	33
OTU412	0	53	0	0	OTU453	0	0	25	2007
OTU413	0	0	32	0	OTU454	0	0	7	40
OTU414	0	0	21	497	OTU455	7	0	3	1
OTU415	20	0	200	113	OTU456	11	0	1477	8
OTU416	1	0	1	7	OTU457	5	0	0	0
OTU417	0	0	6	38	OTU458	523	0	0	15
OTU418	0	0	1	3	OTU459	0	0	0	7
OTU419	3602	0	20	4	OTU460	2	0	1	11
OTU420	23	0	0	0	OTU461	93	8	698	34
OTU421	58	0	0	0	OTU462	0	0	3	10
OTU422	3	0	0	0	OTU463	7	0	0	0
OTU423	0	21	0	0	OTU464	5	0	1	2
OTU424	0	0	2	0	OTU465	78	0	0	0
OTU425	104	15	3	38	OTU466	2	2	13783	2
OTU426	128	0	122	357	OTU467	0	0	0	4
OTU427	12	0	103	313	OTU468	0	0	13	0
OTU428	1	0	0	3	OTU469	4	0	0	0
OTU429	0	0	19	1	OTU470	3	0	0	10
OTU430	5072	0	1	1	OTU471	201	0	0	0
OTU431	0	0	1	5	OTU472	16	0	0	0
OTU432	0	0	0	16	OTU473	6	0	8	110
OTU433	0	0	38	0	OTU474	0	0	1	9
OTU434	18	0	1	0	OTU475	0	716	0	0
OTU435	56	0	0	0	OTU476	40	0	212	0
OTU436	33	0	0	0	OTU477	0	0	7	1
OTU437	0	0	77	0	OTU478	47	0	18	1
OTU438	12	5753	300	675	OTU479	0	459	0	0
OTU439	3	0	1	13	OTU480	0	187	0	0
OTU440	0	0	0	11	OTU481	38	0	6	23
OTU441	0	0	6	0	OTU482	63	0	0	0
OTU442	0	0	22	3	OTU483	0	69	0	0
OTU443	86	0	10	13	OTU484	95	0	0	1

OTU ID	AUG_CK	AUG_H	AUG_L	AUG_PM	OTU ID	AUG_CK	AUG_H	AUG_L	AUG_PM
OTU485	23	0	315	0	OTU526	0	1193	0	0
OTU486	0	3	0	0	OTU527	124	0	1	1
OTU487	19	0	0	3	OTU528	0	0	1	37
OTU488	0	0	0	44	OTU529	0	0	4	2
OTU489	7	0	5	15	OTU530	6	0	19	29
OTU490	0	0	20	1	OTU531	20	0	0	1
OTU491	11	0	0	0	OTU532	0	0	1	48
OTU492	16	0	3	6	OTU533	0	64	0	0
OTU493	0	9	3	0	OTU534	53	0	96	73
OTU494	0	19	0	0	OTU535	39	0	0	911
OTU495	0	5	1	1	OTU536	3	0	0	0
OTU496	156	3	285	1709	OTU537	17	0	0	0
OTU497	211	0	0	0	OTU538	0	0	1	73
OTU498	0	8	0	0	OTU539	0	0	1136	0
OTU499	107	0	0	1	OTU540	36	0	194	44
OTU500	23	0	0	0	OTU541	0	0	0	7
OTU501	22	0	0	0	OTU542	34	0	0	4
OTU502	0	7	0	0	OTU543	0	0	3	51
OTU503	41	0	323	52	OTU544	0	0	20	79
OTU504	0	27	0	0	OTU545	0	143	0	0
OTU505	0	85	18	2	OTU546	0	0	0	36
OTU506	29	0	0	0	OTU547	0	0	3	4
OTU507	17	0	60	3	OTU548	0	0	0	10
OTU508	0	0	1	4	OTU549	0	1	8	154
OTU509	4	0	27	1	OTU550	0	24	0	0
OTU510	0	0	2	2	OTU551	0	0	0	4
OTU511	1	0	4	28	OTU552	40	0	14	10
OTU512	26	0	4	8	OTU553	0	41	0	0
OTU513	0	0	1	5	OTU554	0	0	0	8
OTU514	3	0	2	10	OTU555	0	0	0	3
OTU515	3	0	0	5	OTU556	0	66	0	0
OTU516	95	0	0	0	OTU557	15	0	0	0
OTU517	1	0	1	12	OTU558	0	0	0	65
OTU518	0	0	84	5	OTU559	0	0	2	10
OTU519	37	0	0	3	OTU560	6	0	51	146
OTU520	7	16	0	1	OTU561	0	0	166	9
OTU521	0	0	11	18	OTU562	17	0	6	5
OTU522	40	0	0	2	OTU563	1	0	1	7
OTU523	1117	0	47	275	OTU564	0	0	15	3
OTU524	132	0	3001	2	OTU565	1	0	12	303
OTU525	0	0	0	6	OTU566	55	0	70	102

续表

OTU ID	AUG_CK	AUG_H	AUG_L	AUG_PM	OTU ID	AUG_CK	AUG_H	AUG_L	AUG_PM
OTU567	0	69	0	0	OTU608	0	179	0	0
OTU568	12	0	0	0	OTU609	4	0	0	0
OTU569	0	0	23	0	OTU610	37	0	0	0
OTU570	0	12	0	0	OTU611	0	111	9	0
OTU571	0	483	0	0	OTU612	0	0	68	0
OTU572	0	37	0	0	OTU613	0	1445	0	0
OTU573	0	0	14	0	OTU614	0	0	15	0
OTU574	0	0	0	13	OTU615	0	4	0	0
OTU575	13	0	19	52	OTU616	11	0	0	0
OTU576	52	0	0	2	OTU617	0	0	2	20
OTU577	5	0	0	0	OTU618	17	0	0	0
OTU578	0	0	0	5	OTU619	78	6	1186	224
OTU579	1	0	6	0	OTU620	1	0	0	6
OTU580	3	0	3	42	OTU621	0	0	2	4
OTU581	10	0	0	0	OTU622	51	0	51	11
OTU582	163	0	81	592	OTU623	1	0	1	12
OTU583	0	0	0	15	OTU624	0	0	0	29
OTU584	2	0	58	1	OTU625	4	0	1	22
OTU585	2	0	6	35	OTU626	51	0	0	0
OTU586	140	0	1	3	OTU627	4	89	35	40
OTU587	34	0	0	0	OTU628	1	0	65	16
OTU588	0	1	1	4	OTU629	32	0	0	0
OTU589	6	0	0	4	OTU630	1	0	1	17
OTU590	11	0	0	0	OTU631	0	8	1	0
OTU591	0	2	0	0	OTU632	11	0	2	21
OTU592	0	87	0	0	OTU633	0	0	12	0
OTU593	0	30	0	0	OTU634	55	0	0	23
OTU594	28	0	0	0	OTU635	0	3818	3	0
OTU595	1147	1	195	294	OTU636	5	0	0	0
OTU596	2	0	0	4	OTU637	0	23	0	0
OTU597	15	0	750	11	OTU638	0	0	55	0
OTU598	0	0	23	457	OTU639	14	0	0	0
OTU599	138	0	29	0	OTU640	0	0	17	257
OTU600	3	0	0	5	OTU641	0	0	35	0
OTU601	200	0	8	0	OTU642	15	0	0	60
OTU602	28	0	0	0	OTU643	0	615	0	0
OTU603	0	0	14	121	OTU644	0	0	19	150
OTU604	0	26	0	0	OTU645	0	17	0	0
OTU605	3	0	0	0	OTU646	0	131	0	0
OTU606	0	0	86	71	OTU647	0	0	0	2
OTU607	126	0	105	1296	OTU648	9	0	1	6

OTU ID	AUG_CK	AUG_H	AUG_L	AUG_PM	OTU ID	AUG_CK	AUG_H	AUG_L	AUG_PM
OTU649	0	0	0	9	OTU690	51	1	506	12
OTU650	0	0	7	25	OTU691	3	0	1	4
OTU651	26	0	0	88	OTU692	16	0	0	0
OTU652	0	0	0	11	OTU693	0	0	0	14
OTU653	7	0	9	35	OTU694	0	339	11	0
OTU654	0	0	2	8	OTU695	152	0	0	47
OTU655	70	0	3	22	OTU696	96	0	14	0
OTU656	23	0	0	0	OTU697	1	0	13	1
OTU657	5	1	0	25	OTU698	10	0	0	0
OTU658	21	0	137	108	OTU699	0	0	4	1
OTU659	0	18	0	0	OTU700	0	0	0	34
OTU660	0	0	4	4	OTU701	0	0	35	2
OTU661	0	229	0	0	OTU702	2	0	2168	2
OTU662	5	0	0	0	OTU703	0	0	0	6
OTU663	11	0	20	194	OTU704	251	0	0	8
OTU664	59	0	1	3	OTU705	0	0	0	10
OTU665	0	0	0	108	OTU706	21	0	0	0
OTU666	2197	0	0	2	OTU707	43	0	0	0
OTU667	0	0	16	0	OTU708	4	0	8	1
OTU668	16	0	0	0	OTU709	0	54	0	0
OTU669	0	24	0	0	OTU710	27	0	59	1025
OTU670	9	0	0	0	OTU711	0	499	0	0
OTU671	0	0	0	1	OTU712	123	0	95	382
OTU672	1	0	0	6	OTU713	0	0	4	0
OTU673	0	0	21	399	OTU714	6	0	874	0
OTU674	35	1	451	188	OTU715	41	0	0	0
OTU675	2	0	23	935	OTU716	67	0	13	0
OTU676	0	45	0	0	OTU717	0	55	0	0
OTU677	0	0	0	145	OTU718	0	0	0	26
OTU678	0	0	2	29	OTU719	948	0	0	1
OTU679	0	8	0	5	OTU720	31	0	0	0
OTU680	0	0	3	26	OTU721	1	0	9	0
OTU681	0	6	0	0	OTU722	0	0	3	9
OTU682	0	154	0	0	OTU723	0	421	1	0
OTU683	281	0	1	1	OTU724	0	88	0	0
OTU684	0	0	0	4	OTU725	1	0	0	200
OTU685	15	0	0	0	OTU726	0	0	18	3
OTU686	39	0	1	198	OTU727	0	0	0	8
OTU687	3	0	2	127	OTU728	23	0	2	12
OTU688	0	0	0	12	OTU729	0	0	144	0
OTU689	0	1	22	774	OTU730	141	0	35	5

续表

OTU ID	AUG_CK	AUG_H	AUG_L	AUG_PM	OTU ID	AUG_CK	AUG_H	AUG_L	AUG_PM
OTU731	0	1058	0	0	OTU772	21	0	0	0
OTU732	0	26	0	0	OTU773	2	0	11	2
OTU733	13	0	0	0	OTU774	73	94	0	3
OTU734	0	20	0	0	OTU775	0	38	0	0
OTU735	5889	0	0	0	OTU776	0	0	7	36
OTU736	244	0	0	0	OTU777	0	87	0	0
OTU737	14	0	0	1	OTU778	31	0	40	27
OTU738	1	0	5	4	OTU779	0	0	4	67
OTU739	49	0	4	59	OTU780	0	70	2	3
OTU740	0	0	13	3	OTU781	0	19	0	0
OTU741	0	0	7	186	OTU782	0	14	0	0
OTU742	385	0	0	1	OTU783	0	0	258	7
OTU743	0	481	0	0	OTU784	6	9	11	0
OTU744	0	103	0	0	OTU785	0	388	0	0
OTU745	13	0	0	0	OTU786	0	38	12	34
OTU746	3	0	4	0	OTU787	17	0	12	119
OTU747	0	0	14	0	OTU788	0	176	0	0
OTU748	0	15	0	0	OTU789	0	394	0	0
OTU749	0	0	0	7	OTU790	3	0	15	0
OTU750	0	0	0	8	OTU791	0	70	0	0
OTU751	23	0	0	0	OTU792	1	0	0	7
OTU752	1	0	2	18	OTU793	0	0	11	0
OTU753	10	0	1	0	OTU794	39	0	0	0
OTU754	3	0	1	0	OTU795	0	0	117	2
OTU755	16	0	7	67	OTU796	0	7	0	0
OTU756	97	0	0	0	OTU797	0	13	0	0
OTU757	0	0	9	83	OTU798	1	0	5	10
OTU758	42	0	2	0	OTU799	2	0	14	27
OTU759	6	0	3	0	OTU800	0	16	0	0
OTU760	0	0	93	14	OTU801	10	0	0	0
OTU761	0	0	1	5	OTU802	0	73	0	0
OTU762	2	0	1	15	OTU803	0	4	0	0
OTU763	32	0	37	3	OTU804	0	0	1	202
OTU764	21	0	10	105	OTU805	5	0	0	12
OTU765	5	0	4	7	OTU806	0	0	13	325
OTU766	0	0	35	1	OTU807	26	0	0	0
OTU767	0	571	0	0	OTU808	511	0	21	7
OTU768	0	0	4	30	OTU809	0	665	0	0
OTU769	5	0	0	0	OTU810	0	195	0	0
OTU770	3	0	51	43	OTU811	0	20	0	1
OTU771	8	0	53	11	OTU812	3	0	86	1312

OTU ID	AUG_CK	AUG_H	AUG_L	AUG_PM	OTU ID	AUG_CK	AUG_H	AUG_L	AUG_PM
OTU813	653	221	1891	585	OTU854	0	16	0	1
OTU814	0	0	0	34	OTU855	0	0	8	0
OTU815	6	0	8	92	OTU856	0	28	0	0
OTU816	0	0	1	5	OTU857	106	0	360	4
OTU817	38	0	0	1	OTU858	1	73	57	7
OTU818	0	15	0	0	OTU859	143	0	1	9
OTU819	0	0	4	36	OTU860	0	22	0	0
OTU820	0	15	1	9	OTU861	0	0	0	4
OTU821	18	0	0	0	OTU862	37	0	0	3
OTU822	0	0	7	0	OTU863	0	0	2	18
OTU823	4	0	0	0	OTU864	0	44	0	0
OTU824	0	0	80	1	OTU865	0	0	2	80
OTU825	0	0	9	98	OTU866	7	0	23	421
OTU826	299	54	0	1	OTU867	5	2457	37	111
OTU827	0	17	0	0	OTU868	1	0	1	6
OTU828	0	217	0	0	OTU869	38	0	1	0
OTU829	0	16	0	0	OTU870	16	0	5	16
OTU830	25100	53	0	1578	OTU871	1	0	5	350
OTU831	36	0	72	19	OTU872	0	81	0	0
OTU832	2	90	3	28	OTU873	0	0	1	17
OTU833	38	0	0	471	OTU874	51	0	1	8
OTU834	0	962	0	0	OTU875	0	0	1	136
OTU835	24	0	0	0	OTU876	97	0	11	3
OTU836	0	529	0	0	OTU877	0	0	18	0
OTU837	1	0	2	22	OTU878	24	0	644	13
OTU838	2	0	7	132	OTU879	9	0	0	0
OTU839	0	296	0	0	OTU880	1	0	57	86
OTU840	32	0	20	0	OTU881	19	0	0	8
OTU841	40	0	1	13	OTU882	0	0	42	0
OTU842	10	0	0	0	OTU883	51	0	28	531
OTU843	0	0	14	9	OTU884	2	0	0	0
OTU844	10	0	8	469	OTU885	48	1	19	129
OTU845	0	0	1	32	OTU886	21	0	8	1
OTU846	3604	4	1	111	OTU887	0	27	0	0
OTU847	0	124	19	1	OTU888	285	0	0	1
OTU848	58	0	7	56	OTU889	1	1	470	0
OTU849	0	305	0	0	OTU890	4	0	9	12
OTU850	0	260	0	0	OTU891	0	11	1	0
OTU851	0	0	0	3	OTU892	49	0	15	4
OTU852	0	0	2	11	OTU893	94	0	0	0
OTU853	0	0	0	34	OTU894	12	0	0	0

续表

OTU ID	AUG_CK	AUG_H	AUG_L	AUG_PM	OTU ID	AUG_CK	AUG_H	AUG_L	AUG_PM
OTU895	0	0	7	2	OTU936	48	0	0	2
OTU896	5	0	1	1	OTU937	1103	0	541	143
OTU897	0	0	1	18	OTU938	11	0	6	10
OTU898	3	0	77	2	OTU939	1	0	33	83
OTU899	0	400	2	0	OTU940	0	1009	2	64
OTU900	0	0	1	14	OTU941	61	0	0	0
OTU901	0	0	0	3	OTU942	2	0	5	24
OTU902	726	0	0	3	OTU943	24	0	0	0
OTU903	76	0	584	1	OTU944	7	0	0	3
OTU904	0	11	0	0	OTU945	6	2	5	6
OTU905	17	0	0	0	OTU946	24	0	0	0
OTU906	1	0	0	16	OTU947	3	0	0	0
OTU907	4	0	2	6	OTU948	0	32	0	0
OTU908	0	0	0	10	OTU949	0	0	3	17
OTU909	250	0	0	0	OTU950	21	0	20	1072
OTU910	0	0	18	106	OTU951	17	0	0	0
OTU911	25	0	0	0	OTU952	68	0	0	1
OTU912	0	0	0	6	OTU953	8	0	0	0
OTU913	0	119	0	0	OTU954	0	61	1	0
OTU914	0	0	0	85	OTU955	346	0	0	0
OTU915	0	0	0	9	OTU956	0	0	4	23
OTU916	26	0	1	0	OTU957	1	119	8	10
OTU917	0	0	1	8	OTU958	0	15	0	0
OTU918	0	2	5	0	OTU959	199	0	92	6
OTU919	0	0	12	37	OTU960	8	0	29	83
OTU920	170	0	8	0	OTU961	0	25	8	1
OTU921	8	0	0	0	OTU962	0	471	0	0
OTU922	2	0	2	21	OTU963	106	6	74	142
OTU923	119	0	0	22	OTU964	27	0	0	0
OTU924	13	0	0	2	OTU965	0	0	0	10
OTU925	2	0	1	24	OTU966	0	0	2	0
OTU926	152	0	0	3	OTU967	0	1408	0	3
OTU927	34	0	0	111	OTU968	0	1	115	521
OTU928	0	3371	1	0	OTU969	17	8	11	3
OTU929	7	0	0	0	OTU970	0	274	0	0
OTU930	4	0	7	77	OTU971	0	0	22	0
OTU931	28	17	27	807	OTU972	22	0	6	1
OTU932	0	0	1	19	OTU973	0	23	0	0
OTU933	0	0	0	14	OTU974	0	393	0	0
OTU934	0	0	29	335	OTU975	4	1	5	9
OTU935	4	0	0	0	OTU976	1	0	35	517

续表

OTU ID	AUG_CK	AUG_H	AUG_L	AUG_PM	OTU ID	AUG_CK	AUG_H	AUG_L	AUG_PM
OTU977	0	0	10	3	OTU1018	51	0	0	1
OTU978	0	0	0	8	OTU1019	0	0	117	0
OTU979	4	0	7	5	OTU1020	1	0	0	8
OTU980	0	0	261	0	OTU1021	2	0	1	3
OTU981	14	0	1	13	OTU1022	0	0	9	2
OTU982	0	0	7	1	OTU1023	0	5	5	0
OTU983	0	0	6	0	OTU1024	0	0	4	0
OTU984	1	0	2	13	OTU1025	0	357	31	2
OTU985	0	0	1	27	OTU1026	1	0	4	7
OTU986	0	134	0	0	OTU1027	0	6	0	0
OTU987	0	0	26	2	OTU1028	3	0	0	0
OTU988	5	0	5	60	OTU1029	26	0	7	2589
OTU989	0	123	7	9	OTU1030	0	3	0	2
OTU990	4	75	154	54	OTU1031	9	0	1	2
OTU991	116	0	34	197	OTU1032	0	510	0	0
OTU992	13	0	6	0	OTU1033	3	0	215	142
OTU993	0	0	6	0	OTU1034	0	0	0	12
OTU994	0	34	0	0	OTU1035	0	1867	0	1
OTU995	1	0	0	73	OTU1036	0	24	0	0
OTU996	5	0	0	0	OTU1037	0	6	0	0
OTU997	6	0	177	1587	OTU1038	0	0	1	2
OTU998	0	0	17	0	OTU1039	39	0	0	0
OTU999	0	42	0	0	OTU1040	0	0	0	51
OTU1000	5	0	22	8	OTU1041	0	0	9	311
OTU1001	0	0	7	17	OTU1042	0	771	0	0
OTU1002	76	0	0	0	OTU1043	0	1003	0	0
OTU1003	12	0	0	0	OTU1044	0	22	0	0
OTU1004	0	8	0	0	OTU1045	0	54	0	0
OTU1005	0	0	6	0	OTU1046	125	0	0	1
OTU1006	0	0	0	17	OTU1047	0	0	3	0
OTU1007	70	0	1111	34	OTU1048	0	41	0	0
OTU1008	10	0	1	15	OTU1049	0	0	0	81
OTU1009	88	0	21	78	OTU1050	0	0	1523	0
OTU1010	0	0	1	3	OTU1051	21	0	0	0
OTU1011	7	0	0	0	OTU1052	1489	0	49	32
OTU1012	30	0	0	1	OTU1053	628	0	0	19
OTU1013	8	0	1	6	OTU1054	0	35	0	0
OTU1014	30	0	15	43	OTU1055	19	0	42	6
OTU1015	0	0	2218	410	OTU1056	187	1	0	15
OTU1016	0	0	7	44	OTU1057	0	0	8	286
OTU1017	12	0	12	283	OTU1058	9	0	4	4

续表

OTU ID	AUG_CK	AUG_H	AUG_L	AUG_PM	OTU ID	AUG_CK	AUG_H	AUG_L	AUG_PM
OTU1059	0	1	6173	299	OTU1100	0	0	12	0
OTU1060	0	0	1	5	OTU1101	0	0	10	45
OTU1061	0	768	0	0	OTU1102	0	0	7	18
OTU1062	960	0	0	3	OTU1103	9	0	0	0
OTU1063	1	0	0	1	OTU1104	306	0	0	1
OTU1064	0	0	0	4	OTU1105	7	0	42	319
OTU1065	2	0	0	0	OTU1106	19	0	0	0
OTU1066	0	85	2	10	OTU1107	0	267	0	0
OTU1067	2	24	2	6	OTU1108	12	0	0	0
OTU1068	10	0	0	0	OTU1109	18	0	2	1
OTU1069	0	3758	0	1	OTU1110	0	0	1	101
OTU1070	0	0	10	606	OTU1111	34	1	439	15
OTU1071	0	0	2	148	OTU1112	0	0	1	59
OTU1072	18	0	0	0	OTU1113	0	0	0	13
OTU1073	17	0	1	4	OTU1114	29	0	144	142
OTU1074	22	0	0	2	OTU1115	0	0	4	3
OTU1075	0	3558	0	0	OTU1116	134	0	39	103
OTU1076	4	0	8	114	OTU1117	0	0	3	85
OTU1077	0	0	0	5	OTU1118	21	0	0	5
OTU1078	17	0	18	26	OTU1119	0	0	52	2177
OTU1079	0	19	0	0	OTU1120	2	0	689	8
OTU1080	68	0	440	8	OTU1121	1	0	0	11
OTU1081	0	0	2	50	OTU1122	6	0	13	43
OTU1082	0	0	71	0	OTU1123	0	0	0	3
OTU1083	0	0	2	9	OTU1124	0	249	0	0
OTU1084	9	2	14	168	OTU1125	49	5	0	0
OTU1085	4	0	0	0	OTU1126	1	0	5	39
OTU1086	0	0	46	0	OTU1127	0	0	0	15
OTU1087	0	0	0	58	OTU1128	4	0	0	7
OTU1088	26	0	1	51	OTU1129	0	0	93	0
OTU1089	0	0	0	13	OTU1130	0	0	3	42
OTU1090	333	524	25	38	OTU1131	21	0	0	0
OTU1091	0	145	47	25	OTU1132	1804	577	3	12
OTU1092	4	0	0	0	OTU1133	1	0	44	224
OTU1093	0	35	0	0	OTU1134	39	0	3	13
OTU1094	0	0	854	152	OTU1135	5	0	0	23
OTU1095	10	0	15	183	OTU1136	0	0	9	63
OTU1096	1	0	0	78	OTU1137	5	0	0	0
OTU1097	0	130	0	0	OTU1138	92	0	95	405
OTU1098	15	0	0	1	OTU1139	0	0	0	12
OTU1099	288	0	0	120	OTU1140	0	21	0	0

OTU ID	AUG_CK	AUG_H	AUG_L	AUG_PM	OTU ID	AUG_CK	AUG_H	AUG_L	AUG_PM
OTU1141	0	0	5	307	OTU1182	0	78	0	0
OTU1142	50	0	17	430	OTU1183	0	0	0	10
OTU1143	0	0	2	117	OTU1184	1	0	0	50
OTU1144	2	0	0	72	OTU1185	0	378	1	0
OTU1145	0	2047	0	8	OTU1186	1772	4	9	1031
OTU1146	6	0	1	2	OTU1187	7	0	5	0
OTU1147	13	0	89	520	OTU1188	0	8	0	0
OTU1148	0	0	2	1	OTU1189	4	0	0	0
OTU1149	428	0	1	4	OTU1190	3	0	3	28
OTU1150	71	0	0	0	OTU1191	0	0	6	6
OTU1151	14	0	0	2	OTU1192	0	0	0	10
OTU1152	0	0	15	0	OTU1193	95	1	30	2
OTU1153	27	0	0	0	OTU1194	0	0	0	2
OTU1154	0	0	0	6	OTU1195	10	0	0	0
OTU1155	17	0	0	0	OTU1196	8	0	29	0
OTU1156	13	0	0	0	OTU1197	0	1	39	0
OTU1157	2	0	2	28	OTU1198	1	0	1	17
OTU1158	0	0	0	15	OTU1199	0	0	29	113
OTU1159	40	0	0	0	OTU1200	9	0	0	0
OTU1160	14	0	134	53	OTU1201	1	0	47	4
OTU1161	0	705	0	0	OTU1202	0	0	0	3
OTU1162	14	0	0	0	OTU1203	25	0	32	651
OTU1163	4	0	9	8	OTU1204	25	0	1	1
OTU1164	0	0	2	1	OTU1205	0	437	0	0
OTU1165	25	0	80	3	OTU1206	0	0	85	0
OTU1166	0	7	0	0	OTU1207	0	0	0	9
OTU1167	0	53	2	0	OTU1208	0	10	10	1
OTU1168	9	0	2	38	OTU1209	0	0	1	12
OTU1169	0	0	16	0	OTU1210	8	0	0	5
OTU1170	110	0	0	2	OTU1211	0	0	0	12
OTU1171	23	4	12	227	OTU1212	20	0	16	3
OTU1172	2	0	0	42	OTU1213	0	2	11	48
OTU1173	33	0	0	0	OTU1214	0	0	7	136
OTU1174	0	1	51	0	OTU1215	2026	0	2	1
OTU1175	69	0	0	0	OTU1216	1	0	38	182
OTU1176	128	0	37	179	OTU1217	1	0	327	1
OTU1177	3	0	0	0	OTU1218	8	0	3	12
OTU1178	0	0	0	8	OTU1219	16	0	0	0
OTU1179	0	0	1	7	OTU1220	0	28	0	0
OTU1180	6	0	0	0	OTU1221	0	19	0	0
OTU1181	0	0	3	23	OTU1222	0	0	1	11

续表

OTU ID	AUG_CK	AUG_H	AUG_L	AUG_PM	OTU ID	AUG_CK	AUG_H	AUG_L	AUG_PM
OTU1223	10	0	2	1	OTU1264	5	0	0	20
OTU1224	7	0	23	3	OTU1265	0	0	12	283
OTU1225	74	0	730	32	OTU1266	0	0	2	18
OTU1226	17	0	0	0	OTU1267	0	0	3	21
OTU1227	0	120	0	0	OTU1268	28	0	0	3
OTU1228	159	0	13	0	OTU1269	0	0	2	92
OTU1229	21	0	0	0	OTU1270	0	0	1079	8
OTU1230	11	0	0	1	OTU1271	0	0	0	47
OTU1231	21	0	0	0	OTU1272	0	144	0	0
OTU1232	281	1	6	28	OTU1273	2	0	59	3
OTU1233	0	53	0	0	OTU1274	7	0	0	1
OTU1234	1	40	1	0	OTU1275	11	0	3	15
OTU1235	13	0	0	0	OTU1276	0	0	0	2
OTU1236	41	4	0	0	OTU1277	13	0	0	0
OTU1237	11	0	0	0	OTU1278	19	21	5	14
OTU1238	2	0	0	15	OTU1279	0	2	24	0
OTU1239	9	0	0	0	OTU1280	0	0	0	22
OTU1240	7	0	1	12	OTU1281	1	0	0	23
OTU1241	27	0	1	14	OTU1282	7	0	9	165
OTU1242	47	0	2	0	OTU1283	9	0	20	746
OTU1243	0	0	0	8	OTU1284	1	0	2	14
OTU1244	0	0	2	41	OTU1285	5	0	4	0
OTU1245	0	0	6	16	OTU1286	0	0	1	11
OTU1246	8	0	0	0	OTU1287	13	0	0	0
OTU1247	0	0	0	9	OTU1288	156	0	1	38
OTU1248	84	0	0	0	OTU1289	0	0	1	3
OTU1249	0	0	13	0	OTU1290	0	0	26	107
OTU1250	570	1	0	4	OTU1291	13	0	53	59
OTU1251	31	0	1	0	OTU1292	0	0	0	53
OTU1252	93	0	0	13	OTU1293	8	0	0	0
OTU1253	1	0	0	3	OTU1294	15	0	1	73
OTU1254	0	0	4	52	OTU1295	0	0	3	1
OTU1255	32	0	0	0	OTU1296	6	0	12	51
OTU1256	0	0	9	0	OTU1297	0	112	0	1
OTU1257	11	0	50	97	OTU1298	4	0	204	4
OTU1258	4	0	0	2	OTU1299	0	189	0	0
OTU1259	2	0	2	71	OTU1300	0	0	0	3
OTU1260	300	0	421	50	OTU1301	119	0	0	0
OTU1261	1	0	56	7	OTU1302	15	0	0	0
OTU1262	8	0	3	83	OTU1303	0	0	7	321
OTU1263	6	0	0	28	OTU1304	97	0	0	0

续表

OTU ID	AUG_CK	AUG_H	AUG_L	AUG_PM	OTU ID	AUG_CK	AUG_H	AUG_L	AUG_PM
OTU1305	0	0	0	2	OTU1320	3	0	0	0
OTU1306	0	3	0	0	OTU1321	0	505	0	0
OTU1307	3	0	2	0	OTU1322	0	13	0	0
OTU1308	0	0	1	70	OTU1323	9	0	542	5
OTU1309	9	2	252	1234	OTU1324	90	0	1006	812
OTU1310	1	0	1	70	OTU1325	6	0	95	61
OTU1311	0	0	1	16	OTU1326	3	0	1	17
OTU1312	4	0	1	6	OTU1327	0	55	0	0
OTU1313	41	0	1	1	OTU1328	0	913	0	0
OTU1314	4	0	0	0	OTU1329	11	0	0	37
OTU1315	299	3	347	391	OTU1330	0	0	178	0
OTU1316	0	0	4	78	OTU1331	0	103	0	0
OTU1317	1	0	1	18	OTU1332	12	0	0	0
OTU1318	0	0	3	0	OTU1333	13	0	0	0
OTU1319	16	0	16	57	OTU1334	0	63	0	0

表 3-9　异位发酵床不同处理组细菌种类（OTUs）相关系数

处理组	平均值	标准差	AUG_CK	AUG_H	AUG_L	AUG_PM
AUG_CK	70.0712	752.5854	1.0000	−0.0089	−0.0023	0.1188
AUG_H	70.0712	403.1764	−0.0089	1.0000	−0.0122	−0.0107
AUG_L	70.0712	633.1149	−0.0023	−0.0122	1.0000	0.0334
AUG_PM	70.0712	332.3014	0.1188	−0.0107	0.0334	1.0000

相关系数临界值：$a=0.05$ 时，$r=0.0537$；$a=0.01$ 时，$r=0.0705$。

表 3-10　异位发酵床不同处理组细菌种类（OTUs）规格化特征向量

处理组	因子 1	因子 2	因子 3	因子 4
AUG_CK	0.6744	0.2643	−0.1167	0.6795
AUG_H	−0.1269	0.6386	0.7590	0.0079
AUG_L	0.1877	−0.7207	0.6357	0.2032
AUG_PM	0.7028	0.0542	0.0793	−0.7049

表 3-11　异位发酵床不同处理组细菌种类（OTUs）特征值

序号	特征值	百分率/%	累计百分率/%	Chi-Square	df	p 值
[1]	1.1249	28.1218	28.1218	20.8825	9.0000	0.0132
[2]	1.0091	25.2278	53.3497	7.7388	5.0000	0.1712
[3]	0.9901	24.7518	78.1015	4.9878	2.0000	0.0826
[4]	0.8759	21.8985	100.0000	0.0000	0.0000	1.0000

3. 细菌群落 R 型主成分分析

以细菌种类为指标，不同处理为样本，主成分特征值见表 3-12，主成分得分见表 3-13，

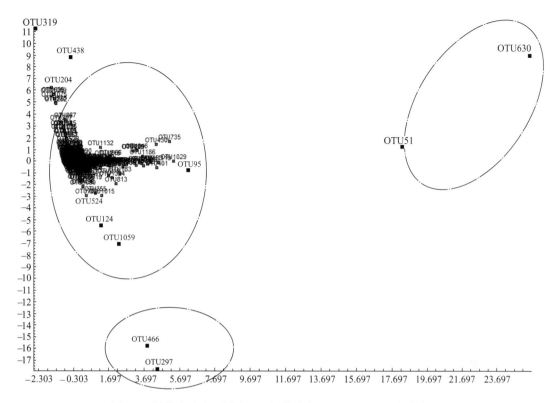

图 3-6　异位发酵床不同处理组细菌种类（OTUs）Q 型主成分分析

主成分分析见图 3-7。分析结果表明，原料垫料组（AUG_CK）分布于图形的左上方，独立于其他处理，表明细菌种类与其他处理相差较大，其发挥原始菌种带入作用；浅发酵垫料组（AUG_L）分布于图形的右上方，细菌群落区别于其他处理，即原料垫料加入猪粪后开始发酵，微生物群落发生较大变化；深发酵垫料组（AUG_H）和未发酵猪粪组（AUG_PM）分布于图形下方，两者比较靠近，表明猪粪深发酵后与未发酵猪粪的细菌群落相比于其他处理更为接近。

表 3-12　异位发酵床不同处理组细菌种类（OTUs）主成分特征值

序号	特征值	百分率/%	累计百分率/%	Chi-Square	df	p 值
[1]	143.2985	41.4157	41.4157	0.0000	60030.0000	0.9999
[2]	128.0310	37.0032	78.4189	0.0000	59684.0000	0.9999
[3]	74.6705	21.5811	100.0000	0.0000	59339.0000	0.9999

表 3-13　异位发酵床不同处理组细菌种类（OTUs）主成分得分

处理组	$Y(i,1)$	$Y(i,2)$	$Y(i,3)$
AUG_CK	−12.9071	11.4112	2.2923
AUG_H	−3.9860	−14.5277	6.0529
AUG_L	1.2103	−2.7987	−12.7545
AUG_PM	15.6828	5.9152	4.4093

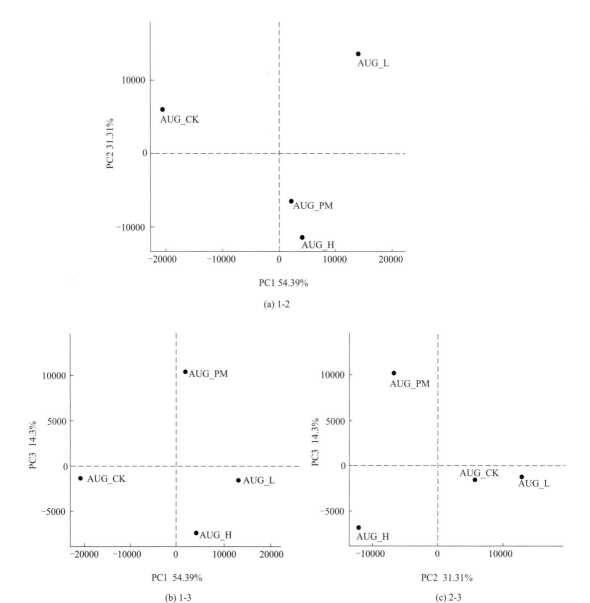

图 3-7 异位发酵床细菌种类（OTUs）R 型主成分分析

4. 真菌群落 Q 型主成分分析

异位发酵床不同处理组真菌种类（OTUs）建立数据矩阵如表 3-14 所列。计算 Q 型数据相关系数见表 3-15、规格化特征向量见表 3-16、特征值见表 3-17。异位发酵床不同处理真菌种类（OTUs）共 164 种，不同处理间相关性极低，相关系数低于 0.2932。前 3 个主成分特征值累计达 83.0％，表明能很好地反映总体信息（表 3-17）。从格式化特征向量可知：第一因子影响作用最大的是未发酵猪粪组（0.6558）和浅发酵垫料组（0.6753），第二因子影响作用最大的是深发酵垫料组（0.7413）；第三因子影响作用最大的是原料垫料组（0.7379）。主成分分析结果表明，大部分的真菌集中在一个区域，聚集性很高（图 3-8）。

表 3-14　异位发酵床不同处理组真菌种类（OTUs）数据矩阵

OTU ID	AUG_CK	AUG_H	AUG_L	AUG_PM	OTU ID	AUG_CK	AUG_H	AUG_L	AUG_PM
OTU1	63	0	0	0	OTU42	17	0	0	2
OTU2	3	0	0	0	OTU43	0	0	1070	0
OTU3	0	0	0	2	OTU44	75	0	0	0
OTU4	53	132	58	0	OTU45	171	0	462	254
OTU5	100	0	0	0	OTU46	0	0	84	0
OTU6	4	0	0	0	OTU47	201	0	845	82
OTU7	1789	0	21	3	OTU48	0	0	0	9
OTU8	11	63	73	1	OTU49	0	0	2	1
OTU9	5	0	0	0	OTU50	0	0	0	30
OTU10	8	0	0	0	OTU51	483	0	0	0
OTU11	18	0	8	4	OTU52	9	0	0	0
OTU12	0	0	0	8	OTU53	242	0	278	13
OTU13	12	0	0	0	OTU54	28	0	0	0
OTU14	0	0	2	0	OTU55	85	0	0	0
OTU15	211	0	42	48	OTU56	0	0	160	28
OTU16	24	0	14	0	OTU57	5	0	0	0
OTU17	3	0	2	0	OTU58	157	0	0	11
OTU18	34	0	0	0	OTU59	16	0	0	0
OTU19	8	0	0	5	OTU60	21	0	6	1
OTU20	0	6	0	0	OTU61	0	0	143	84
OTU21	93	0	0	0	OTU62	10298	0	9	5
OTU22	25	0	75	0	OTU63	3366	0	0	2
OTU23	25	0	55	50	OTU64	60	0	625	526
OTU24	0	0	29	0	OTU65	0	0	0	19
OTU25	0	1	52	0	OTU66	6	0	0	0
OTU26	6	0	0	0	OTU67	19	0	4	8
OTU27	6	0	0	0	OTU68	51	0	1725	959
OTU28	7	0	0	0	OTU69	0	0	7	0
OTU29	0	0	41	0	OTU70	14	0	479	6
OTU30	7	0	3	0	OTU71	56	0	0	0
OTU31	1	0	40	0	OTU72	9	7947	0	3
OTU32	39	1	5438	1848	OTU73	0	1	0	0
OTU33	248	0	123	8	OTU74	5	0	0	0
OTU34	2	0	19	1	OTU75	4	0	0	0
OTU35	7	0	0	0	OTU76	0	0	16	5
OTU36	5	0	0	0	OTU77	18	6	20	240
OTU37	0	0	31	395	OTU78	0	0	1810	56
OTU38	23	0	0	4	OTU79	0	0	10	0
OTU39	15	0	0	0	OTU80	34	37702	17	15
OTU40	1890	0	8	43	OTU81	30	17	26	5
OTU41	0	0	0	2	OTU82	89	51330	6270	1234

OTU ID	AUG_CK	AUG_H	AUG_L	AUG_PM	OTU ID	AUG_CK	AUG_H	AUG_L	AUG_PM
OTU83	0	8	0	0	OTU124	6	0	0	0
OTU84	36	394	946	114	OTU125	5	0	113	140
OTU85	1641	0	31	5	OTU126	0	0	3	43
OTU86	0	0	0	19	OTU127	145	0	701	84
OTU87	2	55	0	0	OTU128	22	0	8	1
OTU88	63	0	41	4	OTU129	0	0	412	134
OTU89	145	0	0	4	OTU130	7	0	3	0
OTU90	11341	0	0	0	OTU131	0	0	240	13
OTU91	9	5	0	0	OTU132	172	0	0	8
OTU92	3205	9	1	7	OTU133	0	0	1213	22
OTU93	17	0	0	0	OTU134	413	0	4497	2496
OTU94	14	0	0	0	OTU135	293	0	148	30
OTU95	7	0	0	0	OTU136	13323	12	1936	2183
OTU96	0	0	51	0	OTU137	388	0	0	0
OTU97	619	0	0	7	OTU138	68	0	120	53
OTU98	1995	594	194	33	OTU139	19	0	0	0
OTU99	0	0	252	78	OTU140	0	0	0	7
OTU100	16	0	4	24	OTU141	0	0	0	22
OTU101	9	0	0	0	OTU142	1	0	288	1
OTU102	60	1	124	62	OTU143	265	0	719	19
OTU103	5149	1	68	16	OTU144	0	64	0	0
OTU104	6	0	0	11	OTU145	0	0	1610	2277
OTU105	27	0	420	4	OTU146	78	0	97	38
OTU106	24	0	207	3	OTU147	6	0	50	10
OTU107	135	0	399	48	OTU148	943	1	20236	853
OTU108	0	0	0	3	OTU149	0	0	198	3306
OTU109	48	0	0	14	OTU150	0	0	11	0
OTU110	5	0	0	0	OTU151	0	0	0	24
OTU111	0	0	37	295	OTU152	0	0	0	10
OTU112	12	0	152	132	OTU153	0	0	74	11
OTU113	0	0	255	415	OTU154	26	0	539	739
OTU114	0	0	104	9	OTU155	69	0	1248	16
OTU115	116	0	2	1	OTU156	212	0	70	80
OTU116	65	1	23991	130	OTU157	23	0	0	0
OTU117	0	0	10	0	OTU158	0	0	1	17
OTU118	0	0	77	0	OTU159	14	0	450	38
OTU119	0	0	17	0	OTU160	3167	0	1	57
OTU120	0	0	32	1	OTU161	213	1930	0	9
OTU121	30	0	134	120	OTU162	0	0	3546	699
OTU122	3702	0	9844	76826	OTU163	54	89	3484	1578
OTU123	0	0	2	34	OTU164	31627	1	758	914

表 3-15　异位发酵床真菌种类（OTUs）不同处理组相关系数

处理组	平均值	标准差	AUG_CK	AUG_H	AUG_L	AUG_PM
AUG_CK	612.0183	2971.0709	1.0000	−0.0222	0.0390	0.0976
AUG_H	612.0183	4992.1446	−0.0222	1.0000	0.1208	0.0006
AUG_L	612.0183	2664.0879	0.0390	0.1208	1.0000	0.2932
AUG_PM	612.0183	6006.0527	0.0976	0.0006	0.2932	1.0000

相关系数临界值：$a=0.05$ 时，$r=0.1533$；$a=0.01$ 时，$r=0.2006$。

表 3-16　异位发酵床真菌种类（OTUs）不同处理组规格化特征向量

处理组	因子 1	因子 2	因子 3	因子 4
AUG_CK	0.2513	−0.6182	0.7379	−0.1011
AUG_H	0.2250	0.7413	0.5792	0.2538
AUG_L	0.6753	0.1732	−0.1799	−0.6939
AUG_PM	0.6558	−0.1958	−0.2962	0.6662

表 3-17　异位发酵床真菌种类（OTUs）不同处理组特征值

No.	特征值	百分率/%	累计百分率/%	Chi-Square	df	p 值
1	1.3395	33.4877	33.4877	18.6907	9.0000	0.0280
2	1.0466	26.1650	59.6527	7.7538	5.0000	0.1703
3	0.9339	23.3476	83.0002	4.0312	2.0000	0.1332
4	0.6800	16.9998	100.0000	0.0000	0.0000	1.0000

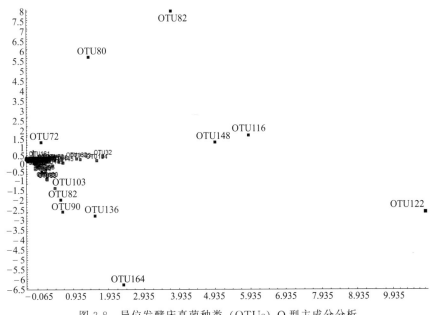

图 3-8　异位发酵床真菌种类（OTUs）Q 型主成分分析

5. 真菌群落 R 型主成分分析

以真菌种类为指标，不同处理为样本，主成分特征值见表 3-18，主成分得分见表 3-19，坐标值见表 3-20，主成分分析见图 3-9。分析结果表明，原料垫料组（AUG_CK）分布于图形的下方，独立于其他处理，表明真菌种类与其他处理相差较大，其发挥原始菌种带入作用；浅发酵垫料组（AUG_L）分布于图形的中部，真菌群落区别于其他处理，即原料垫料加入猪粪后开始发酵，微生物群落发生较大变化；深发酵垫料组（AUG_H）和未发酵猪粪组（AUG_PM）分布于图形左上方和右上方，表明猪粪深发酵后与未发酵猪粪的真菌群落相比于其他处理差异显著。

表 3-18　异位发酵床真菌种类（OTUs）不同处理组特征值

No.	特征值	百分率/%	累计百分率/%	Chi-Square	df	p 值
1	81.5674	49.7362	49.7362	0.0000	13529.0000	0.9999
2	52.0184	31.7185	81.4548	0.0000	13365.0000	0.9999
3	30.4141	18.5452	100.0000	0.0000	13202.0000	0.9999

表 3-19　异位发酵床真菌种类（OTUs）不同处理组主成分得分

处理组	$Y(i,1)$	$Y(i,2)$	$Y(i,3)$
AUG_CK	13.0098	2.8087	0.8419
AUG_H	−1.4298	−6.2280	−6.7075
AUG_L	−7.5724	8.9045	−0.8315
AUG_PM	−4.0076	−5.4852	6.6971

表 3-20　异位发酵床真菌种类（OTUs）不同处理组坐标值

处理组	PC1	PC2	PC3	PC4
AUG_CK	6870.16	−33685.86	18563.37	-6.82×10^{-13}
AUG_H	44497.32	29531.76	4560.06	-3.33×10^{-11}
AUG_L	3253.06	−14786.68	−27533.42	1.93×10^{-11}
AUG_PM	−54620.53	18940.77	4409.99	1.49×10^{-11}

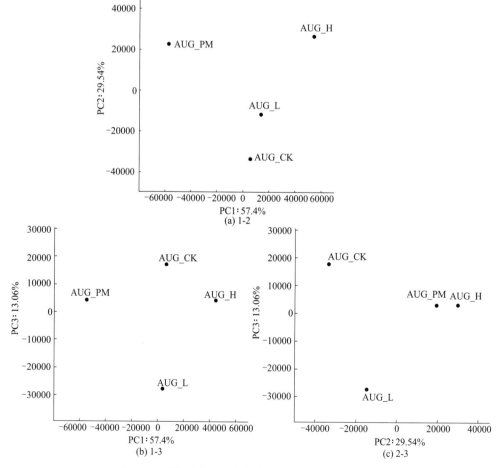

图 3-9　异位发酵床真菌种类（OTUs）主成分分析

二、微生物种类主坐标分析（PCoA）

1. 主坐标分析原理

PCoA 分析，即主坐标分析（principal co-ordinates analysis），也是一种非约束性的数据降维分析方法，可用来研究样本群落组成的相似性或差异性，与 PCA 分析类似；主要区别在于，PCA 基于欧氏距离，PCoA 基于除欧氏距离以外的其他距离，通过降维找出影响样本群落组成差异的潜在主成分。PCoA 分析，首先对一系列的特征值和特征向量进行排序，然后选择排在前几位的最主要特征值，并将其表现在坐标系里，结果相当于是距离矩阵的一个旋转，它没有改变样本点之间的相互位置关系，只是改变了坐标系统。分析与主成分的原理相似。

2. 细菌群落 R 型主坐标分析

异位发酵床细菌种类（OTUs）主坐标分析见图 2-10。由图 2-10 可知，异位发酵床细菌群落不同处理组的主坐标分析与主成分分析存在差异，未发酵猪粪组更靠近浅发酵垫料组。

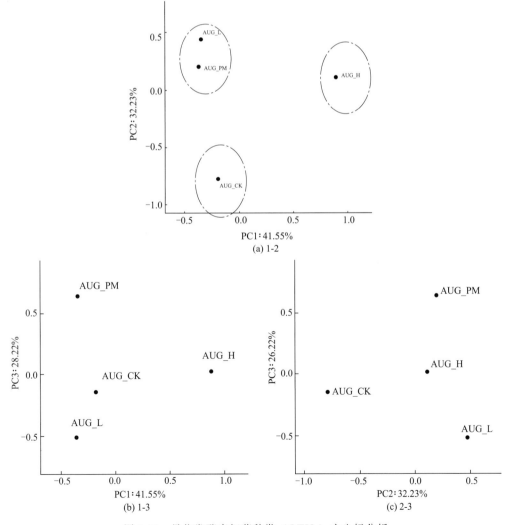

图 3-10　异位发酵床细菌种类（OTUs）主坐标分析

3. 真菌群落 R 型主坐标分析

异位发酵床真菌种类（OTUs）主坐标分析见图 3-11。异位发酵床真菌群落不同处理组的主坐标分析与主成分分析存在差异，浅发酵垫料组更靠近未发酵猪粪组。

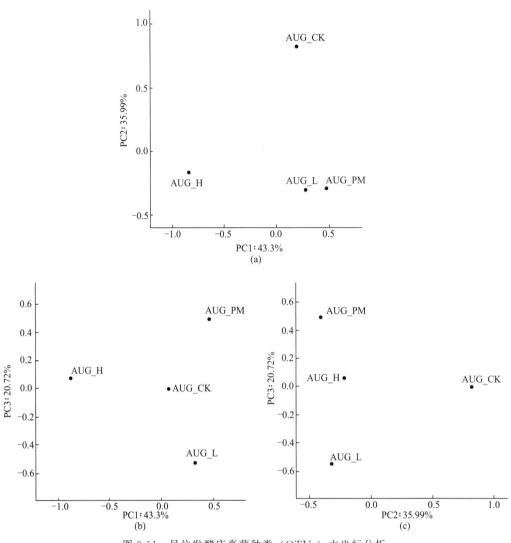

图 3-11　异位发酵床真菌种类（OTUs）主坐标分析

三、基于 Beta 多样性距离的非度量多维尺度分析（NMDS）

非度量多维尺度法是一种将多维空间的研究对象（样本或变量）简化到低维空间进行定位、分析和归类，同时又保留对象间原始关系的数据分析方法。适用于无法获得研究对象间精确的相似性或相异性数据，仅能得到他们之间等级关系数据的情形。其基本特征是将对象间的相似性或相异性数据看成点间距离的单调函数，在保持原始数据次序关系的基础上，用新的相同次序的数据列替换原始数据进行度量型多维尺度分析。换句话说，当资料不适合直接进行变量型多维尺度分析时，对其进行变量变换，再采用变量型多维尺度分析，对原始资料而言，就称之为非度量型多维尺度分析。其特点是根据样本中包含的物种信息，以点的形式反映在多维空间上，而对不同样本间的差异程度，则是通过点与点间的距离体现的，最终获得样本的空间定位点图异位发酵床细菌种类（OTUs）非度量多维尺度分析（NMDS）见图 3-12，异位发酵床真菌种类（OTUs）非度量多维尺度分析（NMDS）见图 3-13。

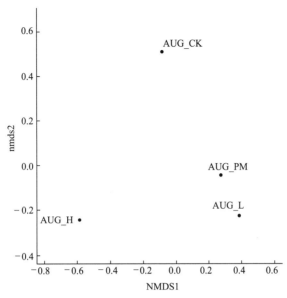

图 3-12　异位发酵床细菌种类（OTUs）非度量多维尺度分析（NMDS）

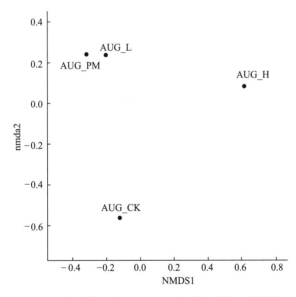

图 3-13　异位发酵床真菌种类（OTUs）非度量多维尺度分析（NMDS）

|第六节| 异位发酵床细菌丰度结构

异位发酵床不同处理组细菌分类阶元丰度分析结果见表 3-21。异位发酵床不同处理细菌分类阶元的丰度差异显著（见图 3-14～图 3-18）。在细菌门中，原料垫料组 AUG ＿ CK 的 Proteobacteria 丰度最高（0.1450），深发酵垫料组 AUG ＿ H 以 Bacteroidetes 丰度最高（0.0770），浅发酵垫料组 AUG ＿ L 以 Bacteroidetes 丰度最高（0.1520），未发酵猪粪组

AUG _ PM Proteobacteria 丰度最高（0.0920）。

表 3-21 异位发酵床不同处理组细菌分类阶元丰度

分类阶元	原料垫料组 AUG_CK	深发酵垫料组 AUG_H	浅发酵垫料组 AUG_L	未发酵猪粪组 AUG_PM
细菌门				
放线菌门（Actinobacteria）	0.0110	0.0410	0.0020	0.0160
异常球菌-栖热菌门（Deinococcus-Thermus）	0.0000	0.0060	0.0010	0.0020
拟杆菌门（Bacteroidetes）	0.0780	0.0770	0.1520	0.0320
变形菌门（Proteobacteria）	0.1450	0.0680	0.0800	0.0920
厚壁菌门（Firmicutes）	0.0080	0.0570	0.0050	0.0280
细菌纲				
黄杆菌纲（Flavobacteriia）	0.0960	0.0040	0.0070	0.0180
γ-变形菌纲（γ-proteobacteria）	0.0450	0.0470	0.1150	0.0550
异常球菌纲（Deinococci）	0.0010	0.0020	0.0000	0.0060
芽胞杆菌纲（Bacilli）	0.0030	0.0240	0.0050	0.0250
鞘脂杆菌纲（Sphingobacteriia）	0.0530	0.0220	0.0690	0.0390
梭菌纲（Clostridia）	0.0020	0.0040	0.0030	0.0300
放线菌纲（Actinobacteria）	0.0020	0.0160	0.0110	0.0410
细菌目				
黄杆菌目（Flavobacteriales）	0.0960	0.0040	0.0070	0.0180
异常球菌目（Deinococcales）	0.0010	0.0020	0.0000	0.0060
微球菌目（Micrococcales）	0.0010	0.0020	0.0010	0.0340
梭菌目（Clostridiales）	0.0020	0.0030	0.0030	0.0300
肠杆菌目（Enterobacteriales）	0.0000	0.0050	0.0910	0.0000
黄单胞菌目（Xanthomonadales）	0.0270	0.0300	0.0100	0.0150
海洋螺菌目（Oceanospirillales）	0.0010	0.0000	0.0000	0.0160
芽胞杆菌目（Bacillales）	0.0030	0.0240	0.0050	0.0190
鞘脂杆菌目（Sphingobacteriales）	0.0530	0.0220	0.0690	0.0390
假单胞菌目（Pseudomonadales）	0.0130	0.0110	0.0130	0.0120
细菌科				
黄单胞菌科（Xanthomonadaceae）	0.0260	0.0220	0.0080	0.0150
芽胞杆菌科（Bacillaceae）	0.0010	0.0130	0.0010	0.0120
肠杆菌科（Enterobacteriaceae）	0.0000	0.0050	0.0910	0.0000
莫拉菌科（Moraxellaceae）	0.0100	0.0060	0.0070	0.0010
黄杆菌科（Flavobacteriaceae）	0.0940	0.0040	0.0070	0.0170
鞘脂杆菌科（Sphingobacteriaceae）	0.0150	0.0010	0.0520	0.0370
梭菌科（Clostridiaceae_1）	0.0010	0.0030	0.0030	0.0180
特吕珀菌科（Trueperaceae）	0.0010	0.0020	0.0000	0.0060
烷烃降解菌科（Alcanivoracaceae）	0.0000	0.0000	0.0000	0.0140
假单胞菌科（Pseudomonadaceae）	0.0030	0.0050	0.0060	0.0100
皮杆菌科（Dermabacteraceae）	0.0000	0.0000	0.0000	0.0190
噬几丁质菌科（Chitinophagaceae）	0.0370	0.0220	0.0170	0.0000

续表

分类阶元	原料垫料组 AUG_CK	深发酵垫料组 AUG_H	浅发酵垫料组 AUG_L	未发酵猪粪组 AUG_PM
细菌属				
橄榄杆菌属（*Olivibacter*）	0.0000	0.0000	0.0160	0.0220
短状小杆菌属（*Brachybacterium*）	0.0000	0.0000	0.0000	0.0190
梭菌属（*Clostridium*_strictol）	0.0010	0.0020	0.0010	0.0180
食碱菌属（*Alcanivorax*）	0.0000	0.0000	0.0000	0.0140
石莼球菌属（*Ulvibacter*）	0.0000	0.0000	0.0000	0.0120
假单胞菌属（*Pseudomonas*）	0.0030	0.0050	0.0060	0.0100
特吕珀菌属（*Truepera*）	0.0010	0.0020	0.0000	0.0060
漠河菌属（*Moheibacter*）	0.0380	0.0000	0.0010	0.0030
鞘脂菌属（*Sphingobacterium*）	0.0140	0.0000	0.0340	0.0010
不动菌属（*Acinetobacter*）	0.0100	0.0060	0.0070	0.0010
肠杆菌属（*Enterobacter*）	0.0000	0.0040	0.0710	0.0000
噬几丁质菌属（*Chitinophaga*）	0.0000	0.0000	0.0120	0.0000
克洛诺菌属（*Cronobacter*）	0.0000	0.0000	0.0100	0.0000
金黄杆菌属（*Chryseobacterium*）	0.0440	0.0030	0.0030	0.0000
太白山菌属（*Taibaiella*）	0.0170	0.0140	0.0020	0.0000
寡养单胞菌属（*Stenotrophomonas*）	0.0140	0.0000	0.0020	0.0000
黄杆菌属（*Flavobacterium*）	0.0070	0.0000	0.0020	0.0000
芽胞杆菌属（*Bacillus*）	0.0010	0.0130	0.0010	0.0000
藤黄单胞菌属（*Luteimonas*）	0.0020	0.0080	0.0010	0.0000
莱茵河杆菌属（*Rhodanobacter*）	0.0000	0.0070	0.0000	0.0000

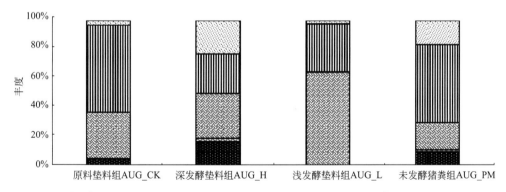

图 3-14　异位发酵床细菌门种类（OTUs）丰度分布

在细菌纲中，原料垫料组 AUG_CK 的黄杆菌纲（Flavobacteriia）丰度最高（0.0960），深发酵垫料组 AUG_H 以 γ-变形菌纲（Gammaproteobacteria）丰度最高（0.0470），浅发酵垫料组 AUG_L 以 γ-变形菌纲（Gammaproteobacteria）丰度最高（0.1150），未发酵猪粪组 AUG_PMγ-变形菌纲（Gammaproteobacteria）丰度最高（0.0550）。

在细菌目中，原料垫料组 AUG_CK 的黄杆菌目（Flavobacteriales）丰度最高

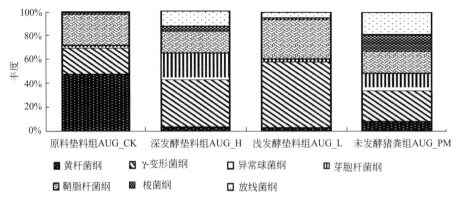

图 3-15 异位发酵床细菌纲种类（OTUs）丰度分布

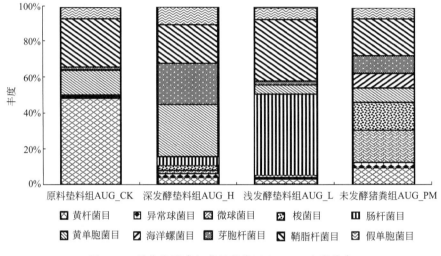

图 3-16 异位发酵床细菌目种类（OTUs）丰度分布

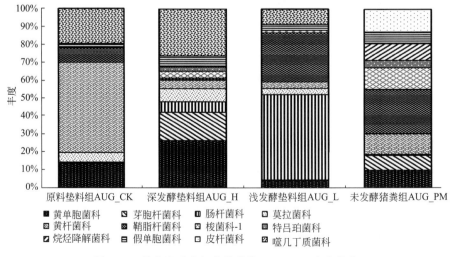

图 3-17 异位发酵床细菌科种类（OTUs）丰度分布

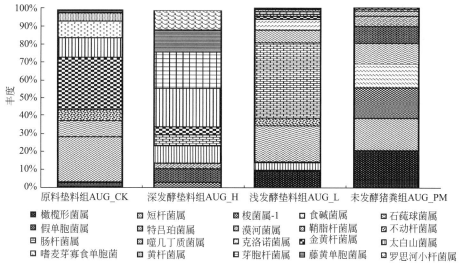

图 3-18　异位发酵床细菌属种类（OTUs）丰度分布

（0.0960），深发酵垫料组 AUG _ H 以黄单胞菌目（Xanthomonadales）丰度最高（0.0300），浅发酵垫料组 AUG _ L 以肠杆菌目（Enterobacteriales）丰度最高（0.0910），未发酵猪粪组 AUG _ PM 鞘氨醇杆菌目（Sphingobacteriales）丰度最高（0.0390）。

在细菌科中，原料垫料组 AUG _ CK 的黄杆菌科（Flavobacteriaceae）丰度最高（0.0940），深发酵垫料组 AUG _ H 以噬几丁质菌科（Chitinophagaceae）丰度最高（0.0200），浅发酵垫料组 AUG _ L 以肠杆菌科（Enterobacteriaceae）丰度最高（0.0910），未发酵猪粪组 AUG _ PM 鞘氨醇杆菌科（Sphingobacteriaceae）丰度最高（0.0370）。

在细菌属中，原料垫料组 AUG _ CK 的金黄小杆菌属（Chryseobacterium）丰度最高（0.0440），深发酵垫料组 AUG _ H 以太白山菌属（Taibaiella）丰度最高（0.0140），浅发酵垫料组 AUG _ L 以肠杆菌属（Enterobacter）丰度最高（0.0710），未发酵猪粪组 AUG _ PM 以橄榄杆菌属（Olivibacter）丰度最高（0.0220）。

|第七节| 微生物组种类（OTUs）Venn 图分析

一、细菌种类 Venn 图数据采集

1. 数据采集

Venn 图可用于统计多个样本中所共有和独有的 OTUs 数目，可以比较直观地表现环境样本的 OTUs 数目组成相似性及重叠情况。通常情况下，分析时选用相似为 97% 的 OTUs 样本表述。异位发酵床不同处理组细菌种类（OTUs）见表 3-22。细菌种类（OTUs）共有 1334 种。

表 3-22　异位发酵床不同处理组细菌种类（OTUs）采集

OTU ID	AUG_CK	AUG_H	AUG_L	AUG_PM	OTU ID	AUG_CK	AUG_H	AUG_L	AUG_PM
OTU1	0	0	42	1275	OTU3	63	0	1	2
OTU2	3	0	10	132	OTU4	0	1	40	81

OTU ID	AUG_CK	AUG_H	AUG_L	AUG_PM	OTU ID	AUG_CK	AUG_H	AUG_L	AUG_PM
OTU5	2	275	9	2	OTU44	39	0	6	1
OTU6	17	0	0	0	OTU45	0	0	0	4
OTU7	2	0	18	13	OTU46	3	0	117	30
OTU8	1	0	4	15	OTU47	0	736	0	0
OTU9	0	0	1	11	OTU48	0	131	11	0
OTU10	0	647	1	0	OTU49	76	0	470	3
OTU11	0	0	9	0	OTU50	10	0	0	0
OTU12	0	0	0	124	OTU51	0	1	53	8732
OTU13	0	21	0	0	OTU52	13	0	100	14
OTU14	0	5	0	0	OTU53	0	0	32	843
OTU15	49	0	2	1	OTU54	0	53	0	0
OTU16	0	0	5	0	OTU55	1	0	62	1169
OTU17	0	0	0	12	OTU56	0	2022	0	0
OTU18	77	0	0	0	OTU57	23	0	0	0
OTU19	0	124	5	0	OTU58	0	0	57	713
OTU20	0	0	12	9	OTU59	0	0	4	269
OTU21	2	0	16	1	OTU60	0	0	134	1895
OTU22	8	0	45	3	OTU61	64	0	0	0
OTU23	0	0	2	4	OTU62	0	0	3	10
OTU24	8	0	0	0	OTU63	0	0	1	17
OTU25	25	0	354	29	OTU64	1	0	10	7
OTU26	0	1	42	56	OTU65	1	0	0	25
OTU27	42	0	0	0	OTU66	3	0	0	0
OTU28	25	0	0	0	OTU67	26	0	0	0
OTU29	4	0	10	32	OTU68	28	1	2	3
OTU30	97	0	18	13	OTU69	37	0	96	230
OTU31	0	0	0	5	OTU70	0	440	0	0
OTU32	0	44	0	0	OTU71	7	0	24	162
OTU33	0	13	1	0	OTU72	28	0	4	27
OTU34	0	307	0	0	OTU73	14	0	0	0
OTU35	0	0	109	962	OTU74	1	0	5	155
OTU36	0	0	6	127	OTU75	0	6	0	0
OTU37	9	0	0	0	OTU76	14	0	2	158
OTU38	11	0	0	0	OTU77	5	0	0	0
OTU39	0	0	63	1027	OTU78	18	0	1	44
OTU40	34	0	0	0	OTU79	6	0	13	44
OTU41	0	0	0	20	OTU80	0	36	0	0
OTU42	0	0	4	7	OTU81	0	0	19	0
OTU43	9	0	0	0	OTU82	0	0	0	6

续表

OTU ID	AUG_CK	AUG_H	AUG_L	AUG_PM	OTU ID	AUG_CK	AUG_H	AUG_L	AUG_PM
OTU83	13	0	0	0	OTU122	7	0	0	0
OTU84	0	4	0	0	OTU123	42	0	2	1
OTU85	15	0	0	10	OTU124	0	0	4662	58
OTU86	15	0	2	0	OTU125	7	0	1	1
OTU87	55	0	0	1	OTU126	25	0	0	6
OTU88	0	0	3	4	OTU127	0	0	25	0
OTU89	0	0	1	12	OTU128	0	0	0	36
OTU90	12	0	1	0	OTU129	15	0	0	0
OTU91	0	4	33	2	OTU130	0	0	155	59
OTU92	0	2032	0	0	OTU131	0	40	0	0
OTU93	9	0	0	0	OTU132	52	0	0	0
OTU94	5	0	0	0	OTU133	36	121	20	3
OTU95	203	0	827	2831	OTU134	0	0	37	0
OTU96	0	0	62	0	OTU135	17	0	1	2
OTU97	33	0	12	30	OTU136	1	0	13	117
OTU98	2	0	1	37	OTU137	53	0	11	1
OTU99	7	0	0	7	OTU138	0	1825	0	1
OTU100	0	12	0	0	OTU139	0	0	13	221
OTU101	2	0	4	40	OTU140	0	0	0	24
OTU102	14	0	2	22	OTU141	0	0	0	9
OTU103	12	0	0	0	OTU142	0	8	20	0
OTU104	0	0	3	11	OTU143	0	0	4	4
OTU105	1	0	30	0	OTU144	0	24	0	0
OTU106	13	0	16	87	OTU145	13	0	0	6
OTU107	0	116	0	0	OTU146	0	249	0	0
OTU108	0	0	2	1702	OTU147	1	0	8	103
OTU109	0	14	0	0	OTU148	0	15	0	0
OTU110	144	0	0	2	OTU149	0	82	0	0
OTU111	0	0	2	139	OTU150	0	0	55	0
OTU112	0	13	0	0	OTU151	0	0	34	0
OTU113	17	0	139	886	OTU152	3	0	1	8
OTU114	144	0	0	9	OTU153	0	532	0	0
OTU115	6	0	3	3	OTU154	23	1	25	7
OTU116	0	0	31	0	OTU155	15	0	11	130
OTU117	15	0	0	0	OTU156	3	0	0	8
OTU118	0	497	12	7	OTU157	8	0	88	1
OTU119	0	151	0	0	OTU158	3	12	0	0
OTU120	22	0	0	12	OTU159	0	0	0	17
OTU121	14	0	0	0	OTU160	0	0	32	3

OTU ID	AUG_CK	AUG_H	AUG_L	AUG_PM	OTU ID	AUG_CK	AUG_H	AUG_L	AUG_PM
OTU161	0	0	0	7	OTU200	1071	26	1	4
OTU162	36	0	0	0	OTU201	0	0	29	0
OTU163	0	1593	0	0	OTU202	17	0	0	0
OTU164	28	0	2	9	OTU203	0	106	10	5
OTU165	76	0	22	71	OTU204	0	4132	0	1
OTU166	0	45	0	0	OTU205	2	0	3	12
OTU167	0	0	0	4	OTU206	1	0	1	47
OTU168	340	0	8	273	OTU207	0	2341	0	0
OTU169	0	21	0	4	OTU208	167	0	0	12
OTU170	2	0	0	1	OTU209	0	0	2	40
OTU171	0	85	0	0	OTU210	0	2	783	782
OTU172	38	0	0	0	OTU211	32	0	0	0
OTU173	88	2	291	122	OTU212	3	0	2	276
OTU174	0	102	0	0	OTU213	26	0	0	2
OTU175	0	0	0	8	OTU214	19	0	2	8
OTU176	0	0	0	9	OTU215	53	0	0	0
OTU177	2	0	0	4	OTU216	71	0	20	127
OTU178	0	0	55	0	OTU217	0	0	7	38
OTU179	96	0	73	13	OTU218	101	2	119	19
OTU180	0	0	1	158	OTU219	4	0	13	33
OTU181	0	0	0	104	OTU220	5	0	1	0
OTU182	150	0	1	4	OTU221	1	0	0	16
OTU183	216	1	775	998	OTU222	20	0	0	0
OTU184	70	1	120	12	OTU223	0	3	0	0
OTU185	0	33	2	2	OTU224	6	0	0	0
OTU186	0	36	0	0	OTU225	0	533	0	0
OTU187	0	91	0	0	OTU226	0	27	0	0
OTU188	25	0	0	0	OTU227	9	0	50	12
OTU189	3	0	1	11	OTU228	126	0	2	3
OTU190	4	0	70	0	OTU229	3634	0	0	1
OTU191	21	0	0	4	OTU230	258	0	0	5
OTU192	0	0	5	1	OTU231	0	0	0	13
OTU193	4	332	5	53	OTU232	36	0	75	67
OTU194	0	77	0	0	OTU233	34	0	16	191
OTU195	0	0	1	15	OTU234	210	0	70	25
OTU196	6	0	3	0	OTU235	0	0	0	46
OTU197	13	0	1	0	OTU236	44	0	0	0
OTU198	0	9	0	0	OTU237	0	7	4	0
OTU199	25	0	21	1	OTU238	20	0	0	0

OTU ID	AUG_CK	AUG_H	AUG_L	AUG_PM	OTU ID	AUG_CK	AUG_H	AUG_L	AUG_PM
OTU239	0	0	66	1759	OTU278	3	0	460	289
OTU240	27	0	0	0	OTU279	0	0	15	3
OTU241	7	0	54	0	OTU280	80	0	0	0
OTU242	0	0	1	33	OTU281	0	1	8	0
OTU243	13	0	0	0	OTU282	10	0	0	0
OTU244	8	0	2	1	OTU283	4	22	121	24
OTU245	18	0	30	5	OTU284	52	0	0	0
OTU246	15	0	0	0	OTU285	130	0	1	0
OTU247	0	0	16	226	OTU286	0	0	0	14
OTU248	11	0	1	43	OTU287	0	0	0	105
OTU249	62	0	0	0	OTU288	0	58	0	0
OTU250	4	0	0	2	OTU289	0	0	0	8
OTU251	8	0	0	0	OTU290	61	0	2	0
OTU252	0	3307	0	0	OTU291	0	0	0	3
OTU253	8	0	4	4	OTU292	0	0	0	10
OTU254	77	0	0	0	OTU293	119	0	0	0
OTU255	0	0	0	18	OTU294	0	14	0	0
OTU256	0	0	2	11	OTU295	36	0	1	0
OTU257	0	0	3	55	OTU296	1	0	0	3
OTU258	13	0	0	2	OTU297	24	0	15567	11
OTU259	137	0	2	23	OTU298	0	0	2	63
OTU260	0	0	1	11	OTU299	10	0	0	1
OTU261	35	0	1	8	OTU300	9	0	45	1
OTU262	2	165	4	9	OTU301	10	0	0	0
OTU263	142	2	0	1	OTU302	0	68	0	0
OTU264	3	0	4	2	OTU303	1	0	1	140
OTU265	0	0	0	5	OTU304	1	0	0	8
OTU266	12	0	0	0	OTU305	4	0	0	49
OTU267	0	0	4	21	OTU306	217	0	222	1151
OTU268	0	102	0	0	OTU307	1	0	1	75
OTU269	53	0	1	0	OTU308	0	6	0	0
OTU270	0	170	0	0	OTU309	14	0	7	11
OTU271	0	0	1	43	OTU310	0	0	7	0
OTU272	8	76	0	22	OTU311	26	0	0	5
OTU273	0	0	4	16	OTU312	4	0	4	9
OTU274	0	65	0	0	OTU313	3	0	0	0
OTU275	7	0	0	0	OTU314	0	1681	0	0
OTU276	0	0	8	2	OTU315	0	0	0	73
OTU277	5	0	3	15	OTU316	18	0	65	2

OTU ID	AUG_CK	AUG_H	AUG_L	AUG_PM	OTU ID	AUG_CK	AUG_H	AUG_L	AUG_PM
OTU317	44	0	21	14	OTU356	9	0	0	0
OTU318	0	9	0	0	OTU357	16	0	700	4
OTU319	4	7153	0	0	OTU358	0	13	0	0
OTU320	3	0	75	9	OTU359	0	15	0	0
OTU321	0	0	4	8	OTU360	1	0	110	77
OTU322	206	0	0	0	OTU361	0	0	1	12
OTU323	0	0	0	5	OTU362	0	0	1	2
OTU324	7	0	0	0	OTU363	95	0	0	0
OTU325	0	44	0	0	OTU364	0	86	0	0
OTU326	0	443	0	0	OTU365	0	4	0	0
OTU327	25	2	117	333	OTU366	1	0	3	36
OTU328	0	0	4	16	OTU367	297	0	0	1
OTU329	0	0	4	82	OTU368	20	0	0	0
OTU330	3	1	0	0	OTU369	0	0	0	70
OTU331	1370	3	91	59	OTU370	48	0	12	288
OTU332	0	0	0	6	OTU371	0	14	0	0
OTU333	46	0	0	0	OTU372	1	34	0	0
OTU334	2	0	2	58	OTU373	4	0	1	11
OTU335	0	0	0	11	OTU374	51	0	25	0
OTU336	0	0	11	15	OTU375	0	0	8	438
OTU337	199	0	85	6	OTU376	29	0	34	243
OTU338	12	0	0	79	OTU377	3	0	3	3
OTU339	44	0	0	0	OTU378	9	0	0	0
OTU340	1	0	318	4	OTU379	12	0	2	9
OTU341	2	0	60	12	OTU380	0	0	0	10
OTU342	29	0	1	1	OTU381	0	35	1	1
OTU343	16	2	1	3	OTU382	4	2	192	4
OTU344	0	0	1	6	OTU383	40	1	7	1
OTU345	0	61	0	0	OTU384	8	0	0	0
OTU346	0	0	162	264	OTU385	0	32	0	0
OTU347	8	0	0	2	OTU386	3	0	5	4
OTU348	0	0	80	318	OTU387	0	0	0	24
OTU349	0	38	0	0	OTU388	0	0	16	8
OTU350	25	2	0	0	OTU389	24	0	225	0
OTU351	0	0	0	4	OTU390	230	4	67	66
OTU352	258	0	43	135	OTU391	0	0	1	32
OTU353	8	0	8	45	OTU392	4	0	0	1
OTU354	22	0	0	0	OTU393	0	200	0	0
OTU355	3	0	2016	270	OTU394	0	434	0	0

OTU ID	AUG_CK	AUG_H	AUG_L	AUG_PM	OTU ID	AUG_CK	AUG_H	AUG_L	AUG_PM
OTU395	60	0	0	263	OTU434	18	0	1	0
OTU396	66	0	9	5	OTU435	56	0	0	0
OTU397	20	0	7	2	OTU436	33	0	0	0
OTU398	121	320	55	143	OTU437	0	0	77	0
OTU399	5	0	5	5	OTU438	12	5753	300	675
OTU400	0	0	85	123	OTU439	3	0	1	13
OTU401	38	1	410	2080	OTU440	0	0	0	11
OTU402	3	0	5	22	OTU441	0	0	6	0
OTU403	34	0	2	26	OTU442	0	0	22	3
OTU404	6	0	35	9	OTU443	86	0	10	13
OTU405	0	27	0	0	OTU444	0	161	0	0
OTU406	0	9	0	0	OTU445	0	0	20	0
OTU407	30	0	2	57	OTU446	0	0	3	8
OTU408	2	9	1	0	OTU447	53	0	0	0
OTU409	0	64	1	0	OTU448	0	0	0	13
OTU410	0	354	1	0	OTU449	0	11	0	0
OTU411	18	0	0	0	OTU450	17	0	0	0
OTU412	0	53	0	0	OTU451	246	1	434	26
OTU413	0	0	32	0	OTU452	0	0	1	33
OTU414	0	0	21	497	OTU453	0	0	25	2007
OTU415	20	0	200	113	OTU454	0	0	7	40
OTU416	1	0	1	7	OTU455	7	0	3	1
OTU417	0	0	6	38	OTU456	11	0	1477	8
OTU418	0	0	1	3	OTU457	5	0	0	0
OTU419	3602	0	20	4	OTU458	523	0	0	15
OTU420	23	0	0	0	OTU459	0	0	0	7
OTU421	58	0	0	0	OTU460	2	0	1	11
OTU422	3	0	0	0	OTU461	93	8	698	34
OTU423	0	21	0	0	OTU462	0	0	3	10
OTU424	0	0	2	0	OTU463	7	0	0	0
OTU425	104	15	3	38	OTU464	5	0	1	2
OTU426	128	0	122	357	OTU465	78	0	0	0
OTU427	12	0	103	313	OTU466	2	2	13783	2
OTU428	1	0	0	3	OTU467	0	0	0	4
OTU429	0	0	19	1	OTU468	0	0	13	0
OTU430	5072	0	1	1	OTU469	4	0	0	0
OTU431	0	0	1	5	OTU470	3	0	0	10
OTU432	0	0	0	16	OTU471	201	0	0	0
OTU433	0	0	38	0	OTU472	16	0	0	0

OTU ID	AUG_CK	AUG_H	AUG_L	AUG_PM	OTU ID	AUG_CK	AUG_H	AUG_L	AUG_PM
OTU473	6	0	8	110	OTU512	26	0	4	8
OTU474	0	0	1	9	OTU513	0	0	1	5
OTU475	0	716	0	0	OTU514	3	0	2	10
OTU476	40	0	212	0	OTU515	3	0	0	5
OTU477	0	0	7	1	OTU516	95	0	0	0
OTU478	47	0	18	1	OTU517	1	0	1	12
OTU479	0	459	0	0	OTU518	0	0	84	5
OTU480	0	187	0	0	OTU519	37	0	0	3
OTU481	38	0	6	23	OTU520	7	16	0	1
OTU482	63	0	0	0	OTU521	0	0	11	18
OTU483	0	69	0	0	OTU522	40	0	0	2
OTU484	95	0	0	1	OTU523	1117	0	47	275
OTU485	23	0	315	0	OTU524	132	0	3001	2
OTU486	0	3	0	0	OTU525	0	0	0	6
OTU487	19	0	0	3	OTU526	0	1193	0	0
OTU488	0	0	0	44	OTU527	124	0	1	1
OTU489	7	0	5	15	OTU528	0	0	1	37
OTU490	0	0	20	1	OTU529	0	0	4	2
OTU491	11	0	0	0	OTU530	6	0	19	29
OTU492	16	0	3	6	OTU531	20	0	0	1
OTU493	0	9	3	0	OTU532	0	0	1	48
OTU494	0	19	0	0	OTU533	0	64	0	0
OTU495	0	5	1	1	OTU534	53	0	96	73
OTU496	156	3	285	1709	OTU535	39	0	0	911
OTU497	211	0	0	0	OTU536	3	0	0	0
OTU498	0	8	0	0	OTU537	17	0	0	0
OTU499	107	0	0	1	OTU538	0	0	1	73
OTU500	23	0	0	0	OTU539	0	0	1136	0
OTU501	22	0	0	0	OTU540	36	0	194	44
OTU502	0	7	0	0	OTU541	0	0	0	7
OTU503	41	0	323	52	OTU542	34	0	0	4
OTU504	0	27	0	0	OTU543	0	0	3	51
OTU505	0	85	18	2	OTU544	0	0	20	79
OTU506	29	0	0	0	OTU545	0	143	0	0
OTU507	17	0	60	3	OTU546	0	0	0	36
OTU508	0	0	1	4	OTU547	0	0	3	4
OTU509	4	0	27	1	OTU548	0	0	0	10
OTU510	0	0	2	2	OTU549	0	1	8	154
OTU511	1	0	4	28	OTU550	0	24	0	0

续表

OTU ID	AUG_CK	AUG_H	AUG_L	AUG_PM	OTU ID	AUG_CK	AUG_H	AUG_L	AUG_PM
OTU551	0	0	0	4	OTU590	11	0	0	0
OTU552	40	0	14	10	OTU591	0	2	0	0
OTU553	0	41	0	0	OTU592	0	87	0	0
OTU554	0	0	0	8	OTU593	0	30	0	0
OTU555	0	0	0	3	OTU594	28	0	0	0
OTU556	0	66	0	0	OTU595	1147	1	195	294
OTU557	15	0	0	0	OTU596	2	0	0	4
OTU558	0	0	0	65	OTU597	15	0	750	11
OTU559	0	0	2	10	OTU598	0	0	23	457
OTU560	6	0	51	146	OTU599	138	0	29	0
OTU561	0	0	166	9	OTU600	3	0	0	5
OTU562	17	0	6	5	OTU601	200	0	8	0
OTU563	1	0	1	7	OTU602	28	0	0	0
OTU564	0	0	15	3	OTU603	0	0	14	121
OTU565	1	0	12	303	OTU604	0	26	0	0
OTU566	55	0	70	102	OTU605	3	0	0	0
OTU567	0	69	0	0	OTU606	0	0	86	71
OTU568	12	0	0	0	OTU607	126	0	105	1296
OTU569	0	0	23	0	OTU608	0	179	0	0
OTU570	0	12	0	0	OTU609	4	0	0	0
OTU571	0	483	0	0	OTU610	37	0	0	0
OTU572	0	37	0	0	OTU611	0	111	9	0
OTU573	0	0	14	0	OTU612	0	0	68	0
OTU574	0	0	0	13	OTU613	0	1445	0	0
OTU575	13	0	19	52	OTU614	0	0	15	0
OTU576	52	0	0	2	OTU615	0	4	0	0
OTU577	5	0	0	0	OTU616	11	0	0	0
OTU578	0	0	0	5	OTU617	0	0	2	20
OTU579	1	0	6	0	OTU618	17	0	0	0
OTU580	3	0	3	42	OTU619	78	6	1186	224
OTU581	10	0	0	0	OTU620	1	0	0	6
OTU582	163	0	81	592	OTU621	0	0	2	4
OTU583	0	0	0	15	OTU622	51	0	51	11
OTU584	2	0	58	1	OTU623	1	0	1	12
OTU585	2	0	6	35	OTU624	0	0	0	29
OTU586	140	0	1	3	OTU625	4	0	1	22
OTU587	34	0	0	0	OTU626	51	0	0	0
OTU588	0	1	1	4	OTU627	4	89	35	40
OTU589	6	0	0	4	OTU628	1	0	65	16

OTU ID	AUG_CK	AUG_H	AUG_L	AUG_PM	OTU ID	AUG_CK	AUG_H	AUG_L	AUG_PM
OTU629	32	0	0	0	OTU668	16	0	0	0
OTU630	1	0	1	17	OTU669	0	24	0	0
OTU631	0	8	1	0	OTU670	9	0	0	0
OTU632	11	0	2	21	OTU671	0	0	0	1
OTU633	0	0	12	0	OTU672	1	0	0	6
OTU634	55	0	0	23	OTU673	0	0	21	399
OTU635	0	3818	3	0	OTU674	35	1	451	188
OTU636	5	0	0	0	OTU675	2	0	23	935
OTU637	0	23	0	0	OTU676	0	45	0	0
OTU638	0	0	55	0	OTU677	0	0	0	145
OTU639	14	0	0	0	OTU678	0	0	2	29
OTU640	0	0	17	257	OTU679	0	8	0	5
OTU641	0	0	35	0	OTU680	0	0	3	26
OTU642	15	0	0	60	OTU681	0	6	0	0
OTU643	0	615	0	0	OTU682	0	154	0	0
OTU644	0	0	19	150	OTU683	281	0	1	1
OTU645	0	17	0	0	OTU684	0	0	0	4
OTU646	0	131	0	0	OTU685	15	0	0	0
OTU647	0	0	0	2	OTU686	39	0	1	198
OTU648	9	0	1	6	OTU687	3	0	2	127
OTU649	0	0	0	9	OTU688	0	0	0	12
OTU650	0	0	7	25	OTU689	0	1	22	774
OTU651	26	0	0	88	OTU690	51	1	506	12
OTU652	0	0	0	11	OTU691	3	0	1	4
OTU653	7	0	9	35	OTU692	16	0	0	0
OTU654	0	0	2	8	OTU693	0	0	0	14
OTU655	70	0	3	22	OTU694	0	339	11	0
OTU656	23	0	0	0	OTU695	152	0	0	47
OTU657	5	1	0	25	OTU696	96	0	14	0
OTU658	21	0	137	108	OTU697	1	0	13	1
OTU659	0	18	0	0	OTU698	10	0	0	0
OTU660	0	0	4	4	OTU699	0	0	4	1
OTU661	0	229	0	0	OTU700	0	0	0	34
OTU662	5	0	0	0	OTU701	0	0	35	2
OTU663	11	0	20	194	OTU702	2	0	2168	2
OTU664	59	0	1	3	OTU703	0	0	0	6
OTU665	0	0	0	108	OTU704	251	0	0	8
OTU666	2197	0	0	2	OTU705	0	0	0	10
OTU667	0	0	16	0	OTU706	21	0	0	0

续表

OTU ID	AUG_CK	AUG_H	AUG_L	AUG_PM	OTU ID	AUG_CK	AUG_H	AUG_L	AUG_PM
OTU707	43	0	0	0	OTU746	3	0	4	0
OTU708	4	0	8	1	OTU747	0	0	14	0
OTU709	0	54	0	0	OTU748	0	15	0	0
OTU710	27	0	59	1025	OTU749	0	0	0	7
OTU711	0	499	0	0	OTU750	0	0	0	8
OTU712	123	0	95	382	OTU751	23	0	0	0
OTU713	0	0	4	0	OTU752	1	0	2	18
OTU714	6	0	874	0	OTU753	10	0	1	0
OTU715	41	0	0	0	OTU754	3	0	1	0
OTU716	67	0	13	0	OTU755	16	0	7	67
OTU717	0	55	0	0	OTU756	97	0	0	0
OTU718	0	0	0	26	OTU757	0	0	9	83
OTU719	948	0	0	1	OTU758	42	0	2	0
OTU720	31	0	0	0	OTU759	6	0	3	0
OTU721	1	0	9	0	OTU760	0	0	93	14
OTU722	0	0	3	9	OTU761	0	0	1	5
OTU723	0	421	1	0	OTU762	2	0	1	15
OTU724	0	88	0	0	OTU763	32	0	37	3
OTU725	1	0	0	200	OTU764	21	0	10	105
OTU726	0	0	18	3	OTU765	5	0	4	7
OTU727	0	0	0	8	OTU766	0	0	35	1
OTU728	23	0	2	12	OTU767	0	571	0	0
OTU729	0	0	144	0	OTU768	0	0	4	30
OTU730	141	0	35	5	OTU769	5	0	0	0
OTU731	0	1058	0	0	OTU770	3	0	51	43
OTU732	0	26	0	0	OTU771	8	0	53	11
OTU733	13	0	0	0	OTU772	21	0	0	0
OTU734	0	20	0	0	OTU773	2	0	11	2
OTU735	5889	0	0	0	OTU774	73	94	0	3
OTU736	244	0	0	0	OTU775	0	38	0	0
OTU737	14	0	0	1	OTU776	0	0	7	36
OTU738	1	0	5	4	OTU777	0	87	0	0
OTU739	49	0	4	59	OTU778	31	0	40	27
OTU740	0	0	13	3	OTU779	0	0	4	67
OTU741	0	0	7	186	OTU780	0	70	2	3
OTU742	385	0	0	1	OTU781	0	19	0	0
OTU743	0	481	0	0	OTU782	0	14	0	0
OTU744	0	103	0	0	OTU783	0	0	258	7
OTU745	13	0	0	0	OTU784	6	9	11	0

续表

OTU ID	AUG_CK	AUG_H	AUG_L	AUG_PM	OTU ID	AUG_CK	AUG_H	AUG_L	AUG_PM
OTU785	0	388	0	0	OTU826	299	54	0	1
OTU786	0	38	12	34	OTU827	0	17	0	0
OTU787	17	0	12	119	OTU828	0	217	0	0
OTU788	0	176	0	0	OTU829	0	16	0	0
OTU789	0	394	0	0	OTU830	25100	53	0	1578
OTU790	3	0	15	0	OTU831	36	0	72	19
OTU791	0	70	0	0	OTU832	2	90	3	28
OTU792	1	0	0	7	OTU833	38	0	0	471
OTU793	0	0	11	0	OTU834	0	962	0	0
OTU794	39	0	0	0	OTU835	24	0	0	0
OTU795	0	0	117	2	OTU836	0	529	0	0
OTU796	0	7	0	0	OTU837	1	0	2	22
OTU797	0	13	0	0	OTU838	2	0	7	132
OTU798	1	0	5	10	OTU839	0	296	0	0
OTU799	2	0	14	27	OTU840	32	0	20	0
OTU800	0	16	0	0	OTU841	40	0	1	13
OTU801	10	0	0	0	OTU842	10	0	0	0
OTU802	0	73	0	0	OTU843	0	0	14	9
OTU803	0	4	0	0	OTU844	10	0	8	469
OTU804	0	0	1	202	OTU845	0	0	1	32
OTU805	5	0	0	12	OTU846	3604	4	1	111
OTU806	0	0	13	325	OTU847	0	124	19	1
OTU807	26	0	0	0	OTU848	58	0	7	56
OTU808	511	0	21	7	OTU849	0	305	0	0
OTU809	0	665	0	0	OTU850	0	260	0	0
OTU810	0	195	0	0	OTU851	0	0	0	3
OTU811	0	20	0	1	OTU852	0	0	2	11
OTU812	3	0	86	1312	OTU853	0	0	0	34
OTU813	653	221	1891	585	OTU854	0	16	0	1
OTU814	0	0	0	34	OTU855	0	0	8	0
OTU815	6	0	8	92	OTU856	0	28	0	0
OTU816	0	0	1	5	OTU857	106	0	360	4
OTU817	38	0	0	1	OTU858	1	73	57	7
OTU818	0	15	0	0	OTU859	143	0	1	9
OTU819	0	0	4	36	OTU860	0	22	0	0
OTU820	0	15	1	9	OTU861	0	0	0	4
OTU821	18	0	0	0	OTU862	37	0	0	3
OTU822	0	0	7	0	OTU863	0	0	2	18
OTU823	4	0	0	0	OTU864	0	44	0	0
OTU824	0	0	80	1	OTU865	0	0	2	80
OTU825	0	0	9	98	OTU866	7	0	23	421

续表

OTU ID	AUG_CK	AUG_H	AUG_L	AUG_PM	OTU ID	AUG_CK	AUG_H	AUG_L	AUG_PM
OTU867	5	2457	37	111	OTU908	0	0	0	10
OTU868	1	0	1	6	OTU909	250	0	0	0
OTU869	38	0	1	0	OTU910	0	0	18	106
OTU870	16	0	5	16	OTU911	25	0	0	0
OTU871	1	0	5	350	OTU912	0	0	0	6
OTU872	0	81	0	0	OTU913	0	119	0	0
OTU873	0	0	1	17	OTU914	0	0	0	85
OTU874	51	0	1	8	OTU915	0	0	0	9
OTU875	0	0	1	136	OTU916	26	0	1	0
OTU876	97	0	11	3	OTU917	0	0	1	8
OTU877	0	0	18	0	OTU918	0	2	5	0
OTU878	24	0	644	13	OTU919	0	0	12	37
OTU879	9	0	0	0	OTU920	170	0	8	0
OTU880	1	0	57	86	OTU921	8	0	0	0
OTU881	19	0	0	8	OTU922	2	0	2	21
OTU882	0	0	42	0	OTU923	119	0	0	22
OTU883	51	0	28	531	OTU924	13	0	0	2
OTU884	2	0	0	0	OTU925	2	0	1	24
OTU885	48	1	19	129	OTU926	152	0	0	3
OTU886	21	0	8	1	OTU927	34	0	0	111
OTU887	0	27	0	0	OTU928	0	3371	1	0
OTU888	285	0	0	1	OTU929	7	0	0	0
OTU889	1	1	470	0	OTU930	4	0	7	77
OTU890	4	0	9	12	OTU931	28	17	27	807
OTU891	0	11	1	0	OTU932	0	0	1	19
OTU892	49	0	15	4	OTU933	0	0	0	14
OTU893	94	0	0	0	OTU934	0	0	29	335
OTU894	12	0	0	0	OTU935	4	0	0	0
OTU895	0	0	7	2	OTU936	48	0	0	2
OTU896	5	0	1	1	OTU937	1103	0	541	143
OTU897	0	0	1	18	OTU938	11	0	6	10
OTU898	3	0	77	2	OTU939	1	0	33	83
OTU899	0	400	2	0	OTU940	0	1009	2	64
OTU900	0	0	1	14	OTU941	61	0	0	0
OTU901	0	0	0	3	OTU942	2	0	5	24
OTU902	726	0	0	3	OTU943	24	0	0	0
OTU903	76	0	584	1	OTU944	7	0	0	3
OTU904	0	11	0	0	OTU945	6	2	5	6
OTU905	17	0	0	0	OTU946	24	0	0	0
OTU906	1	0	0	16	OTU947	3	0	0	0
OTU907	4	0	2	6	OTU948	0	32	0	0

OTU ID	AUG_CK	AUG_H	AUG_L	AUG_PM	OTU ID	AUG_CK	AUG_H	AUG_L	AUG_PM
OTU949	0	0	3	17	OTU986	0	134	0	0
OTU950	21	0	20	1072	OTU987	0	0	26	2
OTU951	17	0	0	0	OTU988	5	0	5	60
OTU952	68	0	0	1	OTU989	0	123	7	9
OTU953	8	0	0	0	OTU990	4	75	154	54
OTU954	0	61	1	0	OTU991	116	0	34	197
OTU955	346	0	0	0	OTU992	13	0	6	0
OTU956	0	0	4	23	OTU993	0	0	6	0
OTU957	1	119	8	10	OTU994	0	34	0	0
OTU958	0	15	0	0	OTU995	1	0	0	73
OTU959	199	0	92	6	OTU996	5	0	0	0
OTU960	8	0	29	83	OTU997	6	0	177	1587
OTU961	0	25	8	1	OTU998	0	0	17	0
OTU962	0	471	0	0	OTU999	0	42	0	0
OTU963	106	6	74	142	OTU1000	5	0	22	8
OTU964	27	0	0	0	OTU1001	0	0	7	17
OTU965	0	0	0	10	OTU1002	76	0	0	0
OTU966	0	0	2	0	OTU1003	12	0	0	0
OTU967	0	1408	0	3	OTU1004	0	8	0	0
OTU968	0	1	115	521	OTU1005	0	0	6	0
OTU969	17	8	11	3	OTU1006	0	0	0	17
OTU970	0	274	0	0	OTU1007	70	0	1111	34
OTU971	0	0	22	0	OTU1008	10	0	1	15
OTU972	22	0	6	1	OTU1009	88	0	21	78
OTU973	0	23	0	0	OTU1010	0	0	1	3
OTU974	0	393	0	0	OTU1011	7	0	0	0
OTU975	4	1	5	9	OTU1012	30	0	0	1
OTU976	1	0	35	517	OTU1013	8	0	1	6
OTU977	0	0	10	3	OTU1014	30	0	15	43
OTU978	0	0	0	8	OTU1015	0	0	2218	410
OTU979	4	0	7	5	OTU1016	0	0	7	44
OTU980	0	0	261	0	OTU1017	12	0	12	283
OTU981	14	0	1	13	OTU1018	51	0	0	1
OTU982	0	0	7	1	OTU1019	0	0	117	0
OTU983	0	0	6	0	OTU1020	1	0	0	8
OTU984	1	0	2	13	OTU1021	2	0	1	3
OTU985	0	0	1	27	OTU1022	0	0	9	2

续表

OTU ID	AUG_CK	AUG_H	AUG_L	AUG_PM	OTU ID	AUG_CK	AUG_H	AUG_L	AUG_PM
OTU1023	0	5	5	0	OTU1062	960	0	0	3
OTU1024	0	0	4	0	OTU1063	1	0	0	1
OTU1025	0	357	31	2	OTU1064	0	0	0	4
OTU1026	1	0	4	7	OTU1065	2	0	0	0
OTU1027	0	6	0	0	OTU1066	0	85	2	10
OTU1028	3	0	0	0	OTU1067	2	24	2	6
OTU1029	26	0	7	2589	OTU1068	10	0	0	0
OTU1030	0	3	0	2	OTU1069	0	3758	0	1
OTU1031	9	0	1	2	OTU1070	0	0	10	606
OTU1032	0	510	0	0	OTU1071	0	0	2	148
OTU1033	3	0	215	142	OTU1072	18	0	0	0
OTU1034	0	0	0	12	OTU1073	17	0	1	4
OTU1035	0	1867	0	1	OTU1074	22	0	0	2
OTU1036	0	24	0	0	OTU1075	0	3558	0	0
OTU1037	0	6	0	0	OTU1076	4	0	8	114
OTU1038	0	0	1	2	OTU1077	0	0	0	5
OTU1039	39	0	0	0	OTU1078	17	0	18	26
OTU1040	0	0	0	51	OTU1079	0	19	0	0
OTU1041	0	0	9	311	OTU1080	68	0	440	8
OTU1042	0	771	0	0	OTU1081	0	0	2	50
OTU1043	0	1003	0	0	OTU1082	0	0	71	0
OTU1044	0	22	0	0	OTU1083	0	0	2	9
OTU1045	0	54	0	0	OTU1084	9	2	14	168
OTU1046	125	0	0	1	OTU1085	4	0	0	0
OTU1047	0	0	3	0	OTU1086	0	0	46	0
OTU1048	0	41	0	0	OTU1087	0	0	0	58
OTU1049	0	0	0	81	OTU1088	26	0	1	51
OTU1050	0	0	1523	0	OTU1089	0	0	0	13
OTU1051	21	0	0	0	OTU1090	333	524	25	38
OTU1052	1489	0	49	32	OTU1091	0	145	47	25
OTU1053	628	0	0	19	OTU1092	4	0	0	0
OTU1054	0	35	0	0	OTU1093	0	35	0	0
OTU1055	19	0	42	6	OTU1094	0	0	854	152
OTU1056	187	1	0	15	OTU1095	10	0	15	183
OTU1057	0	0	8	286	OTU1096	1	0	0	78
OTU1058	9	0	4	4	OTU1097	0	130	0	0
OTU1059	0	1	6173	299	OTU1098	15	0	0	1
OTU1060	0	0	1	5	OTU1099	288	0	0	120
OTU1061	0	768	0	0	OTU1100	0	0	12	0

OTU ID	AUG_CK	AUG_H	AUG_L	AUG_PM	OTU ID	AUG_CK	AUG_H	AUG_L	AUG_PM
OTU1101	0	0	10	45	OTU1140	0	21	0	0
OTU1102	0	0	7	18	OTU1141	0	0	5	307
OTU1103	9	0	0	0	OTU1142	50	0	17	430
OTU1104	306	0	0	1	OTU1143	0	0	2	117
OTU1105	7	0	42	319	OTU1144	2	0	0	72
OTU1106	19	0	0	0	OTU1145	0	2047	0	8
OTU1107	0	267	0	0	OTU1146	6	0	1	2
OTU1108	12	0	0	0	OTU1147	13	0	89	520
OTU1109	18	0	2	1	OTU1148	0	0	2	1
OTU1110	0	0	1	101	OTU1149	428	0	1	4
OTU1111	34	1	439	15	OTU1150	71	0	0	0
OTU1112	0	0	1	59	OTU1151	14	0	0	2
OTU1113	0	0	0	13	OTU1152	0	0	15	0
OTU1114	29	0	144	142	OTU1153	27	0	0	0
OTU1115	0	0	4	3	OTU1154	0	0	0	6
OTU1116	134	0	39	103	OTU1155	17	0	0	0
OTU1117	0	0	3	85	OTU1156	13	0	0	0
OTU1118	21	0	0	5	OTU1157	2	0	2	28
OTU1119	0	0	52	2177	OTU1158	0	0	0	15
OTU1120	2	0	689	8	OTU1159	40	0	0	0
OTU1121	1	0	0	11	OTU1160	14	0	134	53
OTU1122	6	0	13	43	OTU1161	0	705	0	0
OTU1123	0	0	0	3	OTU1162	14	0	0	0
OTU1124	0	249	0	0	OTU1163	4	0	9	8
OTU1125	49	5	0	0	OTU1164	0	0	2	1
OTU1126	1	0	5	39	OTU1165	25	0	80	3
OTU1127	0	0	0	15	OTU1166	0	7	0	0
OTU1128	4	0	0	7	OTU1167	0	53	2	0
OTU1129	0	0	93	0	OTU1168	9	0	2	38
OTU1130	0	0	3	42	OTU1169	0	0	16	0
OTU1131	21	0	0	0	OTU1170	110	0	0	2
OTU1132	1804	577	3	12	OTU1171	23	4	12	227
OTU1133	1	0	44	224	OTU1172	2	0	0	42
OTU1134	39	0	3	13	OTU1173	33	0	0	0
OTU1135	5	0	0	23	OTU1174	0	1	51	0
OTU1136	0	0	9	63	OTU1175	69	0	0	0
OTU1137	5	0	0	0	OTU1176	128	0	37	179
OTU1138	92	0	95	405	OTU1177	3	0	0	0
OTU1139	0	0	0	12	OTU1178	0	0	0	8

续表

OTU ID	AUG_CK	AUG_H	AUG_L	AUG_PM	OTU ID	AUG_CK	AUG_H	AUG_L	AUG_PM
OTU1179	0	0	1	7	OTU1218	8	0	3	12
OTU1180	6	0	0	0	OTU1219	16	0	0	0
OTU1181	0	0	3	23	OTU1220	0	28	0	0
OTU1182	0	78	0	0	OTU1221	0	19	0	0
OTU1183	0	0	0	10	OTU1222	0	0	1	11
OTU1184	1	0	0	50	OTU1223	10	0	2	1
OTU1185	0	378	1	0	OTU1224	7	0	23	3
OTU1186	1772	4	9	1031	OTU1225	74	0	730	32
OTU1187	7	0	5	0	OTU1226	17	0	0	0
OTU1188	0	8	0	0	OTU1227	0	120	0	0
OTU1189	4	0	0	0	OTU1228	159	0	13	0
OTU1190	3	0	3	28	OTU1229	21	0	0	0
OTU1191	0	0	6	6	OTU1230	11	0	0	1
OTU1192	0	0	0	10	OTU1231	21	0	0	0
OTU1193	95	1	30	2	OTU1232	281	1	6	28
OTU1194	0	0	0	2	OTU1233	0	53	0	0
OTU1195	10	0	0	0	OTU1234	1	40	1	0
OTU1196	8	0	29	0	OTU1235	13	0	0	0
OTU1197	0	1	39	0	OTU1236	41	4	0	0
OTU1198	1	0	1	17	OTU1237	11	0	0	0
OTU1199	0	0	29	113	OTU1238	2	0	0	15
OTU1200	9	0	0	0	OTU1239	9	0	0	0
OTU1201	1	0	47	4	OTU1240	7	0	1	12
OTU1202	0	0	0	3	OTU1241	27	0	1	14
OTU1203	25	0	32	651	OTU1242	47	0	2	0
OTU1204	25	0	1	1	OTU1243	0	0	0	8
OTU1205	0	437	0	0	OTU1244	0	0	2	41
OTU1206	0	0	85	0	OTU1245	0	0	6	16
OTU1207	0	0	0	9	OTU1246	8	0	0	0
OTU1208	0	10	10	1	OTU1247	0	0	0	9
OTU1209	0	0	1	12	OTU1248	84	0	0	0
OTU1210	8	0	0	5	OTU1249	0	0	13	0
OTU1211	0	0	0	12	OTU1250	570	1	0	4
OTU1212	20	0	16	3	OTU1251	31	0	1	0
OTU1213	0	2	11	48	OTU1252	93	0	0	13
OTU1214	0	0	7	136	OTU1253	1	0	0	3
OTU1215	2026	0	2	1	OTU1254	0	0	4	52
OTU1216	1	0	38	182	OTU1255	32	0	0	0
OTU1217	1	0	327	1	OTU1256	0	0	9	0

续表

OTU ID	AUG_CK	AUG_H	AUG_L	AUG_PM	OTU ID	AUG_CK	AUG_H	AUG_L	AUG_PM
OTU1257	11	0	50	97	OTU1296	6	0	12	51
OTU1258	4	0	0	2	OTU1297	0	112	0	1
OTU1259	2	0	2	71	OTU1298	4	0	204	4
OTU1260	300	0	421	50	OTU1299	0	189	0	0
OTU1261	1	0	56	7	OTU1300	0	0	0	3
OTU1262	8	0	3	83	OTU1301	119	0	0	0
OTU1263	6	0	0	28	OTU1302	15	0	0	0
OTU1264	5	0	0	20	OTU1303	0	0	7	321
OTU1265	0	0	12	283	OTU1304	97	0	0	0
OTU1266	0	0	2	18	OTU1305	0	0	0	2
OTU1267	0	0	3	21	OTU1306	0	3	0	0
OTU1268	28	0	0	3	OTU1307	3	0	2	0
OTU1269	0	0	2	92	OTU1308	0	0	1	70
OTU1270	0	0	1079	8	OTU1309	9	2	252	1234
OTU1271	0	0	0	47	OTU1310	1	0	1	70
OTU1272	0	144	0	0	OTU1311	0	0	1	16
OTU1273	2	0	59	3	OTU1312	4	0	1	6
OTU1274	7	0	0	1	OTU1313	41	0	1	1
OTU1275	11	0	3	15	OTU1314	4	0	0	0
OTU1276	0	0	0	2	OTU1315	299	3	347	391
OTU1277	13	0	0	0	OTU1316	0	0	4	78
OTU1278	19	21	5	14	OTU1317	1	0	1	18
OTU1279	0	2	24	0	OTU1318	0	0	3	0
OTU1280	0	0	0	22	OTU1319	16	0	16	57
OTU1281	1	0	0	23	OTU1320	3	0	0	0
OTU1282	7	0	9	165	OTU1321	0	505	0	0
OTU1283	9	0	20	746	OTU1322	0	13	0	0
OTU1284	1	0	2	14	OTU1323	9	0	542	5
OTU1285	5	0	4	0	OTU1324	90	0	1006	812
OTU1286	0	0	1	11	OTU1325	6	0	95	61
OTU1287	13	0	0	0	OTU1326	3	0	1	17
OTU1288	156	0	1	38	OTU1327	0	55	0	0
OTU1289	0	0	1	3	OTU1328	0	913	0	0
OTU1290	0	0	26	107	OTU1329	11	0	0	37
OTU1291	13	0	53	59	OTU1330	0	0	178	0
OTU1292	0	0	0	53	OTU1331	0	103	0	0
OTU1293	8	0	0	0	OTU1332	12	0	0	0
OTU1294	15	0	1	73	OTU1333	13	0	0	0
OTU1295	0	0	3	1	OTU1334	0	63	0	0

2. 共有种类整理

异位发酵床不同处理组细菌共有种类的整理,将不同处理组编码,1——AUG_CK,2——AUG_H,3——AUG_L,4——AUG_PM,组合不同处理组,如 1-2-3-4、1-2-3,等,分析共有种类列表见表 3-23。异位发酵床不同处理组细菌共有种类(OTUs)见表 3-24。

表 3-23 异位发酵床不同处理组细菌种类(OTUs)采集

组合	1-2-3-4	1-2-3	1-2-4	1-3-4	2-3-4	1-2	1-3	1-4	2-3	2-4	3-4	1	2	3	4
序号	1	2	3	4	5	6	7	8	9	10	11	12	13	14	15
种类	56	60	64	65	365	84	76	482	114	105	581	193	187	58	107

表 3-24 异位发酵床不同处理组细菌共有种类（OTUs）

序号	1	2	3	4	5	6	7	8	9	10	11	12	13	14	15
1	OTU5	OTU5	OTU5	OTU2	OTU4	OTU5	OTU2	OTU2	OTU4	OTU4	OTU1	OTU6	OTU13	OTU11	OTU12
2	OTU68	OTU68	OTU68	OTU3	OTU5	OTU68	OTU3	OTU3	OTU5	OTU5	OTU2	OTU18	OTU14	OTU16	OTU17
3	OTU133	OTU133	OTU133	OTU5	OTU26	OTU133	OTU5	OTU5	OTU10	OTU26	OTU3	OTU24	OTU32	OTU81	OTU31
4	OTU154	OTU154	OTU154	OTU7	OTU51	OTU154	OTU7	OTU7	OTU19	OTU51	OTU4	OTU27	OTU34	OTU96	OTU41
5	OTU173	OTU173	OTU173	OTU8	OTU68	OTU158	OTU8	OTU8	OTU26	OTU68	OTU5	OTU28	OTU47	OTU116	OTU45
6	OTU183	OTU183	OTU183	OTU15	OTU91	OTU173	OTU15	OTU15	OTU33	OTU91	OTU7	OTU37	OTU54	OTU127	OTU82
7	OTU184	OTU184	OTU184	OTU21	OTU118	OTU183	OTU21	OTU21	OTU48	OTU118	OTU8	OTU38	OTU56	OTU134	OTU128
8	OTU193	OTU193	OTU193	OTU22	OTU133	OTU184	OTU22	OTU22	OTU51	OTU133	OTU9	OTU40	OTU70	OTU150	OTU140
9	OTU200	OTU200	OTU200	OTU25	OTU154	OTU193	OTU25	OTU25	OTU68	OTU138	OTU15	OTU43	OTU75	OTU151	OTU141
10	OTU218	OTU218	OTU218	OTU29	OTU173	OTU200	OTU29	OTU29	OTU91	OTU154	OTU20	OTU50	OTU80	OTU178	OTU159
11	OTU262	OTU262	OTU262	OTU30	OTU183	OTU218	OTU30	OTU30	OTU118	OTU169	OTU21	OTU57	OTU84	OTU201	OTU161
12	OTU283	OTU283	OTU263	OTU44	OTU184	OTU262	OTU44	OTU44	OTU133	OTU173	OTU22	OTU61	OTU92	OTU310	OTU167
13	OTU327	OTU327	OTU272	OTU46	OTU185	OTU263	OTU46	OTU46	OTU142	OTU183	OTU23	OTU66	OTU100	OTU413	OTU175
14	OTU331	OTU331	OTU283	OTU49	OTU193	OTU272	OTU49	OTU49	OTU154	OTU184	OTU25	OTU67	OTU107	OTU424	OTU176
15	OTU343	OTU343	OTU327	OTU52	OTU200	OTU283	OTU52	OTU52	OTU173	OTU185	OTU26	OTU73	OTU109	OTU433	OTU181
16	OTU382	OTU382	OTU331	OTU55	OTU203	OTU319	OTU55	OTU55	OTU183	OTU193	OTU29	OTU77	OTU112	OTU437	OTU231
17	OTU383	OTU383	OTU343	OTU64	OTU210	OTU327	OTU64	OTU64	OTU184	OTU200	OTU30	OTU83	OTU119	OTU441	OTU235
18	OTU390	OTU390	OTU382	OTU68	OTU218	OTU330	OTU68	OTU65	OTU185	OTU203	OTU35	OTU93	OTU131	OTU445	OTU255
19	OTU398	OTU398	OTU383	OTU69	OTU262	OTU331	OTU69	OTU68	OTU193	OTU204	OTU36	OTU94	OTU144	OTU468	OTU265
20	OTU401	OTU401	OTU390	OTU71	OTU283	OTU343	OTU71	OTU69	OTU200	OTU210	OTU39	OTU103	OTU146	OTU539	OTU286
21	OTU425	OTU408	OTU398	OTU72	OTU327	OTU350	OTU72	OTU71	OTU203	OTU218	OTU42	OTU117	OTU148	OTU569	OTU287
22	OTU438	OTU425	OTU401	OTU74	OTU331	OTU372	OTU74	OTU72	OTU210	OTU262	OTU44	OTU121	OTU149	OTU573	OTU289
23	OTU451	OTU438	OTU425	OTU76	OTU343	OTU382	OTU76	OTU74	OTU218	OTU263	OTU46	OTU122	OTU153	OTU612	OTU291
24	OTU461	OTU451	OTU438	OTU78	OTU381	OTU383	OTU78	OTU76	OTU237	OTU272	OTU49	OTU129	OTU163	OTU614	OTU292
25	OTU466	OTU461	OTU451	OTU79	OTU382	OTU390	OTU79	OTU78	OTU262	OTU283	OTU51	OTU132	OTU166	OTU633	OTU315
26	OTU496	OTU466	OTU461	OTU95	OTU383	OTU398	OTU86	OTU79	OTU281	OTU327	OTU52	OTU162	OTU171	OTU638	OTU323
27	OTU595	OTU496	OTU466	OTU97	OTU390	OTU401	OTU90	OTU85	OTU283	OTU331	OTU53	OTU172	OTU174	OTU641	OTU332
28	OTU619	OTU595	OTU496	OTU98	OTU398	OTU408	OTU95	OTU87	OTU327	OTU343	OTU55	OTU188	OTU186	OTU667	OTU335

续表

序号	1	2	3	4	5	6	7	8	9	10	11	12	13	14	15
29	OTU627	OTU619	OTU520	OTU101	OTU401	OTU425	OTU97	OTU95	OTU331	OTU381	OTU58	OTU202	OTU187	OTU713	OTU351
30	OTU674	OTU627	OTU595	OTU102	OTU425	OTU438	OTU98	OTU97	OTU343	OTU382	OTU59	OTU211	OTU194	OTU729	OTU369
31	OTU690	OTU674	OTU619	OTU106	OTU438	OTU451	OTU101	OTU98	OTU381	OTU383	OTU60	OTU215	OTU198	OTU747	OTU380
32	OTU813	OTU690	OTU627	OTU113	OTU451	OTU461	OTU102	OTU99	OTU382	OTU390	OTU62	OTU222	OTU207	OTU793	OTU387
33	OTU832	OTU784	OTU657	OTU115	OTU461	OTU466	OTU105	OTU101	OTU383	OTU398	OTU63	OTU224	OTU223	OTU822	OTU432
34	OTU846	OTU813	OTU674	OTU123	OTU466	OTU496	OTU106	OTU102	OTU390	OTU401	OTU64	OTU236	OTU225	OTU855	OTU440
35	OTU858	OTU832	OTU690	OTU125	OTU495	OTU520	OTU113	OTU106	OTU398	OTU425	OTU68	OTU238	OTU226	OTU877	OTU448
36	OTU867	OTU846	OTU774	OTU133	OTU496	OTU595	OTU115	OTU110	OTU401	OTU438	OTU69	OTU240	OTU252	OTU882	OTU459
37	OTU885	OTU858	OTU813	OTU135	OTU505	OTU619	OTU123	OTU113	OTU408	OTU451	OTU71	OTU243	OTU268	OTU966	OTU467
38	OTU931	OTU867	OTU826	OTU136	OTU549	OTU627	OTU125	OTU114	OTU409	OTU461	OTU72	OTU246	OTU270	OTU971	OTU488
39	OTU945	OTU885	OTU830	OTU137	OTU588	OTU657	OTU133	OTU115	OTU410	OTU466	OTU74	OTU249	OTU274	OTU980	OTU525
40	OTU957	OTU889	OTU832	OTU147	OTU595	OTU674	OTU135	OTU120	OTU425	OTU495	OTU76	OTU251	OTU288	OTU983	OTU541
41	OTU963	OTU931	OTU846	OTU152	OTU619	OTU690	OTU136	OTU123	OTU438	OTU496	OTU78	OTU254	OTU294	OTU993	OTU546
42	OTU969	OTU945	OTU858	OTU154	OTU627	OTU774	OTU137	OTU125	OTU451	OTU505	OTU79	OTU266	OTU302	OTU998	OTU548
43	OTU975	OTU957	OTU867	OTU155	OTU674	OTU784	OTU147	OTU126	OTU461	OTU520	OTU88	OTU275	OTU308	OTU1005	OTU551
44	OTU990	OTU963	OTU885	OTU157	OTU689	OTU813	OTU152	OTU133	OTU466	OTU549	OTU89	OTU280	OTU314	OTU1019	OTU554
45	OTU1067	OTU969	OTU931	OTU164	OTU690	OTU826	OTU154	OTU135	OTU493	OTU588	OTU91	OTU282	OTU318	OTU1024	OTU555
46	OTU1084	OTU975	OTU945	OTU165	OTU780	OTU830	OTU155	OTU136	OTU495	OTU595	OTU95	OTU284	OTU325	OTU1047	OTU558
47	OTU1090	OTU990	OTU957	OTU168	OTU786	OTU832	OTU157	OTU137	OTU496	OTU619	OTU97	OTU293	OTU326	OTU1050	OTU574
48	OTU1111	OTU1067	OTU963	OTU173	OTU813	OTU846	OTU164	OTU145	OTU505	OTU627	OTU98	OTU301	OTU345	OTU1082	OTU578
49	OTU1132	OTU1084	OTU969	OTU179	OTU820	OTU858	OTU165	OTU147	OTU549	OTU657	OTU101	OTU313	OTU349	OTU1086	OTU583
50	OTU1171	OTU1090	OTU975	OTU182	OTU832	OTU867	OTU168	OTU152	OTU588	OTU674	OTU102	OTU322	OTU358	OTU1100	OTU624
51	OTU1186	OTU1111	OTU990	OTU183	OTU846	OTU885	OTU173	OTU154	OTU595	OTU679	OTU104	OTU324	OTU359	OTU1129	OTU647
52	OTU1193	OTU1132	OTU1056	OTU184	OTU847	OTU889	OTU179	OTU155	OTU611	OTU689	OTU106	OTU333	OTU364	OTU1152	OTU649
53	OTU1232	OTU1171	OTU1067	OTU189	OTU858	OTU931	OTU182	OTU156	OTU619	OTU690	OTU108	OTU339	OTU365	OTU1169	OTU652
54	OTU1278	OTU1186	OTU1084	OTU193	OTU867	OTU945	OTU183	OTU157	OTU627	OTU774	OTU111	OTU354	OTU371	OTU1206	OTU665
55	OTU1309	OTU1193	OTU1090	OTU199	OTU885	OTU957	OTU184	OTU164	OTU631	OTU780	OTU113	OTU356	OTU385	OTU1249	OTU671
56	OTU1315	OTU1232	OTU1111	OTU200	OTU931	OTU963	OTU189	OTU165	OTU635	OTU786	OTU115	OTU363	OTU393	OTU1256	OTU677

续表

序号	1	2	3	4	5	6	7	8	9	10	11	12	13	14	15
57		OTU1234	OTU1132	OTU205	OTU940	OTU969	OTU190	OTU168	OTU674	OTU811	OTU118	OTU368	OTU394	OTU1318	OTU684
58		OTU1278	OTU1171	OTU206	OTU945	OTU975	OTU193	OTU170	OTU689	OTU813	OTU123	OTU378	OTU405	OTU1330	OTU688
59		OTU1309	OTU1186	OTU212	OTU957	OTU990	OTU196	OTU173	OTU690	OTU820	OTU124	OTU384	OTU406		OTU693
60		OTU1315	OTU1193	OTU214	OTU961	OTU1056	OTU197	OTU177	OTU694	OTU826	OTU125	OTU411	OTU412		OTU700
61			OTU1232	OTU216	OTU963	OTU1067	OTU199	OTU179	OTU723	OTU830	OTU130	OTU420	OTU423		OTU703
62			OTU1250	OTU218	OTU968	OTU1084	OTU200	OTU182	OTU780	OTU832	OTU133	OTU421	OTU444		OTU705
63			OTU1278	OTU219	OTU969	OTU1090	OTU205	OTU183	OTU784	OTU846	OTU135	OTU422	OTU449		OTU718
64			OTU1309	OTU227	OTU975	OTU1111	OTU206	OTU184	OTU786	OTU847	OTU136	OTU435	OTU475		OTU727
65			OTU1315	OTU228	OTU989	OTU1125	OTU212	OTU189	OTU813	OTU854	OTU137	OTU436	OTU479		OTU749
66				OTU232	OTU990	OTU1132	OTU214	OTU191	OTU820	OTU858	OTU139	OTU447	OTU480		OTU750
67				OTU233	OTU1025	OTU1171	OTU216	OTU193	OTU832	OTU867	OTU143	OTU450	OTU483		OTU814
68				OTU234	OTU1059	OTU1186	OTU218	OTU199	OTU846	OTU885	OTU147	OTU457	OTU486		OTU851
69				OTU244	OTU1066	OTU1193	OTU219	OTU200	OTU847	OTU931	OTU152	OTU463	OTU494		OTU853
70				OTU245	OTU1067	OTU1232	OTU220	OTU205	OTU858	OTU940	OTU154	OTU465	OTU498		OTU861
71				OTU248	OTU1084	OTU1234	OTU227	OTU206	OTU867	OTU945	OTU155	OTU469	OTU502		OTU901
72				OTU253	OTU1090	OTU1236	OTU228	OTU208	OTU885	OTU957	OTU157	OTU471	OTU504		OTU908
73				OTU259	OTU1091	OTU1250	OTU232	OTU212	OTU889	OTU961	OTU160	OTU472	OTU526		OTU912
74				OTU261	OTU1111	OTU1278	OTU233	OTU213	OTU891	OTU963	OTU164	OTU482	OTU533		OTU914
75				OTU262	OTU1132	OTU1309	OTU234	OTU214	OTU899	OTU967	OTU165	OTU491	OTU545		OTU915
76				OTU264	OTU1171	OTU1315	OTU241	OTU216	OTU918	OTU968	OTU168	OTU497	OTU550		OTU933
77				OTU277	OTU1186		OTU244	OTU218	OTU928	OTU969	OTU173	OTU500	OTU553		OTU965
78				OTU278	OTU1193		OTU245	OTU219	OTU931	OTU975	OTU179	OTU501	OTU556		OTU978
79				OTU283	OTU1208		OTU248	OTU221	OTU940	OTU989	OTU180	OTU506	OTU567		OTU1006
80				OTU297	OTU1213		OTU253	OTU227	OTU945	OTU990	OTU182	OTU516	OTU570		OTU1034
81				OTU300	OTU1232		OTU259	OTU228	OTU954	OTU1025	OTU183	OTU536	OTU571		OTU1040
82				OTU303	OTU1278		OTU261	OTU229	OTU957	OTU1030	OTU184	OTU537	OTU572		OTU1049
83				OTU306	OTU1309		OTU262	OTU230	OTU961	OTU1035	OTU185	OTU557	OTU591		OTU1064
84				OTU307	OTU1315		OTU264	OTU232	OTU963	OTU1056	OTU189	OTU568	OTU592		OTU1077

续表

序号	1	2	3	4	5	6	7	8	9	10	11	12	13	14	15
85				OTU309			OTU269	OTU233	OTU968	OTU1059	OTU192	OTU577	OTU593		OTU1087
86				OTU312			OTU277	OTU234	OTU969	OTU1066	OTU193	OTU581	OTU604		OTU1089
87				OTU316			OTU278	OTU244	OTU975	OTU1067	OTU195	OTU587	OTU608		OTU1113
88				OTU317			OTU283	OTU245	OTU989	OTU1069	OTU199	OTU590	OTU613		OTU1123
89				OTU320			OTU285	OTU248	OTU990	OTU1084	OTU200	OTU594	OTU615		OTU1127
90				OTU327			OTU290	OTU250	OTU1023	OTU1090	OTU203	OTU602	OTU637		OTU1139
91				OTU331			OTU295	OTU253	OTU1025	OTU1091	OTU205	OTU605	OTU643		OTU1154
92				OTU334			OTU297	OTU258	OTU1059	OTU1111	OTU206	OTU609	OTU645		OTU1158
93				OTU337			OTU300	OTU259	OTU1066	OTU1132	OTU209	OTU610	OTU646		OTU1178
94				OTU340			OTU303	OTU261	OTU1067	OTU1145	OTU210	OTU616	OTU659		OTU1183
95				OTU341			OTU306	OTU262	OTU1084	OTU1171	OTU212	OTU618	OTU661		OTU1192
96				OTU342			OTU307	OTU263	OTU1090	OTU1186	OTU214	OTU626	OTU669		OTU1194
97				OTU343			OTU309	OTU264	OTU1091	OTU1193	OTU216	OTU629	OTU676		OTU1202
98				OTU352			OTU312	OTU272	OTU1111	OTU1208	OTU217	OTU636	OTU681		OTU1207
99				OTU353			OTU316	OTU277	OTU1132	OTU1213	OTU218	OTU639	OTU682		OTU1211
100				OTU355			OTU317	OTU278	OTU1167	OTU1232	OTU219	OTU656	OTU709		OTU1221
101				OTU357			OTU320	OTU283	OTU1171	OTU1250	OTU227	OTU662	OTU711		OTU1243
102				OTU360			OTU327	OTU296	OTU1174	OTU1278	OTU228	OTU668	OTU717		OTU1247
103				OTU366			OTU331	OTU297	OTU1185	OTU1297	OTU232	OTU670	OTU724		OTU1271
104				OTU370			OTU334	OTU299	OTU1186	OTU1309	OTU233	OTU685	OTU731		OTU1276
105				OTU373			OTU337	OTU300	OTU1193	OTU1315	OTU234	OTU692	OTU732		OTU1280
106				OTU376			OTU340	OTU303	OTU1197		OTU239	OTU698	OTU734		OTU1292
107				OTU377			OTU341	OTU304	OTU1208		OTU242	OTU706	OTU743		OTU1300
108				OTU379			OTU342	OTU305	OTU1213		OTU244	OTU707	OTU744		OTU1305
109				OTU382			OTU343	OTU306	OTU1232		OTU245	OTU715	OTU748		
110				OTU383			OTU352	OTU307	OTU1234		OTU247	OTU720	OTU767		
111				OTU386			OTU353	OTU309	OTU1278		OTU248	OTU733	OTU775		
112				OTU390			OTU355	OTU311	OTU1279		OTU253	OTU735	OTU777		

续表

序号	1	2	3	4	5	6	7	8	9	10	11	12	13	14	15
113				OTU396			OTU357	OTU312	OTU1309		OTU256	OTU736	OTU781		
114				OTU397			OTU360	OTU316	OTU1315		OTU257	OTU745	OTU782		
115				OTU398			OTU366	OTU317			OTU259	OTU751	OTU785		
116				OTU399			OTU370	OTU320			OTU260	OTU756	OTU788		
117				OTU401			OTU373	OTU327			OTU261	OTU769	OTU789		
118				OTU402			OTU374	OTU331			OTU262	OTU772	OTU791		
119				OTU403			OTU376	OTU334			OTU264	OTU794	OTU796		
120				OTU404			OTU377	OTU337			OTU267	OTU801	OTU797		
121				OTU407			OTU379	OTU338			OTU271	OTU807	OTU800		
122				OTU415			OTU382	OTU340			OTU273	OTU821	OTU802		
123				OTU416			OTU383	OTU341			OTU276	OTU823	OTU803		
124				OTU419			OTU386	OTU342			OTU277	OTU835	OTU809		
125				OTU425			OTU389	OTU343			OTU278	OTU842	OTU810		
126				OTU426			OTU390	OTU347			OTU279	OTU879	OTU818		
127				OTU427			OTU396	OTU352			OTU283	OTU884	OTU827		
128				OTU430			OTU397	OTU353			OTU297	OTU893	OTU828		
129				OTU438			OTU398	OTU355			OTU298	OTU894	OTU829		
130				OTU439			OTU399	OTU357			OTU300	OTU905	OTU834		
131				OTU443			OTU401	OTU360			OTU303	OTU909	OTU836		
132				OTU451			OTU402	OTU366			OTU306	OTU911	OTU839		
133				OTU455			OTU403	OTU367			OTU307	OTU921	OTU849		
134				OTU456			OTU404	OTU370			OTU309	OTU929	OTU850		
135				OTU460			OTU407	OTU373			OTU312	OTU935	OTU856		
136				OTU461			OTU408	OTU376			OTU316	OTU941	OTU860		
137				OTU464			OTU415	OTU377			OTU317	OTU943	OTU864		
138				OTU466			OTU416	OTU379			OTU320	OTU946	OTU872		
139				OTU473			OTU419	OTU382			OTU321	OTU947	OTU887		
140				OTU478			OTU425	OTU383			OTU327	OTU951	OTU904		

续表

序号	1	2	3	4	5	6	7	8	9	10	11	12	13	14	15
141				OTU481			OTU426	OTU386			OTU328	OTU953	OTU913		
142				OTU489			OTU427	OTU390			OTU329	OTU955	OTU948		
143				OTU492			OTU430	OTU392			OTU331	OTU964	OTU958		
144				OTU496			OTU434	OTU395			OTU334	OTU996	OTU962		
145				OTU503			OTU438	OTU396			OTU336	OTU1002	OTU970		
146				OTU507			OTU439	OTU397			OTU337	OTU1003	OTU973		
147				OTU509			OTU443	OTU398			OTU340	OTU1011	OTU974		
148				OTU511			OTU451	OTU399			OTU341	OTU1028	OTU986		
149				OTU512			OTU455	OTU401			OTU342	OTU1039	OTU994		
150				OTU514			OTU456	OTU402			OTU343	OTU1051	OTU999		
151				OTU517			OTU460	OTU403			OTU344	OTU1065	OTU1004		
152				OTU523			OTU461	OTU404			OTU346	OTU1068	OTU1027		
153				OTU524			OTU464	OTU407			OTU348	OTU1072	OTU1032		
154				OTU527			OTU466	OTU415			OTU352	OTU1085	OTU1036		
155				OTU530			OTU473	OTU416			OTU353	OTU1092	OTU1037		
156				OTU534			OTU476	OTU419			OTU355	OTU1103	OTU1042		
157				OTU540			OTU478	OTU425			OTU357	OTU1106	OTU1043		
158				OTU552			OTU481	OTU426			OTU360	OTU1108	OTU1044		
159				OTU560			OTU485	OTU427			OTU361	OTU1131	OTU1045		
160				OTU562			OTU489	OTU428			OTU362	OTU1137	OTU1048		
161				OTU563			OTU492	OTU430			OTU366	OTU1150	OTU1054		
162				OTU565			OTU496	OTU438			OTU370	OTU1153	OTU1061		
163				OTU566			OTU503	OTU439			OTU373	OTU1155	OTU1075		
164				OTU575			OTU507	OTU443			OTU375	OTU1156	OTU1079		
165				OTU580			OTU509	OTU451			OTU376	OTU1159	OTU1093		
166				OTU582			OTU511	OTU455			OTU377	OTU1162	OTU1097		
167				OTU584			OTU512	OTU456			OTU379	OTU1173	OTU1107		
168				OTU585			OTU514	OTU458			OTU381	OTU1175	OTU1124		

续表

序号	1	2	3	4	5	6	7	8	9	10	11	12	13	14	15
169				OTU586			OTU517	OTU460			OTU382	OTU1177	OTU1140		
170				OTU595			OTU523	OTU461			OTU383	OTU1180	OTU1161		
171				OTU597			OTU524	OTU464			OTU386	OTU1189	OTU1166		
172				OTU607			OTU527	OTU466			OTU388	OTU1195	OTU1182		
173				OTU619			OTU530	OTU470			OTU390	OTU1200	OTU1188		
174				OTU622			OTU534	OTU473			OTU391	OTU1219	OTU1205		
175				OTU623			OTU540	OTU478			OTU396	OTU1226	OTU1220		
176				OTU625			OTU552	OTU481			OTU397	OTU1229	OTU1221		
177				OTU627			OTU560	OTU484			OTU398	OTU1231	OTU1227		
178				OTU628			OTU562	OTU487			OTU399	OTU1235	OTU1233		
179				OTU630			OTU563	OTU489			OTU400	OTU1237	OTU1272		
180				OTU632			OTU565	OTU492			OTU401	OTU1239	OTU1299		
181				OTU648			OTU566	OTU496			OTU402	OTU1246	OTU1306		
182				OTU653			OTU575	OTU499			OTU403	OTU1248	OTU1321		
183				OTU655			OTU579	OTU503			OTU404	OTU1255	OTU1322		
184				OTU658			OTU580	OTU507			OTU407	OTU1277	OTU1327		
185				OTU663			OTU582	OTU509			OTU414	OTU1287	OTU1328		
186				OTU664			OTU584	OTU511			OTU415	OTU1293	OTU1331		
187				OTU674			OTU585	OTU512			OTU416	OTU1301	OTU1334		
188				OTU675			OTU586	OTU514			OTU417	OTU1302			
189				OTU683			OTU595	OTU515			OTU418	OTU1304			
190				OTU686			OTU597	OTU517			OTU419	OTU1314			
191				OTU687			OTU599	OTU519			OTU425	OTU1320			
192				OTU690			OTU601	OTU520			OTU426	OTU1332			
193				OTU691			OTU607	OTU522			OTU427	OTU1333			
194				OTU697			OTU619	OTU523			OTU429				
195				OTU702			OTU622	OTU524			OTU430				
196				OTU708			OTU623	OTU527			OTU431				

续表

序号	1	2	3	4	5	6	7	8	9	10	11	12	13	14	15
197				OTU710			OTU625	OTU530			OTU438				
198				OTU712			OTU627	OTU531			OTU439				
199				OTU728			OTU628	OTU534			OTU442				
200				OTU730			OTU630	OTU535			OTU443				
201				OTU738			OTU632	OTU540			OTU446				
202				OTU739			OTU648	OTU542			OTU451				
203				OTU752			OTU653	OTU552			OTU452				
204				OTU755			OTU655	OTU560			OTU453				
205				OTU762			OTU658	OTU562			OTU454				
206				OTU763			OTU663	OTU563			OTU455				
207				OTU764			OTU664	OTU565			OTU456				
208				OTU765			OTU674	OTU566			OTU460				
209				OTU770			OTU675	OTU575			OTU461				
210				OTU771			OTU683	OTU576			OTU462				
211				OTU773			OTU686	OTU580			OTU464				
212				OTU778			OTU687	OTU582			OTU466				
213				OTU787			OTU690	OTU584			OTU473				
214				OTU798			OTU691	OTU585			OTU474				
215				OTU799			OTU696	OTU586			OTU477				
216				OTU808			OTU697	OTU589			OTU478				
217				OTU812			OTU702	OTU595			OTU481				
218				OTU813			OTU708	OTU596			OTU489				
219				OTU815			OTU710	OTU597			OTU490				
220				OTU831			OTU712	OTU600			OTU492				
221				OTU832			OTU714	OTU607			OTU495				
222				OTU837			OTU716	OTU619			OTU496				
223				OTU838			OTU721	OTU620			OTU503				
224				OTU841			OTU728	OTU622			OTU505				

续表

序号	1	2	3	4	5	6	7	8	9	10	11	12	13	14	15
225				OTU844			OTU730	OTU623			OTU507				
226				OTU846			OTU738	OTU625			OTU508				
227				OTU848			OTU739	OTU627			OTU509				
228				OTU857			OTU746	OTU628			OTU510				
229				OTU858			OTU752	OTU630			OTU511				
230				OTU859			OTU753	OTU632			OTU512				
231				OTU866			OTU754	OTU634			OTU513				
232				OTU867			OTU755	OTU642			OTU514				
233				OTU868			OTU758	OTU648			OTU517				
234				OTU870			OTU759	OTU651			OTU518				
235				OTU871			OTU762	OTU653			OTU521				
236				OTU874			OTU763	OTU655			OTU523				
237				OTU876			OTU764	OTU657			OTU524				
238				OTU878			OTU765	OTU658			OTU527				
239				OTU880			OTU770	OTU663			OTU528				
240				OTU883			OTU771	OTU664			OTU529				
241				OTU885			OTU773	OTU666			OTU530				
242				OTU886			OTU778	OTU672			OTU532				
243				OTU890			OTU784	OTU674			OTU534				
244				OTU892			OTU787	OTU675			OTU538				
245				OTU896			OTU790	OTU683			OTU540				
246				OTU898			OTU798	OTU686			OTU543				
247				OTU903			OTU799	OTU687			OTU544				
248				OTU907			OTU808	OTU690			OTU547				
249				OTU922			OTU812	OTU691			OTU549				
250				OTU925			OTU813	OTU695			OTU552				
251				OTU930			OTU815	OTU697			OTU559				
252				OTU931			OTU831	OTU702			OTU560				

续表

序号	1	2	3	4	5	6	7	8	9	10	11	12	13	14	15
253				OTU937			OTU832	OTU704			OTU561				
254				OTU938			OTU837	OTU708			OTU562				
255				OTU939			OTU838	OTU710			OTU563				
256				OTU942			OTU840	OTU712			OTU564				
257				OTU945			OTU841	OTU719			OTU565				
258				OTU950			OTU844	OTU725			OTU566				
259				OTU957			OTU846	OTU728			OTU575				
260				OTU959			OTU848	OTU730			OTU580				
261				OTU960			OTU857	OTU737			OTU582				
262				OTU963			OTU858	OTU738			OTU584				
263				OTU969			OTU859	OTU739			OTU585				
264				OTU972			OTU866	OTU742			OTU586				
265				OTU975			OTU867	OTU752			OTU588				
266				OTU976			OTU868	OTU755			OTU595				
267				OTU979			OTU869	OTU762			OTU597				
268				OTU981			OTU870	OTU763			OTU598				
269				OTU984			OTU871	OTU764			OTU603				
270				OTU988			OTU874	OTU765			OTU606				
271				OTU990			OTU876	OTU770			OTU607				
272				OTU991			OTU878	OTU771			OTU617				
273				OTU997			OTU880	OTU773			OTU619				
274				OTU1000			OTU883	OTU774			OTU621				
275				OTU1007			OTU885	OTU778			OTU622				
276				OTU1008			OTU886	OTU787			OTU623				
277				OTU1009			OTU889	OTU792			OTU625				
278				OTU1013			OTU890	OTU798			OTU627				
279				OTU1014			OTU892	OTU799			OTU628				
280				OTU1017			OTU896	OTU805			OTU630				

续表

序号	1	2	3	4	5	6	7	8	9	10	11	12	13	14	15
281				OTU1021			OTU898	OTU808			OTU632				
282				OTU1026			OTU903	OTU812			OTU640				
283				OTU1029			OTU907	OTU813			OTU644				
284				OTU1031			OTU916	OTU815			OTU648				
285				OTU1033			OTU920	OTU817			OTU650				
286				OTU1052			OTU922	OTU826			OTU653				
287				OTU1055			OTU925	OTU830			OTU654				
288				OTU1058			OTU930	OTU831			OTU655				
289				OTU1067			OTU931	OTU832			OTU658				
290				OTU1073			OTU937	OTU833			OTU660				
291				OTU1076			OTU938	OTU837			OTU663				
292				OTU1078			OTU939	OTU838			OTU664				
293				OTU1080			OTU942	OTU841			OTU673				
294				OTU1084			OTU945	OTU844			OTU674				
295				OTU1088			OTU950	OTU846			OTU675				
296				OTU1090			OTU957	OTU848			OTU678				
297				OTU1095			OTU959	OTU857			OTU680				
298				OTU1105			OTU960	OTU858			OTU683				
299				OTU1109			OTU963	OTU859			OTU686				
300				OTU1111			OTU969	OTU862			OTU687				
301				OTU1114			OTU972	OTU866			OTU689				
302				OTU1116			OTU975	OTU867			OTU690				
303				OTU1120			OTU976	OTU868			OTU691				
304				OTU1122			OTU979	OTU870			OTU697				
305				OTU1126			OTU981	OTU871			OTU699				
306				OTU1132			OTU984	OTU874			OTU701				
307				OTU1133			OTU988	OTU876			OTU702				
308				OTU1134			OTU990	OTU878			OTU708				

续表

序号	1	2	3	4	5	6	7	8	9	10	11	12	13	14	15
309				OTU1138			OTU991	OTU880			OTU710				
310				OTU1142			OTU992	OTU881			OTU712				
311				OTU1146			OTU997	OTU883			OTU722				
312				OTU1147			OTU1000	OTU885			OTU726				
313				OTU1149			OTU1007	OTU886			OTU728				
314				OTU1157			OTU1008	OTU888			OTU730				
315				OTU1160			OTU1009	OTU890			OTU738				
316				OTU1163			OTU1013	OTU892			OTU739				
317				OTU1165			OTU1014	OTU896			OTU740				
318				OTU1168			OTU1017	OTU898			OTU741				
319				OTU1171			OTU1021	OTU902			OTU752				
320				OTU1176			OTU1026	OTU903			OTU755				
321				OTU1186			OTU1029	OTU906			OTU757				
322				OTU1190			OTU1031	OTU907			OTU760				
323				OTU1193			OTU1033	OTU922			OTU761				
324				OTU1198			OTU1052	OTU923			OTU762				
325				OTU1201			OTU1055	OTU924			OTU763				
326				OTU1203			OTU1058	OTU925			OTU764				
327				OTU1204			OTU1067	OTU926			OTU765				
328				OTU1212			OTU1073	OTU927			OTU766				
329				OTU1215			OTU1076	OTU930			OTU768				
330				OTU1216			OTU1078	OTU931			OTU770				
331				OTU1217			OTU1080	OTU936			OTU771				
332				OTU1218			OTU1084	OTU937			OTU773				
333				OTU1223			OTU1088	OTU938			OTU776				
334				OTU1224			OTU1090	OTU939			OTU778				
335				OTU1225			OTU1095	OTU942			OTU779				
336				OTU1232			OTU1105	OTU944			OTU780				

续表

序号	1	2	3	4	5	6	7	8	9	10	11	12	13	14	15
337				OTU1240			OTU1109	OTU945			OTU783				
338				OTU1241			OTU1111	OTU950			OTU786				
339				OTU1257			OTU1114	OTU952			OTU787				
340				OTU1259			OTU1116	OTU957			OTU795				
341				OTU1260			OTU1120	OTU959			OTU798				
342				OTU1261			OTU1122	OTU960			OTU799				
343				OTU1262			OTU1126	OTU963			OTU804				
344				OTU1273			OTU1132	OTU969			OTU806				
345				OTU1275			OTU1133	OTU972			OTU808				
346				OTU1278			OTU1134	OTU975			OTU812				
347				OTU1282			OTU1138	OTU976			OTU813				
348				OTU1283			OTU1142	OTU979			OTU815				
349				OTU1284			OTU1146	OTU981			OTU816				
350				OTU1288			OTU1147	OTU984			OTU819				
351				OTU1291			OTU1149	OTU988			OTU820				
352				OTU1294			OTU1157	OTU990			OTU824				
353				OTU1296			OTU1160	OTU991			OTU825				
354				OTU1298			OTU1163	OTU995			OTU831				
355				OTU1309			OTU1165	OTU997			OTU832				
356				OTU1310			OTU1168	OTU1000			OTU837				
357				OTU1312			OTU1171	OTU1007			OTU838				
358				OTU1313			OTU1176	OTU1008			OTU841				
359				OTU1315			OTU1186	OTU1009			OTU843				
360				OTU1317			OTU1187	OTU1012			OTU844				
361				OTU1319			OTU1190	OTU1013			OTU845				
362				OTU1323			OTU1193	OTU1014			OTU846				
363				OTU1324			OTU1196	OTU1017			OTU847				
364				OTU1325			OTU1198	OTU1018			OTU848				

续表

序号	1	2	3	4	5	6	7	8	9	10	11	12	13	14	15
365				OTU1326			OTU1201	OTU1020			OTU852				
366							OTU1203	OTU1021			OTU857				
367							OTU1204	OTU1026			OTU858				
368							OTU1212	OTU1029			OTU859				
369							OTU1215	OTU1031			OTU863				
370							OTU1216	OTU1033			OTU865				
371							OTU1217	OTU1046			OTU866				
372							OTU1218	OTU1052			OTU867				
373							OTU1223	OTU1053			OTU868				
374							OTU1224	OTU1055			OTU870				
375							OTU1225	OTU1056			OTU871				
376							OTU1228	OTU1058			OTU873				
377							OTU1232	OTU1062			OTU874				
378							OTU1234	OTU1063			OTU875				
379							OTU1240	OTU1067			OTU876				
380							OTU1241	OTU1073			OTU878				
381							OTU1242	OTU1074			OTU880				
382							OTU1251	OTU1076			OTU883				
383							OTU1257	OTU1078			OTU885				
384							OTU1259	OTU1080			OTU886				
385							OTU1260	OTU1084			OTU890				
386							OTU1261	OTU1088			OTU892				
387							OTU1262	OTU1090			OTU895				
388							OTU1273	OTU1095			OTU896				
389							OTU1275	OTU1096			OTU897				
390							OTU1278	OTU1098			OTU898				
391							OTU1282	OTU1099			OTU900				
392							OTU1283	OTU1104			OTU903				

续表

序号	1	2	3	4	5	6	7	8	9	10	11	12	13	14	15
393							OTU1284	OTU1105			OTU907				
394							OTU1285	OTU1109			OTU910				
395							OTU1288	OTU1111			OTU917				
396							OTU1291	OTU1114			OTU919				
397							OTU1294	OTU1116			OTU922				
398							OTU1296	OTU1118			OTU925				
399							OTU1298	OTU1120			OTU930				
400							OTU1307	OTU1121			OTU931				
401							OTU1309	OTU1122			OTU932				
402							OTU1310	OTU1126			OTU934				
403							OTU1312	OTU1128			OTU937				
404							OTU1313	OTU1132			OTU938				
405							OTU1315	OTU1133			OTU939				
406							OTU1317	OTU1134			OTU940				
407							OTU1319	OTU1135			OTU942				
408							OTU1323	OTU1138			OTU945				
409							OTU1324	OTU1142			OTU949				
410							OTU1325	OTU1144			OTU950				
411							OTU1326	OTU1146			OTU956				
412								OTU1147			OTU957				
413								OTU1149			OTU959				
414								OTU1151			OTU960				
415								OTU1157			OTU961				
416								OTU1160			OTU963				
417								OTU1163			OTU968				
418								OTU1165			OTU969				
419								OTU1168			OTU972				
420								OTU1170			OTU975				

续表

序号	1	2	3	4	5	6	7	8	9	10	11	12	13	14	15
421								OTU1171			OTU976				
422								OTU1172			OTU977				
423								OTU1176			OTU979				
424								OTU1184			OTU981				
425								OTU1186			OTU982				
426								OTU1190			OTU984				
427								OTU1193			OTU985				
428								OTU1198			OTU987				
429								OTU1201			OTU988				
430								OTU1203			OTU989				
431								OTU1204			OTU990				
432								OTU1210			OTU991				
433								OTU1212			OTU997				
434								OTU1215			OTU1000				
435								OTU1216			OTU1001				
436								OTU1217			OTU1007				
437								OTU1218			OTU1008				
438								OTU1223			OTU1009				
439								OTU1224			OTU1010				
440								OTU1225			OTU1013				
441								OTU1230			OTU1014				
442								OTU1232			OTU1015				
443								OTU1238			OTU1016				
444								OTU1240			OTU1017				
445								OTU1241			OTU1021				
446								OTU1250			OTU1022				
447								OTU1252			OTU1025				
448								OTU1253			OTU1026				

续表

序号	1	2	3	4	5	6	7	8	9	10	11	12	13	14	15
449								OTU1257			OTU1029				
450								OTU1258			OTU1031				
451								OTU1259			OTU1033				
452								OTU1260			OTU1038				
453								OTU1261			OTU1041				
454								OTU1262			OTU1052				
455								OTU1263			OTU1055				
456								OTU1264			OTU1057				
457								OTU1268			OTU1058				
458								OTU1273			OTU1059				
459								OTU1274			OTU1060				
460								OTU1275			OTU1066				
461								OTU1278			OTU1067				
462								OTU1281			OTU1070				
463								OTU1282			OTU1071				
464								OTU1283			OTU1073				
465								OTU1284			OTU1076				
466								OTU1288			OTU1078				
467								OTU1291			OTU1080				
468								OTU1294			OTU1081				
469								OTU1296			OTU1083				
470								OTU1298			OTU1084				
471								OTU1309			OTU1088				
472								OTU1310			OTU1090				
473								OTU1312			OTU1091				
474								OTU1313			OTU1094				
475								OTU1315			OTU1095				
476								OTU1317			OTU1101				

续表

序号	1	2	3	4	5	6	7	8	9	10	11	12	13	14	15
477								OTU1319			OTU1102				
478								OTU1323			OTU1105				
479								OTU1324			OTU1109				
480								OTU1325			OTU1110				
481								OTU1326			OTU1111				
482								OTU1329			OTU1112				
483											OTU1114				
484											OTU1115				
485											OTU1116				
486											OTU1117				
487											OTU1119				
488											OTU1120				
489											OTU1122				
490											OTU1126				
491											OTU1130				
492											OTU1132				
493											OTU1133				
494											OTU1134				
495											OTU1136				
496											OTU1138				
497											OTU1141				
498											OTU1142				
499											OTU1143				
500											OTU1146				
501											OTU1147				
502											OTU1148				
503											OTU1149				
504											OTU1157				

续表

序号	1	2	3	4	5	6	7	8	9	10	11	12	13	14	15
505											OTU1160				
506											OTU1163				
507											OTU1164				
508											OTU1165				
509											OTU1168				
510											OTU1171				
511											OTU1176				
512											OTU1179				
513											OTU1181				
514											OTU1186				
515											OTU1190				
516											OTU1191				
517											OTU1193				
518											OTU1198				
519											OTU1199				
520											OTU1201				
521											OTU1203				
522											OTU1204				
523											OTU1208				
524											OTU1209				
525											OTU1212				
526											OTU1213				
527											OTU1214				
528											OTU1215				
529											OTU1216				
530											OTU1217				

续表

序号	1	2	3	4	5	6	7	8	9	10	11	12	13	14	15
531											OTU1218				
532											OTU1222				
533											OTU1223				
534											OTU1224				
535											OTU1225				
536											OTU1232				
537											OTU1240				
538											OTU1241				
539											OTU1244				
540											OTU1245				
541											OTU1254				
542											OTU1257				
543											OTU1259				
544											OTU1260				
545											OTU1261				
546											OTU1262				
547											OTU1265				
548											OTU1266				
549											OTU1267				
550											OTU1269				
551											OTU1270				
552											OTU1273				
553											OTU1275				
554											OTU1278				
555											OTU1282				
556											OTU1283				

续表

序号	1	2	3	4	5	6	7	8	9	10	11	12	13	14	15
557											OTU1284				
558											OTU1286				
559											OTU1288				
560											OTU1289				
561											OTU1290				
562											OTU1291				
563											OTU1294				
564											OTU1295				
565											OTU1296				
566											OTU1298				
567											OTU1303				
568											OTU1308				
569											OTU1309				
570											OTU1310				
571											OTU1311				
572											OTU1312				
573											OTU1313				
574											OTU1315				
575											OTU1316				
576											OTU1317				
577											OTU1319				
578											OTU1323				
579											OTU1324				
580											OTU1325				
581	56	60	64	65	365	84	76	482	114	105	581 OTU1326	193	187	58	107

3. 细菌种类 Venn 图分析

分析结果列图 3-19。从结果中可知，异位发酵床 4 种处理共有细菌的种类有 56 种，在垫料原料组（AUG＿CK）、深发酵垫料组（AUG＿H）、浅发酵垫料组（AUG＿L）、未发酵猪粪组（AUG＿PM）独有的种类分别为 193、187、58、107。共有种类最多的为 581 种，存在于浅发酵垫料组（AUG＿L）和未发酵猪粪组（AUG＿PM）之中，共有种类最少的为 76 种，存在于垫料原料组（AUG＿CK）和深发酵垫料组（AUG＿H）之中。将异位发酵床不同处理组编码，1——AUG＿CK，2——AUG＿H，3——AUG＿L，4——AUG＿PM，不同组合的组，即 1-2-3-4、1-2-3、1-2-4、1-3-4、2-3-4、1-2、1-3、1-4、2-3、2-4、3-4、1、2、3、4，共有细菌的种类数分别为 56、60、65、365、84、76、411、482、114、105、581、193、187、58、107。

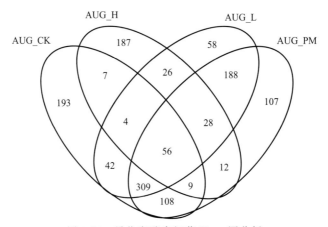

图 3-19　异位发酵床细菌 Venn 图分析

二、真菌种类 Venn 图数据采集

1. 数据采集

Venn 图可用于统计多个样本中所共有和独有的 OTUs 数目，可以比较直观地表现环境样本的 OTUs 数目组成相似性及重叠情况。通常情况下，分析时选用相似为 97% 的 OTUs 样本表述。异位发酵床不同处理真菌种类（OTUs）见表 3-25。

表 3-25　异位发酵床不同处理组真菌种类（OTUs）采集

OTU ID	AUG_CK	AUG_H	AUG_L	AUG_PM	OTU ID	AUG_CK	AUG_H	AUG_L	AUG_PM
OTU1	63	0	0	0	OTU11	18	0	8	4
OTU2	3	0	0	0	OTU12	0	0	0	8
OTU3	0	0	0	2	OTU13	12	0	0	0
OTU4	53	132	58	0	OTU14	0	0	2	0
OTU5	100	0	0	0	OTU15	211	0	42	48
OTU6	4	0	0	0	OTU16	24	0	14	0
OTU7	1789	0	21	3	OTU17	3	0	2	0
OTU8	11	63	73	1	OTU18	34	0	0	0
OTU9	5	0	0	0	OTU19	8	0	0	5
OTU10	8	0	0	0	OTU20	0	6	0	0

续表

OTU ID	AUG_CK	AUG_H	AUG_L	AUG_PM	OTU ID	AUG_CK	AUG_H	AUG_L	AUG_PM
OTU21	93	0	0	0	OTU60	21	0	6	1
OTU22	25	0	75	0	OTU61	0	0	143	84
OTU23	25	0	55	50	OTU62	10298	0	9	5
OTU24	0	0	29	0	OTU63	3366	0	0	2
OTU25	0	1	52	0	OTU64	60	0	625	526
OTU26	6	0	0	0	OTU65	0	0	0	19
OTU27	6	0	0	0	OTU66	6	0	0	0
OTU28	7	0	0	0	OTU67	19	0	4	8
OTU29	0	0	41	0	OTU68	51	0	1725	959
OTU30	7	0	3	0	OTU69	0	0	7	0
OTU31	1	0	40	0	OTU70	14	0	479	6
OTU32	39	1	5438	1848	OTU71	56	0	0	0
OTU33	248	0	123	8	OTU72	9	7947	0	3
OTU34	2	0	19	1	OTU73	0	1	0	0
OTU35	7	0	0	0	OTU74	5	0	0	0
OTU36	5	0	0	0	OTU75	4	0	0	0
OTU37	0	0	31	395	OTU76	0	0	16	5
OTU38	23	0	0	4	OTU77	18	6	20	240
OTU39	15	0	0	0	OTU78	0	0	1810	56
OTU40	1890	0	8	43	OTU79	0	0	10	0
OTU41	0	0	0	2	OTU80	34	37702	17	15
OTU42	17	0	0	2	OTU81	30	17	26	5
OTU43	0	0	1070	0	OTU82	89	51330	6270	1234
OTU44	75	0	0	0	OTU83	0	8	0	0
OTU45	171	0	462	254	OTU84	36	394	946	114
OTU46	0	0	84	0	OTU85	1641	0	31	5
OTU47	201	0	845	82	OTU86	0	0	0	19
OTU48	0	0	0	9	OTU87	2	55	0	0
OTU49	0	0	2	1	OTU88	63	0	41	4
OTU50	0	0	0	30	OTU89	145	0	0	4
OTU51	483	0	0	0	OTU90	11341	0	0	0
OTU52	9	0	0	0	OTU91	9	5	0	0
OTU53	242	0	278	13	OTU92	3205	9	1	7
OTU54	28	0	0	0	OTU93	17	0	0	0
OTU55	85	0	0	0	OTU94	14	0	0	0
OTU56	0	0	160	28	OTU95	7	0	0	0
OTU57	5	0	0	0	OTU96	0	0	51	0
OTU58	157	0	0	11	OTU97	619	0	0	7
OTU59	16	0	0	0	OTU98	1995	594	194	33

续表

OTU ID	AUG_CK	AUG_H	AUG_L	AUG_PM	OTU ID	AUG_CK	AUG_H	AUG_L	AUG_PM
OTU99	0	0	252	78	OTU132	172	0	0	8
OTU100	16	0	4	24	OTU133	0	0	1213	22
OTU101	9	0	0	0	OTU134	413	0	4497	2496
OTU102	60	1	124	62	OTU135	293	0	148	30
OTU103	5149	1	68	16	OTU136	13323	12	1936	2183
OTU104	6	0	0	11	OTU137	388	0	0	0
OTU105	27	0	420	4	OTU138	68	0	120	53
OTU106	24	0	207	3	OTU139	19	0	0	0
OTU107	135	0	399	48	OTU140	0	0	0	7
OTU108	0	0	0	3	OTU141	0	0	0	22
OTU109	48	0	0	14	OTU142	1	0	288	1
OTU110	5	0	0	0	OTU143	265	0	719	19
OTU111	0	0	37	295	OTU144	0	64	0	0
OTU112	12	0	152	132	OTU145	0	0	1610	2277
OTU113	0	0	255	415	OTU146	78	0	97	38
OTU114	0	0	104	9	OTU147	6	0	50	10
OTU115	116	0	2	1	OTU148	943	1	20236	853
OTU116	65	1	23991	130	OTU149	0	0	198	3306
OTU117	0	0	10	0	OTU150	0	0	11	0
OTU118	0	0	77	0	OTU151	0	0	0	24
OTU119	0	0	17	0	OTU152	0	0	0	10
OTU120	0	0	32	1	OTU153	0	0	74	11
OTU121	30	0	134	120	OTU154	26	0	539	739
OTU122	3702	0	9844	76826	OTU155	69	0	1248	16
OTU123	0	0	2	34	OTU156	212	0	70	80
OTU124	6	0	0	0	OTU157	23	0	0	0
OTU125	5	0	113	140	OTU158	0	0	1	17
OTU126	0	0	3	43	OTU159	14	0	450	38
OTU127	145	0	701	84	OTU160	3167	0	1	57
OTU128	22	0	8	1	OTU161	213	1930	0	9
OTU129	0	0	412	134	OTU162	0	0	3546	699
OTU130	7	0	3	0	OTU163	54	89	3484	1578
OTU131	0	0	240	13	OTU164	31627	1	758	914

2. 共有种类的整理

异位发酵床不同处理组真菌共有种类的整理，将不同处理组编码，1——AUG_CK，2——AUG_H，3——AUG_L，4——AUG_PM，组合不同处理组，如 1-2-3-4、1-2-3、1-2-4、1-3-4、2-3-4、1-2、1-3、1-4、2-3、2-4、3-4、1、2、3、4，分析共有种类，列表于 3-26。异位发酵床不同处理组真菌共有种类（OUTs）见表 3-27。

表 3-26　异位发酵床不同处理组真菌种类（OTUs）采集

序号	1-2-3-4	1-2-3	1-2-4	1-3-4	2-3-4	1-2	1-3	1-4	2-3	2-4	3-4	1	2	3	4
种类	16	17	18	57	16	21	64	69	18	18	78	36	4	12	12

表 3-27　异位发酵床不同处理组真菌共有种类（OUTs）

序号	1	2	3	4	5	6	7	8	9	10	11	12	13	14	15
[1]	OTU8	OTU4	OTU8	OTU7	OTU8	OTU4	OTU4	OTU7	OTU4	OTU8	OTU7	OTU1	OTU20	OTU14	OTU3
[2]	OTU32	OTU8	OTU32	OTU8	OTU32	OTU8	OTU7	OTU8	OTU8	OTU32	OTU8	OTU2	OTU73	OTU24	OTU12
[3]	OTU77	OTU32	OTU72	OTU11	OTU77	OTU32	OTU8	OTU11	OTU25	OTU72	OTU11	OTU5	OTU83	OTU29	OTU41
[4]	OTU80	OTU77	OTU77	OTU15	OTU80	OTU72	OTU11	OTU15	OTU32	OTU77	OTU15	OTU6	OTU144	OTU43	OTU48
[5]	OTU81	OTU80	OTU80	OTU23	OTU81	OTU77	OTU15	OTU19	OTU77	OTU80	OTU23	OTU9		OTU46	OTU50
[6]	OTU82	OTU81	OTU81	OTU32	OTU82	OTU80	OTU16	OTU23	OTU80	OTU81	OTU32	OTU10		OTU69	OTU65
[7]	OTU84	OTU82	OTU82	OTU33	OTU84	OTU81	OTU17	OTU32	OTU81	OTU82	OTU33	OTU13		OTU79	OTU86
[8]	OTU92	OTU84	OTU84	OTU34	OTU92	OTU82	OTU22	OTU33	OTU82	OTU84	OTU34	OTU18		OTU96	OTU108
[9]	OTU98	OTU92	OTU92	OTU40	OTU98	OTU84	OTU23	OTU34	OTU84	OTU92	OTU37	OTU21		OTU117	OTU140
[10]	OTU102	OTU98	OTU98	OTU45	OTU102	OTU87	OTU30	OTU38	OTU92	OTU98	OTU40	OTU26		OTU118	OTU141
[11]	OTU103	OTU102	OTU102	OTU47	OTU103	OTU91	OTU31	OTU40	OTU98	OTU102	OTU45	OTU27		OTU119	OTU151
[12]	OTU116	OTU103	OTU103	OTU53	OTU116	OTU92	OTU32	OTU42	OTU102	OTU103	OTU47	OTU28		OTU150	OTU152
[13]	OTU136	OTU116	OTU116	OTU60	OTU136	OTU98	OTU33	OTU45	OTU103	OTU116	OTU49	OTU35			
[14]	OTU148	OTU136	OTU136	OTU62	OTU148	OTU102	OTU34	OTU47	OTU116	OTU136	OTU53	OTU36			
[15]	OTU163	OTU148	OTU148	OTU64	OTU163	OTU103	OTU40	OTU53	OTU136	OTU148	OTU56	OTU39			
[16]	OTU164	OTU163	OTU161	OTU67	OTU164	OTU116	OTU45	OTU58	OTU148	OTU161	OTU60	OTU44			
[17]		OTU164	OTU163	OTU68		OTU136	OTU47	OTU60	OTU163	OTU163	OTU61	OTU51			
[18]			OTU164	OTU70		OTU148	OTU53	OTU62	OTU164	OTU164	OTU62	OTU52			
[19]				OTU77		OTU161	OTU60	OTU63			OTU64	OTU54			
[20]				OTU80		OTU163	OTU62	OTU64			OTU67	OTU55			
[21]				OTU81		OTU164	OTU64	OTU67			OTU68	OTU57			
[22]				OTU82			OTU67	OTU68			OTU70	OTU59			
[23]				OTU84			OTU68	OTU70			OTU76	OTU66			
[24]				OTU85			OTU70	OTU72			OTU77	OTU71			
[25]				OTU88			OTU77	OTU77			OTU78	OTU74			
[26]				OTU92			OTU80	OTU80			OTU80	OTU75			

续表

序号	1	2	3	4	5	6	7	8	9	10	11	12	13	14	15
[27]				OTU98			OTU81	OTU81			OTU81	OTU90			
[28]				OTU100			OTU82	OTU82			OTU82	OTU93			
[29]				OTU102			OTU84	OTU84			OTU84	OTU94			
[30]				OTU103			OTU85	OTU85			OTU85	OTU95			
[31]				OTU105			OTU88	OTU88			OTU88	OTU101			
[32]				OTU106			OTU92	OTU89			OTU92	OTU110			
[33]				OTU107			OTU98	OTU92			OTU98	OTU124			
[34]				OTU112			OTU100	OTU97			OTU99	OTU137			
[35]				OTU115			OTU102	OTU98			OTU100	OTU139			
[36]				OTU116			OTU103	OTU100			OTU102	OTU157			
[37]				OTU121			OTU105	OTU102			OTU103				
[38]				OTU122			OTU106	OTU103			OTU105				
[39]				OTU125			OTU107	OTU104			OTU106				
[40]				OTU127			OTU112	OTU105			OTU107				
[41]				OTU128			OTU115	OTU106			OTU111				
[42]				OTU134			OTU116	OTU107			OTU112				
[43]				OTU135			OTU121	OTU109			OTU113				
[44]				OTU136			OTU122	OTU112			OTU114				
[45]				OTU138			OTU125	OTU115			OTU115				
[46]				OTU142			OTU127	OTU116			OTU116				
[47]				OTU143			OTU128	OTU121			OTU120				
[48]				OTU146			OTU130	OTU122			OTU121				
[49]				OTU147			OTU134	OTU125			OTU122				
[50]				OTU148			OTU135	OTU127			OTU123				
[51]				OTU154			OTU136	OTU128			OTU125				
[52]				OTU155			OTU138	OTU132			OTU126				

续表

序号	1	2	3	4	5	6	7	8	9	10	11	12	13	14	15
[53]				OTU156			OTU142	OTU134			OTU127				
[54]				OTU159			OTU143	OTU135			OTU128				
[55]				OTU160			OTU146	OTU136			OTU129				
[56]				OTU163			OTU147	OTU138			OTU131				
[57]				OTU164			OTU148	OTU142			OTU133				
[58]							OTU154	OTU143			OTU134				
[59]							OTU155	OTU146			OTU135				
[60]							OTU156	OTU147			OTU136				
[61]							OTU159	OTU148			OTU138				
[62]							OTU160	OTU154			OTU142				
[63]							OTU163	OTU155			OTU143				
[64]							OTU164	OTU156			OTU145				
[65]								OTU159			OTU146				
[66]								OTU160			OTU147				
[67]								OTU161			OTU148				
[68]								OTU163			OTU149				
[69]								OTU164			OTU153				
[70]											OTU154				
[71]											OTU155				
[72]											OTU156				
[73]											OTU158				
[74]											OTU159				
[75]											OTU160				
[76]											OTU162				
[77]											OTU163				
[78]											OTU164				
	16	17	18	57	16	21	64	69	18	18	78	36	4	12	12

3. 真菌种类 Venn 图分析

分析结果列图 3-20。从结果中可知，异位发酵床 4 种处理共有真菌的种类有 16 种，在垫料原料组（AUG_CK）、深发酵垫料组（AUG_H）、浅发酵垫料组（AUG_L）、未发酵猪粪组（AUG_PM）独有的种类分别为 36、4、12、12。共有种类最多的为 34 种，存在于浅发酵垫料组（AUG_L）和未发酵猪粪组（AUG_PM）之中，共有种类最少的为 21 种，存在于垫料原料组（AUG_CK）和深发酵垫料组（AUG_H）之中。将异位发酵床不同处理组编码，1——AUG_CK，2——AUG_H，3——AUG_L，4——AUG_PM，不同组合的组，即：1-2-3-4、1-2-3、1-2-4、1-3-4、2-3-4、1-2、1-3、1-4、2-3、2-4、3-4、1、2、3、4，共有细菌的种类分别为 16、18、18、57、16、21、64、69、18、18、78、36、4、12、12。

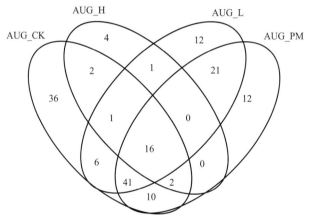

图 3-20　异位发酵床真菌 Venn 图分析

第四章
异位发酵床细菌微生物组多样性

|第一节| 细菌群落数量（reads）分布多样性

一、细菌门数量（reads）分布结构

1. 细菌门宏基因组检测

分析结果见表 4-1。异位发酵床不同处理组共检测到 30 个细菌门，不同处理细菌门的 reads 数量结构差异显著。reads 数量最大的是浅发酵垫料组的 Bacteroidetes（59564），最小的是深发酵垫料组的 Chloroflexi（1）（表 4-1）。细菌门中文名称见附录。

表 4-1　异位微生物发酵床不同处理组细菌门群落数量（reads）

序号	细菌门	AUG_CK	AUG_H	AUG_L	AUG_PM
[1]	变形菌门（Proteobacteria）	59159	25457	31376	38625
[2]	绿弯菌门（Chloroflexi）	1422	1	396	18738
[3]	拟杆菌门（Bacteroidetes）	31967	28932	59564	13693
[4]	厚壁菌门（Firmicutes）	3350	21433	2109	11872
[5]	放线菌门（Actinobacteria）	4396	15247	870	6655
[6]	酸杆菌门（Acidobacteria）	315	1	346	5571
[7]	糖杆菌门（Saccharibacteria）	682	1	2284	4817
[8]	芽单胞菌门（Gemmatimonadetes）	39	71	46	997
[9]	异常球菌-栖热菌门（Deinococcus-Thermus）	45	2153	228	855
[10]	蓝细菌门（Cyanobacteria）	18	0	216	588
[11]	浮霉菌门（Planctomycetes）	39	1	18	437
[12]	疣微菌门（Verrucomicrobia）	138	0	159	295
[13]	装甲菌门（Armatimonadetes）	91	0	48	223
[14]	Hydrogenedentes①	14	0	12	158
[15]	绿菌门（Chlorobi）	62	0	38	128
[16]	候选细菌门 WS6（Candidate_division_WS6）	79	0	66	2014
[17]	衣原体门（Chlamydiae）	27	0	2	49
[18]	微基因细菌门（Microgenomates）	55	0	11	48
[19]	纤维杆菌门（Fibrobacteres）	1	0	1	17
[20]	Parcubacteria①	0	0	0	15
[21]	柔膜菌门（Tenericutes）	1	90	128	4

续表

序号	细菌门	AUG_CK	AUG_H	AUG_L	AUG_PM
[22]	螺旋体(Spirochaetae)	0	80	21	1
[23]	互养菌门(Synergistetes)	0	8	6	0
[24]	SM2F11[2]	0	0	21	84
[25]	TM6[2]	17	0	13	68
[26]	Bacteria_unclassified(未分类细菌)	21	0	5	36
[27]	SHA-109[2]	22	0	1	2
[28]	TA06[2]	14	0	0	2
[29]	WCHB1-60[2]	6	0	0	0
[30]	WD272[2]	37	0	0	0

① 无中文译名。

② 不可培养。

2. 前 10 种含量最高的细菌门数量比较

不同处理组 TOP10（前 10 种含量最高）细菌门见图 4-1，不同发酵组细菌门数量结构分布差异显著，垫料原料组（AUG_CK）细菌门前 3 个数量最大的门为变形菌门（Proteobacteria）（59159）、拟杆菌门（Bacteroidetes）（31967）、放线菌门（Actinobacteria）（4396）；深发酵垫料组（AUG_H）为拟杆菌门（Bacteroidetes）（28932）、变形菌门（Proteobacteria）（25457）、厚壁菌门（Firmicutes）（21433）；浅发酵垫料组（AUG_L）为拟杆菌门（Bacteroidetes）（59564）、变形菌门（Proteobacteria）（31376）、糖杆菌门（Saccharibacteria）（2284）；未发酵猪粪组（AUG_PM）为变形菌门（Proteobacteria）（38625）、绿弯菌门（Chloroflexi）（18738）、拟杆菌门（Bacteroidetes）（13693）。不同处理组细菌门的特征分布为垫料原料组（AUG_CK）特征放线菌门（Actinobacteria），深发酵垫料组（AUG_H）特征厚壁菌门（Firmicutes），浅发酵垫料（AUG_L）特征糖杆菌门（Saccharibacteria），未发酵猪粪（AUG_PM）绿弯菌门（Chloroflexi），表现出种类、数量、结构的差异（图 4-1）。

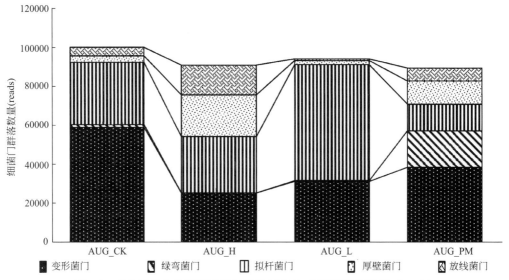

图 4-1 异位微生物发酵床不同处理组 TOP10 细菌门群落数量（reads）

3. 细菌门主要种类在异位发酵床不同处理组中的作用

分析结果见图 4-2。从细菌门的角度考虑，原料垫料组（AUG_CK）和未发酵猪粪组

（AUG＿PM）提供细菌门的来源，作为发酵初始阶段的细菌来源，主要的细菌门有变形菌门（Proteobacteria）、拟杆菌门（Bacteroidetes）、厚壁菌门（Firmicutes）；经过浅发酵阶段（AUG＿L），猪粪垫料开始发酵转化，拟杆菌门（Bacteroidetes）发挥主要作用，数量较原料垫料组初始阶段增加 1.94～4.72 倍，而不适合变形菌门（Proteobacteria）生长，数量下降 1.14～1.81 倍，厚壁菌门（Firmicutes）数量也下降了 1.52～5.98 倍；经过深发酵阶段（AUG＿H），猪粪垫料的碳氮比下降，拟杆菌门（Bacteroidetes）和变形菌门（Proteobacteria）有所下降，而厚壁菌门（Firmicutes）数量大幅度增加。发酵终点，细菌门主要群落结构为：变形菌门（Proteobacteria）在原料垫料组（AUG＿CK）为 54307，在未发酵猪粪组（AUG＿PM）为 34221，在浅发酵垫料组（AUG＿L）为 29912，在深发酵垫料组（AUG＿H）为 25457；拟杆菌门（Bacteroidetes）在相关处理组的数量为 29200、12029、56843、28932；厚壁菌门（Firmicutes）在相关处理组的数量为 3071、10435、2010、21433；放线菌门（Actinobacteria）在相关处理组数量为 4035、5880、833、15247。研究结果表明猪粪垫料发酵系统菌种来源于垫料和猪粪，浅发酵阶段主要是拟杆菌门（Bacteroidetes）起主要作用，深发酵阶段主要是厚壁菌门（Firmicutes）起主要作用。

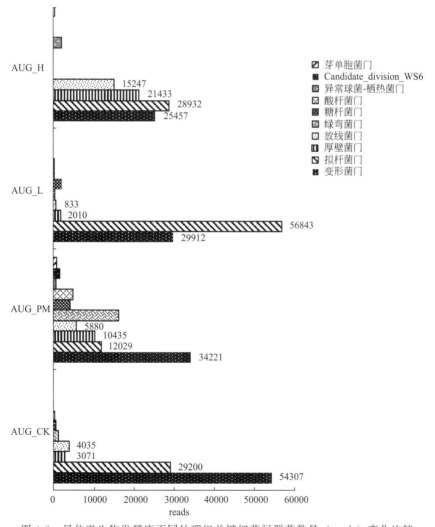

图 4-2　异位微生物发酵床不同处理组关键细菌门群落数量（reads）变化比较

二、细菌纲数量（reads）分布结构

1. 细菌纲宏基因组检测

分析结果按不同处理组的平均值排序见表 4-2（细菌纲中文名称见书后附录）。异位发酵床不同处理组共分析检测到 61 个细菌纲，不同处理组的细菌纲种类差异显著，垫料原料组（AUG_CK）含有 48 个细菌纲，数量最大的是 γ-变形菌纲（46718）；深发酵垫料组（AUG_H）含有 22 个细菌纲，数量最大的是 γ-变形菌纲（20512）；浅发酵垫料组（AUG_L）含有 52 个细菌纲，数量最大的是黄杆菌纲（37657）；未发酵猪粪组（AUG_PM）含有 54 个细菌纲，数量最大的是 γ-变形菌纲（19912）。

表 4-2 异位微生物发酵床不同处理组细菌纲数量（reads）

序号	细菌纲	AUG_CK	AUG_H	AUG_L	AUG_PM	平均值
[1]	γ-变形菌纲（γ-Proteobacteria）	46718	20512	17696	19912	26209.50
[2]	鞘氨醇杆菌纲（Sphingobacteriia）	28431	14467	20662	9472	18258.00
[3]	黄杆菌纲（Flavobacteriia）	2812	6769	37657	1537	12193.75
[4]	放线菌纲（Actinobacteria）	4396	15247	870	6655	6792.00
[5]	α-变形菌纲（α-proteobacteria）	6828	618	5773	12510	6432.25
[6]	芽胞杆菌纲（Bacilli）	1896	9392	1373	10276	5734.25
[7]	β-变形菌纲（β-proteobacteria）	5154	3338	7066	4396	4988.50
[8]	厌氧绳菌纲（Anaerolineae）	991	1	198	15304	4123.50
[9]	梭菌纲（Clostridia）	1366	11243	698	1490	3699.25
[10]	纤维粘网菌纲（Cytophagia）	677	6820	871	2674	2760.50
[11]	未分类糖杆菌门的一纲（Saccharibacteria_norank）	682	1	2284	4817	1946.00
[12]	酸杆菌纲（Acidobacteria）	315	1	346	5571	1558.25
[13]	δ-变形菌纲（Deltaproteobacteria）	351	989	841	1806	996.75
[14]	异常球菌纲（Deinococci）	45	2153	228	855	820.25
[15]	未分类候选细菌门 WS6 的一纲（Candidate_division_WS6_norank）	79	0	66	2014	539.75
[16]	绿弯菌纲（Chloroflexia）	286	0	109	1712	526.75
[17]	芽单胞菌纲（Gemmatimonadetes）	39	71	46	997	288.25
[18]	拟杆菌纲（Bacteroidia）	0	876	263	10	287.25
[19]	热微菌纲（Thermomicrobia）	45	0	35	792	218.00
[20]	毒丹丝菌纲（Erysipelotrichia）	4	741	19	68	208.00
[21]	蓝细菌纲（Cyanobacteria）	18	0	216	588	205.50
[22]	未分类装甲菌门的一纲（Armatimonadetes_norank）	91	0	48	223	90.50
[23]	TK10	4	0	9	309	80.50
[24]	海藻球菌纲（Phycisphaerae）	34	0	5	262	75.25
[25]	热链菌纲（Ardenticatenia）	0	0	16	253	67.25
[26]	热绳菌纲（Caldilineae）	54	0	22	168	61.00
[27]	疣微菌纲（Verrucomicrobiae）	84	0	128	16	57.00
[28]	柔膜菌纲（Mollicutes）	1	90	128	4	55.75
[29]	Hydrogenedentes_norank	14	0	12	158	46.00
[30]	浮霉菌纲（Planctomycetacia）	5	1	13	159	44.50
[31]	播种神杆菌纲（Spartobacteria）	38	0	26	113	44.25
[32]	S085	38	0	4	125	41.75
[33]	OPB35_soil_group	11	0	2	148	40.25
[34]	懒惰小杆菌纲（Ignavibacteria）	0	0	27	126	38.25
[35]	未分类微基因组菌门的一纲（Microgenomates_norank）	55	0	11	48	28.50

续表

序号	细菌纲	AUG_CK	AUG_H	AUG_L	AUG_PM	平均值
[36]	阴壁菌纲（Negativicutes）	84	0	19	6	27.25
[37]	SM2F11_norank	0	0	21	84	26.25
[38]	螺旋体纲（Spirochaetes）	0	80	21	1	25.50
[39]	TA18	100	0	0	1	25.25
[40]	TM6_norank	17	0	13	68	24.50
[41]	拟杆菌门_VC2.1_Bac22 纲（Bacteroidetes_VC2.1_Bac22）	14	0	84	0	24.50
[42]	OPB54	0	57	0	32	22.25
[43]	衣原体纲（Chlamydiae）	27	0	2	49	19.50
[44]	绿菌纲（Chlorobia）	62	0	11	2	18.75
[45]	Bacteria_unclassified	21	0	5	36	15.50
[46]	未分类拟杆菌门的一纲（Bacteroidetes_unclassified）	33	0	27	0	15.00
[47]	未分类绿弯菌门的一纲（Chloroflexi_unclassified）	0	0	1	42	10.75
[48]	WD272_norank	37	0	0	0	9.25
[49]	丰佑菌纲（Opitutae）	5	0	3	18	6.50
[50]	SHA-109_norank	22	0	1	2	6.25
[51]	JG30-KF-CM66	0	0	0	22	5.75
[52]	丝状杆菌纲（Fibrobacteria）	1	0	1	17	4.75
[53]	OM190	0	0	0	16	4.00
[54]	TA06_norank	14	0	0	2	4.00
[55]	Parcubacteria_norank	0	0	0	15	3.75
[56]	互养菌纲（Synergistia）	0	8	6	0	3.50
[57]	纤线杆菌纲（Ktedonobacteria）	0	0	1	7	2.00
[58]	为分类变形菌门的一纲（Proteobacteria_unclassified）	8	0	0	0	2.00
[59]	WCHB1-60_norank	6	0	0	0	1.50
[60]	KD4-96	0	0	0	4	1.00
[61]	不可培养绿弯菌门的一纲（Chloroflexi_uncultured）	4	0	0	0	1.00

2. 前 10 种含量最高的细菌纲数量比较

异位发酵床不同处理组 TOP10 细菌纲数量（reads）结构见图 4-3，从图 4-3 可知不同处理组细菌纲数量结构差异显著，垫料原料组（AUG_CK）前 3 个数量最大的细菌纲分别为 γ-变形菌纲（46718）、鞘氨醇杆菌纲（28431）、α-变形菌纲（6828）；深发酵垫料组（AUG_H）前 3 个数量最大的细菌纲分别为 γ-变形菌纲（20512）、放线菌纲（15247）、鞘氨醇杆菌纲（14467）；浅发酵垫料组（AUG_L）前 3 个数量最大的细菌纲分别为黄杆菌纲（37657）、鞘氨醇杆菌纲（20662）、γ-变形菌纲（17696）；未发酵猪粪组（AUG_PM）前 3 个数量最大的细菌属分别为 γ-变形菌纲（19912）、厌氧绳菌纲（15304）、α-变形菌纲（12510）。

3. 细菌纲主要种类在异位发酵床不同处理组中的作用

分析结果见图 4-4。从细菌纲的角度考虑，原料垫料组（AUG_CK）和未发酵猪粪组（AUG_PM）提供细菌纲的来源，作为发酵初始阶段的细菌来源，主要的细菌纲有 γ-变形菌纲（Gammaproteobacteria）、鞘脂杆菌纲（Sphingobacteriia）、黄杆菌纲（Flavobacteriia）、放线菌纲（Actinobacteria）、α-变形菌纲（Alphaproteobacteria）、芽胞杆菌纲（Bacilli）、β-变形菌纲（Betaproteobacteria）、厌氧绳菌纲（Anaerolineae）、梭菌纲（Clostridia）、纤维粘网菌纲（Cytophagia）；经过浅发酵阶段（AUG_L），猪粪垫料开始发酵转化，黄杆菌纲（Flavobacteriia）发

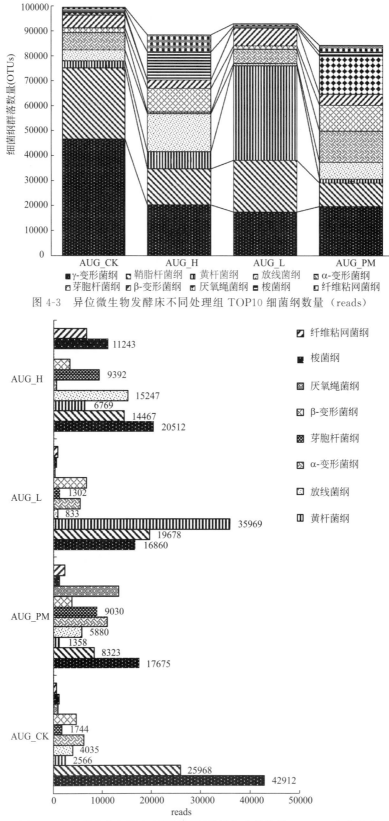

图 4-3　异位微生物发酵床不同处理组 TOP10 细菌纲数量（reads）

图 4-4　异位微生物发酵床不同处理组关键细菌纲数量（reads）变化比较

挥主要作用，数量较垫料猪粪组初始阶段增加 14.01～26.48 倍；经过深发酵阶段（AUG_H），猪粪垫料的碳氮比下降，黄杆菌纲（Flavobacteriia）有所下降，发酵终点，细菌纲主要群落结构为 γ-变形菌纲（Gammaproteobacteria）（20512）、放线菌纲（Actinobacteria）（15247）、鞘氨醇杆菌纲（Sphingobacteriia）（14467）、Clostridia（11243）、芽胞杆菌（Bacilli）（9392）；研究结果表明猪粪垫料发酵系统菌种来源于垫料和猪粪，浅发酵阶段主要是黄杆菌纲（Flavobacteriia）起主要作用，深发酵阶段主要是放线菌纲（Actinobacteria）和芽胞杆菌纲（Bacilli）起主要作用，前者数量从发酵初始增加 2.59～3.77 倍，后者数量增加 1.04～5.38 倍。

三、细菌目数量（reads）分布结构

1. 细菌目宏基因组测定

分析结果按不同处理组的平均值排序见表 4-3（细菌目中文参考书后附录）。异位发酵床不同处理组共分析检测到 130 个细菌目，不同处理组的细菌目种类差异显著，垫料原料组（AUG_CK）含有 92 个细菌目，数量最大的是肠杆菌目（Enterobacteriales）（37013）；深发酵垫料组（AUG_H）含有 53 个细菌目，数量最大的是鞘氨醇杆菌目（Sphingobacteriales）（14467）；浅发酵垫料组（AUG_L）含有 52 个细菌目，数量最大的是黄杆菌目（Flavobacteriales）（37657）；未发酵猪粪组（AUG_PM）含有 109 个细菌目，数量最大的是厌氧绳菌目（Anaerolineales）（15304）。

表 4-3　异位微生物发酵床不同处理组细菌目数量（reads）

序号	细菌目	AUG_CK	AUG_H	AUG_L	AUG_PM	平均值
[1]	鞘脂杆菌目（Sphingobacteriales）	28431	14467	20662	9472	18258.00
[2]	黄杆菌目（Flavobacteriales）	2812	6769	37657	1537	12193.75
[3]	肠杆菌目（Enterobacteriales）	37013	102	3	1943	9765.25
[4]	黄单胞菌目（Xanthomonadales）	3905	5700	10719	12742	8266.50
[5]	芽胞杆菌目（Bacillales）	1853	7012	1332	10274	5117.75
[6]	伯克氏菌目（Burkholderiales）	5027	3293	7033	4174	4881.75
[7]	假单胞菌目（Pseudomonadales）	5131	4423	5042	4564	4790.00
[8]	厌氧绳菌目（Anaerolineales）	991	1	198	15304	4123.50
[9]	梭菌目（Clostridiales）	1366	11190	698	1474	3682.00
[10]	微球菌目（Micrococcales）	506	12541	223	686	3489.00
[11]	根瘤菌目（Rhizobiales）	4482	420	1593	7086	3395.25
[12]	未分类糖杆菌门（Saccharibacteria_norank）	682	1	2284	4817	1946.00
[13]	噬纤维菌目（Cytophagales）	677	3513	833	2499	1880.50
[14]	鞘脂单胞菌目（Sphingomonadales）	1052	21	3079	2526	1669.50
[15]	海洋螺菌目（Oceanospirillales）	194	6111	222	148	1668.75
[16]	链霉菌目（Streptomycetales）	2243	4	9	1302	889.50
[17]	Ⅲ目（Order_Ⅲ）	0	3307	0	0	826.75
[18]	棒杆菌目（Corynebacteriales①）	95	2333	293	573	823.50
[19]	异常球菌目（Deinococcales）	45	2153	228	855	820.25
[20]	Subgroup_6①	100	1	73	2850	756.00
[21]	纤维弧菌目（Cellvibrionales①）	167	2137	535	12	712.75
[22]	Subgroup_4①	41	0	243	2341	656.25
[23]	乳杆菌目（Lactobacillales）	43	2380	41	2	616.50
[24]	酸微菌目（Acidimicrobiales）	50	40	96	2219	601.25
[25]	红螺菌目（Rhodospirillales）	655	69	163	1492	594.75
[26]	Candidate_division_WS6_norank①	79	0	66	2014	539.75
[27]	绿弯菌目（Chloroflexales）	250	0	109	1712	517.75

序号	细菌目	AUG_CK	AUG_H	AUG_L	AUG_PM	平均值
[28]	柄杆菌目（Caulobacterales）	461	8	849	538	464.00
[29]	交替单胞菌目（Alteromonadales）	0	1751	0	0	437.75
[30]	黏球菌目（Myxococcales）	197	591	69	550	351.75
[31]	未分类 γ-变形菌（Gammaproteobacteria_unclassified）	27	78	1134	54	323.25
[32]	链孢囊菌目（Streptosporangiales）	345	313	20	509	296.75
[33]	拟杆菌目（Bacteroidales）	0	876	263	10	287.25
[34]	假单胞菌目（Pseudonocardiales）	858	1	1	51	227.75
[35]	丙酸杆菌目（Propionibacteriales）	207	3	167	515	223.00
[36]	丹毒丝菌目（Erysipelotrichales[①]）	4	741	19	68	208.00
[37]	GR-WP33-30[①]	111	0	51	582	186.00
[38]	蛭弧菌目（Bdellovibrionales）	36	23	642	42	185.75
[39]	蓝细菌（Cyanobacteria_norank）	5	0	212	463	170.00
[40]	Sh765B-TzT-29[①]	0	0	24	525	137.25
[41]	芽单胞菌门（Gemmatimonadetes_norank）	0	0	11	499	127.50
[42]	立克次氏体目（Rickettsiales）	23	0	27	459	127.25
[43]	球形杆菌目（Sphaerobacterales）	1	0	15	476	123.00
[44]	Subgroup_3[①]	118	0	29	327	118.50
[45]	土壤红色杆菌目（Solirubrobacterales）	27	0	41	317	96.25
[46]	芽单胞菌目（Gemmatimonadales）	39	0	28	302	92.25
[47]	未分类 δ-变形菌纲的一目（Deltaproteobacteria_unclassified）	0	365	0	0	91.25
[48]	DB1-14[①]	0	0	7	357	91.00
[49]	未定地位装甲菌门的一目（Armatimonadetes_norank）	91	0	48	223	90.50
[50]	TK10_norank[①]	4	0	9	309	80.50
[51]	海藻球菌目（Phycisphaerales）	34	0	5	262	75.25
[52]	红细菌目（Rhodobacterales）	145	100	47	8	75.00
[53]	军团菌目（Legionellales）	216	0	6	55	69.25
[54]	热链菌目（Ardenticatenales）	0	0	16	253	67.25
[55]	AT425-EubC11_terrestrial_group[①]	0	45	7	196	62.00
[56]	暖绳菌目（Caldilineales）	54	0	22	168	61.00
[57]	疣微菌目（Verrucomicrobiales）	84	0	128	16	57.00
[58]	着色菌目（Chromatiales）	1	37	1	181	55.00
[59]	JG30-KF-CM45[①]	43	0	7	167	54.25
[60]	Order_Ⅱ	0	0	38	175	53.25
[61]	NKB5[①]	7	0	24	163	48.50
[62]	动孢菌目（Kineosporiales）	14	0	0	173	46.75
[63]	Hydrogenedentes_norank[①]	14	0	12	158	46.00
[64]	浮霉菌目（Planctomycetales）	5	1	13	159	44.50
[65]	土生杆菌目（Chthoniobacterales）	38	0	26	113	44.25
[66]	S085_norank[①]	38	0	4	125	41.75
[67]	AKYG1722[①]	1	0	13	149	40.75
[68]	OPB35_soil_group_norank[①]	11	0	2	148	40.25
[69]	无胆甾原体目（Acholeplasmatales）	1	72	88	0	40.25
[70]	弗兰克氏菌目（Frankiales）	17	0	11	131	39.75
[71]	懒惰杆菌目（Ignavibacteriales）	0	0	27	126	38.25
[72]	亚硝化单胞菌目（Nitrosomonadales）	24	0	15	90	32.25
[73]	蝙蝠弧菌目（Vampirovibrionales）	12	0	0	109	30.25
[74]	硫发菌目（Thiotrichales）	0	119	0	0	29.75
[75]	未定地位微基因组菌门的一目（Microgenomates_norank）	55	0	11	48	28.50

续表

序号	细菌目	AUG_CK	AUG_H	AUG_L	AUG_PM	平均值
[76]	寡食弯菌目（Oligoflexales）	7	0	6	100	28.25
[77]	月形单胞菌目（Selenomonadales）	84	0	19	6	27.25
[78]	SM2F11_norank	0	0	21	84	26.25
[79]	螺旋体目（Spirochaetales）	0	80	21	1	25.50
[80]	TA18_norank[①]	100	0	0	1	25.25
[81]	TM6_norank[①]	17	0	13	68	24.50
[82]	未定地位拟杆菌门的一目（Bacteroidetes_VC2.1_Bac22_norank）[①]	14	0	84	0	24.50
[83]	酸杆菌目（Acidobacteriales）	45	0	1	51	24.25
[84]	盖亚菌目（Gaiellales）	4	0	3	84	22.75
[85]	OPB54_norank[①]	0	57	0	32	22.25
[86]	B1-7BS[①]	0	0	9	71	20.00
[87]	衣原体目（Chlamydiales）	27	0	2	49	19.50
[88]	嗜甲基菌目（Methylophilales）	77	1	0	0	19.50
[89]	绿菌目（Chlorobiales）	62	0	11	2	18.75
[90]	红环菌目（Rhodocyclales）	3	44	6	14	16.75
[91]	微单胞菌目（Micromonosporales）	30	0	3	33	16.50
[92]	Bacteria_unclassified	21	0	5	36	15.50
[93]	Mollicutes_RF9	0	18	40	4	15.50
[94]	甲基球菌目（Methylococcales）	0	0	10	50	15.00
[95]	未分类拟杆菌门的一目（Bacteroidetes_unclassified）	33	0	27	0	15.00
[96]	气单胞菌目（Aeromonadales）	57	0	0	0	14.25
[97]	Order_Incertae_Sedis	0	54	0	0	13.50
[98]	未分类放线菌门的一目（Actinobacteria_unclassified）	0	0	1	52	13.25
[99]	嗜热厌氧菌目（Thermoanaerobacterales）	0	53	0	0	13.25
[100]	未分类α-变形菌纲的一目（Alphaproteobacteria_unclassified）	10	0	4	34	12.00
[101]	未分类绿弯菌门的一目（Chloroflexi_unclassified）	0	0	1	42	10.75
[102]	SC-I-84[①]	22	0	1	17	10.00
[103]	WD272_norank[①]	37	0	0	0	9.25
[104]	爬管菌目（Herpetosiphonales）	36	0	0	0	9.00
[105]	除硫单胞菌目（Desulfuromonadales）	0	0	35	0	8.75
[106]	TRA3-20[①]	1	0	2	30	8.25
[107]	丰佑菌目（Opitutales）	5	0	3	18	6.50
[108]	BD2-11_terrestrial_group[①]	0	26	0	0	6.50
[109]	SHA-109_norank[①]	22	0	1	2	6.25
[110]	脱硫弧菌目（Desulfovibrionales）	0	10	14	1	6.25
[111]	JG30-KF-CM66_norank	0	0	1	22	5.75
[112]	未分类蓝细菌门的一目（Cyanobacteria_unclassified）	1	0	4	16	5.25
[113]	纤维杆菌目（Fibrobacterales）	1	0	1	17	4.75
[114]	未分类梭菌纲的一目（Clostridia_unclassified）	0	0	0	16	4.00
[115]	OM190_norank[①]	0	0	0	16	4.00
[116]	TA06_norank[①]	14	0	0	2	4.00
[117]	Parcubacteria_norank	0	0	0	15	3.75
[118]	OCS116_clade[①]	0	0	4	10	3.50
[119]	互养菌目（Synergistales）	0	8	6	0	3.50
[120]	科里氏小杆菌目（Coriobacteriales）	0	3	2	6	2.75
[121]	Subgroup_10[①]	11	0	0	0	2.75
[122]	放线菌目（Actinomycetales）	0	9	0	0	2.25
[123]	纤线杆菌目（Ktedonobacterales）	0	0	1	7	2.00

续表

序号	细菌目	AUG_CK	AUG_H	AUG_L	AUG_PM	平均值
[124]	未分类变形菌门的一目(Proteobacteria_unclassified)	8	0	0	0	2.00
[125]	43F-1404R[①]	0	0	0	6	1.50
[126]	WCHB1-60_norank[①]	6	0	0	0	1.50
[127]	KD4-96_norank[①]	0	0	0	4	1.00
[128]	红色杆菌目(Rubrobacterales)	0	0	0	4	1.00
[129]	未培养绿弯菌门的一目(Chloroflexi_uncultured)	4	0	0	0	1.00
[130]	Subgroup_18[①]	0	0	0	2	0.50

① 不可培养。

2. 前 10 种含量最高的细菌目数量比较

异位微生物发酵床不同处理组 TOP10 细菌目数量（reads）结构见图 4-5，从图 4-5 可知不同处理组细菌目数量结构差异显著，垫料原料组（AUG_CK）前 3 个数量最大的细菌目分别为肠杆菌目（Enterobacteriales）（37013）、鞘脂杆菌目（Sphingobacteriales）（28431）、假单胞菌目（Pseudomonadales）（5131）；深发酵垫料组（AUG_H）前 3 个数量最大的细菌目分别为鞘脂杆菌目（Sphingobacteriales）（14467）、微球菌目（Micrococcales）（12541）、梭菌目（Clostridiales）（11190）；浅发酵垫料（AUG_L）前 3 个数量最大的细菌目分别为黄杆菌目（Flavobacteriales）（37657）、鞘脂杆菌目（Sphingobacteriales）（20662）、黄单胞菌目（Xanthomonadales）（10719）；未发酵猪粪（AUG_PM）前 3 个数量最大的细菌目分别为厌氧绳菌目（Anaerolineales）（15304）、黄单胞菌目（Xanthomonadales）（12742）、芽胞杆菌目（Bacillales）（10274）。

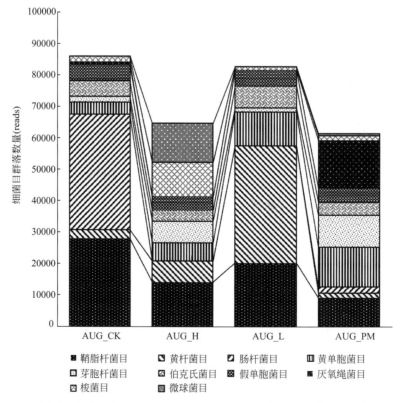

图 4-5　异位微生物发酵床不同处理组 TOP10 细菌目数量（reads）

3. 细菌目主要种类在异位发酵床不同处理组中的作用

分析结果见图 4-6。从细菌目的角度考虑，原料垫料组（AUG ＿ CK）和未发酵猪粪组（AUG ＿ PM）提供细菌目群落的来源，作为发酵初始阶段的细菌菌种，前者主要的细菌目有肠杆菌目（Enterobacteriales）（34018）、鞘脂杆菌目（Sphingobacteriales）（25968）、假单胞杆菌目（Pseudomonadales）（4708）、伯克氏菌目（Burkholderiales）（4593）、根瘤菌目（Rhizobiales）（4114），后者主要的细菌目有厌氧绳菌目（Anaerolineales）（13440）、黄单胞菌目（Xanthomonadales）（11272）、芽胞杆菌目（Bacillales）（9028）、鞘脂杆菌目（Sphingobacteriales）

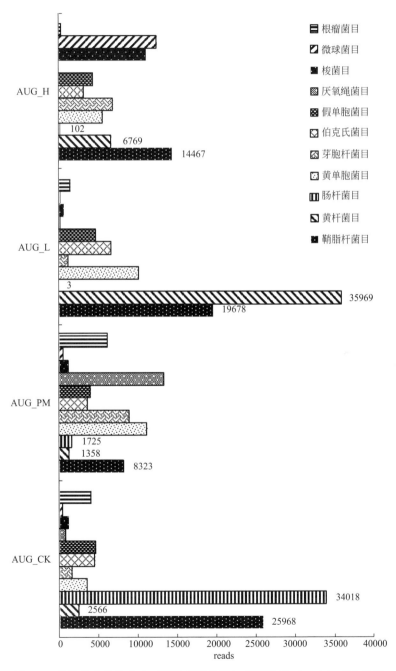

图 4-6　异位微生物发酵床不同处理组关键细菌目数量（reads）变化比较

（8323）；经过浅发酵阶段（AUG_L），猪粪垫料开始发酵转化，黄杆菌目（Flavobacteriales）发挥主要作用，数量较原料垫料组初始阶段增加 14.01～26.48 倍，其他细菌目数量相对下降；经过深发酵阶段（AUG_H），猪粪垫料的碳氮比下降，4 个细菌目起到主要作用，即鞘脂杆菌目（Sphingobacteriales）（14467）、微球菌目（Micrococcales）（12541）、梭菌目（Clostridiales）（11190）、芽胞杆菌目（Bacillales）（7012）；研究结果表明：猪粪垫料发酵系统菌种来源于垫料和猪粪，猪粪以黄单胞菌目为主，垫料以鞘脂杆菌目为主；浅发酵阶段主要是黄杆菌目起主要作用，深发酵阶段主要是鞘脂杆菌目（Sphingobacteriales）（14467）、微球菌目（Micrococcales）（12541）起主要作用。

四、细菌科数量（reads）分布结构

1. 细菌科宏基因组检测

分析结果按不同处理组的平均值排序见表 4-4（细菌科中文参考书后附录）。异位发酵床不同处理组共分析检测到 264 个细菌科，不同处理组的细菌科种类差异显著，垫料原料组（AUG_CK）含有 172 个细菌科，数量最大的是肠杆菌科（Enterobacteriaceae）（37013）；深发酵垫料组（AUG_H）含有 104 个细菌科，数量最大的是鞘脂杆菌目（Sphingobacteriaceae）（13907）；浅发酵垫料组（AUG_L）含有 192 个细菌科，数量最大的是黄杆菌科（Flavobacteriaceae）（36871）；未发酵猪粪组（AUG_PM）含有 207 个细菌科，数量最大的是厌氧绳菌科（Anaerolineaceae）（15304）

表 4-4　异位微生物发酵床不同处理组细菌科数量（reads）

序号	细菌科	AUG_CK	AUG_H	AUG_L	AUG_PM	平均值
[1]	黄杆菌科（Flavobacteriaceae）	2757	6520	36871	1486	11908.50
[2]	鞘脂杆菌科（Sphingobacteriaceae）	21275	13907	5982	230	10348.50
[3]	肠杆菌科（Enterobacteriaceae）	37013	102	3	1943	9765.25
[4]	噬几丁质菌科（Chitinophagaceae）	6885	25	14578	9240	7682.00
[5]	黄单胞菌科（Xanthomonadaceae）	3362	5700	10210	9447	7179.75
[6]	厌氧蝇菌科（Anaerolineaceae）	991	1	198	15304	4123.50
[7]	芽胞杆菌科（Bacillaceae）	212	4549	309	5393	2615.75
[8]	莫拉菌科（Moraxellaceae）	2744	516	3943	2564	2441.75
[9]	梭菌科_1（Clostridiaceae_1）	1208	6819	414	1071	2378.00
[10]	假单胞菌科（Pseudomonadaceae）	2387	3907	1099	2000	2348.25
[11]	产碱菌科（Alcaligenaceae）	1593	3273	1007	2907	2195.00
[12]	丛毛单胞菌科（Comamonadaceae）	1272	4	5893	747	1979.00
[13]	未定地位糖杆菌门的一科（Saccharibacteria_norank）	682	1	2284	4817	1946.00
[14]	皮杆菌科（Dermabacteraceae）	4	7153	0	0	1789.25
[15]	食烷烃菌科（Alcanivoracaceae）	0	5196	1	51	1312.00
[16]	动球菌科（Planococcaceae）	28	1514	992	1717	1062.75
[17]	类芽胞杆菌科（Paenibacillaceae）	1185	0	28	2931	1036.00
[18]	噬纤维菌科（Cytophagaceae）	677	0	829	2459	991.25
[19]	链霉菌科（Streptomycetaceae）	2243	4	9	1302	889.50
[20]	Order_Ⅲ_uncultured	0	3307	0	0	826.75
[21]	特吕珀菌科（Trueperaceae）	45	2153	228	855	820.25
[22]	Subgroup_6_norank	100	1	73	2850	756.00
[23]	Unknown_Family	75	0	269	2604	737.00
[24]	消化链球菌科（Peptostreptococcaceae）	7	2602	44	290	735.75

续表

序号	细菌科	AUG_CK	AUG_H	AUG_L	AUG_PM	平均值
[25]	DSSF69	13	0	2344	463	705.00
[26]	生丝微菌科（Hyphomicrobiaceae）	355	19	255	2077	676.50
[27]	细球菌科（Micrococcaceae）	0	2540	2	74	654.00
[28]	黄单胞菌目分类地位未定的一科（Xanthomonadales_Incertae_Sedis）	336	0	64	2213	653.25
[29]	伯克氏菌科（Burkholderiaceae）	1931	15	21	454	605.25
[30]	纤维弧菌科（Cellvibrionaceae）	167	1682	534	0	595.75
[31]	未定地位候选细菌门 WS6 的一科（Candidate_division_WS6_norank）	79	0	66	2014	539.75
[32]	布鲁氏菌科（Brucellaceae）	1250	276	215	322	515.75
[33]	火色杆菌科（Flammeovirgaceae）	0	2047	0	10	514.25
[34]	玫瑰弯菌科（Roseiflexaceae）	148	0	109	1680	484.25
[35]	黄色杆菌科（Xanthobacteraceae）	29	0	114	1759	475.50
[36]	棒小杆菌科（Corynebacteriaceae）	0	1793	12	14	454.75
[37]	柄杆菌科（Caulobacteraceae）	435	8	847	469	439.75
[38]	根瘤菌科（Rhizobiaceae）	1659	0	52	48	439.75
[39]	源洋菌科（Idiomarinaceae）	0	1620	0	0	405.00
[40]	赤杆菌科（Erythrobacteraceae）	354	17	79	1071	380.25
[41]	圆杆菌科（Cyclobacteriaceae）	0	1466	4	30	375.00
[42]	未分类根瘤菌目的一科（Rhizobiales_unclassified）	319	3	386	698	351.50
[43]	根瘤菌目分类地位未定的一科（Rhizobiales_Incertae_Sedis）	149	0	124	1090	340.75
[44]	葡萄球菌科（Staphylococcaceae）	406	949	0	6	340.25
[45]	鞘脂单胞菌科（Sphingomonadaceae）	486	2	563	308	339.75
[46]	OM1_clade	0	0	36	1283	329.75
[47]	未分类 γ-变形菌纲的一科（Gammaproteobacteria_unclassified）	27	78	1134	54	323.25
[48]	肉杆菌科（Carnobacteriaceae）	0	1286	0	0	321.50
[49]	Family_XI	1	1189	43	5	309.50
[50]	微杆菌科（Microbacteriaceae）	395	176	191	335	274.25
[51]	红螺菌科（Rhodospirillaceae）	188	69	75	732	266.00
[52]	未分类微球菌目的一科（Micrococcales_unclassified）	0	1052	0	0	263.00
[53]	未分类鞘脂单胞菌目的一科（Sphingomonadales_unclassified）	199	2	93	684	244.50
[54]	博戈里亚湖菌科（Bogoriellaceae）	0	927	0	0	231.75
[55]	假诺卡氏科（Pseudonocardiaceae）	858	1	1	51	227.75
[56]	类诺卡氏菌科（Nocardioidaceae）	194	3	167	515	219.75
[57]	甲基杆菌科（Methylobacteriaceae）	317	0	171	344	208.00
[58]	丹毒丝菌科（Erysipelotrichaceae）	4	741	19	68	208.00
[59]	紫单胞菌科（Porphyromonadaceae）	0	685	127	8	205.00
[60]	腐螺旋菌科（Saprospiraceae）	255	535	0	0	197.50
[61]	霜状菌科（Cryomorphaceae）	6	249	490	33	194.50
[62]	GR-WP33-30_norank	111	0	51	582	186.00
[63]	链孢囊菌科（Streptosporangiaceae）	340	5	20	374	184.75
[64]	土壤单胞菌科（Solimonadaceae）	73	0	412	246	182.75
[65]	海洋螺菌科（Oceanospirillaceae）	161	402	163	0	181.50
[66]	橙色菌科（Sandaracinaceae）	91	590	3	12	174.00
[67]	乳杆菌科（Lactobacillaceae）	0	682	5	0	171.75
[68]	未定地位蓝细菌门的一科（Cyanobacteria_norank）	5	0	212	463	170.00

序号	细菌科	AUG_CK	AUG_H	AUG_L	AUG_PM	平均值
[69]	短杆菌科（Brevibacteriaceae）	8	647	0	23	169.50
[70]	未培养黄单胞菌目的一科（Xanthomonadales_uncultured）	117	0	20	517	163.50
[71]	叶杆菌科（Phyllobacteriaceae）	76	122	173	246	154.25
[72]	醋杆菌科（Acetobacteraceae）	391	0	40	125	139.00
[73]	盐单胞菌科（Halomonadaceae）	32	512	2	6	138.00
[74]	Sh765B-TzT-29_norank	0	0	24	525	137.25
[75]	迪茨氏菌科（Dietziaceae）	0	497	12	8	129.25
[76]	S0134_terrestrial_group	0	0	11	499	127.50
[77]	未培养酸微菌目的一科（Acidimicrobiales_uncultured）	16	0	32	451	124.75
[78]	球形杆菌科（Sphaerobacteraceae）	1	0	15	476	123.00
[79]	噬菌弧菌科（Bacteriovoracaceae）	7	0	467	7	120.25
[80]	瘤胃球菌科（Ruminococcaceae）	0	382	83	9	118.50
[81]	港口球菌科（Porticoccaceae）	0	455	1	12	117.00
[82]	分枝杆菌科（Mycobacteriaceae）	58	1	31	375	116.25
[83]	诺卡氏菌科（Nocardiaceae）	37	1	238	176	113.00
[84]	慢生根瘤菌科（Bradyrhizobiaceae）	173	0	41	216	107.50
[85]	立克次氏体目分类地位未定的一科（Rickettsiales_Incertae_Sedis）	11	0	21	382	103.50
[86]	应微所菌科（Iamiaceae）	12	40	12	337	100.25
[87]	链球菌科（Streptococcaceae）	0	357	36	2	98.75
[88]	芽单胞菌科（Gemmatimonadaceae）	39	0	28	302	92.25
[89]	拟诺卡氏菌科（Nocardiopsaceae）	1	308	0	56	91.25
[90]	未分类δ-变形菌纲的一科（Deltaproteobacteria_unclassified）	0	365	0	0	91.25
[91]	DB1-14_norank	0	0	7	357	91.00
[92]	NS9_marine_group	49	0	296	18	90.75
[93]	未定地位装甲菌门的一科（Armatimonadetes_norank）	91	0	48	223	90.50
[94]	480-2	20	0	37	279	84.00
[95]	未分类黄单胞菌目的一科（Xanthomonadales_unclassified）	0	0	13	319	83.00
[96]	草酸杆菌科（Oxalobacteraceae）	221	1	51	55	82.00
[97]	TK10_norank	4	0	9	309	80.50
[98]	海藻球菌科（Phycisphaeraceae）	34	0	5	262	75.25
[99]	红杆菌科（Rhodobacteraceae）	145	100	47	8	75.00
[100]	毛螺旋菌科（Lachnospiraceae）	135	137	1	0	68.25
[101]	Ardenticatenales_norank	0	0	16	253	67.25
[102]	柯克斯体科（Coxiellaceae）	216	0	5	41	65.50
[103]	蛭弧菌科（Bdellovibrionaceae）	29	23	175	35	65.50
[104]	BIrii41	70	0	9	176	63.75
[105]	AT425-EubC11_terrestrial_group_norank	0	45	7	196	62.00
[106]	暖绳菌科（Caldilineaceae）	54	0	22	168	61.00
[107]	拟杆菌科（Bacteroidaceae）	0	162	80	1	60.75
[108]	疣微菌科（Verrucomicrobiaceae）	84	0	128	16	57.00
[109]	JG30-KF-CM45_norank	43	0	7	167	54.25
[110]	KCM-B-15	0	0	8	207	53.75
[111]	红嗜热菌科（Rhodothermaceae）	0	0	38	175	53.25
[112]	DA111	0	0	22	175	49.25
[113]	海管菌科（Haliangiaceae）	15	0	2	177	48.50

续表

序号	细菌科	AUG_CK	AUG_H	AUG_L	AUG_PM	平均值
[114]	NKB5_norank	7	0	24	163	48.50
[115]	动孢菌科（Kineosporiaceae）	14	0	0	173	46.75
[116]	Hydrogenedentes_norank	14	0	12	158	46.00
[117]	外硫红螺旋菌科（Ectothiorhodospiraceae）	1	0	1	181	45.75
[118]	浮霉菌科（Planctomycetaceae）	5	1	13	159	44.50
[119]	间孢囊菌科（Intrasporangiaceae）	0	1	8	168	44.25
[120]	芽胞乳杆菌科（Sporolactobacillaceae）	0	0	0	167	41.75
[121]	S085_norank	38	0	4	125	41.75
[122]	红菌科（Rhodobiaceae）	23	0	21	122	41.50
[123]	AKYG1722_norank	1	0	13	149	40.75
[124]	BCf3-20	18	0	12	132	40.50
[125]	OPB35_soil_group_norank	11	0	2	148	40.25
[126]	无胆甾原体科（Acholeplasmataceae）	1	72	88	0	40.25
[127]	拜叶林克氏菌科（Beijerinckiaceae）	98	0	29	32	39.75
[128]	未定地位懒惰杆菌目的一科（Ignavibacteriales_norank）	0	0	27	126	38.25
[129]	JG37-AG-20	0	0	1	151	38.00
[130]	河氏菌科（Hahellaceae）	1	1	56	91	37.25
[131]	溶杆菌科（Cystobacteraceae）	0	1	51	88	35.00
[132]	去甲基醌菌科（Demequinaceae）	28	21	18	71	34.50
[133]	LD29	8	0	20	105	33.25
[134]	别样单胞菌科（Alteromonadaceae）	0	131	0	0	32.75
[135]	亚硝化单胞菌科（Nitrosomonadaceae）	24	0	15	90	32.75
[136]	酸微菌目分类地位未定的一科（Acidimicrobiales_Incertae_Sedis）	12	0	16	99	31.75
[137]	未定地位蝙蝠弧菌目的一科（Vampirovibrionales_norank）	12	0	0	109	30.25
[138]	鱼立克次氏体科（Piscirickettsiaceae）	0	119	0	0	29.75
[139]	FFCH7168	101	0	0	15	29.00
[140]	未定地位微基因组菌门的一科（Microgenomates_norank）	55	0	11	48	28.50
[141]	SM2F11_norank	0	0	21	84	26.25
[142]	螺旋体科（Spirochaetaceae）	0	80	21	1	25.50
[143]	TA18_norank	100	0	0	1	25.25
[144]	TM6_norank	17	0	13	68	24.50
[145]	未定地位拟杆菌门的一科（Bacteroidetes_VC2.1_Bac22_norank）	14	0	84	0	24.50
[146]	生丝单胞菌科（Hyphomonadaceae）	26	0	2	69	24.25
[147]	酸杆菌科_亚群1（Acidobacteriaceae_Subgroup_1）	45	0	1	51	24.25
[148]	Family_XIII	0	34	54	9	24.25
[149]	中村氏菌科（Nakamurellaceae）	5	0	8	82	23.75
[150]	韦永菌科（Veillonellaceae）	84	0	4	2	22.50
[151]	OPB54_norank	0	57	0	32	22.25
[152]	热单胞菌科（Thermomonosporaceae）	4	0	0	79	20.75
[153]	红螺菌目分类地位未定的一科（Rhodospirillales_Incertae_Sedis）	69	0	0	13	20.50
[154]	未分类伯克氏菌目的一科（Burkholderiales_unclassified）	10	0	61	11	20.50
[155]	未培养盖亚菌目的一科（Gaiellales_uncultured）	4	0	2	74	20.00
[156]	B1-7BS_norank	0	0	9	71	20.00

续表

序号	细菌科	AUG_CK	AUG_H	AUG_L	AUG_PM	平均值
[157]	芸豆形孢囊菌科（Phaselicystidaceae）	2	0	3	74	19.75
[158]	嗜甲基菌科（Methylophilaceae）	77	1	0	0	19.50
[159]	OPB56	62	0	11	2	18.75
[160]	红环菌科（Rhodocyclaceae）	3	44	6	14	16.75
[161]	未定地位寡食菌目的一科（Oligoflexales_norank）	1	0	3	62	16.50
[162]	微单胞菌科（Micromonosporaceae）	30	0	3	33	16.50
[163]	环脂酸芽胞杆菌科（Alicyclobacillaceae）	0	0	3	60	15.75
[164]	Family_ XVIII	0	0	0	62	15.50
[165]	Bacteria_unclassified	21	0	5	36	15.50
[166]	未定地位柔膜菌门_RF9 的一科（Mollicutes_RF9_norank）	0	18	40	4	15.50
[167]	克里斯滕森菌科（Christensenellaceae）	1	6	55	0	15.50
[168]	甲基球菌科（Methylococcaceae）	0	0	10	50	15.00
[169]	未分类拟杆菌门的一科（Bacteroidetes_unclassified）	33	0	27	0	15.00
[170]	酸微菌科（Acidimicrobiaceae）	10	0	0	49	14.75
[171]	气单胞菌科（Aeromonadaceae）	57	0	0	0	14.25
[172]	原微单胞菌科（Promicromonosporaceae）	56	0	0	0	14.00
[173]	弗兰克氏菌科（Frankiaceae）	3	0	3	49	13.75
[174]	理研菌科（Rikenellaceae）	0	9	44	1	13.50
[175]	分类地位未定的一科（Family_Incertae_Sedis）	0	54	0	0	13.50
[176]	未分类放线菌门的一科（Actinobacteria_unclassified）	0	0	1	52	13.25
[177]	热厌氧杆菌科（Thermoanaerobacteraceae）	0	53	0	0	13.25
[178]	气球菌科（Aerococcaceae）	0	51	0	0	12.75
[179]	未培养立克次氏体目的一科（Rickettsiales_uncultured）	10	0	1	37	12.00
[180]	未分类 α-变形菌纲的一科（Alphaproteobacteria_unclassified）	10	0	4	34	12.00
[181]	AKYH478	1	0	5	41	11.75
[182]	寡食弯菌科（Oligoflexaceae）	6	0	3	38	11.75
[183]	肠球菌科（Enterococcaceae）	43	4	0	0	11.75
[184]	NS11-12_marine_group	2	0	42	1	11.25
[185]	Subgroup_3_norank	44	0	0	0	11.00
[186]	未分类绿弯菌门的一科（Chloroflexi_unclassified）	0	0	1	42	10.75
[187]	副衣原体属（Parachlamydiaceae）	19	0	1	22	10.50
[188]	SJA-149	40	0	1	0	10.25
[189]	未分类棒小杆菌目的一科（Corynebacteriales_unclassified）	0	41	0	0	10.25
[190]	SC-I-84_norank	22	0	1	17	10.00
[191]	散生杆菌科（Patulibacteraceae）	7	0	3	29	9.75
[192]	WD272_norank	37	0	0	0	9.25
[193]	盐硫杆状菌科（Halothiobacillaceae）	0	37	0	0	9.25
[194]	立克次体科（Rickettsiaceae）	2	0	5	29	9.00
[195]	爬管菌科（Herpetosiphonaceae）	36	0	0	0	9.00
[196]	GR-WP33-58	0	0	35	0	8.75
[197]	未定地位微球菌目的一科（Micrococcales_norank）	2	24	2	6	8.50
[198]	LiUU-11-161	5	0	28	1	8.50
[199]	TRA3-20_norank	1	0	2	30	8.25
[200]	未分类鞘脂杆菌目的一科（Sphingobacteriales_unclassified）	0	0	32	0	8.00

续表

序号	细菌科	AUG_CK	AUG_H	AUG_L	AUG_PM	平均值
[201]	丰佑菌科(Opitutaceae)	5	0	3	18	6.50
[202]	BD2-11_terrestrial_group_norank	0	26	0	0	6.50
[203]	cvE6	8	0	1	16	6.25
[204]	SHA-109_norank	22	0	1	2	6.25
[205]	脱硫弧菌科(Desulfovibrionaceae)	0	10	14	1	6.25
[206]	血杆菌科(Sanguibacteraceae)	13	0	2	9	6.00
[207]	JG30-KF-CM66_norank	0	0	1	22	5.75
[208]	剑突杆菌科(Xiphinematobacteraceae)	18	0	1	4	5.75
[209]	Family_Ⅻ	22	0	0	0	5.50
[210]	未分类蓝细菌门的一科(Cyanobacteria_unclassified)	1	0	4	16	5.25
[211]	未分类红螺菌目的一科(Rhodospirillales_unclassified)	0	0	4	16	5.00
[212]	纤维杆菌科(Fibrobacteraceae)	1	0	1	17	4.75
[213]	氨基酸球菌科(Acidaminococcaceae)	0	0	15	4	4.75
[214]	绿弯菌科(Chloroflexaceae)	1	0	0	17	4.50
[215]	CCU22	5	0	4	8	4.25
[216]	涅瓦河菌科(Nevskiaceae)	17	0	0	0	4.25
[217]	未分类梭菌纲的一科(Clostridia_unclassified)	0	0	0	16	4.00
[218]	OM190_norank	0	0	0	16	4.00
[219]	多囊菌科(Polyangiaceae)	0	0	0	16	4.00
[220]	TA06_norank	14	0	0	2	4.00
[221]	A0839	16	0	0	0	4.00
[222]	Parcubacteria_norank	0	0	0	15	3.75
[223]	军团菌科(Legionellaceae)	0	0	1	14	3.75
[224]	ML80	1	0	2	12	3.75
[225]	I-10	0	0	2	12	3.50
[226]	OCS116_clade_norank	0	0	4	10	3.50
[227]	纤细杆菌科(Gracilibacteraceae)	14	0	0	0	3.50
[228]	互养菌科(Synergistaceae)	0	8	6	0	3.50
[229]	拟杆菌目的科 UCG-001(Bacteroidales_UCG-001)	0	13	1	0	3.50
[230]	科_ⅩⅦ(Family_ⅩⅦ)	0	0	0	13	3.25
[231]	丙酸杆菌科(Propionibacteriaceae)	13	0	0	0	3.25
[232]	热粪杆菌科(Caldicoprobacteraceae)	0	12	0	0	3.00
[233]	SM2D12	0	0	0	11	2.75
[234]	华诊体科(Waddliaceae)	0	0	0	11	2.75
[235]	盖亚菌科(Gaiellaceae)	0	0	1	10	2.75
[236]	科里氏小杆菌科(Coriobacteriaceae)	0	3	2	6	2.75
[237]	CA002	11	0	0	0	2.75
[238]	未分类土生杆菌目的一科(Chthoniobacterales_unclassified)	11	0	0	0	2.75
[239]	梭菌目分类地位未定的一科(Clostridiales_Incertae_Sedis)	0	0	0	10	2.50
[240]	Elev-16S-1332	0	0	1	9	2.50
[241]	土生杆菌科(Chthoniobacteraceae)	1	0	5	4	2.50
[242]	P3OB-42	10	0	0	0	2.50
[243]	未分类黏球菌目的一科(Myxococcales_unclassified)	9	0	0	0	2.25
[244]	孢鱼菌科(Sporichthyaceae)	9	0	0	0	2.25
[245]	env. OPS_17	9	0	0	0	2.25
[246]	普雷沃氏菌科(Prevotellaceae)	0	0	9	0	2.25
[247]	放线菌科(Actinomycetaceae)	0	9	0	0	2.25

续表

序号	细菌科	AUG_CK	AUG_H	AUG_L	AUG_PM	平均值
[248]	嗜热孢毛菌科（Thermosporotrichaceae）	0	0	1	7	2.00
[249]	泛生杆菌科（Vulgatibacteraceae）	0	0	1	7	2.00
[250]	未分类变形菌门的一科（Proteobacteria_unclassified）	8	0	0	0	2.00
[251]	海滑菌科（Marinilabiaceae）	0	7	0	0	1.75
[252]	43F-1404R_norank	0	0	0	6	1.50
[253]	AKIW659	0	0	0	6	1.50
[254]	优杆菌科（Eubacteriaceae）	0	0	4	2	1.50
[255]	WCHB1-60_norank	6	0	0	0	1.50
[256]	科_XIV（Family_XIV）	0	5	0	0	1.25
[257]	KD4-96_norank	0	0	0	4	1.00
[258]	红色杆菌科（Rubrobacteriaceae）	0	0	0	4	1.00
[259]	未培养绿弯菌门的一科（Chloroflexi_uncultured）	4	0	0	0	1.00
[260]	梭菌目的一科 Clostridiales_vadinBB60_group	0	4	0	0	1.00
[261]	消化球菌科（Peptococcaceae）	0	0	0	3	0.75
[262]	Subgroup_18_norank	0	0	0	2	0.50
[263]	未分类拟杆菌目的一科（Bacteroidales_unclassified）	0	0	2	0	0.50

2. 前 10 种含量最高的细菌科数量比较

异位微生物发酵床不同处理组 TOP10 细菌科数量（reads）结构见图 4-7，从图 4-7 可知不同处理组细菌科数量结构差异显著，垫料原料组（AUG_CK）前 3 个数量最大的细菌科分别为肠杆菌科（Enterobacteriaceae）（37013）、鞘脂杆菌科（Sphingobacteriaceae）（21275）、噬几丁质菌科（Chitinophagaceae）（6885）；深发酵垫料组（AUG_H）前 3 个数量最大的细菌科分别为鞘脂杆菌科（Sphingobacteriaceae）（13907）、皮杆菌科（Dermabacteraceae）（7153）、梭菌科_1（Clostridiaceae_1）（6819）；浅发酵垫料（AUG_L）

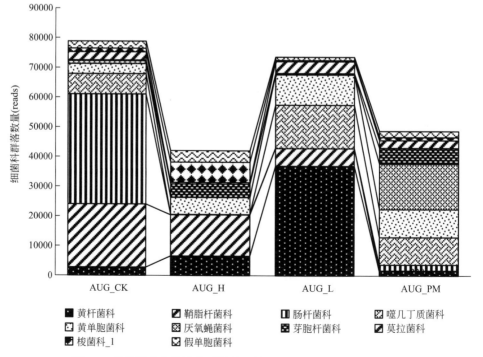

图 4-7　异位微生物发酵床不同处理组 TOP10 细菌科数量（reads）

前 3 个数量最大的细菌科分别为黄杆菌科（Flavobacteriaceae）（36871）、噬几丁质菌科
（Chitinophagaceae）（14578）、黄单胞菌科（Xanthomonadaceae）（10210）；未发酵猪粪
（AUG_PM）前 3 个数量最大的细菌科分别为厌氧绳菌科（Anaerolineaceae）（15304）、黄
单胞菌科（Xanthomonadaceae）（9447）、噬几丁质菌科（Chitinophagaceae）（9240）。

3. 细菌科主要种类在异位发酵床不同处理组中的作用

分析结果见图 4-8。从细菌科的角度考虑，原料垫料组（AUG_CK）和未发酵猪粪组
（AUG_PM）提供细菌科群落的来源，作为发酵初始阶段的细菌菌种，前者主要的细菌科
有肠杆菌科（Enterobacteriaceae）（34018）、鞘脂杆菌科（Sphingobacteriaceae）（19427）、
噬几丁质菌科（Chitinophagaceae）（6292），后者主要的细菌科有厌氧绳菌科（Anaerolin-
eaceae）（13440）、黄单胞菌科（Xanthomonadaceae）（8366）、噬几丁质菌科（Chitinopha-
gaceae）（8125）；经过浅发酵阶段（AUG_L），猪粪垫料开始发酵转化，噬几丁质杆菌科
（Chitinophagaceae）和黄单胞菌科（Xanthomonadaceae）发挥主要作用，前者数量较原料
垫料组初始阶段增加 1.71～2.20 倍，后者增加 1.16～3.16 倍，其他细菌科数量相对下降；
经过深发酵阶段（AUG_H），猪粪垫料的碳氮比下降，7 个细菌科起到主要作用，即鞘脂
杆菌科（Sphingobacteriaceae）（13907）、皮杆菌科（Dermabacteraceae）（7153）、梭菌科_
1（Clostridiaceae_1）（6819）、黄杆菌科（Flavobacteriaceae）（6520）、黄单胞菌科（Xan-

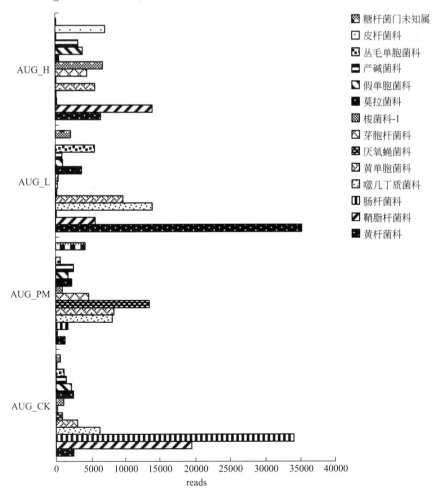

图 4-8 异位微生物发酵床不同处理组关键细菌科数量（reads）变化比较

thomonadaceae）（5700）、食烷菌科（Alcanivoracaceae）（5196）、芽胞杆菌科（Bacillaceae）（4549）；研究结果表明：猪粪垫料发酵系统菌种来源于垫料和猪粪，猪粪以厌氧绳菌科（Anaerolineaceae）为主，垫料以肠杆菌科（Enterobacteriaceae）为主；浅发酵阶段主要是黄杆菌科（Flavobacteriaceae）起主要作用，深发酵阶段主要是鞘脂杆菌科（Sphingobacteriaceae）起主要作用。

五、细菌属数量（reads）分布结构

1. 细菌属宏基因组检测

分析结果按不同处理组的平均值排序见表 4-5（细菌属中文参考书后附录）。异位发酵床不同处理组共分析检测到 566 个细菌属，不同处理组的细菌属种类差异显著，垫料原料组（AUG _ CK）含有 357 个细菌属，数量最大的是肠杆菌属（Enterobacter）（29110）；深发酵垫料组（AUG _ H）含有 197 个细菌属，数量最大的是橄榄形杆菌属（Olivibacter）（8051）；浅发酵垫料组（AUG _ L）含有 356 个细菌属，数量最大的是金黄小杆菌属（Chryseobacterium）（17154）；未发酵猪粪组（AUG _ PM）含有 395 个细菌属，数量最大的是未培养厌氧绳菌科的一属（Anaerolineaceae _ uncultured）（15280）。

表 4-5　异位微生物发酵床不同处理组细菌属数量（reads）

序号	细菌属	AUG_CK	AUG_H	AUG_L	AUG_PM	平均值
[1]	肠杆菌属（Enterobacter）	29110	53	0	1784	7736.75
[2]	鞘脂杆菌属（Sphingobacteriu）	13790	402	5658	27	4969.25
[3]	金黄小杆菌属（Chryseobacterium）	1264	1	17154	1220	4909.75
[4]	漠河杆菌属（Moheibacter）	559	1005	14920	207	4172.75
[5]	未培养厌氧绳菌科的一属（Anaerolineaceae_uncultured）	991	1	195	15280	4116.75
[6]	橄榄形杆菌属（Olivibacter）	6677	8051	31	5	3691.00
[7]	太白山菌属（Taibaiella）	746	24	6504	5873	3286.75
[8]	不动杆菌属（Acinetobacter）	2673	397	3917	2510	2374.25
[9]	假单胞菌属（Pseudomonas）	2387	3907	1099	2000	2348.25
[10]	狭义梭菌属_1（Clostridium_sensu_stricto_1）	522	6695	400	999	2154.00
[11]	噬几丁质菌科的一属（Chitinophagaceae_uncultured）	137	1	6919	835	1973.00
[12]	未定地位糖细菌门的一属（Saccharibacteria_norank）	682	1	2284	4817	1946.00
[13]	短杆菌属（Brachybacterium）	4	7153	0	0	1789.25
[14]	寡食单胞菌属（Stenotrophomonas）	809	0	5453	78	1585.00
[15]	芽胞杆菌属（Bacillus）	212	2	309	5392	1478.75
[16]	未培养鞘脂杆菌科的一属（Sphingobacteriaceae_uncultured）	0	5329	0	0	1332.25
[17]	食碱菌属（Alcanivorax）	0	5196	1	51	1312.00
[18]	噬几丁质菌属（Chitinophaga）	4868	0	2	16	1221.50
[19]	石莼球菌属（Ulvibacter）	0	4363	0	0	1090.75
[20]	藤黄单胞菌属（Luteimonas）	221	0	873	3215	1077.25
[21]	克罗诺斯杆菌属（Cronobacter）	3887	4	1	121	1003.25
[22]	未分类黄单胞菌科的一属（Xanthomonadaceae_unclassified）	12	3818	61	17	977.00
[23]	黄小杆菌属（Flavobacterium）	862	0	2698	47	901.75
[24]	Order_Ⅲ_uncultured	0	3307	0	0	826.75
[25]	特吕珀菌属（Truepera）	45	2153	228	855	820.25
[26]	未分类丛毛单胞菌科的一属（Comamonadaceae_unclassified）	279	1	2626	352	814.50

续表

序号	细菌属	AUG_CK	AUG_H	AUG_L	AUG_PM	平均值
[27]	莱茵河杆菌属（*Rhodanobacter*）	58	0	88	3053	799.75
[28]	链霉菌属（*Streptomyces*）	1916	4	9	1168	774.25
[29]	Subgroup_6_norank	100	1	73	2850	756.00
[30]	热单胞菌属（*Thermomonas*）	115	0	1856	934	726.25
[31]	卡斯特拉尼菌属（*Castellaniella*）	40	1	445	2372	714.50
[32]	DSSF69_norank	13	0	2344	463	705.00
[33]	土壤产孢杆菌属（*Terrisporobacter*）	6	2457	38	125	656.50
[34]	芽小链菌属（*Blastocatella*）	41	0	241	2283	641.25
[35]	类芽胞杆菌属（*Paenibacillus*）	804	0	4	1698	626.50
[36]	金色绳菌属（*Chryseolinea*）	55	0	141	2160	589.00
[37]	假黄单胞菌属（*Pseudoxanthomonas*）	1419	0	601	168	547.00
[38]	未定地位候选细菌门 WS6 的一属（Candidate_division_WS6_norank）	79	0	66	2014	539.75
[39]	伯克氏菌属（*Burkholderia*）	1716	0	9	364	522.25
[40]	橙色杆菌属（*Luteivirga*）	0	2047	0	10	514.25
[41]	德沃斯氏菌（*Devosia*）	267	0	205	1484	489.00
[42]	未培养芽胞杆菌科的一属（Bacillaceae_uncultured）	0	1944	0	1	486.25
[43]	玫瑰弯菌属（*Roseiflexus*）	148	0	109	1680	484.25
[44]	少盐芽胞杆菌属（*Paucisalibacillus*）	0	1902	0	0	475.50
[45]	极小单胞菌属（*Pusillimonas*）	6	1567	231	77	470.25
[46]	苍白杆菌属（*Ochrobactrum*）	1248	1	206	320	443.75
[47]	根瘤菌属（*Rhizobium*）	1659	0	52	48	439.75
[48]	棒小杆菌属-1（*Corynebacterium*_1）	0	1723	10	10	435.75
[49]	库特氏菌属（*Kurthia*）	0	2	825	885	428.00
[50]	未分类黄杆菌科的一属（Flavobacteriaceae_unclassified）	0	510	1191	0	425.25
[51]	海洋微菌属（*Marinimicrobium*）	0	1681	0	0	420.25
[52]	丛毛单胞菌属（*Comamonas*）	310	2	1157	181	412.50
[53]	未分类肠杆菌科的一属（Enterobacteriaceae_unclassified）	1633	1	0	5	409.75
[54]	海源菌属（*Idiomarina*）	0	1593	0	0	398.25
[55]	未分类噬几丁质菌科的一属（Chitinophagaceae_unclassified）	171	0	673	722	391.50
[56]	博德特氏菌（*Bordetella*）	1212	0	50	303	391.25
[57]	伊格纳兹奇纳菌属（*Ignatzschineria*）	0	1456	1	0	364.25
[58]	未分类赤杆菌科的一属（Erythrobacteraceae_unclassified）	304	17	75	1060	364.00
[59]	阎氏菌属（*Yaniella*）	0	1445	0	0	361.25
[60]	未培养环杆菌科的一属（Cyclobacteriaceae_uncultured）	0	1408	0	3	352.75
[61]	未分类根瘤菌目的一属（Rhizobiales_unclassified）	319	3	386	698	351.50
[62]	未分类黄杆菌科的一属（Xanthobacteraceae_unclassified）	1	0	64	1319	346.00
[63]	OM1_clade_norank	0	0	36	1283	329.75
[64]	戴伊氏菌属（*Dyella*）	77	0	24	1199	325.00
[65]	未分类 r-变形菌纲的一属（Gammaproteobacteria_unclassified）	27	78	1134	54	323.25
[66]	沙雷氏菌属（*Serratia*）	1259	26	1	5	322.75
[67]	好酸杆菌属（*Acidibacter*）	115	0	29	1093	309.25
[68]	沙单胞菌属（*Arenimonas*）	196	4	1027	8	308.75
[69]	根微菌属（*Rhizomicrobium*）	110	0	120	992	305.50
[70]	芽胞八叠球菌属（*Sporosarcina*）	0	1102	0	0	275.50
[71]	节杆菌属（*Arthrobacter*）	0	1009	2	74	271.25
[72]	未分类微球菌目的一属（Micrococcales_unclassified）	0	1052	0	0	263.00

序号	细菌属	AUG_CK	AUG_H	AUG_L	AUG_PM	平均值
[73]	类产碱菌属（Paenalcaligenes）	0	1020	0	0	255.00
[74]	未分类鞘脂单胞菌目的一属（Sphingomonadales_unclassified）	199	2	93	684	244.50
[75]	短波单胞菌属（Brevundimonas）	186	8	729	39	240.50
[76]	独岛菌属（Dokdonella）	170	0	35	733	234.50
[77]	乔治菌属（Georgenia）	0	913	0	0	228.25
[78]	希尔蒙氏菌属（Hylemonella）	6	0	904	0	227.50
[79]	噬脂环酸菌属（Alicycliphilus）	337	1	494	57	222.25
[80]	奇异菌属（Atopostipes）	0	884	0	0	221.00
[81]	科恩氏菌属（Cohnella）	83	0	3	795	220.25
[82]	热泉细杆菌属（Crenotalea）	2	0	25	814	210.25
[83]	解类固醇杆菌属（Steroidobacter）	211	0	26	586	205.75
[84]	未培养腐螺菌科的一属（Saprospiraceae_uncultured）	255	535	0	0	197.50
[85]	咸海鲜球菌属（Jeotgalicoccus）	0	768	0	0	192.00
[86]	GR-WP33-30_norank	111	0	51	582	186.00
[87]	稳杆菌属（Empedobacter）	3	0	718	9	182.50
[88]	线单胞菌属（Filimonas）	160	0	127	422	177.25
[89]	果胶小杆菌属（Pectobacterium）	686	0	0	23	177.25
[90]	土壤单胞菌属（Solimonas）	39	0	412	246	174.25
[91]	乳杆菌属（Lactobacillus）	0	682	5	0	171.75
[92]	未培养橙色菌科的一属（Sandaracinaceae_uncultured）	83	584	3	12	170.50
[93]	未定地位蓝细菌门的一属（Cyanobacteria_norank）	5	0	212	463	170.00
[94]	短杆菌属（Brevibacterium）	8	647	0	23	169.50
[95]	纤维弧菌属（Cellvibrio）	154	1	517	0	168.00
[96]	未培养黄单胞菌目的一属（Xanthomonadales_uncultured）	117	0	20	517	163.50
[97]	新鞘脂菌属（Novosphingobium）	134	2	333	149	154.50
[98]	unclassified	0	189	32	391	153.00
[99]	生丝微菌属（Hyphomicrobium）	76	0	36	452	141.00
[100]	葡萄球菌属（Staphylococcus）	406	148	0	5	139.75
[101]	类诺卡氏菌属（Nocardioides）	123	0	126	306	138.75
[102]	黄单胞菌目分类地位未定一属（Xanthomonadales_Incertae_Sedis_norank）	10	0	9	534	138.25
[103]	Sh765B-TzT-29_norank	0	0	24	525	137.25
[104]	寡源菌属（Oligella）	0	546	0	1	136.75
[105]	未分类鞘脂杆菌科的一属（Sphingobacteriaceae_unclassified）	372	103	51	18	136.00
[106]	莱德贝特氏菌属（Leadbetterella）	72	0	459	9	135.00
[107]	赖氨酸芽胞杆菌属（Lysinibacillus）	28	2	121	388	134.75
[108]	盐单胞菌属（Halomonas）	1	512	2	6	130.25
[109]	副线单胞菌属（Parafilimonas）	123	0	54	342	129.75
[110]	迪茨氏菌属（Dietzia）	0	497	12	8	129.25
[111]	S0134_terrestrial_group_norank	0	0	11	499	127.50
[112]	未分类芽胞杆菌科的一属（Bacillaceae_unclassified）	0	506	0	0	126.50
[113]	嗜蛋白质菌属（Proteiniphilum）	0	425	77	2	126.00
[114]	未培养酸微菌目的一属（Acidimicrobiales_uncultured）	16	0	32	451	124.75
[115]	河居菌属（Fluviicola）	6	0	454	33	123.25
[116]	吞菌杆菌属（Peredibacter）	7	0	467	7	120.25
[117]	未分类叶杆菌科的一属（Phyllobacteriaceae_unclassified）	65	121	159	130	118.75
[118]	C1-B045	0	455	1	12	117.00

续表

序号	细菌属	AUG_CK	AUG_H	AUG_L	AUG_PM	平均值
[119]	分枝杆菌属(*Mycobacterium*)	58	1	31	375	116.25
[120]	未分类链霉菌科的一属(Streptomycetaceae_unclassified)	327	0	0	134	115.25
[121]	海洋杆菌属(*Oceanobacter*)	0	307	152	0	114.75
[122]	未培养甲基杆菌科的一属(Methylobacteriaceae_uncultured)	132	0	34	278	111.00
[123]	糖多孢菌属(*Saccharopolyspora*)	388	1	1	45	108.75
[124]	董氏菌属(*Dongia*)	13	0	12	405	107.5
[125]	微小杆菌属(*Microbacterium*)	253	20	73	80	106.5
[126]	泛菌属(*Pantoea*)	421	0	0	1	105.5
[127]	多变杆菌属(*Variibacter*)	10	0	43	363	104.00
[128]	红球菌属(*Rhodococcus*)	7	0	236	173	104.00
[129]	苛求球菌属(*Fastidiosipila*)	0	371	40	2	103.25
[130]	苏黎世杆菌属(*Turicibacter*)	4	332	5	64	101.25
[131]	应微所菌属(*Iamia*)	12	40	12	337	100.25
[132]	慢生根瘤菌属(*Bradyrhizobium*)	146	0	40	215	100.25
[133]	假深黄单胞菌属(*Pseudofulvimonas*)	0	388	8	3	99.75
[134]	链球菌属(*Streptococcus*)	0	357	36	2	98.75
[135]	德库菌属(*Desemzia*)	0	394	0	0	98.50
[136]	丹毒丝菌属(*Erysipelothrix*)	0	391	1	1	98.25
[137]	类香味菌属(*Myroides*)	0	393	0	0	98.25
[138]	候选_奥德赛菌属(Candidatus_*Odyssella*)	0	0	14	376	97.50
[139]	苔藓杆菌属(*Bryobacter*)	30	0	24	319	93.25
[140]	未培养噬纤维菌科的一属(Cytophagaceae_uncultured)	313	0	6	49	92.00
[141]	未分类δ-变形菌纲的一属(Deltaproteobacteria_unclassified)	0	365	0	0	91.25
[142]	DB1-14_norank	0	0	7	357	91.00
[143]	NS9_marine_group_norank	49	0	296	18	90.75
[144]	未定地位装甲菌门的一属(Armatimonadetes_norank)	91	0	48	223	90.50
[145]	赖氏菌属(*Leifsonia*)	115	6	78	161	90.00
[146]	产硝酸矛菌属(*Nitrolancea*)	1	0	13	344	89.50
[147]	野村菌属(*Nonomuraea*)	315	1	7	34	89.25
[148]	极单胞菌属(*Polaromonas*)	1	0	345	1	86.75
[149]	未分类产碱菌科的一属(Alcaligenaceae_unclassified)	59	130	124	31	86.00
[150]	拟无枝菌酸菌属(*Amycolatopsis*)	331	0	0	6	84.25
[151]	480-2_norank	20	0	37	279	84.00
[152]	未分类黄单胞菌目的一属(Xanthomonadales_unclassified)	0	0	13	319	83.00
[153]	TK10_norank	4	0	9	309	80.50
[154]	狭义梭菌属_3(*Clostridium*_sensu_stricto_3)	319	0	0	1	80.00
[155]	桃色杆菌属(*Persicitalea*)	10	0	216	93	79.75
[156]	拟诺卡氏菌属(*Nocardiopsis*)	1	308	0	0	77.25
[157]	沙土杆菌属(*Ramlibacter*)	148	0	40	115	75.75
[158]	短芽胞杆菌属(*Brevibacillus*)	253	0	2	46	75.25
[159]	岩石单胞菌属(*Petrimonas*)	0	245	50	6	75.25
[160]	副土地杆菌属(*Parapedobacter*)	282	9	9	0	75.00
[161]	小双孢菌属(*Microbispora*)	23	4	13	258	74.50
[162]	鞘脂盒菌属(*Sphingopyxis*)	111	0	154	25	72.50
[163]	铁弧菌属(*Ferrovibrio*)	45	0	50	193	72.00
[164]	未分类布鲁氏菌科的一属(Brucellaceae_unclassified)	2	275	9	2	72.00
[165]	土地杆菌属(*Pedobacter*)	90	13	168	5	69.00

序号	细菌属	AUG_CK	AUG_H	AUG_L	AUG_PM	平均值
[166]	Ardenticatenales_norank	0	0	16	253	67.25
[167]	泰氏菌属(Tissierella)	0	265	1	1	66.75
[168]	假螺菌属(Pseudospirillum)	161	91	11	0	65.75
[169]	水胞菌属(Aquicella)	216	0	5	41	65.5
[170]	Birii41_norank	70	0	9	176	63.75
[171]	未分类的类芽胞杆菌科的一属(Paenibacillaceae_unclassified)	27	0	0	222	62.25
[172]	鞘脂单胞菌属(Sphingomonas)	182	0	18	49	62.25
[173]	冬微菌属(Brumimicrobium)	0	249	0	0	62.25
[174]	AT425-EubC11_terrestrial_group_norank	0	45	7	196	62.00
[175]	海面菌属(Aequorivita)	0	247	0	0	61.75
[176]	苯基小杆菌属(Phenylobacterium)	58	0	72	116	61.50
[177]	拟杆菌属(Bacteroides)	0	162	80	1	60.75
[178]	芽单胞菌属(Gemmatimonas)	28	0	19	192	59.75
[179]	蛭弧菌属(Bdellovibrio)	29	0	175	35	59.75
[180]	铁锈色杆菌属(Ferruginibacter)	121	0	60	51	58.00
[181]	未定地位鞘脂杆菌科的一属(Sphingobacteriaceae_norank)	6	0	51	172	57.25
[182]	居大理石菌属(Marmoricola)	11	2	15	193	55.25
[183]	木杆菌属(Xylella)	212	0	8	0	55.00
[184]	微杆菌属(Microvirga)	16	0	137	65	54.50
[185]	JG30-KF-CM45_norank	43	0	7	167	54.25
[186]	奇异菌属(Advenella)	77	1	127	12	54.25
[187]	动微菌属(Planomicrobium)	0	217	0	0	54.25
[188]	狭义梭菌属_5(Clostridium_sensu_stricto_5)	216	0	0	0	54.00
[189]	KCM-B-15_norank	0	0	8	207	53.75
[190]	SM1A02	22	0	2	190	53.50
[191]	未培养红热科的一属(Rhodothermaceae_uncultured)	0	0	38	175	53.25
[192]	未分类红杆菌科的一属(Rhodobacteraceae_unclassified)	127	45	36	4	53.00
[193]	马赛菌属(Massilia)	167	0	30	12	52.25
[194]	噬氢菌属(Hydrogenophaga)	17	0	177	14	52.00
[195]	嗜蛋白胨菌属(Peptoniphilus)	0	200	0	0	50.00
[196]	DA111_norank	0	0	22	175	49.25
[197]	未培养暖绳菌科的一属(Caldilineaceae_uncultured)	9	0	21	167	49.25
[198]	大洋芽胞杆菌(Oceanobacillus)	0	195	0	0	48.75
[199]	海管菌属(Haliangium)	15	0	2	177	48.50
[200]	NKB5_norank	7	0	24	163	48.50
[201]	喷泉单胞菌属(Silanimonas)	0	0	175	10	46.25
[202]	Hydrogenedentes_norank	14	0	12	158	46.00
[203]	农技所菌属(Niabella)	126	0	51	6	45.75
[204]	无色杆菌属(Leucobacter)	4	89	37	49	44.75
[205]	未分类间孢囊菌科的一属(Intrasporangiaceae_unclassified)	0	1	8	168	44.25
[206]	未培养柄菌科的一属(Caulobacteraceae_uncultured)	52	0	21	99	43.00
[207]	酸铁氧化杆菌属(Acidiferrobacter)	0	0	1	170	42.75
[208]	甲基小杆菌属(Methylobacterium)	169	0	0	1	42.50
[209]	厌氧盐杆菌属(Anaerosalibacter)	0	170	0	0	42.50
[210]	食染料菌属(Pigmentiphaga)	153	0	1	14	42.00
[211]	芽胞乳杆菌(Sporolactobacillus)	0	0	0	167	41.75

序号	细菌属	AUG_CK	AUG_H	AUG_L	AUG_PM	平均值
[212]	S085_norank	38	0	4	125	41.75
[213]	潘多拉菌属(Pandoraea)	108	15	3	40	41.50
[214]	不粘柄菌属(Asticcacaulis)	2	0	9	154	41.25
[215]	肠道杆菌属(Intestinibacter)	1	0	1	161	40.75
[216]	AKYG1722_norank	1	0	13	149	40.75
[217]	BCf3-20_norank	18	0	12	132	40.50
[218]	OPB35_soil_group_norank	11	0	2	148	40.25
[219]	无胆甾原体属(Acholeplasma)	1	72	88	0	40.25
[220]	黄色杆菌属(Flavitalea)	65	0	7	82	38.50
[221]	未定地位懒惰杆菌目的一属(Ignavibacteriales_norank)	0	0	27	126	38.25
[222]	JG37-AG-20_norank	0	0	1	151	38.00
[223]	解硫胺素芽胞杆菌属(Aneurinibacillus)	0	0	6	145	37.75
[224]	未培养科Ⅺ的一属(Family_Ⅺ_uncultured)	0	122	25	3	37.50
[225]	河氏菌属(Hahella)	1	1	56	91	37.25
[226]	生孢噬胞菌属(Sporocytophaga)	0	0	3	143	36.50
[227]	黄土杆菌属(Flavihumibacter)	112	0	18	14	36.00
[228]	黄土壤杆菌属(Flavisolibacter)	45	0	54	44	35.75
[229]	脆弱球菌属(Craurococcus)	1	0	36	104	35.25
[230]	内生杆菌属(Endobacter)	137	0	0	1	34.50
[231]	未分类鞘脂单胞菌科的一属(Sphingomonadaceae_unclassified)	14	0	55	68	34.25
[232]	施莱格尔氏菌属(Schlegelella)	39	0	77	21	34.25
[233]	球形杆菌属(Sphaerobacter)	0	0	2	132	33.50
[234]	未定地位噬几丁质菌科的一属(Chitinophagaceae_norank)	105	0	29	0	33.50
[235]	LD29_norank	8	0	20	105	33.25
[236]	未培养莫拉菌科的一属(Moraxellaceae_uncultured)	70	0	25	37	33.00
[237]	海杆菌属(Marinobacter)	0	131	0	0	32.75
[238]	疣微菌属(Verrucomicrobium)	7	0	123	0	32.50
[239]	未定地位柄杆菌科的一属(Caulobacteraceae_norank)	66	0	7	56	32.25
[240]	吴泰焕菌属(Ohtaekwangia)	120	0	4	5	32.25
[241]	消化链球菌属(Peptostreptococcus)	0	124	5	0	32.25
[242]	候选_微毛菌属(Candidatus_Microthrix)	12	0	16	99	31.75
[243]	小棒状菌属(Parvibaculum)	15	0	16	95	31.50
[244]	未定地位黄杆菌科的一属(Flavobacteriaceae_norank)	0	0	124	2	31.50
[245]	未分类科Ⅺ的一属(Family_Ⅺ_unclassified)	0	123	0	0	30.75
[246]	未定地位蝙蝠弧菌目的一属(Vampirovibrionales_norank)	12	0	0	109	30.25
[247]	未培养芽单胞菌科的一属(Gemmatimonadaceae_uncultured)	11	0	9	99	29.75
[248]	厌氧球菌属(Anaerococcus)	0	110	8	1	29.75
[249]	噬甲基菌属(Methylophaga)	0	119	0	0	29.75
[250]	冷杆菌属(Psychrobacter)	0	119	0	0	29.75
[251]	未培养红螺菌科的一属(Rhodospirillaceae_uncultured)	15	69	6	27	29.25
[252]	中温微菌属(Tepidimicrobium)	0	117	0	0	29.25
[253]	FFCH7168_norank	101	0	0	15	29.00
[254]	未培养亚硝化单胞菌科的一属(Nitrosomonadaceae_uncultured)	24	0	12	78	28.50
[255]	未分类溶杆菌科的一属(Cystobacteraceae_unclassified)	0	1	47	66	28.50

序号	细菌属	AUG_CK	AUG_H	AUG_L	AUG_PM	平均值
[256]	未定地位微基因组菌门的一属(Microgenomates_norank)	55	0	11	48	28.50
[257]	鲍尔德氏菌属(*Bauldia*)	20	0	4	85	27.25
[258]	SM2F11_norank	0	0	21	84	26.25
[259]	绒毛菌属(*Leptothrix*)	92	0	11	2	26.25
[260]	未分类动孢菌科的一属(Kineosporiaceae_unclassified)	13	0	0	90	25.75
[261]	污水球菌属(*Defluviicoccus*)	6	0	6	90	25.50
[262]	假双头斧菌属(*Pseudolabrys*)	18	0	7	77	25.50
[263]	未培养叶杆菌科的一属(Phyllobacteriaceae_uncultured)	1	0	3	97	25.25
[264]	TA18_norank	100	0	0	1	25.25
[265]	TM6_norank	17	0	13	68	24.50
[266]	未定地位拟杆菌门的一属(Bacteroidetes_VC2.1_Bac22_norank)	14	0	84	0	24.50
[267]	单球孢菌属(*Singulisphaera*)	2	0	4	90	24.00
[268]	中村氏菌属(*Nakamurella*)	5	0	8	82	23.75
[269]	玫瑰单胞菌属(*Roseomonas*)	92	0	3	0	23.75
[270]	狭义梭菌属_6(*Clostridium*_sensu_stricto_6)	0	38	13	40	22.75
[271]	球孢长发菌属(*Sphaerochaeta*)	0	76	14	0	22.50
[272]	OPB54_norank	0	57	0	32	22.25
[273]	未定地位微球菌科的一属(Micrococcaceae_norank)	0	86	0	0	21.50
[274]	草酸小杆菌属(*Oxalicibacterium*)	49	0	21	15	21.25
[275]	柄杆菌属(*Caulobacter*)	71	0	9	5	21.25
[276]	小河杆菌属(*Rivibacter*)	20	0	62	3	21.25
[277]	狭窄杆菌属(*Angustibacter*)	1	0	0	83	21.00
[278]	热多孢菌属(*Thermopolyspora*)	2	0	0	82	21.00
[279]	香蕉产孢菌属(*Sporomusa*)	84	0	0	0	21.00
[280]	普劳泽氏菌属(*Prauserella*)	83	0	0	0	20.75
[281]	未分类伯克氏菌目的一属(Burkholderiales_unclassified)	10	0	61	11	20.50
[282]	未培养盖亚菌目的一属(Gaiellales_uncultured)	4	0	2	74	20.00
[283]	B1-7BS_norank	0	0	9	71	20.00
[284]	固氮小螺菌属(*Azospirillum*)	75	0	0	5	20.00
[285]	芸豆形孢囊菌属(*Phaselicystis*)	2	0	3	74	19.75
[286]	动细杆菌属(*Mobilitalea*)	0	78	0	0	19.50
[287]	突柄杆菌属(Prosthecobacter)	76	0	1	0	19.25
[288]	去甲基醌菌属(*Demequina*)	8	0	12	56	19.00
[289]	无色杆菌属(*Achromobacter*)	45	0	6	25	19.00
[290]	棒小杆菌属(*Corynebacterium*)	0	70	2	4	19.00
[291]	OPB56_norank	62	0	11	2	18.75
[292]	沉积物小杆菌属(*Sediminibacterium*)	53	0	16	5	18.50
[293]	土单胞菌属(*Terrimonas*)	20	0	39	13	18.00
[294]	贪铜菌属(*Cupriavidus*)	59	0	1	10	17.50
[295]	酸胞菌属(*Acidocella*)	70	0	0	0	17.50
[296]	鲁梅尔芽胞杆菌属(*Rummeliibacillus*)	0	2	14	53	17.25
[297]	噬甲基菌属(*Methylophilus*)	69	0	0	0	17.25
[298]	红微菌属(*Rhodomicrobium*)	0	0	2	66	17.00
[299]	食甲基菌属(*Methyloferula*)	68	0	0	0	17.00
[300]	未定地位梭菌科_1的一属(Clostridiaceae_1_norank)	0	68	0	0	17.00
[301]	未定地位寡食弯菌目的一属(Oligoflexales_norank)	1	0	3	62	16.50
[302]	厄特沃什氏菌属(*Eoetvoesia*)	0	0	3	62	16.25
[303]	红游动菌属(*Rhodoplanes*)	8	0	8	49	16.25

序号	细菌属	AUG_CK	AUG_H	AUG_L	AUG_PM	平均值
[304]	鞘氨醇菌属（*Sphingobium*）	45	0	3	17	16.25
[305]	别样赤杆菌属（*Altererythrobacter*）	50	0	4	11	16.25
[306]	膨胀芽孢杆菌属（*Tumebacillus*）	0	0	3	60	15.75
[307]	Bacteria_unclassified	21	0	5	36	15.50
[308]	未分类去甲基醌菌科的一属 （Demequinaceae_unclassified）	20	21	6	15	15.50
[309]	未定地位柔膜菌门_RF9 的一属 （Mollicutes_RF9_norank）	0	18	40	4	15.50
[310]	狭义梭菌属_10（*Clostridium*_sensu_stricto_10）	61	0	0	1	15.50
[311]	克里斯滕森菌科_R-7 群的一属 （Christensenellaceae_R-7_group）	1	6	55	0	15.50
[312]	马杜拉放线菌属（*Actinomadura*）	4	0	0	57	15.25
[313]	未分类醋酸杆菌科的一属 （Acetobacteraceae_unclassified）	47	0	1	13	15.25
[314]	未分类毛螺菌科的一属（Lachnospiraceae_unclassified）	56	5	0	0	15.25
[315]	未分类微杆菌科的一属（Microbacteriaceae_unclassified）	0	61	0	0	15.25
[316]	11-24_norank	0	0	2	58	15.00
[317]	未培养甲基球菌科的一属 （Methylococcaceae_uncultured）	0	0	10	50	15.00
[318]	螯合球菌属（*Chelatococcus*）	19	0	22	19	15.00
[319]	未分类拟杆菌门的一属（Bacteroidetes_unclassified）	33	0	27	0	15.00
[320]	顺宇菌属（*Soonwooa*）	0	0	58	0	14.50
[321]	海洋杆状菌属（*Mariniradius*）	0	58	0	0	14.50
[322]	等大球菌属（*Isosphaera*）	3	1	5	48	14.25
[323]	气微菌属（*Aeromicrobium*）	23	1	25	8	14.25
[324]	气单胞菌属（*Aeromonas*）	57	0	0	0	14.25
[325]	嗜热双歧菌属（*Thermobifida*）	0	0	0	56	14.00
[326]	原微单胞菌属（*Promicromonospora*）	56	0	0	0	14.00
[327]	居麻风树菌属（*Jatrophihabitans*）	3	0	3	49	13.75
[328]	I-8	12	0	2	41	13.75
[329]	海胞菌属（*Marinicella*）	0	54	0	0	13.50
[330]	未分类放线菌门的一属（Actinobacteria_unclassified）	0	0	1	52	13.25
[331]	互养食醋酸菌属（*Syntrophaceticus*）	0	53	0	0	13.25
[332]	未培养生丝单胞菌科的一属 （Hyphomonadaceae_uncultured）	1	0	1	50	13.00
[333]	金伊丽莎白菌属（*Elizabethkingia*）	41	1	7	1	12.5
[334]	未分类科_XVIII 的一属（Family_XVIII_unclassified）	0	0	0	49	12.25
[335]	未培养立克次氏体目的一属（Rickettsiales_uncultured）	10	0	1	37	12.00
[336]	未分类 α-变形菌纲的一属 （Alphaproteobacteria_unclassified）	10	0	4	34	12.00
[337]	AKYH478_norank	1	0	5	41	11.75
[338]	未定地位寡食弯菌科的一属（Oligoflexaceae_norank）	6	0	3	38	11.75
[339]	海岸线菌属（*Litorilinea*）	45	0	1	1	11.75
[340]	肠球菌属（*Enterococcus*）	43	4	0	0	11.75
[341]	韩研所菌属（*Kribbella*）	37	0	1	8	11.50
[342]	NS11-12_marine_group_norank	2	0	42	1	11.25
[343]	Subgroup_3_norank	44	0	0	0	11.00
[344]	固氮弓形菌属（*Azoarcus*）	0	44	0	0	11.00
[345]	未分类绿弯菌门的一属（Chloroflexi_unclassified）	0	0	1	42	10.75

序号	细菌属	AUG_CK	AUG_H	AUG_L	AUG_PM	平均值
[346]	未培养微生物科的一属(Acidimicrobiaceae_uncultured)	3	0	0	40	10.75
[347]	华南海研所菌属(Sciscionella)	43	0	0	0	10.75
[348]	毛螺菌科_UCG-007 的一属(Lachnospiraceae_UCG-007)	2	40	1	0	10.75
[349]	理研菌科_RC9_gut 群的一属(Rikenellaceae_RC9_gut_group)	0	0	41	1	10.50
[350]	副球菌属(Paracoccus)	18	8	11	4	10.25
[351]	狭义梭菌属_13(Clostridium_sensu_stricto_13)	39	0	0	2	10.25
[352]	SJA-149_norank	40	0	1	0	10.25
[353]	未分类棒小杆菌目的一属(Corynebacteriales_unclassified)	0	41	0	0	10.25
[354]	SC-I-84_norank	22	0	1	17	10.00
[355]	毛梭菌属(Lachnoclostridium)	40	0	0	0	10.00
[356]	散生杆菌属(Patulibacter)	7	0	3	29	9.75
[357]	WD272_norank	37	0	0	0	9.25
[358]	卤硫杆状菌属(Halothiobacillus)	0	37	0	0	9.25
[359]	未分类立克次氏体科的一属(Rickettsiaceae_unclassified)	2	0	5	29	9.00
[360]	莱朗河菌属(Reyranella)	23	0	0	13	9.00
[361]	戈登氏菌属(Gordonia)	30	1	2	3	9.00
[362]	北极杆菌属(Arcticibacter)	19	0	14	3	9.00
[363]	爬管菌属(Herpetosiphon)	36	0	0	0	9.00
[364]	未分类霜状菌科的一属(Cryomorphaceae_unclassified)	0	0	36	0	9.00
[365]	居鸡粪菌属(Gallicola)	0	36	0	0	9.00
[366]	GR-WP33-58_norank	0	0	35	0	8.75
[367]	未培养草酸杆菌科的一属(Oxalobacteraceae_uncultured)	5	1	0	28	8.50
[368]	湖杆菌属(Limnobacter)	0	0	7	27	8.50
[369]	未定地位微球菌目的一属(Micrococcales_norank)	2	24	2	6	8.50
[370]	LiUU-11-161_norank	5	0	28	1	8.50
[371]	盐水球菌属(Salinicoccus)	0	33	0	1	8.50
[372]	Candidatus_Alysiosphaera	34	0	0	0	8.50
[373]	未分类噬纤维菌科的一属(Cytophagaceae_unclassified)	34	0	0	0	8.50
[374]	未分类土壤单胞菌科的一属(Solimonadaceae_unclassified)	34	0	0	0	8.50
[375]	瘤胃球菌科_UCG-014 的一属(Ruminococcaceae_UCG-014)	0	8	26	0	8.50
[376]	Koukoulia	0	34	0	0	8.50
[377]	TRA3-20_norank	1	0	2	30	8.25
[378]	未培养海藻球菌科的一属(Phycisphaeraceae_uncultured)	0	0	1	31	8.00
[379]	土地微菌属(Pedomicrobium)	4	0	3	25	8.00
[380]	Candidatus_Protochlamydia	11	0	1	20	8.00
[381]	狭义梭菌属_8(Clostridium_sensu_stricto_8)	25	0	0	7	8.00
[382]	农科所菌属(Niastella)	31	0	0	1	8.00
[383]	双杆菌属(Dyadobacter)	32	0	0	0	8.00
[384]	未培养黄单胞菌科的一属(Xanthomonadaceae_uncultured)	32	0	0	0	8.00
[385]	未分类鞘脂杆菌目的一属(Sphingobacteriales_unclassified)	0	0	32	0	8.00
[386]	创伤球菌属(Helcococcus)	0	32	0	0	8.00
[387]	未分类环小杆菌科的一属(Cyclobacteriaceae_unclassified)	0	0	4	27	7.75
[388]	假棒形杆菌属(Pseudoclavibacter)	4	0	1	26	7.75
[389]	骆驼单胞菌属(Camelimonas)	11	0	7	13	7.75
[390]	肉单胞菌属(Carnimonas)	31	0	0	0	7.75
[391]	毛梭菌属_5(Lachnoclostridium_5)	29	2	0	0	7.75
[392]	水桓湖杆菌属(Mizugakiibacter)	0	0	0	29	7.25

序号	细菌属	AUG_CK	AUG_H	AUG_L	AUG_PM	平均值
[393]	土霉菌属（*Agromyces*）	19	0	2	8	7.25
[394]	未分类科_Ⅷ的一属（Family_Ⅷ_unclassified）	0	0	26	3	7.25
[395]	链孢放线菌属（*Actinocatenispora*）	28	0	0	1	7.25
[396]	博斯氏菌属（*Bosea*）	27	0	1	1	7.25
[397]	阴沟小杆菌属（*Cloacibacterium*）	28	0	1	0	7.25
[398]	需酸菌属（*Acidisoma*）	28	0	0	0	7.00
[399]	产碱菌属（*Alcaligenes*）	0	8	20	0	7.00
[400]	法克拉姆氏菌属（*Facklamia*）	0	28	0	0	7.00
[401]	厌氧绳菌属（*Anaerolinea*）	0	0	3	24	6.75
[402]	未培养类芽胞杆菌科的一属（*Paenibacillaceae_uncultured*）	1	0	11	15	6.75
[403]	缠结优小杆菌群（*Eubacterium nodatum*_group）	0	0	24	3	6.75
[404]	农发局菌属（*Rudaea*）	27	0	0	0	6.75
[405]	别样海源菌属（*Aliidiomarina*）	0	27	0	0	6.75
[406]	厌氧黏杆菌属（Anaeromyxobacter）	0	0	4	22	6.50
[407]	丰佑菌属（*Opitutus*）	5	0	3	18	6.50
[408]	艰难小杆菌属（*Mogibacterium*）	0	19	4	3	6.50
[409]	生资院菌属（*Nubsella*）	26	0	0	0	6.50
[410]	BD2-11_terrestrial_group_norank	0	26	0	0	6.50
[411]	泉胞菌属（*Fonticella*）	3	0	1	21	6.25
[412]	cvE6_norank	8	0	1	16	6.25
[413]	未分类消化链球菌科的一属（Peptostreptococcaceae_unclassified）	0	21	0	4	6.25
[414]	SHA-109_norank	22	0	1	2	6.25
[415]	脱硫弧菌属（*Desulfovibrio*）	0	10	14	1	6.25
[416]	雷尔氏菌属（*Ralstonia*）	25	0	0	0	6.25
[417]	酸小杆菌属（*Acidobacterium*）	1	0	1	22	6.00
[418]	血杆菌属（*Sanguibacter*）	13	0	2	9	6.00
[419]	埃希氏菌属-志贺氏菌属（*Escherichia-Shigella*）	17	2	1	4	6.00
[420]	JG30-KF-CM66_norank	0	0	1	22	5.75
[421]	未定地位红游动菌科的一属（Rhodobiaceae_norank）	0	0	1	22	5.75
[422]	硝酸还原菌属（*Nitratireductor*）	4	1	5	13	5.75
[423]	未分类红螺菌属（Rhodospirillaceae_unclassified）	10	0	1	12	5.75
[424]	候选_剑突杆菌属（Candidatus_*Xiphinematobacter*）	18	0	1	4	5.75
[425]	狭义梭菌属_12（*Clostridium*_sensu_stricto_12）	23	0	0	0	5.75
[426]	OM27_clade	0	23	0	0	5.75
[427]	未培养酸杆菌科亚群_1的一属（Acidobacteriaceae_Subgroup_1_uncultured）	0	0	0	22	5.50
[428]	热单生孢菌属（*Thermomonospora*）	0	0	0	22	5.50
[429]	劳特罗普氏菌属（*Lautropia*）	9	0	0	13	5.50
[430]	赫什氏菌属（*Hirschia*）	19	0	0	3	5.50
[431]	微小杆菌属（*Exiguobacterium*）	22	0	0	0	5.50
[432]	斯科尔曼氏菌属（*Skermanella*）	22	0	0	0	5.50
[433]	未分类蓝细菌门的一属（Cyanobacteria_unclassified）	1	0	4	16	5.25
[434]	未分类生丝微菌科的一属（Hyphomicrobiaceae_unclassified）	0	19	1	1	5.25
[435]	管道杆菌属（*Siphonobacter*）	21	0	0	0	5.25
[436]	浅红微菌属（*Rubellimicrobium*）	0	21	0	0	5.25
[437]	未分类红螺菌目的一属（Rhodospirillales_unclassified）	0	0	4	16	5.00

续表

序号	细菌属	AUG_CK	AUG_H	AUG_L	AUG_PM	平均值
[438]	土块菌属(*Terriglobus*)	13	0	0	7	5.00
[439]	未培养纤维杆菌科的一属(Fibrobacteraceae_uncultured)	1	0	1	17	4.75
[440]	透明浆果菌属(*Perlucidibaca*)	1	0	1	17	4.75
[441]	微单胞菌属(*Micromonospora*)	2	0	3	14	4.75
[442]	氨基酸球菌属(*Acidaminococcus*)	0	0	15	4	4.75
[443]	水井杆菌属(*Phreatobacter*)	19	0	0	0	4.75
[444]	未分类微单胞菌科的一属(Micromonosporaceae_unclassified)	0	0	0	18	4.50
[445]	Candidatus_*Chloroploca*	1	0	0	17	4.50
[446]	热卵形菌属(*Thermovum*)	6	0	6	6	4.50
[447]	丹毒丝菌科_UCG-004的一属(丹 richaceae_UCG-004)	0	12	6	0	4.50
[448]	狭义梭菌属_15(*Clostridium*_sensu_stricto_15)	0	18	0	0	4.50
[449]	未培养浮霉菌科的一属(Planctomycetaceae_uncultured)	0	0	4	13	4.25
[450]	CCU22_norank	5	0	4	8	4.25
[451]	红寡食菌属(*Rhodoligotrophos*)	8	0	4	5	4.25
[452]	食烃菌属(*Hydrocarboniphaga*)	17	0	0	0	4.25
[453]	糖芽胞杆菌属(*Saccharibacillus*)	17	0	0	0	4.25
[454]	假海弯曲菌属(*Pseudomaricurvus*)	0	0	17	0	4.25
[455]	食纤维菌属(*Byssovorax*)	0	0	0	16	4.00
[456]	未分类梭菌纲的一属(Clostridia_unclassified)	0	0	0	16	4.00
[457]	OM190_norank	0	0	0	16	4.00
[458]	未培养疣微菌科的一属(Verrucomicrobiaceae_uncultured)	1	0	4	11	4.00
[459]	未分类酸微菌科的一属(Acidimicrobiaceae_unclassified)	7	0	0	9	4.00
[460]	TA06_norank	14	0	0	2	4.00
[461]	A0839_norank	16	0	0	0	4.00
[462]	土样杆菌属(*Edaphobacter*)	16	0	0	0	4.00
[463]	普罗维登斯菌属(*Providencia*)	0	16	0	0	4.00
[464]	生未分类丝单胞菌科的一属(Hyphomonadaceae_unclassified)	0	0	0	15	3.75
[465]	Parcubacteria_norank	0	0	0	15	3.75
[466]	军团菌属(*Legionella*)	0	0	1	14	3.75
[467]	ML80_norank	1	0	2	12	3.75
[468]	亚硝酸螺菌属(*Nitrosospira*)	0	0	3	12	3.75
[469]	未定地位丛毛单胞菌科的一属(Comamonadaceae_norank)	14	0	0	1	3.75
[470]	微保中心菌属(*Emticicia*)	15	0	0	0	3.75
[471]	沼泽杆菌属(*Telmatobacter*)	15	0	0	0	3.75
[472]	未分类伯克氏菌科的一属(Burkholderiaceae_unclassified)	14	0	1	0	3.75
[473]	厌氧产孢杆菌属(*Anaerosporobacter*)	3	12	0	0	3.75
[474]	气球菌属(*Aerococcus*)	0	15	0	0	3.75
[475]	Family_XIII_AD3011_group	0	15	0	0	3.75
[476]	未培养紫单胞菌科的一属(Porphyromonadaceae_uncultured)	0	15	0	0	3.75
[477]	I-10_norank	0	0	2	12	3.50
[478]	未分类红环菌科的一属(Rhodocyclaceae_unclassified)	0	0	3	11	3.50
[479]	OCS116_clade_norank	0	0	4	10	3.50
[480]	污泥产孢菌属(*Lutispora*)	14	0	0	0	3.50
[481]	溶杆菌属(*Lysobacter*)	14	0	0	0	3.50

续表

序号	细菌属	AUG_CK	AUG_H	AUG_L	AUG_PM	平均值
[482]	玫瑰球菌属（*Roseococcus*）	14	0	0	0	3.50
[483]	橙色菌属（*Sandaracinus*）	8	6	0	0	3.50
[484]	厌氧棍状菌属（*Anaerotruncus*）	0	0	14	0	3.50
[485]	未定地位拟杆菌目_UCG-001 的一属（Bacteroidales_UCG-001_norank）	0	13	1	0	3.50
[486]	博戈里亚湖菌属（*Bogoriella*）	0	14	0	0	3.50
[487]	默多克氏菌属（*Murdochiella*）	0	14	0	0	3.50
[488]	未培养好杆菌科的一属（Rhodobacteraceae_uncultured）	0	14	0	0	3.50
[489]	居姬松菇菌属（*Agaricicola*）	0	0	0	13	3.25
[490]	硫化芽胞杆菌属（*Sulfobacillus*）	0	0	0	13	3.25
[491]	共生小杆菌属（*Symbiobacterium*）	0	0	0	13	3.25
[492]	候选_捕食菌属（Candidatus_Captivus）	0	0	7	6	3.25
[493]	小月菌属（*Microlunatus*）	13	0	0	0	3.25
[494]	黏液杆菌属（*Mucilaginibacter*）	13	0	0	0	3.25
[495]	*Simiduia*	13	0	0	0	3.25
[496]	热密卷菌属（*Thermocrispum*）	13	0	0	0	3.25
[497]	硫碱螺菌属（*Thioalkalispira*）	1	0	0	11	3.00
[498]	密螺旋体属_2（*Treponema_2*）	0	4	7	1	3.00
[499]	双球菌属（*Geminicoccus*）	12	0	0	0	3.00
[500]	vadinBC27_wastewater-sludge_group	0	9	3	0	3.00
[501]	热粪杆菌属（*Caldicoprobacter*）	0	12	0	0	3.00
[502]	玫瑰易变菌属（*Roseovarius*）	0	12	0	0	3.00
[503]	未分类芽单胞菌科的一属（Gemmatimonadaceae_unclassified）	0	0	0	11	2.75
[504]	居蟋蟀菌属（*Gryllotalpicola*）	0	0	0	11	2.75
[505]	SM2D12_norank	0	0	0	11	2.75
[506]	华诊体属（*Waddlia*）	0	0	0	11	2.75
[507]	未培养产碱菌科的一属（Alcaligenaceae_uncultured）	1	0	0	10	2.75
[508]	盖亚菌属（*Gaiella*）	0	0	1	10	2.75
[509]	CA002_norank	11	0	0	0	2.75
[510]	未分类土生杆菌目的一属（Chthoniobacterales_unclassified）	11	0	0	0	2.75
[511]	压缩杆菌属（*Constrictibacter*）	11	0	0	0	2.75
[512]	食蛋白质菌属（*Proteiniborus*）	0	0	0	10	2.50
[513]	Elev-16S-1332_norank	0	0	1	9	2.50
[514]	土生杆菌属（*Chthoniobacter*）	1	0	5	4	2.50
[515]	叉形厌氧棍状菌群（*Anaerorhabdus_furcosa*_group）	0	0	7	3	2.50
[516]	未分类副衣原体科的一属（Parachlamydiaceae_unclassified）	8	0	0	2	2.50
[517]	候选_土壤杆菌属（Candidatus_Solibacter）	4	0	4	2	2.50
[518]	P3OB-42_norank	10	0	0	0	2.50
[519]	沉积物杆菌属（*Sedimentibacter*）	1	0	9	0	2.50
[520]	星状菌属（*Stella*）	2	0	0	7	2.25
[521]	陶厄尔氏菌属（*Thauera*）	3	0	3	3	2.25
[522]	代尔夫特菌属（*Delftia*）	9	0	0	0	2.25
[523]	未分类黏球菌目的一属（Myxococcales_unclassified）	9	0	0	0	2.25
[524]	孢鱼菌属（*Sporichthya*）	9	0	0	0	2.25
[525]	env. OPS_17_norank	9	0	0	0	2.25
[526]	普雷沃氏菌属_1（*Prevotella_1*）	0	0	9	0	2.25

序号	细菌属	AUG_CK	AUG_H	AUG_L	AUG_PM	平均值
[527]	黄弯菌属(*Flaviflexus*)	0	9	0	0	2.25
[528]	未分类浮霉菌科的一属(Planctomycetaceae_unclassified)	0	0	0	8	2.00
[529]	未培养嗜热孢毛菌科的一属(Thermosporotrichaceae_uncultured)	0	0	1	7	2.00
[530]	泛生杆菌属(*Vulgatibacter*)	0	0	1	7	2.00
[531]	伍兹霍尔菌属(*Woodsholea*)	6	0	1	1	2.00
[532]	未分类变形菌门的一属(Proteobacteria_unclassified)	8	0	0	0	2.00
[533]	氨基酸小杆菌属(*Aminobacterium*)	0	8	0	0	2.00
[534]	懒惰颗粒菌属(*Ignavigranum*)	0	8	0	0	2.00
[535]	束毛球菌属(*Trichococcus*)	0	8	0	0	2.00
[536]	未培养海滑茵科的一属(Marinilabiaceae_uncultured)	0	7	0	0	1.75
[537]	43F-1404R_norank	0	0	0	6	1.50
[538]	AKIW659_norank	0	0	0	6	1.50
[539]	热芽胞杆菌属(*Thermobacillus*)	0	0	0	6	1.50
[540]	未培养科里氏小杆菌科的一属(Coriobacteriaceae_uncultured)	0	0	2	4	1.50
[541]	食草酸菌属(*Oxalophagus*)	0	0	2	4	1.50
[542]	厌氧棍状菌属(*Anaerofustis*)	0	0	4	2	1.50
[543]	施氏菌属(*Schwartzia*)	0	0	4	2	1.50
[544]	WCHB1-60_norank	6	0	0	0	1.50
[545]	未分类互养菌科的一属(Synergistaceae_unclassified)	0	0	6	0	1.50
[546]	未培养丹毒丝菌科的一属(Erysipelotrichaceae_uncultured)	0	6	0	0	1.50
[547]	醋弧菌属(*Acetivibrio*)	0	0	0	5	1.25
[548]	未分类疣微菌科的一属(Verrucomicrobiaceae_unclassified)	0	0	0	5	1.25
[549]	柯林斯氏菌属(*Collinsella*)	0	3	0	2	1.25
[550]	未培养噬甲基菌科的一属(Methylophilaceae_uncultured)	5	0	0	0	1.25
[551]	古字状菌属(*Runella*)	5	0	0	0	1.25
[552]	泰泽氏菌属(*Tyzzerella*)	5	0	0	0	1.25
[553]	未分类科_XIV(Family_XIV_norank)	0	5	0	0	1.25
[554]	KD4-96_norank	0	0	0	4	1.00
[555]	红色杆菌属(*Rubrobacter*)	0	0	0	4	1.00
[556]	未培养绿弯菌门的一属(Chloroflexi_uncultured)	4	0	0	0	1.00
[557]	甲基杆状菌属(*Methylobacillus*)	3	1	0	0	1.00
[558]	未定地位梭菌科_vadinBB60群的一属(Clostridiales_vadinBB60_group_norank)	0	4	0	0	1.00
[559]	海洋小螺菌属(*Marinospirillum*)	0	4	0	0	1.00
[560]	脱亚硫酸小杆菌属(*Desulfitobacterium*)	0	0	0	3	0.75
[561]	瘤胃球菌科_NK4A214群的一属(Ruminococcaceae_NK4A214_group)	0	0	3	0	0.75
[562]	瘤胃梭菌属_5(*Ruminiclostridium*_5)	0	3	0	0	0.75
[563]	瘤胃梭菌属(*Ruminiclostridium*)	0	0	0	2	0.50
[564]	Subgroup_18_norank	0	0	0	2	0.50
[565]	沼泽小螺菌属(*Telmatospirillum*)	2	0	0	0	0.50
[566]	未分类拟杆菌目的一属(Bacteroidales_unclassified)	0	0	2	0	0.50

注：表中未能翻译的细菌属均无中文译名。

2. 前 10 种含量最高的细菌属数量比较

异位微生物发酵床不同处理组 TOP10 细菌属数量（reads）结构见图 4-9，从图 4-9 可知不同处理组细菌属数量结构差异显著，垫料原料组（AUG_CK）前 3 个数量最大的细菌属分别为肠杆菌属（*Enterobacter*）（29110）、鞘脂小杆菌属（*Sphingobacterium*）（13790）、橄榄形杆菌属（*Olivibacter*）（6677）；深发酵垫料组（AUG_H）前 3 个数量最大的细菌属分别为橄榄形杆菌属（*Olivibacter*）（8051）、短状小杆菌属（*Brachybacterium*）（7153）、狭义梭菌属_1（*Clostridium_sensu_stricto_1*）（6695）；浅发酵垫料（AUG_L）前 3 个数量最大的细菌属分别为金黄小杆菌属（*Chryseobacterium*）（17154）、漠河杆菌属（*Moheibacter*）（14920）、未培养噬几丁质菌属（*Chitinophagaceae_uncultured*）（6919）；未发酵猪粪（AUG_PM）前 3 个数量最大的细菌属分别为未培养厌氧绳菌属（*Anaerolineaceae_uncultured*）（15280）、太白山菌属（*Taibaiella*）（5873）、芽胞杆菌属（*Bacillus*）（5392）。

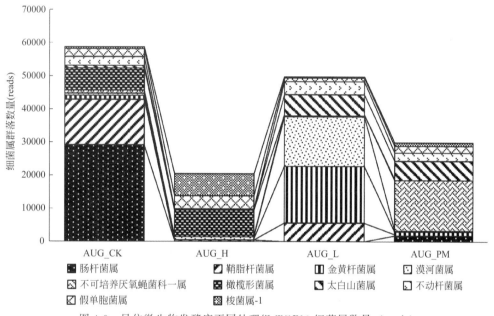

图 4-9 异位微生物发酵床不同处理组 TOP10 细菌属数量（reads）

3. 细菌属主要种类在异位发酵床不同处理组中的作用

从细菌属的角度考虑，原料垫料组（AUG_CK）和未发酵猪粪组（AUG_PM）提供细菌属群落的来源，作为发酵初始阶段的细菌菌种，前者主要的细菌属有肠杆菌属（*Enterobacter*）（26712）、鞘脂小杆菌属（*Sphingobacterium*）（12598）、橄榄形杆菌属（*Olivibacter*）（6088），后者主要的细菌属有（*Anaerolineaceae_uncultured*）（未培养厌氧绳菌属）（13419）、太白山菌属（*Taibaiella*）（5153）、芽胞杆菌属（*Bacillus*）（4736）、未定地位糖杆菌门的一属（*Saccharibacteria_norank*）（4242）；经过浅发酵阶段（AUG_L），猪粪垫料开始发酵转化，金黄杆菌属（*Chryseobacterium*）（16393）、漠河杆属（*Moheibacter*）（14250）发挥主要作用；经过深发酵阶段（AUG_H），猪粪垫料的碳氮比下降，7 个细菌属起到主要作用，即橄榄形杆菌属（*Olivibacter*）（8051）、短状小杆菌属（*Brachybacterium*）（7153）、狭义梭菌属_1（*Clostridium_sensu_stricto_1*）（6695）、未培养鞘脂杆菌科的一属（*Sphingobacteriaceae_uncultured*）（5329）、食烷菌属（*Alcanivorax*）（5196）；研究结果表明：猪粪垫料发酵系统菌种来源于垫料和猪粪，猪粪以 *Anaerolineaceae_uncultnred*（未培养厌氧绳菌属）为主，垫料以肠杆菌属（*Enterobacter*）为主；浅发酵阶段主要是金黄小杆菌属（*Chryseobacterium*）起主要作用，深发酵阶段主要是橄榄形杆菌属（*Olivibacter*）起主要作用。

六、细菌种数量（reads）分布结构

1. 细菌种宏基因组检测

异位发酵床不同处理组共分析检测到 838 个细菌种，不同处理组的细菌科种类差异显著，垫料原料组（AUG_CK）含有 508 个细菌种，数量最大的是未分类肠杆菌（*Enterobacter_unclassified*）（27347）；深发酵垫料组（AUG_H）含有 249 个细菌种，数量最大的是未分类小杆菌（*Brachybacterium_unclassified*）（7153）；浅发酵垫料组（AUG_L）含有 192 个细菌科，数量最大的是未分类金黄小杆菌（*Chryseobacterium_unclassified*）（16324）；未发酵猪粪组（AUG_PM）含有 564 个细菌科，数量最大的是未分类厌氧绳菌（*Anaerolineaceae_unclassified*）（12183）。

2. 前 20 种含量最高的细菌种数量比较

异位微生物发酵床不同处理组平均值排序，TOP10 细菌种数量（reads）结构见图 4-10，从图 4-10 可知不同处理组细菌种数量结构差异显著。垫料原料组（AUG_CK）以未分类肠杆菌（*Enterobacter_unclassified*）数量为最多，深发酵垫料组（AUG_H）以未分类小杆菌（*Brachybacterium_unclassified*）数量为最多，浅发酵垫料（AUG_L）以未分类金黄小杆菌（*Chryseobacterium_unclassified*）数量为最多，未发酵猪粪（AUG_PM）以未分类厌氧绳菌

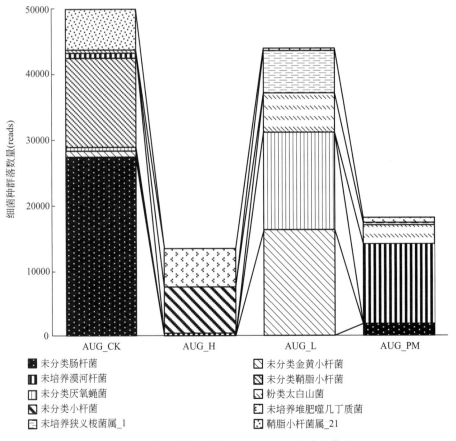

图 4-10　异位微生物发酵床不同处理组 TOP10 细菌种数量（reads）

（*Anaerolineaceae* ＿ unclassified）数量为最多。

以垫料原料组（AUG ＿ CK）细菌种大小排序，垫料原料组（AUG ＿ CK）前 3 个数量最大的细菌种分别为未分类肠杆菌（*Enterobacter* ＿ unclassified）（27347）、未分类鞘脂小杆菌（*Sphingobacterium* ＿ unclassified）（13544）、鞘脂小杆菌＿21（*Sphingobacterium* ＿ sp. ＿ 21）（6466），这些种在其他 3 个处理组数量极低。

以深发酵垫料组（AUG ＿ H）细菌种大小排序，深发酵垫料组（AUG ＿ H）前 3 个数量最大的细菌种分别为未培养短状小杆菌（*Brachybacterium* ＿ unclassified）（7153）、未培养狭义梭菌属＿1（*Clostridium* ＿ sensu ＿ stricto ＿ 1 ＿ uncultured ＿ bacterium）（5753）、未分类食烷菌（*Alcanivorax* ＿ unclassified）（5196），这些种在其他 3 个处理组数量极低。

以浅发酵垫料（AUG ＿ L）细菌种大小排序，浅发酵垫料（AUG ＿ L）前 3 个数量最大的细菌种分别为未培养金黄小杆菌（*Chryseobacterium* ＿ unclassified）（16324）、未培养漠河杆菌（*Moheibacter* ＿ uncultured ＿ bacterium）（14759）、未培养堆肥噬几丁质菌（*Chitinophagaceae* ＿ uncultured ＿ compost ＿ bacterium）（6496），这些种在其他 3 个处理组数量极低。

以未发酵猪粪（AUG ＿ PM）细菌种大小排序，未发酵猪粪（AUG ＿ PM）前 3 个数量最大的细菌种分别为 *Anaerolineaceae* ＿ unclassified（12183）、*Bacillus* ＿ unclassified（3891）、*Luteimonas* ＿ unclassified（3208），这些种在其他 3 个处理组数量极低。

3. 细菌种主要种类在异位发酵床不同处理组中的作用

从细菌种的角度考虑，原料垫料组（AUG ＿ CK）和未发酵猪粪组（AUG ＿ PM）提供细菌种群落的来源，作为发酵初始阶段的细菌菌种，前者主要的细菌种有未分类肠杆菌（*Enterobacter* ＿ unclassified）（25100）、未分类鞘脂小杆菌（*Sphingobacterium* ＿ unclassified）（12375），后者主要的细菌种未分类厌氧绳菌（*Anaerolineaceae* ＿ unclassified）（10682）；经过浅发酵阶段（AUG ＿ L），猪粪垫料开始发酵转化，未培养金黄小杆菌（*Chryseobacterium* ＿ unclassified）（15599）、未培养漠河杆菌（*Moheibacter* ＿ uncultured ＿ bacterium）（14095）发挥主要作用；经过深发酵阶段（AUG ＿ H），猪粪垫料的碳氮比下降，3 个细菌种起到主要作用，即未分类短状杆菌（*Brachybacterium* ＿ unclassified）（7153）、狭义梭菌属＿1（*Clostridium* ＿ sensu ＿ stricto ＿ 1）（5753）、未分类食烷菌（*Alcanivorax* ＿ unclassified）（5196）。研究结果表明：猪粪垫料发酵系统菌种来源于垫料和猪粪，猪粪以厌氧绳菌（*Anaerolinea* sp.）为主，垫料以肠杆菌（*Enterobacterium* sp.）为主；浅发酵阶段主要是金黄小杆菌（*Chryseobacterium* sp.）起主要作用，深发酵阶段主要是短状杆菌（*Brachybacterium* sp.）起主要作用。

｜第二节｜细菌群落种类（OTUs）分布多样性

一、细菌门种类（OTUs）分布结构

异位微生物发酵床细菌门种类（OTUs）多样性分析结果见表 4-6。分析结果表明，不同处理组共检测到 30 个细菌门。不同处理组细菌门的种类组成差异显著，垫料原料组（AUG ＿ CK）变形菌门（Proteobacteria）所含有的种类（OTUs）最多，达 294 种，深发酵垫料组（AUG ＿ H）细菌门种类最多的是厚壁菌门（Firmicutes），达 104 种，前发酵组（AUG ＿ L）细菌门种类最多的是变形菌门（Proteobacteria），达 264 种，未发酵猪粪组

（AUG_PM）细菌门种类最多的是变形菌门（Proteobacteria），达 298 种。

表 4-6　异位微生物发酵床细菌门所含种类（OTUs）

序号	细菌门	AUG_CK	AUG_H	AUG_L	AUG_PM
[1]	变形菌门（Proteobacteria）	294	104	264	298
[2]	拟杆菌门（Bacteroidetes）	157	51	165	123
[3]	放线菌门（Actinobacteria）	69	39	60	93
[4]	厚壁菌门（Firmicutes）	59	114	59	87
[5]	糖细菌门（Saccharibacteria）	36	1	31	33
[6]	绿弯菌门（Chloroflexi）	35	1	34	54
[7]	醋杆菌门（Acidobacteria）	24	1	20	30
[8]	疣微菌门（Verrucomicrobia）	16	0	12	17
[9]	芽单胞菌门（Gemmatimonadetes）	6	2	18	23
[10]	浮霉菌门（Planctomycetes）	6	1	10	16
[11]	装甲菌门（Armatimonadetes）	5	0	5	6
[12]	蓝菌门（Cyanobacteria）	5	0	5	11
[13]	衣原体门（Chlamydiae）	3	0	2	4
[14]	绿菌门（Chlorobi）	3	0	3	2
[15]	小基因组菌门（Microgenomates）	3	0	1	3
[16]	恐球菌-栖热菌门（Deinococcus-Thermus）	1	5	4	3
[17]	纤维杆菌门（Fibrobacteres）	1	0	1	1
[18]	Hydrogenedentes（未定中文学名）	1	0	4	5
[19]	柔膜菌门（Tenericutes）	1	5	5	3
[20]	Parcubacteria（未定中文学名）	0	0	0	2
[21]	螺旋菌门（Spirochaetae）	0	4	3	1
[22]	互养菌门（Synergistetes）	0	1	1	0
[23]	Bacteria_unclassified（未定门分类地位）	2	0	2	2
[24]	Candidate_division_WS6（未定门分类地位）	4	0	0	1
[25]	TM6（未定门分类地位）	2	0	2	3
[26]	WD272（未定门分类地位）	2	0	0	0
[27]	SHA-109（未定门分类地位）	1	0	1	1
[28]	TA06（未定门分类地位）	1	0	0	1
[29]	WCHB1-60（未定门分类地位）	1	0	0	0
[30]	SM2F11（未定门分类地位）	0	0	1	1

　　不同处理组前 3 个含量最高的细菌门的组成不同（图 4-11），垫料原料组（AUG_CK）的细菌门组成为变形菌门（Proteobacteria）（294）、拟杆菌门（Bacteroidetes）（157）、放线菌门（Actinobacteria）（69）；深发酵垫料组（AUG_H）的细菌门组成为 Firmicutes（114）、变形菌门（Proteobacteria）（104）、拟杆菌门（Bacteroidetes）（51）；浅发酵垫料组（AUG_L）的细菌门组成为变形菌门（Proteobacteria）（264）、拟杆菌门（Bacteroidetes）（165）、放线菌门（Actinobacteria）（60）；未发酵猪粪组（AUG_PM）的细菌门组成为变形菌门（Proteobacteria）（298）、拟杆菌门（Bacteroidetes）（123）、放线菌门（Actinobacteria）（93）。

二、细菌纲种类（OTUs）分布结构

　　异位微生物发酵床不同处理组共检测到 61 个细菌纲（表 4-7）。细菌纲中文参考书后附录。不同处理组细菌纲种类组成差异显著，垫料原料组（AUG_CK）含有 48 个细菌纲，深发酵垫料组（AUG_H）含有 22 个细菌纲，浅发酵垫料组（AUG_L）含有 51 个细菌纲，未发酵猪粪组（AUG_L）含有 54 个细菌纲。

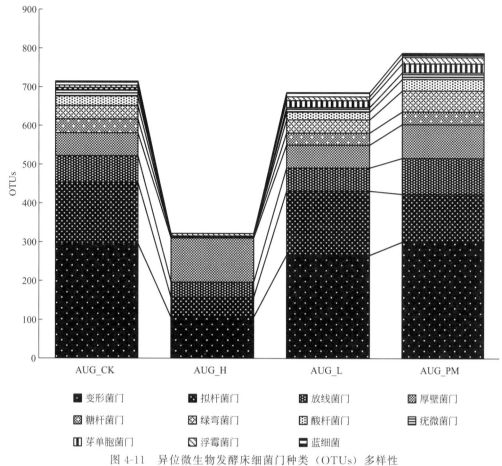

图 4-11 异位微生物发酵床细菌门种类（OTUs）多样性

图例：■变形菌门 ■拟杆菌门 ■放线菌门 ■厚壁菌门 ■糖杆菌门 ■绿弯菌门 ■酸杆菌门 ■疣微菌门 ■芽单胞菌门 ■浮霉菌门 ■蓝细菌

表 4-7 异位微生物发酵床细菌纲所含种类（OTUs）

序号	细菌纲	AUG_CK	AUG_H	AUG_L	AUG_PM
[1]	α-变形菌纲（Alphaproteobacteria）	120	18	110	121
[2]	鞘脂杆菌纲（Sphingobacteriia）	100	18	93	77
[3]	γ-变形菌纲（Gammaproteobacteria）	94	51	76	92
[4]	放线菌纲（Actinobacteria）	69	39	60	93
[5]	β-变形菌纲（Betaproteobacteria）	58	27	50	56
[6]	黄杆菌纲（Flavobacteriia）	36	16	39	27
[7]	未定地位糖杆菌门的一纲（Saccharibacteria_norank）	36	1	31	33
[8]	芽胞杆菌纲（Bacilli）	35	39	23	49
[9]	酸杆菌纲（Acidobacteria）	24	1	20	30
[10]	梭菌纲（Clostridia）	22	58	30	31
[11]	δ-变形菌纲（Deltaproteobacteria）	20	8	28	28
[12]	纤维粘网菌纲（Cytophagia）	19	4	11	15
[13]	厌氧绳菌纲（Anaerolineae）	14	1	12	13
[14]	热微菌纲（Thermomicrobia）	8	0	6	14
[15]	芽单胞菌门（Gemmatimonadetes）	6	2	18	23
[16]	斯巴达菌纲（Spartobacteria）	6	0	5	6
[17]	未定地位装甲菌门的一纲（Armatimonadetes_norank）	5	0	5	6

序号	细菌纲	AUG_CK	AUG_H	AUG_L	AUG_PM
[18]	绿弯菌纲(Chloroflexia)	5	0	4	6
[19]	蓝细菌纲(Cyanobacteria)	5	0	5	11
[20]	暖绳菌纲(Caldilineae)	4	0	4	5
[21]	Candidate_division_WS6_norank	4	0	1	1
[22]	OPB35_soil_group	4	0	2	6
[23]	疣微菌纲(Verrucomicrobiae)	4	0	3	3
[24]	衣原体纲(Chlamydiae)	3	0	2	4
[25]	绿菌纲(Chlorobia)	3	0	2	1
[26]	未定地位微基因组菌门的一纲 (Microgenomates_norank)	3	0	1	3
[27]	海藻球菌纲(Phycisphaerae)	3	0	4	6
[28]	浮霉菌纲(Planctomycetacia)	3	1	6	9
[29]	Bacteria_unclassified	2	0	2	2
[30]	丰佑菌纲(Opitutae)	2	0	2	2
[31]	S085	2	0	2	3
[32]	TM6_norank	2	0	2	3
[33]	WD272_norank	2	0	0	0
[34]	拟杆菌门_VC2.1_Bac22的一纲 (Bacteroidetes_VC2.1_Bac22)	1	0	2	0
[35]	未分类拟杆菌门等一纲 (Bacteroidetes_unclassified)	1	0	2	0
[36]	未分类绿弯菌门的一纲(Chloroflexi_uncultured)	1	0	0	0
[37]	异常球菌纲(Deinococci)	1	5	4	3
[38]	丹毒丝菌纲(Erysipelotrichia)	1	15	4	3
[39]	纤维杆菌纲(Fibrobacteria)	1	0	1	1
[40]	Hydrogenedentes_norank	1	0	4	5
[41]	柔膜菌纲(Mollicutes)	1	5	5	3
[42]	阴壁菌纲(Negativicutes)	1	0	2	2
[43]	未分类变形菌门的一纲 (Proteobacteria_unclassified)	1	0	0	0
[44]	SHA-109_norank	1	0	1	1
[45]	TA06_norank	1	0	0	1
[46]	TA18	1	0	0	1
[47]	TK10	1	0	2	5
[48]	WCHB1-60_norank	1	0	0	0
[49]	热链状菌纲(Ardenticatenia)	0	0	1	1
[50]	拟杆菌纲(Bacteroidia)	0	13	18	4
[51]	未分类绿弯菌门的一纲(Chloroflexi_unclassified)	0	0	1	1
[52]	懒惰杆菌纲(Ignavibacteria)	0	0	1	1
[53]	JG30-KF-CM66	0	0	1	4
[54]	KD4-96	0	0	0	1
[55]	丝状杆菌纲(Ktedonobacteria)	0	0	1	1
[56]	OM190	0	0	0	1
[57]	OPB54	0	2	0	2
[58]	Parcubacteria_norank	0	0	0	2
[59]	SM2F11_norank	0	0	1	1
[60]	螺旋体菌纲(Spirochaetes)	0	4	3	1
[61]	互养菌纲(Synergistia)	0	1	1	0
[62]	α-变形菌纲(Alphaproteobacteria)	120	18	110	121

续表

序号	细菌纲	AUG_CK	AUG_H	AUG_L	AUG_PM
[63]	鞘脂杆菌纲(Sphingobacteriia)	100	18	93	77
[64]	γ-变形菌纲(Gammaproteobacteria)	94	51	76	92
[65]	放线菌纲(Actinobacteria)	69	39	60	93
[66]	β-变形菌纲(Betaproteobacteria)	58	27	50	56
[67]	黄杆菌纲(Flavobacteriia)	36	16	39	27
[68]	未定地位糖杆菌门的一纲(Saccharibacteria_norank)	36	1	31	33
[69]	芽胞杆菌纲(Bacilli)	35	39	23	49
[70]	酸杆菌纲(Acidobacteria)	24	1	20	30
[71]	梭菌纲(Clostridia)	22	58	30	31
[72]	δ-变形菌纲(Deltaproteobacteria)	20	8	28	28
[73]	纤维黏网菌纲(Cytophagia)	19	4	11	15
[74]	厌氧绳菌纲(Anaerolineae)	14	1	12	13
[75]	热微菌纲(Thermomicrobia)	8	0	6	14
[76]	芽单胞菌纲(Gemmatimonadetes)	6	2	18	23
[77]	斯巴达菌纲(Spartobacteria)	6	0	5	6
[78]	未分类装甲菌门的一纲(Armatimonadetes_norank)	5	0	5	6
[79]	绿弯菌纲(Chloroflexia)	5	0	4	6
[80]	蓝细菌纲(Cyanobacteria)	5	0	5	11
[81]	暖绳菌纲(Caldilineae)	4	0	4	5
[82]	Candidate_division_WS6_norank	4	0	1	1
[83]	OPB35_soil_group	4	0	2	6
[84]	疣微菌纲(Verrucomicrobiae)	4	0	3	3
[85]	衣原体纲(Chlamydiae)	3	0	2	4
[86]	绿菌纲(Chlorobia)	3	0	2	1
[87]	未定地位微基因组菌门的一纲(Microgenomates_norank)	3	0	1	3
[88]	海藻球菌纲(Phycisphaerae)	3	0	4	6
[89]	浮霉菌纲(Planctomycetacia)	3	1	6	9
[90]	Bacteria_unclassified	2	0	2	2
[91]	丰佑菌纲(Opitutae)	2	0	2	2
[92]	S085	2	0	2	2
[93]	TM6_norank	2	0	2	3
[94]	WD272_norank	2	0	0	0
[95]	拟杆菌门_VC2.1_Bac22的一纲(Bacteroidetes_VC2.1_Bac22)	1	0	2	0
[96]	未分类拟杆菌门等一纲(Bacteroidetes_unclassified)	1	0	2	0
[97]	未培养绿弯菌门的一纲(Chloroflexi_uncultured)	1	0	0	0
[98]	异常球菌纲(Deinococci)	1	5	4	3
[99]	丹毒丝菌纲(Erysipelotrichia)	1	15	4	3
[100]	纤维杆菌纲(Fibrobacteria)	1	0	1	1
[101]	Hydrogenedentes_norank	1	0	4	5
[102]	柔膜菌纲(Mollicutes)	1	5	5	3
[103]	阴壁菌纲(Negativicutes)	1	0	2	2
[104]	未分类变形菌门的一纲(Proteobacteria_unclassified)	1	0	0	0

续表

序号	细菌纲	AUG_CK	AUG_H	AUG_L	AUG_PM
[105]	SHA-109_norank	1	0	1	1
[106]	TA06_norank	1	0	0	1
[107]	TA18	1	0	0	1
[108]	TK10	1	0	2	5
[109]	WCHB1-60_norank	1	0	0	0
[110]	热链状菌纲(Ardenticatenia)	0	0	1	1
[111]	拟杆菌纲(Bacteroidia)	0	13	18	4
[112]	未分类绿弯菌门的一纲(Chloroflexi_unclassified)	0	0	1	1
[113]	懒惰杆菌纲(Ignavibacteria)	0	0	1	1
[114]	JG30-KF-CM66	0	0	1	4
[115]	KD4-96	0	0	0	1
[116]	丝状杆菌纲(Ktedonobacteria)	0	0	1	1
[117]	OM190	0	0	0	1
[118]	OPB54	0	2	0	2
[119]	Parcubacteria_norank	0	0	0	2
[120]	SM2F11_norank	0	0	1	1
[121]	螺旋体纲(Spirochaetes)	0	4	3	1
[122]	互养菌纲(Synergistia)	0	1	1	0

不同处理组细菌纲种类组成差异显著（图 4-12），垫料原料组（AUG_CK）前 3 个含量最高的细菌纲的组成为 α-变形菌纲（Alphaproteobacteria）（120）、鞘脂杆菌纲（Sphingobacteriia）（100）、γ-变形菌纲（Gammaproteobacteria）（94）；深发酵垫料组（AUG_H）前 3 个含量最高的细菌纲的组成为梭菌纲（Clostridia）（58）、γ-变形菌纲（Gammaproteobacteria）（51）、Actinobacteria（39）；浅发酵垫料组（AUG_L）前 3 个含量最高的细

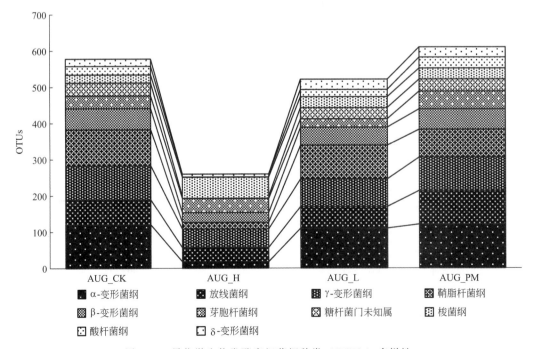

图 4-12 异位微生物发酵床细菌纲种类（OTUs）多样性

菌纲的组成为 α-变形菌纲 （Alphaproteobacteria）（110）、鞘脂杆菌纲（Sphingobacteriia）（93）、γ-变形菌纲 （Gammaproteobacteria）（76）；未发酵猪粪组（AUG_PM）前 3 个含量最高的细菌纲的组成为 α-变形菌纲 （Alphaproteobacteria）（121）、放线菌纲（Actinobacteria）（93）、γ-变形菌纲 （Gammaproteobacteria）（92）。

三、细菌目种类（OTUs）分布结构

异位微生物发酵床不同处理组共检测到 130 个细菌目 （表 4-8）。细菌目中文参考书后附录。不同处理组细菌目种类组成差异显著，垫料原料组（AUG_CK）含有 92 个细菌目，深发酵垫料组（AUG_H）含有 52 个细菌目，浅发酵垫料组（AUG_L）含有 102 个细菌目，未发酵猪粪组（AUG_PM）含有 109 个细菌目。

表 4-8　异位微生物发酵床细菌目所含种类（OTUs）

序号	细菌目	AUG_CK	AUG_H	AUG_L	AUG_PM
[1]	鞘脂杆菌（Sphingobacteriales）	100	18	93	77
[2]	伯克氏菌目（Burkholderiales）	50	25	41	44
[3]	根瘤菌目（Rhizobiales）	47	7	46	48
[4]	黄单胞菌目（Xanthomonadales）	38	7	36	41
[5]	黄杆菌目（Flavobacteriales）	36	16	39	27
[6]	未定地位糖细菌门的一目（Saccharibacteria_norank）	36	1	31	33
[7]	红螺菌目（Rhodospirillales）	35	1	26	33
[8]	芽胞杆菌目（Bacillales）	34	27	21	48
[9]	梭菌目（Clostridiales）	22	57	30	30
[10]	假单胞菌目（Pseudomonadales）	20	17	17	20
[11]	噬纤维菌目（Cytophagales）	19	3	9	13
[12]	鞘脂单胞菌目（Sphingomonadales）	17	3	15	14
[13]	厌氧绳菌目（Anaerolineales）	14	1	12	13
[14]	柄杆菌目（Caulobacterales）	13	1	12	13
[15]	微球菌目（Micrococcales）	13	19	11	14
[16]	肠杆菌目（Enterobacteriales）	12	6	3	10
[17]	黏球菌目（Myxococcales）	11	4	10	11
[18]	酸微菌目（Acidimicrobiales）	10	1	11	17
[19]	丙酸杆菌目（Propionibacteriales）	10	2	10	12
[20]	假单胞菌目（Pseudonocardiales）	10	1	1	7
[21]	军团菌目（Legionellales）	9	0	3	6
[22]	Subgroup_6[①]	9	1	10	16
[23]	海洋螺菌目（Oceanospirillales）	7	9	7	5
[24]	土生杆菌目（Chthoniobacterales）	6	0	5	6
[25]	芽单胞菌目（Gemmatimonadales）	6	0	10	12
[26]	JG30-KF-CM45[①]	6	0	2	8
[27]	Subgroup_3[①]	6	0	5	6
[28]	未定地位装甲菌门的一目（Armatimonadetes_norank）	5	0	5	6
[29]	棒小杆菌目（Corynebacteriales）	5	9	11	9
[30]	土壤红色杆菌目（Solirubrobacterales）	5	0	5	6
[31]	链孢囊菌目（Streptosporangiales）	5	4	2	7
[32]	酸杆菌目（Acidobacteriales）	4	0	1	3
[33]	蛭弧菌目（Bdellovibrionales）	4	1	8	4
[34]	暖绳菌目（Caldilineales）	4	0	4	5
[35]	Candidate_division_WS6_norank[①]	4	0	1	1
[36]	绿弯菌目（Chloroflexales）	4	0	4	6

序号	细菌目	AUG_CK	AUG_H	AUG_L	AUG_PM
[37]	OPB35_soil_group_norank①	4	0	2	6
[38]	Subgroup_4①	4	0	4	4
[39]	疣微菌目（Verrucomicrobiales）	4	0	3	3
[40]	纤维弧菌目（Cellvibrionales）①	3	4	4	1
[41]	衣原体目（Chlamydiales）	3	0	2	4
[42]	绿菌目（Chlorobiales）	3	0	2	1
[43]	弗兰克氏菌目（Frankiales）	3	0	2	2
[44]	GR-WP33-30①	3	0	3	3
[45]	噬甲基菌目（Methylophilales）	3	1	0	0
[46]	未定地位微基因组菌门的一目（Microgenomates_norank）	3	0	1	3
[47]	海藻球菌目（Phycisphaerales）	3	0	4	6
[48]	浮霉菌目（Planctomycetales）	3	1	6	9
[49]	红杆菌目（Rhodobacterales）	3	6	3	3
[50]	立克次氏体目（Rickettsiales）	3	0	4	5
[51]	链霉菌目（Streptomycetales）	3	1	1	3
[52]	未分类 α-变形菌纲的一目（Alphaproteobacteria_unclassified）	2	0	2	3
[53]	未分类细菌（Bacteria_unclassified）	2	0	2	2
[54]	未定地位蓝细菌门的一目（Cyanobacteria_norank）	2	0	4	5
[55]	动孢菌目（Kineosporiales）	2	0	0	2
[56]	微单胞菌目（Micromonosporales）	2	0	1	3
[57]	NKB5①	2	0	2	2
[58]	寡食弯菌目（Oligoflexales）	2	0	3	7
[59]	丰佑菌目（Opitutales）	2	0	2	2
[60]	S085_norank①	2	0	2	3
[61]	SC-I-84①	2	0	1	2
[62]	TM6_norank①	2	0	2	3
[63]	蝙蝠弧菌目（Vampirovibrionales）	2	0	0	5
[64]	WD272_norank①	2	0	0	0
[65]	AKYG1722①	1	0	2	4
[66]	无胆甾原体目（Acholeplasmatales）	1	3	1	0
[67]	气单胞菌目（Aeromonadales）	1	0	0	0
[68]	未定地位拟杆菌门_VC2.1_Bac22 的一目（Bacteroidetes_VC2.1_Bac22_norank）	1	0	2	0
[69]	未分类拟杆菌门的一目（Bacteroidetes_unclassified）	1	0	2	0
[70]	未培养绿弯菌门的一目（Chloroflexi_uncultured）	1	0	0	0
[71]	着色菌目（Chromatiales）	1	1	1	2
[72]	未分类蓝细菌门的一目（Cyanobacteria_unclassified）	1	0	1	1
[73]	异常球菌目（Deinococcales）	1	5	4	3
[74]	丹毒丝菌目（Erysipelotrichales）	1	15	4	3
[75]	纤维杆菌目（Fibrobacterales）	1	0	1	1
[76]	盖亚菌目（Gaiellales）	1	0	3	6
[77]	未分类 γ-变形菌纲的一目（Gammaproteobacteria_unclassified）	1	2	2	4
[78]	爬管菌目（Herpetosiphonales）	1	0	0	0
[79]	Hydrogenedentes_norank	1	0	4	5
[80]	乳杆菌目（Lactobacillales）	1	12	2	1
[81]	亚硝化单胞菌目（Nitrosomonadales）	1	0	4	5
[82]	未分类变形菌门的一目（Proteobacteria_unclassified）	1	0	0	0

续表

序号	细菌目	AUG_CK	AUG_H	AUG_L	AUG_PM
[83]	红环菌目(Rhodocyclales)	1	1	2	2
[84]	SHA-109_norank①	1	0	1	1
[85]	月形单胞菌目(Selenomonadales)	1	0	2	2
[86]	球形杆菌目(Sphaerobacterales)	1	0	2	2
[87]	Subgroup_10①	1	0	0	0
[88]	TA06_norank①	1	0	0	1
[89]	TA18_norank①	1	0	0	1
[90]	TK10_norank①	1	0	2	5
[91]	TRA3-20①	1	0	1	2
[92]	WCHB1-60_norank①	1	0	0	0
[93]	43F-1404R①	0	0	0	1
[94]	AT425-EubC11_terrestrial_group①	0	1	2	3
[95]	未分类放线菌门的一目(Actinobacteria_unclassified)	0	0	1	2
[96]	放线菌目(Actinomycetales)	0	1	0	0
[97]	别样单胞菌目(Alteromonadales)	0	3	0	0
[98]	热链状菌目(Ardenticatenales)	0	0	1	1
[99]	B1-7BS①	0	0	1	1
[100]	BD2-11_terrestrial_group①	0	1	0	0
[101]	拟杆菌目(Bacteroidales)	0	13	18	4
[102]	未分类绿弯菌门的一目(Chloroflexi_unclassified)	0	0	1	1
[103]	未分类梭菌纲的一目(Clostridia_unclassified)	0	0	0	1
[104]	科里氏小杆菌目(Coriobacteriales)	0	1	1	2
[105]	DB1-14①	0	0	1	1
[106]	未分类 δ-变形菌纲的一目(Deltaproteobacteria_unclassified)	0	2	0	0
[107]	脱硫弧菌目(Desulfovibrionales)	0	1	2	1
[108]	除硫单胞菌目(Desulfuromonadales)	0	0	1	0
[109]	未定地位芽单胞菌门的一目(Gemmatimonadetes_norank)	0	0	6	8
[110]	懒惰杆菌目(Ignavibacteriales)	0	0	1	1
[111]	JG30-KF-CM66_norank①	0	0	1	4
[112]	KD4-96_norank①	0	0	0	1
[113]	纤线杆菌目(Ktedonobacterales)	0	0	1	1
[114]	甲基球菌目(Methylococcales)	0	0	1	1
[115]	柔膜菌门_RF9 目(Mollicutes_RF9)	0	2	4	3
[116]	OCS116_clade①	0	0	1	1
[117]	OM190_norank①	0	0	0	1
[118]	OPB54_norank①	0	2	0	2
[119]	Order_Ⅱ①	0	0	2	2
[120]	Order_Ⅲ①	0	1	0	0
[121]	Order_Incertae_Sedis①	0	1	0	0
[122]	Parcubacteria_norank①	0	0	0	2
[123]	红色杆菌目(Rubrobacterales)	0	0	0	1
[124]	SM2F11_norank①	0	0	1	1
[125]	Sh765B-TzT-29①	0	0	1	1
[126]	螺旋体目(Spirochaetales)	0	4	3	1
[127]	Subgroup_18①	0	0	0	1

序号	细菌目	AUG_CK	AUG_H	AUG_L	AUG_PM
[128]	互养菌目（Synergistales）	0	1	1	0
[129]	嗜热厌氧菌目（Thermoanaerobacterales）	0	1	0	0
[130]	硫发菌目（Thiotrichales）	0	1	0	0

① 不可培养。

　　不同处理组细菌目种类组成差异显著（图 4-13），垫料原料组（AUG _ CK）前 3 个种类（OTUs）数量最高的细菌目的组成为鞘脂杆菌目（Sphingobacteriales）（100）、伯克氏菌目（Burkholderiales）（50）、根瘤菌目（Rhizobiales）（47）；深发酵垫料组（AUG _ H）前 3 个含量最高的细菌目的组成为梭菌目（Clostridiales）（57）、芽胞杆菌目（Bacillales）（27）、伯克氏菌目（Burkholderiales）（25）；浅发酵垫料组（AUG _ L）前 5 个含量最高的细菌目的组成为鞘脂杆菌目（Sphingobacteriales）（93）、根瘤菌目（Rhizobiales）（46）、伯克氏菌目（Burkholderiales）（41）；未发酵猪粪组（AUG _ PM）前 3 个含量最高的细菌目的组成为鞘脂杆菌目（Sphingobacteriales）（77）、根瘤菌目（Rhizobiales）（48）、伯克氏菌目（Burkholderiales）（44）。

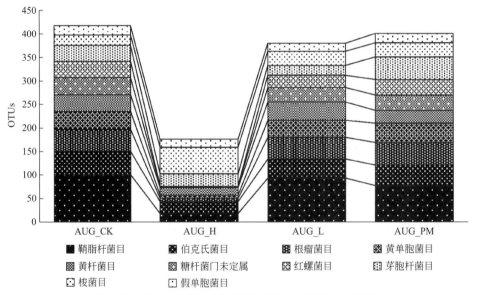

图 4-13　异位微生物发酵床细菌目种类（OTUs）多样性

四、细菌科种类（OTUs）分布结构

　　异位微生物发酵床不同处理组共检测到 264 个细菌科（表 4-9）。细菌科中文参考书后附录。不同处理组细菌科种类组成差异显著，垫料原料组（AUG _ CK）含有 172 个细菌科，深发酵垫料组（AUG _ H）含有 104 个细菌科，浅发酵垫料组（AUG _ L）含有 192 个细菌科，未发酵猪粪组（AUG _ PM）含有 207 个细菌科。

表 4-9　异位微生物发酵床细菌科所含种类（OTUs）

序号	细菌科	AUG_CK	AUG_H	AUG_L	AUG_PM
[1]	噬几丁质菌科（Chitinophagaceae）	61	3	66	56
[2]	未定地位糖杆菌门的一科（Saccharibacteria_norank）	36	1	31	33

序号	细菌科	AUG_CK	AUG_H	AUG_L	AUG_PM
[3]	鞘脂杆菌科(Sphingobacteriaceae)	33	12	23	19
[4]	黄杆菌科(Flavobacteriaceae)	30	15	28	22
[5]	类芽胞杆菌科(Paenibacillaceae)	24	0	12	32
[6]	黄单胞菌科(Xanthomonadaceae)	21	7	22	23
[7]	丛毛单胞菌科(Comamonadaceae)	20	4	19	16
[8]	噬纤维菌科(Cytophagaceae)	19	0	8	10
[9]	红螺菌科(Rhodospirillaceae)	18	1	13	16
[10]	厌氧蝇菌科(Anaerolineaceae)	14	1	12	13
[11]	莫拉菌科(Moraxellaceae)	13	7	12	13
[12]	产碱菌科(Alcaligenaceae)	12	19	11	12
[13]	肠杆菌科(Enterobacteriaceae)	12	6	3	10
[14]	醋杆菌科(Acetobacteraceae)	11	0	4	6
[15]	伯克氏菌科(Burkholderiaceae)	11	1	6	11
[16]	梭菌科_1(Clostridiaceae_1)	11	8	6	11
[17]	柄杆菌科(Caulobacteraceae)	10	1	10	9
[18]	生丝微菌科(Hyphomicrobiaceae)	10	2	12	12
[19]	假诺卡氏科(Pseudonocardiaceae)	10	1	1	7
[20]	柯克斯体科(Coxiellaceae)	9	0	2	5
[21]	类诺卡氏菌科(Nocardioidaceae)	9	2	10	12
[22]	鞘脂单胞菌科(Sphingomonadaceae)	9	1	8	8
[23]	Subgroup_6_norank[①]	9	1	10	16
[24]	根瘤菌目的未定地位科(Rhizobiales_Incertae_Sedis)	8	0	7	8
[25]	未知科(Unknown_Family)	8	0	7	8
[26]	黄单胞菌目的未定地位科(Xanthomonadales_Incertae_Sedis)	8	0	7	6
[27]	假单胞菌科(Pseudomonadaceae)	7	10	5	7
[28]	芽胞杆菌科(Bacillaceae)	6	14	4	7
[29]	芽单胞菌科(Gemmatimonadaceae)	6	0	10	12
[30]	JG30-KF-CM45_norank[①]	6	0	2	8
[31]	毛螺旋菌科(Lachnospiraceae)	6	7	1	0
[32]	微杆菌科(Microbacteriaceae)	6	5	5	7
[33]	草酸杆菌科(Oxalobacteraceae)	6	1	3	4
[34]	未定地位装甲菌门的一科(Armatimonadetes_norank)	5	0	5	6
[35]	甲基杆菌科(Methylobacteriaceae)	5	0	2	4
[36]	叶杆菌科(Phyllobacteriaceae)	5	2	5	5
[37]	未培养黄单胞菌目的一科(Xanthomonadales_uncultured)[①]	5	0	3	8
[38]	未培养酸微菌目的一科(Acidimicrobiales_uncultured)[①]	4	0	5	8
[39]	酸杆菌科亚群_1(Acidobacteriaceae_Subgroup_1)	4	0	1	3
[40]	拜叶林克氏菌科(Beijerinckiaceae)	4	0	3	2
[41]	暖绳菌科(Caldilineaceae)	4	0	4	5
[42]	Candidate_division_WS6_norank	4	0	1	1
[43]	赤杆菌科(Erythrobacteraceae)	4	1	3	3
[44]	OPB35_soil_group_norank	4	0	2	6
[45]	橙色菌科(Sandaracinaceae)	4	3	2	2
[46]	疣微菌科(Verrucomicrobiaceae)	4	0	3	3
[47]	480-2	3	0	3	4
[48]	酸微菌目的未定地位科(Acidimicrobiales_Incertae_Sedis)	3	0	3	3

续表

序号	细菌科	AUG_CK	AUG_H	AUG_L	AUG_PM
[49]	BIrii41	3	0	3	2
[50]	蛭弧菌科(Bdellovibrionaceae)	3	1	4	3
[51]	纤维弧菌科(Cellvibrionaceae)	3	2	3	0
[52]	霜状菌科(Cryomorphaceae)	3	1	7	2
[53]	GR-WP33-30_norank	3	0	3	3
[54]	盐单胞菌科(Halomonadaceae)	3	2	2	1
[55]	生丝单胞菌科(Hyphomonadaceae)	3	0	2	4
[56]	LD29[①]	3	0	3	4
[57]	噬甲基菌科(Methylophilaceae)	3	1	0	0
[58]	未定地位微基因组菌门的一科(Microgenomates_norank)	3	0	1	3
[59]	NS9_marine_group[①]	3	0	4	3
[60]	诺卡菌科(Nocardiaceae)	3	1	3	3
[61]	OPB56[①]	3	0	2	1
[62]	海洋螺菌科(Oceanospirillaceae)	3	4	2	0
[63]	海藻球菌科(Phycisphaeraceae)	3	0	4	6
[64]	浮霉菌科(Planctomycetaceae)	3	1	6	9
[65]	红杆菌科(Rhodobacteraceae)	3	6	3	3
[66]	未定地位红螺菌目的一科(Rhodospirillales_Incertae_Sedis)	3	0	0	1
[67]	腐螺旋菌科(Saprospiraceae)	3	3	0	0
[68]	土壤单胞菌科(Solimonadaceae)	3	0	3	3
[69]	未分类鞘脂单胞菌目的一科(Sphingomonadales_unclassified)	3	1	2	2
[70]	链霉菌科(Streptomycetaceae)	3	1	1	3
[71]	链孢囊菌科(Streptosporangiaceae)	3	2	2	3
[72]	黄色杆菌科(Xanthobacteraceae)	3	0	3	3
[73]	酸微菌科(Acidimicrobiaceae)	2	0	0	2
[74]	未分类 α-变形菌纲的一科(Alphaproteobacteria_unclassified)	2	0	2	3
[75]	未分类细菌(Bacteria_unclassified)	2	0	2	2
[76]	慢生根瘤菌科(Bradyrhizobiaceae)	2	0	2	2
[77]	布鲁氏菌科(Brucellaceae)	2	2	2	2
[78]	未定地位蓝细菌门的一科(Cyanobacteria_norank)	2	0	4	5
[79]	去甲基醌菌科(Demequinaceae)	2	1	2	2
[80]	动孢菌科(Kineosporiaceae)	2	0	2	2
[81]	微单胞菌科(Micromonosporaceae)	2	0	1	3
[82]	分枝杆菌科(Mycobacteriaceae)	2	1	3	3
[83]	NKB5_norank[①]	2	0	2	2
[84]	丰佑菌科(Opitutaceae)	2	0	2	2
[85]	副衣原体属(Parachlamydiaceae)	2	0	1	2
[86]	散生杆菌科(Patulibacteraceae)	2	0	1	1
[87]	消化链球菌科(Peptostreptococcaceae)	2	3	3	3
[88]	根瘤菌科(Rhizobiaceae)	2	0	2	2
[89]	未分类根瘤菌目的一科(Rhizobiales_unclassified)	2	1	4	4
[90]	红菌科(Rhodobiaceae)	2	0	3	3
[91]	玫瑰弯菌科(Roseiflexaceae)	2	0	4	4
[92]	S085_norank[①]	2	0	2	3
[93]	SC-I-84_norank[①]	2	0	1	2
[94]	葡萄球菌科(Staphylococcaceae)	2	5	0	3

序号	细菌科	AUG_CK	AUG_H	AUG_L	AUG_PM
[95]	TM6_norank①	2	0	2	3
[96]	未定地位蝙蝠弧菌目的一科 （Vampirovibrionales_norank）	2	0	0	5
[97]	WD272_norank①	2	0	0	0
[98]	A0839①	1	0	0	0
[99]	AKYG1722_norank①	1	0	2	4
[100]	AKYH478①	1	0	1	1
[101]	无胆甾原体科（Acholeplasmataceae）	1	3	1	0
[102]	气单胞菌科（Aeromonadaceae）	1	0	0	0
[103]	BCf3-20①	1	0	1	1
[104]	噬菌弧菌科（Bacteriovoracaceae）	1	0	4	1
[105]	未定地位拟杆菌门_VC2.1_Bac22 的一科 （Bacteroidetes_VC2.1_Bac22_norank）	1	0	2	0
[106]	未分类拟杆菌门的一科（Bacteroidetes_unclassified）	1	0	2	0
[107]	短杆菌科（Brevibacteriaceae）	1	2	0	1
[108]	未分类伯克氏菌目的一科（Burkholderiales_unclassified）	1	0	2	1
[109]	CA002①	1	0	0	0
[110]	CCU22①	1	0	1	0
[111]	绿弯菌科（Chloroflexaceae）	1	0	0	1
[112]	未培养绿弯菌门的一科（Chloroflexi_uncultured）	1	0	0	0
[113]	克里斯滕森菌科（Christensenellaceae）	1	1	4	0
[114]	土生杆菌科（Chthoniobacteraceae）	1	0	1	1
[115]	未分类土生杆菌目的一科 （Chthoniobacterales_unclassified）	1	0	0	0
[116]	未分类蓝细菌门的一科（Cyanobacteria_unclassified）	1	0	1	1
[117]	DSSF69①	1	0	2	1
[118]	皮杆菌科（Dermabacteraceae）	1	1	0	0
[119]	外硫红螺菌科（Ectothiorhodospiraceae）	1	0	1	2
[120]	肠球菌科（Enterococcaceae）	1	1	0	0
[121]	丹毒丝菌科（Erysipelotrichaceae）	1	15	4	3
[122]	FFCH7168①	1	0	0	1
[123]	Family_XI①	1	24	5	3
[124]	Family_XIII①	1	0	0	0
[125]	纤维杆菌科（Fibrobacteraceae）	1	0	1	0
[126]	弗兰克氏菌科（Frankiaceae）	1	0	1	0
[127]	未培养盖亚菌目的一科（Gaiellales_uncultured）	1	0	2	5
[128]	未分类 γ-变形菌纲的一科 （Gammaproteobacteria_unclassified）	1	2	2	0
[129]	纤细杆菌科（Gracilibacteraceae）	1	0	0	0
[130]	河氏菌科（Hahellaceae）	1	1	2	2
[131]	海管菌科（Haliangiaceae）	1	0	1	1
[132]	爬管菌科（Herpetosiphonaceae）	1	0	0	0
[133]	Hydrogenedentes_norank	1	0	4	5
[134]	应微所菌科（Iamiaceae）	1	1	1	2
[135]	LiUU-11-161①	1	0	1	1
[136]	ML80①	1	0	1	1
[137]	未定地位微球菌目的一科（Micrococcales_norank）	1	1	1	0
[138]	未分类黏球菌目的一科（Myxococcales_unclassified）	1	0	0	1
[139]	NS11-12_marine_group①	1	0	2	1

续表

序号	细菌科	AUG_CK	AUG_H	AUG_L	AUG_PM
[140]	中村氏菌科（Nakamurellaceae）	1	0	1	1
[141]	涅瓦河菌科（Nevskiaceae）	1	0	0	0
[142]	亚硝酸单胞菌科（Nitrosomonadaceae）	1	0	4	5
[143]	拟诺卡氏菌科（Nocardiopsaceae）	1	2	0	1
[144]	寡食弯菌科（Oligoflexaceae）	1	0	1	3
[145]	未定地位寡食弯菌目的一科（Oligoflexales_norank）	1	0	2	4
[146]	P3OB-42	1	0	0	0
[147]	芸豆形孢囊菌科（Phaselicystidaceae）	1	0	1	1
[148]	动球菌科（Planococcaceae）	1	8	4	4
[149]	原微单胞菌科（Promicromonosporaceae）	1	0	0	0
[150]	丙酸杆菌科（Propionibacteriaceae）	1	0	0	0
[151]	未分类变形菌门的一科（Proteobacteria_unclassified）	1	0	0	0
[152]	红环菌科（Rhodocyclaceae）	1	1	2	2
[153]	立克次体科（Rickettsiaceae）	1	0	1	1
[154]	立克次体目的未定地位科（Rickettsiales_Incertae_Sedis）	1	0	2	2
[155]	未培养立克次体目的一科（Rickettsiales_uncultured）	1	0	1	1
[156]	SHA-109_norank①	1	0	1	1
[157]	SJA-149①	1	0	1	0
[158]	血杆菌科（Sanguibacteraceae）	1	0	1	1
[159]	球形杆菌科（Sphaerobacteraceae）	1	0	2	2
[160]	孢鱼菌科（Sporichthyaceae）	1	0	0	0
[161]	Subgroup_3_norank①	1	0	0	0
[162]	TA06_norank①	1	0	0	1
[163]	TA18_norank①	1	0	0	1
[164]	TK10_norank①	1	0	2	5
[165]	TRA3-20_norank①	1	0	1	2
[166]	热单生孢菌科（Thermomonosporaceae）	1	0	0	3
[167]	特吕珀菌科（Trueperaceae）	1	5	4	3
[168]	韦永菌科（Veillonellaceae）	1	0	1	1
[169]	WCHB1-60_norank①	1	0	0	0
[170]	剑突杆菌科（Xiphinematobacteraceae）	1	0	1	1
[171]	cvE6①	1	0	1	1
[172]	env. OPS_17①	1	0	0	0
[173]	43F-1404R_norank①	0	0	0	1
[174]	AKIW659①	0	0	0	1
[175]	AT425-EubC11_terrestrial_group_norank①	0	1	2	3
[176]	氨基酸球菌科（Acidaminococcaceae）	0	0	1	1
[177]	未分类放线菌门的一科（Actinobacteria_unclassified）	0	0	1	2
[178]	放线菌科（Actinomycetaceae）	0	1	0	0
[179]	气球菌科（Aerococcaceae）	0	3	0	0
[180]	烷烃降解菌科（Alcanivoracaceae）	0	2	1	2
[181]	环脂酸芽胞杆菌科（Alicyclobacillaceae）	0	0	1	1
[182]	别样单胞菌科（Alteromonadaceae）	0	1	0	0
[183]	未定地位热链状菌目的一科（Ardenticatenales_norank）	0	0	1	1
[184]	B1-7BS_norank①	0	0	1	1
[185]	BD2-11_terrestrial_group_norank	0	1	0	0
[186]	拟杆菌科（Bacteroidaceae）	0	3	4	1
[187]	拟杆菌目_UCG-001科（Bacteroidales_UCG-001）	0	1	1	0
[188]	未分类拟杆菌目的一科（Bacteroidales_unclassified）	0	0	1	0

序号	细菌科	AUG_CK	AUG_H	AUG_L	AUG_PM
[189]	博戈里亚湖菌科（Bogoriellaceae）	0	2	0	0
[190]	粪肥杆菌科（Caldicoprobacteraceae）	0	2	0	0
[191]	肉杆菌科（Carnobacteriaceae）	0	4	0	0
[192]	未分类绿弯菌门的一科（Chloroflexi_unclassified）	0	0	1	1
[193]	未分类梭菌纲的一科（Clostridia_unclassified）	0	0	0	1
[194]	梭菌目的未定地位科（Clostridiales_Incertae_Sedis）	0	0	0	1
[195]	梭菌目_vadinBB60 群的一科（Clostridiales_vadinBB60_group）	0	1	0	0
[196]	科里氏小杆菌科（Coriobacteriaceae）	0	1	1	2
[197]	棒小杆菌科（Corynebacteriaceae）	0	5	4	2
[198]	未分类棒小杆菌目的一科（Corynebacteriales_unclassified）	0	1	0	0
[199]	环杆菌科（Cyclobacteriaceae）	0	2	1	2
[200]	溶杆菌科（Cystobacteraceae）	0	1	2	2
[201]	DA111[①]	0	0	2	3
[202]	DB1-14_norank[①]	0	0	1	1
[203]	未分类 δ-变形菌纲的一科（Deltaproteobacteria_unclassified）	0	2	0	0
[204]	脱硫弧菌科（Desulfovibrionaceae）	0	1	2	1
[205]	迪茨氏菌科（Dietziaceae）	0	1	1	1
[206]	Elev-16S-1332[①]	0	0	1	1
[207]	优杆菌科（Eubacteriaceae）	0	0	1	1
[208]	Family_Incertae_Sedis	0	1	0	0
[209]	Family_Ⅷ	0	2	3	3
[210]	Family_ⅩⅣ	0	1	0	0
[211]	Family_ⅩⅦ	0	0	0	1
[212]	Family_ⅩⅧ	0	0	0	3
[213]	火色杆菌科（Flammeovirgaceae）	0	1	0	1
[214]	GR-WP33-58	0	0	1	0
[215]	盖亚菌科（Gaiellaceae）	0	0	1	1
[216]	盐硫杆状菌科（Halothiobacillaceae）	0	1	0	0
[217]	I-10[①]	0	0	1	1
[218]	海源菌科（Idiomarinaceae）	0	2	0	0
[219]	未定地位懒惰杆菌目的一科（Ignavibacteriales_norank）	0	0	1	1
[220]	间孢囊菌科（Intrasporangiaceae）	0	1	1	1
[221]	JG30-KF-CM66_norank[①]	0	0	1	4
[222]	JG37-AG-20[①]	0	0	1	1
[223]	KCM-B-15[①]	0	0	1	1
[224]	KD4-96_norank[①]	0	0	0	1
[225]	乳杆菌科（Lactobacillaceae）	0	3	1	0
[226]	军团菌科（Legionellaceae）	0	0	1	1
[227]	海滑菌科（Marinilabiaceae）	0	1	0	0
[228]	甲基球菌科（Methylococcaceae）	0	0	1	1
[229]	微球菌科（Micrococcaceae）	0	3	1	1
[230]	未分类微球菌目的一科（Micrococcales_unclassified）	0	3	0	0
[231]	未定地位柔膜菌门_RF9 的一科（Mollicutes_RF9_norank）	0	2	4	3
[232]	OCS116_clade_norank[①]	0	0	1	1
[233]	OM190_norank[①]	0	0	0	1

续表

序号	细菌科	AUG_CK	AUG_H	AUG_L	AUG_PM
[234]	OM1_clade[①]	0	0	2	2
[235]	OPB54_norank[①]	0	2	0	2
[236]	Order_Ⅲ_uncultured[①]	0	1	0	0
[237]	Parcubacteria_norank[①]	0	0	0	2
[238]	消化球菌科(Peptococcaceae)	0	0	0	1
[239]	鱼立克次氏体科(Piscirickettsiaceae)	0	1	0	0
[240]	多囊菌科(Polyangiaceae)	0	0	0	1
[241]	紫单胞菌科(Porphyromonadaceae)	0	7	8	2
[242]	港口球菌科(Porticoccaceae)	0	2	1	1
[243]	普雷沃氏菌科(Prevotellaceae)	0	0	1	0
[244]	未分类红螺菌目的一科(Rhodospirillales_unclassified)	0	0	1	1
[245]	红嗜热菌科(Rhodothermaceae)	0	0	2	2
[246]	理研菌科(Rikenellaceae)	0	1	3	1
[247]	红色杆菌科(Rubrobacteriaceae)	0	0	0	1
[248]	瘤胃球菌科(Ruminococcaceae)	0	8	7	3
[249]	S0134_terrestrial_group[①]	0	0	6	8
[250]	SM2D12[①]	0	0	0	1
[251]	SM2F11_norank[①]	0	0	1	1
[252]	Sh765B-TzT-29_norank[①]	0	0	1	1
[253]	未分类鞘脂杆菌目的一科(Sphingobacteriales_unclassified)	0	0	1	0
[254]	螺旋体科(Spirochaetaceae)	0	4	3	1
[255]	芽胞乳杆菌科(Sporolactobacillaceae)	0	0	0	1
[256]	链球菌科(Streptococcaceae)	0	1	1	1
[257]	Subgroup_18_norank[①]	0	0	0	1
[258]	互养菌科(Synergistaceae)	0	1	1	0
[259]	热厌氧杆菌科(Thermoanaerobacteraceae)	0	1	0	0
[260]	嗜热孢毛菌科(Thermosporotrichaceae)	0	0	1	1
[261]	泛生杆菌科(Vulgatibacteraceae)	0	0	1	2
[262]	华诊体科(Waddliaceae)	0	0	0	1
[263]	未分类黄单胞菌目的一科(Xanthomonadales_unclassified)	0	0	1	1

① 不可培养。

不同处理组细菌科种类组成差异显著（图 4-14），垫料原料组（AUG_CK）前 3 个种类（OTUs）数量最高的细菌科的组成为噬几丁质菌科（Chitinophagaceae）（61）、未定地位糖细菌门的一科（Saccharibacteria_norank）（36）、鞘脂杆菌科（Sphingobacteriaceae）（33）；深发酵垫料组（AUG_H）前 3 个含量最高的细菌科的组成为 Family_Ⅺ（24）、产碱菌科（Alcaligenaceae）（19）、黄杆菌科（Flavobacteriaceae）（15）；浅发酵垫料组（AUG_L）前 3 个含量最高的细菌科的组成为噬几丁质菌科（Chitinophagaceae）（66）、未定地位糖细菌门的一科（Saccharibacteria_norank）（31）、黄杆菌科（Flavobacteriaceae）（28）；未发酵猪粪组（AUG_PM）前 3 个含量最高的细菌科的组成为噬几丁质菌科（Chitinophagaceae）（56）、未定地位糖杆菌门的一科（Saccharibacteria_norank）（33）、类芽胞杆菌科（Paenibacillaceae）（32）。

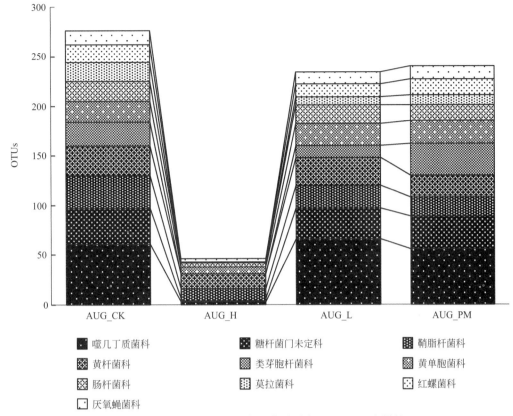

图 4-14　异位微生物发酵床细菌科种类（OTUs）多样性

五、细菌属种类（OTUs）分布结构

异位微生物发酵床不同处理细菌属的种类（OTUs）共检测到 566 种（表 4-10），其中垫料原料组（AUG _ CK）357 种，深发酵垫料组（AUG _ H）197 种，浅发酵垫料组（AUG _ L）356 种，未发酵猪粪组（AUG _ PM）395 种。深发酵垫料组的细菌属 OTUs 仅为其余 3 个组的 50%，说明经过发酵，垫料中的微生物种类大幅度下降。细菌属中文参考书后附录。

表 4-10　异位微生物发酵床细菌属所含种类（OTUs）

序号	细菌属	AUG_CK	AUG_H	AUG_L	AUG_PM
[1]	未定地位糖杆菌门的一属（Saccharibacteria_norank）	36	1	31	33
[2]	黄小杆菌属（Flavobacterium）	15	0	11	7
[3]	未培养厌氧绳菌科和一属（Anaerolineaceae_uncultured）	14	1	11	12
[4]	类芽胞杆菌属（Paenibacillus）	14	0	4	18
[5]	太白山菌属（Taibaiella）	14	2	18	12
[6]	未培养噬几丁质菌科的一属（Chitinophagaceae_uncultured）	12	1	15	11
[7]	水胞菌属（Aquicella）	9	0	2	5
[8]	鞘脂小杆菌属（Sphingobacterium）	9	2	11	8
[9]	Subgroup_6_norank	9	1	10	16
[10]	不动杆菌属（Acinetobacter）	8	5	8	8
[11]	未分类噬几丁质菌科的一属（Chitinophagaceae_unclassified）	7	0	10	9
[12]	假单胞菌属（Pseudomonas）	7	10	5	7

续表

序号	细菌属	AUG_CK	AUG_H	AUG_L	AUG_PM
[13]	芽胞杆菌属（*Bacillus*）	6	1	4	6
[14]	伯克氏菌属（*Burkholderia*）	6	0	2	6
[15]	金黄小杆菌属（*Chryseobacterium*）	6	1	5	6
[16]	JG30-KF-CM45_norank	6	0	2	8
[17]	漠河杆菌属（*Moheibacter*）	6	2	5	6
[18]	类诺卡氏属（*Nocardioides*）	6	0	7	9
[19]	土地杆菌属（*Pedobacter*）	6	1	5	2
[20]	未定地位装甲菌门的一属（Armatimonadetes_norank）	5	0	5	6
[21]	铁锈色杆菌属（*Ferruginibacter*）	5	0	2	2
[22]	橄榄形杆菌属（*Olivibacter*）	5	3	1	4
[23]	根微菌属（*Rhizomicrobium*）	5	0	5	5
[24]	糖多孢菌属（*Saccharopolyspora*）	5	1	1	5
[25]	未培养黄单胞菌目的一属（Xanthomonadales_uncultured）	5	0	3	8
[26]	酸杆菌属（*Acidibacter*）	4	0	3	2
[27]	未培养酸微菌目（Acidimicrobiales_uncultured）	4	0	5	8
[28]	芽小链菌属（*Blastocatella*）	4	0	3	3
[29]	Candidate_division_WS6_norank	4	0	1	1
[30]	噬儿丁质菌属（*Chitinophaga*）	4	0	1	3
[31]	狭义梭菌属_1（*Clostridium*_sensu_stricto_1）	4	5	4	5
[32]	科恩氏菌属（*Cohnella*）	4	0	2	4
[33]	未分类丛毛单胞菌科的一属（Comamonadaceae_unclassified）	4	1	4	4
[34]	丛毛单胞菌属（*Comamonas*）	4	2	4	4
[35]	未培养噬纤维菌科的一属（Cytophagaceae_uncultured）	4	0	1	2
[36]	肠杆菌属（Enterobacter）	4	1	0	3
[37]	生丝微菌属（*Hyphomicrobium*）	4	0	4	4
[38]	马赛菌属（*Massilia*）	4	0	2	2
[39]	未培养莫拉菌科的一属（Moraxellaceae_uncultured）	4	0	3	4
[40]	OPB35_soil_group_norank	4	0	2	6
[41]	副土地杆菌属（*Parapedobacter*）	4	1	2	0
[42]	未分类鞘脂杆菌科的一属（Sphingobacteriaceae_unclassified）	4	1	2	3
[43]	480-2_norank	3	0	3	4
[44]	未分类醋酸杆菌科的一属（Acetobacteraceae_unclassified）	3	0	1	2
[45]	未分类产碱菌科的一属（Alcaligenaceae_unclassified）	3	4	1	1
[46]	固氮小螺菌属（*Azospirillum*）	3	0	0	2
[47]	BIrii41_norank	3	0	3	2
[48]	蛭弧菌属（*Bdellovibrio*）	3	0	4	3
[49]	短芽胞杆菌属（*Brevibacillus*）	3	0	2	2
[50]	短波单胞菌属（*Brevundimonas*）	3	1	3	2
[51]	苔藓杆菌属（*Bryobacter*）	3	0	3	4
[52]	未培养暖绳菌科的一属（Caldilineaceae_uncultured）	3	0	3	4
[53]	候选_微毛菌属（Candidatus_Microthrix）	3	0	3	3
[54]	未培养柄杆菌科的一属（Caulobacteraceae_uncultured）	3	0	3	3
[55]	德沃斯氏菌（*Devosia*）	3	0	3	3
[56]	董氏菌属（*Dongia*）	3	0	3	3
[57]	铁弧菌属（*Ferrovibrio*）	3	0	3	2
[58]	河居菌属（*Fluviicola*）	3	0	6	2
[59]	GR-WP33-30_norank	3	0	3	3
[60]	未培养芽单胞菌科的一属（Gemmatimonadaceae_uncultured）	3	0	5	7

续表

序号	细菌属	AUG_CK	AUG_H	AUG_L	AUG_PM
[61]	芽单胞菌属（Gemmatimonas）	3	0	5	4
[62]	LD29_norank	3	0	3	4
[63]	未定地位微基因组菌门的一属（Microgenomates_norank）	3	0	1	3
[64]	NS9_marine_group_norank	3	0	4	3
[65]	农技所菌属（Niabella）	3	0	4	4
[66]	OPB56_norank	3	0	2	1
[67]	吴泰焕菌属（Ohtaekwangia）	3	0	1	1
[68]	桃色杆菌属（Persicitalea）	3	0	3	3
[69]	假螺菌属（Pseudospirillum）	3	2	1	0
[70]	假黄单胞菌属（Pseudoxanthomonas）	3	0	2	2
[71]	极小单胞菌属（Pusillimonas）	3	7	3	3
[72]	未培养红螺菌科的一属（Rhodospirillaceae_uncultured）	3	1	3	4
[73]	未培养橙色菌科的一属（Sandaracinaceae_uncultured）	3	2	2	2
[74]	未培养腐螺菌科的一属（Saprospiraceae_uncultured）	3	3	0	0
[75]	未分类鞘脂单胞菌科的一属（Sphingomonadales_unclassified）	3	1	2	2
[76]	鞘脂单胞菌属（Sphingomonas）	3	0	2	2
[77]	解类固醇杆菌属（Steroidobacter）	3	0	3	3
[78]	土单胞菌属（Terrimonas）	3	0	2	2
[79]	未分类 α-变形菌纲的一属（Alphaproteobacteria_unclassified）	2	0	2	3
[80]	别样赤杆菌属（Altererythrobacter）	2	0	1	1
[81]	拟无枝酸菌属（Amycolatopsis）	2	0	0	2
[82]	北极杆菌属（Arcticibacter）	2	0	1	1
[83]	沙单胞菌属（Arenimonas）	2	1	3	3
[84]	Bacteria_unclassified	2	0	2	2
[85]	鲍尔德氏菌属（Bauldia）	2	0	2	2
[86]	肉单胞菌属（Carnimonas）	2	0	0	0
[87]	纤维弧菌属（Cellvibrio）	2	1	2	2
[88]	螯合球菌属（Chelatococcus）	2	0	2	1
[89]	未定地位蓝细菌门的一属（Cyanobacteria_norank）	2	0	4	5
[90]	未分类噬纤维菌科的一属（Cytophagaceae_unclassified）	2	0	0	0
[91]	污水球菌属（Defluviicoccus）	2	0	3	4
[92]	独岛菌属（Dokdonella）	2	0	2	2
[93]	双杆菌属（Dyadobacter）	2	0	0	0
[94]	戴伊氏菌属（Dyella）	2	0	1	2
[95]	未分类肠杆菌科的一属（Enterobacteriaceae_unclassified）	2	1	0	2
[96]	未分类赤杆菌科的一属（Erythrobacteraceae_unclassified）	2	1	2	2
[97]	线单胞菌属（Filimonas）	2	0	2	2
[98]	黄土杆菌属（Flavisolibacter）	2	0	1	1
[99]	黄色杆菌属（Flavitalea）	2	0	2	2
[100]	噬氢菌属（Hydrogenophaga）	2	0	2	1
[101]	等大球菌属（Isosphaera）	2	1	3	4
[102]	绒毛菌属（Leptothrix）	2	0	2	1
[103]	藤黄单胞菌属（Luteimonas）	2	0	1	2
[104]	未培养甲基小杆菌科的一属（Methylobacteriaceae_uncultured）	2	0	1	2
[105]	甲基小杆菌属（Methylobacterium）	2	0	0	1
[106]	微小杆菌属（Microbacterium）	2	2	1	2
[107]	分枝杆菌属（Mycobacterium）	2	1	3	3

序号	细菌属	AUG_CK	AUG_H	AUG_L	AUG_PM
[108]	NKB5_norank	2	0	2	2
[109]	Niastella	2	0	0	1
[110]	新鞘脂菌属（Novosphingobium）	2	1	2	2
[111]	丰佑菌属（Opitutus）	2	0	2	2
[112]	散生杆菌属（Patulibacter）	2	0	1	1
[113]	土地微菌属（Pedomicrobium）	2	0	2	2
[114]	未分类叶杆菌科的一属（Phyllobacteriaceae_unclassified）	2	1	2	2
[115]	突柄杆菌属（Prosthecobacter）	2	0	1	0
[116]	未分类根瘤菌目的一属（Rhizobiales_unclassified）	2	1	4	4
[117]	根瘤菌属（Rhizobium）	2	0	2	2
[118]	未分类红杆菌科的一属（Rhodobacteraceae_unclassified）	2	2	2	2
[119]	红球菌属（Rhodococcus）	2	0	2	2
[120]	未分类红螺菌科的一属（Rhodospirillaceae_unclassified）	2	0	1	1
[121]	玫瑰弯菌属（Roseiflexus）	2	0	4	4
[122]	玫瑰单胞菌属（Roseomonas）	2	0	1	0
[123]	S085_norank	2	0	2	3
[124]	SC-I-84_norank	2	0	1	2
[125]	SM1A02	2	0	2	3
[126]	沙雷氏菌属（Serratia）	2	1	1	2
[127]	土壤单胞菌（Solimonas）	2	0	3	3
[128]	鞘脂盒菌属（Sphingopyxis）	2	0	2	2
[129]	葡萄球菌属（Staphylococcus）	2	2	0	2
[130]	寡食单胞菌属（Stenotrophomonas）	2	0	2	3
[131]	链霉菌属（Streptomyces）	2	1	1	2
[132]	TM6_norank	2	0	2	3
[133]	热单胞菌属（Thermomonas）	2	0	2	2
[134]	未定地位蝙蝠弧菌目的一属（Vampirovibrionales_norank）	2	0	0	5
[135]	WD272_norank	2	0	0	0
[136]	A0839_norank	1	0	0	0
[137]	AKYG1722_norank	1	0	2	4
[138]	AKYH478_norank	1	0	1	1
[139]	无胆甾原体属（Acholeplasma）	1	3	1	0
[140]	无色杆菌属（Achromobacter）	1	0	1	1
[141]	未分类酸微菌科的一属（Acidimicrobiaceae_unclassified）	1	0	0	1
[142]	未培养酸微菌科的一属（Acidimicrobiaceae_uncultured）	1	0	0	1
[143]	需酸菌属（Acidisoma）	1	0	0	0
[144]	酸小杆菌属（Acidobacterium）	1	0	1	1
[145]	酸胞菌属（Acidocella）	1	0	0	0
[146]	链孢放线菌属（Actinocatenispora）	1	0	0	1
[147]	马杜拉放线菌属（Actinomadura）	1	0	0	0
[148]	奇异菌属（Advenella）	1	1	1	1
[149]	气微菌属（Aeromicrobium）	1	1	1	1
[150]	气单胞菌属（Aeromonas）	1	0	0	0
[151]	土壤霉属（Agromyces）	1	0	1	1
[152]	未培养产碱菌科的一属（Alcaligenaceae_uncultured）	1	0	0	1
[153]	噬脂环酸菌属（Alicycliphilus）	1	1	2	1
[154]	厌氧产孢杆菌属（Anaerosporobacter）	1	1	0	0
[155]	狭窄杆菌属（Angustibacter）	1	0	0	1
[156]	不粘柄菌属（Asticcacaulis）	1	0	1	1
[157]	BCf3-20_norank	1	0	1	1

续表

序号	细菌属	AUG_CK	AUG_H	AUG_L	AUG_PM
[158]	未定地位拟杆菌门_VC2.1_Bac22 的一属（Bacteroidetes_VC2.1_Bac22_norank）	1	0	2	0
[159]	未分类拟杆菌门的一属（Bacteroidetes_unclassified）	1	0	2	0
[160]	博德特氏菌（Bordetella）	1	0	1	1
[161]	博斯氏菌属（Bosea）	1	0	1	1
[162]	短状小杆菌属（Brachybacterium）	1	1	0	1
[163]	慢生根瘤菌属（Bradyrhizobium）	1	0	1	1
[164]	短小杆菌属（Brevibacterium）	1	2	0	1
[165]	未分类布鲁氏菌科的一属（Brucellaceae_unclassified）	1	1	1	1
[166]	未分类伯克氏菌科的一属（Burkholderiaceae_unclassified）	1	0	1	0
[167]	未分类伯克氏菌目的一属（Burkholderiales_unclassified）	1	0	2	1
[168]	CA002_norank	1	0	0	0
[169]	CCU22_norank	1	0	1	1
[170]	骆驼单胞菌属（Camelimonas）	1	0	1	1
[171]	Candidatus_Alysiosphaera	1	0	0	0
[172]	Candidatus_Chloroploca	1	0	0	1
[173]	Candidatus_Protochlamydia	1	0	1	1
[174]	候选_土壤单胞菌（Candidatus_Solibacter）	1	0	1	1
[175]	候选_剑突杆菌属（Candidatus_Xiphinematobacter）	1	0	1	1
[176]	卡斯特拉尼菌属（Castellaniella）	1	1	1	1
[177]	柄杆菌属（Caulobacter）	1	0	1	1
[178]	未定地位柄杆菌科的一属（Caulobacteraceae_norank）	1	0	1	1
[179]	未定地位噬几丁质菌科的一属（Chitinophagaceae_norank）	1	0	2	0
[180]	未培养绿弯菌门的一属（Chloroflexi_uncultured）	1	0	0	0
[181]	克里斯滕森菌科_R-7 群的一属（Christensenellaceae_R-7_group）	1	1	4	0
[182]	金色绳菌属（Chryseolinea）	1	0	1	1
[183]	土生杆菌属（Chthoniobacter）	1	0	1	1
[184]	未分类土生杆菌目的一属（Chthoniobacterales_unclassified）	1	0	0	0
[185]	阴沟小杆菌属（Cloacibacterium）	1	0	1	0
[186]	狭义梭菌属_10（Clostridium_sensu_stricto_10）	1	0	0	1
[187]	狭义梭菌属_12（Clostridium_sensu_stricto_12）	1	0	0	1
[188]	狭义梭菌属_13（Clostridium_sensu_stricto_13）	1	0	0	0
[189]	狭义梭菌属_3（Clostridium_sensu_stricto_3）	1	0	0	0
[190]	狭义梭菌属_5（Clostridium_sensu_stricto_5）	1	0	0	0
[191]	狭义梭菌属_8（Clostridium_sensu_stricto_8）	1	0	0	1
[192]	未定地位丛毛单胞菌科的一属（Comamonadaceae_norank）	1	0	0	1
[193]	压缩杆菌属（Constrictibacter）	1	0	0	0
[194]	脆弱球菌属（Craurococcus）	1	0	2	2
[195]	热泉细杆菌属（Crenotalea）	1	0	3	3
[196]	克罗诺斯杆菌属（Cronobacter）	1	1	1	1
[197]	贪铜菌属（Cupriavidus）	1	0	1	1
[198]	未分类蓝细菌门的一属（Cyanobacteria_unclassified）	1	0	1	1
[199]	DSSF69_norank	1	0	2	1
[200]	代尔夫特菌属（Delftia）	1	0	0	0
[201]	去甲基醌菌属（Demequina）	1	0	1	1
[202]	未分类去甲基醌菌科的一属（Demequinaceae_unclassified）	1	1	1	1
[203]	土样杆菌属（Edaphobacter）	1	0	0	0
[204]	金伊丽莎白菌属（Elizabethkingia）	1	1	1	1

序号	细菌属	AUG_CK	AUG_H	AUG_L	AUG_PM
[205]	稳杆菌属(*Empedobacter*)	1	0	1	1
[206]	微保中心菌属(*Emticicia*)	1	0	0	0
[207]	内生杆菌属(*Endobacter*)	1	0	0	1
[208]	肠球菌属(*Enterococcus*)	1	1	0	0
[209]	埃希氏菌属-志贺氏菌属(*Escherichia-Shigella*)	1	1	1	1
[210]	微小杆菌属(*Exiguobacterium*)	1	0	0	0
[211]	FFCH7168_norank	1	0	0	0
[212]	未培养纤维杆菌科的一属(Fibrobacteraceae_uncultured)	1	0	1	1
[213]	黄土杆菌属(*Flavihumibacter*)	1	0	1	1
[214]	泉胞菌属(*Fonticella*)	1	0	1	1
[215]	未培养盖亚目的一属(Gaiellales_uncultured)	1	0	2	5
[216]	未分类 γ-变形菌纲的一属(Gammaproteobacteria_unclassified)	1	2	2	4
[217]	双球菌属(*Geminicoccus*)	1	0	0	0
[218]	戈登氏菌属(*Gordonia*)	1	1	1	1
[219]	河氏菌属(*Hahella*)	1	1	2	2
[220]	海管菌属(*Haliangium*)	1	0	1	1
[221]	盐单胞菌属(*Halomonas*)	1	2	2	1
[222]	爬管菌属(*Herpetosiphon*)	1	0	0	0
[223]	赫尔什氏菌属(*Hirschia*)	1	0	0	1
[224]	噬烃菌属(*Hydrocarboniphaga*)	1	0	0	0
[225]	Hydrogenedentes_norank	1	0	4	5
[226]	希尔蒙氏菌属(*Hylemonella*)	1	0	1	0
[227]	生丝单胞菌科的一属(Hyphomonadaceae_uncultured)	1	0	1	1
[228]	I-8	1	0	1	1
[229]	应微菌属(*Iamia*)	1	1	1	2
[230]	肠道杆菌属(*Intestinibacter*)	1	0	1	1
[231]	居麻风树菌属(*Jatrophihabitans*)	1	0	1	1
[232]	未分类动孢菌科的一属(Kineosporiaceae_unclassified)	1	0	0	1
[233]	韩研所菌属(*Kribbella*)	1	0	1	1
[234]	毛梭菌属(*Lachnoclostridium*)	1	0	0	0
[235]	毛梭菌属_5(*Lachnoclostridium*_5)	1	1	0	0
[236]	毛螺菌科_UCG-007 的一属(Lachnospiraceae_UCG-007)	1	1	1	0
[237]	未分类毛螺菌科的一属(Lachnospiraceae_unclassified)	1	1	0	0
[238]	劳特罗普氏菌属(*Lautropia*)	1	0	0	2
[239]	莱德贝特氏菌属(*Leadbetterella*)	1	0	1	1
[240]	赖氏菌属(*Leifsonia*)	1	1	1	1
[241]	无色杆菌属(*Leucobacter*)	1	1	1	1
[242]	LiUU-11-161_norank	1	0	1	1
[243]	海岸线菌属(*Litorilinea*)	1	0	1	1
[244]	污泥产孢菌属(*Lutispora*)	1	0	0	0
[245]	赖氨酸芽胞杆菌属(*Lysinibacillus*)	1	1	1	1
[246]	溶杆菌属(*Lysobacter*)	1	0	0	0
[247]	ML80_norank	1	0	1	1
[248]	居大理石菌属(*Marmoricola*)	1	1	1	1
[249]	甲基杆状菌属(*Methylobacillus*)	1	1	0	0
[250]	食甲基杆菌属(*Methyloferula*)	1	0	0	0
[251]	未培养噬甲基菌科的一属(Methylophilaceae_uncultured)	1	0	0	0
[252]	噬甲基菌属(*Methylophilus*)	1	0	0	0
[253]	小双孢菌属(*Microbispora*)	1	1	1	1

续表

序号	细菌属	AUG_CK	AUG_H	AUG_L	AUG_PM
[254]	未定地位弯菌目的一属（Micrococcales_norank）	1	1	1	1
[255]	小月菌属（Microlunatus）	1	0	0	0
[256]	微单胞菌属（Micromonospora）	1	0	1	1
[257]	微枝形杆菌属（Microvirga）	1	0	1	1
[258]	黏液杆菌属（Mucilaginibacter）	1	0	0	0
[259]	未分类黏球菌目的一属（Myxococcales_unclassified）	1	0	0	0
[260]	NS11-12_marine_group_norank	1	0	2	1
[261]	中村氏菌属（Nakamurella）	1	0	1	1
[262]	硝酸还原菌属（Nitratireductor）	1	1	1	1
[263]	产硝酸矛菌属（Nitrolancea）	1	0	1	1
[264]	未培养消化单胞菌科的一属（Nitrosomonadaceae_uncultured）	1	0	3	4
[265]	拟诺卡氏菌属（Nocardiopsis）	1	2	0	0
[266]	野村菌属（Nonomuraea）	1	1	1	1
[267]	生资院菌属（Nubsella）	1	0	0	0
[268]	苍白杆菌属（Ochrobactrum）	1	1	1	1
[269]	未定地位寡食弯菌科的一属（Oligoflexaceae_norank）	1	0	1	3
[270]	未定地位寡食弯菌目的一属（Oligoflexales_norank）	1	0	2	4
[271]	草酸小杆菌属（Oxalicibacterium）	1	0	1	1
[272]	未定地位草酸小杆菌科的一属（Oxalobacteraceae_uncultured）	1	1	0	1
[273]	P3OB-42_norank	1	0	0	0
[274]	未分类类芽胞杆菌科的一属（Paenibacillaceae_unclassified）	1	0	0	3
[275]	未培养类芽胞杆菌科的一属（Paenibacillaceae_uncultured）	1	0	2	2
[276]	潘多拉菌属（Pandoraea）	1	1	1	1
[277]	泛菌属（Pantoea）	1	0	0	1
[278]	未分类副衣原体科的一属（Parachlamydiaceae_unclassified）	1	0	0	1
[279]	副球菌属（Paracoccus）	1	1	1	1
[280]	副线单胞菌属（Parafilimonas）	1	0	2	2
[281]	小棒状菌属（Parvibaculum）	1	0	1	1
[282]	果胶小杆菌属（Pectobacterium）	1	0	0	1
[283]	吞菌杆菌属（Peredibacter）	1	0	4	1
[284]	透明浆果菌属（Perlucidibaca）	1	0	1	1
[285]	芸豆形孢囊菌属（Phaselicystis）	1	0	1	1
[286]	苯基小杆菌属（Phenylobacterium）	1	0	1	1
[287]	水井杆菌属（Phreatobacter）	1	0	0	0
[288]	未培养叶杆菌科的一属（Phyllobacteriaceae_uncultured）	1	0	1	1
[289]	食染料菌属（Pigmentiphaga）	1	0	1	1
[290]	极单胞菌属（Polaromonas）	1	0	1	1
[291]	普劳泽氏菌属（Prauserella）	1	0	0	0
[292]	原微单胞菌属（Promicromonospora）	1	0	0	0
[293]	未分类变形菌门的一属（Proteobacteria_unclassified）	1	0	0	0
[294]	假棒形杆菌属（Pseudoclavibacter）	1	0	1	1
[295]	假双头斧菌属（Pseudolabrys）	1	0	1	1
[296]	雷尔氏菌属（Ralstonia）	1	0	0	0
[297]	沙土杆菌属（Ramlibacter）	1	0	1	1
[298]	莱朗河菌属（Reyranella）	1	0	0	1

续表

序号	细菌属	AUG_CK	AUG_H	AUG_L	AUG_PM
[299]	莱茵河杆菌属(*Rhodanobacter*)	1	0	2	2
[300]	红寡食菌属(*Rhodoligotrophos*)	1	0	1	1
[301]	红游动菌属(*Rhodoplanes*)	1	0	1	1
[302]	未分类立克次氏体科的一属(Rickettsiaceae_unclassified)	1	0	1	1
[303]	未培养立克次氏体目的一属(Rickettsiales_uncultured)	1	0	1	1
[304]	小河杆菌属(*Rivibacter*)	1	0	1	1
[305]	玫瑰球菌属(*Roseococcus*)	1	0	0	0
[306]	农发局菌属(*Rudaea*)	1	0	0	0
[307]	古字状菌属(*Runella*)	1	0	0	0
[308]	SHA-109_norank	1	0	1	1
[309]	SJA-149_norank	1	0	1	1
[310]	糖芽胞杆菌属(*Saccharibacillus*)	1	0	0	0
[311]	橙色菌属(*Sandaracinus*)	1	1	0	0
[312]	血杆菌属(*Sanguibacter*)	1	0	1	1
[313]	施莱格尔氏菌属(*Schlegelella*)	1	0	1	1
[314]	华南海研所菌属(*Sciscionella*)	1	0	0	0
[315]	沉积物杆菌属(*Sedimentibacter*)	1	0	1	0
[316]	沉积物小杆菌属(*Sediminibacterium*)	1	0	1	1
[317]	*Simiduia*	1	0	0	0
[318]	单球孢菌属(*Singulisphaera*)	1	0	1	2
[319]	管道杆菌属(*Siphonobacter*)	1	0	0	0
[320]	斯科曼氏菌属(*Skermanella*)	1	0	0	0
[321]	未分类土壤单胞菌科的一属(Solimonadaceae_unclassified)	1	0	0	0
[322]	未定地位土鞘脂杆菌科的一属(Sphingobacteriaceae_norank)	1	0	1	1
[323]	鞘脂菌属(*Sphingobium*)	1	0	1	1
[324]	未分类鞘脂单胞菌科的一属(Sphingomonadaceae_unclassified)	1	0	1	1
[325]	孢鱼菌属(*Sporichthya*)	1	0	0	0
[326]	芭蕉产孢菌属(*Sporomusa*)	1	0	0	0
[327]	星状菌属(*Stella*)	1	0	0	1
[328]	未分类链霉菌科的一属(Streptomycetaceae_unclassified)	1	0	0	0
[329]	Subgroup_3_norank	1	0	0	0
[330]	TA06_norank	1	0	0	1
[331]	TA18_norank	1	0	0	1
[332]	TK10_norank	1	0	2	5
[333]	TRA3-20_norank	1	0	1	2
[334]	沼泽杆菌属(*Telmatobacter*)	1	0	0	0
[335]	沼泽小螺菌属(*Telmatospirillum*)	1	0	0	0
[336]	土块菌属(*Terriglobus*)	1	0	0	0
[337]	土壤产孢杆菌属(*Terrisporobacter*)	1	1	1	1
[338]	陶厄尔氏菌属(*Thauera*)	1	0	1	1
[339]	热密卷菌属(*Thermocrispum*)	1	0	0	0
[340]	热多孢菌属(*Thermopolyspora*)	1	0	0	1
[341]	热卵形菌属(*Thermovum*)	1	0	1	1
[342]	硫碱螺菌属(*Thioalkalispira*)	1	0	0	1
[343]	特吕珀菌属(*Truepera*)	1	5	4	3
[344]	苏黎世杆菌属(*Turicibacter*)	1	1	1	1
[345]	泰泽氏菌属(*Tyzzerella*)	1	0	0	0

序号	细菌属	AUG_CK	AUG_H	AUG_L	AUG_PM
[346]	多变杆菌属(*Variibacter*)	1	0	1	1
[347]	未培养疣微菌科的一属(Verrucomicrobiaceae_uncultured)	1	0	1	2
[348]	疣微菌属(*Verrucomicrobium*)	1	0	1	0
[349]	WCHB1-60_norank	1	0	0	0
[350]	伍兹霍尔菌属(Woodsholea)	1	0	1	1
[351]	未分类黄杆菌科的一属(Xanthobacteraceae_unclassified)	1	0	1	1
[352]	未分类黄单胞菌科的一属 (Xanthomonadaceae_unclassified)	1	1	3	2
[353]	未培养黄单胞菌科的一属 (Xanthomonadaceae_uncultured)	1	0	0	0
[354]	黄单胞菌目的未定地位科 (Xanthomonadales_Incertae_Sedis_norank)	1	0	1	1
[355]	木杆菌属(*Xylella*)	1	0	1	0
[356]	cvE6_norank	1	0	1	1
[357]	env. OPS_17_norank	1	0	0	0
[358]	11-24_norank	0	0	1	1
[359]	43F-1404R_norank	0	0	0	1
[360]	AKIW659_norank	0	0	0	1
[361]	AT425-EubC11_terrestrial_group_norank	0	1	2	3
[362]	醋弧菌属(*Acetivibrio*)	0	0	0	1
[363]	氨基酸球菌属(*Acidaminococcus*)	0	0	1	1
[364]	酸铁氧化杆菌属(*Acidiferrobacter*)	0	0	1	1
[365]	未培养酸杆菌科亚群_1的一属 (*Acidobacteriaceae*_Subgroup_1_uncultured)	0	0	0	1
[366]	未分类放线菌门的一属(Actinobacteria_unclassified)	0	0	1	2
[367]	海面菌属(*Aequorivita*)	0	4	0	0
[368]	气球菌属(*Aerococcus*)	0	1	0	0
[369]	居姬松茸菌属(*Agaricicola*)	0	0	0	1
[370]	产碱菌属(*Alcaligenes*)	0	1	1	0
[371]	食碱菌属(*Alcanivorax*)	0	2	1	2
[372]	别样海源菌属(*Aliidiomarina*)	0	1	0	0
[373]	氨基酸小杆菌属(*Aminobacterium*)	0	1	0	0
[374]	厌氧球菌属(*Anaerococcus*)	0	2	1	1
[375]	厌氧棍状菌属(*Anaerofustis*)	0	0	1	1
[376]	厌氧绳菌属(*Anaerolinea*)	0	0	1	1
[377]	厌氧黏杆菌属(*Anaeromyxobacter*)	0	0	1	1
[378]	厌氧盐杆菌属(*Anaerosalibacter*)	0	1	0	0
[379]	厌氧棍状菌属(*Anaerotruncus*)	0	0	2	0
[380]	解硫胺素芽胞杆菌属(*Aneurinibacillus*)	0	0	1	1
[381]	未定地位热链状菌目的一属(Ardenticatenales_norank)	0	1	1	1
[382]	节杆菌属(*Arthrobacter*)	0	1	1	1
[383]	奇异菌属(*Atopostipes*)	0	2	0	0
[384]	固氮弓形属(*Azoarcus*)	0	1	0	0
[385]	B1-7BS_norank	0	0	1	1
[386]	BD2-11_terrestrial_group_norank	0	1	0	0
[387]	分类芽胞杆菌科的一属(Bacillaceae_unclassified)	0	7	0	0
[388]	未培养芽胞杆菌科的一属(Bacillaceae_uncultured)	0	2	0	1
[389]	未定地位拟杆菌目_UCG-001 的一属 Bacteroidales_UCG-001_norank	0	1	1	0
[390]	未分类拟杆菌目的一属(Bacteroidales_unclassified)	0	0	1	0

序号	细菌属	AUG_CK	AUG_H	AUG_L	AUG_PM
[391]	拟杆菌属(*Bacteroides*)	0	3	4	1
[392]	博格利亚湖菌属(*Bogoriella*)	0	1	0	0
[393]	冬微菌属(*Brumimicrobium*)	0	1	0	0
[394]	食纤维菌属(*Byssovorax*)	0	0	0	1
[395]	C1-B045	0	2	1	0
[396]	热粪杆菌属(*Caldicoprobacter*)	0	2	0	0
[397]	候选_捕食菌属(Candidatus_*Captivus*)	0	0	1	1
[398]	候选_奥德赛菌属(Candidatus_*Odyssella*)	0	0	1	1
[399]	未分类绿弯菌门的一属(Chloroflexi_unclassified)	0	0	1	1
[400]	未分类梭菌纲的一属(Clostridia_unclassified)	0	0	0	1
[401]	未定地位梭菌科_1的一属(Clostridiaceae_1_norank)	0	1	0	0
[402]	未定地位梭菌目_vadinBB60群的一属 (Clostridiales_vadinBB60_group_norank)	0	1	0	0
[403]	狭义梭菌属_15(*Clostridium*_sensu_stricto_15)	0	1	0	0
[404]	狭义梭菌属_16(*Clostridium*_sensu_stricto_6)	0	1	1	1
[405]	柯林斯氏菌属(*Collinsella*)	0	1	0	1
[406]	未培养科里氏小杆菌科的一属 Coriobacteriaceae_uncultured	0	0	1	1
[407]	未分类棒小杆菌目的一属(Corynebacteriales_unclassified)	0	1	0	0
[408]	棒小杆菌属(*Corynebacterium*)	0	1	1	1
[409]	棒小杆菌属_1(*Corynebacterium*_1)	0	4	3	1
[410]	未分类霜状菌科的一属(Cryomorphaceae_unclassified)	0	0	1	0
[411]	分类环杆菌科的一属(Cyclobacteriaceae_unclassified)	0	0	1	1
[412]	未培养环杆菌科的一属(Cyclobacteriaceae_uncultured)	0	1	0	1
[413]	未分类溶杆菌科的一属(Cystobacteraceae_unclassified)	0	1	1	1
[414]	DA111_norank	0	0	2	3
[415]	DB1-14_norank	0	0	1	0
[416]	未分类δ-变形菌纲的一属 (Deltaproteobacteria_unclassified)	0	2	0	0
[417]	德库菌属(*Desemzia*)	0	1	0	0
[418]	脱亚硫酸小杆菌属(*Desulfitobacterium*)	0	0	0	1
[419]	脱硫弧菌属(*Desulfovibrio*)	0	1	2	1
[420]	迪茨氏菌属(*Dietzia*)	0	1	1	0
[421]	Elev-16S-1332_norank	0	0	1	0
[422]	厄特沃什氏菌属(*Eoetvoesia*)	0	0	1	1
[423]	丹毒丝菌属(*Erysipelothrix*)	0	12	1	1
[424]	丹毒丝菌科_UCG-004的一属 (Erysipelotrichaceae_UCG-004)	0	1	1	0
[425]	未培养丹毒丝菌科的一属 (Erysipelotrichaceae_uncultured)	0	1	0	0
[426]	费克蓝姆氏菌属(*Facklamia*)	0	1	0	0
[427]	Family_XIII_AD3011_group	0	1	0	0
[428]	Family_XIII_unclassified	0	0	1	1
[429]	Family_XIV_norank	0	1	0	0
[430]	Family_XI_unclassified	0	2	0	0
[431]	Family_XI_uncultured	0	4	2	1
[432]	Family_XVIII_unclassified	0	0	0	2
[433]	苛求球菌属(*Fastidiosipila*)	0	5	3	1
[434]	黄弯菌属(*Flaviflexus*)	0	1	0	0
[435]	未定地位黄杆菌科的一属(Flavobacteriaceae_norank)	0	0	1	1

续表

序号	细菌属	AUG_CK	AUG_H	AUG_L	AUG_PM
[436]	未分类黄杆菌科的一属(Flavobacteriaceae_unclassified)	0	4	2	0
[437]	GR-WP33-58_norank	0	0	1	0
[438]	盖亚菌属(Gaiella)	0	0	1	1
[439]	居鸡粪菌属(Gallicola)	0	1	0	0
[440]	未分类芽单胞菌科的一属 (Gemmatimonadaceae_unclassified)	0	0	0	0
[441]	乔治菌属(Georgenia)	0	1	0	0
[442]	居蝼蛄菌属(Gryllotalpicola)	0	0	0	1
[443]	卤硫杆状菌属(Halothiobacillus)	0	1	0	0
[444]	创伤球菌属(Helcococcus)	0	1	0	0
[445]	未分类生丝微菌科的一属 (Hyphomicrobiaceae_unclassified)	0	2	1	1
[446]	未分类生丝单胞菌科的一属 (Hyphomonadaceae_unclassified)	0	0	0	0
[447]	I-10_norank	0	0	1	1
[448]	海源菌属(Idiomarina)	0	1	0	0
[449]	伊格纳兹斯奇纳菌属(Ignatzschineria)	0	3	1	0
[450]	未定地位懒惰杆菌目的一属(Ignavibacteriales_norank)	0	0	1	1
[451]	懒惰颗粒菌属(Ignavigranum)	0	1	0	0
[452]	未分类间孢囊菌科的一属 (Intrasporangiaceae_unclassified)	0	1	1	0
[453]	JG30-KF-CM66_norank	0	0	1	4
[454]	JG37-AG-20_norank	0	0	1	1
[455]	咸海鲜球菌属(Jeotgalicoccus)	0	1	0	0
[456]	KCM-B-15_norank	0	0	1	1
[457]	KD4-96_norank	0	0	0	1
[458]	Koukoulia	0	1	0	0
[459]	库特氏菌属(Kurthia)	0	1	1	1
[460]	乳杆菌属(Lactobacillus)	0	3	1	0
[461]	军团菌属(Legionella)	0	1	1	1
[462]	湖杆菌属(Limnobacter)	0	0	1	1
[463]	橙色杆菌属(Luteivirga)	0	1	0	0
[464]	海胞菌属(Marinicella)	0	1	0	0
[465]	未培养海滑菌科的一属(Marinilabiaceae_uncultured)	0	1	0	0
[466]	海微菌属(Marinimicrobium)	0	1	0	0
[467]	海洋杆状菌属(Mariniradius)	0	1	0	0
[468]	海杆菌属(Marinobacter)	0	1	0	0
[469]	海洋小螺菌属(Marinospirillum)	0	1	0	0
[470]	未培养甲基球菌科的一属(Methylococcaceae_uncultured)	0	0	1	1
[471]	噬甲基菌属(Methylophaga)	0	1	0	0
[472]	未分类微杆菌科的一属 (Microbacteriaceae_unclassified)	0	1	0	0
[473]	未定地位微球菌科的一属(Micrococcaceae_norank)	0	1	0	0
[474]	未分类微球菌目的一属(Micrococcales_unclassified)	0	3	0	0
[475]	未分类微单胞菌科的一属 (Micromonosporaceae_unclassified)	0	0	0	0
[476]	水桓杆菌属(Mizugakiibacter)	0	0	0	1
[477]	动细杆菌属(Mobilitalea)	0	3	0	0
[478]	艰难小杆菌属(Mogibacterium)	0	1	1	1
[479]	未定地位柔膜菌门_RF9的一属(Mollicutes_RF9_norank)	0	2	4	3

序号	细菌属	AUG_CK	AUG_H	AUG_L	AUG_PM
[480]	默多克氏菌属(*Murdochiella*)	0	1	0	0
[481]	类香味菌属(*Myroides*)	0	1	0	0
[482]	亚硝酸螺菌属(*Nitrosospira*)	0	0	1	1
[483]	OCS116_clade_norank	0	0	1	1
[484]	OM190_norank	0	0	0	1
[485]	OM1_clade_norank	0	0	2	2
[486]	OM27_clade	0	1	0	0
[487]	OPB54_norank	0	2	0	2
[488]	大洋芽胞杆菌(*Oceanobacillus*)	0	1	0	0
[489]	海洋杆菌属(*Oceanobacter*)	0	1	1	0
[490]	寡源菌属(*Oligella*)	0	2	0	1
[491]	Order_Ⅲ_uncultured	0	1	0	0
[492]	噬草酸菌属(*Oxalophagus*)	0	0	1	1
[493]	类产碱菌属(*Paenalcaligenes*)	0	3	0	0
[494]	Parcubacteria_norank	0	0	0	2
[495]	少盐芽胞杆菌属(*Paucisalibacillus*)	0	3	0	0
[496]	噬蛋白胨菌属(*Peptoniphilus*)	0	1	0	0
[497]	未分类消化链球菌科的一属 (eptostreptococcaceae_unclassified)	0	1	0	1
[498]	消化链球菌属(*Peptostreptococcus*)	0	1	1	0
[499]	岩石单胞菌属(*Petrimonas*)	0	3	4	1
[500]	未培养海藻球菌科的一属 (Phycisphaeraceae_uncultured)	0	0	1	2
[501]	未分类浮霉菌科的一属 (Planctomycetaceae_unclassified)	0	0	0	1
[502]	未培养浮霉菌科的一属 (Planctomycetaceae_uncultured)	0	0	2	2
[503]	未分类动球菌科的一属 (Planococcaceae_unclassified)	0	1	1	1
[504]	动微菌属(*Planomicrobium*)	0	1	0	0
[505]	未培养紫单胞菌科的一属 (Porphyromonadaceae_uncultured)	0	1	0	0
[506]	普雷沃氏菌属_1(*Prevotella*_1)	0	0	1	0
[507]	食蛋白质菌属(*Proteiniborus*)	0	0	0	1
[508]	噬蛋白质菌属(*Proteiniphilum*)	0	3	4	1
[509]	普罗维登斯菌属(*Providencia*)	0	1	0	0
[510]	假深黄单胞菌属(*Pseudofulvimonas*)	0	1	1	1
[511]	假海弯曲菌属(*Pseudomaricurvus*)	0	0	1	0
[512]	冷杆菌属(*Psychrobacter*)	0	2	0	0
[513]	未培养红杆菌科(Rhodobacteraceae_uncultured)	0	1	0	0
[514]	未定地位红菌科的一属(Rhodobiaceae_norank)	0	0	1	1
[515]	未分类红环菌科的一属(Rhodocyclaceae_unclassified)	0	0	1	1
[516]	红微菌属(*Rhodomicrobium*)	0	0	1	1
[517]	未分类红螺菌目的一属(Rhodospirillales_unclassified)	0	0	1	1
[518]	未培养红热菌科的一属(Rhodothermaceae_uncultured)	0	0	2	2
[519]	理研菌科_RC9_gut 群的一属 (Rikenellaceae_RC9_gut_group)	0	0	2	1
[520]	玫瑰异变菌属(*Roseovarius*)	0	1	0	0
[521]	浅红微菌属(*Rubellimicrobium*)	0	1	0	0
[522]	红色杆菌属(*Rubrobacter*)	0	0	0	1

序号	细菌属	AUG_CK	AUG_H	AUG_L	AUG_PM
[523]	瘤胃梭菌属(*Ruminiclostridium*)	0	0	0	1
[524]	瘤胃梭菌属_5(*Ruminiclostridium_5*)	0	1	0	0
[525]	瘤胃球菌科_NK4A214 群的一属 (Ruminococcaceae_NK4A214_group)	0	0	1	0
[526]	瘤胃球菌科_UCG-014 的一属 *Ruminococcaceae*_UCG-014	0	2	1	0
[527]	鲁梅尔芽胞杆菌属(*Rummeliibacillus*)	0	1	1	1
[528]	S0134_terrestrial_group_norank	0	0	6	8
[529]	SM2D12_norank	0	0	0	1
[530]	SM2F11_norank	0	0	1	1
[531]	盐水球菌属(*Salinicoccus*)	0	2	0	1
[532]	施氏菌属(*Schwartzia*)	0	0	1	1
[533]	Sh765B-TzT-29_norank	0	0	1	1
[534]	喷泉单胞菌属(*Silanimonas*)	0	0	1	1
[535]	顺宇属(*Soonwooa*)	0	0	1	0
[536]	球形杆菌属(*Sphaerobacter*)	0	0	1	1
[537]	球孢长发菌属(*Sphaerochaeta*)	0	3	2	0
[538]	未培养鞘脂杆菌科的一属 (Sphingobacteriaceae_uncultured)	0	4	0	0
[539]	未分类鞘脂杆菌目的一属 (Sphingobacteriales_unclassified)	0	0	1	0
[540]	生孢噬胞菌属(*Sporocytophaga*)	0	0	1	2
[541]	芽胞乳杆菌(*Sporolactobacillus*)	0	0	0	1
[542]	芽胞八叠球菌属(*Sporosarcina*)	0	3	0	0
[543]	链球菌属(*Streptococcus*)	0	1	1	1
[544]	Subgroup_18_norank	0	0	0	1
[545]	硫化芽胞杆菌属(*Sulfobacillus*)	0	0	0	1
[546]	共生小杆菌属(*Symbiobacterium*)	0	0	0	1
[547]	未分类互养菌科(Synergistaceae_unclassified)	0	0	1	0
[548]	互养食醋酸菌属(*Syntrophaceticus*)	0	1	0	0
[549]	中温微菌属(*Tepidimicrobium*)	0	3	0	0
[550]	热芽胞杆菌属(*Thermobacillus*)	0	0	0	1
[551]	嗜热双歧菌属(*Thermobifida*)	0	0	0	1
[552]	热单生孢菌属(*Thermomonospora*)	0	0	0	2
[553]	未培养嗜热孢毛菌科的一属 (Thermosporotrichaceae_uncultured)	0	0	1	0
[554]	泰氏菌属(*Tissierella*)	0	8	1	1
[555]	密螺旋体属_2(*Treponema_2*)	0	1	1	1
[556]	束毛球菌属(*Trichococcus*)	0	1	0	0
[557]	膨胀芽胞杆菌属(*Tumebacillus*)	0	0	1	0
[558]	石莼杆菌属(*Ulvibacter*)	0	2	0	0
[559]	未分类疣微菌科的一属 (Verrucomicrobiaceae_unclassified)	0	0	0	1
[560]	泛生杆菌属(*Vulgatibacter*)	0	0	1	2
[561]	华诊体属(*Waddlia*)	0	0	0	1
[562]	未分类黄单胞菌目的一属 (Xanthomonadales_unclassified)	0	0	1	1

续表

序号	细菌属	AUG_CK	AUG_H	AUG_L	AUG_PM
[563]	阎氏菌属（*Yaniella*）	0	1	0	0
[564]	叉形棍状厌氧菌群（*Anaerorhabdus furcosa*_group）	0	0	1	1
[565]	缠结优小杆菌群（*Eubacterium nodatum*_group）	0	0	1	1
[566]	vadinBC27_wastewater-sludge_group	0	1	1	0

注：表中未能翻译细菌属无中文名。

不同处理组细菌属种类组成差异显著（图 4-15），垫料原料组（AUG_CK）前 3 个种类（OTUs）数量最高的细菌属的组成为未定地位糖杆菌门的一属（Saccharibacteria_norank）（36）、黄小杆菌属（*Flavobacterium*）（15）、类芽胞杆菌属（*Paenibacillus*）（14）；深发酵垫料组（AUG_H）前 3 个含量最高的细菌属的组成为丹毒丝菌属（*Erysipelothrix*）（12）、假单胞菌属（*Pseudomonas*）（10）、秦氏菌属（*Tissierella*）（8）；浅发酵垫料组（AUG_L）前 3 个含量最高的细菌属的组成为未定地位糖杆菌门的一属（Saccharibacteria_norank）（31）、太白山菌属（*Taibaiella*）（18）、未培养噬几丁质菌属（*Chitinophagaceae*_uncultured）（15）；未发酵猪粪组（AUG_PM）前 3 个含量最高的细菌属的组成为未定地位糖杆菌门的一属（Saccharibacteria_norank）（33）、类芽胞杆菌属（*Paenibacillus*）（18）、Subgroup_6_norank（16）。

不同处理组芽胞杆菌分布（表 4-11）。利用宏基因组检测到异位微生物发酵床不同处理组共 16 属的芽胞杆菌，其中含量最高的为类芽胞杆菌属（*Paenibacillus*），在 AUG_CK 和 AUG_PM 处理中的种类（OTUs）分别为 11 种和 18 种，芽胞杆菌属次之，在上

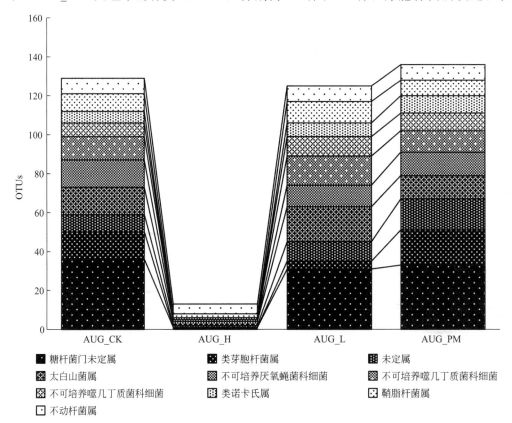

图 4-15　异位微生物发酵床细菌属种类（OTUs）多样性

述处理中的种类分别为 6 种和 6 种，乳杆菌（*Lactobacillus*）在深发酵垫料组中种类较多为 3 种，短芽胞杆菌属（*Brevibacillus*）分布较广，在 AUG_CK、AUG_H、AUG_L、AUG_PM 处理中的种类（OTUs）分别为 3 种、0 种、2 种、2 种。

表 4-11　异位微生物发酵床芽胞杆菌种类（OTUs）分布

序号	芽胞杆菌	AUG_CK	AUG_H	AUG_L	AUG_PM
[1]	类芽胞杆菌科	14	0	4	18
[2]	芽胞杆菌属	6	1	4	6
[3]	短短芽胞杆菌属	3	0	2	2
[4]	赖氨酸芽胞杆菌属	1	1	1	1
[5]	甲基小杆菌属	1	1	0	0
[6]	糖芽胞杆菌属	1	0	0	0
[7]	解硫胺素杆菌属	0	1	1	1
[8]	卤硫杆菌属	0	1	0	0
[9]	乳杆菌属	0	3	1	0
[10]	海洋芽胞杆菌	0	1	0	0
[11]	少盐芽胞杆菌属	0	3	0	0
[12]	鲁氏芽胞杆菌属	0	1	1	1
[13]	芽胞乳杆菌	0	0	0	1
[14]	硫化芽胞杆菌属	0	0	0	1
[15]	热杆菌属	0	0	0	1
[16]	Tumebacillus	0	0	1	1

六、细菌种种类（OTUs）分布结构

异位微生物发酵床不同处理细菌种的种类（OTUs）共检测到 838 种，其中垫料原料组（AUG_CK）508 种，深发酵垫料组（AUG_H）248 种，浅发酵垫料组（AUG_L）508 种，未发酵猪粪组（AUG_PM）565 种。深发酵垫料组的细菌种 OTUs 仅为其余 3 个组的 50%，说明经过发酵，垫料中的微生物种类大幅度下降。

在细菌种的前 10 个数量最大种类（OTUs）为未分类噬几丁质菌（Chitinophagaceae_unclassified）（14）、未培养糖杆菌（Saccharibacteria_uncultured）（14）、未培养糖杆菌（Saccharibacteria_unclassified）（12）、未分类黄杆菌（*Flavobacterium*_unclassified）（11）、未分类厌氧绳菌（Anaerolineaceae_unclassified）（10）、未培养太白山菌（*Taibaiella*_uncultured）（8）、未分类类芽胞杆菌（*Paenibacillus*_unclassified）（8）、Subgroup_6_unclassified（6）、未培养莫河杆菌（*Moheibacter*_uncultured）（6）、未分类鞘脂杆菌（*Sphingobacterium*_unclassified）（5）；不同处理组相比，这 10 种在深发酵垫料组（AUG_H）的 OTUs 的分布量很小，在 0~1；而在其他 2 个处理组的分布与垫料原料组（AUG_CK）趋势相同，在浅发酵垫料组（AUG_L）OTUs 分布为 3~17 种，在未发酵猪粪组（AUG_PM）OTUs 分布为 4~21 种。

在细菌种的前 10 个数量最大种类（OTUs）所属种为未分类芽胞杆菌科的一种（Bacillaceae_unclassified）（8）、未培养丹毒丝菌的一种（*Erysipelothrix*_uncultured）（7）、未分类假单胞菌（*Pseudomonas*_unclassified）（4）、未分类产碱菌科的一种（Alcaligenaceae_unclassified）（4）、未分类黄杆菌科的一种（Flavobacteriaceae_unclassified）（4）、未分类丹毒丝菌的一种（*Erysipelothrix*_unclassified）（4）、未分类泰氏菌的一种（*Tissierella*_unclassified）（4）、未分类不动杆菌的一种（*Acinetobacter*_unclassified）（3）、未分类狭义梭菌属_1 的一种

（*Clostridium* ＿ sensu ＿ stricto ＿ 1 ＿ unclassified）（3）、未分类极小单胞菌的一种（*Pusil-limonas* ＿ unclassified）（3）；不同处理组相比，这 10 种在其他 3 个处理组的 OTUs 的分布差异极显著，在垫料原料组（AUG ＿ CK）OTUs 分布在 0～4 种；在浅发酵垫料组（AUG ＿ L）OTUs 分布在 0～3 种，在未发酵猪粪组（AUG ＿ PM）OTUs 分布在 0～4 种。

在细菌种的前 10 个数量最大种类（OTUs）所属种为未分类噬几丁质菌科的一种（Chitinophagaceae ＿ unclassified）（17）、未分类糖杆菌门的一种（Saccharibacteria ＿ unclassified）（14）、未培养糖杆菌门的一种（Saccharibacteria ＿ uncultured）（11）、未培养太白山菌的一种（*Taibaiella* ＿ uncultured）（10）、未分类黄小杆菌的一种（*Flavobacterium* ＿ unclassified）（9）、未分类厌氧绳菌科的一种（Anaerolineaceae ＿ unclassified）（8）、未分类类诺长氏菌的一种（*Nocardioides* ＿ unclassified）（7）、未分类太白山菌的一种（*Taibaiella* ＿ unclassified）（6）、Subgroup ＿ 6 ＿ unclassified（5）、未分类鞘脂小杆菌的一种（*Sphingobacterium* ＿ unclassified）（5）。不同处理组相比，该处理组的这 10 种在垫料原料组（AUG ＿ CK）和未发酵猪粪组（AUG ＿ PM）的分布趋势相似，而与深发酵垫料组（AUG ＿ H）差异显著；这 10 种细菌 OTUs 在垫料原料组（AUG ＿ CK）OTUs 分布在 4～14 种；在浅发酵垫料组（AUG ＿ L）OTUs 分布在 0～1 种，在未发酵猪粪组（AUG ＿ PM）OTUs 分布在 4～16 种。

在细菌种的前 10 个数量最大种类（OTUs）所属种为未分类糖杆菌门的一种（Saccharibacteria ＿ unclassified）（16）、未分类噬几丁质菌科的一种（Chitinophagaceae ＿ unclassified）（14）、未分类类芽胞杆菌的一种（*Paenibacillus* ＿ unclassified）（13）、未培养糖杆菌门的一种（Saccharibacteria ＿ uncultured）（11）、Subgroup ＿ 6 ＿ unclassified（10）、未分类类诺长氏菌的一种（*Nocardioides* ＿ unclassified）（9）、未分类厌氧绳菌科的一种（Anaerolineaceae ＿ unclassified）（8）、未培养太白山菌的一种（*Taibaiella* ＿ uncultured）（7）、未分类黄单胞菌目的一种（Xanthomonadales ＿ unclassified）（7）、未分类黄小杆菌的一种（*Flavobacterium* ＿ unclassified）（6）。不同处理组相比，该处理组的这 10 种在垫料原料组（AUG ＿ CK）和未发酵猪粪组（AUG ＿ PM）和浅发酵垫料组（AUG ＿ L）的分布趋势相似，而与深发酵垫料组（AUG ＿ H）差异显著；这 10 种细菌 OTUs 在垫料原料组（AUG ＿ CK）OTUs 分布在 4～14 种；在深发酵垫料组（AUG ＿ H）OTUs 分布在 0～1 种，在浅发酵垫料组（AUG ＿ L）OTUs 分布在 4～17 种。

｜第三节｜细菌丰度（％）分布多样性

一、细菌门丰度（％）分布结构

1. 细菌门丰度（％）检测

实验结果见表 4-12（细菌门中文参考书后附录）。在异位微生物发酵床细菌门检测到 30 个门，不同处理组细菌门的丰度（％）差异显著，丰度最高的是浅发酵垫料组（AUG ＿ L）的拟杆菌门（Bacteroidetes）（60.78％），其次是垫料原料组（AUG ＿ CK）的变形菌门（Proteobacteria）（57.98％），再次是未发酵猪粪组（AUG ＿ PM）的变形菌门（Proteobacteria）（36.44％）。不同处理组平均值超过 1％的门有 6 个，分别为变形菌门（Proteobacteria）38.49%、拟杆菌门（Bacteroidetes）33.97%、厚壁菌门（Firmicutes）9.88%、放线菌门（Actinobacteria）6.95%、绿弯菌门（Chloroflexi）4.85%、醋杆菌门（Acidobacteria）1.49%。变形菌门（Proteobacteria）在垫料原料组（AUG_CK）和未发酵猪粪组（AUG_PM）含量最高，分别达58.10%、36.61%，拟杆菌门（Bacteroidetes）在深发酵垫料组（AUG_H）和浅发酵垫料组（AUG_L）含量最高，分别达30.95%、60.81%。放线菌门（Actinobacteria）主要分布在深发酵垫料组（AUG_H），绿弯菌门（Chloroflexi）和醋杆菌门（Acidobacteria）主要分布在未发酵猪粪组（AUG_PM）。其他细菌门含量低于1%。

表 4-12　异位微生物发酵床细菌门丰度（%）分布多样性

序号	细菌门	AUG_CK	AUG_H	AUG_L	AUG_PM
[1]	变形菌门（Proteobacteria）	0.579894	0.272340	0.320212	0.364414
[2]	拟杆菌门（Bacteroidetes）	0.313350	0.309516	0.607889	0.129189
[3]	放线菌门（Actinobacteria）	0.043091	0.163113	0.008879	0.062788
[4]	厚壁菌门（Firmicutes）	0.032838	0.229291	0.021524	0.112008
[5]	绿弯菌门（Chloroflexi）	0.013939	0.000011	0.004041	0.176787
[6]	糖杆菌门（Saccharibacteria）	0.006685	0.000011	0.023310	0.045447
[7]	酸杆菌门（Acidobacteria）	0.003088	0.000011	0.003531	0.052561
[8]	疣微菌门（Verrucomicrobia）	0.001353	0.000000	0.001623	0.002783
[9]	装甲菌门（Armatimonadetes）	0.000892	0.000000	0.000490	0.002104
[10]	异常球菌-栖热菌门（Deinococcus-Thermus）	0.000441	0.023033	0.002327	0.008067
[11]	Candidate_division_WS6①	0.000774	0.000000	0.000674	0.019001
[12]	绿菌门（Chlorobi）	0.000608	0.000000	0.000388	0.001208
[13]	Microgenomates（未定中文学名）	0.000539	0.000000	0.000112	0.000453
[14]	芽单胞菌门（Gemmatimonadetes）	0.000382	0.000760	0.000469	0.009406
[15]	浮霉菌门（Planctomycetes）	0.000382	0.000011	0.000184	0.004123
[16]	WD272①	0.000363	0.000000	0.000000	0.000000
[17]	衣原体（Chlamydiae）	0.000265	0.000000	0.000020	0.000462
[18]	SHA-109①	0.000216	0.000000	0.000010	0.000019
[19]	未分类细菌（Bacteria_unclassified）	0.000206	0.000000	0.000051	0.000340
[20]	蓝细菌（Cyanobacteria）	0.000176	0.000000	0.002204	0.005548
[21]	TM6①	0.000167	0.000000	0.000133	0.000642
[22]	Hydrogenedentes（未定中文学名）	0.000137	0.000000	0.000122	0.001491
[23]	TA06①	0.000137	0.000000	0.000000	0.000019
[24]	WCHB1-60①	0.000059	0.000000	0.000000	0.000000
[25]	纤维杆菌门（Fibrobacteres）	0.000010	0.000000	0.000010	0.000160
[26]	柔膜菌门（Tenericutes）	0.000010	0.000963	0.001306	0.000038
[27]	Parcubacteria 未定中文学名	0.000000	0.000000	0.000000	0.000142
[28]	SM2F11①	0.000000	0.000000	0.000214	0.000793
[29]	螺旋体（Spirochaetae）	0.000000	0.000856	0.000214	0.000009
[30]	互养菌门（Synergistetes）	0.000000	0.000086	0.000061	0.000000

① 不可培养。

2. 细菌门丰度（%）比较

不同处理组细菌门 TOP10 细菌丰度（%）见图 4-16。处理组间 TOP10 细菌门丰度分布差异显著。垫料原料组（AUG_CK）前 3 个最大丰度分布的细菌门为变形菌门（Proteobacteria）（57.98%）、拟杆菌门（Bacteroidetes）（31.33%）、放线菌门（Actinobacteria）（4.31%）；深发酵垫料组（AUG_H）为拟杆菌门（Bacteroidetes）（30.95%）、变形菌门（Proteobacteria）（27.23%）、厚壁菌门（Firmicutes）（22.92%）；浅发酵垫料组

（AUG ＿ L）为拟杆菌门（Bacteroidetes）（60.78%）、变形菌门（Proteobacteria）（32.02%）、糖杆菌门（Saccharibacteria）（2.33%）；未发酵猪粪组（AUG ＿ PM）为变形菌门（Proteobacteria）（36.44%）、绿弯菌门（Chloroflexi）（17.67%）、拟杆菌门（Bacteroidetes）（12.91%）。

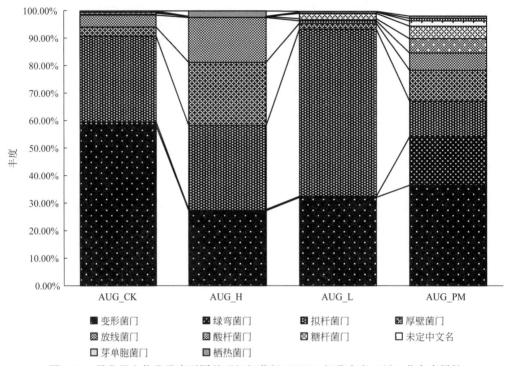

图 4-16　异位微生物发酵床不同处理组细菌门 TOP10 细菌丰度（%）分布多样性

3. 细菌门丰度（%）相关性

基于细菌门丰度（%）的不同处理组的相关系数见表 4-13。从表 4-13 可知，不同处理组细菌门丰度（%）的平均值相近，而标准差差异显著，其中浅发酵垫料组（AUG ＿ L）标准差值最大（0.0764），未发酵猪粪组（AUG ＿ PM）最小（0.1232），表明前者变化性高于后者。各处理间的相关系数为 0.6115～0.8707，都表现出相关的显著性或极显著性，表明不同处理细菌门丰度（%）在不同发酵阶段的传递性，细菌门丰度差异源于发酵过程物料变化产生的选择差异。

表 4-13　基于细菌门丰度（%）的异位微生物发酵床不同处理组相关系数

处理组	平均值	标准差	AUG_CK	AUG_H	AUG_L	AUG_PM
AUG_CK	0.0333	0.1181	1.0000	0.7985	0.8161	0.8707
AUG_H	0.0333	0.0864	0.7985	1.0000	0.8054	0.7420
AUG_L	0.0333	0.1232	0.8161	0.8054	1.0000	0.6115
AUG_PM	0.0333	0.0764	0.8707	0.7420	0.6115	1.0000

基于不同处理组细菌门丰度（%）的相关系数见表 4-14。细菌门丰度之间依不同处理组的相关性差异显著。细菌门之间丰度显著正相关的有：绿弯菌门（Chloroflexi）与酸杆菌门（Acidobacteria）（1.00）、糖杆菌门（Saccharibacteria）（0.87）、候选细菌门 division ＿ WS6（Candidate ＿ division ＿ WS6）（1.00）、芽单胞菌门（Gemmatimonadetes）（0.99）；厚

壁菌门（Firmicutes）与放线菌门（Actinobacteria）（0.97）、异常球菌-栖热菌门（Deino-coccus-Thermus）（0.99）；酸杆菌门（Acidobacteria）与糖杆菌门（Saccharibacteria）（0.90）、候选细菌门 division_WS6（Candidate_division_WS6）（1.00）、芽单胞菌门（Gemmatimonadetes）（1.00）；糖杆菌门（Saccharibacteria）与候选细菌门 division_WS6（Candidate_division_WS6）（0.89）、芽单胞菌门（Gemmatimonadetes）（0.89）。细菌门之间丰度显著负相关的有：绿弯菌门（Chloroflexi）与拟杆菌门（Bacteroidetes）（−0.72）；拟杆菌门（Bacteroidetes）与酸杆菌门（Acidobacteria）（−0.68）、候选细菌门 division_WS6（Candidate_division_WS6（−0.70）、芽单胞菌门（Gemmatimonadetes）（−0.72）；异常球菌-栖热菌门（Deinococcus-Thermus）与变形菌门（Proteobacteria）（−0.67）；其余细菌门之间丰度无相关。

表 4-14　不同处理组细菌门丰度（%）的相关系数

细菌门	变形菌门	拟杆菌	厚壁菌门	放线菌	绿弯菌门
变形菌门	1.0000	−0.1830	−0.5850	−0.4307	−0.0296
拟杆菌	−0.1830	1.0000	−0.4513	−0.4307	−0.7183
厚壁菌门	−0.5850	−0.4513	1.0000	0.9741	0.0440
放线菌	−0.4307	−0.4307	0.9741	1.0000	−0.1053
绿弯菌门	−0.0296	−0.7183	0.0440	−0.1053	1.0000
糖杆菌门	−0.1315	−0.2918	−0.2834	−0.4697	0.8746
酸杆菌门	−0.0646	−0.6812	0.0293	−0.1287	0.9984
异常球菌-栖热菌门	−0.6713	−0.2942	0.9855	0.9580	−0.0788
Candidate_division_WS6	−0.0710	−0.6980	0.0546	−0.1021	0.9990
芽单胞菌门	−0.1253	−0.7165	0.1260	−0.0342	0.9949

细菌门	糖杆菌门	酸杆菌门	异常球菌-栖热菌门	Candidate_division_WS6	芽单胞菌门
变形菌门	−0.1315	−0.0646	−0.6713	−0.0710	−0.1253
拟杆菌	−0.2918	−0.6812	−0.2942	−0.6980	−0.7165
厚壁菌门	−0.2834	0.0293	0.9855	0.0546	0.1260
放线菌	−0.4697	−0.1287	0.9580	−0.1021	−0.0342
绿弯菌门	0.8746	0.9984	−0.0788	0.9990	0.9949
糖杆菌门	1.0000	0.8974	−0.3454	0.8860	0.8649
酸杆菌门	0.8974	1.0000	−0.0869	0.9996	0.9953
异常球菌-栖热菌门	−0.3454	−0.0869	1.0000	−0.0631	0.0100
Candidate_division_WS6	0.8860	0.9996	−0.0631	1.0000	0.9973
芽单胞菌门	0.8649	0.9953	0.0100	0.9973	1.0000

4. 细菌门丰度（%）主成分分析

（1）基于细菌门丰度（%）处理组 R 型主成分分析

1）主成分特征值。基于细菌门丰度（%）的不同处理组主成分特征值见表 4-15。从表 4-15 可以看出，前 2 个主成分的特征值累计百分比达 88.84%，能很好地反映数据主要信息。随着发酵程度的不同，各处理细菌门丰度发生较大变化。未发酵猪粪组（AUG_PM）远离发酵不同程度的各组，表明其有完全不同的细菌门丰度组成和结构。

表 4-15　异位微生物发酵床不同处理组主成分特征值（基于细菌门）

序号	特征值	百分率/%	累计百分率/%	Chi-Square	df	p 值
[1]	18.1162	60.3873	60.3873	0	464	0.9999
[2]	8.5348	28.4493	88.8366	0	434	0.9999
[3]	3.3490	11.1634	100.0000	0	405	0.9999

2）主成分得分值。检测结果见表 4-16。从表 4-16 可以看出发酵过程细菌门丰度（％）变化路径，发酵从底部的垫料原料组（AUG_CK）开始，PCA1 得分由－0.3007 减少到－1.7918 的浅发酵垫料组（AUG_L），进一步减少到－3.8963 的深发酵垫料组（AUG_H），同样 PCA2 得分由－4.2433（AUG_CK）增加到 0.5109（AUG_L），继而达到2.2977（AUG_H）。

表 4-16　异位微生物发酵床不同处理组主成分得分值

处理组	$Y(i,1)$	$Y(i,2)$	$Y(i,3)$
AUG_CK	－0.3007	－4.2433	0.6733
AUG_L	－1.7918	0.5109	－2.6152
AUG_H	－3.8963	2.2977	1.6301
AUG_PM	5.9888	1.4347	0.3119

3）主成分作图。基于细菌门丰度（％）的垫料发酵不同处理组主成分分析结果见图 4-17。从图 4-17 可以看出，基于细菌门丰度（％）的垫料发酵不同处理组可以分为 2 类：第 1 类包括了垫料原料组（AUG_CK）、浅发酵垫料组（AUG_L）和深发酵垫料组（AUG_H），其特征为 PCA1 在－3～－0.3，PCA2 在－4～2.3；第 2 类包括未发酵猪粪组（AUG_PM），特征为 PCA1 为 5.6，PCA2 为 1.4；第 1 类远离第 2 类，表明两类的细菌门组成和丰度（％）差异显著。

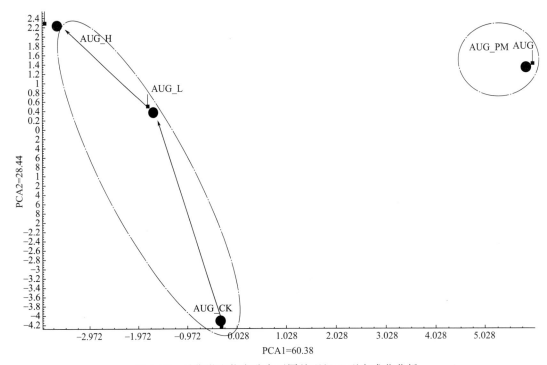

图 4-17　异位微生物发酵床不同处理组 R 型主成分分析

（2）基于处理组细菌门丰度（％）Q 型主成分分析

1）主成分特征值。基于细菌门丰度（％）的不同处理组主成分特征值见表 4-17。从表 4-17 可以看出，前 2 个主成分的特征值累计百分比达 93.3％，能很好地反映数据主要信息。随着发酵程度的不同，各处理细菌门丰度发生较大变化。未发酵猪粪组（AUG_PM）远离发酵不同程度的各组，表明其有完全不同的细菌门丰度组成和结构。

表 4-17　异位微生物发酵床不同处理组主成分特征值

序号	特征值	百分率/%	累计百分率/%	Chi-Square	df	p 值
[1]	3.3256	83.1389	83.1389	108.0444	9.0000	0.0000
[2]	0.4065	10.1616	93.3004	20.1440	5.0000	0.0012
[3]	0.2030	5.0743	98.3747	8.2625	2.0000	0.0161
[4]	0.0650	1.6253	100.0000	0.0000	0.0000	1.0000

2）主成分得分值。检测结果见表 4-18（细菌门中文参考书后附录）。从表 4-18 可以看出发酵过程细菌门丰度（%）变化路径，发酵从底部的垫料原料组（AUG_CK）开始，PCA1 得分由 -0.3007 减少 -1.7918 的浅发酵垫料组（AUG_L），进一步减少到 -3.8963 的深发酵垫料组（AUG_H），同样 PCA2 得分由 -4.2433（AUG_CK）增加到 0.5109（AUG_L），继而达到 2.2977（AUG_H）。

表 4-18　异位微生物发酵床不同处理组主成分得分值

细菌门	$Y(i,1)$	$Y(i,2)$	$Y(i,3)$	$Y(i,4)$
变形菌门（Proteobacteria）	7.0551	-1.6989	-0.5971	-0.5179
拟杆菌门（Bacteroidetes）	5.7293	2.4766	-0.2243	0.4217
厚壁菌门（Firmicutes）	1.5922	-0.2586	1.8996	0.0794
放线菌门（Actinobacteria）	0.8899	-0.0659	1.2677	-0.2215
绿弯菌门（Chloroflexi）	0.5144	-1.5336	-0.1150	1.0618
糖杆菌门（Saccharibacteria）	-0.2753	-0.2141	-0.1803	0.2782
酸杆菌门（Acidobacteria）	-0.3242	-0.3785	-0.1030	0.2781
异常球菌-栖热菌门（Deinococcus-Thermus）	-0.4889	0.0898	0.1163	-0.0628
Candidate_division_WS6	-0.5588	-0.0818	-0.0936	0.0531
芽单胞菌门（Gemmatimonadetes）	-0.6178	0.0080	-0.0867	-0.0123
蓝细菌门（Cyanobacteria）	-0.6408	0.0508	-0.0994	-0.0296
疣微菌门（Verrucomicrobia）	-0.6554	0.0714	-0.1026	-0.0576
浮霉菌门（Planctomycetes）	-0.6568	0.0530	-0.0941	-0.0478
装甲菌门（Armatimonadetes）	-0.6662	0.0724	-0.0975	-0.0635
柔膜菌门（Tenericutes）	-0.6744	0.0996	-0.0883	-0.0715
绿菌门（Chlorobi）	-0.6735	0.0805	-0.0964	-0.0683
Hydrogenedentes（无中文译名）	-0.6749	0.0772	-0.0937	-0.0645
微基因组菌门（Microgenomates）	-0.6797	0.0861	-0.0954	-0.0740
螺旋体门（Spirochaetae）	-0.6796	0.0938	-0.0858	-0.0752

3）主成分作图。基于细菌门丰度（%）的垫料发酵不同处理组主成分分析结果见图 4-18。从图 4-18 可以看出，基于细菌门丰度（%）的垫料发酵不同处理组可以分为 2 类：第 1 类包括了垫料原料组（AUG_CK）、浅发酵垫料组（AUG_L）和深发酵垫料组（AUG_H），其特征为 PCA1 在 -3～-0.3，PCA2 在 -4～2.3；第 2 类包括未发酵猪粪组（AUG_PM），特征为 PCA1 为 5.6，PCA2 为 1.4；第 1 类远离第 2 类，表明两类的细菌门组成和丰度（%）差异显著。

二、细菌纲丰度（%）分布结构

1. 细菌纲丰度（%）检测

实验结果按处理组平均值排序见表 4-19（细菌纲中文参考书后附录）。在异位微生物发

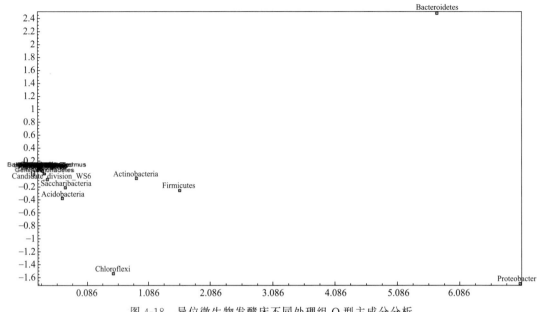

图 4-18   异位微生物发酵床不同处理组 Q 型主成分分析

酵床不同处理组细菌纲检测到 61 个纲，不同处理组细菌纲的丰度（％）差异显著，丰度最高的是垫料原料组（AUG_CK）的 γ-变形菌纲（Gammaproteobacteria）（45.79％），其次是浅发酵垫料原料组（AUG_L）的黄杆菌纲（Plavobacteriales）（38.43％），再次是垫料原料组（AUG_CK）的鞘脂杆菌纲（Sphingobacteriales）（27.87％）。

表 4-19   异位微生物发酵床细菌纲丰度（％）分布多样性

序号	细菌纲	AUG_CK	AUG_H	AUG_L	AUG_PM	平均值
[1]	γ-变形菌纲（Gammaproteobacteria）	0.457943	0.219438	0.180599	0.187863	0.261461
[2]	鞘脂杆菌纲（Sphingobacteriia）	0.278689	0.154769	0.210869	0.089365	0.183423
[3]	黄杆菌纲（Flavobacteriia）	0.027564	0.072415	0.384314	0.014501	0.124699
[4]	放线菌纲（Actinobacteria）	0.043091	0.163113	0.008879	0.062788	0.069468
[5]	α-变形菌纲（Alphaproteobacteria）	0.066930	0.006611	0.058917	0.118028	0.062622
[6]	芽胞杆菌纲（Bacilli）	0.018585	0.100476	0.014012	0.096951	0.057506
[7]	β-变形菌纲（Betaproteobacteria）	0.050521	0.035710	0.072113	0.041475	0.049955
[8]	厌氧绳菌纲（Anaerolineae）	0.009714	0.000011	0.002021	0.144388	0.039033
[9]	梭菌纲（Clostridia）	0.013390	0.120278	0.007124	0.014058	0.038712
[10]	纤维粘网菌纲（Cytophagia）	0.006636	0.072961	0.008889	0.025228	0.028429
[11]	未分类糖杆菌（Saccharibacteria_norank）	0.006685	0.000011	0.023310	0.045447	0.018863
[12]	酸杆菌门（Acidobacteria）	0.003088	0.000011	0.003531	0.052561	0.014798
[13]	δ-变形菌纲（Deltaproteobacteria）	0.003441	0.010580	0.008583	0.017039	0.009911
[14]	异常球菌纲（Deinococci）	0.000441	0.023033	0.002327	0.008067	0.008467
[15]	未分类 Candidate_division_WS6_norank	0.000774	0.000000	0.000674	0.019001	0.005112
[16]	绿弯菌纲（Chloroflexia）	0.002803	0.000000	0.001112	0.016152	0.005017
[17]	拟杆菌纲（Bacteroidia）	0.000000	0.009371	0.002684	0.000094	0.003037
[18]	芽单胞菌门（Gemmatimonadetes）	0.000382	0.000760	0.000469	0.009406	0.002754
[19]	丹毒丝菌纲（Erysipelotrichia）	0.000039	0.007927	0.000194	0.000642	0.002200
[20]	热微菌纲（Thermomicrobia）	0.000441	0.000000	0.000357	0.007472	0.002068
[21]	蓝细菌（Cyanobacteria）	0.000176	0.000000	0.002204	0.005548	0.001982
[22]	未定地位装甲菌门的一纲（Armatimonadetes_norank）	0.000892	0.000000	0.000490	0.002104	0.000871

续表

序号	细菌纲	AUG_CK	AUG_H	AUG_L	AUG_PM	平均值
[23]	TK10[①]	0.000039	0.000000	0.000092	0.002915	0.000762
[24]	海藻球菌纲(Phycisphaerae)	0.000333	0.000000	0.000051	0.002472	0.000714
[25]	热链状菌纲(Ardenticatenia)	0.000000	0.000000	0.000163	0.002387	0.000638
[26]	暖绳菌纲(Caldilineae)	0.000529	0.000000	0.000225	0.001585	0.000585
[27]	柔膜菌纲(Mollicutes)	0.000010	0.000963	0.001306	0.000038	0.000579
[28]	疣微菌纲(Verrucomicrobiae)	0.000823	0.000000	0.001306	0.000151	0.000570
[29]	Hydrogenedentes_norank	0.000137	0.000000	0.000122	0.001491	0.000438
[30]	斯巴达菌纲(Spartobacteria)	0.000372	0.000000	0.000265	0.001066	0.000426
[31]	浮霉菌纲(Planctomycetacia)	0.000049	0.000011	0.000133	0.001500	0.000423
[32]	S085[①]	0.000372	0.000000	0.000041	0.001179	0.000398
[33]	OPB35_soil_group[①]	0.000108	0.000000	0.000020	0.001396	0.000381
[34]	懒惰杆菌纲(Ignavibacteria)	0.000000	0.000000	0.000276	0.001189	0.000366
[35]	未定地位微基因组菌门的一纲(Microgenomates_norank)	0.000539	0.000000	0.000112	0.000453	0.000276
[36]	螺旋体纲(Spirochaetes)	0.000000	0.000856	0.000214	0.000009	0.000270
[37]	阴壁菌纲(Negativicutes)	0.000823	0.000000	0.000194	0.000057	0.000268
[38]	SM2F11_norank[①]	0.000000	0.000000	0.000214	0.000793	0.000252
[39]	拟杆菌门的 VC2.1_Bac22 纲(Bacteroidetes_VC2.1_Bac22)	0.000137	0.000000	0.000857	0.000000	0.000249
[40]	TA18[①]	0.000980	0.000000	0.000000	0.000009	0.000247
[41]	TM6_norank[①]	0.000167	0.000000	0.000133	0.000642	0.000235
[42]	OPB54[①]	0.000000	0.000610	0.000000	0.000302	0.000228
[43]	衣原体纲(Chlamydiae)	0.000265	0.000000	0.000020	0.000462	0.000187
[44]	绿菌纲(Chlorobia)	0.000608	0.000000	0.000112	0.000019	0.000185
[45]	未分类拟杆菌门的一纲(Bacteroidetes_unclassified)	0.000323	0.000000	0.000276	0.000000	0.000150
[46]	未分类细菌(Bacteria_unclassified)	0.000206	0.000000	0.000051	0.000340	0.000149
[47]	未分类绿弯菌门的一纲(Chloroflexi_unclassified)	0.000000	0.000000	0.000000	0.000396	0.000102
[48]	WD272_norank[①]	0.000363	0.000000	0.000000	0.000000	0.000091
[49]	丰佑菌纲(Opitutae)	0.000049	0.000000	0.000031	0.000170	0.000062
[50]	SHA-109_norank[①]	0.000216	0.000000	0.000019	0.000000	0.000061
[51]	JG30-KF-CM66[①]	0.000000	0.000000	0.000010	0.000208	0.000054
[52]	纤维杆菌纲(Fibrobacteria)	0.000010	0.000000	0.000010	0.000160	0.000045
[53]	TA06_norank[①]	0.000137	0.000000	0.000000	0.000019	0.000039
[54]	OM190[①]	0.000000	0.000000	0.000000	0.000151	0.000038
[55]	互养菌纲(Synergistia)	0.000000	0.000086	0.000061	0.000000	0.000037
[56]	Parcubacteria_norank	0.000000	0.000000	0.000000	0.000142	0.000035
[57]	变形菌门(Proteobacteria)_unclassified	0.000078	0.000000	0.000000	0.000000	0.000020
[58]	丝状菌纲(Ktedonobacteria)	0.000000	0.000000	0.000010	0.000066	0.000019
[59]	WCHB1-60_norank[①]	0.000059	0.000000	0.000000	0.000000	0.000015
[60]	未培养绿弯菌门的一纲(Chloroflexi_uncultured)	0.000039	0.000000	0.000000	0.000000	0.000010
[61]	KD4-96[①]	0.000000	0.000000	0.000000	0.000038	0.000009

① 不可培养。

2. 细菌纲丰度（%）比较

不同处理组细菌纲 TOP10 细菌丰度（%）见图 4-19。处理组间细菌纲丰度分布差异显著。墙料原料组（AUG _ CK）前 3 个最大丰度分布的细菌纲为 γ-变形菌纲（Gammaproteobacteria）（45.91%）、鞘脂杆菌纲（Sphingobacteriia）（27.78%）、α-变形菌（Alpha-

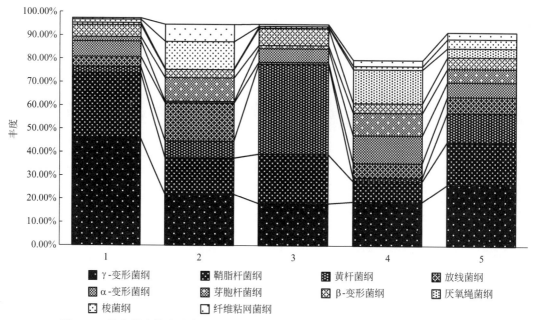

图 4-19　异位微生物发酵床不同处理组细菌纲 TOP10 细菌丰度（％）分布多样性

proteobacteria)（6.70％）；深发酵垫料组（AUG ＿ H）为 γ-变形菌纲（Gammaproteobacteria）（21.94％）、放线菌纲（Actinobacteria）（16.31％）、鞘脂杆菌纲（Sphingobacteriia）（15.48％）；浅发酵垫料组（AUG ＿ L）为黄杆菌纲（Flavobacteriia）（38.48％）、鞘脂杆菌纲（Sphingobacteriia）（21.05％）、γ-变形菌纲（Gammaproteobacteria）（18.04％）；未发酵猪粪组（AUG ＿ PM）为 γ-变形菌纲（Gammaproteobacteria）（18.91％）、厌氧绳菌纲（Anaerolineae）（14.38％）、α-变形菌纲（Alphaproteobacteria）（11.84％）；不同处理组特征性细菌纲明显，AUG ＿ CK 组以 γ-变形菌纲（Gammaproteobacteria）为主，AUG ＿ H 组以 γ-变形菌纲（Gammaproteobacteria）为主，AUG ＿ L 组黄杆菌纲（Flavobacteriia）为主，AUG ＿ PM 组以 γ-变形菌纲（Gammaproteobacteria）为主。

3. 细菌纲丰度（％）相关性

基于细菌纲丰度（％）不同处理组的相关系数见表 4-20。从表 4-20 可知，不同处理组细菌纲丰度（％）的平均值相近，而标准差差异显著，其中浅发酵垫料组（AUG ＿ L）标准差值最大（0.0764），未发酵猪粪组（AUG ＿ PM）最小（0.1232），表明前者变化性高于后者。各处理间的相关系数在 0.6115～0.8707，都表现出相关的显著性或极显著性，表明不同处理细菌纲丰度（％）在不同发酵阶段的传递性，细菌纲丰度差异源于发酵过程物料变化产生的选择差异。

表 4-20　基于细菌纲丰度（％）的异位微生物发酵床不同处理组相关系数

处理组	平均值	标准差	AUG_CK	AUG_H	AUG_L	AUG_PM
AUG_CK	0.0164	0.0685	1.0000	0.7770	0.5824	0.7281
AUG_H	0.0164	0.0446	0.7770	1.0000	0.5648	0.6581
AUG_L	0.0164	0.0603	0.5824	0.5648	1.0000	0.4134
AUG_PM	0.0164	0.0374	0.7281	0.6581	0.4134	1.0000

不同处理组细菌纲丰度（％）的相关系数见表 4-21。细菌纲丰度之间依不同处理组的相关

性差异显著。细菌纲之间丰度显著正相关的有：Chloroflexi 与 Acidobacteria（1.00）、Saccharibacteria（0.87）、Candidate_division_WS6（1.00）、Gemmatimonadetes（0.99）；Firmicutes 与 Actinobacteria（0.97）、Deinococcus-Thermus（0.99）；Acidobacteria 与 Saccharibacteria（0.90）、Candidate_division_WS6（1.00）、Gemmatimonadetes（1.00）；Saccharibacteria 与 Candidate_division_WS6（0.89）、Gemmatimonadetes（0.89）。细菌纲之间丰度显著负相关的有：Chloroflexi 与 Bacteroidetes（－0.72）；Bacteroidetes 与 Acidobacteria（－0.68）、Candidate_division_WS6（－0.70）、Gemmatimonadetes（－0.72）；Deinococcus-Thermus 与 Proteobacteria（－0.67）；其余细菌纲之间丰度无相关。

表 4-21　不同处理组细菌纲丰度（%）的相关系数

细菌纲	肠杆菌纲	鞘脂杆菌纲	假单胞菌纲	伯克氏菌纲	根瘤菌纲
肠杆菌纲	1.00	0.76	0.36	－0.01	0.31
鞘脂杆菌纲	0.76	1.00	0.88	0.49	－0.26
假单胞菌纲	0.36	0.88	1.00	0.74	－0.57
伯克氏菌纲	－0.01	0.49	0.74	1.00	－0.23
根瘤菌纲	0.31	－0.26	－0.57	－0.23	1.00
黄单胞菌纲	－0.73	－0.68	－0.41	0.28	0.29
黄杆菌纲	－0.40	0.23	0.64	0.89	－0.52
链霉菌纲	0.86	0.37	－0.09	－0.21	0.74
芽胞杆菌纲	－0.50	－0.91	－0.96	－0.80	0.33
梭菌纲	－0.33	－0.25	－0.16	－0.60	－0.64

细菌纲	黄单胞菌纲	黄杆菌纲	链霉菌纲	芽胞杆菌纲	梭菌纲
肠杆菌纲	－0.73	－0.40	0.86	－0.50	－0.33
鞘脂杆菌纲	－0.68	0.23	0.37	－0.91	－0.25
假单胞菌纲	－0.41	0.64	－0.09	－0.96	－0.16
伯克氏菌纲	0.28	0.89	－0.21	－0.80	－0.60
根瘤菌纲	0.29	－0.52	0.74	0.33	－0.64
黄单胞菌纲	1.00	0.40	－0.40	0.34	－0.38
黄杆菌纲	0.40	1.00	－0.62	－0.59	－0.25
链霉菌纲	－0.40	－0.62	1.00	－0.12	－0.49
芽胞杆菌纲	0.34	－0.59	－0.12	1.00	0.42
梭菌纲	－0.38	－0.25	－0.49	0.42	1.00

4. 细菌纲丰度（%）主成分分析

（1）基于细菌纲丰度（%）的处理组 R 型主成分分析

1）主成分特征值。基于细菌纲丰度（%）的不同处理组主成分特征值见表 4-22。从表 4-22 可以看出，前 2 个主成分的特征值累计百分比达 87.09%，能很好地反映数据主要信息。随着发酵程度的不同，各处理细菌纲丰度发生较大变化。未发酵猪粪组（AUG_PM）远离发酵不同程度的各组，表明其有完全不同的细菌纲丰度组成和结构。

表 4-22　异位微生物发酵床不同处理组主成分特征值（基于细菌纲）

序号	特征值	百分率/%	累计百分率/%	Chi-Square	df	p 值
[1]	2.8788	71.9690	71.9690	127.0152	9.0000	0.0000
[2]	0.6048	15.1211	87.0901	17.4109	5.0000	0.0038
[3]	0.3110	7.7753	94.8654	2.4719	2.0000	0.2906
[4]	0.2054	5.1346	100.0000	0.0000	0.0000	1.0000

2）主成分得分值。检测结果见表4-23。从表4-23可以看出发酵过程细菌纲丰度（%）变化路径，发酵从底部的垫料原料组（AUG_CK）开始，PCA1得分由－2.5764减少－2.5614的浅发酵垫料组（AUG_L），进一步减少到－3.7130的深发酵垫料组（AUG_H），同样PCA2得分由5.4326（AUG_CK）减少到－0.0539（AUG_L），继而达到－4.8922（AUG_H）。

表 4-23　异位微生物发酵床不同处理组主成分得分值

处理组	$Y(i,1)$	$Y(i,2)$	$Y(i,3)$
AUG_CK	－2.5764	5.4326	1.8147
AUG_H	－3.7130	－4.8922	2.0392
AUG_L	－2.5614	－0.0539	－4.0620
AUG_PM	8.8507	－0.4865	0.2082

3）主成分作图。基于细菌纲丰度（%）的垫料发酵不同处理组主成分分析结果见图4-20。从图4-20可以看出，基于细菌纲丰度（%）的垫料发酵不同处理组可以分为2类：第1类包括了垫料原料组（AUG_CK）、浅发酵垫料组（AUG_L）和深发酵垫料组（AUG_H），其特征为PCA1在－3～－0.3，PCA2在－4～2.3；第2类包括未发酵猪粪组（AUG_PM），特征为PCA1为5.6，PCA2为1.4；第1类远离第2类，表明两类的细菌纲组成和丰度（%）差异显著。

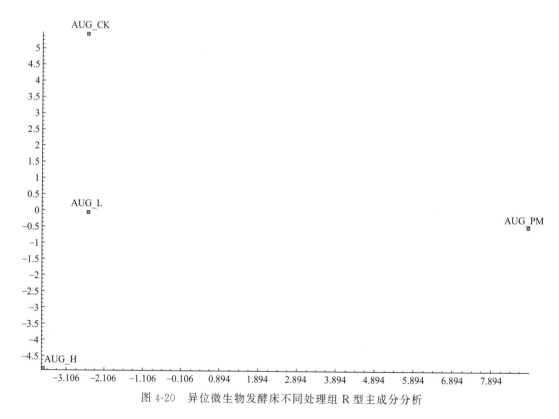

图 4-20　异位微生物发酵床不同处理组 R 型主成分分析

（2）基于处理组细菌纲丰度（%）Q 型主成分分析　基于细菌纲丰度（%）的不同处理组主成分分析特征值和得分值分别见表4-24、图4-21和表4-25。从表4-24可以看出，前2个主成分的特征值累计百分比达86.89%，能很好地反映数据主要信息。随着发酵程度的不同，各处理细菌纲丰度发生较大变化。未发酵猪粪组（AUG_PM）远离发酵不同程度的各组，表明其有完全不同的细菌纲丰度组成和结构。

表 4-24　异位微生物发酵床不同处理组主成分特征值（基于不同处理组）

序号	特征值	百分率/%	累计百分率/%	Chi-Square	df	p 值
[1]	35.1065	57.5516	57.5516	0.0000	1890.0000	0.9999
[2]	17.8952	29.3364	86.8880	0.0000	1829.0000	0.9999
[3]	7.9983	13.1120	100.0000	0.0000	1769.0000	0.9999

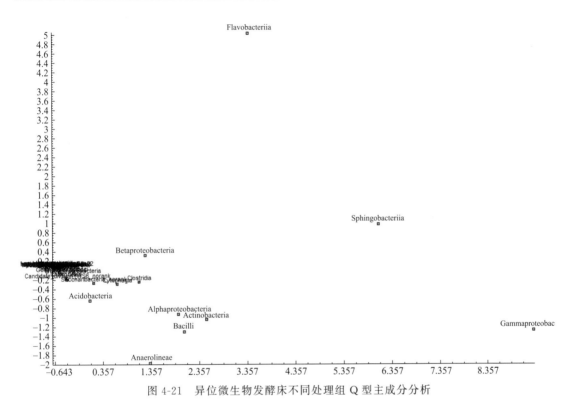

图 4-21　异位微生物发酵床不同处理组 Q 型主成分分析

表 4-25　异位微生物发酵床不同处理组主成分得分值

细菌纲	$Y(i,1)$	$Y(i,2)$	$Y(i,3)$	$Y(i,4)$
γ-变异形菌纲	9.3226	−1.2712	−0.3469	−1.4444
鞘脂杆菌纲	6.0666	0.9711	−0.4613	−0.7325
黄杆菌纲	3.3739	5.0290	0.9916	1.0873
放线菌门	2.4961	−1.0350	−1.6169	1.6109
α-变形菌纲	1.9241	−0.9220	1.9753	0.1818
芽胞杆菌纲	2.0484	−1.3035	0.0136	1.5172
β-变形菌纲	1.2283	0.3268	0.3395	0.0967
厌氧绳菌纲	1.3291	−1.9677	2.3383	0.9089
梭菌纲	1.1040	−0.2507	−1.7103	1.1128
纤维粘网菌纲	0.6517	−0.2981	−0.7585	0.7801
Saccharibacteria_norank	0.1608	−0.2705	0.7991	0.1864
酸杆菌目的一纲	0.0832	−0.6389	0.8221	0.2524
δ-变形菌纲	−0.2189	−0.0846	0.0873	0.0844

三、细菌目丰度（%）分布结构

1. 细菌目丰度（%）检测

实验结果按处理组平均值排序见表 4-26（细菌目中文见书后附录）。在异位微生物发酵床不同处理组细菌目检测到 130 个目，不同处理组细菌目的丰度（%）差异显著，丰度最高的是浅发酵垫料组（AUG_L）的黄杆菌目（Flavobacteriales）（38.43%），其次是垫料原料组（AUG_CK）的肠杆菌目（Enterobacteriales）（36.28%），再次是垫料原料组（AUG_CK）的鞘脂杆菌目（Sphingobacteriales）（27.87%）。

表 4-26　异位微生物发酵床细菌目丰度（%）分布多样性

序号	细菌目	AUG_CK	AUG_H	AUG_L	AUG_PM	平均值
[1]	鞘脂杆菌目（Sphingobacteriales）	0.278689	0.154769	0.210869	0.089365	0.183423
[2]	黄杆菌目（Flavobacteriales）	0.027564	0.072415	0.384314	0.014501	0.124699
[3]	肠杆菌目（Enterobacteriales）	0.362812	0.001091	0.000031	0.018332	0.095566
[4]	黄单胞菌目（Xanthomonadales）	0.038278	0.060979	0.109394	0.120217	0.082217
[5]	芽胞杆菌目（Bacillales）	0.018164	0.075015	0.013594	0.096932	0.050926
[6]	伯克氏菌目（Burkholderiales）	0.049276	0.035229	0.071776	0.039380	0.048915
[7]	假单胞菌目（Pseudomonadales）	0.050296	0.047317	0.051457	0.043060	0.048032
[8]	厌氧绳菌目（Anaerolineales）	0.009714	0.000011	0.002021	0.144388	0.039033
[9]	梭菌目（Clostridiales）	0.013390	0.119711	0.007124	0.013907	0.038533
[10]	微球菌目（Micrococcales）	0.004960	0.134164	0.002276	0.006472	0.036968
[11]	根瘤菌目（Rhizobiales）	0.043934	0.004493	0.016258	0.066854	0.032885
[12]	噬纤维菌目（Cytophagales）	0.006636	0.037582	0.008501	0.023577	0.019074
[13]	未定地位糖杆菌门的一目（Saccharibacteria_norank）	0.006685	0.000011	0.023310	0.045447	0.018863
[14]	海洋螺菌目（Oceanospirillales）	0.001902	0.065376	0.002266	0.001396	0.017735
[15]	鞘脂单胞菌目（Sphingomonadales）	0.010312	0.000225	0.031423	0.023832	0.016448
[16]	Order_Ⅲ	0.000000	0.035378	0.000000	0.000000	0.008845
[17]	链霉菌目（Streptomycetales）	0.021987	0.000043	0.000092	0.012284	0.008601
[18]	棒小杆菌目（Corynebacteriales）	0.000931	0.024959	0.002990	0.005406	0.008572
[19]	异常球菌目（Deinococcales）	0.000441	0.023033	0.002327	0.008067	0.008467
[20]	纤维弧菌目（Cellvibrionales）	0.001637	0.022862	0.005460	0.000113	0.007518
[21]	Subgroup_6[①]	0.000980	0.000011	0.000745	0.026889	0.007156
[22]	乳杆菌目（Lactobacillales）	0.000421	0.025461	0.000418	0.000019	0.006580
[23]	Subgroup_4[①]	0.000402	0.000000	0.002480	0.022087	0.006242
[24]	红螺菌目（Rhodospirillales）	0.006420	0.000738	0.001664	0.014077	0.005725
[25]	酸微菌目（Acidimicrobiales）	0.000490	0.000428	0.000980	0.020936	0.005708
[26]	Candidate_division_WS6_norank[①]	0.000774	0.000000	0.000674	0.019001	0.005112
[27]	绿弯菌目（Chloroflexales）	0.002451	0.000000	0.001112	0.016152	0.004929
[28]	别样单胞菌目（Alteromonadales）	0.000000	0.018732	0.000000	0.000000	0.004683
[29]	柄杆菌目（Caulobacterales）	0.004519	0.000086	0.008665	0.005076	0.004586
[30]	黏球菌目（Myxococcales）	0.001931	0.006323	0.000704	0.005189	0.003537
[31]	未分类 γ-变形菌纲的一目（Gammaproteobacteria_unclassified）	0.000265	0.000834	0.011573	0.000509	0.003295
[32]	拟杆菌目（Bacteroidales）	0.000000	0.009371	0.002684	0.000094	0.003037
[33]	链孢囊菌目（Streptosporangiales）	0.003382	0.003348	0.000204	0.004802	0.002934
[34]	假单胞菌目（Pseudonocardiales）	0.008410	0.000011	0.000010	0.000481	0.002228

续表

序号	细菌目	AUG_CK	AUG_H	AUG_L	AUG_PM	平均值
[35]	丹毒丹丝菌目(Erysipelotrichales)	0.000039	0.007927	0.000194	0.000642	0.002200
[36]	丙酸杆菌目(Propionibacteriales)	0.002029	0.000032	0.001704	0.004859	0.002156
[37]	蛭弧菌目(Bdellovibrionales)	0.000353	0.000246	0.006552	0.000396	0.001887
[38]	GR-WP33-30[①]	0.001088	0.000000	0.000520	0.005491	0.001775
[39]	未定地位蓝细菌门的一目(Cyanobacteria_norank)	0.000049	0.000000	0.002164	0.004368	0.001645
[40]	Sh765B-TzT-29[①]	0.000000	0.000000	0.000245	0.004953	0.001300
[41]	立克次氏体目(Rickettsiales)	0.000225	0.000000	0.000276	0.004331	0.001208
[42]	未定地位芽单胞菌门的一目(Gemmatimonadetes_norank)	0.000000	0.000000	0.000112	0.004708	0.001205
[43]	球形杆菌目(Sphaerobacterales)	0.000010	0.000000	0.000153	0.004491	0.001163
[44]	Subgroup_3[①]	0.001157	0.000000	0.000296	0.003085	0.001134
[45]	未分类 δ-变形菌纲的一目(Deltaproteobacteria_unclassified)	0.000000	0.003905	0.000000	0.000000	0.000976
[46]	土壤红色杆菌目(Solirubrobacterales)	0.000265	0.000000	0.000418	0.002991	0.000918
[47]	芽单胞菌目(Gemmatimonadales)	0.000382	0.000000	0.000286	0.002849	0.000879
[48]	未定地位装甲菌门的一目(Armatimonadetes_norank)	0.000892	0.000000	0.000490	0.002104	0.000871
[49]	DB1-14[①]	0.000000	0.000000	0.000071	0.003368	0.000860
[50]	TK10_norank[①]	0.000039	0.000000	0.000092	0.002915	0.000762
[51]	红细菌目(Rhodobacterales)	0.001421	0.001070	0.000480	0.000075	0.000762
[52]	海藻球菌目(Phycisphaerales)	0.000333	0.000000	0.000051	0.002472	0.000714
[53]	军团菌目(Legionellales)	0.002117	0.000000	0.000061	0.000519	0.000674
[54]	热链状菌目(Ardenticatenales)	0.000000	0.000000	0.000163	0.002387	0.000638
[55]	AT425-EubC11_terrestrial_group[①]	0.000000	0.000481	0.000071	0.001849	0.000601
[56]	暖绳菌目(Caldilineales)	0.000529	0.000000	0.000225	0.001585	0.000585
[57]	疣微菌目(Verrucomicrobiales)	0.000823	0.000000	0.001306	0.000151	0.000570
[58]	着色菌目(Chromatiales)	0.000010	0.000396	0.000010	0.001708	0.000531
[59]	JG30-KF-CM45[①]	0.000421	0.000000	0.000071	0.001576	0.000517
[60]	Order_Ⅱ	0.000000	0.000000	0.000388	0.001651	0.000510
[61]	NKB5[①]	0.000069	0.000000	0.000245	0.001538	0.000463
[62]	动孢菌目(Kineosporiales)	0.000137	0.000000	0.000000	0.001632	0.000442
[63]	Hydrogenedentes_norank[①]	0.000137	0.000000	0.000122	0.001491	0.000438
[64]	土生杆菌目(Chthoniobacterales)	0.000372	0.000000	0.000265	0.001066	0.000426
[65]	浮霉菌目(Planctomycetales)	0.000049	0.000011	0.000133	0.001500	0.000423
[66]	无胆甾原体目(Acholeplasmatales)	0.000010	0.000770	0.000898	0.000000	0.000420
[67]	S085_norank[①]	0.000372	0.000000	0.000041	0.001179	0.000398
[68]	AKYG1722[①]	0.000010	0.000000	0.000133	0.001406	0.000387
[69]	OPB35_soil_group_norank[①]	0.000108	0.000000	0.000020	0.001396	0.000381
[70]	弗兰克氏菌目(Frankiales)	0.000167	0.000000	0.000112	0.001236	0.000379
[71]	懒惰杆菌目(Ignavibacteriales)	0.000000	0.000000	0.000276	0.001189	0.000366
[72]	硫发菌目(Thiotrichales)	0.000000	0.001273	0.000000	0.000000	0.000318
[73]	亚硝化单胞菌目(Nitrosomonadales)	0.000235	0.000000	0.000153	0.000849	0.000309
[74]	蝙蝠弧菌目(Vampirovibrionales)	0.000118	0.000000	0.000000	0.001028	0.000287
[75]	未定地位微基因组菌门的一目(Microgenomates_norank)	0.000539	0.000000	0.000112	0.000453	0.000276
[76]	螺旋体目(Spirochaetales)	0.000000	0.000856	0.000214	0.000009	0.000270

序号	细菌目	AUG_CK	AUG_H	AUG_L	AUG_PM	平均值
[77]	月形单胞菌目（Selenomonadales）	0.000823	0.000000	0.000194	0.000057	0.000268
[78]	寡食弯菌目（Oligoflexales）	0.000069	0.000000	0.000061	0.000943	0.000268
[79]	SM2F11_norank[①]	0.000000	0.000000	0.000214	0.000793	0.000252
[80]	未定地位拟杆菌门_VC2.1_Bac22 的一目（Bacteroidetes_VC2.1_Bac22_norank）	0.000137	0.000000	0.000857	0.000000	0.000249
[81]	TA18_norank[①]	0.000980	0.000000	0.000000	0.000009	0.000247
[82]	TM6_norank[①]	0.000167	0.000000	0.000133	0.000642	0.000235
[83]	酸杆菌目（Acidobacteriales）	0.000441	0.000000	0.000010	0.000481	0.000233
[84]	OPB54_norank[①]	0.000000	0.000610	0.000000	0.000302	0.000228
[85]	盖亚菌目（Gaiellales）	0.000039	0.000000	0.000031	0.000793	0.000216
[86]	嗜甲基菌目（Methylophilales）	0.000755	0.000011	0.000000	0.000000	0.000191
[87]	B1-7BS[①]	0.000000	0.000000	0.000092	0.000670	0.000190
[88]	衣原体目（Chlamydiales）	0.000265	0.000000	0.000020	0.000462	0.000187
[89]	绿菌目（Chlorobiales）	0.000608	0.000000	0.000112	0.000019	0.000185
[90]	红环菌目（Rhodocyclales）	0.000029	0.000471	0.000061	0.000132	0.000173
[91]	柔膜菌_RF9 目（Mollicutes_RF9）	0.000000	0.000193	0.000408	0.000038	0.000160
[92]	微单胞菌目（Micromonosporales）	0.000294	0.000000	0.000031	0.000311	0.000159
[93]	未分类拟杆菌门的一目（Bacteroidetes_unclassified）	0.000323	0.000000	0.000276	0.000000	0.000150
[94]	未分类细菌（Bacteria_unclassified）	0.000206	0.000000	0.000051	0.000340	0.000149
[95]	Order_Incertae_Sedis[①]	0.000000	0.000578	0.000000	0.000000	0.000144
[96]	甲基球菌目（Methylococcales）	0.000000	0.000000	0.000102	0.000472	0.000143
[97]	嗜热厌氧菌目（Thermoanaerobacterales）	0.000000	0.000567	0.000000	0.000000	0.000142
[98]	气单胞菌目（Aeromonadales）	0.000559	0.000000	0.000000	0.000000	0.000140
[99]	未分类放线菌门的一目（Actinobacteria_unclassified）	0.000000	0.000000	0.000010	0.000491	0.000125
[100]	未分类 α-变形菌纲的一目（Alphaproteobacteria_unclassified）	0.000098	0.000000	0.000041	0.000321	0.000115
[101]	未分类绿弯菌门的一目（Chloroflexi_unclassified）	0.000000	0.000000	0.000010	0.000396	0.000102
[102]	SC-I-84[①]	0.000216	0.000000	0.000010	0.000160	0.000097
[103]	WD272_norank[①]	0.000363	0.000000	0.000000	0.000000	0.000091
[104]	除硫单胞菌目（Desulfuromonadales）	0.000000	0.000000	0.000357	0.000000	0.000089
[105]	爬管菌目（Herpetosiphonales）	0.000353	0.000000	0.000000	0.000000	0.000088
[106]	TRA3-20[①]	0.000010	0.000000	0.000020	0.000283	0.000078
[107]	BD2-11_terrestrial_group[①]	0.000000	0.000278	0.000000	0.000000	0.000070
[108]	脱硫弧菌目（Desulfovibrionales）	0.000000	0.000107	0.000143	0.000009	0.000065
[109]	丰佑菌目（Opitutales）	0.000049	0.000000	0.000031	0.000170	0.000062
[110]	SHA-109_norank[①]	0.000216	0.000000	0.000010	0.000019	0.000061
[111]	JG30-KF-CM66_norank[①]	0.000000	0.000000	0.000010	0.000208	0.000054
[112]	未分类蓝细菌门的一目（Cyanobacteria_unclassified）	0.000010	0.000000	0.000041	0.000151	0.000050
[113]	纤维杆菌目（Fibrobacterales）	0.000010	0.000000	0.000010	0.000160	0.000045
[114]	TA06_norank[①]	0.000137	0.000000	0.000000	0.000019	0.000039
[115]	未分类梭菌纲的一目（Clostridia_unclassified）	0.000000	0.000000	0.000000	0.000151	0.000038
[116]	OM190_norank[①]	0.000000	0.000000	0.000000	0.000151	0.000038
[117]	互养菌目（Synergistales）	0.000000	0.000086	0.000061	0.000000	0.000037
[118]	Parcubacteria_norank[①]	0.000000	0.000000	0.000000	0.000142	0.000035
[119]	OCS116_clade[①]	0.000000	0.000000	0.000041	0.000094	0.000034

续表

序号	细菌目	AUG_CK	AUG_H	AUG_L	AUG_PM	平均值
[120]	科里氏小杆菌目（Coriobacteriales）	0.000000	0.000032	0.000020	0.000057	0.000027
[121]	Subgroup_10[①]	0.000108	0.000000	0.000000	0.000000	0.000027
[122]	放线菌目（Actinomycetales）	0.000000	0.000096	0.000000	0.000000	0.000024
[123]	变形菌门（Proteobacteria_unclassified）	0.000078	0.000000	0.000000	0.000000	0.000020
[124]	丝状杆菌目（Ktedonobacterales）	0.000000	0.000000	0.000010	0.000066	0.000019
[125]	WCHB1-60_norank[①]	0.000059	0.000000	0.000000	0.000000	0.000015
[126]	43F-1404R[①]	0.000000	0.000000	0.000000	0.000057	0.000014
[127]	未培养绿弯菌门的一目（Chloroflexi_uncultured）	0.000039	0.000000	0.000000	0.000000	0.000010
[128]	KD4-96_norank[①]	0.000000	0.000000	0.000000	0.000038	0.000009
[129]	红色杆菌目（Rubrobacterales）	0.000000	0.000000	0.000000	0.000038	0.000009
[130]	Subgroup_18	0.000000	0.000000	0.000000	0.000019	0.000005

① 不可培养。

2. 细菌目丰度（%）比较

不同处理组细菌目 TOP10 细菌丰度（%）见图 4-22。处理组间细菌目丰度分布差异显著。垫料原料组（AUG_CK）前 3 个最大丰度分布的细菌目为 Enterobacteriales（36.28%）、Sphingobacteriales（27.86%）、Pseudomonadales（5.02%）；深发酵垫料组（AUG_H）为 Sphingobacteriales（15.47%）、Micrococcales（13.41%）、Clostridiales（11.97%）；浅发酵垫料组（AUG_L）为 Flavobacteriales（38.43%）、Sphingobacteriales（21.08%）、Xanthomonadales（10.39%）未发酵猪粪组（AUG_PM）为 Anaerolineales（43.88%）、Xanthomonadales（12.02%）、Bacillales（9.69%）；不同处理组特征性细菌目明显，AUG_CK 组以肠杆菌目（Enterobacteriales）为主，AUG_H 组以鞘氨醇杆菌目（Sphingobacteriales）为主，AUG_L 组黄杆菌目（Flavobacteriales）为主，AUG_PM 组以厌氧绳菌目（Anaerolineales）主。

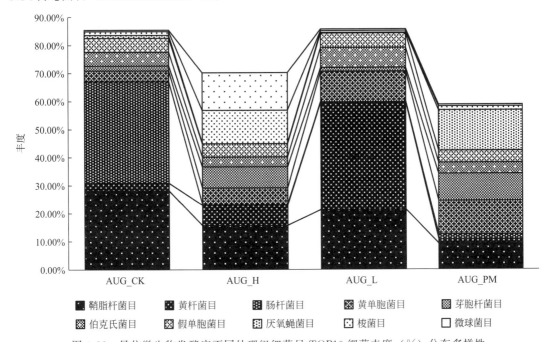

图 4-22　异位微生物发酵床不同处理组细菌目 TOP10 细菌丰度（%）分布多样性

3. 细菌目丰度（%）相关性

基于细菌目丰度（%）不同处理组的相关系数见表 4-27。从表 4-27 可知，各处理间的相关系数在 0.35～0.54，都表现出相关的显著性或极显著性，表明不同处理细菌目丰度（%）在不同发酵阶段的传递性，细菌目丰度差异源于发酵过程物料变化产生的选择差异。

表 4-27　基于细菌目丰度（%）的异位微生物发酵床不同处理组相关系数

处理组	AUG_CK	AUG_H	AUG_L	AUG_PM
AUG_CK	1.0000	0.3814	0.3519	0.3597
AUG_H	0.3814	1.0000	0.5363	0.4351
AUG_L	0.3519	0.5363	1.0000	0.3597
AUG_PM	0.3597	0.4351	0.3597	1.0000

不同处理组细菌目丰度（%）的相关系数见表 4-28。细菌目丰度之间依不同处理组的相关性差异显著。

表 4-28　不同处理组细菌目丰度（%）的相关系数

序号	细菌目	肠杆菌目	鞘脂杆菌目	假单胞菌目	伯克氏菌目	根瘤菌目
[1]	肠杆菌目	1.0000				
[2]	鞘脂杆菌目	0.7606	1.0000			
[3]	假单胞菌目	0.3639	0.8807	1.0000		
[4]	伯克氏菌目	−0.0066	0.4937	0.7424	1.0000	
[5]	根瘤菌目	0.3066	−0.2633	−0.5731	−0.2266	1.0000
[6]	黄单胞菌目	−0.7315	−0.6790	−0.4110	0.2792	0.2915
[7]	黄杆菌目	−0.3988	0.2302	0.6386	0.8945	−0.5201
[8]	链霉菌目	0.8647	0.3661	−0.0925	−0.2068	0.7359
[9]	芽胞杆梭菌目	−0.4963	−0.9132	−0.9609	−0.8033	0.3260
[10]	梭菌目	−0.3270	−0.2492	−0.1643	−0.6034	−0.6353

序号	细菌目	黄单胞菌目	黄杆菌目	链霉菌目	芽胞杆梭菌目	梭菌目
[1]	黄单胞菌目	1.0000				
[2]	黄杆菌目	0.4031	1.0000			
[3]	链霉菌目	−0.4005	−0.6225	1.0000		
[4]	芽胞杆梭菌目	0.3423	−0.5900	−0.1192	1.0000	
[5]	梭菌目	−0.3797	−0.2547	−0.4949	0.4178	1.0000

4. 细菌目丰度（%）主成分分析

（1）基于细菌目丰度（%）的处理组 R 型主成分分析

1）主成分特征值。基于细菌目丰度（%）的不同处理组主成分特征值见表 4-29。从表 4-29 可以看出，前 2 个主成分的特征值累计百分比达 84.79%，能很好地反映数据主要信息。

表 4-29　异位微生物发酵床不同处理组主成分特征值

序号	特征值	百分率/%	累计百分率/%	Chi-Square	df	p 值
[1]	75.4462	58.0356	58.0356	0	8514	0.9999
[2]	34.7860	26.7585	84.7940	0	8384	0.9999
[3]	19.7678	15.2060	100.0000	0	8255	0.9999

2）主成分得分值。检测结果见表 4-30。从表 4-30 可以看出，第一主成分主要影响细菌目为 Sphingobacteriales（10.77），第二主成分为 Enterobacteriales（6.65），第三主成分为 Anaerolineales（−5.15）。

表 4-30　异位微生物发酵床不同处理组 R 型主成分得分值

序号	细菌目	$Y(i,1)$	$Y(i,2)$	$Y(i,3)$	$Y(i,4)$
[1]	鞘脂杆菌目	10.7741	1.0393	1.8952	−0.6999
[2]	黄杆菌目	6.6478	−5.5000	2.6542	3.8005
[3]	肠杆菌目	4.0196	6.6476	4.0749	0.2497
[4]	黄单胞菌目	5.3483	−0.1531	−3.0950	0.9364
[5]	芽胞杆梭菌目	3.6840	0.2689	−3.1338	−1.1907
[6]	伯克氏菌目	2.6134	−0.1079	−0.1968	0.4186
[7]	假单胞菌目	2.7154	0.0538	−0.4554	−0.2375
[8]	厌氧绳菌目	2.8304	1.9465	−5.1513	1.4263
[9]	梭菌目	2.6880	−1.4183	−0.0939	−3.4658
[10]	微球菌目	2.6858	−1.8047	0.0531	−4.0642

3）主成分作图。基于细菌目丰度（%）的垫料发酵不同处理组主成分分析结果见图 4-23。

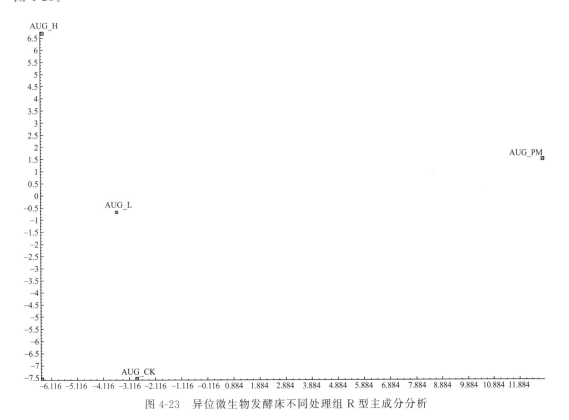

图 4-23　异位微生物发酵床不同处理组 R 型主成分分析

（2）基于处理组的细菌目丰度（%）Q 型主成分分析　基于细菌目丰度（%）的不同处理组主成分特征值见表 4-31。从表 4-31 可以看出，前 2 个主成分的特征值累计百分比达 72.73%，能很好地反映数据主要信息。

表 4-31　异位微生物发酵床不同处理组 Q 型主成分特征值

序号	特征值	百分率/%	累计百分率/%	Chi-Square	df	p 值
[1]	2.2182	55.4548	55.4548	103.3437	9.0000	0.0000
[2]	0.6912	17.2799	72.7347	6.1564	5.0000	0.2913
[3]	0.6380	15.9509	88.6856	3.7217	2.0000	0.1555
[4]	0.4526	11.3144	100.0000	0.0000	0.0000	1.0000

细菌目 Sphingobacteriales、Flavobacteriales、Enterobacteriales 与其他细菌目分离。其他细菌目聚集在一个区域（图 4-24）。

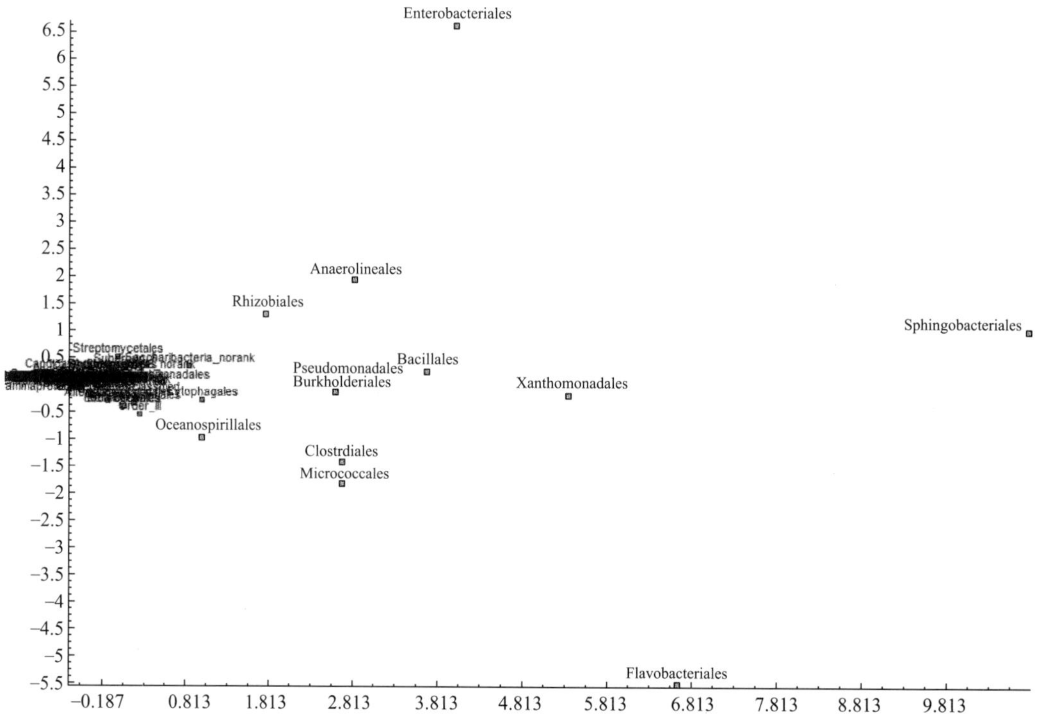

图 4-24　异位微生物发酵床不同处理组 Q 型主成分分析

四、细菌科丰度（%）分布结构

1. 细菌科丰度（%）检测

实验结果按处理组平均值排序见表 4-32（细菌科中文参考书后附录）。在异位微生物发酵床不同处理组细菌科检测到 264 个科，不同处理组细菌科的丰度（%）差异显著，丰度最高的是浅发酵垫料组（AUG_L）的黄杆菌科（Flavobacteriaceae）（37.63%），其次是垫料原料组（AUG_CK）的肠杆菌科（Enterobacteriaceae）（36.28%），再次是垫料原料组（AUG_CK）的鞘脂杆菌科（Sphingobacteriaceae）（20.85%）。

表 4-32　异位微生物发酵床细菌科丰度（%）分布多样性

序号	细菌科	AUG_CK	AUG_H	AUG_L	AUG_PM	平均值
[1]	黄杆菌科（Flavobacteriaceae）	0.027025	0.069751	0.376292	0.014020	0.121772
[2]	鞘脂杆菌科（Sphingobacteriaceae）	0.208544	0.148778	0.061050	0.002170	0.105135
[3]	肠杆菌科（Enterobacteriaceae）	0.362812	0.001091	0.000031	0.018332	0.095566

续表

序号	细菌科	AUG_CK	AUG_H	AUG_L	AUG_PM	平均值
[4]	噬几丁质菌科（Chitinophagaceae）	0.067489	0.000267	0.148778	0.087176	0.075928
[5]	黄单胞菌科（Xanthomonadaceae）	0.032955	0.060979	0.104200	0.089129	0.071816
[6]	厌氧蝇菌科（Anaerolineaceae）	0.009714	0.000011	0.002021	0.144388	0.039033
[7]	芽胞杆菌科（Bacillaceae）	0.002078	0.048665	0.003154	0.050881	0.026195
[8]	梭菌科_1（Clostridiaceae_1）	0.011841	0.072950	0.004225	0.010105	0.024780
[9]	莫拉菌科（Moraxellaceae）	0.026897	0.005520	0.040241	0.024191	0.024212
[10]	假单胞菌科（Pseudomonadaceae）	0.023398	0.041797	0.011216	0.018869	0.023820
[11]	产碱菌科（Alcaligenaceae）	0.015615	0.035015	0.010277	0.027427	0.022083
[12]	丛毛单胞菌科（Comamonadaceae）	0.012469	0.000043	0.060142	0.007048	0.019925
[13]	皮杆菌科（Dermabacteraceae）	0.000039	0.076523	0.000000	0.000000	0.019141
[14]	未定地位糖杆菌门的一科（Saccharibacteria_norank）	0.006685	0.000011	0.023310	0.045447	0.018863
[15]	食烷菌科（Alcanivoracaceae）	0.000000	0.055587	0.000010	0.000481	0.014020
[16]	动球菌科（Planococcaceae）	0.000274	0.016197	0.010124	0.016199	0.010699
[17]	类芽胞杆菌科（Paenibacillaceae）	0.011616	0.000000	0.000286	0.027653	0.009889
[18]	噬纤维菌科（Cytophagaceae）	0.006636	0.000000	0.008460	0.023200	0.009574
[19]	Order_Ⅲ_uncultured	0.000000	0.035378	0.000000	0.000000	0.008845
[20]	链霉菌科（Streptomycetaceae）	0.021987	0.000043	0.000092	0.012284	0.008601
[21]	特吕珀菌科（Trueperaceae）	0.000441	0.023033	0.002327	0.008067	0.008467
[22]	消化链球菌科（Peptostreptococcaceae）	0.000069	0.027836	0.000449	0.002736	0.007773
[23]	Subgroup_6_norank	0.000980	0.000011	0.000745	0.026889	0.007156
[24]	DSSF69	0.000127	0.000000	0.023922	0.004368	0.007104
[25]	Unknown_Family	0.000735	0.000000	0.002745	0.024568	0.007012
[26]	微球菌科（Micrococcaceae）	0.000000	0.027173	0.000020	0.000698	0.006973
[27]	生丝微菌科（Hyphomicrobiaceae）	0.003480	0.000203	0.002602	0.019596	0.006470
[28]	纤维弧菌科（Cellvibrionaceae）	0.001637	0.017994	0.005450	0.000000	0.006270
[29]	黄单胞菌目的未定地位科（Xanthomonadales_Incertae_Sedis）	0.003294	0.000000	0.000653	0.020879	0.006206
[30]	伯克氏菌科（Burkholderiaceae）	0.018928	0.000160	0.000214	0.004283	0.005897
[31]	火色杆菌科（Flammeovirgaceae）	0.000000	0.021899	0.000000	0.000094	0.005498
[32]	Candidate_division_WS6_norank	0.000774	0.000000	0.000674	0.019001	0.005112
[33]	布鲁氏菌科（Brucellaceae）	0.012253	0.002953	0.002194	0.003038	0.005109
[34]	棒小杆菌科（Corynebacteriaceae）	0.000000	0.019182	0.000122	0.000132	0.004859
[35]	玫瑰弯菌科（Roseiflexaceae）	0.001451	0.000000	0.001112	0.015850	0.004603
[36]	黄色杆菌科（Xanthobacteraceae）	0.000284	0.000000	0.001163	0.016596	0.004511
[37]	柄杆菌科（Caulobacteraceae）	0.004264	0.000086	0.008644	0.004425	0.004355
[38]	海源菌科（Idiomarinaceae）	0.000000	0.017331	0.000000	0.000000	0.004333
[39]	根瘤菌科（Rhizobiaceae）	0.016262	0.000000	0.000531	0.000453	0.004311
[40]	圆杆菌科（Cyclobacteriaceae）	0.000000	0.015683	0.000041	0.000283	0.004002
[41]	赤杆菌科（Erythrobacteraceae）	0.003470	0.000182	0.000806	0.010105	0.003641
[42]	葡萄球菌科（Staphylococcaceae）	0.003980	0.010152	0.000000	0.000057	0.003547
[43]	肉杆菌科（Carnobacteriaceae）	0.000000	0.013758	0.000000	0.000000	0.003439
[44]	未分类根瘤菌目的一科（Rhizobiales_unclassified）	0.003127	0.000032	0.003939	0.006585	0.003421
[45]	鞘脂单胞菌科（Sphingomonadaceae）	0.004764	0.000021	0.005746	0.002906	0.003359
[46]	Family_Ⅺ	0.000010	0.012720	0.000439	0.000047	0.003304
[47]	未分类 γ-变形菌纲的一科（Gammaproteobacteria_unclassified）	0.000265	0.000834	0.011573	0.000509	0.003295
[48]	根瘤菌目的未定地位科（Rhizobiales_Incertae_Sedis）	0.001461	0.000000	0.001265	0.010284	0.003252
[49]	OM1_clade	0.000000	0.000000	0.000367	0.012105	0.003118

序号	细菌科	AUG_CK	AUG_H	AUG_L	AUG_PM	平均值
[50]	未分类微球菌目的一科（Micrococcales_unclassified）	0.000000	0.011254	0.000000	0.000000	0.002814
[51]	微杆菌科（Microbacteriaceae）	0.003872	0.001883	0.001949	0.003161	0.002716
[52]	红螺菌科（Rhodospirillaceae）	0.001843	0.000738	0.000765	0.006906	0.002563
[53]	博戈里亚湖菌科（Bogoriellaceae）	0.000000	0.009917	0.000000	0.000000	0.002479
[54]	未分类鞘脂单胞菌目的一科（Sphingomonadales_unclassified）	0.001951	0.000021	0.000949	0.006453	0.002344
[55]	假诺卡氏科（Pseudonocardiaceae）	0.008410	0.000011	0.000010	0.000481	0.002228
[56]	丹毒丝菌科（Erysipelotrichaceae）	0.000039	0.007927	0.000194	0.000642	0.002200
[57]	紫单胞菌科（Porphyromonadaceae）	0.000000	0.007328	0.001296	0.000075	0.002175
[58]	类诺卡氏菌科（Nocardioidaceae）	0.001902	0.000032	0.001704	0.004859	0.002124
[59]	腐螺旋菌科（Saprospiraceae）	0.002500	0.005723	0.000000	0.000000	0.002056
[60]	甲基杆菌科（Methylobacteriaceae）	0.003107	0.000000	0.001745	0.003246	0.002025
[61]	霜状菌科（Cryomorphaceae）	0.000059	0.002664	0.005001	0.000311	0.002009
[62]	海洋螺菌科（Oceanospirillaceae）	0.001578	0.004301	0.001664	0.000000	0.001886
[63]	橙色菌科（Sandaracinaceae）	0.000892	0.006312	0.000031	0.000113	0.001837
[64]	乳酸杆菌科（Lactobacillaceae）	0.000000	0.007296	0.000051	0.000000	0.001837
[65]	土壤单胞菌科（Solimonadaceae）	0.000716	0.000000	0.004205	0.002321	0.001810
[66]	短杆菌科（Brevibacteriaceae）	0.000078	0.006922	0.000000	0.000217	0.001804
[67]	链孢囊菌科（Streptosporangiaceae）	0.003333	0.000053	0.000204	0.003529	0.001780
[68]	GR-WP33-30_norank	0.001088	0.000000	0.000520	0.005491	0.001775
[69]	未定地位蓝细菌门的一科（Cyanobacteria_norank）	0.000049	0.000000	0.002164	0.004368	0.001645
[70]	未培养黄单胞菌目的一科（Xanthomonadales_uncultured）	0.001147	0.000000	0.000204	0.004878	0.001557
[71]	叶杆菌科（Phyllobacteriaceae）	0.000745	0.001305	0.001766	0.002321	0.001534
[72]	盐单胞菌科（Halomonadaceae）	0.000314	0.005477	0.000020	0.000057	0.001467
[73]	迪茨氏菌科（Dietziaceae）	0.000000	0.005317	0.000122	0.000075	0.001379
[74]	醋杆菌科（Acetobacteraceae）	0.003833	0.000000	0.000408	0.001179	0.001355
[75]	Sh765B-TzT-29_norank	0.000000	0.000000	0.000245	0.004953	0.001300
[76]	瘤胃球菌科（Ruminococcaceae）	0.000000	0.004087	0.000847	0.000085	0.001255
[77]	港口球菌科（Porticoccaceae）	0.000000	0.004868	0.000010	0.000113	0.001248
[78]	噬菌弧菌科（Bacteriovoracaceae）	0.000069	0.000000	0.004766	0.000066	0.001225
[79]	S0134_terrestrial_group	0.000000	0.000000	0.000112	0.004708	0.001205
[80]	未培养酸微菌目的一科（Acidimicrobiales_uncultured）	0.000157	0.000000	0.000327	0.004255	0.001185
[81]	球形杆菌科（Sphaerobacteraceae）	0.000010	0.000000	0.000153	0.004491	0.001163
[82]	诺卡菌科（Nocardiaceae）	0.000363	0.000011	0.002429	0.001661	0.001116
[83]	分枝杆菌科（Mycobacteriaceae）	0.000569	0.000011	0.000316	0.003538	0.001108
[84]	链球菌科（Streptococcaceae）	0.000000	0.003819	0.000367	0.000019	0.001051
[85]	慢生根瘤菌科（Bradyrhizobiaceae）	0.001696	0.000000	0.000418	0.002038	0.001038
[86]	立克次氏体目的未定地位科（Rickettsiales_Incertae_Sedis）	0.000108	0.000000	0.000214	0.003604	0.000982
[87]	未分类 δ-变形菌纲的一科（Deltaproteobacteria_unclassified）	0.000000	0.003905	0.000000	0.000000	0.000976
[88]	应微所菌科（Iamiaceae）	0.000118	0.000428	0.000122	0.003179	0.000962
[89]	拟诺卡氏菌科（Nocardiopsaceae）	0.000010	0.003295	0.000000	0.000528	0.000958
[90]	NS9_marine_group	0.000480	0.000000	0.003021	0.000170	0.000918
[91]	芽单胞菌科（Gemmatimonadaceae）	0.000382	0.000000	0.000286	0.002849	0.000879
[92]	未定地位装甲菌门的一科（Armatimonadetes_norank）	0.000892	0.000000	0.000490	0.002104	0.000871

续表

序号	细菌科	AUG_CK	AUG_H	AUG_L	AUG_PM	平均值
[93]	DB1-14_norank	0.000000	0.000000	0.000071	0.003368	0.000860
[94]	草酸杆菌科（Oxalobacteraceae）	0.002166	0.000011	0.000520	0.000519	0.000804
[95]	480-2	0.000196	0.000000	0.000378	0.002632	0.000801
[96]	未分类黄单胞菌目的一科（Xanthomonadales_unclassified）	0.000000	0.000000	0.000133	0.003010	0.000786
[97]	TK10_norank	0.000039	0.000000	0.000092	0.002915	0.000762
[98]	红杆菌科（Rhodobacteraceae）	0.001421	0.001070	0.000480	0.000075	0.000762
[99]	海藻球菌科（Phycisphaeraceae）	0.000333	0.000000	0.000051	0.002472	0.000714
[100]	毛螺旋菌科（Lachnospiraceae）	0.001323	0.001466	0.000010	0.000000	0.000700
[101]	蛭弧菌科（Bdellovibrionaceae）	0.000284	0.000246	0.001786	0.000330	0.000662
[102]	拟杆菌科（Bacteroidaceae）	0.000000	0.001733	0.000816	0.000009	0.000640
[103]	柯克斯体科（Coxiellaceae）	0.002117	0.000000	0.000051	0.000387	0.000639
[104]	未定地位热链状菌目的一科（Ardenticatenales_norank）	0.000000	0.000000	0.000163	0.002387	0.000638
[105]	BIrii41	0.000686	0.000000	0.000092	0.001661	0.000610
[106]	AT425-EubC11_terrestrial_group_norank	0.000000	0.000481	0.000071	0.001849	0.000601
[107]	暖绳菌科（Caldilineaceae）	0.000529	0.000000	0.000225	0.001585	0.000585
[108]	疣微菌科（Verrucomicrobiaceae）	0.000823	0.000000	0.001306	0.000151	0.000570
[109]	JG30-KF-CM45_norank	0.000421	0.000000	0.000071	0.001576	0.000517
[110]	红热菌科（Rhodothermaceae）	0.000000	0.000388	0.000000	0.001651	0.000510
[111]	KCM-B-15	0.000000	0.000000	0.000082	0.001953	0.000509
[112]	DA111	0.000000	0.000000	0.000225	0.001651	0.000469
[113]	NKB5_norank	0.000069	0.000000	0.000245	0.001538	0.000463
[114]	海管菌科（Haliangiaceae）	0.000147	0.000000	0.000020	0.001670	0.000459
[115]	动孢菌科（Kineosporiaceae）	0.000137	0.000000	0.000000	0.001632	0.000442
[116]	Hydrogenedentes_norank	0.000137	0.000000	0.000122	0.001491	0.000438
[117]	外硫红螺旋菌科（Ectothiorhodospiraceae）	0.000010	0.000000	0.000010	0.001708	0.000432
[118]	浮霉菌科（Planctomycetaceae）	0.000049	0.000011	0.000133	0.001500	0.000423
[119]	无胆甾原体科（Acholeplasmataceae）	0.000010	0.000770	0.000898	0.000000	0.000420
[120]	间孢囊菌科（Intrasporangiaceae）	0.000000	0.000011	0.000082	0.001585	0.000419
[121]	S085_norank	0.000372	0.000000	0.000041	0.001179	0.000398
[122]	红菌科（Rhodobiaceae）	0.000225	0.000000	0.000214	0.001151	0.000398
[123]	芽胞乳杆菌科（Sporolactobacillaceae）	0.000000	0.000000	0.000000	0.001576	0.000394
[124]	拜叶林克氏菌科（Beijerinckiaceae）	0.000961	0.000000	0.000296	0.000302	0.000390
[125]	AKYG1722_norank	0.000010	0.000000	0.000133	0.001406	0.000387
[126]	BCf3-20	0.000176	0.000000	0.000122	0.001245	0.000386
[127]	OPB35_soil_group_norank	0.000108	0.000000	0.000020	0.001396	0.000381
[128]	未定地位懒惰杆菌目的一科（Ignavibacteriales_norank）	0.000000	0.000000	0.000276	0.001189	0.000366
[129]	河氏菌科（Hahellaceae）	0.000010	0.000011	0.000572	0.000859	0.000363
[130]	JG37-AG-20	0.000000	0.000000	0.000010	0.001425	0.000359
[131]	别样单胞菌科（Alteromonadaceae）	0.000000	0.001401	0.000000	0.000000	0.00035
[132]	溶杆菌科（Cystobacteraceae）	0.000000	0.000011	0.000520	0.000830	0.000340
[133]	去甲基醌菌科（Demequinaceae）	0.000274	0.000225	0.000184	0.000670	0.000338
[134]	LD29	0.000078	0.000000	0.000204	0.000991	0.000318
[135]	鱼立克次氏体科（Piscirickettsiaceae）	0.000000	0.001273	0.000000	0.000000	0.000318
[136]	亚硝化单胞菌科（Nitrosomonadaceae）	0.000235	0.000000	0.000153	0.000849	0.000309
[137]	酸微菌目的未定地位科（Acidimicrobiales_Incertae_Sedis）	0.000118	0.000000	0.000163	0.000934	0.000304
[138]	未定地位蝙蝠弧菌目的一科（Vampirovibrionales_norank）	0.000118	0.000000	0.000000	0.001028	0.000287

序号	细菌科	AUG_CK	AUG_H	AUG_L	AUG_PM	平均值
[139]	FFCH7168	0.000990	0.000000	0.000000	0.000142	0.000283
[140]	未定地位胃基因组菌门的一科（Microgenomates_norank）	0.000539	0.000000	0.000112	0.000453	0.000276
[141]	Spirochaetaceae	0.000000	0.000856	0.000214	0.000009	0.000270
[142]	SM2F11_norank	0.000000	0.000000	0.000214	0.000793	0.000252
[143]	Family_Ⅻ	0.000000	0.000364	0.000551	0.000085	0.000250
[144]	未定地位拟杆菌门_VC2.1_Bac22 的一科（Bacteroidetes_VC2.1_Bac22_norank）	0.000137	0.000000	0.000857	0.000000	0.000249
[145]	TA18_norank	0.000980	0.000000	0.000000	0.000009	0.000247
[146]	TM6_norank	0.000167	0.000000	0.000133	0.000642	0.000235
[147]	酸杆菌科亚群_1（Acidobacteriaceae_Subgroup_1）	0.000441	0.000010	0.000000	0.000481	0.000233
[148]	生丝单胞菌科（Hyphomonadaceae）	0.000255	0.000000	0.000020	0.000651	0.000232
[149]	OPB54_norank	0.000000	0.000610	0.000000	0.000302	0.000228
[150]	中村氏菌科（Nakamurellaceae）	0.000049	0.000000	0.000082	0.000774	0.000226
[151]	韦永菌科（Veillonellaceae）	0.000823	0.000000	0.000041	0.000019	0.000221
[152]	未分类伯克氏菌目的一科（Burkholderiales_unclassified）	0.000098	0.000000	0.000623	0.000104	0.000206
[153]	红螺菌目的未定地位科（Rhodospirillales_Incertae_Sedis）	0.000676	0.000000	0.000000	0.000123	0.000200
[154]	热单生孢菌科（Thermomonosporaceae）	0.000039	0.000000	0.000000	0.000745	0.000196
[155]	噬甲基菌科（Methylophilaceae）	0.000755	0.000011	0.000000	0.000000	0.000191
[156]	B1-7BS_norank	0.000000	0.000000	0.000092	0.000670	0.000190
[157]	未培养盖亚菌目的一科（Gaiellales_uncultured）	0.000039	0.000000	0.000020	0.000698	0.000189
[158]	海藻球菌科（Phaselicystidaceae）	0.000020	0.000000	0.000031	0.000698	0.000187
[159]	OPB56	0.000608	0.000000	0.000112	0.000019	0.000185
[160]	红环菌科（Rhodocyclaceae）	0.000029	0.000471	0.000061	0.000132	0.000173
[161]	未定地位柔膜菌门_RF9 的一科（Mollicutes_RF9_norank）	0.000000	0.000193	0.000408	0.000038	0.000160
[162]	微单胞菌科（Micromonosporaceae）	0.000294	0.000000	0.000031	0.000311	0.000159
[163]	克里斯滕森菌科（Christensenellaceae）	0.000010	0.000064	0.000561	0.000000	0.000159
[164]	未定地位寡食弯菌目的一科（Oligoflexales_norank）	0.000010	0.000000	0.000031	0.000585	0.000156
[165]	未分类拟杆菌门的一科（Bacteroidetes_unclassified）	0.000323	0.000000	0.000276	0.000000	0.000150
[166]	环脂酸芽胞杆菌科（Alicyclobacillaceae）	0.000000	0.000000	0.000031	0.000566	0.000149
[167]	Bacteria_unclassified	0.000206	0.000000	0.000051	0.000340	0.000149
[168]	Family_ⅩⅧ	0.000000	0.000000	0.000000	0.000585	0.000146
[169]	Family_Incertae_Sedis	0.000000	0.000578	0.000000	0.000000	0.000144
[170]	甲基球菌科（Methylococcaceae）	0.000000	0.000000	0.000102	0.000472	0.000143
[171]	t-42698	0.000000	0.000000	0.000020	0.000547	0.000142
[172]	热厌氧杆菌科（Thermoanaerobacteraceae）	0.000000	0.000567	0.000000	0.000000	0.000142
[173]	酸微菌科（Acidimicrobiaceae）	0.000098	0.000000	0.000000	0.000462	0.000140
[174]	气单胞菌科（Aeromonadaceae）	0.000559	0.000000	0.000000	0.000000	0.000140
[175]	理研菌科（Rikenellaceae）	0.000000	0.000096	0.000449	0.000009	0.000139
[176]	原微单胞菌科（Promicromonosporaceae）	0.000549	0.000000	0.000000	0.000000	0.000137
[177]	气球菌科（Aerococcaceae）	0.000000	0.000546	0.000000	0.000000	0.000136
[178]	弗兰克氏菌科（Frankiaceae）	0.000029	0.000000	0.000031	0.000462	0.000131
[179]	未分类放线菌门的一科（Actinobacteria_unclassified）	0.000000	0.000000	0.000010	0.000491	0.000125

序号	细菌科	AUG_CK	AUG_H	AUG_L	AUG_PM	平均值
[180]	肠球菌科（Enterococcaceae）	0.000421	0.000043	0.000000	0.000000	0.000116
[181]	未分类 α-变形菌纲的一科（Alphaproteobacteria_unclassified）	0.000098	0.000000	0.000041	0.000321	0.000115
[182]	NS11-12_marine_group	0.000020	0.000000	0.000429	0.000009	0.000114
[183]	未培养立克次氏体目的一科（Rickettsiales_uncultured）	0.000098	0.000000	0.000010	0.000349	0.000114
[184]	寡食弯菌科（Oligoflexaceae）	0.000059	0.000000	0.000031	0.000359	0.000112
[185]	AKYH478	0.000010	0.000000	0.000051	0.000387	0.000112
[186]	未分类棒小杆菌目的一科（Corynebacteriales_unclassified）	0.000000	0.000439	0.000000	0.000000	0.000110
[187]	Subgroup_3_norank	0.000431	0.000000	0.000000	0.000000	0.000108
[188]	未分类绿弯菌门的一科（Chloroflexi_unclassified）	0.000000	0.000000	0.000010	0.000396	0.000102
[189]	副衣原体科（Parachlamydiaceae）	0.000186	0.000000	0.000010	0.000208	0.000101
[190]	SJA-149	0.000392	0.000000	0.000010	0.000000	0.000101
[191]	盐硫杆状菌科（Halothiobacillaceae）	0.000000	0.000396	0.000000	0.000000	0.000099
[192]	SC-I-84_norank	0.000216	0.000000	0.000010	0.000160	0.000097
[193]	散生杆菌科（Patulibacteraceae）	0.000069	0.000000	0.000031	0.000274	0.000093
[194]	WD272_norank	0.000363	0.000000	0.000000	0.000000	0.000091
[195]	GR-WP33-58	0.000000	0.000000	0.000357	0.000000	0.000089
[196]	未定地位微球菌目的一科（Micrococcales_norank）	0.000020	0.000257	0.000020	0.000057	0.000088
[197]	爬管菌科（Herpetosiphonaceae）	0.000353	0.000000	0.000000	0.000000	0.000088
[198]	立克次体科（Rickettsiaceae）	0.000020	0.000051	0.000000	0.000274	0.000086
[199]	LiUU-11-161	0.000049	0.000000	0.000286	0.000000	0.000086
[200]	未分类鞘脂杆菌目的一科（Sphingobacteriales_unclassified）	0.000000	0.000000	0.000327	0.000000	0.000082
[201]	TRA3-20_norank	0.000010	0.000000	0.000020	0.000283	0.000078
[202]	BD2-11_terrestrial_group_norank	0.000000	0.000278	0.000000	0.000000	0.000070
[203]	脱硫弧菌科（Desulfovibrionaceae）	0.000000	0.000107	0.000143	0.000009	0.000065
[204]	丰佑菌科（Opitutaceae）	0.000049	0.000000	0.000031	0.000170	0.000062
[205]	SHA-109_norank	0.000216	0.000000	0.000010	0.000019	0.000061
[206]	cvE6	0.000078	0.000000	0.000010	0.000151	0.000060
[207]	血杆菌科（Sanguibacteraceae）	0.000127	0.000000	0.000020	0.000085	0.000058
[208]	剑突杆菌科（Xiphinematobacteraceae）	0.000176	0.000000	0.000010	0.000038	0.000056
[209]	JG30-KF-CM66_norank	0.000000	0.000000	0.000010	0.000208	0.000054
[210]	Family_Ⅶ	0.000216	0.000000	0.000000	0.000000	0.000054
[211]	未分类蓝细菌门的一科（Cyanobacteria_unclassified）	0.000010	0.000000	0.000041	0.000151	0.000050
[212]	未分类红螺菌目的一科（Rhodospirillales_unclassified）	0.000000	0.000000	0.000041	0.000151	0.000048
[213]	氨基酸球菌科（Acidaminococcaceae）	0.000000	0.000000	0.000153	0.000038	0.000048
[214]	纤维杆菌科（Fibrobacteraceae）	0.000010	0.000000	0.000010	0.000160	0.000045
[215]	绿弯菌科（Chloroflexaceae）	0.000010	0.000000	0.000000	0.000160	0.000043
[216]	涅瓦河菌科（Nevskiaceae）	0.000167	0.000000	0.000000	0.000000	0.000042
[217]	CCU22	0.000049	0.000000	0.000041	0.000075	0.000041
[218]	A0839	0.000157	0.000000	0.000000	0.000000	0.000039
[219]	TA06_norank	0.000137	0.000000	0.000000	0.000019	0.000039
[220]	未分类梭菌纲的一科（Clostridia_unclassified）	0.000000	0.000000	0.000000	0.000151	0.000038
[221]	OM190_norank	0.000000	0.000000	0.000000	0.000151	0.000038
[222]	多囊菌科（Polyangiaceae）	0.000000	0.000000	0.000000	0.000151	0.000038

续表

序号	细菌科	AUG_CK	AUG_H	AUG_L	AUG_PM	平均值
[223]	拟杆菌目_UCG-001 科(Bacteroidales_UCG-001)	0.000000	0.000139	0.000010	0.000000	0.000037
[224]	互养菌科(Synergistaceae)	0.000000	0.000086	0.000061	0.000000	0.000037
[225]	ML80	0.000010	0.000000	0.000020	0.000113	0.000036
[226]	军团菌科(Legionellaceae)	0.000000	0.000000	0.000010	0.000132	0.000036
[227]	Parcubacteria_norank	0.000000	0.000000	0.000000	0.000142	0.000035
[228]	纤细杆菌科(Gracilibacteraceae)	0.000137	0.000000	0.000000	0.000000	0.000034
[229]	OCS116_clade_norank	0.000000	0.000000	0.000041	0.000094	0.000034
[230]	I-10	0.000000	0.000000	0.000020	0.000113	0.000033
[231]	热粪杆菌科(Caldicoprobacteraceae)	0.000000	0.000128	0.000000	0.000000	0.000032
[232]	丙酸杆菌科(Propionibacteriaceae)	0.000127	0.000000	0.000000	0.000000	0.000032
[233]	Family_XVII	0.000000	0.000000	0.000000	0.000123	0.000031
[234]	科里氏杆菌科(Coriobacteriaceae)	0.000000	0.000032	0.000020	0.000057	0.000027
[235]	CA002	0.000108	0.000000	0.000000	0.000000	0.000027
[236]	未分类土生杆菌目的一科(Chthoniobacterales_unclassified)	0.000108	0.000000	0.000000	0.000000	0.000027
[237]	盖亚菌科(Gaiellaceae)	0.000000	0.000000	0.000010	0.000094	0.000026
[238]	SM2D12	0.000000	0.000000	0.000000	0.000104	0.000026
[239]	华诊体科(Waddliaceae)	0.000000	0.000000	0.000000	0.000104	0.000026
[240]	土生杆菌科(Chthoniobacteraceae)	0.000010	0.000000	0.000051	0.000038	0.000025
[241]	P3OB-42	0.000098	0.000000	0.000000	0.000000	0.000025
[242]	放线菌科(Actinomycetaceae)	0.000000	0.000096	0.000000	0.000000	0.000024
[243]	Elev-16S-1332	0.000000	0.000000	0.000010	0.000085	0.000024
[244]	梭菌目的未定地位科(Clostridiales_Incertae_Sedis)	0.000000	0.000000	0.000000	0.000094	0.000024
[245]	普雷沃氏菌科(Prevotellaceae)	0.000000	0.000000	0.000092	0.000000	0.000023
[246]	未分类黏球菌目的一科(Myxococcales_unclassified)	0.000088	0.000000	0.000000	0.000000	0.000022
[247]	孢鱼菌科(Sporichthyaceae)	0.000088	0.000000	0.000000	0.000000	0.000022
[248]	env.OPS_17	0.000088	0.000000	0.000000	0.000000	0.000022
[249]	未分类变形菌门的一科(Proteobacteria_unclassified)	0.000078	0.000000	0.000000	0.000000	0.000020
[250]	嗜热孢毛菌科(Thermosporotrichaceae)	0.000000	0.000000	0.000010	0.000066	0.000019
[251]	泛生杆菌科(Vulgatibacteraceae)	0.000000	0.000000	0.000010	0.000066	0.000019
[252]	海滑菌科(Marinilabiaceae)	0.000000	0.000075	0.000000	0.000000	0.000019
[253]	优杆菌科(Eubacteriaceae)	0.000000	0.000000	0.000041	0.000019	0.000015
[254]	WCHB1-60_norank①	0.000059	0.000000	0.000000	0.000000	0.000015
[255]	43F-1404R_norank①	0.000000	0.000000	0.000000	0.000057	0.000014
[256]	AKIW659	0.000000	0.000000	0.000000	0.000057	0.000014
[257]	Family_XIII	0.000000	0.000053	0.000000	0.000000	0.000013
[258]	梭菌目_vadinBB60 群的一科(Clostridiales_vadinBB60_group)	0.000000	0.000043	0.000000	0.000000	0.000011
[259]	未培养绿弯菌门的一科(Chloroflexi_uncultured)	0.000039	0.000000	0.000000	0.000000	0.000010
[260]	KD4-96_norank①	0.000000	0.000000	0.000000	0.000038	0.000009
[261]	红色杆菌科 Rubrobacteriaceae	0.000000	0.000000	0.000000	0.000038	0.000009
[262]	消化球菌科(Peptococcaceae)	0.000000	0.000000	0.000000	0.000028	0.000007
[263]	未分类拟杆菌目的一科(Bacteroidales_unclassified)	0.000000	0.000000	0.000020	0.000000	0.000005
[264]	Subgroup_18_norank①	0.000000	0.000000	0.000000	0.000019	0.000005

① 不可培养。

2. 细菌科丰度（%）比较

不同处理组细菌科 TOP10 细菌丰度（%）见图 4-25。处理组间细菌科丰度分布差异显著。垫料原料组（AUG_CK）前 3 个最大丰度分布的细菌科为肠杆菌科（Enterobacteriales）（36.28%）、鞘脂杆菌科（Sphingobacteriales）（27.86%）、假单胞菌科（Pseudomonadales）（5.02%）；深发酵垫料组（AUG_H）为鞘脂杆菌科（Sphingobacteriales）（15.47%）、微球菌科（Micrococcales）（13.41%）、梭菌科（Clostridiales）（11.97%）；浅发酵垫料组（AUG_L）为 Flavobacteriales（38.43%）、鞘脂杆菌科（Sphingobacteriales）（21.08%）、黄单胞菌科（Xanthomonadales）（10.39%）未发酵猪粪组（AUG_PM）为厌氧绳菌科（Anaerolineales）（43.88%）、黄单胞菌科（Xanthomonadales）（12.02%）、芽胞杆菌科（Bacillales）（9.69%）；不同处理组特征性细菌科明显，AUG_CK 组以肠杆菌科（Enterobacteriales）为主，AUG_H 组以鞘脂杆菌科（Sphingobacteriales）为主，AUG_L 组产黄菌科（Flavobacteriales）为主，AUG_PM 组以厌氧绳菌科（Anaerolineales）主。

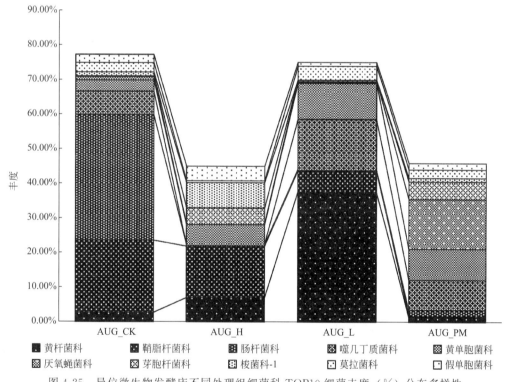

图 4-25 异位微生物发酵床不同处理组细菌科 TOP10 细菌丰度（%）分布多样性

3. 细菌科丰度（%）相关性

基于细菌科丰度（%）不同处理组的相关系数见表 4-33。从表 4-33 可知，各处理间的相关系数在 0.41～0.78，都表现出相关的显著性或极显著性。

表 4-33 基于细菌科丰度（%）的异位微生物发酵床不同处理组相关系数

处理组	AUG_CK	AUG_H	AUG_L	AUG_PM
AUG_CK	1.0000			
AUG_H	0.7770	1.0000		
AUG_L	0.5824	0.5648	1.0000	
AUG_PM	0.7281	0.6581	0.4134	1.0000

不同处理组细菌科丰度（%）的相关系数见表 4-34。

表 4-34　不同处理组细菌科丰度（%）的相关系数

细菌科	黄杆菌科	鞘脂杆菌科	肠杆菌科	噬几丁质菌科	黄单胞菌科
黄杆菌科	1.0000				
鞘脂杆菌科	−0.2591	1.0000			
肠杆菌科	−0.3970	0.7283	1.0000		
噬几丁质菌科	0.7016	−0.5085	−0.0897	1.0000	
黄单胞菌科	0.6561	−0.8903	−0.8184	0.6403	1.0000
厌氧绳菌科	−0.4414	−0.7219	−0.2324	0.1308	0.3291
芽胞杆菌科	−0.5290	−0.4062	−0.5675	−0.5794	0.1456
梭菌科-1	−0.2971	0.3589	−0.2844	−0.8774	−0.3079
莫拉菌科	0.6530	−0.3163	0.1247	0.9750	0.4565
假单胞菌科	−0.5343	0.5061	−0.0323	−0.9770	−0.5475

细菌科	厌氧绳菌科	芽胞杆菌科	梭菌科-1	莫拉菌科	假单胞菌科
厌氧绳菌科	1.0000				
芽胞杆菌科	0.5710	1.0000			
梭菌科-1	−0.3355	0.5707	1.0000		
莫拉菌科	0.0183	−0.7312	−0.9130	1.0000	
假单胞菌科	−0.2713	0.5482	0.9560	−0.9668	1.0000

4. 细菌科丰度（%）主成分分析

（1）基于细菌科丰度（%）的处理组 R 型主成分分析

1）主成分特征值。基于细菌科丰度（%）的不同处理组主成分特征值见表 4-35。从表 4-35 可以看出，前 2 个主成分的特征值累计百分比达 86.89%，能很好地反映数据主要信息。

表 4-35　异位微生物发酵床不同处理组 R 型主成分特征值

序号	特征值	百分率/%	累计百分率/%	Chi-Square	df	p 值
[1]	35.1065	57.5516	57.5516	0.0000	1890.0000	0.9999
[2]	17.8952	29.3364	86.8880	0.0000	1829.0000	0.9999
[3]	7.9983	13.1120	100.0000	0.0000	1769.0000	0.9999

2）主成分得分值。检测结果见表 4-36。第一主成分关键因素为 AUG_PM（8.85），反映了猪粪带入的细菌起到主要作用；第二主成分关键因素 AUG_CK（5.43），反映了原料带入的细菌起到其次的作用；第三主成分关键因素 AUG_L（−4.06），反映了发酵过程产生的细菌群落变化，并与前两个主成分成反比。

表 4-36　异位微生物发酵床不同处理组 R 型主成分得分值

处理组	$Y(i,1)$	$Y(i,2)$	$Y(i,3)$
AUG_CK	−2.5764	5.4326	1.8147
AUG_H	−3.7130	−4.8922	2.0392
AUG_L	−2.5614	−0.0539	−4.0620
AUG_PM	8.8507	−0.4865	0.2082

3）主成分作图。基于细菌科丰度（%）的垫料发酵不同处理组主成分分析结果见图 4-26。

（2）基于处理组的细菌科丰度（%）Q 型主成分分析

1）主成分特征值。基于细菌科丰度（%）的不同处理组主成分特征值见表 4-37。从表 4-37

可以看出，前2个主成分的特征值累计百分比达87.09%，能很好地反映数据的主要信息。

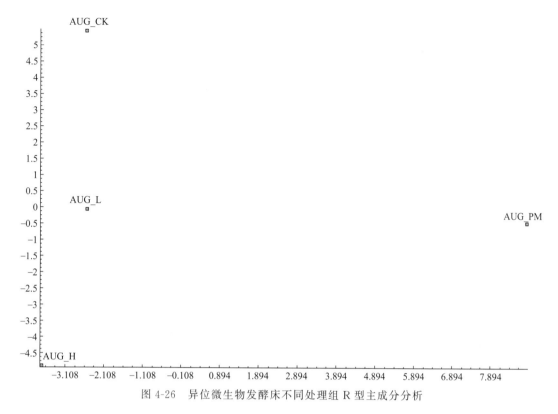

图 4-26　异位微生物发酵床不同处理组 R 型主成分分析

表 4-37　异位微生物发酵床不同处理组 Q 型主成分特征值

序号	特征值	百分率/%	累计百分率/%	Chi-Square	df	p 值
[1]	2.8788	71.9690	71.9690	127.0152	9.0000	0.0000
[2]	0.6048	15.1211	87.0901	17.4109	5.0000	0.0038
[3]	0.3110	7.7753	94.8654	2.4719	2.0000	0.2906
[4]	0.2054	5.1346	100.0000	0.0000	0.0000	1.0000

2）主成分得分值。见表 4-38。

表 4-38　异位微生物发酵床不同处理组 Q 型主成分得分值

细菌科	$Y(i,1)$	$Y(i,2)$	$Y(i,3)$	$Y(i,4)$
酸杆菌纲（Acidobacteria）	0.0832	−0.6389	0.8221	0.2524
放线菌纲（Actinobacteria）	2.4961	−1.0350	−1.6169	1.6109
α-变形菌纲（Alphaproteobacteria）	1.9241	−0.9220	1.9753	0.1818
厌氧绳菌纲（Anaerolineae）	1.3291	−1.9677	2.3383	0.9089
热链状菌纲（Ardenticatenia）	−0.6237	0.0279	−0.0292	−0.1201
未定地位装甲菌门的一纲（Armatimonadetes_norank）	−0.6180	0.0348	−0.0340	−0.1325
芽胞杆菌纲（Bacilli）	2.0484	−1.3035	0.0136	1.5172
Bacteria_unclassified	−0.6498	0.0549	−0.0645	−0.1392
拟杆菌门_VC2.1_Bac22（Bacteroidetes）	−0.6490	0.0710	−0.0658	−0.1397
未分类拟杆菌门的一纲（Bacteroidetes）_unclassified	−0.6517	0.0626	−0.0692	−0.1430

3）主成分分析。见图 4-27。

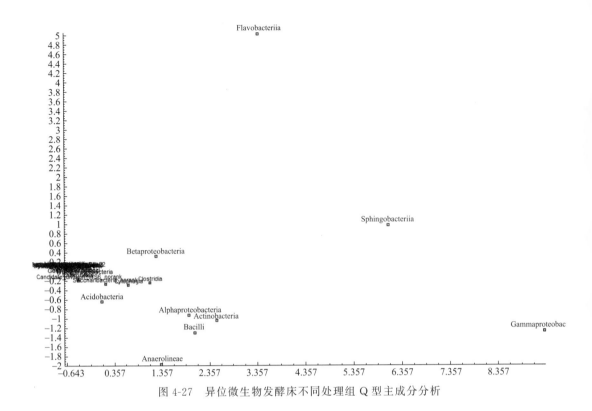

图 4-27　异位微生物发酵床不同处理组 Q 型主成分分析

五、细菌属丰度（%）分布结构

1. 细菌属丰度（%）检测

实验结果按处理组平均值排序见表 4-39。在异位微生物发酵床不同处理组细菌属检测到 566 个属，不同处理组细菌属的丰度（%）差异显著，丰度最高的是垫料原料组（AUG_CK）的 *Enterobacter*（28.53%）。

表 4-39　异位微生物发酵床细菌属丰度（%）分布多样性

序号	细菌属	AUG_CK	AUG_H	AUG_L	AUG_PM	平均值
[1]	肠杆菌属（*Enterobacter*）	0.285345	0.000567	0.000000	0.016831	0.075686
[2]	鞘脂小杆菌属（*Sphingobacterium*）	0.135174	0.004301	0.057744	0.000255	0.049368
[3]	橄榄形菌属（*Olivibacter*）	0.065450	0.086130	0.000316	0.000047	0.037986
[4]	噬几丁质菌属（*Chitinophaga*）	0.047718	0.000000	0.000020	0.000151	0.011972
[5]	克罗诺斯杆菌属（*Cronobacter*）	0.038101	0.000043	0.000010	0.001142	0.009824
[6]	不动杆菌属（*Acinetobacter*）	0.026202	0.004247	0.039976	0.023681	0.023526
[7]	假单胞菌属（*Pseudomonas*）	0.023398	0.041797	0.011216	0.018869	0.023820
[8]	链霉菌属（*Streptomyces*）	0.018781	0.000043	0.000092	0.011020	0.007484
[9]	伯克氏菌属（*Burkholderia*）	0.016821	0.000000	0.000092	0.003434	0.005087
[10]	根瘤菌属（*Rhizobium*）	0.016262	0.000000	0.000531	0.000453	0.004311
[11]	未分类肠杆菌科的一属（Enterobacteriaceae_unclassified）	0.016007	0.000011	0.000000	0.000047	0.004016
[12]	假黄单胞菌属（*Pseudoxanthomonas*）	0.013909	0.000000	0.006134	0.001585	0.005407
[13]	金黄小杆菌属（*Chryseobacterium*）	0.012390	0.000011	0.175068	0.011510	0.049745
[14]	沙雷氏菌属（*Serratia*）	0.012341	0.000278	0.000010	0.000047	0.003169
[15]	苍白杆菌属（*Ochrobactrum*）	0.012233	0.000011	0.002102	0.003019	0.004341

序号	细菌属	AUG_CK	AUG_H	AUG_L	AUG_PM	平均值
[16]	博德特氏菌(Bordetella)	0.011880	0.000000	0.000510	0.002859	0.003812
[17]	未培养厌氧绳菌属(Anaerolineaceae_uncultured)	0.009714	0.000011	0.001990	0.144162	0.038969
[18]	黄小杆菌属(Flavobacterium)	0.008450	0.000000	0.027535	0.000443	0.009107
[19]	寡食单胞菌属(Stenotrophomonas)	0.007930	0.000000	0.055651	0.000736	0.016079
[20]	类芽胞杆菌属(Paenibacillus)	0.007881	0.000000	0.000041	0.016020	0.005985
[21]	太白山菌属(Taibaiella)	0.007313	0.000257	0.066378	0.055410	0.032339
[22]	果胶小杆菌属(Pectobacterium)	0.006724	0.000000	0.000000	0.000217	0.001735
[23]	未定地位糖杆菌门的一属(Saccharibacteria_norank)	0.006685	0.000011	0.023310	0.045447	0.018863
[24]	漠河菌属(Moheibacter)	0.005479	0.010752	0.152268	0.001953	0.042613
[25]	狭义梭菌属_1(Clostridium_sensu_stricto_1)	0.005117	0.071623	0.004082	0.009425	0.022562
[26]	泛菌属(Pantoea)	0.004127	0.000000	0.000000	0.000009	0.001034
[27]	葡萄球菌属(Staphylococcus)	0.003980	0.001583	0.000000	0.000047	0.001403
[28]	糖多孢菌属(Saccharopolyspora)	0.003803	0.000011	0.000010	0.000425	0.001062
[29]	未分类鞘脂杆菌科的一属(Sphingobacteriaceae_unclassified)	0.003646	0.001102	0.000520	0.000170	0.001360
[30]	噬脂环酸菌属(Alicycliphilus)	0.003303	0.000011	0.005042	0.000538	0.002223
[31]	拟无枝菌酸菌属(Amycolatopsis)	0.003245	0.000000	0.000000	0.000057	0.000825
[32]	未分类链霉菌科的一属(Streptomycetaceae_unclassified)	0.003205	0.000000	0.000000	0.001264	0.001117
[33]	未分类根瘤菌目的一属(Rhizobiales_unclassified)	0.003127	0.000032	0.003939	0.006585	0.003421
[34]	狭义梭菌属_3(Clostridium_sensu_stricto_3)	0.003127	0.000000	0.000000	0.000009	0.000784
[35]	野村菌属(Nonomuraea)	0.003088	0.000011	0.000071	0.000321	0.000873
[36]	未培养噬纤维菌科的一属(Cytophagaceae_uncultured)	0.003068	0.000000	0.000061	0.000462	0.000898
[37]	丛毛单胞菌属(Comamonas)	0.003039	0.000021	0.011808	0.001708	0.004144
[38]	未分类赤杆菌科的一属(Erythrobacteraceae_unclassified)	0.002980	0.000182	0.000765	0.010001	0.003482
[39]	副土地杆菌属(Parapedobacter)	0.002764	0.000096	0.000092	0.000000	0.000738
[40]	未分类丛毛单胞菌科的一属(Comamonadaceae_unclassified)	0.002735	0.000011	0.026800	0.003321	0.008217
[41]	德沃斯氏菌(Devosia)	0.002617	0.000000	0.002092	0.014001	0.004678
[42]	未分类腐螺旋菌科的一属(Saprospiraceae_uncultured)	0.002500	0.005723	0.000000	0.000000	0.002056
[43]	微小杆菌属(Microbacterium)	0.002480	0.000214	0.000745	0.000755	0.001048
[44]	短芽胞杆菌属(Brevibacillus)	0.002480	0.000000	0.000020	0.000434	0.000734
[45]	藤黄单胞菌属(Luteimonas)	0.002166	0.000000	0.008910	0.030332	0.010352
[46]	水胞菌属(Aquicella)	0.002117	0.000000	0.000051	0.000387	0.000639
[47]	狭义梭菌属_5(Clostridium_sensu_stricto_5)	0.002117	0.000000	0.000000	0.000000	0.000529
[48]	芽胞杆菌属(Bacillus)	0.002078	0.000021	0.003154	0.050872	0.014031
[49]	木杆菌属(Xylella)	0.002078	0.000000	0.000082	0.000000	0.000540
[50]	解类固醇杆菌属(Steroidobacter)	0.002068	0.000000	0.000265	0.005529	0.001966
[51]	未分类鞘脂单胞菌目的一属(Sphingomonadales_unclassified)	0.001951	0.000021	0.000949	0.006453	0.002344
[52]	气单胞菌属(Arenimonas)	0.001921	0.000043	0.010481	0.000075	0.003130
[53]	短波单胞菌属(Brevundimonas)	0.001823	0.000086	0.007440	0.000368	0.002429
[54]	鞘脂单胞菌属(Sphingomonas)	0.001784	0.000000	0.000184	0.000462	0.000608

序号	细菌属	AUG_CK	AUG_H	AUG_L	AUG_PM	平均值
[55]	未分类噬几丁质菌科的一属 (Chitinophagaceae_unclassified)	0.001676	0.000000	0.006868	0.006812	0.003839
[56]	独岛菌属(Dokdonella)	0.001666	0.000000	0.000357	0.006916	0.002235
[57]	甲基小杆菌属(Methylobacterium)	0.001657	0.000000	0.000000	0.000009	0.000417
[58]	马赛菌属(Massilia)	0.001637	0.000000	0.000306	0.000113	0.000514
[59]	假螺菌属(Pseudospirillum)	0.001578	0.000974	0.000112	0.000000	0.000666
[60]	线单胞菌属(Filimonas)	0.001568	0.000000	0.001296	0.003981	0.001711
[61]	纤维弧菌属(Cellvibrio)	0.001510	0.000011	0.005276	0.000000	0.001699
[62]	噬染料菌属(Pigmentiphaga)	0.001500	0.000000	0.000010	0.000132	0.000411
[63]	玫瑰弯菌属(Roseiflexus)	0.001451	0.000000	0.001112	0.015850	0.004603
[64]	沙土杆菌属(Ramlibacter)	0.001451	0.000000	0.000408	0.001085	0.000736
[65]	慢生根瘤菌属(Bradyrhizobium)	0.001431	0.000000	0.000408	0.002028	0.000967
[66]	未培养噬几丁质菌科的一属 (Chitinophagaceae_uncultured)	0.001343	0.000011	0.070613	0.007878	0.019961
[67]	内生杆菌属(Endobacter)	0.001343	0.000000	0.000000	0.000009	0.000338
[68]	新鞘脂菌属(Novosphingobium)	0.001314	0.000021	0.003398	0.001406	0.001535
[69]	未培养甲基杆菌科的一属 (Methylobacteriaceae_uncultured)	0.001294	0.000000	0.000347	0.002623	0.001066
[70]	未分类红杆菌科的一属 (Rhodobacteraceae_unclassified)	0.001245	0.000481	0.000367	0.000038	0.000533
[71]	农技所菌属(Niabella)	0.001235	0.000000	0.000520	0.000057	0.000453
[72]	类诺卡氏属(Nocardioides)	0.001206	0.000000	0.001286	0.002887	0.001345
[73]	副线单胞菌属(Parafilimonas)	0.001206	0.000000	0.000551	0.003227	0.001246
[74]	铁锈色杆菌属(Ferruginibacter)	0.001186	0.000000	0.000612	0.000481	0.000570
[75]	吴泰焕菌属(Ohtaekwangia)	0.001176	0.000000	0.000041	0.000047	0.000316
[76]	未培养黄单胞菌目的一属 (Xanthomonadales_uncultured)	0.001147	0.000000	0.000204	0.004878	0.001557
[77]	赖氏菌属(Leifsonia)	0.001127	0.000064	0.000796	0.001519	0.000877
[78]	热单胞菌属(Thermomonas)	0.001127	0.000000	0.018942	0.008812	0.007220
[79]	酸杆菌属(Acidibacter)	0.001127	0.000000	0.000296	0.010312	0.002934
[80]	黄土杆菌属(Flavihumibacter)	0.001098	0.000000	0.000184	0.000132	0.000353
[81]	GR-WP33-30_norank	0.001088	0.000000	0.000520	0.005491	0.001775
[82]	鞘脂盒菌属(Sphingopyxis)	0.001088	0.000000	0.001572	0.000236	0.000724
[83]	根微菌属(Rhizomicrobium)	0.001078	0.000000	0.001225	0.009359	0.002916
[84]	潘多拉菌属(Pandoraea)	0.001059	0.000160	0.000031	0.000377	0.000407
[85]	未定地位噬几丁质菌科的一属 (Chitinophagaceae_norank)	0.001029	0.000000	0.000296	0.000000	0.000331
[86]	FFCH7168_norank	0.000990	0.000000	0.000000	0.000142	0.000283
[87]	Subgroup_6_norank	0.000980	0.000011	0.000745	0.026889	0.007156
[88]	TA18_norank	0.000980	0.000000	0.000000	0.000009	0.000247
[89]	绒毛菌属(Leptothrix)	0.000902	0.000000	0.000112	0.000019	0.000258
[90]	玫瑰单胞菌属(Roseomonas)	0.000902	0.000000	0.000031	0.000000	0.000233
[91]	未定地位装甲菌门的一属 (Armatimonadetes_norank)	0.000892	0.000000	0.000490	0.002104	0.000871
[92]	土地杆菌属(Pedobacter)	0.000882	0.000139	0.001715	0.000047	0.000696
[93]	香蕉产孢菌属(Sporomusa)	0.000823	0.000000	0.000000	0.000000	0.000206
[94]	未培养橙色菌科的一属 (Sandaracinaceae_uncultured)	0.000814	0.006248	0.000031	0.000113	0.001801
[95]	科恩氏菌属(Cohnella)	0.000814	0.000000	0.000031	0.007501	0.002086
[96]	普劳泽氏菌属(Prauserella)	0.000814	0.000000	0.000000	0.000000	0.000203

续表

序号	细菌属	AUG_CK	AUG_H	AUG_L	AUG_PM	平均值
[97]	Candidate_division_WS6_norank	0.000774	0.000000	0.000674	0.019001	0.005112
[98]	奇异菌属(*Advenella*)	0.000755	0.000011	0.001296	0.000113	0.000544
[99]	戴伊氏菌属(*Dyella*)	0.000755	0.000000	0.000245	0.011312	0.003078
[100]	生丝微菌属(*Hyphomicrobium*)	0.000745	0.000000	0.000367	0.004264	0.001344
[101]	突柄杆菌属(*Prosthecobacter*)	0.000745	0.000000	0.000010	0.000000	0.000189
[102]	固氮小螺菌属(*Azospirillum*)	0.000735	0.000000	0.000000	0.000047	0.000196
[103]	莱德贝特氏菌属(*Leadbetterella*)	0.000706	0.000000	0.004684	0.000085	0.001369
[104]	柄杆菌属(*Caulobacter*)	0.000696	0.000000	0.000092	0.000047	0.000209
[105]	BIrii41_norank	0.000686	0.000000	0.000092	0.001661	0.000610
[106]	未培养莫拉菌科的一属 (Moraxellaceae_uncultured)	0.000686	0.000000	0.000255	0.000349	0.000323
[107]	酸孢菌属(*Acidocella*)	0.000686	0.000000	0.000000	0.000000	0.000172
[108]	噬甲基菌属(*Methylophilus*)	0.000676	0.000000	0.000000	0.000000	0.000169
[109]	食甲基杆菌属(*Methyloferula*)	0.000667	0.000000	0.000000	0.000000	0.000167
[110]	未定地位柄杆菌科的一属 (Caulobacteraceae_norank)	0.000647	0.000000	0.000071	0.000528	0.000312
[111]	未分类叶杆菌科的一属 (Phyllobacteriaceae_unclassified)	0.000637	0.001294	0.001623	0.001227	0.001195
[112]	黄色杆菌属(*Flavitalea*)	0.000637	0.000000	0.000071	0.000774	0.000371
[113]	OPB56_norank	0.000608	0.000000	0.000112	0.000019	0.000185
[114]	狭义梭菌属_10(*Clostridium*_sensu_stricto_10)	0.000598	0.000000	0.000000	0.000009	0.000152
[115]	未培养产碱菌科的一属 (Alcaligenaceae_unclassified)	0.000578	0.001391	0.001265	0.000292	0.000882
[116]	贪铜菌属(*Cupriavidus*)	0.000578	0.000000	0.000010	0.000094	0.000171
[117]	分枝杆菌属(*Mycobacterium*)	0.000569	0.000011	0.000316	0.003538	0.001108
[118]	莱茵河杆菌属(*Rhodanobacter*)	0.000569	0.000000	0.000898	0.028804	0.007568
[119]	苯基小杆菌属(*Phenylobacterium*)	0.000569	0.000000	0.000735	0.001094	0.000599
[120]	气单胞菌属(*Aeromonas*)	0.000559	0.000000	0.000000	0.000000	0.000140
[121]	未分类毛螺菌科的一属 (Lachnospiraceae_unclassified)	0.000549	0.000053	0.000000	0.000000	0.000151
[122]	原微单胞菌科(*Promicromonospora*)	0.000549	0.000000	0.000000	0.000000	0.000137
[123]	金色绳菌属(*Chryseolinea*)	0.000539	0.000000	0.001439	0.020379	0.005589
[124]	未定地位微基因组菌门的一属 (Microgenomates_norank)	0.000539	0.000000	0.000112	0.000453	0.000276
[125]	沉积物小杆菌属(*Sediminibacterium*)	0.000520	0.000000	0.000163	0.000047	0.000182
[126]	未培养柄杆菌科的一属 (Caulobacteraceae_uncultured)	0.000510	0.000000	0.000214	0.000934	0.000415
[127]	别样赤杆菌属(*Altererythrobacter*)	0.000490	0.000000	0.000041	0.000104	0.000159
[128]	NS9_marine_group_norank	0.000480	0.000000	0.003021	0.000170	0.000918
[129]	草酸小杆菌属(*Oxalicibacterium*)	0.000480	0.000000	0.000214	0.000142	0.000209
[130]	未分类酸杆菌科的一属 (Acetobacteraceae_unclassified)	0.000461	0.000000	0.000010	0.000123	0.000148
[131]	特吕珀菌属(*Truepera*)	0.000441	0.023033	0.002327	0.008067	0.008467
[132]	铁弧菌属(*Ferrovibrio*)	0.000441	0.000000	0.000510	0.001821	0.000693
[133]	黄土壤杆菌属(*Flavisolibacter*)	0.000441	0.000000	0.000551	0.000415	0.000352
[134]	无色杆菌属(*Achromobacter*)	0.000441	0.000000	0.000061	0.000236	0.000185
[135]	鞘脂菌属(*Sphingobium*)	0.000441	0.000000	0.000031	0.000160	0.000158
[136]	海岸线菌属(*Litorilinea*)	0.000441	0.000000	0.000010	0.000009	0.000115
[137]	Subgroup_3_norank	0.000431	0.000000	0.000000	0.000000	0.000108
[138]	肠球菌属(*Enterococcus*)	0.000421	0.000043	0.000000	0.000000	0.000116

序号	细菌属	AUG_CK	AUG_H	AUG_L	AUG_PM	平均值
[139]	JG30-KF-CM45_norank	0.000421	0.000000	0.000071	0.001576	0.000517
[140]	华南海研所菌属(Sciscionella)	0.000421	0.000000	0.000000	0.000000	0.000105
[141]	金伊丽莎白菌属(Elizabethkingia)	0.000402	0.000011	0.000071	0.000009	0.000123
[142]	芽小链菌属(Blastocatella)	0.000402	0.000000	0.00246	0.021539	0.006100
[143]	卡斯特拉尼菌属(Castellaniella)	0.000392	0.000011	0.004542	0.022379	0.006831
[144]	SJA-149_norank	0.000392	0.000000	0.000010	0.000000	0.000101
[145]	毛梭菌属(Lachnoclostridium)	0.000392	0.000000	0.000000	0.000000	0.000098
[146]	土壤单胞菌属(Solimonas)	0.000382	0.000000	0.004205	0.002321	0.001727
[147]	施莱格尔氏菌属(Schlegelella)	0.000382	0.000000	0.000786	0.000198	0.000342
[148]	狭义梭菌属13(Clostridium_sensu_stricto_13)	0.000382	0.000000	0.000000	0.000019	0.000100
[149]	S085_norank	0.000372	0.000000	0.000041	0.001179	0.000398
[150]	韩研所菌属(Kribbella)	0.000363	0.000000	0.000010	0.000075	0.000112
[151]	WD272_norank	0.000363	0.000000	0.000000	0.000000	0.000091
[152]	爬管菌属(Herpetosiphon)	0.000353	0.000000	0.000000	0.000000	0.000088
[153]	Candidatus_Alysiosphaera	0.000333	0.000000	0.000000	0.000000	0.000083
[154]	未分类噬几丁质菌科的一属(Cytophagaceae_unclassified)	0.000333	0.000000	0.000000	0.000000	0.000083
[155]	未分类土壤单胞菌科的一属(Solimonadaceae_unclassified)	0.000333	0.000000	0.000000	0.000000	0.000083
[156]	未分类拟杆菌门的一属(Bacteroidetes_unclassified)	0.000323	0.000000	0.000276	0.000000	0.000150
[157]	双杆菌属(Dyadobacter)	0.000314	0.000000	0.000000	0.000000	0.000078
[158]	未培养黄单胞菌的一属(Xanthomonadaceae_uncultured)	0.000314	0.000000	0.000000	0.000000	0.000078
[159]	农技所菌属(Niastella)	0.000304	0.000000	0.000000	0.000009	0.000078
[160]	肉单胞菌属(Carnimonas)	0.000304	0.000000	0.000000	0.000000	0.000076
[161]	戈登氏菌属(Gordonia)	0.000294	0.000011	0.000020	0.000028	0.000088
[162]	苔藓杆菌属(Bryobacter)	0.000294	0.000000	0.000245	0.003010	0.000887
[163]	毛梭菌属_5(Lachnoclostridium_5)	0.000284	0.000021	0.000000	0.000000	0.000076
[164]	蛭弧菌属(Bdellovibrio)	0.000284	0.000000	0.001786	0.000330	0.000600
[165]	赖氨酸芽胞杆菌属(Lysinibacillus)	0.000274	0.000021	0.001235	0.003661	0.001298
[166]	芽单胞菌属(Gemmatimonas)	0.000274	0.000000	0.000194	0.001811	0.000570
[167]	阴沟小杆菌属(Cloacibacterium)	0.000274	0.000000	0.000010	0.000000	0.000071
[168]	链孢放线菌属(Actinocatenispora)	0.000274	0.000000	0.000000	0.000009	0.000071
[169]	需酸菌属(Acidisoma)	0.000274	0.000000	0.000000	0.000000	0.000069
[170]	未分类γ-变形菌纲的一属(Gammaproteobacteria_unclassified)	0.000265	0.000834	0.011573	0.000509	0.003295
[171]	未分类类芽胞杆菌的一属(Paenibacillaceae_unclassified)	0.000265	0.000000	0.000000	0.002094	0.000590
[172]	博斯氏菌属(Bosea)	0.000265	0.000000	0.000010	0.000009	0.000071
[173]	农发局菌属(Rudaea)	0.000265	0.000000	0.000000	0.000000	0.000066
[174]	生资院菌属(Nubsella)	0.000255	0.000000	0.000000	0.000000	0.000064
[175]	狭义梭菌属_8(Clostridium_sensu_stricto_8)	0.000245	0.000000	0.000000	0.000066	0.000078
[176]	雷尔氏菌属(Ralstonia)	0.000245	0.000000	0.000000	0.000000	0.000061
[177]	未培养亚硝化单胞菌科的一属(Nitrosomonadaceae_uncultured)	0.000235	0.000000	0.000122	0.000736	0.000273
[178]	微双孢菌属(Microbispora)	0.000225	0.000043	0.000133	0.002434	0.000709
[179]	气微菌属(Aeromicrobium)	0.000225	0.000011	0.000255	0.000075	0.000142
[180]	莱朗河菌属(Reyranella)	0.000225	0.000000	0.000000	0.000123	0.000087
[181]	狭义梭菌属_12(Clostridium_sensu_stricto_12)	0.000225	0.000000	0.000000	0.000000	0.000056

续表

序号	细菌属	AUG_CK	AUG_H	AUG_L	AUG_PM	平均值
[182]	SM1A02	0.000216	0.000000	0.000020	0.001793	0.000507
[183]	SC-I-84_norank	0.000216	0.000000	0.000010	0.000160	0.000097
[184]	SHA-109_norank	0.000216	0.000000	0.000010	0.000019	0.000061
[185]	微小杆菌属(*Exiguobacterium*)	0.000216	0.000000	0.000000	0.000000	0.000054
[186]	斯科尔曼氏菌属(*Skermanella*)	0.000216	0.000000	0.000000	0.000000	0.000054
[187]	Bacteria_unclassified	0.000206	0.000000	0.000051	0.000340	0.000149
[188]	管道杆菌属(*Siphonobacter*)	0.000206	0.000000	0.000000	0.000000	0.000051
[189]	未分类去甲基醌菌科的一属(Demequinaceae_unclassified)	0.000196	0.000225	0.000061	0.000142	0.000156
[190]	480-2_norank	0.000196	0.000000	0.000378	0.002632	0.000801
[191]	鲍尔德氏菌属(*Bauldia*)	0.000196	0.000000	0.000041	0.000802	0.000260
[192]	小河杆菌属(*Rivibacter*)	0.000196	0.000000	0.000633	0.000028	0.000214
[193]	土单胞菌属(*Terrimonas*)	0.000196	0.000000	0.000398	0.000123	0.000179
[194]	螯合球菌属(*Chelatococcus*)	0.000186	0.000000	0.000225	0.000179	0.000148
[195]	北极杆菌属(*Arcticibacter*)	0.000186	0.000000	0.000143	0.000028	0.000089
[196]	土霉菌属(*Agromyces*)	0.000186	0.000000	0.000020	0.000075	0.000071
[197]	赫什氏菌属(*Hirschia*)	0.000186	0.000000	0.000000	0.000028	0.000054
[198]	水井杆菌属(*Phreatobacter*)	0.000186	0.000000	0.000000	0.000000	0.000047
[199]	副球菌属(*Paracoccus*)	0.000176	0.000086	0.000112	0.000038	0.000103
[200]	BCf3-20_norank	0.000176	0.000000	0.000122	0.001245	0.000386
[201]	假双头斧菌属(*Pseudolabrys*)	0.000176	0.000000	0.000071	0.000726	0.000244
[202]	候选_剑突杆菌属(Candidatus_*Xiphinematobacter*)	0.000176	0.000000	0.000010	0.000038	0.000056
[203]	埃希氏菌属-志贺氏菌属(*Escherichia-Shigella*)	0.000167	0.000021	0.000010	0.000038	0.000059
[204]	噬氢菌属(*Hydrogenophaga*)	0.000167	0.000000	0.001806	0.000132	0.000526
[205]	TM6_norank	0.000167	0.000000	0.000133	0.000642	0.000235
[206]	噬烃菌属(*Hydrocarboniphaga*)	0.000167	0.000000	0.000000	0.000000	0.000042
[207]	糖芽胞杆菌属(*Saccharibacillus*)	0.000167	0.000000	0.000000	0.000000	0.000042
[208]	未培养酸微菌目的一属(Acidimicrobiales_uncultured)	0.000157	0.000000	0.000327	0.004255	0.001185
[209]	微枝形杆菌属(*Microvirga*)	0.000157	0.000000	0.001398	0.000613	0.000542
[210]	A0839_norank	0.000157	0.000000	0.000000	0.000000	0.000039
[211]	土样杆菌属(*Edaphobacter*)	0.000157	0.000000	0.000000	0.000000	0.000039
[212]	未培养红螺菌科的一属(Rhodospirillaceae_uncultured)	0.000147	0.000738	0.000061	0.000255	0.000300
[213]	海管菌属(*Haliangium*)	0.000147	0.000000	0.000020	0.001670	0.000459
[214]	小棒状菌属(*Parvibaculum*)	0.000147	0.000000	0.000163	0.000896	0.000302
[215]	微保中心菌属(*Emticicia*)	0.000147	0.000000	0.000000	0.000000	0.000037
[216]	沼泽杆菌属(*Telmatobacter*)	0.000147	0.000000	0.000000	0.000000	0.000037
[217]	Hydrogenedentes_norank	0.000137	0.000000	0.000122	0.001491	0.000438
[218]	Sphingomonadaceae_unclassified	0.000137	0.000000	0.000561	0.000642	0.000335
[219]	未定地位拟杆菌门_VC2.1_Bac22纲的一属(Bacteroidetes_VC2.1_Bac22_norank)	0.000137	0.000000	0.000857	0.000000	0.000249
[220]	TA06_norank	0.000137	0.000000	0.000000	0.000019	0.000039
[221]	未分类伯克氏菌科的一属(Burkholderiaceae_unclassified)	0.000137	0.000000	0.000010	0.000000	0.000037
[222]	未定地位丛毛单胞菌科的一属(Comamonadaceae_norank)	0.000137	0.000000	0.000000	0.000009	0.000037
[223]	污泥产孢菌属(*Lutispora*)	0.000137	0.000000	0.000000	0.000000	0.000034
[224]	溶杆菌属(*Lysobacter*)	0.000137	0.000000	0.000000	0.000000	0.000034

序号	细菌属	AUG_CK	AUG_H	AUG_L	AUG_PM	平均值
[225]	玫瑰球菌属(*Roseococcus*)	0.000137	0.000000	0.000000	0.000000	0.000034
[226]	DSSF69_norank	0.000127	0.000000	0.023922	0.004368	0.007104
[227]	董氏菌属(*Dongia*)	0.000127	0.000000	0.000122	0.003821	0.001018
[228]	未分类动孢菌科的一属 (Kineosporiaceae_unclassified)	0.000127	0.000000	0.000000	0.000849	0.000244
[229]	血杆菌属(*Sanguibacter*)	0.000127	0.000000	0.000020	0.000085	0.000058
[230]	土块菌属(*Terriglobus*)	0.000127	0.000000	0.000066	0.000000	0.000048
[231]	小月菌属(*Microlunatus*)	0.000127	0.000000	0.000000	0.000000	0.000032
[232]	黏液杆菌属(Mucilaginibacter)	0.000127	0.000000	0.000000	0.000000	0.000032
[233]	*Simiduia*	0.000127	0.000000	0.000000	0.000000	0.000032
[234]	热密卷菌属(*Thermocrispum*)	0.000127	0.000000	0.000000	0.000000	0.000032
[235]	未分类黄单胞菌科的一属 (Xanthomonadaceae_unclassified)	0.000118	0.040845	0.000623	0.000160	0.010436
[236]	应微所菌属(*Iamia*)	0.000118	0.000428	0.000122	0.003179	0.000962
[237]	候选_微毛菌属(Candidatus_*Microthrix*)	0.000118	0.000000	0.000163	0.000934	0.000304
[238]	未定地位蝙蝠弧菌目的一属 (Vampirovibrionales_norank)	0.000118	0.000000	0.000000	0.001028	0.000287
[239]	I-8	0.000118	0.000000	0.000020	0.000387	0.000131
[240]	双球菌属(*Geminicoccus*)	0.000118	0.000000	0.000000	0.000000	0.000029
[241]	居大理石菌属(*Marmoricola*)	0.000108	0.000021	0.000153	0.001821	0.000526
[242]	OPB35_soil_group_norank	0.000108	0.000000	0.000020	0.001396	0.000381
[243]	未培养芽单胞菌科的一属 (Gemmatimonadaceae_uncultured)	0.000108	0.000000	0.000092	0.000934	0.000283
[244]	Candidatus_Protochlamydia	0.000108	0.000000	0.000010	0.000189	0.000077
[245]	骆驼单胞菌属(*Camelimonas*)	0.000108	0.000000	0.000071	0.000123	0.000075
[246]	CA002_norank	0.000108	0.000000	0.000000	0.000000	0.000027
[247]	未分类土生杆菌目的一属 (Chthoniobacterales_unclassified)	0.000108	0.000000	0.000000	0.000000	0.000027
[248]	压缩杆菌属(*Constrictibacter*)	0.000108	0.000000	0.000000	0.000000	0.000027
[249]	黄单胞菌目的未定地位属 (Xanthomonadales_Incertae_Sedis_norank)	0.000098	0.000000	0.000092	0.005038	0.001307
[250]	多变杆菌属(*Variibacter*)	0.000098	0.000000	0.000439	0.003425	0.000990
[251]	桃色杆菌属(*Persicitalea*)	0.000098	0.000000	0.002204	0.000877	0.000795
[252]	未分类伯克氏菌目的一属 (Burkholderiales_unclassified)	0.000098	0.000000	0.000623	0.000104	0.000206
[253]	未分类 α-变形菌纲的一属 (Alphaproteobacteria_unclassified)	0.000098	0.000000	0.000041	0.000321	0.000115
[254]	未培养立克次氏体目的一属 (Rickettsiales_uncultured)	0.000098	0.000000	0.000010	0.000349	0.000114
[255]	未分类红螺菌科的一属 (Rhodospirillaceae_unclassified)	0.000098	0.000000	0.000010	0.000113	0.000055
[256]	P3OB-42_norank	0.000098	0.000000	0.000000	0.000000	0.000025
[257]	未培养暖绳菌科的一属 (Caldilineaceae_uncultured)	0.000088	0.000000	0.000214	0.001576	0.000470
[258]	劳特罗普氏菌属(*Lautropia*)	0.000088	0.000000	0.000000	0.000123	0.000053
[259]	代尔夫特菌属(*Delftia*)	0.000088	0.000000	0.000000	0.000000	0.000022
[260]	未分类黏球菌目的一属 (Myxococcales_unclassified)	0.000088	0.000000	0.000000	0.000000	0.000022
[261]	孢鱼菌属(*Sporichthya*)	0.000088	0.000000	0.000000	0.000000	0.000022
[262]	env. OPS_17_norank	0.000088	0.000000	0.000000	0.000000	0.000022

续表

序号	细菌属	AUG_CK	AUG_H	AUG_L	AUG_PM	平均值
[263]	短小杆菌属(*Brevibacterium*)	0.000078	0.006922	0.000000	0.000217	0.001804
[264]	橙色菌属(*Sandaracinus*)	0.000078	0.000064	0.000000	0.000000	0.000036
[265]	LD29_norank	0.000078	0.000000	0.000204	0.000991	0.000318
[266]	去甲基醌菌属(*Demequina*)	0.000078	0.000000	0.000122	0.000528	0.000182
[267]	红游动菌属(*Rhodoplanes*)	0.000078	0.000000	0.000082	0.000462	0.000156
[268]	cvE6_norank	0.000078	0.000000	0.000010	0.000151	0.000060
[269]	红寡食菌属(*Rhodoligotrophos*)	0.000078	0.000000	0.000041	0.000047	0.000042
[270]	未分类副衣原体科的一属 (Parachlamydiaceae_unclassified)	0.000078	0.000000	0.000000	0.000019	0.000024
[271]	未分类变形菌门的一属 (Proteobacteria_unclassified)	0.000078	0.000000	0.000000	0.000000	0.000020
[272]	吞菌杆菌属(*Peredibacter*)	0.000069	0.000000	0.004766	0.000066	0.001225
[273]	红球菌属(*Rhodococcus*)	0.000069	0.002409	0.001632	0.000000	0.001027
[274]	NKB5_norank	0.000069	0.000000	0.000245	0.001538	0.000463
[275]	疣微菌属(*Verrucomicrobium*)	0.000069	0.001255	0.000000	0.000000	0.000331
[276]	散生菌属(*Patulibacter*)	0.000069	0.000000	0.000031	0.000274	0.000093
[277]	未分类酸微菌科的一属 (Acidimicrobiaceae_unclassified)	0.000069	0.000000	0.000000	0.000085	0.000038
[278]	土壤产孢杆菌属(*Terrisporobacter*)	0.000059	0.026285	0.000388	0.001179	0.006978
[279]	极小单胞菌属(*Pusillimonas*)	0.000059	0.016764	0.002358	0.000726	0.004977
[280]	希尔蒙氏菌属(*Hylemonella*)	0.000059	0.009226	0.000000	0.000000	0.002321
[281]	河居菌属(*Fluviicola*)	0.000059	0.000000	0.004633	0.000311	0.001251
[282]	未定地位鞘脂杆菌科的一属 (Sphingobacteriaceae_norank)	0.000059	0.000000	0.000520	0.001623	0.000551
[283]	污水球菌属(*Defluviicoccus*)	0.000059	0.000000	0.000061	0.000849	0.000242
[284]	未定地位寡食弯菌科的一属 (Oligoflexaceae_norank)	0.000059	0.000000	0.000031	0.000359	0.000112
[285]	热卵形菌属(*Thermovum*)	0.000059	0.000000	0.000061	0.000057	0.000044
[286]	伍兹霍尔菌属(*Woodsholea*)	0.000059	0.000000	0.000010	0.000009	0.000020
[287]	WCHB1-60_norank	0.000059	0.000000	0.000000	0.000000	0.000015
[288]	未培养草酸杆菌科的一属 (Oxalobacteraceae_uncultured)	0.000049	0.000011	0.000000	0.000264	0.000081
[289]	未定地位蓝细菌门的一属 (Cyanobacteria_norank)	0.000049	0.000000	0.002164	0.004368	0.001645
[290]	中村氏菌属(*Nakamurella*)	0.000049	0.000000	0.000082	0.000774	0.000226
[291]	LiUU-11-161_norank	0.000049	0.000000	0.000286	0.000009	0.000086
[292]	丰佑菌属(*Opitutus*)	0.000049	0.000000	0.000031	0.000170	0.000062
[293]	CCU22_norank	0.000049	0.000000	0.000041	0.000075	0.000041
[294]	未培养噬甲基菌科的一属 (Methylophilaceae_uncultured)	0.000049	0.000000	0.000000	0.000000	0.000012
[295]	古字状菌属(*Runella*)	0.000049	0.000000	0.000000	0.000000	0.000012
[296]	泰泽氏菌属(*Tyzzerella*)	0.000049	0.000000	0.000000	0.000000	0.000012
[297]	短状小杆菌属(*Brachybacterium*)	0.000039	0.076523	0.000000	0.000000	0.019141
[298]	苏黎世杆菌属(*Turicibacter*)	0.000039	0.003552	0.000051	0.000604	0.001061
[299]	无色杆菌属(*Leucobacter*)	0.000039	0.000952	0.000378	0.000462	0.000458
[300]	硝酸还原菌属(*Nitratireductor*)	0.000039	0.000011	0.000051	0.000123	0.000056
[301]	TK10_norank	0.000039	0.000000	0.000092	0.002915	0.000762
[302]	未培养盖亚菌目的一属(Gaiellales_uncultured)	0.000039	0.000000	0.000020	0.000698	0.000189
[303]	马杜拉放线菌属(*Actinomadura*)	0.000039	0.000000	0.000000	0.000538	0.000144
[304]	土地微菌属(*Pedomicrobium*)	0.000039	0.000000	0.000031	0.000236	0.000076

序号	细菌属	AUG_CK	AUG_H	AUG_L	AUG_PM	平均值
[305]	假棒形杆菌属（Pseudoclavibacter）	0.000039	0.000000	0.000010	0.000245	0.000074
[306]	候选_土壤杆菌属（Candidatus_Solibacter）	0.000039	0.000000	0.000041	0.000019	0.000025
[307]	未培养绿弯菌门的一属（Chloroflexi_uncultured）	0.000039	0.000000	0.000000	0.000000	0.000010
[308]	厌氧产孢杆菌属（Anaerosporobacter）	0.000029	0.000128	0.000000	0.000000	0.000039
[309]	等大球菌属（Isosphaera）	0.000029	0.000011	0.000051	0.000453	0.000136
[310]	甲基杆状菌属（Methylobacillus）	0.000029	0.000011	0.000000	0.000000	0.000010
[311]	稳杆菌属（Empedobacter）	0.000029	0.000000	0.007328	0.000085	0.001860
[312]	居麻风树菌属（Jatrophihabitans）	0.000029	0.000000	0.000031	0.000462	0.000131
[313]	未培养酸微菌科的一属（Acidimicrobiaceae_uncultured）	0.000029	0.000000	0.000000	0.000377	0.000102
[314]	泉胞菌属（Fonticella）	0.000029	0.000000	0.000010	0.000198	0.000059
[315]	陶厄尔氏菌属（Thauera）	0.000029	0.000000	0.000031	0.000028	0.000022
[316]	未分类布鲁氏菌科的一属（Brucellaceae_unclassified）	0.000020	0.002942	0.000092	0.000019	0.000768
[317]	毛螺菌科_UCG-007 属（Lachnospiraceae_UCG-007）	0.000020	0.000428	0.000010	0.000000	0.000114
[318]	未定地位弯菌目的一属（Micrococcales_norank）	0.000020	0.000257	0.000020	0.000057	0.000088
[319]	热泉细杆菌属（Crenotalea）	0.000020	0.000000	0.000255	0.007680	0.001989
[320]	不粘柄菌属（Asticcacaulis）	0.000020	0.000000	0.000092	0.001453	0.000391
[321]	单球孢菌属（Singulisphaera）	0.000020	0.000000	0.000041	0.000849	0.000227
[322]	热多孢菌属（Thermopolyspora）	0.000020	0.000000	0.000000	0.000774	0.000198
[323]	芸豆形孢囊菌属（Phaselicystis）	0.000020	0.000000	0.000031	0.000698	0.000187
[324]	NS11-12_marine_group_norank	0.000020	0.000000	0.000429	0.000009	0.000114
[325]	未分类立克次氏体科的一属（Rickettsiaceae_unclassified）	0.000020	0.000000	0.000051	0.000274	0.000086
[326]	微单胞菌属（Micromonospora）	0.000020	0.000000	0.000031	0.000132	0.000046
[327]	星状菌属（Stella）	0.000020	0.000000	0.000000	0.000066	0.000021
[328]	沼泽小螺菌属（Telmatospirillum）	0.000020	0.000000	0.000000	0.000000	0.000005
[329]	盐单胞菌属（Halomonas）	0.000010	0.005477	0.000020	0.000057	0.001391
[330]	拟诺卡氏菌属（Nocardiopsis）	0.000010	0.003295	0.000000	0.000000	0.000826
[331]	无胆甾原体属（Acholeplasma）	0.000010	0.000770	0.000898	0.000000	0.000420
[332]	克里斯滕森菌科_R-7 群的一属（Christensenellaceae_R-7_group）	0.000010	0.000064	0.000561	0.000000	0.000159
[333]	河氏菌属（Hahella）	0.000010	0.000011	0.000572	0.000859	0.000363
[334]	未分类黄杆菌科的一属（Xanthobacteraceae_unclassified）	0.000010	0.000000	0.000653	0.012444	0.003277
[335]	极单胞菌属（Polaromonas）	0.000010	0.000000	0.003521	0.000009	0.000885
[336]	产硝酸矛菌属（Nitrolancea）	0.000010	0.000000	0.000133	0.003246	0.000847
[337]	AKYG1722_norank	0.000010	0.000000	0.000133	0.001406	0.000387
[338]	肠道杆菌属（Intestinibacter）	0.000010	0.000000	0.000010	0.001519	0.000385
[339]	脆弱球菌属（Craurococcus）	0.000010	0.000000	0.000367	0.000981	0.000340
[340]	未培养叶杆菌科的一属（Phyllobacteriaceae_uncultured）	0.000010	0.000000	0.000031	0.000915	0.000239
[341]	狭窄杆菌属（Angustibacter）	0.000010	0.000000	0.000000	0.000783	0.000198
[342]	未定地位寡食弯菌目的一属（Oligoflexales_norank）	0.000010	0.000000	0.000031	0.000585	0.000156
[343]	未培养生丝单胞菌科的一属（Hyphomonadaceae_uncultured）	0.000010	0.000000	0.000010	0.000472	0.000123
[344]	AKYH478_norank	0.000010	0.000000	0.000051	0.000387	0.000112

续表

序号	细菌属	AUG_CK	AUG_H	AUG_L	AUG_PM	平均值
[345]	TRA3-20_norank	0.000010	0.000000	0.000020	0.000283	0.000078
[346]	未培养类芽胞杆菌科的一属（Paenibacillaceae_uncultured）	0.000010	0.000000	0.000112	0.000142	0.000066
[347]	酸小杆菌属（Acidobacterium）	0.000010	0.000000	0.000010	0.000208	0.000057
[348]	未分类蓝细菌门的一属（Cyanobacteria_unclassified）	0.000010	0.000000	0.000041	0.000151	0.000050
[349]	未培养纤维杆菌科的一属（Fibrobacteraceae_uncultured）	0.000010	0.000000	0.000010	0.000160	0.000045
[350]	透明浆果菌属（Perlucidibaca）	0.000010	0.000000	0.000010	0.000160	0.000045
[351]	Candidatus_Chloroploca	0.000010	0.000000	0.000000	0.000160	0.000043
[352]	未培养疣微菌科的一属（Verrucomicrobiaceae_uncultured）	0.000010	0.000000	0.000041	0.000104	0.000039
[353]	ML80_norank	0.000010	0.000000	0.000020	0.000113	0.000036
[354]	硫碱螺菌属（Thioalkalispira）	0.000010	0.000000	0.000000	0.000104	0.000028
[355]	未培养产碱菌科的一属（Alcaligenaceae_uncultured）	0.000010	0.000000	0.000000	0.000094	0.000026
[356]	沉积物杆菌属（Sedimentibacter）	0.000010	0.000000	0.000092	0.000000	0.000025
[357]	土生杆菌属（Chthoniobacter）	0.000010	0.000000	0.000051	0.000038	0.000025
[358]	未培养鞘脂杆菌科的一属（Sphingobacteriaceae_uncultured）	0.000000	0.057010	0.000000	0.000000	0.014252
[359]	食碱菌属（Alcanivorax）	0.000000	0.055587	0.000010	0.000481	0.014020
[360]	石莼杆菌属（Ulvibacter）	0.000000	0.046676	0.000000	0.000000	0.011669
[361]	Order_Ⅲ_uncultured	0.000000	0.035378	0.000000	0.000000	0.008845
[362]	橙色杆菌属（Luteivirga）	0.000000	0.021899	0.000000	0.000094	0.005498
[363]	未培养芽胞杆菌科的一属（Bacillaceae_uncultured）	0.000000	0.020797	0.000000	0.000009	0.005202
[364]	少盐芽胞杆菌属（Paucisalibacillus）	0.000000	0.020348	0.000000	0.000000	0.005087
[365]	棒小杆菌属-1（Corynebacterium_1）	0.000000	0.018433	0.000102	0.000094	0.004657
[366]	海洋微菌属（Marinimicrobium）	0.000000	0.017983	0.000000	0.000000	0.004496
[367]	海源菌属（Idiomarina）	0.000000	0.017042	0.000000	0.000000	0.004260
[368]	伊格纳兹斯奇纳菌属（Ignatzschineria）	0.000000	0.015576	0.000010	0.000000	0.003897
[369]	阎氏菌属（Yaniella）	0.000000	0.015459	0.000000	0.000000	0.003865
[370]	未培养环杆菌科的一属（Cyclobacteriaceae_uncultured）	0.000000	0.015063	0.000000	0.000028	0.003773
[371]	芽胞八叠球菌属（Sporosarcina）	0.000000	0.011789	0.000000	0.000000	0.002947
[372]	未分类微球菌目的一属（Micrococcales_unclassified）	0.000000	0.011254	0.000000	0.000000	0.002814
[373]	副产碱菌属（Paenalcaligenes）	0.000000	0.010912	0.000000	0.000000	0.002728
[374]	节杆菌属（Arthrobacter）	0.000000	0.010794	0.000020	0.000698	0.002878
[375]	乔治菌属（Georgenia ）	0.000000	0.009767	0.000000	0.000000	0.002442
[376]	奇异菌属（Atopostipes）	0.000000	0.009457	0.000000	0.000000	0.002364
[377]	咸海鲜球菌属（Jeotgalicoccus）	0.000000	0.008216	0.000000	0.000000	0.002054
[378]	乳杆菌属（Lactobacillus）	0.000000	0.007296	0.000051	0.000000	0.001837
[379]	寡源菌属（Oligella）	0.000000	0.005841	0.000000	0.000009	0.001463
[380]	未分类黄杆菌科的一属（Flavobacteriaceae_unclassified）	0.000000	0.005456	0.012155	0.000000	0.004403
[381]	未分类芽胞杆菌科的一属（Bacillaceae_unclassified）	0.000000	0.005413	0.000000	0.000000	0.001353
[382]	迪茨氏菌属（Dietzia）	0.000000	0.005317	0.000122	0.000075	0.001379
[383]	C1-B045	0.000000	0.004868	0.000010	0.000113	0.001248

序号	细菌属	AUG_CK	AUG_H	AUG_L	AUG_PM	平均值
[384]	噬蛋白质菌属（*Proteiniphilum*）	0.000000	0.004547	0.000786	0.000019	0.001338
[385]	德库菌属（*Desemzia*）	0.000000	0.004215	0.000000	0.000000	0.001054
[386]	类香味菌属（*Myroides*）	0.000000	0.004204	0.000000	0.000000	0.001051
[387]	丹毒丝菌属（*Erysipelothrix*）	0.000000	0.004183	0.000010	0.000009	0.001051
[388]	假深黄单胞菌属（*Pseudofulvimonas*）	0.000000	0.004151	0.000082	0.000028	0.001065
[389]	苛求球菌属（Fastidiosipila）	0.000000	0.003969	0.000408	0.000019	0.001099
[390]	未分类 δ-变形菌纲的一属（Deltaproteobacteria_unclassified）	0.000000	0.003905	0.000000		0.000976
[391]	链球菌属（*Streptococcus*）	0.000000	0.003819	0.000367	0.000019	0.001051
[392]	海洋杆菌属（*Oceanobacter*）	0.000000	0.003284	0.001551	0.000000	0.001209
[393]	泰氏菌属（*Tissierella*）	0.000000	0.002835	0.000010	0.000009	0.000714
[394]	冬微菌属（*Brumimicrobium*）	0.000000	0.002664	0.000000	0.000000	0.000666
[395]	海面菌属（*Aequorivita*）	0.000000	0.002642	0.000000	0.000000	0.000661
[396]	岩石单胞菌属（*Petrimonas*）	0.000000	0.002621	0.000510	0.000057	0.000797
[397]	动微菌属（*Planomicrobium*）	0.000000	0.002321	0.000000	0.000000	0.000580
[398]	噬蛋白胨菌属（*Peptoniphilus*）	0.000000	0.002140	0.000000	0.000000	0.000535
[399]	大洋芽胞杆菌（*Oceanobacillus*）	0.000000	0.002086	0.000000	0.000000	0.000522
[400]	未分类动球菌科的一属（Planococcaceae_unclassified）	0.000000	0.002022	0.000327	0.003689	0.001509
[401]	厌氧盐杆菌属（Anaerosalibacter）	0.000000	0.001819	0.000000	0.000000	0.000455
[402]	拟杆菌属（*Bacteroides*）	0.000000	0.001733	0.000816	0.000009	0.000640
[403]	海杆菌属（*Marinobacter*）	0.000000	0.001401	0.000000	0.000000	0.000350
[404]	消化链球菌属（*Peptostreptococcus*）	0.000000	0.001327	0.000051	0.000000	0.000344
[405]	Family_Ⅺ_unclassified	0.000000	0.001316	0.000000		0.000329
[406]	Family_Ⅺ_uncultured	0.000000	0.001305	0.000255	0.000028	0.000397
[407]	噬甲基菌属（*Methylophaga*）	0.000000	0.001273	0.000000	0.000000	0.000318
[408]	冷杆菌属（*Psychrobacter*）	0.000000	0.001273	0.000000	0.000000	0.000318
[409]	中温微菌属（*Tepidimicrobium*）	0.000000	0.001252	0.000000	0.000000	0.000313
[410]	厌氧球菌属（*Anaerococcus*）	0.000000	0.001177	0.000082	0.000009	0.000317
[411]	未定地位微球菌科的一属（Micrococcaceae_norank）	0.000000	0.000920	0.000000	0.000000	0.000230
[412]	动细杆菌属（*Mobilitalea*）	0.000000	0.000834	0.000000	0.000000	0.000209
[413]	球孢长发菌属（Sphaerochaeta）	0.000000	0.000813	0.000143	0.000000	0.000239
[414]	棒小杆菌属（*Corynebacterium*）	0.000000	0.000749	0.000020	0.000038	0.000202
[415]	未定地位氏菌科_1 的一属（Clostridiaceae_1_norank）	0.000000	0.000727	0.000000	0.000000	0.000182
[416]	未分类微杆菌科的一属（Microbacteriaceae_unclassified）	0.000000	0.000653	0.000000		0.000163
[417]	海洋杆状菌属（*Mariniradius*）	0.000000	0.000620	0.000000	0.000000	0.000155
[418]	OPB54_norank	0.000000	0.000610	0.000302	0.000000	0.000228
[419]	海胞菌属（*Marinicella*）	0.000000	0.000578	0.000000	0.000000	0.000144
[420]	互养食醋酸菌属（*Syntrophaceticus*）	0.000000	0.000567	0.000000	0.000000	0.000142
[421]	AT425-EubC11_terrestrial_group_norank	0.000000	0.000481	0.000071	0.001849	0.000601
[422]	固氮弓形菌属（*Azoarcus*）	0.000000	0.000471	0.000000	0.000000	0.000118
[423]	未分类棒小杆菌目的一属（Corynebacteriales_unclassified）	0.000000	0.000439	0.000000	0.000000	0.000110
[424]	狭义梭菌属_6（*Clostridium*_sensu_stricto_6）	0.000000	0.000407	0.000133	0.000377	0.000229
[425]	卤硫杆状菌属（*Halothiobacillus*）	0.000000	0.000396	0.000000	0.000000	0.000099
[426]	居鸡粪菌属（*Gallicola*）	0.000000	0.000385	0.000000	0.000000	0.000096
[427]	*Koukoulia*	0.000000	0.000364	0.000000	0.000000	0.000091

序号	细菌属	AUG_CK	AUG_H	AUG_L	AUG_PM	平均值
[428]	盐水球菌属（Salinicoccus）	0.000000	0.000353	0.000000	0.000009	0.000091
[429]	创伤球菌属（Helcococcus）	0.000000	0.000342	0.000000	0.000000	0.000086
[430]	弗兰克氏菌属（Facklamia）	0.000000	0.000300	0.000000	0.000000	0.000075
[431]	别样海源菌属（Aliidiomarina）	0.000000	0.000289	0.000000	0.000000	0.000072
[432]	BD2-11_terrestrial_group_norank	0.000000	0.000278	0.000000	0.000000	0.000070
[433]	OM27_clade	0.000000	0.000246	0.000000	0.000000	0.000062
[434]	未分类消化链球菌科的一属（Peptostreptococcaceae_unclassified）	0.000000	0.000225	0.000000	0.000038	0.000066
[435]	浅红微菌属（Rubellimicrobium）	0.000000	0.000225	0.000000	0.000000	0.000056
[436]	艰难小杆菌属（Mogibacterium）	0.000000	0.000203	0.000041	0.000028	0.000068
[437]	未分类生丝微菌科的一属（Hyphomicrobiaceae_unclassified）	0.000000	0.000203	0.000010	0.000009	0.000056
[438]	未定地位柔膜菌目_RF9 的一属（Mollicutes_RF9_norank）	0.000000	0.000193	0.000408	0.000038	0.000160
[439]	狭义梭菌属_15（Clostridium_sensu_stricto_15）	0.000000	0.000193	0.000000	0.000000	0.000048
[440]	普罗维登斯菌属（Providencia）	0.000000	0.000171	0.000000	0.000000	0.000043
[441]	气球菌属（Aerococcus）	0.000000	0.000160	0.000000	0.000000	0.000040
[442]	Family_XIII_AD3011_group	0.000000	0.000160	0.000000	0.000000	0.000040
[443]	未培养紫单胞菌科的一属（Porphyromonadaceae_uncultured）	0.000000	0.000160	0.000000	0.000000	0.000040
[444]	博戈里亚湖菌属（Bogoriella）	0.000000	0.000150	0.000000	0.000000	0.000037
[445]	默多克氏菌属（Murdochiella）	0.000000	0.000150	0.000000	0.000000	0.000037
[446]	未培养红杆菌科的一属（Rhodobacteraceae_uncultured）	0.000000	0.000150	0.000000	0.000000	0.000037
[447]	未定地位拟杆菌目_UCG-001 的一属（Bacteroidales_UCG-001_norank）	0.000000	0.000139	0.000010	0.000000	0.000037
[448]	丹毒丝菌科_UCG-004 的一属（Erysipelotrichaceae_UCG-004）	0.000000	0.000128	0.000061	0.000000	0.000047
[449]	热粪杆菌属（Caldicoprobacter）	0.000000	0.000128	0.000000	0.000000	0.000032
[450]	玫瑰异变菌属（Roseovarius）	0.000000	0.000128	0.000000	0.000000	0.000032
[451]	脱硫弧菌属（Desulfovibrio）	0.000000	0.000107	0.000143	0.000009	0.000065
[452]	vadinBC27_wastewater-sludge_group	0.000000	0.000096	0.000031	0.000000	0.000032
[453]	黄弯菌属（Flaviflexus）	0.000000	0.000096	0.000000	0.000000	0.000024
[454]	瘤胃球菌科_UCG-014 的一属（Ruminococcaceae_UCG-014）	0.000000	0.000086	0.000265	0.000000	0.000088
[455]	产碱菌属（Alcaligenes）	0.000000	0.000086	0.000204	0.000000	0.000072
[456]	氨基酸小杆菌属（Aminobacterium）	0.000000	0.000086	0.000000	0.000000	0.000021
[457]	懒惰颗粒菌属（Ignavigranum）	0.000000	0.000086	0.000000	0.000000	0.000021
[458]	束毛球菌属（Trichococcus）	0.000000	0.000086	0.000000	0.000000	0.000021
[459]	未培养海滑菌科的一属（Marinilabiaceae_uncultured）	0.000000	0.000075	0.000000	0.000000	0.000019
[460]	未培养丹毒丝菌科的一属（Erysipelotrichaceae_uncultured）	0.000000	0.000064	0.000000	0.000000	0.000016
[461]	Family_XIV_norank	0.000000	0.000053	0.000000	0.000000	0.000013
[462]	密螺旋体属_2（Treponema_2）	0.000000	0.000043	0.000071	0.000000	0.000031
[463]	未定地位梭菌目_vadinBB60 群的一属（Clostridiales_vadinBB60_group_norank）	0.000000	0.000043	0.000000	0.000000	0.000011
[464]	海洋小螺菌属（Marinospirillum）	0.000000	0.000043	0.000000	0.000000	0.000011
[465]	柯林斯氏菌属（Collinsella）	0.000000	0.000032	0.000000	0.000019	0.000013
[466]	瘤胃梭菌属_5（Ruminiclostridium_5）	0.000000	0.000032	0.000000	0.000000	0.000008

序号	细菌属	AUG_CK	AUG_H	AUG_L	AUG_PM	平均值
[467]	库特氏菌属（Kurthia）	0.000000	0.000021	0.008420	0.008350	0.004198
[468]	鲁梅尔芽胞杆菌属（Rummeliibacillus）	0.000000	0.000021	0.000143	0.000500	0.000166
[469]	未分类间孢囊菌科的一属（Intrasporangiaceae_unclassified）	0.000000	0.000011	0.000082	0.001585	0.000419
[470]	未分类溶菌科的一属（Cystobacteraceae_unclassified）	0.000000	0.000011	0.000480	0.000623	0.000278
[471]	OM1_clade_norank	0.000000	0.000000	0.000367	0.012105	0.003118
[472]	Sh765B-TzT-29_norank	0.000000	0.000000	0.000245	0.004953	0.001300
[473]	S0134_terrestrial_group_norank	0.000000	0.000000	0.000112	0.004708	0.001205
[474]	候选_奥德赛菌属（Candidatus Odyssella）	0.000000	0.000000	0.000143	0.003547	0.000923
[475]	DB1-14_norank	0.000000	0.000000	0.000071	0.003368	0.000860
[476]	未分类黄单胞菌科的一属（Xanthomonadales_unclassified）	0.000000	0.000000	0.000133	0.003010	0.000786
[477]	未定地位热链状菌科的一属（Ardenticatenales_norank）			0.000163	0.002387	0.000638
[478]	未培养红热菌科的一属（Rhodothermaceae_uncultured）	0.000000	0.000000	0.000388	0.001651	0.000510
[479]	KCM-B-15_norank	0.000000	0.000000	0.000082	0.001953	0.000509
[480]	喷泉单胞菌属（Silanimonas）	0.000000	0.000000	0.001786	0.000094	0.000470
[481]	DA111_norank	0.000000	0.000000	0.000225	0.001651	0.000469
[482]	酸铁氧化杆菌属（Acidiferrobacter）	0.000000	0.000000	0.000010	0.001604	0.000404
[483]	芽胞乳杆菌（Sporolactobacillus）	0.000000	0.000000	0.000000	0.001576	0.000394
[484]	未定地位懒惰杆菌目的一属（Ignavibacteriales_norank）	0.000000	0.000000	0.000276	0.001189	0.000366
[485]	JG37-AG-20_norank	0.000000	0.000000	0.000010	0.001425	0.000359
[486]	解硫胺素芽胞杆菌属（Aneurinibacillus）	0.000000	0.000000	0.000061	0.001368	0.000357
[487]	生孢噬胞菌属（Sporocytophaga）	0.000000	0.000000	0.000031	0.001349	0.000345
[488]	未定地位黄杆菌科的一属（Flavobacteriaceae_norank）	0.000000	0.000000	0.001265	0.000019	0.000321
[489]	球形杆菌属（Sphaerobacter）	0.000000	0.000000	0.000020	0.001245	0.000316
[490]	SM2F11_norank	0.000000	0.000000	0.000214	0.000793	0.000252
[491]	B1-7BS_norank	0.000000	0.000000	0.000092	0.000670	0.000190
[492]	红微菌属（Rhodomicrobium）	0.000000	0.000000	0.000020	0.000623	0.000161
[493]	厄特沃什氏菌属（Eoetvoesia）	0.000000	0.000000	0.000031	0.000585	0.000154
[494]	膨胀芽胞杆菌属（Tumebacillus）	0.000000	0.000000	0.000031	0.000566	0.000149
[495]	顺宇菌属（Soonwooa）	0.000000	0.000000	0.000592	0.000000	0.000148
[496]	未培养甲基球菌科的一属（Methylococcaceae_uncultured）	0.000000	0.000000	0.000102	0.000472	0.000143
[497]	11-24_norank	0.000000	0.000000	0.000020	0.000547	0.000142
[498]	嗜热双歧菌属（Thermobifida）	0.000000	0.000000	0.000000	0.000528	0.000132
[499]	未分类放线菌门的一属（Actinobacteria_unclassified）	0.000000	0.000000	0.000010	0.000491	0.000125
[500]	Family_XVIII_unclassified	0.000000	0.000000	0.000000	0.000462	0.000116
[501]	理研菌科_RC9_gut 群的一属（Rikenellaceae_RC9_gut_group）	0.000000	0.000000	0.000418	0.000009	0.000107
[502]	未分类绿弯菌门的一属（Chloroflexi_unclassified）	0.000000	0.000000	0.000010	0.000396	0.000102
[503]	未分类霜状菌科的一属（Cryomorphaceae_unclassified）	0.000000	0.000000	0.000367	0.000000	0.000092
[504]	GR-WP33-58_norank	0.000000	0.000000	0.000357	0.000000	0.000089

序号	细菌属	AUG_CK	AUG_H	AUG_L	AUG_PM	平均值
[505]	未分类鞘脂杆菌目的一属（Sphingobacteriales_unclassified）	0.000000	0.000000	0.000327	0.000000	0.000082
[506]	湖杆菌属（Limnobacter）	0.000000	0.000000	0.000071	0.000255	0.000082
[507]	未培养海藻球菌科的一属（Phycisphaeraceae_uncultured）	0.000000	0.000000	0.000010	0.000292	0.000076
[508]	未分类环杆菌科的一属（Cyclobacteriaceae_unclassified）	0.000000	0.000000	0.000041	0.000255	0.000074
[509]	Family_Ⅷ_unclassified	0.000000	0.000000	0.000265	0.000028	0.000073
[510]	水桓湖杆菌属（Mizugakiibacter）	0.000000	0.000000	0.000000	0.000274	0.000068
[511]	缠结优小杆菌群（Eubacterium nodatum_group）	0.000000	0.000000	0.000245	0.000028	0.000068
[512]	厌氧绳菌属（Anaerolinea）	0.000000	0.000000	0.000031	0.000226	0.000064
[513]	厌氧黏杆菌属（Anaeromyxobacter）	0.000000	0.000000	0.000041	0.000208	0.000062
[514]	JG30-KF-CM66_norank	0.000000	0.000000	0.000010	0.000208	0.000054
[515]	Rhodobiaceae_norank	0.000000	0.000000	0.000010	0.000208	0.000054
[516]	未培养酸杆菌科亚群_1 的一属（Acidobacteriaceae_Subgroup_1_uncultured）	0.000000	0.000000	0.000000	0.000208	0.000052
[517]	热单生孢菌属（Thermomonospora）	0.000000	0.000000	0.000000	0.000208	0.000052
[518]	未分类红螺菌目的一属（Rhodospirillales_unclassified）	0.000000	0.000000	0.000041	0.000151	0.000048
[519]	氨基酸球菌属（Acidaminococcus）	0.000000	0.000000	0.000153	0.000038	0.000048
[520]	假海弯曲菌属（Pseudomaricurvus）	0.000000	0.000000	0.000173	0.000000	0.000043
[521]	未分类微单胞菌科的一属（Micromonosporaceae_unclassified）	0.000000	0.000000	0.000000	0.000170	0.000042
[522]	未培养浮霉菌科的一属（Planctomycetaceae_uncultured）	0.000000	0.000000	0.000041	0.000123	0.000041
[523]	食纤维菌属（Byssovorax）	0.000000	0.000000	0.000000	0.000151	0.000038
[524]	未分类梭菌纲的一属（Clostridia_unclassified）	0.000000	0.000000	0.000000	0.000151	0.000038
[525]	OM190_norank	0.000000	0.000000	0.000000	0.000151	0.000038
[526]	亚硝酸螺菌属（Nitrosospira）	0.000000	0.000000	0.000031	0.000113	0.000036
[527]	厌氧棍状菌属（Anaerotruncus）	0.000000	0.000000	0.000143	0.000000	0.000036
[528]	军团菌属（Legionella）	0.000000	0.000000	0.000010	0.000132	—
[529]	未分类生丝微菌科的一属（Hyphomonadaceae_unclassified）	0.000000	0.000000	0.000000	0.000142	0.000035
[530]	Parcubacteria_norank	0.000000	0.000000	0.000000	0.000142	0.000035
[531]	OCS116_clade_norank	0.000000	0.000000	0.000041	0.000094	0.000034
[532]	未分类红环菌科的一属（Rhodocyclaceae_unclassified）	0.000000	0.000000	0.000031	0.000104	0.000034
[533]	I-10_norank	0.000000	0.000000	0.000020	0.000113	0.000033
[534]	候选_捕食菌属（Candidatus_Captivus）	0.000000	0.000000	0.000071	0.000057	0.000032
[535]	居姬松菇菌属（Agaricicola）	0.000000	0.000000	0.000000	0.000123	0.000031
[536]	硫化芽胞杆菌属（Sulfobacillus）	0.000000	0.000000	0.000000	0.000123	0.000031
[537]	共生小杆菌属（Symbiobacterium）	0.000000	0.000000	0.000000	0.000123	0.000031
[538]	盖亚菌属（Gaiella）	0.000000	0.000000	0.000010	0.000094	0.000026
[539]	未分类芽单胞菌科的一属（Gemmatimonadaceae_unclassified）	0.000000	0.000000	0.000000	0.000104	0.000026
[540]	居蝼蛄菌属（Gryllotalpicola）	0.000000	0.000000	0.000000	0.000104	0.000026
[541]	SM2D12_norank	0.000000	0.000000	0.000000	0.000104	0.000026
[542]	华诊体属（Waddlia）	0.000000	0.000000	0.000000	0.000104	0.000026

序号	细菌属	AUG_CK	AUG_H	AUG_L	AUG_PM	平均值
[543]	叉形厌氧棍状菌群 (Anaerorhabdus furcosa_group)	0.000000	0.000000	0.000071	0.000028	0.000025
[544]	Elev-16S-1332_norank	0.000000	0.000000	0.000010	0.000085	0.000024
[545]	食蛋白质菌属(Proteiniborus)	0.000000	0.000000	0.000000	0.000094	0.000024
[546]	普雷沃氏菌属_1(Prevotella_1)	0.000000	0.000000	0.000092	0.000000	0.000023
[547]	未培养嗜热孢毛菌科的一属 (Thermosporotrichaceae_uncultured)	0.000000	0.000000	0.000010	0.000066	0.000019
[548]	泛生杆菌属(Vulgatibacter)	0.000000	0.000000	0.000010	0.000066	0.000019
[549]	未分类浮霉菌科的一属 (Planctomycetaceae_unclassified)	0.000000	0.000000	0.000000	0.000075	0.000019
[550]	未分类互养菌科的一属 (Synergistaceae_unclassified)	0.000000	0.000000	0.000061	0.000000	0.000015
[551]	厌氧棍状菌属(Anaerofustis)	0.000000	0.000000	0.000041	0.000019	0.000015
[552]	施氏菌属(Schwartzia)	0.000000	0.000000	0.000041	0.000019	0.000015
[553]	未培养科里氏小杆菌科的一属 (Coriobacteriaceae_uncultured)	0.000000	0.000000	0.000020	0.000038	0.000015
[554]	食草酸菌属(Oxalophagus)	0.000000	0.000000	0.000020	0.000038	0.000015
[555]	43F-1404R_norank	0.000000	0.000000	0.000000	0.000057	0.000014
[556]	AKIW659_norank	0.000000	0.000000	0.000000	0.000057	0.000014
[557]	热芽胞杆菌(Thermobacillus)	0.000000	0.000000	0.000000	0.000057	0.000014
[558]	醋弧菌属(Acetivibrio)	0.000000	0.000000	0.000000	0.000047	0.000012
[559]	未分类疣微菌科的一属 (Verrucomicrobiaceae_unclassified)	0.000000	0.000000	0.000000	0.000047	0.000012
[560]	KD4-96_norank	0.000000	0.000000	0.000000	0.000038	0.000009
[561]	红色杆菌属(Rubrobacter)	0.000000	0.000000	0.000000	0.000038	0.000009
[562]	瘤胃球菌科_NK4A214群的一属 (Ruminococcaceae_NK4A214_group)	0.000000	0.000000	0.000031	0.000000	0.000008
[563]	脱亚硫酸小杆菌属(Desulfitobacterium)	0.000000	0.000000	0.000000	0.000028	0.000007
[564]	未分类拟杆菌门的一属 (Bacteroidales_unclassified)	0.000000	0.000000	0.000020	0.000000	0.000005
[565]	瘤胃梭菌属(Ruminiclostridium)	0.000000	0.000000	0.000000	0.000019	0.000005
[566]	Subgroup_18_norank	0.000000	0.000000	0.000000	0.000019	0.000005

注：表中未能翻译细菌属无中文译名。

2. 细菌属丰度（%）比较

不同处理组细菌属 TOP10 细菌丰度（%）见图 4-28。处理组间细菌属丰度分布差异显著。

垫料原料组（AUG_CK）前 3 个最大丰度分布的细菌属为肠杆菌属（Enterobacter）（28.53%）、鞘脂小杆菌属（Sphingobacterium）（13.51%）、橄榄形杆菌属（Olivibacter）（6.54%）；深发酵垫料组（AUG_H）为橄榄形杆菌属（Olivibacter）（8.61%）、短状小杆菌属（Brachybacterium）（7.65%）、狭义梭菌属_1（Clostridium_sensu_stricto_1）（7.16%）；浅发酵垫料组（AUG_L）为金黄小杆菌属（Chryseobacterium）（17.50%）、漠河杆菌属（Moheibacter）（15.22%）、未培养噬几丁质菌科的一属（Chitinophagaceae_uncultured）（7.06%）；未发酵猪粪组（AUG_PM）为未培养厌氧绳菌科的一属（Anaerolineaceae_uncultured）（14.41%）、太白山菌属（Taibaiella）（5.54%）、芽胞杆菌属（Bacillus）（5.08%）。不同处理组特征性细菌属明显，AUG_CK 组以肠杆菌属（Enterobacter）为主，AUG_H 组以橄榄形杆菌属（Olivibacter）为主，AUG_L 组金黄小杆菌属（Chryseobacterium）为主，AUG_PM 组以未培养厌氧绳菌科的一属（Anaerolineaceae_uncultured）为主。

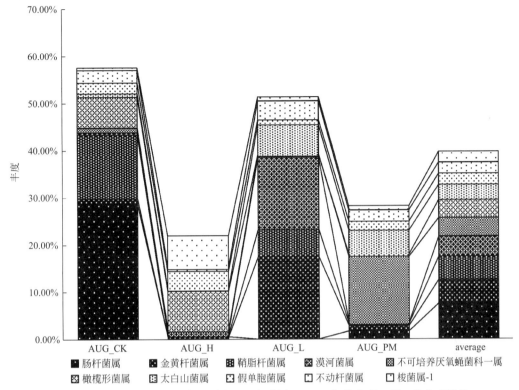

图 4-28　异位微生物发酵床不同处理组细菌属 TOP10 细菌丰度（%）分布多样性

3. 细菌属丰度（%）相关性

基于细菌属丰度（%）不同处理组的相关系数见表 4-40。从表 4-40 可知，不同处理组细菌属丰度（%）的平均值相近，而标准差差异显著，其中原料垫料组（AUG_CK）标准差值最大（0.0232），未发酵猪粪组（AUG_PM）最小（0.0128），表明前者变化性高于后者。各处理间的相关系数在 $-0.0787 \sim 0.1264$，都表现出不显著相关性，表明不同处理细菌属丰度（%）在不同发酵阶段的独立性，细菌属丰度差异源于发酵过程物料变化产生的选择差异。

表 4-40　基于细菌属丰度（%）的异位微生物发酵床不同处理组相关系数

处理组	平均值	标准差	AUG_CK	AUG_H	AUG_L	AUG_PM
AUG_CK	0.0047	0.0232	1.0000			
AUG_H	0.0048	0.0129	0.0568	1.0000		
AUG_L	0.0049	0.0189	0.1079	−0.0336	1.0000	
AUG_PM	0.0046	0.0128	0.0837	−0.0787	0.1264	1.0000

不同处理组细菌属丰度（%）的相关系数见表 4-41。细菌属丰度之间依不同处理组的相关性差异显著。

表 4-41　不同处理组细菌属丰度（%）的相关系数

细菌属	肠杆菌属	金黄小杆菌属	鞘脂小杆菌属	漠河杆菌属	未培养厌氧绳菌科的一属
肠杆菌属（*Enterobacter*）	1.0000				
金黄小杆菌属（*Chryseobacterium*）	−0.3222	1.0000			

细菌属	肠杆菌属	金黄小杆菌属	鞘脂小杆菌属	漠河杆菌属	未培养厌氧绳菌科的一属
鞘脂小杆菌属（Sphingobacterium）	0.8943	0.1242	1.0000		
漠河杆菌属（Moheibacter）	−0.3676	0.9936	0.0843	1.0000	
未培养厌氧绳菌科的一属（Anaerolineaceae_uncultured）	−0.2237	−0.3188	−0.4699	−0.3892	1.0000
橄榄形菌属（Olivibacter）	0.3870	−0.5990	0.2067	−0.5267	−0.5631
太白山菌属（Taibaiella）	−0.4827	0.7049	−0.2458	0.6471	0.4475
假单胞菌属（Pseudomonas）	−0.0355	−0.6948	−0.2889	−0.6090	−0.2711
不动杆菌属（Acinetobacter）	0.1222	0.7885	0.4424	0.7157	0.0261
狭义梭菌属-1(Clostridium_sensu_stricto_1)	−0.3755	−0.4373	−0.5199	−0.3344	−0.3038

细菌属	橄榄形菌属	太白山菌属	假单胞菌属	不动杆菌属	梭菌属-1
橄榄形菌属（Olivibacter）	1.0000				
太白山菌属（Taibaiella）	−0.9853	1.0000			
假单胞菌属（Pseudomonas）	0.8748	−0.8520	1.0000		
不动杆菌属（Acinetobacter）	−0.7542	0.7564	−0.9689	1.0000	
狭义梭菌属-1(Clostridium_sensu_stricto_1)	0.7036	−0.6299	0.9287	−0.8972	1.0000

4. 细菌属丰度（%）主成分分析

（1）基于细菌属丰度（%）的处理组 R 型主成分分析

1）主成分特征值。基于细菌属丰度（%）的不同处理组主成分特征值见表 4-42。从表 4-42 可以看出，前 2 个主成分的特征值累计百分比达 77.76%，能很好地反映数据主要信息。

表 4-42　异位微生物发酵床不同处理组 R 型主成分特征值

序号	特征值	百分率/%	累计百分率/%	Chi-Square	df	p 值
1	95.9862	47.9931	47.9931	0.0000	20099.0000	0.9999
2	59.5295	29.7647	77.7579	0.0000	19899.0000	0.9999
3	44.4843	22.2421	100.0000	0.0000	19700.0000	0.9999

2）主成分得分值。检测结果见表 4-43。第一主成分关键因素有 AUG_L（0.9569）和 AUG_PM（11.2066），猪粪带入的细菌属经过浅发酵形成主导群落。第二主成分关键因素有 AUG_CK（−6.91）和 AUG_PM（7.48），垫料带入细菌群落与猪粪带入的细菌群落成反比，形成第二关键因素。第三主成分关键因素有 AUG_CK（8.02）和 AUG_L（−8.31），垫料带入的细菌浅发酵过程形成反比。

表 4-43　异位微生物发酵床不同处理组 R 型主成分得分值

处理组	Y(i,1)	Y(i,2)	Y(i,3)
AUG_CK	0.5319	−6.9077	8.0188
AUG_H	−12.6954	5.8295	−0.0177
AUG_L	0.9569	−6.4002	−8.3100
AUG_PM	11.2066	7.4784	0.3088

3）主成分作图。基于细菌属丰度（%）的垫料发酵不同处理组主成分分析结果见图 4-29。

（2）基于处理组的细菌属丰度（%）Q 型主成分分析

1）主成分特征值。基于细菌属丰度（%）的不同处理组主成分特征值见表 4-44。从表 4-44

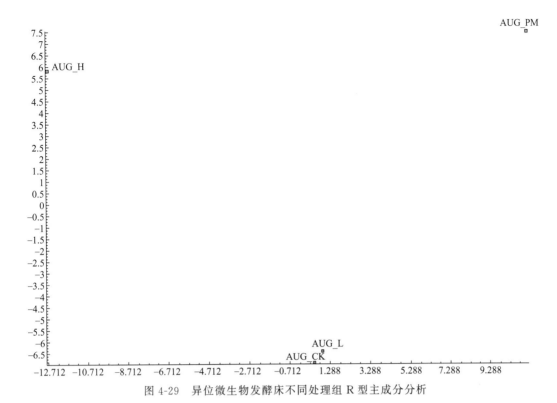

图 4-29　异位微生物发酵床不同处理组 R 型主成分分析

可以看出，前 3 个主成分的特征值累计百分比达 78.67%，能很好地反映数据主要信息。

表 4-44　异位微生物发酵床不同处理组 Q 型主成分特征值

序号	特征值	百分率/%	累计百分率/%	Chi-Square	df	p 值
1	1.2197	30.4917	30.4917	8.6845	9.0000	0.4669
2	1.0583	26.4571	56.9487	2.8687	5.0000	0.7202
3	0.8689	21.7224	78.6711	0.0164	2.0000	0.9918
4	0.8532	21.3289	100.0000	0.0000	0.0000	1.0000

2）主成分得分值。检测结果见表 4-45。第一主成分关键因素有 *Anaerolineaceae* （6.64），第二主成分关键因素有 *Olivibacter* （6.60），第三主成分关键因素有 *Chryseobacterium* （−6.70）。

表 4-45　异位微生物发酵床不同处理组 Q 型主成分得分值

序号	$Y(i,1)$	$Y(i,2)$	$Y(i,3)$	$Y(i,4)$
肠杆菌属（*Enterobacter*）	6.2994	6.0353	5.0167	−6.7838
金黄杆菌属（*Chryseobacterium*）	6.0593	0.1258	−6.7045	0.4417
鞘脂杆菌属（*Sphingobacterium*）	4.2193	3.1959	−0.3694	−3.3774
漠河菌属（*Moheibacter*）	4.5748	0.7607	−6.2788	0.5738
不可培养厌氧绳菌科—属（*Anaerolineaceae*_uncultured）	6.6392	−2.6711	5.6452	6.0216
橄榄形菌属（*Olivibacter*）	−0.2680	6.6023	0.5756	1.7388
太白山菌属（*Taibaiella*）	4.4969	−0.9948	−0.5348	2.2451
假单胞菌属（*Pseudomonas*）	0.7323	2.5223	0.4071	1.7888
不动杆菌属（*Acinetobacter*）	2.4854	0.2012	−0.3930	0.4066
梭菌属-1（*Clostridium*_sensu_stricto_1）	−0.7492	4.1265	−0.0795	3.0878

3）主成分作图。见图 4-30。

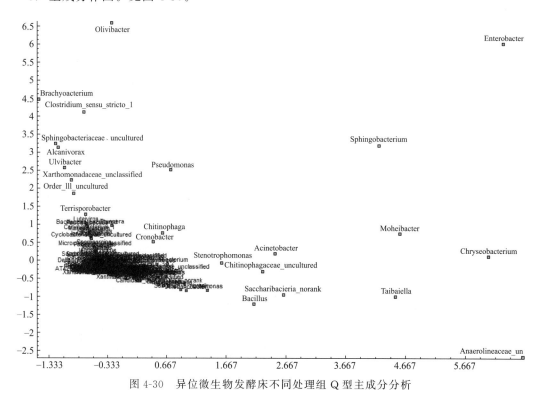

图 4-30　异位微生物发酵床不同处理组 Q 型主成分分析

六、细菌种丰度（％）分布结构

1. 细菌种丰度（％）检测

在异位微生物发酵床不同处理组细菌种检测到 838 个种，不同处理组细菌种的丰度（％）差异显著，垫料原料组（AUG＿CK）含有 508 种，丰度最高的细菌种类为未分类肠杆菌属的一种（*Enterobacter*＿unclassified）（26.81％）；深发酵垫料组（AUG＿H）含有 249 种，丰度最高的细菌种类为未分类短状小杆菌属的一种（*Brachybacterium*＿unclassified）（7.65％），浅发酵垫料组（AUG＿L）含有 508 种，丰度最高的细菌种类为未分类金黄小杆菌属的一种（*Chryseobacterium*＿unclassified）（16.66％），未发酵猪粪组（AUG＿PM）含有 564 种，丰度最高的细菌种类为未分类厌氧绳菌种的一种（*Anaerolineaceae*＿unclassified）（11.49％）。

2. 细菌种丰度（％）比较

不同处理组细菌种 TOP10 细菌丰度（％）见图 4-31。处理组间细菌种丰度分布差异显著。垫料原料组（AUG＿CK）前 3 个最大丰度分布的细菌种为未分类肠杆菌属的一种（*Enterobacter* unclassified）（26.80％）、未分类鞘脂小杆菌属的一种（*Sphingobacterium* unclassified）（13.27％）、鞘脂小杆菌＿21（*Sphingobacterium*＿sp.＿21）（6.33％）；深发酵垫料组（AUG＿H）为未分类短状小杆菌属的一种（*Brachybacterium* unclassified）（7.65％）、未培养狭义梭菌属＿1 的一种（*Clostridium*＿sensu＿stricto＿1＿uncultured＿bacterium）（6.15％）、未分类食碱菌属的一种（*Alcanivorax*＿unclassified）（5.55％）；浅发酵垫料组（AUG＿L）为

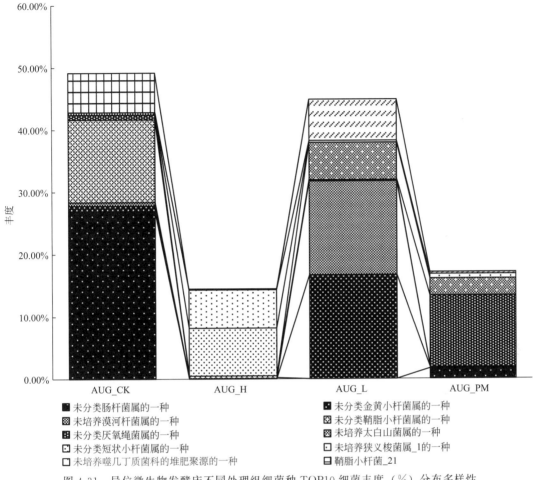

图 4-31　异位微生物发酵床不同处理组细菌种 TOP10 细菌丰度（％）分布多样性

未分类金黄小杆菌属的一种（*Chryseobacterium* ＿ unclassified）（16.65％）、未培养漠河杆菌属
的一种（Moheibacter ＿ uncultured ＿ bacterium）（15.06％）、未培养噬几丁质菌科的堆肥来源的
一种（Chitinophagaceae ＿ uncultured ＿ compost ＿ bacterium）（6.62％）；未发酵猪粪组（AuG ＿
PM）为未分类厌氧绳菌科的一种（Anaerolineaceae ＿ unclassified）（11.49％）、未分类芽胞杆菌
属的一种（*Bacillus* ＿ unclassified）（3.67％）、未分类藤黄单胞菌属的一种（*Luteimonas* ＿ un-
classified）（3.02％）。

3. 细菌种丰度（％）相关性

基于细菌种丰度（％）不同处理组的相关系数见表 4-46。从表 4-46 可知，不同处理组
细菌种丰度（％），各处理间的相关系数见－0.0973～0.0733，都表现出不显著的相关性，
表明不同处理细菌种丰度（％）在不同发酵阶段的特异性，细菌种丰度差异源于发酵过程物
料变化产生的选择差异。

表 4-46　基于细菌种丰度（％）的异位微生物发酵床不同处理组相关系数

处理组	AUG_CK	AUG_H	AUG_L	AUG_PM
AUG_CK	1.0000			
AUG_H	－0.0632	1.0000		

续表

处理组	AUG_CK	AUG_H	AUG_L	AUG_PM
AUG_L	− 0.0020	− 0.0973	1.0000	
AUG_PM	0.0733	− 0.1447	0.0091	1.0000

不同处理组细菌种丰度（％）的相关系数见表 4-47。细菌种丰度之间依不同处理组的相关性差异显著。细菌种间的相关性举例说明，如未分类鞘脂小杆菌属的一种（*Sphingobacterium* _ unclassified）和未分类肠杆菌属的一种（*Enterobacter* _ unclassified）正相关（0.9968），未分类太白山菌属的一种（*Taibaiella* _ uncultured _ bacterium）和未分类金黄小杆菌属的一种（*Chryseobacterium* _ unclassified）正相关（0.8890）等，有 8 对细菌正相关。有 5 对细菌成显著负相关。

表 4-47　不同处理组细菌种丰度（％）的相关系数

变量	未分类肠杆菌	未分类金黄杆菌	不可培养漠河杆菌	未分类鞘氨醇杆菌	未分类厌氧绳菌
未分类肠杆菌	1.0000				
未分类金黄小杆菌	− 0.3089	1.0000			
未培养漠河杆菌	− 0.3332	0.9996	1.0000		
未分类鞘脂小杆菌	0.9968	− 0.2869	− 0.3119	1.0000	
未分类厌氧绳菌	− 0.2186	− 0.3765	− 0.3610	− 0.2941	1.0000
未培养太白山菌	− 0.4569	0.8890	0.8967	− 0.4700	0.0891
未分类短状杆菌	− 0.3588	− 0.3606	− 0.3536	− 0.3077	− 0.3679
未培养梭菌	− 0.4309	− 0.3703	− 0.3608	− 0.3850	− 0.2850
未培养嗜几丁质菌	− 0.3817	0.9960	0.9980	− 0.3635	− 0.3101
鞘脂小杆菌	0.9982	− 0.2795	− 0.3044	0.9996	− 0.2760

细菌种	不可培养太白山菌	未分类短状杆菌	不可培养梭菌	不可培养嗜几丁质菌	鞘氨醇杆菌
未培养太白山菌	1.0000				
未分类短状小杆菌	− 0.5548	1.0000			
未培养梭菌	− 0.5232	0.9950	1.0000		
未培养嗜几丁质菌	0.9186	− 0.3553	− 0.3561	1.0000	
鞘脂小杆菌	− 0.4534	− 0.3329	− 0.4090	− 0.3553	1.0000

4. 细菌种丰度（％）主成分分析

（1）基于细菌种丰度（％）的处理组 R 型主成分分析

1）主成分特征值。基于细菌种丰度（％）的不同处理组主成分特征值见表 4-48。从表 4-48 可以看出，前 2 个主成分的特征值累计百分比达 76.83％，能很好地反映数据主要信息。

表 4-48　异位微生物发酵床不同处理组 R 型主成分特征值

序号	特征值	百分率/%	累计百分率/%	Chi-Square	df	p 值
1	95.0859	47.5429	47.5429	0.0000	20099.0000	0.9999
2	58.5739	29.2869	76.8299	0.0000	19899.0000	0.9999
3	46.3403	23.1701	100.0000	0.0000	19700.0000	0.9999

2）主成分得分值。检测结果见表 4-49。从表 4-49 可以看出发酵过程细菌种丰度（％）变化路径，发酵从底部的垫料原料组（AUG _ CK）开始，PCA1 得分由 1.0790 增加至

−1.6480 的浅发酵垫料组（AUG＿L），进一步减少到−13.1461 的深发酵垫料组（AUG＿
H），同样 PCA2 得分由−6.6334（AUG＿CK）增至 5.0293（AUG＿H）。

表 4-49　异位微生物发酵床不同处理组 R 型主成分得分值

处理组	$Y(i,1)$	$Y(i,2)$	$Y(i,3)$
AUG_CK	1.0790	−6.6334	−8.2998
AUG_H	−13.1461	5.0293	0.1746
AUG_L	1.6480	−6.4485	8.3692
AUG_PM	10.4191	8.0525	−0.2440

3）主成分作图。基于细菌种丰度（％）的垫料发酵不同处理组主成分分析结果见图 4-32。

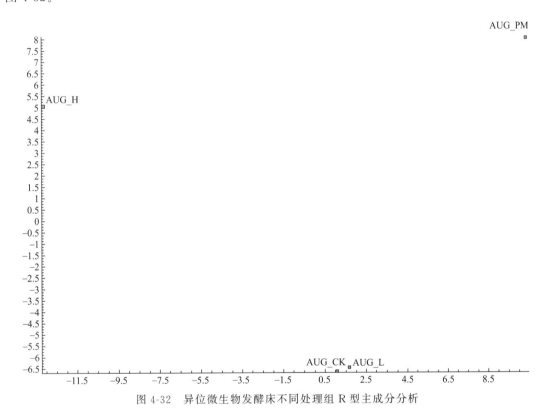

图 4-32　异位微生物发酵床不同处理组 R 型主成分分析

（2）基于处理组的细菌种丰度（％）主成分分析

1）主成分特征值。基于异位微生物发酵床不同处理组 Q 型主成分特征值见表 4-50。

表 4-50　异位微生物发酵床不同处理组 Q 型主成分特征值

序号	特征值	百分率/%	累计百分率/%	Chi-Square	df	p 值
1	1.2147	30.3681	30.3681	7.6701	9.0000	0.5677
2	1.0201	25.5029	55.8710	2.1038	5.0000	0.8346
3	0.9354	23.3851	79.2561	0.7064	2.0000	0.7025
4	0.8298	20.7439	100.0000	0.0000	0.0000	1.0000

2）主成分得分值。检测结果见表 4-51。

表 4-51 异位微生物发酵床不同处理组 Q 型主成分得分值

细菌种	$Y(i,1)$	$Y(i,2)$	$Y(i,3)$	$Y(i,4)$
未分类肠杆菌(*Enterobacter*_unclassified)	5.5020	6.7983	8.3821	0.6054
未分类金黄小杆菌(*Chryseobacterium*_unclassified)	2.9957	−7.2339	3.7210	2.9485
未培养漠河杆菌(*Moheibacter*_uncultured_bacterium)	2.6958	−6.6020	3.1774	2.6656
未分类鞘脂小杆菌(*Sphingobacterium*_unclassified)	1.9774	3.1142	4.5841	−0.2175
未分类厌氧绳菌(*Anaerolineaceae*_unclassified)	6.5491	3.1492	−5.4573	5.9404
未培养太白山菌(*Taibaiella*_uncultured_bacterium)	2.5358	−1.9007	−0.0517	2.1894
未分类短状小杆菌(*Brachybacterium*_unclassified)	−4.5088	1.1138	1.1358	4.2183
未培养狭义梭菌属_1(*Clostridium*_sensu_stricto_1_uncultured_bacterium)	−3.1867	0.9327	0.6090	3.7451
未培养嗜几丁质菌(*Chitinophagaceae*_uncultured_compost_bacterium)	1.2178	−2.9406	1.1178	0.9625
鞘脂小杆菌_21(*Sphingobacterium*_sp._21)	0.9758	1.4309	2.0847	−0.5845

3）主成分作图。见图 4-33。

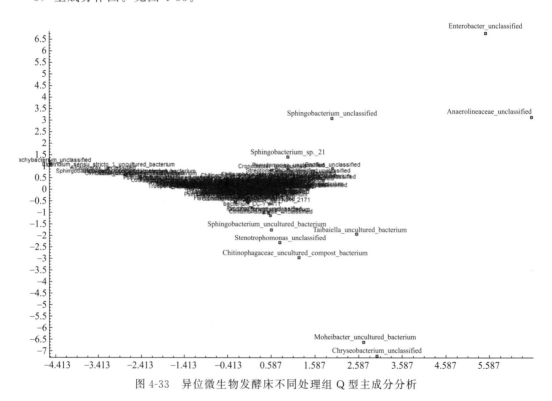

图 4-33 异位微生物发酵床不同处理组 Q 型主成分分析

5. 细菌种丰度（%）分布因子分析

异位微生物发酵床选择不同处理的因子，垫料原料 X_1、深发酵垫料 X_2、浅发酵垫料 X_3、未发酵猪粪 X_4 四个处理，测定不同处理的微生物组成，采用因子分析方法研究各个变量之间相关关系。

DPS 操作如图 4-34 所示，图中左边为特征值衰减图，右边上部是公因子提取方法选项，这里共有 5 种方法，一般情况下建议用主成分法，或样本较大，且样本数是因子数的 10 倍以上时，可用极大似然法。图的右下部中间是各个特征值及其累积百分率。

可供因子个数的选取的参考，因子个数选取一般有以下几个原则供参考：①选择的因子个数，使得累积方差占总方差的 80% 以上；②按特征值大于等于 1 来选择因子个数；③在

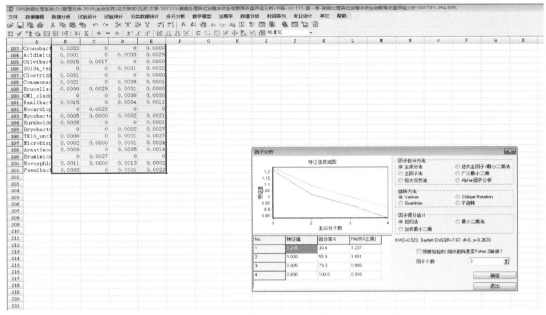

图 4-34 异位微生物发酵床不同处理组因子分析

选择的因子能解释 75％以后，如果还要继续选取因子，该因子的方差贡献应该大于 5％。④根据特征值衰减情况确定因子个数，在图形中，把陡降后曲线走势趋于平坦的因子舍弃不用。因子个数的确定需要根据具体情形掌握：重点是考虑提取出来的主因子是否可解释我们的"理论"因子的假设。如果估计的因子有实际意义，即使贡献率较小，也是可取的。反之，如果某因子的特征值较大，但从专业上不能进行解释，则可将该因子省去。

以上（表 4-52）是输出结果的第一部分，给出了每个变量的均值、标准差及变量间的相关系数。从变量间的相关系数，结合下面输出的可以 KMO 系数（KMO＝0.5227），以及 Bartlett 球形检验的卡方值，$c_2＝7.6701$，df＝6 时，$p＝0.2633$。因子间相关性较大，可以进行因子分析。

表 4-52 异位发酵床不同处理组平均值与相关系数

处理组	平均值	标准差	AUG_CK	AUG_H	AUG_L	AUG_PM
AUG_CK	0.0044	0.0219	1.0000	−0.0632	−0.0020	0.0733
AUG_H	0.0046	0.0113	−0.0632	1.0000	−0.0973	−0.1447
AUG_L	0.0047	0.0177	−0.0020	−0.0973	1.0000	0.0091
AUG_PM	0.0043	0.0102	0.0733	−0.1447	0.0091	1.0000

注：相关系数临界值，$a＝0.05$ 时，$r＝0.1388$；$a＝0.01$ 时，$r＝0.1818$；Kaiser-Meyer-Olkin Measure of Sampling Adequacy（KMO）＝0.5227；Bartlett 球形检验；$c_2＝7.6701$；df＝6；$p＝0.2633$。

前 3 个主成分累计达 79.2561％，能很好地反映主要信息（表 4-53）。计算初始因子估计值见表 4-54，相关矩阵和残差 R 值见表 4-55，统计因子载荷矩阵见表 4-56，结果可知，因子 1 由未发酵猪粪组成（0.8245），含有较大的厌氧发酵因素，故称之为厌氧发酵因子，方程贡献率为 30.37％；因子 2 由浅发酵垫料组成（−0.9381），含有厌氧发酵和耗氧发酵，故称之为兼性耗氧发酵因子，方程贡献率为 25.51％；因子 3 由垫料原料组成（0.9988），主要含有耗氧发酵，故称之为耗氧发酵因子，方程贡献率为 23.39％。

表 4-53　异位发酵床不同处理组主成分特征值

序号	特征值	百分率/%	累计百分率/%	Chi-Square	df	p 值
[1]	1.2147	30.3681	30.3681	7.6701	9.0000	0.5677
[2]	1.0201	25.5029	55.8710	2.1038	5.0000	0.8346
[3]	0.9354	23.3851	79.2561	0.7064	2.0000	0.7025
[4]	0.8298	20.7439	100.0000	0.0000	0.0000	1.0000

表 4-54　异位发酵床不同处理组初始因子估计值（主成分法）

处理组	F1	F2	F3	共同度	特殊方差
AUG_CK	0.4243	0.5292	0.7346	0.9997	0.0003
AUG_H	−0.7120	0.1793	0.1790	0.5711	0.4289
AUG_L	0.3457	−0.7942	0.3607	0.8803	0.1197
AUG_PM	0.6391	0.2780	−0.4834	0.7194	0.2806
方差贡献	1.2148	1.0202	0.9355		
占比/%	30.37	25.51	23.39		
累计/%	30.37	55.88	79.26		

表 4-55　异位发酵床不同处理组相关矩阵和残差 R 值

相关矩阵估计值(下三角)			
0.9997			
−0.0757	0.5711		
−0.0086	−0.3240	0.8803	
0.0632	−0.4917	−0.1742	0.7194

相关矩阵残差 R(下三角)			
(0.0003)			
0.01251	(0.4289)		
0.00661	0.22670	(0.1197)	
0.01012	0.34701	0.18336	(0.2806)

注：RMS=0.185173。
λ_{max}=5.5102。
平均绝对偏差=0.131053。
偏差大于 0.05 的相关系数有 3 个，占 50.00%。
统计检验 W=0.84838。
显著性 p=0.15273。
拟合指数 Q=0.16761。

表 4-56　异位发酵床不同处理组因子载荷矩阵（旋转方法：Varimax with Kaiser Normalization）

处理组	因子 1	因子 2	因子 3	共同度	特殊方差
AUG_CK	0.0460	0.0028	0.9988	0.9997	0.0003
AUG_H	−0.6754	0.3359	−0.0456	0.5711	0.4289
AUG_L	0.0135	−0.9381	−0.0066	0.8803	0.1197
AUG_PM	0.8245	0.1974	0.0247	0.7194	0.2806
方差贡献	1.1383	1.0319	1.0003		
累计贡献/%	28.4568	54.2550	79.2636		

异位发酵床不同处理因子得分值如表 4-57 所列。

表 4-57　异位发酵床不同处理组因子得分值

细菌种	$Y(i,1)$	$Y(i,2)$	$Y(i,3)$
未分类肠杆菌（*Enterobacter*_unclassified）	0.5897	0.4501	12.0334
未分类金黄小杆菌（*Chryseobacterium*_unclassified）	−0.5233	−8.5536	0.2378

续表

细菌种	$Y(i,1)$	$Y(i,2)$	$Y(i,3)$
未培养漠河杆菌(*Moheibacter*_uncultured_bacterium)	−0.3908	−7.7042	0.0319
未分类鞘脂小杆菌(*Sphingobacterium*_unclassified)	−0.5440	0.0773	5.9071
未分类厌氧绳菌(*Anaerolineaceae*_unclassified)	8.3202	2.7418	−0.3651
未培养太白山菌(*Taibaiella*_uncultured_bacterium)	1.7574	−2.3942	−0.1332
未分类短状小杆菌(*Brachybacterium*_unclassified)	−3.9473	1.9336	−0.1134
未培养狭义梭菌属_1(*Clostridium*_sensu_stricto_1_uncultured_bacterium)	−2.6697	1.5679	−0.1572
未培养嗜几丁质菌(*Chitinophagaceae*_uncultured_compost_bacterium)	−0.0029	−3.3149	−0.2137
鞘脂小杆菌(*Sphingobacterium*_sp._21)	−0.1867	0.0225	2.7208

注：以下 873 种省略。

各因子的得分可以反映相关细菌的作用，因子 1 得分最大的是 *Anaerolineaceae* _ unclassified（8.3202），为厌氧菌；因子 2 得分最大的是 *Chryseobacterium* _ unclassified（−8.5536），为兼性菌；因子 3 得分最大的是 *Enterobacter* _ unclassified（12.0334），为耗氧菌。

第五章
异位发酵床真菌微生物组多样性

| 第一节 | 真菌群落数量（reads）分布多样性

一、真菌门数量（reads）分布结构

1. 群落数量（reads）结构

门群落数量（reads）结构。分析结果见表 5-1。异位发酵床不同处理组共检测到 22 个真核生物门，其中未确定分类地位的群落 5 类，它们是 Fungi_incertae_sedis（真菌）、Fungi_unclassified_fungi（真菌）、environmental_samples_norank、environmental_samples、Eukaryota_norank（真核生物）；原生生物等（藻类、线虫等）群落 13 类，它们是纤毛虫门（Ciliophora）、Nucleariidae_and_Fonticula_group（核形虫类）、Discosea（变形虫门一个纲）、Stramenopiles_norank（不等鞭毛门）、Opisthokonta_incertae_sedis（后鞭毛类）、丝足虫类（Cercozoa）、变形虫类（Tubulinea）、Apusozoa_norank（天燕虫门）、Amoebozoa_unclassified_amoebozoa（变形虫门）、顶复门（Apicomplexa）、线虫动物门（Nematoda）、多孔动物门（Porifera）、绿藻门（Chlorophyta）；真菌门有 4 类，即子囊菌门（Ascomycota）、担子菌门（Basidiomycota）、球囊菌门（Glomeromycota）、壶菌门（Chytridiomycota）。

表 5-1 异位发酵床不同微生物处理组未确定分类地位类群、原生生物等、真菌门群落数量（reads）

序号	分类阶元	AUG_CK	AUG_H	AUG_L	AUG_PM
未确定分类地位类群					
[1]	Fungi_incertae_sedis(真菌)	16651	77	912	590
[2]	Fungi_unclassified_fungi(真菌)	54	96	4916	1633
[3]	environmental_samples_norank	28643	772	102285	94283
[4]	environmental_samples	2270	9	12999	3672
[5]	Eukaryota_norank(真核生物)	8	0	0	0
	小计	47626	954	121112	100178
原生生物					
[1]	纤毛虫门(Ciliophora)	256	6	1039	53
[2]	Nucleariidae_and_Fonticula_group(核形虫类)	178	0	632	260

续表

序号	分类阶元	AUG_CK	AUG_H	AUG_L	AUG_PM
[3]	Discosea(变形虫门的一纲)	110	0	3	10
[4]	Stramenopiles_norank(不等鞭毛门)	44	0	92	60
[5]	Opisthokonta_incertae_sedis(后鞭毛类)	24	0	21	0
[6]	丝足虫类(Cercozoa)	23	0	0	5
[7]	变形虫类(Tubulinea)	21	0	18	34
[8]	Apusozoa_norank(天燕虫门)	1	0	264	90
[9]	Amoebozoa_unclassified_amoebozoa(变形虫门)	0	0	11	0
[10]	顶复门(Apicomplexa)	0	0	34	0
[11]	线虫动物门(Nematoda)	0	0	1511	0
[12]	多孔动物门(Porifera)	0	0	26	6
[13]	绿藻门(Chlorophyta)	5	0	0	0
	小计	662	6	3651	518
真菌门					
[1]	子囊菌门(Ascomycota)	51495	9296	7679	1887
[2]	担子菌门(Basidiomycota)	580	104750	10451	1436
[3]	壶菌门(Chytridiomycota)	8	0	2	6
[4]	球囊菌门(Glomeromycota)	0	0	0	2
	小计	52083	114046	18132	3331

　　不同分类阶元群落分布见表 5-2。异位发酵床不同处理组的不同阶元群落分布差异显著。在垫料原料组（AUG_CK）真菌门含量最高，达 51.89%，其次为未确定分类地位类群，为 47.44%，原生生物等为 0.65%；在深发酵垫料组（AUG_H）真菌门含量最高，达 99.16%，未确定分类地位类群 0.82%，原生生物等类群 0.00%；在浅发酵垫料组（AUG_L）为未确定分类地位类群含量最高，达 84.57%，真菌门次之，达 12.689%，原生生物等为 2.55%；在未发酵猪粪组（AUG_PM）未确定分类地位类群含量最高，达 96.29%，真菌门含量次之，达 3.20%，原生生物等为 0.49%。

表 5-2　异位发酵床不同微生物处理组未确定分类地位类群、原生生物等、真菌门群落数量（reads）分布

分类阶元	AUG_CK		AUG_H		AUG_L		AUG_PM	
	数量	比例/%	数量	比例/%	数量	比例/%	数量	比例/%
未确定分类地位	47626	47.44	954	0.82	121112	84.57	100178	96.29
原生生物等	662	0.65	6	0.00	3651	2.55	518	0.49
真菌门	52083	51.89	114046	99.16	18132	12.68	3331	3.20
合计	100371	—	115006	—	142895	—	104027	—

　　不同分类阶元在处理组分布见图 5-1。未确定分类地位类群在浅发酵垫料组分布最高，达 45%；原生生物等在浅发酵垫料组分布最高，达 75%；真菌门类群在深发酵垫料组分布最高达 61%。

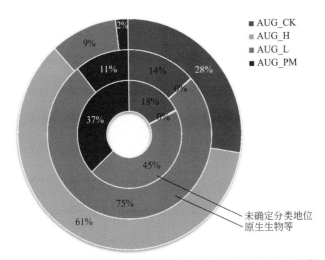

图 5-1　异位发酵床不同微生物处理组未确定分类地位类群、原生生物等、真菌门群落数量（reads）

真菌门群落数量（reads）结构。分析结果见表 5-3。异位发酵床不同处理组真菌门见图 5-2。子囊菌门（Ascomycota）和担子菌门（Basidiomycota）短序列（reads）含量高，而绿藻门（Chlorophyta）、球囊菌门（Glomeromycota）、壶菌门（Chytridiomycota）含量很低。

表 5-3　异位发酵床不同微生物处理组真菌门群落数量（reads）分布

分类阶元	AUG_CK	AUG_H	AUG_L	AUG_PM
子囊菌门（Ascomycota）	51495	9296	7679	1887
担子菌门（Basidiomycota）	580	104750	10451	1436
壶菌门（Chytridiomycota）	8	0	2	6
球囊菌门（Glomeromycota）	0	0	0	2

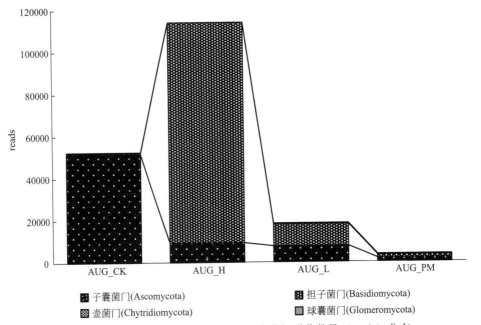

图 5-2　异位发酵床不同微生物处理组真菌门群落数量（reads）分布

不同发酵组真菌门数量结构分布差异显著，子囊菌门（Ascomycota）在垫料原料组（AUG＿CK）、深发酵垫料组（AUG＿H）、浅发酵垫料组（AUG＿L）、未发酵猪粪组（AUG＿PM）的含量分别为 51495、9296、7679、1887；担子菌门（Basidiomycota）含量分别为 580、104750、10451、1436。

2. 群落种类（OTUs）结构

群落种类（OTUs）结构。分析结果见表 5-4。异位发酵床不同处理组共检测到 22 个真核生物门种类，其中未确定分类地位的群落种类在异位发酵床不同处理组 AUG＿CK、AUG＿H、AUG＿L、AUG＿PM 分布分别为 32、12、17、22；原生生物等分别为 15、1、16、12；真菌门分别为 67、13、68、68。

表 5-4　异位发酵床不同微生物处理组未确定分类地位类群、原生生物等、真菌门群落种类（OTUs）分布

序号	分类阶元	AUG_CK	AUG_H	AUG_L	AUG_PM
未确定分类地位类群					
[1]	Fungi_incertae_sedis(真菌)	11	2	3	5
[2]	Fungi_unclassified_fungi(真菌)	1	1	1	1
[3]	environmental_samples	8	2	8	7
[4]	environmental_samples_norank	47	8	56	55
[5]	Eukaryota_norank(真核生物)	1	0	0	0
	小计	32	12	17	22
原生生物等(线虫、藻类)					
[1]	变形虫门一个纲(Discosea)	2	0	1	2
[2]	纤毛虫门(Ciliophora)	2	1	2	2
[3]	绿藻门(Chlorophyta)	1	0	0	0
[4]	丝足虫类(Cercozoa)	1	0	0	1
[5]	顶复门(Apicomplexa)	0	0	1	0
[6]	线虫动物门(Nematoda)	0	0	1	0
[7]	Apusozoa_norank(天燕虫门)	1	0	2	1
[8]	Nucleariidae_and_Fonticula_group(核形虫类)	2	0	2	1
[9]	Opisthokonta_incertae_sedis(后鞭毛类)	1	0	1	0
[10]	多孔动物门(Porifera)	0	0	1	1
[11]	Stramenopiles_norank(不等鞭毛门)	2	0	2	2
[12]	变形虫类(Tubulinea)	2	0	2	2
[13]	Amoebozoa_unclassified_amoebozoa(变形虫门)	0	0	1	0
	小计	15	1	16	12
真菌门					
[1]	子囊菌门(Ascomycota)	20	5	9	12
[2]	担子菌门(Basidiomycota)	11	7	7	7
[3]	壶菌门(Chytridiomycota)	1	0	1	2
[4]	球囊菌门(Glomeromycota)	0	0	0	1
	小计	67	13	68	68

真菌门在不同处理组分布见图 5-3。真菌门群落种类在异位发酵床不同处理组分布为 AUG＿CK＞AUG＿PM＞AUG＿L＞AUG＿H。含量最高的种类是子囊菌门（Ascomycota）。

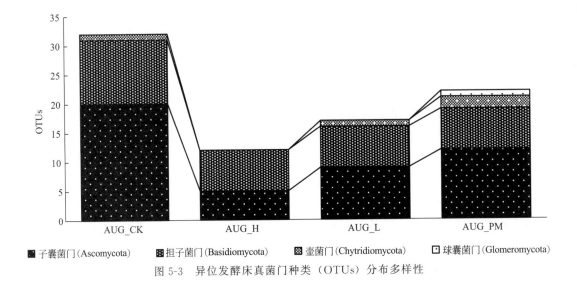

图 5-3　异位发酵床真菌门种类（OTUs）分布多样性

■ 子囊菌门（Ascomycota）　　▦ 担子菌门（Basidiomycota）　　▧ 壶菌门（Chytridiomycota）　　▱ 球囊菌门（Glomeromycota）

3. 群落丰度（%）结构

分析结果见表 5-5、表 5-6、图 5-4。未确定分类地位的类群丰度，在异位发酵后深发酵垫料组（AUG_H）分布很低（0.83%），在其他 3 个处理组分布在 47%~96%。原生生物等丰度在异位发酵床所有处理组分布都很低，不超过 1%（表 5-5）。真菌门丰度分布为 AUG_H（99.16%）＞AUG_CK（51.89%）＞AUG_L（12.69%）＞AUG_PM（3.20%）（表 5-5）。

表 5-5　异位发酵床不同微生物处理组门群落相对丰度分布

序号	分类阶元	AUG_CK	AUG_H	AUG_L	AUG_PM
未确定分类地位类群					
[1]	environmental_samples	0.022616	0.000078	0.090969	0.035299
[2]	environmental_samples_norank	0.285371	0.006713	0.715805	0.906332
[3]	Eukaryota_norank(真核生物)	0.000080	0.000000	0.000000	0.000000
[4]	Fungi_incertae_sedis(真菌)	0.165895	0.000670	0.006382	0.005672
[5]	Fungi_unclassified_fungi(真菌)	0.000538	0.000835	0.034403	0.015698
	小计	0.474500	0.008296	0.847559	0.963001
原生生物等					
[1]	变形虫门（Amoebozoa_unclassified_amoebozoa）	0.000000	0.000000	0.000077	0.000000
[2]	顶复门（Apicomplexa）	0.000000	0.000000	0.000238	0.000000
[3]	天燕虫门（Apusozoa_norank）	0.000010	0.000000	0.001848	0.000865
[4]	丝足虫类（Cercozoa）	0.000229	0.000000	0.000000	0.000048
[5]	绿藻门（Chlorophyta）	0.000050	0.000000	0.000000	0.000000
[6]	纤毛虫门（Ciliophora）	0.002551	0.000052	0.007271	0.000509
[7]	变形虫门（Discosea）	0.001096	0.000000	0.000021	0.000096
[8]	变形虫类（Tubulinea）	0.000209	0.000000	0.000126	0.000327
[9]	线虫动物门（Nematoda）	0.000000	0.000000	0.010574	0.000000
[10]	核形虫类（Nucleariidae_and_Fonticula_group）	0.001773	0.000000	0.004423	0.002499
[11]	多孔动物门（Porifera）	0.000000	0.000000	0.000182	0.000058

续表

序号	分类阶元	AUG_CK	AUG_H	AUG_L	AUG_PM
[12]	不等鞭毛门（Stramenopiles_norank）	0.000438	0.000000	0.000644	0.000577
[13]	后鞭毛类（Opisthokonta_incertae_sedis）	0.000239	0.000000	0.000147	0.000000
	小计	0.006595	0.000052	0.025551	0.004979
真菌门					
[1]	子囊菌门（Ascomycota）	0.513047	0.080831	0.053739	0.018140
[2]	担子菌门（Basidiomycota）	0.005779	0.910822	0.073138	0.013804
[3]	壶菌门（Chytridiomycota）	0.000080	0.000000	0.000014	0.000058
[4]	球囊菌门（Glomeromycota）	0.000000	0.000000	0.000000	0.000019
	小计	0.518906	0.991653	0.126891	0.032021

表 5-6　异位发酵床不同微生物处理组未确定分类地位类群、原生生物等、真菌门群落相对丰度分布

分类阶元	AUG_CK	AUG_H	AUG_L	AUG_PM
未确定分类地位类群	0.474500	0.008296	0.847559	0.963001
原生生物等	0.006595	0.000052	0.025551	0.004979
真菌门	0.518906	0.991653	0.126891	0.032021

　　未确定分类地位类群在浅发酵垫料组和未发酵猪粪组种类最多，原生生物在不同处理组种类都少，真菌在深发酵垫料组种类最多（图 5-4）。

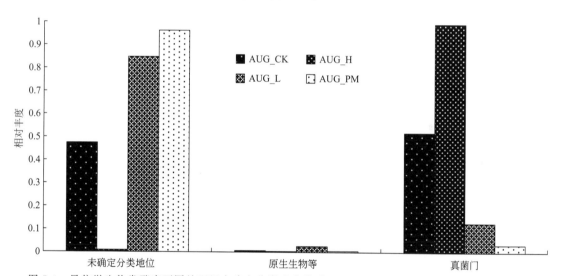

图 5-4　异位微生物发酵床不同处理组未确定分类地位类群、原生生物等、真菌门群落相对丰度分布

二、真菌纲数量（reads）分布结构

1. 群落数量（reads）结构

　　纲群落数量（reads）结构。分析结果按不同处理组的平均值排序见表 5-7。异位发酵床不同处理组共分析检测到 40 个真菌（原生生物、藻类等）纲，不同处理组的真菌纲数量差异显著，垫料原料组（AUG_CK）含有 32 个真菌纲等，数量最大的是散囊菌纲（Eurotiomycetes）（31630）；深发酵垫料组（AUG_H）含有 11 个真菌纲等，数量最大的是银耳纲（Tremellomycetes）（102593）；浅发酵垫料组（AUG_L）含有 26 个真菌纲等，数量最大

的是银耳纲（Tremellomycetes）（10208）；未发酵猪粪组（AUG＿PM）含有 25 个真菌纲等，数量最大的是银耳纲（Tremellomycetes）（1407）

表 5-7 异位发酵床不同微生物处理组真菌纲群落数量（reads）

序号	分类阶元	AUG_CK	AUG_H	AUG_L	AUG_PM	平均值
未确定分类地位类群						
[1]	Fungi_norank(真菌)	54	96	4916	1633	1674.75
[2]	Eukaryota_norank(真核生物)	8	0	0	0	2.00
[3]	environmental_samples_norank(环境样本)	30913	781	115284	97955	61233.25
[4]	environmental_samples(环境样本)	0	0	2	1	0.75
	小计	30975	877	120202	99589	62910.75
原生生物等						
[1]	Chromadorea(色矛纲,原生生物)	0	0	1511	0	377.75
[2]	Nucleariidae_and_Fonticula_group_norank(核形虫类)	178	0	632	260	267.50
[3]	Spirotrichea(旋毛纲,原生生物)	14	6	638	40	174.50
[4]	Nassophorea(篮管纲,原生生物)	242	0	401	13	164.00
[5]	Apusozoa_norank(天燕虫类,原生生物)	1	0	264	90	88.75
[6]	Discosea_norank(变形虫类,原生生物)	110	0	3	2	28.75
[7]	Euamoebida(变形虫类,原生生物)	18	0	16	34	17.00
[8]	Ichthyosporea(原生生物,寄生虫)	24	0	21	0	11.25
[9]	Coccidia(球虫纲,原生生物)	0	0	34	0	8.50
[10]	Demospongiae(寻常海绵纲,原生生物)	0	0	26	6	8.00
[11]	Cercozoa_norank(丝足虫类,原生生物)	23	0	0	5	7.00
[12]	Amoebozoa_norank(变形虫类,原生生物)	0	0	11	0	2.75
[13]	Flabellinia(扇羽海牛纲,软体动物)	0	0	0	8	2.00
[14]	Tubulinea_norank(变形虫纲,原生生物)	3	0	2	0	1.25
[15]	Chrysophyceae(金黄藻纲,藻类)	44	0	92	60	49.00
[16]	Trebouxiophyceae(共球藻纲,藻类)	5	0	0	0	1.25
	小计	662	6	3651	518	1209.25
真菌纲						
[1]	节担菌纲(Wallemiomycetes)	14	0	0	0	3.50
[2]	银耳纲(Tremellomycetes)	189	102593	10208	1407	28599.25
[3]	散囊菌纲(Eurotiomycetes)	31630	1	1074	958	8415.75
[4]	酵母纲(Saccharomycetes)	19231	0	5114	784	6282.25
[5]	毛霉纲(亚门)(Mucoromycotina)	16513	77	912	590	4523.00
[6]	粪壳菌纲(Sordariomycetes)	421	9066	1299	138	2731.00
[7]	微球黑粉菌纲(Microbotryomycetes)	213	2151	0	9	593.25
[8]	盘菌纲(Pezizomycetes)	11	73	107	3	48.50
[9]	子囊菌纲(mitosporic_Ascomycota)	145	0	0	4	37.25
[10]	伞菌纲(Agaricomycetes)	2	0	145	1	37.00
[11]	锤舌菌纲(Leotiomycetes)	53	156	85	0	73.50
[12]	梳霉亚门,真菌(Kickxellomycotina)	138	0	0	0	34.50
[13]	外担菌纲(Exobasidiomycetes)	25	0	98	0	30.75
[14]	囊担菌纲(Cystobasidiomycetes)	9	6	0	0	3.75
[15]	座囊菌纲(Dothideomycetes)	4	0	0	0	1.00

续表

序号	分类阶元	AUG_CK	AUG_H	AUG_L	AUG_PM	平均值
[16]	球囊菌纲(Glomeromycetes)	0	0	0	2	0.50
[17]	真菌的纲(Agaricostilbomycetes)	100	0	0	0	25.00
[18]	壶菌纲(Chytridiomycetes)	8	0	0	5	3.25
[19]	真菌的纲(Tritirachiomycetes)	28	0	0	0	7.00
[20]	真菌的纲(Malasseziomycetes)	0	0	0	19	4.75
	小计	68734	114123	19042	3920	51454.75
合计		100371	115006	142895	104027	115574.75

真菌纲群落数量（reads）结构。异位发酵床不同处理组真菌纲群落数量（reads）结构见表 5-7。异位发酵床不同处理组真菌纲数量（reads）差异显著，垫料原料组（AUG_CK）为 68734，占 32.36%；深发酵垫料组（AUG_H）为 114123，占 53.74%；浅发酵垫料（AUG_L）为 19042，占 11.27%；未发酵猪粪（AUG_PM）为 3920，占 2.61%；可以看出，未发酵猪粪组真菌纲含量很低。

前 3 个数量最大的真菌纲。从图 5-5 可知不同处理组真菌纲数量结构差异显著，垫料原料组（AUG_CK）前 3 个数量最大的真菌纲分别为散囊菌纲（Eurotiomycetes）(31630)、酵母纲（Saccharomycetes）(19231)、毛霉纲（亚门）(Mucoromycotina)(16513)；深发酵垫料组（AUG_H）前 3 个数量最大的真菌纲分别为银耳纲（Tremellomycetes）(102593)、粪壳菌纲（Sordariomycetes）(9066)、微球黑粉菌纲（Microbotryomycetes）(2151)；浅发酵垫料（AUG_L）前 3 个数量最大的真菌纲分别为银耳纲（Tremellomycetes）(10208)、酵母纲（Saccharomycetes）(5114)、Fungi_norank（真菌）(4916)；未发酵猪粪（AUG_PM）前 3 个数量最大的真菌属分别为 Fungi_norank（真菌）(1633)、银耳纲（Tremellomycetes）(1407)、散囊菌纲（Eurotiomycetes）(958)。

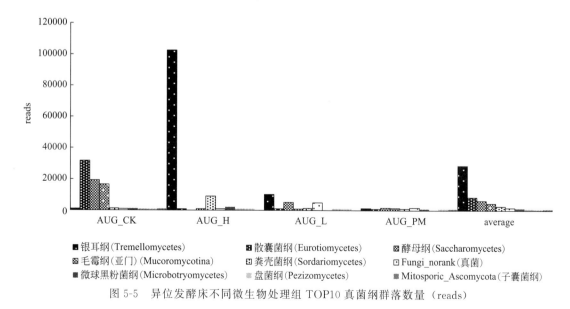

图 5-5 异位发酵床不同微生物处理组 TOP10 真菌纲群落数量（reads）

2. 群落种类（OTUs）结构

纲群落种类（OTUs）结构。分析结果见表 5-8。异位发酵床不同处理组共检测到 40 个真核生物纲种类，其中未确定分类地位的群落种类在异位发酵床不同处理组 AUG＿CK、AUG＿H、AUG＿L、AUG＿PM 分布分别为 57、11、66、64；原生生物等分别为 14、1、16、12；真菌纲分别为 43、14、19、26。

表 5-8　异位微生物发酵床真菌纲种类（OTUs）分布多样性

序号	分类阶元	AUG_CK	AUG_H	AUG_L	AUG_PM
未确定分类地位类群					
[1]	Fungi_norank(真菌)	1	1	1	1
[2]	environmental_samples	0	0	1	1
[3]	environmental_samples_norank	55	10	64	62
[4]	Eukaryota_norank(真核生物)	1	0	0	0
	小计	57	11	66	64
原生生物					
[1]	Amoebozoa_norank(原生生物,变形虫)	0	0	1	0
[2]	Apusozoa_norank(原生生物,天燕虫)	1	0	2	1
[3]	Cercozoa_norank(原生生物,丝足虫)	1	0	0	1
[4]	Chromadorea(线虫-色矛纲)	0	0	1	0
[5]	Chrysophyceae(金藻纲)	2	0	2	2
[6]	Coccidia(原生生物,球虫纲)	0	0	1	0
[7]	Demospongiae(寻常海绵纲)	0	0	1	1
[8]	Discosea_norank(原生生物)	2	0	1	1
[9]	Euamoebida(原生生物)	1	0	1	2
[10]	Flabellinia(原生生物)	0	0	0	1
[11]	Ichthyosporea(原生生物)	1	0	1	0
[12]	Nassophorea(原生生物)	1	0	1	1
[13]	Nucleariidae_and_Fonticula-norank(原生生物)	2	0	2	1
[14]	Spirotrichea(原生生物,旋毛纲)	1	1	1	1
[15]	Tubulinea_norank(原生生物,变形虫纲)	1	0	1	0
[16]	Trebouxiophyceae(共球藻纲)	1	0	0	0
	小计	14	1	16	12
真菌纲					
[1]	酵母纲(Saccharomycetes)	11	0	4	5
[2]	真菌的纲(Mucoromycotina)	9	2	3	5
[3]	银耳纲(Tremellomycetes)	4	5	4	4
[4]	粪壳菌纲(Sordariomycetes)	3	2	2	3
[5]	梳霉菌纲(Kickxellomycotina)	2	0	0	0
[6]	散囊菌纲(Eurotiomycetes)	2	1	1	1
[7]	微球黑粉菌纲(Microbotryomycetes)	1	1	0	1
[8]	伞菌纲(Agaricomycetes)	1	0	2	1
[9]	伞型束梗孢菌纲(Agaricostilbomycetes)	1	0	0	0
[10]	壶菌纲(Chytridiomycetes)	1	0	0	1
[11]	囊担菌纲(Cystobasidiomycetes)	1	1	0	0
[12]	座囊菌纲(Dothideomycetes)	1	0	0	0
[13]	外担菌纲(Exobasidiomycetes)	1	0	1	0
[14]	锤舌菌纲(Leotiomycetes)	1	1	1	0
[15]	盘菌纲(Pezizomycetes)	1	1	1	2
[16]	Mitosporic_Ascomycota(子囊菌门的纲)	1	0	0	1
[17]	节担菌纲(Wallemiomycetes)	1	0	0	0

续表

序号	分类阶元	AUG_CK	AUG_H	AUG_L	AUG_PM
[18]	真菌的纲（Tritirachiomycetes）	1	0	0	0
[19]	真菌的纲（Malasseziomycetes）	0	0	0	1
[20]	球囊菌纲（Glomeromycetes）	0	0	0	1
	小计	43	14	19	26
	合计	114	26	101	102

真菌纲群落种类在异位发酵床不同处理组分布为 AUG_CK（43）＞AUG_PM（26）＞AUG_L（19）＞AUG_H（14）（见图 5-6）。原料垫料组种类最多的是酵母纲（Saccharomycetes）（11），深发酵垫料组种类最多的是银耳纲（Tremellomycetes）（5），浅发酵垫料组种类最多的是银耳纲（Tremellomycetes）（4），未发酵猪粪组种类做多的是酵母纲（Saccharomycetes）（4）。

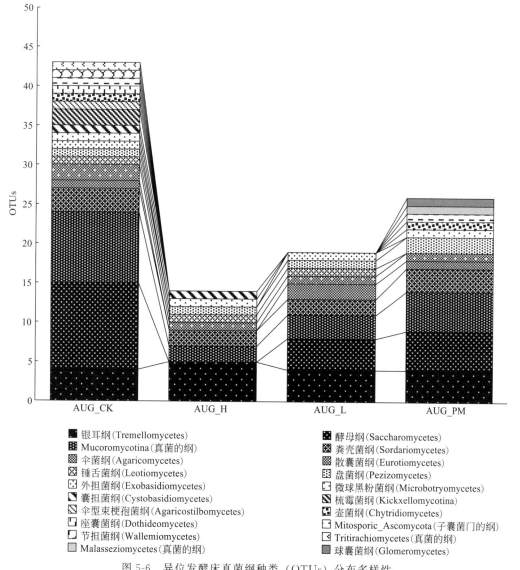

图例：
银耳纲（Tremellomycetes）　　酵母纲（Saccharomycetes）
Mucoromycotina（真菌的纲）　　粪壳菌纲（Sordariomycetes）
伞菌纲（Agaricomycetes）　　散囊菌纲（Eurotiomycetes）
锤舌菌纲（Leotiomycetes）　　盘菌纲（Pezizomycetes）
外担菌纲（Exobasidiomycetes）　　微球黑粉菌纲（Microbotryomycetes）
囊担菌纲（Cystobasidiomycetes）　　梳霉纲（Kickxellomycotina）
伞型束梗孢菌纲（Agaricostilbomycetes）　　壶菌纲（Chytridiomycetes）
座囊菌纲（Dothideomycetes）　　Mitosporic_Ascomycota（子囊菌门的纲）
节担菌纲（Wallemiomycetes）　　Tritirachiomycetes（真菌的纲）
Malasseziomycetes（真菌的纲）　　球囊菌纲（Glomeromycetes）

图 5-6　异位发酵床真菌纲种类（OTUs）分布多样性

3. 群落丰度（%）结构

分析结果见表 5-9、表 5-10、图 5-7。未确定分类地位的类群丰度，在异位发酵后深发酵垫料组（AUG_H）分布很低（0.76%），在其他 3 个处理组分布在 47%～96%。原生生物等丰度在异位发酵床所有处理组分布都很低，不超过 1%（表 5-9）。真菌纲丰度分布为 AUG_H（99.23%）＞ AUG_CK（68.48%）＞ AUG_L（13.33%）＞ AUG_PM（3.77%）（表 5-9）。

表 5-9　异位发酵床不同微生物处理组纲群落丰度（%）分布

序号	分类阶元	AUG_CK	AUG_H	AUG_L	AUG_PM
未确定分类地位类群					
[1]	environmental_samples	0.000000	0.000000	0.000014	0.000010
[2]	environmental_samples_norank	0.307987	0.006791	0.806774	0.941631
[3]	Fungi_norank(真菌)	0.000538	0.000835	0.034403	0.015698
[4]	Eukaryota_norank(真核生物)	0.000080	0.000000	0.000000	0.000000
	小计	0.305605	0.007626	0.841191	0.957339
原生生物等					
[1]	Amoebozoa_norank(原生生物,变形虫)	0.000000	0.000000	0.000077	0.000000
[2]	Apusozoa_norank(原生生物,天燕虫)	0.000010	0.000000	0.001848	0.000865
[3]	Cercozoa_norank(原生生物,丝足虫)	0.000229	0.000000	0.000000	0.000048
[4]	Chromadorea(线虫,色矛纲)	0.000000	0.000000	0.010574	0.000000
[5]	Chrysophyceae(金藻纲)	0.000438	0.000000	0.000644	0.000577
[6]	Demospongiae(寻常海绵纲)	0.000000	0.000000	0.000182	0.000058
[7]	Discosea_norank(原生生物)	0.001096	0.000000	0.000021	0.000019
[8]	Coccidia(原生生物,球虫纲)	0.000000	0.000000	0.000238	0.000000
[9]	Euamoebida(原生生物)	0.000179	0.000000	0.000112	0.000327
[10]	Flabellinia(原生生物)	0.000000	0.000000	0.000000	0.000077
[11]	Ichthyosporea(原生生物)	0.000239	0.000000	0.000147	0.000000
[12]	Nassophorea(原生生物)	0.002411	0.000000	0.002806	0.000125
[13]	Nucleariidae_and_Fonticula-norank(原生生物)	0.001773	0.000000	0.004423	0.002499
[14]	Spirotrichea(原生生物,旋毛纲)	0.000139	0.000052	0.004465	0.000385
[15]	Trebouxiophyceae(共球藻纲)	0.000050	0.000000	0.000000	0.000000
[16]	Tubulinea_norank(原生生物,变形虫纲)	0.000030	0.000000	0.000014	0.000000
	小计	0.006594	0.000052	0.025551	0.00498
真菌纲					
[1]	伞菌纲(Agaricomycetes)	0.000020	0.000000	0.001015	0.000010
[2]	伞型束梗孢菌纲(Agaricostilbomycetes)	0.000996	0.000000	0.000000	0.000000
[3]	壶菌纲(Chytridiomycetes)	0.000080	0.000000	0.000000	0.000048
[4]	囊担菌纲(Cystobasidiomycetes)	0.000090	0.000052	0.000000	0.000000
[5]	座囊菌纲(Dothideomycetes)	0.000040	0.000000	0.000000	0.000000
[6]	散囊菌纲(Eurotiomycetes)	0.315131	0.000009	0.007516	0.009209
[7]	外担菌纲(Exobasidiomycetes)	0.000249	0.000000	0.000686	0.000000
[8]	球囊菌纲(Glomeromycetes)	0.000000	0.000000	0.000000	0.000019
[9]	梳霉菌纲(Kickxellomycotina)	0.001375	0.000000	0.000000	0.000000
[10]	锤舌菌纲(Leotiomycetes)	0.000528	0.001356	0.000595	0.000000
[11]	马拉色氏霉菌纲(Malasseziomycetes)	0.000000	0.000000	0.000000	0.000183
[12]	微球黑粉菌纲(Microbotryomycetes)	0.002122	0.018703	0.000000	0.000087
[13]	Mitosporic_Ascomycota(子囊菌门的纲)	0.001445	0.000000	0.000000	0.000038

续表

序号	分类阶元	AUG_CK	AUG_H	AUG_L	AUG_PM
[14]	真菌的纲（Mucoromycotina）	0.164520	0.000670	0.006382	0.005672
[15]	盘菌纲（Pezizomycetes）	0.000110	0.000635	0.000749	0.000029
[16]	酵母纲（Saccharomycetes）	0.191599	0.000000	0.035789	0.007537
[17]	粪壳菌纲（Sordariomycetes）	0.004194	0.078831	0.009091	0.001327
[18]	银耳纲（Tremellomycetes）	0.001883	0.892067	0.071437	0.013525
[19]	真菌的纲（Tritirachiomycetes）	0.000279	0.000000	0.000000	0.000000
[20]	节担菌纲（Wallemiomycetes）	0.000139	0.000000	0.000000	0.000000
	小计	0.6848	0.992323	0.133260	0.037684
	合计	0.999999	1.000001	1.000002	1.000003

不同分类阶元群落分布见表 5-10。异位发酵床不同处理组的不同阶元群落分布差异显著。在垫料原料组（AUG_CK）真菌纲含量达 68.48%，未确定分类地位类群为 30.86%，原生生物等为 0.66%；在深发酵垫料组（AUG_H）真菌门含量最高，达 99.23%，未确定分类地位类群 0.76%，原生生物等类群 0.00%；在浅发酵垫料组（AUG_L）为未确定分类地位类群含量最高，达 84.12%，真菌门次之，达 13.33%，原生生物等为 2.56%；在未发酵猪粪组（AUG_PM）未确定分类地位类群含量最高，达 95.73%，真菌门含量次之，达 3.77%，原生生物等为 0.50%。

表 5-10　异位微生物发酵床不同处理组未确定分类地位类群、原生生物等、真菌纲群落相对丰度分布

分类阶元	AUG_CK	AUG_H	AUG_L	AUG_PM
未确定分类地位类群	0.308605	0.007626	0.841191	0.957339
原生生物等	0.006594	0.000052	0.025551	0.004980
真菌纲	0.684800	0.992323	0.133260	0.037684

未确定分类地位类群在浅发酵垫料组和未发酵猪粪组种类最多，原生生物在不同处理组种类都少，真菌在深发酵垫料组种类最多（图 5-7）。

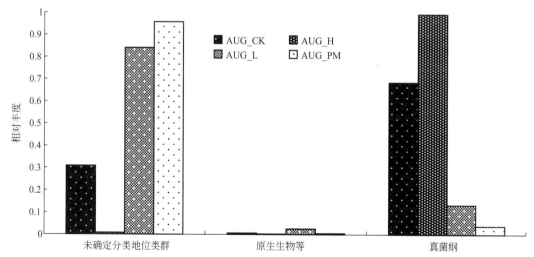

图 5-7　异位发酵床不同微生物处理组未确定分类地位类群、原生生物等、真菌纲群落相对丰度分布

4. 真菌纲群落相关分析

异位发酵床真菌纲数量（reads）不同处理组相关分析见表 5-11。真菌纲数量平均值大小排列顺序为浅发酵垫料 AUG_L、深发酵垫料组 AUG_H、未发酵猪粪 AUG_PM、垫料原料组 AUG_CK。不同发酵处理组之间有相关的组是：AUG_CK 和 AUG_L（0.6088）、AUG_CK 和 AUG_PM（0.6031）、AUG_L 和 AUG_PM（0.9964）。

表 5-11　异位发酵床真菌纲数量（reads）不同处理组相关分析

处理组	平均值	标准差	AUG_CK	AUG_H	AUG_L	AUG_PM
垫料原料组（AUG_CK）	2509.2750	7757.7828	1.0000	−0.0487	0.6088	0.6031
深发酵垫料组（AUG_H）	2875.1500	16237.1355	−0.0487	1.0000	0.0640	−0.0078
浅发酵垫料（AUG_L）	3572.3750	18216.2949	0.6088	0.0640	1.0000	0.9964
未发酵猪粪（AUG_PM）	2600.6750	15468.1396	0.6031	−0.0078	0.9964	1.0000

注：相关系数临界值，$a=0.05$ 时，$r=0.3120$；$a=0.01$ 时，$r=0.4026$。

5. 真菌纲群落主成分分析

基于不同处理组的真菌纲数量主成分分析。异位发酵床真菌纲数量（reads）不同处理组主成分分析规格化特征向量见表 5-12，特征值见表 5-13，因子得分见表 5-14，主成分分析见图 5-8。分析结果表明，前三个主成分累计特征值达 99.9765%，很好地涵盖了主要信息，第一主成分主要影响因子为环境微生物（environmental_samples_norank）（9.3619），发生在浅发酵垫料组内，发酵开始的时候，许多环境真菌开始生长活动，测序到的量很大，但许多种类无法匹配到真菌纲；第二主成分主要影响因子为银耳纲（Tremellomycetes）（6.1470），发生在深发酵垫料组内，经过发酵后垫料混合猪粪产生了许多营养物质，满足银耳纲真菌的生长，使之成为深发酵阶段的优势真菌；第三主成分主要影响因子为散囊菌纲（Eurotiomycetes）（3.2913）为主的真菌类，发生在垫料原料组内，特点是耗气发酵、耐干燥等。

表 5-12　基于不同处理组异位发酵床真菌纲数量（reads）主成分分析规格化特征向量

处理组	因子 1	因子 2	因子 3	因子 4
垫料原料组（AUG_CK）	0.4985	−0.1091	0.8599	0.0118
深发酵垫料组（AUG_H）	0.0068	0.9913	0.1211	0.0516
浅发酵垫料（AUG_L）	0.6136	0.0739	−0.3366	−0.7104
未发酵猪粪（AUG_PM）	0.6123	0.0037	−0.3641	0.7018

表 5-13　基于不同处理组异位发酵床真菌纲数量（reads）主成分分析特征值

序号	特征值	百分率/%	累计百分率/%	Chi-Square	df	p 值
1	2.4895	62.2386	62.2386	248.3382	9.0000	0.0000
2	1.0101	25.2527	87.4914	206.1086	5.0000	0.0000
3	0.4994	12.4851	99.9765	180.2315	2.0000	0.0000
4	0.0009	0.0235	100.0000	0.0000	0.0000	1.0000

表 5-14　基于不同处理组异位发酵床真菌纲数量（reads）主成分分析因子得分

纲分类地位	$Y(i,1)$	$Y(i,2)$	$Y(i,3)$	$Y(i,4)$
银耳纲（Tremellomycetes）	0.0692	6.1470	0.3920	0.0006

续表

纲分类地位	$Y(i,1)$	$Y(i,2)$	$Y(i,3)$	$Y(i,4)$
散囊菌纲（Eurotiomycetes）	1.7209	-0.5956	3.2913	0.0579
酵母纲（Saccharomycetes）	1.0533	-0.4049	1.8463	-0.1263
Mucoromycotina［毛霉纲（亚门）］	0.7295	-0.3791	1.6279	0.0249
粪壳菌纲（Sordariomycetes）	-0.3056	0.3975	-0.0853	-0.0066
微球黑粉菌纲（Microbotryomycetes）	-0.3708	-0.0270	-0.1329	0.0159
盘菌纲（Pezizomycetes）	-0.3813	-0.1506	-0.1726	0.0046
Mitosporic_Ascomycota（子囊菌纲）	-0.3763	-0.1574	-0.1564	0.0088
伞菌纲（Agaricomycetes）	-0.3807	-0.1548	-0.1748	0.0028
锤舌菌纲（Leotiomycetes）	-0.3794	-0.1462	-0.1669	0.0056
Kickxellomycotina（梳霉亚门，真菌）	-0.3769	-0.1573	-0.1571	0.0086
外担菌纲（Exobasidiomycetes）	-0.3808	-0.1553	-0.1714	0.0046
囊担菌纲（Cystobasidiomycetes）	-0.3852	-0.1551	-0.1713	0.0084
座囊菌纲（Dothideomycetes）	-0.3855	-0.1554	-0.1719	0.0084
球囊菌纲（Glomeromycetes）	-0.3857	-0.1553	-0.1724	0.0085
Agaricostilbomycetes（真菌）	-0.3793	-0.1568	-0.1613	0.0085
壶菌纲（Chytridiomycetes）	-0.3850	-0.1555	-0.1716	0.0086
Tritirachiomycetes（真菌）	-0.3839	-0.1557	-0.1692	0.0084
Fungi_norank（真菌）	-0.1520	-0.1299	-0.2949	-0.1089
Malasseziomycetes（真菌）	-0.3850	-0.1553	-0.1728	0.0092
Chromadorea（色矛纲，原生生物）	-0.3348	-0.1492	-0.2003	-0.0506
Nucleariidae_norank（核形虫类）	-0.3427	-0.1552	-0.1704	-0.0042
Spirotrichea（旋毛纲，原生生物）	-0.3618	-0.1526	-0.1835	-0.0147
Nassophorea（篮管纲，原生生物）	-0.3562	-0.1571	-0.1532	-0.0063
Apusozoa_norank（天燕虫类，原生生物）	-0.3732	-0.1543	-0.1792	0.0022
Discosea_norank（变形虫类，原生生物）	-0.3785	-0.1569	-0.1603	0.0085
Euamoebida（变形虫类，原生生物）	-0.3827	-0.1555	-0.1714	0.0093
Ichthyosporea（原生生物，寄生虫）	-0.3835	-0.1556	-0.1701	0.0076
Coccidia（球虫纲，原生生物）	-0.3846	-0.1552	-0.1730	0.0070
Demospongiae（寻常海绵纲，原生生物）	-0.3846	-0.1552	-0.1730	0.0076
Cercozoa_norank（丝足虫类，原生生物）	-0.3841	-0.1557	-0.1699	0.0086
节担菌纲（Wallemiomycetes）	-0.3848	-0.1555	-0.1708	0.0084
Amoebozoa_norank（变形虫类，原生生物）	-0.3854	-0.1553	-0.1726	0.0079
Flabellinia（扇羽海牛纲，软体动物）	-0.3854	-0.1553	-0.1725	0.0087
Eukaryota_norank（真核生物）	-0.3852	-0.1555	-0.1715	0.0084
Tubulinea_norank（变形虫类，原生生物）	-0.3855	-0.1554	-0.1721	0.0083
Chrysophyceae（金黄藻纲，藻类）	-0.3774	-0.1556	-0.1706	0.0076
Trebouxiophyceae（共球藻纲，藻类）	-0.3854	-0.1554	-0.1718	0.0084
environmental_samples_norank（环境微生物）	9.3619	-0.0514	-1.1762	0.0062
environmental_samples（环境微生物）	-0.3856	-0.1553	-0.1724	0.0083

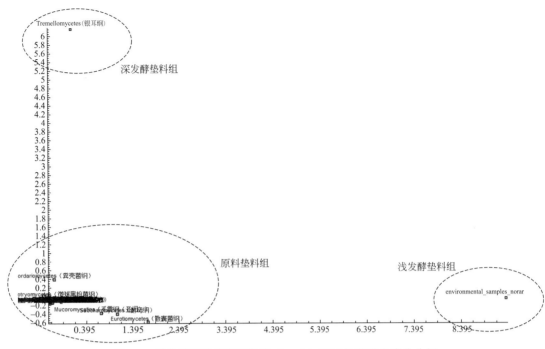

图 5-8　异位发酵床真菌纲数量（reads）不同处理组主成分分析

　　基于真菌纲数量的不同处理组主成分分析。基于真菌纲数量（reads）异位发酵床不同处理组主成分分析特征值见表 5-15，因子得分见表 5-16，主成分分析见图 5-9。分析结果表明，前 2 个主成分累计特征值达 80.17％，很好地涵盖了全部信息，第一主成分定义为发酵启动阶段，主要影响因子原料垫料组（5.9223）和浅发酵垫料组（−4.4866），它们互为负相关，原料垫料组固有真菌参加了浅发酵垫料组的发酵，改变了真菌纲的结构；第二主成分定义为发酵完成阶段，主要影响因子为浅发酵垫料组（3.6527）和深发酵垫料组（−4.3174），它们互为负相关，浅发酵垫料组的真菌参加了发酵，到了深发酵垫料组改变了真菌纲的结构；浅发酵垫料组承接了原料垫料组真菌结构和深发酵垫料组的真菌结构。

表 5-15　基于真菌纲数量（reads）异位发酵床不同处理组主成分分析特征值

序号	特征值	百分率/%	累计百分率/%	Chi-Square	df	p 值
1	18.8731	47.1829	47.1829	0.0000	819.0000	0.9999
2	13.1948	32.9870	80.1699	0.0000	779.0000	0.9999
3	7.9321	19.8301	100.0000	0.0000	740.0000	0.9999

表 5-16　基于真菌纲数量（reads）异位发酵床不同处理组主成分分析因子得分

处理组	$Y(i,1)$	$Y(i,2)$	$Y(i,3)$
原料垫料组（AUG_CK）	5.9223	2.2534	0.2311
深发酵垫料组（AUG_H）	−0.2791	−4.3174	2.5708
浅发酵垫料组（AUG_L）	−4.4866	3.6527	1.1689
未发酵猪粪组（AUG_PM）	−1.1567	−1.5888	−3.9708

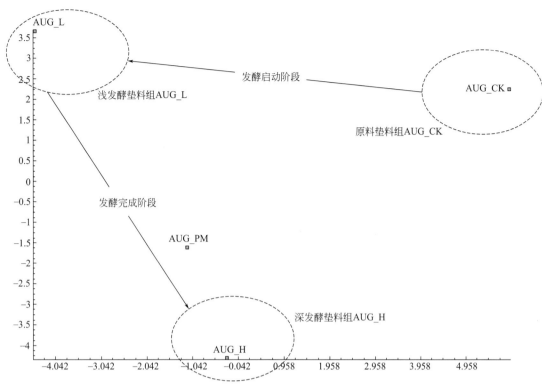

图 5-9　基于真菌纲数量（reads）异位发酵床不同处理组主成分分析

6. 真菌纲群落聚类分析

基于真菌纲数量（reads）异位发酵床不同处理组聚类分析见图 5-10。从图 5-10 可以看出，深发酵垫料组和未发酵猪粪组归为一类，浅发酵垫料组归为一类，原料垫料组归为一类，揭示了发酵从垫料原料出发，经过浅发酵垫料组，汇集到深发酵垫料组的过程。

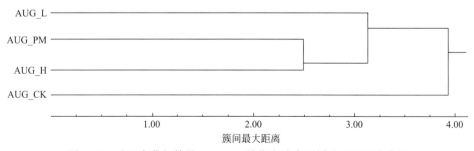

图 5-10　基于真菌纲数量（reads）异位发酵床不同处理组聚类分析

基于异位发酵床不同处理组的真菌纲数量（reads）聚类分析见图 5-11。从图 5-11 可以看出，真菌纲分为三类：第一类为高含量微生物，包括了环境微生物类和银耳纲，主要发生在深发酵组；第二类为中含量微生物，包括了散囊菌纲（Eurotiomycetes）、酵母纲（Saccharomycetes）、Mucoromycotina［毛霉纲（亚门）］，主要发生在浅发酵组；第三类为低含量微生物，包括了其余的微生物类型，主要发生在原料垫料组。

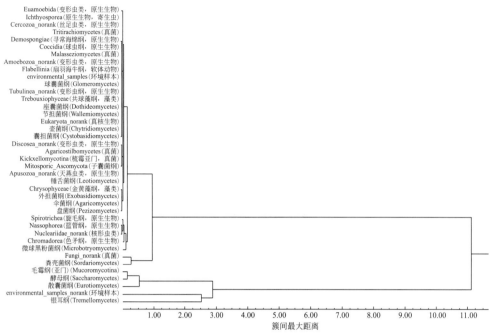

图 5-11　基于异位发酵床不同处理组真菌纲数量（reads）聚类分析

三、真菌目数量（reads）分布结构

1. 群落数量（reads）结构

分析结果按不同处理组的平均值排序见表 5-17。异位发酵床不同处理组共分析检测到 50 个真菌、藻类、原生生物目，不同处理组的目分类群落数量异显著，垫料原料组（AUG_CK）含有 39 个目，数量最大的是囊菌目（Eurotiales）（31630）；深发酵垫料组（AUG_H）含有 13 个目，数量最大的是层菌目（Trichosporonales）（59331）；浅发酵垫料组（AUG_L）含有 31 个目，数量最大的是层菌目（Trichosporonales）（10148）；未发酵猪粪组（AUG_PM）含有 31 个目，数量最大的是层菌目（Trichosporonales）（1387）。

表 5-17　异位发酵床不同微生物处理组真菌目、未确定分类地位目、原生生物目群落数量（reads）

序号	分类阶元	AUG_CK	AUG_H	AUG_L	AUG_PM	平均值
真菌目						
[1]	层菌目（Trichosporonales）	125	59331	10148	1387	17747.75
[2]	线黑粉菌目（Filobasidiales）	34	43243	20	15	10828.00
[3]	囊菌目（Eurotiales）	31630	1	1074	958	8415.75
[4]	酵母目（Saccharomycetales）	19231	0	5114	784	6282.25
[5]	毛霉目（Mucorales）	16453	77	44	23	4149.25
[6]	小丛壳目（Glomerellales）	9	9066	0	3	2269.50
[7]	内囊霉目（Endogonales）	60	0	868	567	373.75
[8]	Pisorisporiales（粪壳菌纲的一个新目）	201	0	1230	85	379.00
[9]	锁掷酵母目（Sporidiobolales）	213	2151	0	9	593.25
[10]	间座壳目（Diaporthales）	211	0	69	50	82.50
[11]	Thelebolales（锤舌菌纲的一目）	53	156	85	0	73.50

续表

序号	分类阶元	AUG_CK	AUG_H	AUG_L	AUG_PM	平均值
[12]	盘菌目（Pezizales）	11	73	107	3	48.50
[13]	Mitosporic_Ascomycota_norank（子囊菌纲的一目）	145	0	0	4	37.25
[14]	外担菌目（Exobasidiales）	25	0	98	0	30.75
[15]	牛肝菌目（Boletales）	0	0	117	0	29.25
[16]	Agaricostilbales_incertae_sedis（担子菌纲的一目）	100	0	0	0	25.00
[17]	银耳目（Tremellales）	30	19	40	5	23.50
[18]	梳霉目（Kickxellales）	63	0	0	0	15.75
[19]	双珠霉目（Dimargaritales）	75	0	0	0	18.75
[20]	Trechisporales（糙孢孔目，真菌）	2	0	28	1	7.75
[21]	Tritirachiales（伞菌纲的一目）	28	0	0	0	7.00
[22]	马拉色菌目（Malasseziales）	0	0	0	19	4.75
[23]	Cystobasidiomycetes_incertae_sedis（囊担菌纲的一目）	9	6	0	0	3.75
[24]	节担菌门（Wallemiales）	14	0	0	0	3.50
[25]	小壶目（Spizellomycetales）	8	0	0	5	3.25
[26]	Dothideomycetes_incertae_sedis（座囊菌纲）	4	0	0	0	1.00
[27]	球囊霉目（Glomerales）	0	0	0	2	0.50
	小计	68734	114123	19042	3920	51454.75
	占处理组总和的比例/%	68.47	99.23	13.32	3.76	44.52
未确定分类地位目						
[1]	Fungi_norank（真菌）	54	96	4916	1633	1674.75
[2]	environmental_samples_norank	30913	781	115286	97956	61234.00
	小计	30967	877	120202	99589	62908.75
	占处理组总和的比例/%	30.85	0.76	84.11	95.73	54.43
原生生物目						
[1]	双胃线虫目（Diplogasterida）	0	0	1511	0	377.75
[2]	Nucleariidae_and_Fonticula_norank（核形虫目，原生动物）	178	0	632	260	267.50
[3]	Sporadotrichida（纤毛虫类，原生动物）	14	0	638	40	173.00
[4]	Microthoracida（纤毛虫类，原生动物）	242	0	401	13	164.00
[5]	Rigifilida（丝足虫类，原生动物）	0	0	215	90	76.25
[6]	色金藻目（Chromulinales）	25	0	88	52	41.25
[7]	Longamoebia（原生动物的一目）	110	0	3	2	28.75
[8]	Apusozoa_norank（天燕虫类的一目，原生动物）	1	0	49	0	12.50
[9]	Ichthyosporea_norank（原生生物）	24	0	21	0	11.25
[10]	Euamoebida_norank（变形虫类的一目，原生生物）	18	0	16	4	9.50
[11]	Eucoccidiorida（真球虫目，原生动物）	0	0	34	0	8.50
[12]	Demospongiae_unclassified（寻常海绵纲的一目）	0	0	26	6	8.00
[13]	environmental_samples（环境微生物）	19	0	4	8	7.75
[14]	变形虫目（Tubulinida）	0	0	0	30	7.50
[15]	Cercomonadida（鞭毛虫类的一目）	23	0	0	5	7.00
[16]	Amoebozoa_norank（原生动物）	0	0	11	0	2.75
[17]	Eukaryota_norank（真核生物）	8	0	0	0	2.00
[18]	Dactylopodida（变形虫类的一目，原生生物）	0	0	0	8	2.00

续表

序号	分类阶元	AUG_CK	AUG_H	AUG_L	AUG_PM	平均值
[19]	Choreotrichida(丁丁虫类的一目,原生生物)	0	6	0	0	1.50
[20]	小球藻目(Chlorellales)	5	0	0	0	1.25
[21]	Leptomyxida(细胶丝目,原生生物)	3	0	2	0	1.25
	小计	670	6	3651	518	1211.25
	占处理组总和的比例/%	0.66	0.005	2.55	0.49	1.05
	总计	100371	115006	142895	104027	115574.75

异位发酵床不同类群微生物群落比例分析。异位发酵床不同处理组的已知真菌目、未确定类群、原生动物和藻类目所占各处理总群落数量的比例差异显著。已知真菌目数量在不同处理组 AUG_CK、AUG_H、AUG_L、AUG_PM 的比例（%）分别为 68.47、99.23、13.32、3.76，表明浅发酵垫料组（AUG_L）宏基因序列 99% 是已知真菌目，而未发酵猪粪组（AUG_PM）仅有 3.76% 是已知真菌目。未确定类群数量在不同处理组 AUG_CK、AUG_H、AUG_L、AUG_PM 的比例（%）分别为 30.85、0.76、84.11、95.73，表明浅发酵垫料组（AUG_L）宏基因序列 84% 是未确定类群，而深发酵垫料组（AUG_H）仅有 0.76% 是未确定类群。原生动物和藻类目数量在不同处理组 AUG_CK、AUG_H、AUG_L、AUG_PM 的比例（%）分别为 0.66、0.005、2.55、0.49，表明深发酵垫料组（AUG_H）宏基因序列 2.5% 是原生动物和藻类目，而浅发酵垫料组（AUG_L）仅有 0.005% 是原生动物和藻类目。已知真菌目、未确定类群、原生动物和藻类目平均所占的比例（%）分别为 44.52、54.43、1.05（表 5-17）。

异位发酵床 TOP10 真菌目群落结构分析。异位发酵床不同处理组 TOP10 真菌目数量（reads）结构见图 5-12，从图 5-12 可知不同处理组真菌目数量结构差异显著；垫料原料组（AUG_CK）前 3 个数量最大的真菌目分别为囊菌目（Eurotiales）（31630）、酵母目（Saccharomycetales）（19231）、毛霉目（Mucorales）（16453）；深发酵垫料组（AUG_H）前 3 个数量最大的真菌目分别为层菌目（Trichosporonales）（59331）、线黑粉菌目（Filobasidiales）（43243）、小丛壳目（Glomerellales）（9066）；浅发酵垫料（AUG_L）前 3 个数量最大的真菌目分别为层菌目（Trichosporonales）（10148）、酵母目（Saccharomycetales）（5114）、Pisorisporiales（粪壳菌纲的一新目）（1230）；未发酵猪粪（AUG_PM）前 3 个数量最大的真菌目分别为层菌目（Trichosporonales）（1387）、囊菌目（Eurotiales）（958）、酵母目（Saccharomycetales）（784）；不同处理组真菌目优势种差异显著。

2. 群落种类（OTUs）结构

目群落种类（OTUs）结构。分析结果见表 5-18。异位发酵床不同处理组共检测到 51 个真核生物目种类，其中未确定分类地位的群落种类在异位发酵床不同处理组 AUG_CK、AUG_H、AUG_L、AUG_PM 分布分别为 58、11、67、66；原生生物等分别为 15、1、14、10；真菌目分别为 41、14、20、26。

表 5-18 异位发酵床真菌目种类（OTUs）分布多样性

分类阶元	AUG_CK	AUG_H	AUG_L	AUG_PM
未确定分类地位目				
Fungi_norank	1	1	1	1
environmental_samples	1	0	1	1

续表

分类阶元	AUG_CK	AUG_H	AUG_L	AUG_PM
environmental_samples_norank	55	10	65	63
mitosporic_Ascomycota_norank	1	0	0	1
小计	58	11	67	66
原生生物目				
Amoebozoa_norank(原生生物)	0	0	1	0
Apusozoa_norank(原生生物)	1	0	1	0
Cercomonadida(原生生物)	1	0	0	1
Choreotrichida(原生生物)	0	1	0	0
Dactylopodida(原生生物)	0	0	0	1
双胃线虫目(Diplogasterida)	0	0	1	0
Euamoebida_norank(原生生物)	1	0	1	1
Eucoccidiorida(原生生物)	0	0	1	0
Eukaryota_norank(真核生物)	1	0	0	0
Ichthyosporea_norank(原生生物)	1	0	1	0
Leptomyxida(原生生物,细胶丝目)	1	0	1	0
Longamoebia(原生生物)	2	0	1	1
Microthoracida(原生生物)	1	0	1	1
Nucleariidae_and_Fonticula_group(原生生物)	2	0	2	1
Pisorisporiales(真菌的目)	1	0	1	1
Rigifilida(原生生物)	0	0	1	1
Sporadotrichida(原生生物)	1	0	1	1
Tritirachiales(原生生物)	1	0	0	0
Tubulinida(原生生物)	0	0	0	1
Wallemiales	1	0	0	0
小计	15	1	14	10
真菌目 Agaricostilbales_incertae_sedis(担子菌的目)	1	0	0	0
牛肝菌目(Boletales)	0	0	1	0
小球藻目(Chlorellales)	1	0	0	0
色金藻目(Chromulinales)	1	0	1	1
Cystobasidiomycetes_incertae_sedis(囊担菌纲)	1	1	0	0
Demospongiae_unclassified(寻常海绵纲)	0	0	1	1
间座壳目(Diaporthales)	1	0	1	1
双珠霉目(Dimargaritales)	1	0	0	0
内囊霉目(Endogonales)	1	0	1	2
Dothideomycetes_incertae(座囊菌纲)	1	0	0	0
散囊菌目(Eurotiales)	2	1	1	1
外担菌目(Exobasidiales)	1	0	1	0
线黑粉菌目(Filobasidiales)	1	1	1	1
球囊霉目(Glomerales)	0	0	0	1
盘菌的目(Glomerellales)	1	2	0	1
梳霉目(Kickxellales)	1	0	0	0

续表

分类阶元	AUG_CK	AUG_H	AUG_L	AUG_PM
马拉色菌目（Malasseziales）	0	0	0	1
毛霉目（Mucorales）	8	2	2	3
盘菌目（Pezizales）	1	1	1	2
酵母目（Saccharomycetales）	11	0	4	5
小壶菌目（Spizellomycetales）	1	0	0	1
锁掷酵母目（Sporidiobolales）	1	1	0	1
子囊菌的目（Thelebolales）	1	1	1	0
糙孢孔目（Trechisporales）	1	0	1	1
银耳目（Tremellales）	1	1	1	1
酵母的目（Trichosporonales）	2	3	2	2
小计	41	14	20	26
合计	114	26	101	102

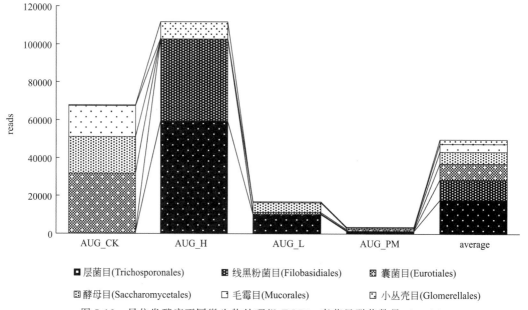

图 5-12　异位发酵床不同微生物处理组 TOP10 真菌目群落数量（reads）

3. 群落丰度（%）结构

分析结果见表 5-19、表 5-20、图 5-13。未确定分类地位的类群丰度，在异位发酵后深发酵垫料组（AUG_H）分布很低（0.76%），在其他 3 个处理组分布在 30%～96%。原生生物等丰度在异位发酵床所有处理组分布都很低，不超过 3%（表 5-19）。真菌目丰度分布为 AUG_H（99.23%）＞AUG_CK（68.45%）＞AUG_L（13.33%）＞AUG_PM（3.77%）。

表 5-19　异位发酵床不同微生物处理组目群落相对丰度分布

分类阶元	AUG_CK	AUG_H	AUG_L	AUG_PM
未确定分类地位				
environmental_samples	0.000189	0.000000	0.000028	0.000077

续表

分类阶元	AUG_CK	AUG_H	AUG_L	AUG_PM
environmental_samples_norank	0.307987	0.006791	0.806788	0.941640
Eukaryota_norank（真核生物）	0.000080	0.000000	0.000000	0.000000
Fungi_norank	0.000538	0.000835	0.034403	0.015698
小计	0.308794	0.007626	0.841219	0.957415
原生生物等				
Amoebozoa_norank（原生生物）	0.000000	0.000000	0.000077	0.000000
Apusozoa_norank（原生生物）	0.000010	0.000000	0.000343	0.000000
Cercomonadida（原生生物）	0.000229	0.000000	0.000000	0.000048
Choreotrichida（原生生物）	0.000000	0.000052	0.000000	0.000000
Dactylopodida（原生生物）	0.000000	0.000000	0.000000	0.000077
Demospongiae_unclassified（寻常海绵纲）	0.000000	0.000000	0.000182	0.000058
色金藻目（Chromulinales）	0.000249	0.000000	0.000616	0.000500
小球藻目（Chlorellales）	0.000050	0.000000	0.000000	0.000000
双胃线虫目（Diplogasterida）	0.000000	0.000000	0.010574	0.000000
Euamoebida_norank（原生生物）	0.000179	0.000000	0.000112	0.000038
Eucoccidiorida（原生生物）	0.000000	0.000000	0.000238	0.000000
Ichthyosporea_norank（原生生物）	0.000239	0.000000	0.000147	0.000000
Leptomyxida（原生生物-细胶丝目）	0.000030	0.000000	0.000014	0.000000
Longamoebia（原生生物）	0.001096	0.000000	0.000021	0.000019
Microthoracida（原生生物）	0.002411	0.000000	0.002806	0.000125
Nucleariidae_and_Fonticula_group（原生生物）	0.001773	0.000000	0.004423	0.002499
Rigifilida（原生生物）	0.000000	0.000000	0.001505	0.000865
Sporadotrichida（原生生物）	0.000139	0.000000	0.004465	0.000385
Tritirachiales（原生生物）	0.000279	0.000000	0.000000	0.000000
Tubulinida（原生生物）	0.000000	0.000000	0.000000	0.000288
小计	0.006684	0.000052	0.025523	0.004902
真菌目				
Agaricostilbales_incertae_sedis（担子菌的目）	0.000996	0.000000	0.000000	0.000000
牛肝菌目（Boletales）	0.000000	0.000000	0.000819	0.000000
Cystobasidiomycetes_incertae_sedis（囊担菌纲）	0.000090	0.000052	0.000000	0.000000
间座壳目（Diaporthales）	0.002102	0.000000	0.000483	0.000481
珠霉目（Dimargaritales）	0.000747	0.000000	0.000000	0.000000
Dothideomycetes_incertae（座囊菌纲）	0.000040	0.000000	0.000000	0.000000
内囊霉目（Endogonales）	0.000598	0.000000	0.006074	0.005451
散囊菌目（Eurotiales）	0.315131	0.000009	0.007516	0.009209
外担菌目（Exobasidiales）	0.000249	0.000000	0.000686	0.000000
线黑粉菌目（Filobasidiales）	0.000339	0.376006	0.000140	0.000144
球囊霉目（Glomerales）	0.000000	0.000000	0.000000	0.000019
盘菌的目（Glomerellales）	0.000090	0.078831	0.000000	0.000029
梳霉目（Kickxellales）	0.000628	0.000000	0.000000	0.000000
马拉色菌目（Malasseziales）	0.000000	0.000000	0.000000	0.000183

续表

分类阶元	AUG_CK	AUG_H	AUG_L	AUG_PM
Mitosporic_Ascomycota_norank（子囊菌目）	0.001445	0.000000	0.000000	0.000038
毛霉目（Mucorales）	0.163922	0.000670	0.000308	0.000221
盘菌目（Pezizales）	0.000110	0.000635	0.000749	0.000029
真菌的目（Pisorisporiales）	0.002003	0.000000	0.008608	0.000817
酵母目（Saccharomycetales）	0.191599	0.000000	0.035789	0.007537
小壶菌目（Spizellomycetales）	0.000080	0.000000	0.000000	0.000048
锁掷酵母目（Sporidiobolales）	0.002122	0.018703	0.000000	0.000087
子囊菌的目（Thelebolales）	0.000528	0.001356	0.000595	0.000000
糙孢孔目（Trechisporales）	0.000020	0.000000	0.000196	0.000010
银耳目（Tremellales）	0.000299	0.000165	0.000280	0.000048
酵母的目（Trichosporonales）	0.001245	0.515895	0.071017	0.013333
节担菌目（Wallemiales）	0.000139	0.000000	0.000000	0.000000
小计	0.684522	0.992322	0.133260	0.037684
合计				

表 5-20　异位发酵床不同微生物处理组未确定分类地位类群、原生生物等、真菌目群落相对丰度分布

分类阶元	AUG_CK	AUG_H	AUG_L	AUG_PM
未确定分类地位类群	0.308794	0.007626	0.841219	0.957415
原生生物等	0.006684	0.000052	0.025523	0.004902
真菌目	0.684522	0.992322	0.13326	0.037684

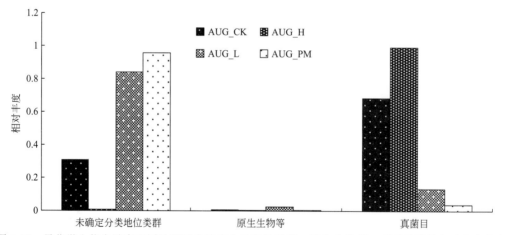

图 5-13　异位微生物发酵床不同处理组未确定分类地位类群、原生生物等、真菌目群落相对丰度分布

4. 真菌目群落相关分析

基于真菌目群落数量异位发酵床不同处理组相关分析。不同处理组相关分析。基于真菌目群落数量（reads）的不同处理组相关分析见表 5-21。从表可知，AUG_CK 与 AUG_PM、AUG_H 与 AUG_L、AUG_H 与 AUG_PM、AUG_L 与 AUG_PM 四组真菌目群落数量显著相关，相关系数分别为 0.5242、0.6772、0.5238、0.8654。

表 5-21　基于真菌目群落数量（reads）的不同处理组相关分析

处理组	平均值	标准差	AUG_CK	AUG_H	AUG_L	AUG_PM
原料垫料组（AUG_CK）	2545.7037	7509.5069	1.0000			
深发酵垫料组（AUG_H）	4226.7778	13860.0244	−0.1034	1.0000		
浅发酵垫料组（AUG_L）	705.2593	2140.9613	0.2061	0.6772	1.0000	
未发酵猪粪组（AUG_PM）	145.1852	351.8939	0.5242	0.5238	0.8654	1.0000

注：相关系数临界值，$a=0.05$ 时，$r=0.3809$；$a=0.01$ 时，$r=0.4869$。

异位发酵床不同处理组真菌目群落数量平均数与标准差见表 5-22。前 10 个数量最大的真菌目分别为层菌目（Trichosporonales）（17747.7500）、线黑粉菌目（Filobasidiales）（10828.0000）、囊菌目（Eurotiales）（8415.7500）、酵母目（Saccharomycetales）（6282.2500）、毛霉目（Mucorales）（4149.2500）、小丛壳目（Glomerellales）（2269.5000）、内囊霉目（Endogonales）（373.7500）、Pisorisporiales（粪壳菌纲的一个新目）（379.0000）、锁掷酵母目（Sporidiobolales）（593.2500）、间座壳目（Diaporthales）（82.5000）；前 5 个真菌目为优势群落。

表 5-22　真菌目不同处理组平均值与标准差

序号	分类阶元	平均值	标准差
[1]	层菌目（Trichosporonales）	17747.7500	28078.2142
[2]	线黑粉菌目（Filobasidiales）	10828.0000	21610.0015
[3]	囊菌目（Eurotiales）	8415.7500	15483.6338
[4]	酵母目（Saccharomycetales）	6282.2500	8920.6194
[5]	毛霉目（Mucorales）	4149.2500	8202.5301
[6]	小丛壳目（Glomerellales）	2269.5000	4531.0015
[7]	内囊霉目（Endogonales）	373.7500	416.2358
[8]	Pisorisporiales（粪壳菌纲的一新目）	379.0000	573.2835
[9]	锁掷酵母目（Sporidiobolales）	593.2500	1043.1473
[10]	间座壳目（Diaporthales）	82.5000	90.4747
[11]	Thelebolales（锤舌菌纲的一目）	73.5000	65.2201
[12]	盘菌目（Pezizales）	48.5000	49.9967
[13]	mitosporic_Ascomycota_norank（子囊菌纲的一目）	37.2500	71.8581
[14]	外担菌目（Exobasidiales）	30.7500	46.3564
[15]	牛肝菌目（Boletales）	29.2500	58.5000
[16]	Agaricostilbales_incertae_sedis（担子菌纲的一目）	25.0000	50.0000
[17]	银耳目（Tremellales）	23.5000	15.0222
[18]	梳霉目（Kickxellales）	15.7500	31.5000
[19]	双珠霉目（Dimargaritales）	18.7500	37.5000
[20]	Trechisporales（糙孢孔目，真菌）	7.7500	13.5247
[21]	Tritirachiales（伞菌纲的一目）	7.0000	14.0000
[22]	马拉色菌目（Malasseziales）	4.7500	9.5000
[23]	Cystobasidiomycetes_incertae_sedis（囊担菌纲的一目）	3.7500	4.5000
[24]	节担菌门（Wallemiales）	3.5000	7.0000
[25]	小壶菌目（Spizellomycetales）	3.2500	3.9476
[26]	座囊菌纲（Dothideomycetes_incertae_sedis）	1.0000	2.0000
[27]	球囊霉目（Glomerales）	0.5000	1.0000

异位发酵床真菌目 Top10 群落相关性分析。分析结果见表 5-23。层菌目（Trichosporonales）与线黑粉菌目（Filobasidiales）、小丛壳目（Glomerellales）、锁掷酵母目（Sporidiobolales）相关性极显著，相关系数在 0.97 以上；线黑粉菌目（Filobasidiales）与小丛壳目（Glomerellales）相关性极显著，相关系数在 0.98 以上；囊菌目（Eurotiales）与酵母目（Saccharomycetales）、毛霉目（Mucorales）、间座壳目（Diaporthales）相关性极显著，相关系数在 0.95 上；间座壳目（Diaporthales）与囊菌目（Eurotiales）、酵母目（Saccharomycetales）相关性极显著，相关系数在 0.94 以上。

表 5-23　异位发酵床真菌目 Top10 群落相关系数

序号	真菌目	1	2	3	4	5	6	7	8	9	10
[1]	层菌目（Trichosporonales）	1.0000									
[2]	线黑粉菌目（Filobasidiales）	0.9873	1.0000								
[3]	囊菌目（Eurotiales）	−0.4456	−0.3620	1.0000							
[4]	酵母目（Saccharomycetales）	−0.5198	−0.4692	0.9727	1.0000						
[5]	毛霉目（Mucorales）	−0.4160	−0.3306	0.9994	0.9675	1.0000					
[6]	小丛壳目（Glomerellales）	0.9872	1.0000	−0.3616	−0.4689	−0.3302	1.0000				
[7]	内囊霉目（Endogonales）	−0.4829	−0.5989	−0.4763	−0.3012	−0.5042	−0.5993	1.0000			
[8]	Pisorisporiales（粪壳菌纲的目）	−0.2957	−0.4408	−0.1877	0.0455	−0.2075	−0.4412	0.7841	1.0000		
[9]	锁掷酵母目（Sporidiobolales）	0.9735	0.9956	−0.2729	−0.3870	−0.2406	0.9956	−0.6672	−0.4770	1.0000	
[10]	间座壳目（Diaporthales）	−0.6641	−0.6076	0.9562	0.9816	0.9462	−0.6073	−0.1986	0.0415	−0.5311	1.0000

5. 真菌目群落主成分分析

基于真菌目群落数量的不同处理组主成分分析规格化特征向量见表 5-24，特征值见表 5-25，主成分分析见图 5-14，主成分分析得分见表 5-26。分析结果表明，前 2 个主成分累计特征值达 90.80%，很好地涵盖了主要信息，第一主成分定义为发酵阶段主成分，主要影响因子深发酵垫料组（AUG_H）（0.4312）、浅发酵垫料组（AUG_L）（0.4955）、未发酵猪粪组（AUG_PM）（0.4969），影响该主成分的主要真菌目为层菌目（Trichosporonales）（7.5346）；第二主成分定义为原料阶段主成分，主要影响因子为原料垫料组（AUG_CK）（0.8237），影响该主成分的主要真菌目为囊菌目（Eurotiales）（3.7757）。

表 5-24　基于真菌目群落数量的不同处理组主成分分析规格化特征向量

处理组	因子 1	因子 2	因子 3	因子 4	因子 5
原料垫料组（AUG_CK）	0.2203	0.8237	0.3440	0.2244	0.3229
深发酵垫料组（AUG_H）	0.4312	−0.5048	0.4400	−0.1022	0.5960
浅发酵垫料组（AUG_L）	0.4955	−0.1001	−0.5777	0.6343	0.0921
未发酵猪粪组（AUG_PM）	0.4969	0.2313	−0.4112	−0.7283	0.0151

表 5-25　基于真菌目群落数量的不同处理组主成分分析特征值

序号	特征值	百分率/%	累计百分率/%	Chi-Square	df	p 值
[1]	3.3810	67.6208	67.6208	0.0000	14.0000	0.9999
[2]	1.1588	23.1756	90.7964	0.0000	9.0000	0.9999
[3]	0.3895	7.7904	98.5867	0.0000	5.0000	0.9999
[4]	0.0707	1.4133	100.0000	0.0000	2.0000	0.9999

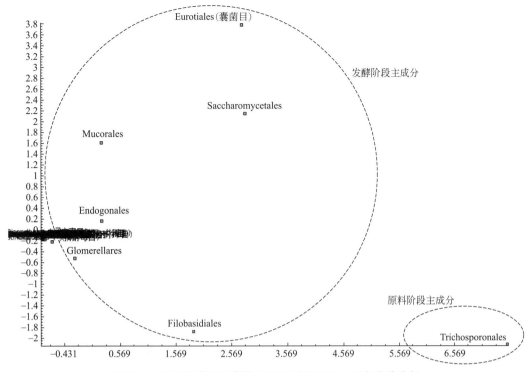

图 5-14　基于真菌目群落数量的不同处理组 Q 型主成分分析

表 5-26　基于真菌目群落数量的不同处理组主成分分析得分

序号	分类阶元	$Y(i,1)$	$Y(i,2)$	$Y(i,3)$	$Y(i,4)$
[1]	层菌目（Trichosporonales）	7.5346	−2.1062	−0.7520	0.0506
[2]	线黑粉菌目（Filobasidiales）	1.8975	−1.8673	2.3664	−0.1264
[3]	囊菌目（Eurotiales）	2.7573	3.7757	0.8098	−0.5487
[4]	酵母目（Saccharomycetales）	2.8198	2.1403	−0.8616	0.5972
[5]	毛霉目（Mucorales）	0.2299	1.5978	1.0542	0.5459
[6]	小丛壳目（Glomerellales）	−0.2430	−0.5198	0.4308	−0.0192
[7]	内囊霉目（Endogonales）	0.2400	0.1710	−0.9403	−0.8970
[8]	Pisorisporiales（粪壳菌纲的一新目）	−0.3520	−0.1473	−0.4678	0.2120
[9]	锁掷酵母目（Sporidiobolales）	−0.6503	−0.2196	0.0434	−0.0065
[10]	间座壳目（Diaporthales）	−0.7064	−0.1110	−0.1433	−0.0648
[11]	Thelebolales（锤舌菌纲的一目）	−0.7742	−0.1675	−0.0924	0.0373
[12]	盘菌目（Pezizales）	−0.7717	−0.1678	−0.1090	0.0365
[13]	Mitosporic_Ascomycota_norank（子囊菌纲的一目）	−0.7948	−0.1446	−0.0786	0.0071
[14]	外担菌目（Exobasidiales）	−0.7821	−0.1649	−0.1065	0.0407
[15]	牛肝菌目（Boletales）	−0.7786	−0.1685	−0.1129	0.0455
[16]	Agaricostilbales_incertae_sedis（担子菌纲的一目）	−0.8033	−0.1521	−0.0772	0.0138
[17]	银耳目（Tremellales）	−0.7886	−0.1590	−0.0966	0.0130
[18]	梳霉目（Kickxellales）	−0.8055	−0.1560	−0.0798	0.0125
[19]	双珠霉目（Dimargaritales）	−0.8048	−0.1547	−0.0790	0.0129
[20]	Trechisporales（糙孢孔目，真菌）	−0.8004	−0.1632	−0.0922	0.0168

续表

序号	分类阶元	$Y(i,1)$	$Y(i,2)$	$Y(i,3)$	$Y(i,4)$
[21]	Tritirachiales（伞菌纲的一目）	−0.8076	−0.1597	−0.0823	0.0113
[22]	马拉色菌目（Malasseziales）	−0.7819	−0.1503	−0.1061	−0.0289
[23]	Cystobasidiomycetes_incertae_sedis（囊担菌纲的一目）	−0.8084	−0.1620	−0.0834	0.0106
[24]	节担菌门（Wallemiales）	−0.8085	−0.1612	−0.0833	0.0108
[25]	小壶菌目（Spizellomycetales）	−0.8016	−0.1586	−0.0895	0.0003
[26]	Dothideomycetes_incertae_sedis（座囊菌纲）	−0.8091	−0.1623	−0.0840	0.0105
[27]	球囊霉目（Glomerales）	−0.8064	−0.1614	−0.0866	0.0062

基于真菌目群落数量的异位发酵床不同处理组主成分分析特征值见表 5-27，主成分分析得分见表 5-28，主成分分析见图 5-15。分析结果表明，前三个主成分累计特征值达 100%，涵盖了全部信息。第一主成分定义为垫料原料主成分，主要影响因子原料垫料组（AUG_CK）（5.5161），影响着垫料原料的配方组成；第二主成分定义为发酵阶段主成分，主要影响因子深发酵垫料组（AUG_H）（−3.2759）、浅发酵垫料组（AUG_L）（3.3048），随着发酵程度的不同互为负相关；第三主成分定义为猪粪原料主成分，主要影响因子为未发酵猪粪组（AUG_PM）（−3.5998）。第一主成分垫料原料主成分受垫料原料配方的影响，不同的垫料配方，决定了其初始微生物结构，对整个系统的影响作用超过 50%；第二主成分发酵阶段主成分受到发酵条件的影响，决定了发酵和质量，对整个系统的影响作用在 25% 左右；第三主成分猪粪原料主成分受到猪粪原料性质的影响，决定了垫料发酵产品性质，对整个系统的影响作用在 20% 左右。

表 5-27 基于真菌目群落数量的异位发酵床不同处理组主成分分析特征值

序号	特征值	百分率/%	累计百分率/%	Chi-Square	df	p 值
[1]	13.7630	50.9739	50.9739	0.0000	377.0000	0.9999
[2]	7.2195	26.7391	77.7130	0.0000	350.0000	0.9999
[3]	6.0175	22.2870	100.0000	0.0000	324.0000	0.9999

表 5-28 基于真菌目群落数量的异位发酵床不同处理组主成分分析得分

处理组	$Y(i,1)$	$Y(i,2)$	$Y(i,3)$
原料垫料组（AUG_CK）	5.5161	−0.0643	0.4819
深发酵垫料组（AUG_H）	−2.2522	−3.2759	1.5418
浅发酵垫料组（AUG_L）	−2.1127	3.3048	1.5762
为发酵猪粪组（AUG_PM）	−1.1512	0.0354	−3.5998

6. 真菌目群落聚类分析

利用表 5-26 中的真菌目群落数据构建矩阵，以真菌目样本，以不同处理组为指标，进行数据标准化，采用卡方距离，以可变类平均法进行系统聚类。分析结果见表 5-29、图 5-16。可将真菌目群落分为 3 类：第 1 类为高含量真菌目群落，包括层菌目（Trichosporonales），Chi-Square 在 1.0~5.7；第 2 类为中含量真菌目群落，包括了 7 个目，即线黑粉菌目（Filobasidiales）、囊菌目（Eurotiales）、酵母目（Saccharomycetales）、毛霉目（Mucorales）、小丛壳目（Glomerellales）、内囊霉目（Endogonales）、Pisorisporiales（粪壳菌纲的一个新目），Chi-Square 在 1.5~2.3；第 3 类为低含量真菌目群落，包括了其余的 19 个真菌目，Chi-Square 在 1.0~1.2。

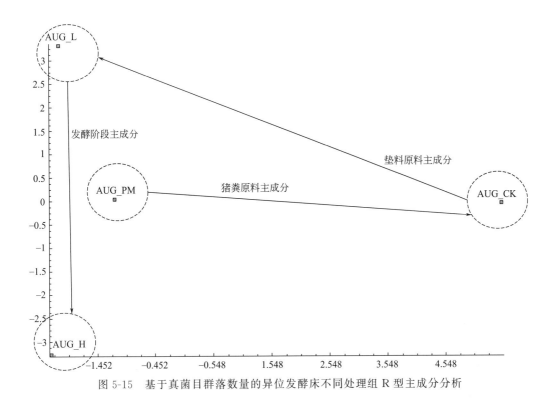

图 5-15　基于真菌目群落数量的异位发酵床不同处理组 R 型主成分分析

表 5-29　异位发酵床真菌目群落聚类分析

组别	样本号	AUG_CK	AUG_H	AUG_L	AUG_PM	到中心距离
1	层菌目（Trichosporonales）	1.0166	5.2807	5.7399	4.9415	0.0000
第1组1个样本	平均值	1.0166	5.2807	5.7399	4.9415	
2	线黑粉菌目（Filobasidiales）	1.0045	4.1200	1.0093	1.0426	3.0813
2	囊菌目（Eurotiales）	5.2120	1.0001	1.5016	3.7224	3.4439
2	酵母目（Saccharomycetales）	3.5609	1.0000	3.3886	3.2279	2.6089
2	毛霉目（Mucorales）	3.1910	1.0056	1.0206	1.0654	1.4980
2	小丛壳目（Glomerellales）	1.0012	1.6541	1.0000	1.0085	1.7133
2	内囊霉目（Endogonales）	1.0080	1.0000	1.4054	2.6113	1.5286
2	Pisorisporiales（粪壳菌纲的一个新目）	1.0268	1.0000	1.5745	1.2416	1.5609
第2组7个样本	平均值	2.2863	1.5400	1.5572	1.9885	总和＝1.4551
3	锁掷酵母目（Sporidiobolales）	1.0284	1.1552	1.0000	1.0256	0.1486
3	间座壳目（Diaporthales）	1.0281	1.0000	1.0322	1.1421	0.1309
3	Thelebolales（锤舌菌纲的一目）	1.0071	1.0113	1.0397	1.0000	0.0302
3	盘菌目（Pezizales）	1.0015	1.0053	1.0500	1.0085	0.0377
3	Mitosporic_Ascomycota_norank（子囊菌纲的一目）	1.0193	1.0000	1.0000	1.0114	0.0206
3	外担菌目（Exobasidiales）	1.0033	1.0000	1.0458	1.0000	0.0369
3	牛肝菌目（Boletales）	1.0000	1.0000	1.0546	1.0000	0.0453
3	Agaricostilbales_incertae_sedis（担子菌纲的一目）	1.0133	1.0000	1.0000	1.0000	0.0228
3	银耳目（Tremellales）	1.0040	1.0014	1.0187	1.0142	0.0099
3	梳霉目（Kickxellales）	1.0084	1.0000	1.0000	1.0000	0.0219

续表

组别	样本号	AUG_CK	AUG_H	AUG_L	AUG_PM	到中心距离
3	双珠霉目（Dimargaritales）	1.0100	1.0000	1.0000	1.0000	0.0221
3	Trechisporales（糙孢孔目，真菌）	1.0003	1.0000	1.0131	1.0028	0.0164
3	Tritirachiales（伞菌纲的一目）	1.0037	1.0000	1.0000	1.0000	0.0221
3	马拉色菌目（Malasseziales）	1.0000	1.0000	1.0000	1.0540	0.0431
3	Cystobasidiomycetes_incertae_sedis（囊担菌纲的一目）	1.0012	1.0004	1.0000	1.0000	0.0224
3	节担菌门（Wallemiales）	1.0019	1.0000	1.0000	1.0000	0.0224
3	小壶菌目（Spizellomycetales）	1.0011	1.0000	1.0000	1.0142	0.0172
3	座囊菌纲（Dothideomycetes_incertae_sedis）	1.0005	1.0000	1.0000	1.0000	0.0228
3	球囊霉目（Glomerales）	1.0000	1.0000	1.0000	1.0057	0.0198
第3组 19 个样本	平均值	1.0069	1.0091	1.0134	1.0147	总和＝0.0309

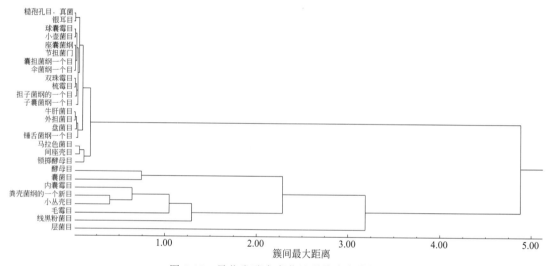

图 5-16　异位发酵床真菌目群落聚类分析

利用表 5-26 中的真菌目群落数据构建矩阵，以真菌目指标，以不同处理组为样本，进行数据标准化，采用卡方距离，以可变类平均法进行系统聚类。分析结果见表 5-30、图 5-17。可将真菌目群落分为 3 类，第 1 类为原料垫料组，包括了 AUG_CK，Chi-Square 平均值 2.13；第 2 类为垫料发酵组，包括了 AUG_H 和 AUG_L，Chi-Square 平均值在 1.60；第 3 类为未发酵猪粪组，包括了 AUG_PM，Chi-Square 平均值在 1.28。

表 5-30　异位发酵床不同处理组聚类分析

组别	第 1 组 1 个样本		第 2 组 2 个样本			第 3 组 1 个样本	
	AUG_CK	平均值	AUG_H	AUG_L	平均值	AUG_PM	平均值
层菌目（Trichosporonales）	1.0000	1.0000	3.1086	1.3570	2.2328	1.0449	1.0449
线黑粉菌目（Filobasidiales）	1.0009	1.0009	3.0004	1.0002	2.0003	1.0000	1.0000
囊菌目（Eurotiales）	3.0427	3.0427	1.0000	1.0693	1.0346	1.0618	1.0618
酵母目（Saccharomycetales）	3.1558	3.1558	1.0000	1.5733	1.2866	1.0879	1.0879
毛霉目（Mucorales）	3.0030	3.0030	1.0066	1.0026	1.0046	1.0000	1.0000

续表

组别	第1组1个样本		第2组2个样本			第3组1个样本	
	AUG_CK	平均值	AUG_H	AUG_L	平均值	AUG_PM	平均值
小丛壳目（Glomerellales）	1.0020	1.0020	3.0009	1.0000	2.0004	1.0007	1.0007
内囊霉目（Endogonales）	1.1441	1.1441	1.0000	3.0854	2.0427	2.3622	2.3622
Pisorisporiales（粪壳菌纲的一新目）	1.3506	1.3506	1.0000	3.1455	2.0728	1.1483	1.1483
锁掷酵母目（Sporidiobolales）	1.2042	1.2042	3.0620	1.0000	2.0310	1.0086	1.0086
间座壳目（Diaporthales）	3.3321	3.3321	1.0000	1.7626	1.3813	1.5526	1.5526
Thelebolales（锤舌菌纲的一目）	1.8126	1.8126	3.3919	2.3033	2.8476	1.0000	1.0000
盘菌目（Pezizales）	1.1600	1.1600	2.4001	3.0801	2.7401	1.0000	1.0000
Mitosporic_Ascomycota_norank（子囊菌纲的目）	3.0179	3.0179	1.0000	1.0000	1.0000	1.0557	1.0557
外担菌目（Exobasidiales）	1.5393	1.5393	1.0000	3.1141	2.0570	1.0000	1.0000
牛肝菌目（Boletales）	1.0000	1.0000	1.0000	3.0000	2.0000	1.0000	1.0000
Agaricostilbales_incertae_sedis（担子菌纲的目）	3.0000	3.0000	1.0000	1.0000	1.0000	1.0000	1.0000
银耳目（Tremellales）	2.6642	2.6642	1.9320	3.3299	2.6309	1.0000	1.0000
梳霉目（Kickxellales）	3.0000	3.0000	1.0000	1.0000	1.0000	1.0000	1.0000
双珠霉目（Dimargaritales）	3.0000	3.0000	1.0000	1.0000	1.0000	1.0000	1.0000
Trechisporales（糙孢孔目，真菌）	1.1479	1.1479	1.0000	3.0703	2.0351	1.0739	1.0739
伞菌纲的目（Tritirachiales）	3.0000	3.0000	1.0000	1.0000	1.0000	1.0000	1.0000
马拉色菌目（Malasseziales）	1.0000	1.0000	1.0000	1.0000	1.0000	3.0000	3.0000
Cystobasidiomycetes_incertae_sedis（囊担菌纲的目）	3.0000	3.0000	2.3333	1.0000	1.6667	1.0000	1.0000
节担菌门（Wallemiales）	3.0000	3.0000	1.0000	1.0000	1.0000	1.0000	1.0000
小壶菌目（Spizellomycetales）	3.0266	3.0266	1.0000	1.0000	1.0000	2.2666	2.2666
Dothideomycetes_incertae_sedis（座囊菌纲）	3.0000	3.0000	1.0000	1.0000	1.0000	1.0000	1.0000
球囊霉目（Glomerales）	1.0000	1.0000	1.0000	1.0000	1.0000	3.0000	3.0000
平均值		2.1335			1.595		1.2838

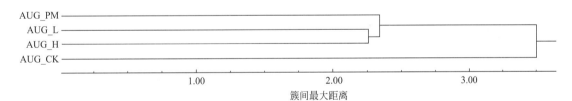

图 5-17　异位发酵床不同处理组聚类分析

四、真菌科数量（reads）分布结构

1. 群落数量（reads）结构

　　分析结果按不同处理组的平均值排序见表 5-31。异位发酵床不同处理组共分析检测到 61 个真菌、原生生物、藻类、线虫等科种群（以下称真菌科及其他），不同处理组的真菌科种类差异显著，垫料原料组（AUG_CK）含有 47 个真菌科及其他，数量最大的真菌科是曲霉菌科（Aspergillaceae）31630；深发酵垫料组（AUG_H）含有 34 个真菌科及其他，数量最大的真菌科是 Trichosporonaceae（酵母真菌的科）（59331）；浅发酵垫料组（AUG_L）含有 35 个真菌科及其他，数量最大的真菌科是 Trichosporonaceae（酵母真菌的科）

（10148）；未发酵猪粪组（AUG_PM）含有 36 个真菌科及其他，数量最大真菌的科是 Trichosporonaceae（酵母真菌的科）（1387）。

表 5-31　异位微生物发酵床不同处理组真菌科及其他群落数量（reads）

序号	分类阶元	AUG_CK	AUG_H	AUG_L	AUG_PM	平均值
真菌科						
[1]	Trichosporonaceae(酵母真菌的科)	125	59331	10148	1387	17747.75
[2]	线黑粉菌科(Filobasidiaceae)	34	43243	20	15	10828.00
[3]	曲霉菌科(Aspergillaceae)	31630	1	1074	958	8415.75
[4]	小克银汉霉科(Cunninghamellaceae)	11498	0	0	11	2877.25
[5]	法夫酵母科(Phaffomycetaceae)	10298	0	12	6	2579.00
[6]	Plectosphaerellaceae(真菌的科)	9	9066	0	3	2269.50
[7]	德巴利酵母科(Debaryomycetaceae)	6549	0	1	59	1652.25
[8]	双足囊菌科(Dipodascaceae)	0	0	5073	714	1446.75
[9]	横梗霉科(Lichtheimiaceae)	3312	12	1	7	833.00
[10]	锁掷酵母科(Sporidiobolaceae)	213	2151	0	9	593.25
[11]	Mitosporic_Saccharomycetales(酵母菌的科)	2312	0	28	5	586.25
[12]	Pisorisporiales_norank(真菌类的科)	201	0	1230	85	379.00
[13]	内囊霉科(Endogonaceae)	60	0	868	567	373.75
[14]	黑腐皮壳科(Valsaceae)	211	0	69	50	82.50
[15]	散孢盘菌科(Thelebolaceae)	53	156	85	0	73.50
[16]	Ascodesmidaceae(盘菌目的科)	11	73	107	1	48.00
[17]	粉座科(Graphiolaceae)	25	0	98	0	30.75
[18]	圆孔牛肝菌科(Gyrodontaceae)	0	0	117	0	29.25
[19]	Mitosporic_Ascomycota_norank(子囊菌的科)	145	0	0	4	37.25
[20]	Agaricostilbales_incertae_sedis_norank(真菌的科)	100	0	0	0	25.00
[21]	白木耳科(Tremellaceae)	30	19	40	5	23.50
[22]	双珠霉科(Dimargaritaceae)	75	0	0	0	18.75
[23]	毛霉科(Mucoraceae)	2	65	0	0	16.75
[24]	梳霉科(Kickxellaceae)	63	0	0	0	15.75
[25]	浆霉科(Alloascoideaceae)	56	0	0	0	14.00
[26]	Tritirachiaceae(真菌的科)	28	0	0	0	7.00
[27]	Cystobasidiomycetes_incertae_sedis_norank(囊担菌纲的科)	9	6	0	0	3.75
[28]	Wallemiales_incertae_sedis(节担菌门的科)	14	0	0	0	3.50
[29]	小壶菌科(Spizellomycetaceae)	8	0	0	5	3.25
[30]	Trigonopsidaceae(酵母菌的科)	9	0	0	0	2.25
[31]	Pichiaceae(酵母菌的科)	7	0	0	0	1.75
[32]	Kirschsteiniotheliaceae(座囊菌纲的科)	4	0	0	0	1.00
[33]	球囊霉科(Glomeraceae)	0	0	0	2	0.50
[34]	盘菌科(Pezizaceae)	0	0	0	2	0.50
	小计	67091	114123	18971	3895	51020
未确定分类地位类群						
[1]	environmental_samples_norank	30932	781	115290	97964	61241.75
[2]	Fungi_norank	54	96	4916	1633	1674.75
[3]	Eukaryota_norank(真核生物)	8	0	0	0	2.00

续表

序号	分类阶元	AUG_CK	AUG_H	AUG_L	AUG_PM	平均值
[4]	environmental_samples	0	0	0	19	4.75
	小计	30994	871	120206	99616	62923.25
	占处理组总和的比例/%					
	占处理组总和的比例/%					
原生生物类						
[1]	Rhizopodaceae(原生生物)	1641	0	43	5	422.25
[2]	Neodiplogasteridae(线虫类)	0	0	1511	0	377.75
[3]	Nucleariidae(原生生物)	178	0	632	260	267.50
[4]	Oxytrichidae(尖毛虫科:原生生物)	14	0	638	40	173.00
[5]	Microthoracidae(小胸虫科:原生生物)	242	0	401	13	164.00
[6]	Rigifilida_norank(原生生物)	0	0	215	90	76.25
[7]	Chromulinaceae(金光藻科)	25	0	88	52	41.25
[8]	Centramoebida(原生生物)	93	0	0	0	23.25
[9]	Apusomonadidae(原生生物)	1	0	49	0	12.50
[10]	Ichthyosporea_norank(原生生物)	24	0	21	0	11.25
[11]	Echinamoebidae(原生生物)	18	0	16	4	9.50
[12]	Eimeriidae(艾美虫科:原生生物)	0	0	34	0	8.50
[13]	Demospongiae_norank(寻常海绵纲的科:原生生物)	0	0	26	6	8.00
[14]	刺孢菌科(Hydnodontaceae)	2	0	28	1	7.75
[15]	Tubulinida_unclassified(变形虫目的科)	0	0	0	30	7.50
[16]	Cercomonadidae(原生生物)	23	0	0	5	7.00
[17]	Thecamoebida(原生生物)	17	0	0	2	4.75
[18]	Amoebozoa_norank(原生生物)	0	0	11	0	2.75
[19]	Paramoebidae(原生生物)	0	0	0	8	2.00
[20]	Strombidinopsidae(拟盗虫科:原生生物)	0	6	0	0	1.50
[21]	小球藻科(Chlorellaceae)	5	0	0	0	1.25
[22]	Flabellulidae(扇变形科:原生生物)	3	0	2	0	1.25
[23]	Dermamoebida(原生生物)	0	0	3	0	0.75
	小计	2286	6	3718	516	1631.5
	占处理组总和的比例/%					

异位发酵床未知类群、真菌、原生生物等组成比例。分析结果见表 5-32 和图 5-18。从图 5-18 可知，内圈为未知类群宏基因组，在浅发酵垫料组和未发酵猪粪组分布比例较高，分别为 47.76% 和 39.58%；中圈为真菌科宏基因组，在垫料原料组和深发酵垫料组分布比例较高，分别为 32.87% 和 55.92%；外圈为原生生物等（藻类、线虫）宏基因组，在垫料原料组和浅发酵组分布比例较高，分别为 35.03% 和 56.97%。

表 5-32　异位发酵床未知类群、真菌科、原生生物等组成比例

分类阶元	垫料原料组(AUG_CK)		深发酵垫料组(AUG_H)		浅发酵垫料组(AUG_L)		未发酵猪粪组(AUG_PM)	
	数量	比例/%	数量	比例/%	数量	比例/%	数量	比例/%
未知类群	30994	12.31	877	0.35	120206	47.76	99616	39.58
真菌科	67091	32.87	114123	55.92	18971	9.30	3895	1.91
原生生物等	2286	35.03	6	0.09	3718	56.97	516	7.91

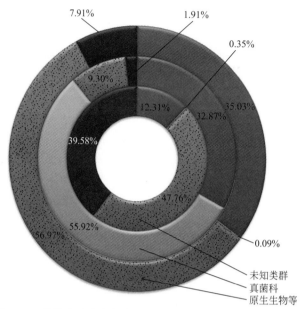

■ 垫料原料组(AUG_CK)   ■ 深发酵垫料组(AUG_H)
■ 浅发酵垫料组(AUG_L)   ■ 未发酵猪粪组(AUG_PM)

图 5-18 异位发酵床未知类群、真菌科、原生生物等组成比例

异位发酵床真菌科群落数量（reads）结构分析。分析结果按平均值大小排序见表 5-33。不同处理组真菌种类和总数（reads）差异显著，垫料原料组（AUG_CK）、未发酵猪粪组（AUG_PM）、浅发酵垫料组（AUG_L）、深发酵垫料组（AUG_H）真菌科种类分别为30、20、16、11，总数（reads）分别为67091、3895、18971、114123。

表 5-33 异位发酵床不同微生物处理组真菌科群落数量（reads）

真菌类群	垫料原料组（AUG_CK）	未发酵猪粪组（AUG_PM）	浅发酵垫料组（AUG_L）	深发酵垫料组（AUG_H）	平均值
Trichosporonaceae(酵母真菌的科)	125	1387	10148	59331	17747.75
线黑粉菌科（Filobasidiaceae）	34	15	20	43243	10828.00
曲霉菌科（Aspergillaceae）	31630	958	1074	1	8415.75
小克银汉霉科（Cunninghamellaceae）	11498	11	0	0	2877.25
法夫酵母科（Phaffomycetaceae）	10298	6	12	0	2579.00
Plectosphaerellaceae（真菌的科）	9	3	0	9066	2269.50
德巴利酵母科（Debaryomycetaceae）	6549	59	1	0	1652.25
双足囊菌科（Dipodascaceae）	0	714	5073	0	1446.75
横梗霉科（Lichtheimiaceae）	3312	7	1	12	833.00
锁掷酵母科（Sporidiobolaceae）	213	9	0	2151	593.25
Mitosporic_Saccharomycetales(酵母菌的科)	2312	5	28	0	586.25
Pisorisporiales_norank(真菌类的科)	201	85	1230	0	379.00
内囊霉科（Endogonaceae）	60	567	868	0	373.75
黑腐皮壳科（Valsaceae）	211	50	69	0	82.50

续表

真菌类群	垫料原料组 （AUG_CK）	未发酵猪粪组 （AUG_PM）	浅发酵垫料组 （AUG_L）	深发酵垫料组 （AUG_H）	平均值
散孢盘菌科（Thelebolaceae）	53	0	85	156	73.50
Ascodesmidaceae（盘菌目的科）	11	1	107	73	48.00
Mitosporic_Ascomycota_norank（子囊菌的科）	145	4	0	0	37.25
粉座科（Graphiolaceae）	25	0	98	0	30.75
圆孔牛肝菌科（Gyrodontaceae）	0	0	117	0	29.25
Agaricostilbales_incertae（真菌的科）	100	0	0	0	25.00
白木耳科（Tremellaceae）	30	5	40	19	23.50
双珠霉科（Dimargaritaceae）	75	0	0	0	18.75
毛霉科（Mucoraceae）	2	0	0	65	16.75
梳霉科（Kickxellaceae）	63	0	0	0	15.75
浆霉科（Alloascoideaceae）	56	0	0	0	14.00
Tritirachiaceae（真菌的科）	28	0	0	0	7.00
Cystobasidiomycetes_incertae（囊担菌纲的科）	9	0	0	6	3.75
Wallemiales_incertae_sedis（节担菌门的科）	14	0	0	0	3.50
小壶菌科（Spizellomycetaceae）	8	5	0	0	3.25
Trigonopsidaceae（酵母菌的科）	9	0	0	0	2.25
Pichiaceae（酵母菌的科）	7	0	0	0	1.75
Kirschsteiniotheliaceae（座囊菌纲的科）	4	0	0	0	1.00
球囊霉科（Glomeraceae）	0	2	0	0	0.50
盘菌科（Pezizaceae）	0	2	0	0	0.50
总和	67091	3895	18971	114123	51020

异位发酵床真菌科种类与数量结构见图 5-19。不同处理组前 3 个数量最大的真菌科种类和总数（reads）差异显著，垫料原料组（AUG_CK）自带的真菌优势种类为曲霉菌科，（Aspergillaceae）（31630）、小克银汉霉科（Cunninghamellaceae）（11498）、法夫酵母科（Phaffomycetaceae）（10298），真菌总数较多；未发酵猪粪组（AUG_PM）自带的真菌优势种类为 Trichosporonaceae（酵母真菌的科）（1387）、曲霉菌科（Aspergillaceae）（958）、双足囊菌科（Dipodascaceae）（714），真菌总数最少；浅发酵垫料组（AUG_L）将垫料原料组和未发酵猪粪组混合，经过短时间发酵，真菌优势种类为 Trichosporonaceae（酵母真菌的科）（10148）、曲霉菌科（Aspergillaceae）（1074）、双足囊菌科（Dipodascaceae）（5073）；深发酵垫料组（AUG_H）在浅发酵垫料组的基础上继续发酵一段时间，真菌优势种类为 Trichosporonaceae（酵母真菌的科）（59331）、线黑粉菌科（Filobasidiaceae）（43243）、Plectosphaerellaceae（真菌的科）（9066），真菌总数最大。

2. 群落种类（OTUs）结构

科群落种类（OTUs）结构分析结果见表 5-34。异位发酵床不同处理组共检测到 61 个真核生物科种类，其中未确定分类地位的群落种类在异位发酵床不同处理组 AUG_CK、AUG_H、AUG_L、AUG_PM 分布分别为 58、11、67、66；原生生物等分别为 12、1、14、10；真菌科分别为 44、14、20、26。

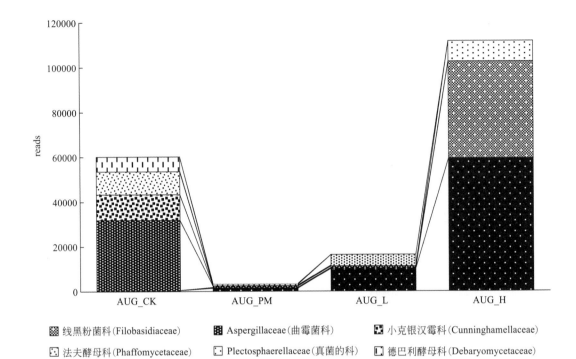

图 5-19　异位发酵床真菌科种类与数量结构

表 5-34　异位微生物发酵床真菌科种类（OTUs）分布多样性

序号	分类阶元	AUG_CK	AUG_H	AUG_L	AUG_PM	平均值
未确定分类地位类群						
[1]	environmental_samples_norank	56	10	66	64	49.00
[2]	environmental_samples	0	0	0	1	0.25
[3]	Fungi_norank	1	1	1	1	1.00
[4]	Eukaryota_norank（原核生物）	1	0	0	0	0.25
	小计	58	11	67	66	50.5
原生生物等（线虫、藻类）						
[1]	Nucleariidae（原生生物的科）	2	0	2	1	1.25
[2]	Echinamoebidae（原生生物）	1	0	1	1	0.75
[3]	小胸虫科（Microthoracidae）	1	0	1	1	0.75
[4]	尖毛虫科（Oxytrichidae）	1	0	1	1	0.75
[5]	天燕虫科（Apusomonadidae）	1	0	1	0	0.50
[6]	单鞭毛虫科（Cercomonadidae）	1	0	0	1	0.50
[7]	Demospongiae_norank（寻常海绵纲的科）	0	0	1	1	0.50
[8]	Flabellulidae（原生生物）	1	0	1	0	0.50
[9]	Ichthyosporea_norank（原生生物）	1	0	1	0	0.50
[10]	Rigifilida_norank（原生生物）	0	0	1	1	0.50
[11]	Thecamoebida（原生生物）	1	0	0	1	0.50
[12]	Amoebozoa_norank（原生生物）	0	0	1	0	0.25
[13]	Centramoebida（原生生物）	1	0	0	0	0.25

续表

序号	分类阶元	AUG_CK	AUG_H	AUG_L	AUG_PM	平均值
[14]	Neodiplogasteridae(线虫的科)	0	0	1	0	0.25
[15]	Paramoebidae(原生生物)	0	0	0	1	0.25
[16]	Strombidinopsidae(原生生物)	0	1	0	0	0.25
[17]	Tubulinida_unclassified(原生生物)	0	0	0	1	0.25
[18]	Dermamoebida(原生生物)	0	0	1	0	0.25
[19]	小球藻科(Chlorellaceae)	1	0	0	0	0.25
[20]	艾美虫科(Eimeriidae)	0	0	1	0	0.25
[21]	单鞭金藻科(Chromulinaceae)	1	0	1	1	0.75
	小计	12	1	14	10	9.25
真菌科						
[1]	Lichtheimiaceae(真菌的科)	4	1	1	1	1.75
[2]	mitosporic_Saccharomycetales(酵母真菌的科)	4	0	1	1	1.50
[3]	Debaryomycetaceae(真菌的科)	3	0	1	2	1.50
[4]	Trichosporonaceae(酵母真菌的科)	2	3	2	2	2.25
[5]	曲霉科(Aspergillaceae)	2	1	1	1	1.25
[6]	小克银汉霉科(Cunninghamellaceae)	2	0	0	1	0.75
[7]	真菌的科(Ascodesmidaceae)	1	1	1	1	1.00
[8]	内囊霉科(Endogonaceae)	1	0	1	2	1.00
[9]	线黑粉菌科(Filobasidiaceae)	1	1	1	1	1.00
[10]	Plectosphaerellaceae(真菌的科)	1	2	0	1	1.00
[11]	银耳科(Tremellaceae)	1	1	1	1	1.00
[12]	刺孢菌科(Hydnodontaceae)	1	0	1	1	0.75
[13]	法夫酵母科(Phaffomycetaceae)	1	0	1	1	0.75
[14]	Pisorisporiales_norank(真菌的科)	1	0	1	1	0.75
[15]	Rhizopodaceae(真菌的科)	1	0	1	1	0.75
[16]	锁掷酵母科(Sporidiobolaceae)	1	1	0	1	0.75
[17]	Thelebolaceae(真菌的科)	1	1	1	0	0.75
[18]	黑腐皮壳科(Valsaceae)	1	0	1	1	0.75
[19]	Cystobasidiomycetes_incertae(囊担菌纲的科)	1	1	0	0	0.50
[20]	粉座科(Graphiolaceae)	1	0	1	0	0.50
[21]	毛霉科(Mucoraceae)	1	1	0	0	0.50
[22]	小壶菌科(Spizellomycetaceae)	1	0	0	1	0.50
[23]	Mitosporic_Ascomycota_norank(子囊菌门的科)	1	0	0	1	0.50
[24]	Agaricostilbales_incertae(真菌的科)	1	0	0	0	0.25
[25]	Alloascoideaceae(酵母的科)	1	0	0	0	0.25
[26]	双珠霉科(Dimargaritaceae)	1	0	0	0	0.25
[27]	Kirschsteiniotheliaceae(真菌的科)	1	0	0	0	0.25
[28]	梳霉科(Kickxellaceae)	1	0	0	0	0.25
[29]	Pichiaceae(酵母的科)	1	0	0	0	0.25
[30]	Trigonopsidaceae(酵母的科)	1	0	0	0	0.25
[31]	Wallemiales_incertae_sedis(节担菌门的科)	1	0	0	0	0.25
[32]	Tritirachiaceae(真菌的科)	1	0	0	0	0.25

续表

序号	分类阶元	AUG_CK	AUG_H	AUG_L	AUG_PM	平均值
[33]	Dipodascaceae(酵母的科)	0	0	1	1	0.50
[34]	球囊霉科(Glomeraceae)	0	0	0	1	0.25
[35]	Gyrodontaceae(真菌的科)	0	0	1	0	0.25
[36]	盘菌科(Pezizaceae)	0	0	0	1	0.25
	小计	44	14	20	26	26
	合计	114	26	101	102	

真菌科在不同处理组分布见图 5-20。真菌科群落种类在异位发酵床不同处理组分布为 AUG_CK（44）＞AUG_PM（26）＞AUG_L（20）＞AUG_H（14）。原料垫料组种类最多的是 Lichtheimiaceae（真菌的科）（4），深发酵垫料组种类最多的是 Plectosphaerellaceae（真菌的科）（2），银耳纲（Tremellomycetes）（5），浅发酵垫料组种类最多的是 Trichosporonaceae（酵母真菌的科）（2），银耳纲（Tremellomycetes）（4），未发酵猪粪组种类最多的是酵母纲（Saccharomycetes）（2）。

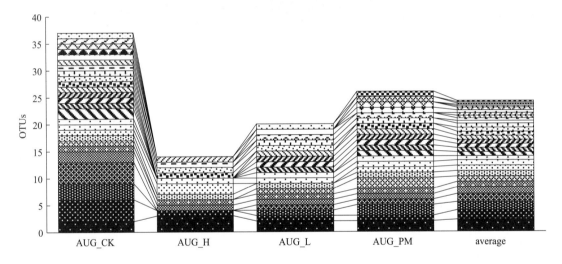

图 5-20 异位微生物发酵床真菌科种类（OTUs）分布多样性

3. 群落丰度（%）结构

分析结果见表 5-35、表 5-36、图 5-21。未确定分类地位的类群丰度，在异位发酵后深发酵垫料组（AUG_H）分布很低（0.76%），在其他 3 个处理组分布在 30%～96%。原生生物等丰度在异位发酵床所有处理组分布都很低，不超过 3%（表 5-35）。真菌科丰度分布为 AUG_H（99.23%）＞AUG_CK（68.48%）＞AUG_L（13.33%）＞AUG_PM（3.76%）。

表 5-35　异位微生物发酵床不同处理组目群落相对丰度（%）分布

序号	分类阶元	AUG_CK	AUG_H	AUG_L	AUG_PM
未确定分类地位类群					
[1]	environmental_samples	0.000000	0.000000	0.000000	0.000183
[2]	environmental_samples_norank	0.308177	0.006791	0.806816	0.941717
[3]	Eukaryota_norank（原核生物）	0.000080	0.000000	0.000000	0.000000
[4]	Fungi_norank	0.000538	0.000835	0.034403	0.015698
	小计	0.308795	0.007626	0.841219	0.957598
原生生物等					
[1]	Amoebozoa_norank（原生生物）	0.000000	0.000000	0.000077	0.000000
[2]	天燕虫科（Apusomonadidae）	0.000010	0.000000	0.000343	0.000000
[3]	Centramoebida（原生生物）	0.000927	0.000000	0.000000	0.000000
[4]	单鞭毛虫科（Cercomonadidae）	0.000229	0.000000	0.000000	0.000048
[5]	小球藻科（Chlorellaceae）	0.000050	0.000000	0.000616	0.000500
[6]	单鞭金藻科（Chromulinaceae）	0.000249	0.000000	0.000616	0.000500
[7]	Demospongiae_norank（寻常海绵纲的科）	0.000000	0.000000	0.000182	0.000058
[8]	Dermamoebida（原生生物）	0.000000	0.000000	0.000021	0.000000
[9]	Echinamoebidae（原生生物）	0.000179	0.000000	0.000112	0.000038
[10]	艾美虫科（Eimeriidae）	0.000000	0.000000	0.000238	0.000000
[11]	Flabellulidae（原生生物）	0.000030	0.000000	0.000014	0.000000
[12]	Ichthyosporea_norank（原生生物）	0.000239	0.000000	0.000147	0.000000
[13]	小胸虫科（Microthoracidae）	0.002411	0.000000	0.002806	0.000125
[14]	Neodiplogasteridae（线虫的科）	0.000000	0.000000	0.010574	0.000000
[15]	Nucleariidae（原生生物的科）	0.001773	0.000000	0.004423	0.002499
[16]	尖毛虫科（Oxytrichidae）	0.000139	0.000000	0.004465	0.000385
[17]	Paramoebidae（原生生物）	0.000000	0.000000	0.000000	0.000077
[18]	Rigifilida_norank（原生生物）	0.000000	0.000000	0.001505	0.000865
[19]	Strombidinopsidae（原生生物）	0.000000	0.000052	0.000000	0.000000
[20]	Thecamoebida（原生生物）	0.000169	0.000000	0.000000	0.000019
[21]	Tubulinida_unclassified（原生生物）	0.000000	0.000000	0.000000	0.000288
	小计	0.0006405	0.000052	0.025523	0.004902
真菌科					
[1]	Agaricostilbales_incertae（真菌的科）	0.000996	0.000000	0.000000	0.000000
[2]	Alloascoideaceae（酵母的科）	0.000558	0.000000	0.000000	0.000000
[3]	Ascodesmidaceae（真菌的科）	0.000110	0.000635	0.000749	0.000010
[4]	曲霉科（Aspergillaceae）	0.315131	0.000009	0.007516	0.009209
[5]	小克银汉霉科（Cunninghamellaceae）	0.114555	0.000000	0.000000	0.000106
[6]	Cystobasidiomycetes_incertae（囊担菌纲的科）	0.000090	0.000052	0.000000	0.000000
[7]	Debaryomycetaceae（真菌的科）	0.065248	0.000000	0.000007	0.000567
[8]	双珠霉科（Dimargaritaceae）	0.000747	0.000000	0.000000	0.000000
[9]	Dipodascaceae（酵母的科）	0.000000	0.000000	0.035502	0.006864
[10]	内囊霉科（Endogonaceae）	0.000598	0.000000	0.006074	0.005451
[11]	线黑粉菌科（Filobasidiaceae）	0.000339	0.376006	0.000140	0.000144
[12]	球囊霉科（Glomeraceae）	0.000000	0.000000	0.000000	0.000019
[13]	粉座科（Graphiolaceae）	0.000249	0.000000	0.000686	0.000000
[14]	Gyrodontaceae（真菌的科）	0.000000	0.000000	0.000819	0.000000
[15]	刺孢菌科（Hydnodontaceae）	0.000020	0.000000	0.000196	0.000010
[16]	梳霉科（Kickxellaceae）	0.000628	0.000000	0.000000	0.000000
[17]	Kirschsteiniotheliaceae（真菌的科）	0.000040	0.000000	0.000000	0.000000

续表

序号	分类阶元	AUG_CK	AUG_H	AUG_L	AUG_PM
[18]	Lichtheimiaceae（真菌的科）	0.032998	0.000104	0.000007	0.000067
[19]	Mitosporic_Ascomycota_norank（子囊菌门的科）	0.001445	0.000000	0.000000	0.000038
[20]	Mitosporic_Saccharomycetales（酵母真菌的科）	0.023035	0.000000	0.000196	0.000048
[21]	毛霉科（Mucoraceae）	0.000020	0.000565	0.000000	0.000000
[22]	盘菌科（Pezizaceae）	0.000000	0.000000	0.000000	0.000019
[23]	法夫酵母科（Phaffomycetaceae）	0.102599	0.000000	0.000084	0.000058
[24]	Pichiaceae（酵母的科）	0.000070	0.000000	0.000000	0.000000
[25]	Pisorisporiales_norank（真菌的科）	0.002003	0.000000	0.008608	0.000817
[26]	Plectosphaerellaceae（真菌的科）	0.000090	0.078831	0.000000	0.000029
[27]	Rhizopodaceae（真菌的科）	0.016349	0.000000	0.000301	0.000048
[28]	小壶菌科（Spizellomycetaceae）	0.000080	0.000000	0.000000	0.000048
[29]	锁掷酵母科（Sporidiobolaceae）	0.002122	0.018703	0.000000	0.000087
[30]	Thelebolaceae（真菌的科）	0.000528	0.001356	0.000595	0.000000
[31]	银耳科（Tremellaceae）	0.000299	0.000165	0.000280	0.000048
[32]	Trichosporonaceae（酵母真菌的科）	0.001245	0.515895	0.071017	0.013333
[33]	Trigonopsidaceae（酵母的科）	0.000090	0.000000	0.000000	0.000000
[34]	Tritirachiaceae（真菌的科）	0.000279	0.000000	0.000000	0.000000
[35]	黑腐皮壳科（Valsaceae）	0.002102	0.000000	0.000483	0.000481
[36]	Wallemiales_incertae_sedis（节担菌门的科）	0.000139	0.000000	0.000000	0.000000
	小计	0.684802	0.992321	0.133260	0.037501

表 5-36　异位微生物发酵床不同处理组未确定分类地位类群、原生生物等、真菌科群落相对丰度分布

分类阶元	AUG_CK	AUG_H	AUG_L	AUG_PM
未确定分类地位类群	0.308795	0.007626	0.841219	0.957598
原生生物等	0.006405	0.000052	0.025523	0.004902
真菌科	0.684802	0.992321	0.133260	0.037501

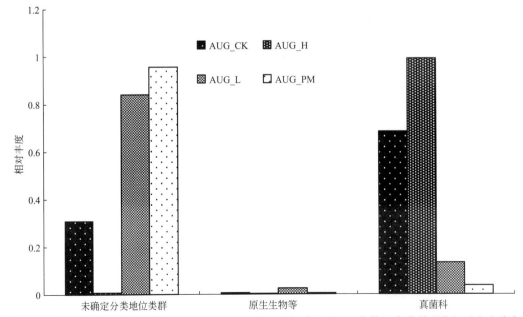

图 5-21　异位微生物发酵床不同处理组未确定分类地位类群、原生生物等、真菌科群落相对丰度分布

4. 真菌科群落相关分析

（1）基于真菌科群落的不同处理组相关分析　不同处理组真菌科群落数量平均值分析结果见表 5-37。垫料原料组含有的真菌科数量平均值较高，为 1973.26，占总和的 32.87%；未发酵猪粪组真菌科群落数量平均值最低，为 114.56，占总和的 1.91%；经过浅发酵垫料组发酵，平均值上升到 557.97，占总和的 9.29%；经过深发酵组发酵，平均值上升到 3356.56，占总和的 55.92%。研究表明，未发酵猪粪真菌含量很低，深发酵后发酵产物真菌含量较高。

表 5-37　异位发酵床真菌科群落数量不同处理组平均值

处理组	平均值	标准差	比值/%
垫料原料组（AUG_CK）	1973.26	5943.49	32.87
未发酵猪粪组（AUG_PM）	114.56	313.36	1.91
浅发酵垫料组（AUG_L）	557.97	1919.61	9.29
深发酵垫料组（AUG_H）	3356.56	12424.22	55.92
合计	6002.35		

相关系数分析结果见表 5-38。结果表明，处理垫料原料组（AUG_CK）分别与浅发酵垫料组（AUG_L）和深发酵垫料组（AUG_H）不存在相关性，其余处理组之间存在着显著相关或极显著相关；其中，相关性最高的组是未发酵猪粪组（AUG_PM）与浅发酵垫料组（AUG_L），相关系数为 0.86，最低的为垫料原料组（AUG_CK）与未发酵猪粪组（AUG_PM），相关系数为 0.38，表明未发酵猪粪组携带着真菌群落与垫料原料组携带的真菌群落存在着一定的相关，混合后经过浅发酵，两者真菌群落同源，具有较高的相似性。

表 5-38　基于真菌科群落不同处理组相关系数

处理组	垫料原料组（AUG_CK）	未发酵猪粪组（AUG_PM）	浅发酵垫料组（AUG_L）	深发酵垫料组（AUG_H）
垫料原料组（AUG_CK）	1.00			
未发酵猪粪组（AUG_PM）	0.38	1.00		
浅发酵垫料组（AUG_L）	0.00	0.86	1.00	
深发酵垫料组（AUG_H）	−0.09	0.54	0.69	1.00

注：相关系数临界值，$a=0.05$ 时，$r=0.3388$；$a=0.01$ 时，$r=0.4357$

（2）基于不同处理组的真菌科群落相关分析　不同处理组的真菌科群落数量平均值分析结果见表 5-39。不同真菌科群落数量平均值差异显著，前三个数量最高的真菌科群落为 Trichosporonaceae（酵母真菌的科），平均值为 17747.75，占比 34.78%，线黑粉菌科（Filobasidiaceae），平均值为 10828.00，占比 21.22%，曲霉菌科（Aspergillaceae），平均值为 8415.75，占比 16.49%。

表 5-39　异位发酵不同处理组的真菌科群落数量平均值

序号	真菌科	平均值	标准差	比值/%
[1]	Trichosporonaceae(酵母真菌的科)	17747.75	28078.21	34.78
[2]	线黑粉菌科(Filobasidiaceae)	10828.00	21610.00	21.22

续表

序号	真菌科	平均值	标准差	比值/%
[3]	曲霉菌科(Aspergillaceae)	8415.75	15483.63	16.49
[4]	小克银汉霉科(Cunninghamellaceae)	2877.25	5747.17	5.63
[5]	法夫酵母科(Phaffomycetaceae)	2579.00	5146.00	5.05
[6]	Plectosphaerellaceae(真菌的科)	2269.50	4531.00	4.48
[7]	德巴利酵母科(Debaryomycetaceae)	1652.25	3264.62	3.23
[8]	双足囊科(Dipodascaceae)	1446.75	2440.82	2.83
[9]	横梗霉科(Lichtheimiaceae)	833.00	1652.67	1.63
[10]	锁掷酵母科(Sporidiobolaceae)	593.25	1043.15	1.16
[11]	mitosporic_Saccharomycetales(酵母菌的科)	586.25	1150.56	1.15
[12]	Pisorisporiales_norank(真菌类的科)	379.00	573.28	0.74
[13]	内囊霉科(Endogonaceae)	373.75	416.24	—
[14]	黑腐皮壳科(Valsaceae)	82.50	90.47	—
[15]	散孢盘菌科(Thelebolaceae)	73.50	65.22	—
[16]	Ascodesmidaceae(盘菌目的科)	48.00	50.61	—
[17]	mitosporic_Ascomycota_norank(子囊菌的科)	37.25	71.86	—
[18]	粉座科(Graphiolaceae)	30.75	46.36	—
[19]	圆孔牛肝菌科(Gyrodontaceae)	29.25	58.50	—
[20]	Agaricostilbales_incertae(真菌的科)	25.00	50.00	—
[21]	白木耳科(Tremellaceae)	23.50	15.02	—
[22]	双珠霉科(Dimargaritaceae)	18.75	37.50	—
[23]	毛霉科(Mucoraceae)	16.75	32.18	—
[24]	梳霉科(Kickxellaceae)	15.75	31.50	—
[25]	浆霉科(Alloascoideaceae)	14.00	28.00	—
[26]	Tritirachiaceae(真菌的科)	7.00	14.00	—
[27]	Cystobasidiomycetes_incertae(囊担菌纲的科)	3.75	4.50	—
[28]	Wallemiales_incertae_sedis(节担菌门的科)	3.50	7.00	—
[29]	小壶菌科(Spizellomycetaceae)	3.25	3.95	—
[30]	Trigonopsidaceae(酵母菌的科)	2.25	4.50	—
[31]	Pichiaceae(酵母菌的科)	1.75	3.50	—
[32]	Kirschsteiniotheliaceae(座囊菌纲的科)	1.00	2.00	—
[33]	球囊霉科(Glomeraceae)	0.50	1.00	—
[34]	盘菌科(Pezizaceae)	0.50	1.00	—
	合计	51020		

占比超过1%的真菌科群落有11个种类。其相关系数见表5-40。研究表明，曲霉菌科（Aspergillaceae）与小克银汉霉科（Cunninghamellaceae）、法夫酵母科（Phaffomycetaceae）、德巴利酵母科（Debaryomycetaceae）、横梗霉科（Lichtheimiaceae）极显著相关，相关系数皆为1.00。Trichosporonaceae（酵母真菌的科）与线黑粉菌科（Filobasidiaceae）、Plectosphaerellaceae（真菌的科）极显著相关，相关系数皆为0.99。

表 5-40　基于不同处理组的真菌科群落相关系数

序号	真菌科	1	2	3	4	5	6	7	8	9
[1]	Trichosporonaceae(酵母真菌的科)	1.00								
[2]	线黑粉菌科(Filobasidiaceae)	0.99	1.00							
[3]	曲霉菌科(Aspergillaceae)	−0.45	−0.36	1.00						
[4]	小克银汉霉科(Cunninghamellaceae)	−0.42	−0.33	1.00	1.00					
[5]	法夫酵母科(Phaffomycetaceae)	−0.42	−0.33	1.00	1.00	1.00				
[6]	Plectosphaerellaceae(真菌的科)	0.99	1.00	−0.36	−0.33	−0.33	1.00			
[7]	德巴利酵母科(Debaryomycetaceae)	−0.42	−0.34	1.00	1.00	1.00	−0.34	1.00		
[8]	双足囊菌科(Dipodascaceae)	−0.24	−0.40	−0.38	−0.40	−0.39	−0.40	−0.40	1.00	
[9]	横梗霉科(Lichtheimiaceae)	−0.42	−0.33	1.00	1.00	1.00	−0.33	1.00	−0.40	1.00

注：相关系数临界值：$a=0.05$ 时，$r=0.9500$；$a=0.01$ 时，$r=0.9900$。

5. 真菌科群落聚类分析

（1）基于真菌科群落的不同处理组聚类分析　利用表 5-41 中的真菌科群落数据构建矩阵，以真菌目指标，以不同处理组为样本，数据矩阵不作转化，采用欧氏距离，以可变类平均法进行系统聚类。分析结果见图 5-22。可将真菌科群落分为 2 类：第 1 类为初始发酵特性，包括了处理 AUG_CK、AUG_PM、AUG_L，体现了垫料原料组＋未发酵猪粪组进行浅发酵过程，真菌科群落数量的相似性；第 2 类为终结发酵特性，包括了 AUG_H，体现了发酵结束后真菌科群落数量差异（图 5-22）。

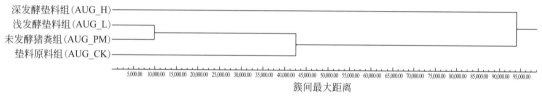

图 5-22　基于真菌科群落的不同处理组聚类分析

基于不同处理组聚类的真菌科群落数据和类别平均值见表 5-41。在第 1 类中，真菌科群落数量总和为 29985.68，占比 20.81%，平均值最大的前 5 个优势真菌科分别为曲霉菌科（Aspergillaceae）（11220.67）、Trichosporonaceae（酵母真菌的科）（3886.67）、小克银汉霉科（Cunninghamellaceae）（3836.33）、法夫酵母科（Phaffomycetaceae）（3438.67）、德巴利酵母科（Debaryomycetaceae）（2203.00）；在第 2 类中，真菌科群落数量总和为 114123.00，占比 79.19%，平均值最大的前 5 个优势真菌科分别为 Trichosporonaceae（酵母真菌的科）（59331.00）、线黑粉菌科（Filobasidiaceae）（43243.00）、Plectosphaerellaceae（真菌的科）（9066.00）、锁掷酵母科（Sporidiobolaceae）（2151.00）、散孢盘菌科（Thelebolaceae）（156.00）。结果表明，第 1 类初始发酵真菌科群落较少，而以曲霉菌科等为优势种，第 2 类终结发酵真菌科群落较多，以酵母类真菌的科为优势种。

表 5-41　基于不同处理组聚类组的真菌科群落数据和类别平均值

真菌科	第 1 类				第 2 类	
	垫料原料组（AUG_CK）	未发酵猪粪组（AUG_PM）	浅发酵垫料组（AUG_L）	平均值	深发酵垫料组（AUG_H）	平均值
曲霉菌科(Aspergillaceae)	31630.00	958.00	1074.00	11220.67	1.00	1.00
Trichosporonaceae(酵母真菌的科)	125.00	1387.00	10148.00	3886.67	59331.00	59331.00

续表

真菌科	第 1 类				第 2 类	
	垫料原料组 （AUG_CK）	未发酵猪粪组 （AUG_PM）	浅发酵垫料组 （AUG_L）	平均值	深发酵垫料组 （AUG_H）	平均值
小克银汉霉科（Cunninghamellaceae）	11498.00	11.00	0.00	3836.33	0.00	0.00
法夫酵母科（Phaffomycetaceae）	10298.00	6.00	12.00	3438.67	0.00	0.00
德巴利酵母科（Debaryomycetaceae）	6549.00	59.00	1.00	2203.00	0.00	0.00
双足囊菌科（Dipodascaceae）	0.00	714.00	5073.00	1929.00	0.00	0.00
横梗霉科（Lichtheimiaceae）	3312.00	7.00	1.00	1106.67	12.00	12.00
Mitosporic_Saccharomycetales（酵母菌的科）	2312.00	5.00	28.00	781.67	0.00	0.00
Pisorisporiales_norank（真菌类的科）	201.00	85.00	1230.00	505.33	0.00	0.00
内囊霉科（Endogonaceae）	60.00	567.00	868.00	498.33	0.00	0.00
黑腐皮壳科（Valsaceae）	211.00	50.00	69.00	110.00	0.00	0.00
锁掷酵母科（Sporidiobolaceae）	213.00	9.00	0.00	74.00	2151.00	2151.00
Mitosporic_Ascomycota_norank（子囊菌的科）	145.00	4.00	0.00	49.67	0.00	0.00
散孢盘菌科（Thelebolaceae）	53.00	0.00	85.00	46.00	156.00	156.00
粉座科（Graphiolaceae）	25.00	0.00	98.00	41.00	0.00	0.00
Ascodesmidaceae（盘菌目的科）	11.00	1.00	107.00	39.67	73.00	73.00
Gyrodontaceae（圆孔牛肝菌科）	0.00	0.00	117.00	39.00	0.00	0.00
Agaricostilbales_incertae（真菌的科）	100.00	0.00	0.00	33.33	0.00	0.00
白木耳科（Tremellaceae）	30.00	5.00	40.00	25.00	19.00	19.00
双珠霉科（Dimargaritaceae）	75.00	0.00	0.00	25.00	0.00	0.00
线黑粉菌科（Filobasidiaceae）	34.00	15.00	20.00	23.00	43243.00	43243.00
梳霉科（Kickxellaceae）	63.00	0.00	0.00	21.00	0.00	0.00
浆霉科（Alloascoideaceae）	56.00	0.00	0.00	18.67	0.00	0.00
Tritirachiaceae（真菌的科）	28.00	0.00	0.00	9.33	0.00	0.00
Wallemiales_incertae_sedis（节担菌门的科）	14.00	0.00	0.00	4.67	0.00	0.00
小壶菌科（Spizellomycetaceae）	8.00	5.00	0.00	4.33	0.00	0.00
Plectosphaerellaceae（真菌的科）	9.00	3.00	0.00	4.00	9066.00	9066.00
Cystobasidiomycetes_incertae（囊担菌纲的科）	9.00	0.00	0.00	3.00	6.00	6.00
Trigonopsidaceae（酵母菌的科）	9.00	0.00	0.00	3.00	0.00	0.00
Pichiaceae（酵母菌的科）	7.00	0.00	0.00	2.33	0.00	0.00
Kirschsteiniotheliaceae（座囊菌纲的科）	4.00	0.00	0.00	1.33	0.00	0.00
毛霉科（Mucoraceae）	2.00	0.00	0.00	0.67	65.00	65.00
球囊霉科（Glomeraceae）	0.00	2.00	0.00	0.67	0.00	0.00
盘菌科（Pezizaceae）	0.00	2.00	0.00	0.67	0.00	0.00
合计				29985.68		114123

（2）基于不同处理组的真菌科群落聚类分析　利用表 5-42 中的真菌科群落数据构建矩阵，以不同处理组指微标，以真菌科为样本，数据矩阵不作转化，采用欧氏距离，以可变类平均法进行系统聚类。分析结果见图 5-23。可将真菌科群落分为 3 类：第 1 类为高含量类，含有两个真菌科群落，即 Trichosporonaceae（酵母真菌的科）、线黑粉菌科（Filobasidiaceae），群落数量的平均值 14287.875，主要分布在深发酵垫料组；第 2 类为中含量类，含有 5 个真菌科群落，主要群落有曲霉菌科（Aspergillaceae）（31630.00）、小克银汉霉科（Cunninghamellaceae）（11498.00）、法夫酵母科（Phaffomycetaceae）（10298.00），平均值为3558.75，主要分布在垫料原料组；第3类为低含量组，含有了剩余的27个真菌群落，主要类群有双足囊菌科（Dipodascaceae）（5073.00），分布在浅发酵垫料组；横梗霉科（Lichtheimiaceae）（3312.00）、mitosporic_Saccharomycetales（酵母菌的科）（2312.00），分布在垫料原料组。

表 5-42 基于不同处理组的真菌科群落聚类分析

组别	样本号	垫料原料组（AUG_CK）	未发酵猪粪组（AUG_PM）	浅发酵垫料组（AUG_L）	深发酵垫料组（AUG_H）	到中心距离
1	Trichosporonaceae(酵母真菌的科)	125.00	1387.00	10148.00	59331.00	9530.094
1	线黑粉菌科(Filobasidiaceae)	34.00	15.00	20.00	43243.00	9530.094
第1组2个样本平均值		79.50	701.00	5084.00	51287.00	总和＝7781.28
2	曲霉菌科(Aspergillaceae)	31630.00	958.00	1074.00	1.00	19749.54
2	小克银汉霉科(Cunninghamellaceae)	11498.00	11.00	0.00	0.00	1903.43
2	法夫酵母科(Phaffomycetaceae)	10298.00	6.00	12.00	0.00	2501.42
2	Plectosphaerellaceae(真菌的科)	9.00	3.00	0.00	9066.00	14014.16
2	德巴利酵母科(Debaryomycetaceae)	6549.00	59.00	1.00	0.00	5747.68
第2组5个样本平均值		11996.80	207.40	217.40	1813.40	总和＝7241.99
3	双足囊菌科(Dipodascaceae)	0.00	714.00	5073.00	0.00	4840.23
3	横梗霉科(Lichtheimiaceae)	3312.00	7.00	1.00	12.00	3069.31
3	锁掷酵母科(Sporidiobolaceae)	213.00	9.00	0.00	2151.00	2079.77
3	Mitosporic_Saccharomycetales(酵母菌的科)	2312.00	5.00	28.00	0.00	2073.39
3	Pisorisporiales_norank(真菌类的科)	201.00	85.00	1230.00	0.00	950.87
3	内囊霉科(Endogonaceae)	60.00	567.00	868.00	0.00	805.99
3	黑腐皮壳科(Valsaceae)	211.00	50.00	69.00	0.00	240.01
3	散孢盘菌科(Thelebolaceae)	53.00	0.00	85.00	156.00	298.46
3	Ascodesmidaceae(盘菌目的科)	11.00	1.00	107.00	73.00	309.52
3	Mitosporic_Ascomycota_norank(子囊菌的科)	145.00	4.00	0.00	0.00	324.39
3	粉座科(Graphiolaceae)	25.00	0.00	98.00	0.00	317.17
3	圆孔牛肝菌科(Gyrodontaceae)	0.00	0.00	117.00	0.00	325.68
3	Agaricostilbales_incertae(真菌的科)	100.00	0.00	0.00	0.00	343.19
3	白木耳科(Tremellaceae)	30.00	5.00	40.00	19.00	346.12
3	双珠霉科(Dimargaritaceae)	75.00	0.00	0.00	0.00	355.35
3	毛霉科(Mucoraceae)	2.00	0.00	0.00	65.00	387.94
3	梳霉科(Kickxellaceae)	63.00	0.00	0.00	0.00	361.65
3	浆霉科(Alloascoideaceae)	56.00	0.00	0.00	0.00	365.46
3	Tritirachiaceae(真菌的科)	28.00	0.00	0.00	0.00	381.60
3	Cystobasidiomycetes_incertae(囊担菌纲的科)	9.00	0.00	0.00	6.00	391.96
3	Wallemiales_incertae_sedis(节担菌门的科)	14.00	0.00	0.00	0.00	390.18
3	小壶菌科(Spizellomycetaceae)	8.00	5.00	0.00	0.00	393.29
3	Trigonopsidaceae(酵母菌的科)	9.00	0.00	0.00	0.00	393.32
3	Pichiaceae(酵母菌的科)	7.00	0.00	0.00	0.00	394.58
3	Kirschsteiniotheliaceae(座囊菌纲的科)	4.00	0.00	0.00	0.00	396.49

续表

组别	样本号	垫料原料组（AUG_CK）	未发酵猪粪组（AUG_PM）	浅发酵垫料组（AUG_L）	深发酵垫料组（AUG_H）	到中心距离
3	球囊霉科（Glomeraceae）	0.00	2.00	0.00	0.00	398.79
3	盘菌科（Pezizaceae）	0.00	2.00	0.00	0.00	398.79
第3组27个样本平均值		257.33	53.93	285.78	91.93	总和＝765.87

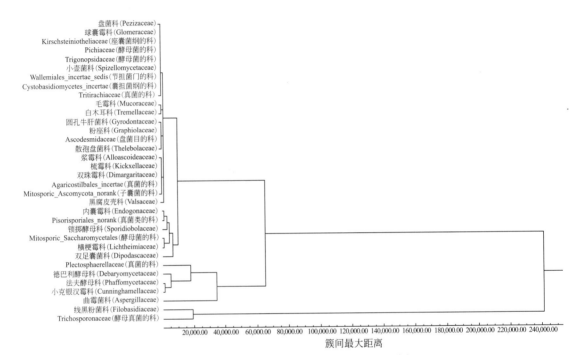

图 5-23　基于不同处理组的真菌科群落聚类分析

6. 真菌科群落主成分分析

（1）基于异位发酵床不同处理组的真菌科群落数量主成分分析　规格化特征向量见表 5-43，特征值见表 5-44，因子得分见表 5-45，主成分分析见图 5-24。分析结果表明，前 2 个主成分累计特征值达 89.11％，很好地涵盖了主要信息，第 1 主成分定义为定义为发酵过程主成分，主要影响因子为浅发酵垫料组（AUG_L）（0.6063）、未发酵垫料组（AUG_PM）（0.5961）、深发酵猪粪组（AUG_L）（0.5110），影响该主成分的主要真菌目为 Trichosporonales（酵母菌的科）（7.71）；第 2 主成分定义为原料阶段主成分，主要影响因子为原料垫料组（AUG_CK）（0.8979），影响该主成分的主要真菌科为曲霉菌科（Aspergillaceae）（5.19）。

表 5-43　基于真菌科群落数量的不同处理组主成分分析规格化特征向量

处理组	因子 1	因子 2	因子 3	因子 4
垫料原料组（AUG_CK）	0.1260	0.8979	0.3226	0.2717
未发酵猪粪组（AUG_PM）	0.5961	0.2461	−0.3420	−0.6834
浅发酵垫料组（AUG_L）	0.6063	−0.1469	−0.3956	0.6740
深发酵垫料组（AUG_H）	0.5110	−0.3341	0.7889	−0.0694

表 5-44　基于真菌科群落数量的不同处理组主成分分析特征值

序号	特征值	百分率/%	累计百分率/%	Chi-Square	df	*p* 值
[1]	2.43	60.65	60.65	89.73	9.00	0.00
[2]	1.14	28.46	89.11	57.39	5.00	0.00
[3]	0.38	9.61	98.72	27.06	2.00	0.00
[4]	0.05	1.28	100.00	0.00	0.00	1.00

表 5-45　基于真菌科群落数量的不同处理组主成分分析因子得分

序号	真菌科	$Y(i,1)$	$Y(i,2)$	$Y(i,3)$	$Y(i,4)$
[1]	Trichosporonaceae(酵母真菌的科)	7.71	−1.52	0.09	0.19
[2]	线黑粉菌科(Filobasidiaceae)	1.24	−1.40	2.65	−0.28
[3]	曲霉菌科(Aspergillaceae)	2.26	5.19	0.37	−0.28
[4]	小克银汉霉科(Cunninghamellaceae)	−0.31	1.49	0.53	0.48
[5]	法夫酵母科(Phaffomycetaceae)	−0.34	1.30	0.47	0.44
[6]	Plectosphaerellaceae(真菌的科)	−0.20	−0.50	0.49	−0.07
[7]	德巴利酵母科(Debaryomycetaceae)	−0.32	0.78	0.21	0.15
[8]	双足囊菌科(Dipodascaceae)	2.39	−0.08	−1.91	0.21
[9]	横梗霉科(Lichtheimiaceae)	−0.49	0.25	0.09	0.12
[10]	锁掷酵母科(Sporidiobolaceae)	−0.46	−0.27	0.06	−0.04
[11]	Mitosporic_Saccharomycetales(酵母菌的科)	−0.51	0.10	0.03	0.09
[12]	Pisorisporiales_norank(真菌类的科)	−0.02	−0.25	−0.42	0.24
[13]	内囊霉科(Endogonaceae)	0.78	0.13	−0.87	−0.95
[14]	黑腐皮壳科(Valsaceae)	−0.45	−0.19	−0.14	−0.09
[15]	散孢盘菌科(Thelebolaceae)	−0.54	−0.26	−0.08	0.01
[16]	Ascodesmidaceae(盘菌目的科)	−0.54	−0.26	−0.10	0.02
[17]	Mitosporic_Ascomycota_norank(子囊菌的科)	−0.56	−0.23	−0.08	−0.02
[18]	粉座科(Graphiolaceae)	−0.54	−0.26	−0.10	0.02
[19]	圆孔牛肝菌科(Gyrodontaceae)	−0.54	−0.26	−0.10	0.02
[20]	Agaricostilbales_incertae(真菌的科)	−0.57	−0.24	−0.07	−0.01
[21]	白木耳科(Tremellaceae)	−0.55	−0.25	−0.09	−0.01
[22]	双珠霉科(Dimargaritaceae)	−0.57	−0.24	−0.08	−0.01
[23]	毛霉科(Mucoraceae)	−0.57	−0.26	−0.08	0.02
[24]	梳霉科(Kickxellaceae)	−0.57	−0.25	−0.08	−0.01
[25]	浆霉科(Alloascoideaceae)	−0.57	−0.25	−0.08	−0.01
[26]	Tritirachiaceae(真菌的科)	−0.57	−0.25	−0.08	−0.02
[27]	Cystobasidiomycetes_incertae(囊担菌纲的科)	−0.57	−0.25	−0.08	−0.02
[28]	Wallemiales_incertae_sedis(节担菌门的科)	−0.57	−0.25	−0.08	−0.02
[29]	小壶菌科(Spizellomycetaceae)	−0.56	−0.25	−0.09	−0.03
[30]	Trigonopsidaceae(酵母菌的科)	−0.57	−0.25	−0.08	−0.02
[31]	Pichiaceae(酵母菌的科)	−0.57	−0.25	−0.08	−0.02
[32]	Kirschsteiniotheliaceae(座囊菌纲的科)	−0.57	−0.25	−0.08	−0.02
[33]	球囊霉科(Glomeraceae)	−0.57	−0.25	−0.08	−0.02
[34]	盘菌科(Pezizaceae)	−0.57	−0.25	−0.08	−0.02

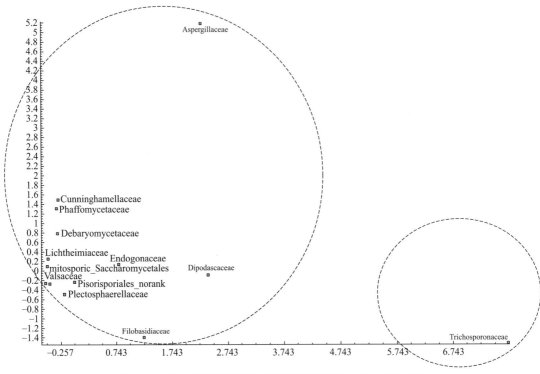

图 5-24　基于真菌科群落数量的不同处理组 Q 型主成分分析

（2）基于真菌科群落数量的异位发酵床不同处理组主成分分析　分析结果规格化特征向量见表 5-46，特征值见表 5-47，主成分分析得分见表 5-48。主成分分析见图 5-25。前 2 个主成分累计特征值达 82.23%，很好地涵盖了主要信息；分析结果表明，异位发酵床不同处理真菌科群落主成分分散在不同区域，AUG_CK 分布在第一象限，AUG_H 在第二象限，AUG_PM 和 AUG_L 在第三象限，表明不同发酵阶段处理发酵床垫料真菌群落组成差异很大。第 1 主成分的主要影响因子为小克银汉霉科（Cunninghamellaceae）（0.2229）、法夫酵母科（Phaffomycetaceae）（0.2229）；第 2 主成分的主要影响因子为 Trichosporonaceae（酵母真菌的科）（0.2922）、线黑粉菌科（Filobasidiaceae）（0.3192）。

表 5-46　异位发酵床真菌科群落宏基因组指数主成分分析规格化特征向量

真菌科	因子 1	因子 2	因子 3
Trichosporonaceae(酵母真菌的科)	−0.1059	0.2922	0.1242
线黑粉菌科(Filobasidiaceae)	−0.0853	0.3192	0.0815
曲霉菌科(Aspergillaceae)	0.2231	0.0005	0.0332
小克银汉霉科(Cunninghamellaceae)	0.2229	0.0113	0.0347
法夫酵母科(Phaffomycetaceae)	0.2229	0.0111	0.0352
Plectosphaerellaceae(真菌的科)	−0.0852	0.3193	0.0814
德巴利酵母科(Debaryomycetaceae)	0.2230	0.0105	0.0318
双足囊菌科(Dipodascaceae)	−0.0939	−0.2595	0.2176
横梗霉科(Lichtheimiaceae)	0.2229	0.0123	0.0347
锁掷酵母科(Sporidiobolaceae)	−0.0655	0.3298	0.0859
Mitosporic_Saccharomycetales(酵母菌的科)	0.2228	0.0084	0.0376

真菌科	因子1	因子2	因子3
Pisorisporiales_norank(真菌类的科)	−0.0536	−0.2586	0.2599
内囊霉科(Endogonaceae)	−0.1075	−0.3098	0.0182
黑腐皮壳科(Valsaceae)	0.2132	−0.1029	0.0363
散孢盘菌科(Thelebolaceae)	−0.0653	0.2323	0.2829
Ascodesmidaceae(盘菌目的科)	−0.1252	−0.0194	0.3365
Mitosporic_Ascomycota_norank(子囊菌的科)	0.2233	0.0089	0.0248
粉座科(Graphiolaceae)	−0.0272	−0.2468	0.2872
圆孔牛肝菌科(Gyrodontaceae)	−0.0826	−0.2364	0.2627
Agaricostilbales_incertae(真菌的科)	0.2229	0.0114	0.0351
白木耳科(Tremellaceae)	0.0495	−0.1172	0.3732
双珠霉科(Dimargaritaceae)	0.2229	0.0114	0.0351
毛霉科(Mucoraceae)	−0.0793	0.3227	0.0833
梳霉科(Kickxellaceae)	0.2229	0.0114	0.0351
浆霉科(Alloascoideaceae)	0.2229	0.0114	0.0351
Tritirachiaceae(真菌的科)	0.2229	0.0114	0.0351
Cystobasidiomycetes_incertae(囊担菌纲的科)	0.1660	0.2242	0.0894
Wallemiales_incertae_sedis(节担菌门的科)	0.2229	0.0114	0.0351
小壶菌科(Spizellomycetaceae)	0.1910	−0.0481	−0.2046
Trigonopsidaceae(酵母菌的科)	0.2229	0.0114	0.0351
Pichiaceae(酵母菌的科)	0.2229	0.0114	0.0351
Kirschsteiniotheliaceae(座囊菌纲的科)	0.2229	0.0114	0.0351
球囊霉科(Glomeraceae)	−0.0549	−0.0942	−0.3793
盘菌科(Pezizaceae)	−0.0549	−0.0942	−0.3793

表 5-47 异位发酵床真菌科群落宏基因组指数主成分分析特征值

序号	特征值	百分率/%	累计百分率/%	Chi-Square	df	p 值
[1]	19.96	58.72	58.72	0	594	0.9999
[2]	7.99	23.51	82.23	0	560	0.9999
[3]	6.04	17.77	100.00	0	527	0.9999

表 5-48 异位发酵床真菌科群落宏基因组指数主成分分析得分

处理组	$Y(i,1)$	$Y(i,2)$	$Y(i,3)$
垫料原料组(AUG_CK)	6.67	0.14	0.32
未发酵猪粪组(AUG_PM)	−1.64	−1.13	−3.44
浅发酵垫料组(AUG_L)	−2.47	−2.84	2.38
深发酵垫料组(AUG_H)	−2.56	3.83	0.74

五、真菌属数量(reads)分布结构

1. 群落数量(reads)结构

分析结果按不同处理组的平均值排序见表 5-49。异位发酵床不同处理组共分析检测到 61 个真菌、原生生物、藻类、线虫以及未确定分类地位等属种类(以下称真菌属及其他),不同处理组的真菌属及其他种类差异显著,垫料原料组(AUG_CK)含有 52 个真菌属及

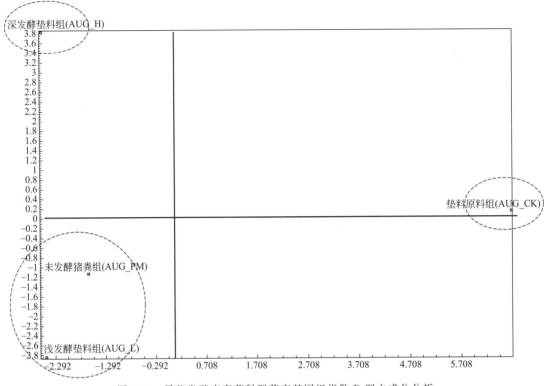

图 5-25　异位发酵床真菌科群落宏基因组指数 R 型主成分分析

其他，数量最大的真菌属是曲霉属（*Aspergillus*）（31630）；深发酵垫料组（AUG_H）含有 15 个真菌属及其他，数量最大的真菌属是毛孢子菌属（*Trichosporon*）（58879）；浅发酵垫料组（AUG_L）含有 32 个真菌属及其他，数量最大的真菌属是毛孢子菌属（*Trichosporon*）（8862）；未发酵猪粪组（AUG_PM）含有 36 个真菌属及其他，数量最大真菌的属是毛孢子菌属（*Trichosporon*）（1272）。

表 5-49　异位微生物发酵床不同处理组真菌属群落数量（reads）

序号	分类阶元	AUG_CK	AUG_H	AUG_L	AUG_PM	平均值
真菌属						
[1]	毛孢子菌属（*Trichosporon*）	89	58879	8862	1272	17275.50
[2]	*Naganishia*（酵母菌的属）	34	43243	20	15	10828.00
[3]	曲霉属（*Aspergillus*）	31630	1	1074	958	8415.75
[4]	小克银汉霉属（*Cunninghamella*）	11341	0	0	0	2835.25
[5]	*Cyberlindnera*（酵母的属）	10298	0	12	6	2579.00
[6]	支顶孢霉属（*Acremonium*）	9	9066	0	3	2269.50
[7]	地霉属（*Geotrichum*）	0	0	5073	714	1446.75
[8]	生丝毕赤酵母属（*Hyphopichia*）	3366	0	0	2	842.00
[9]	横梗霉属（*Lichtheimia*）	3222	12	1	7	810.50
[10]	毕赤酵母属（*Meyerozyma*）	3167	0	1	57	806.25
[11]	红酵母属（*Rhodotorula*）	213	2151	0	9	593.25
[12]	假丝酵母属（*Candida*）	2312	0	28	5	586.25

续表

序号	分类阶元	AUG_CK	AUG_H	AUG_L	AUG_PM	平均值
[13]	*Apiotrichum*(产油酵母的属)	36	452	1286	115	472.25
[14]	根霉属(*Rhizopus*)	1641	0	43	5	422.25
[15]	*Achroceratosphaeria*(真菌的属)	201	0	1230	85	379.00
[16]	*Ascozonus*(真菌的属)	53	156	85	0	73.50
[17]	头梗霉属(*Cephaliophora*)	11	73	107	1	48.00
[18]	犁头霉属(*Absidia*)	157	0	0	11	42.00
[19]	齿梗孢属(*Scolecobasidium*)	145	0	0	4	37.25
[20]	粉座菌属(*Graphiola*)	25	0	98	0	30.75
[21]	网褶菌属(*Paragyrodon*)	0	0	117	0	29.25
[22]	*Jianyunia*(真菌的属)	100	0	0	0	25.00
[23]	银耳属(*Tremella*)	30	19	40	5	23.50
[24]	根毛霉属(*Rhizomucor*)	85	0	0	0	21.25
[25]	双珠霉属(*Dimargaris*)	75	0	0	0	18.75
[26]	毛霉属(*Mucor*)	2	65	0	0	16.75
[27]	*Spiromyces*(真菌的属)	63	0	0	0	15.75
[28]	*Alloascoidea*(酵母菌的属)	56	0	0	0	14.00
[29]	*Trechispora*(真菌的属)	2	0	28	1	7.75
[30]	*Cavernomonas*(真菌的属)	23	0	0	5	7.00
[31]	麦轴梗霉属(*Tritirachium*)	28	0	0	0	7.00
[32]	*Scheffersomyces*(酵母的属)	16	0	0	0	4.00
[33]	*Symmetrospora*(真菌的属)	9	6	0	0	3.75
[34]	节担菌属(*Wallemia*)	14	0	0	0	3.50
[35]	*Gaertneriomyces*(真菌的属)	8	0	0	5	3.25
[36]	*Tortispora*(酵母的属)	9	0	0	0	2.25
[37]	酒香酵母属(*Brettanomyces*)	7	0	0	0	1.75
[38]	卷霉属(*Circinella*)	5	0	0	0	1.25
[39]	*Ripidomyxa*(真菌的属)	3	0	2	0	1.25
[40]	*Kirschsteiniothelia*(真菌的属)	4	0	0	0	1.00
[41]	*Boudiera*(真菌的属)	0	0	0	2	0.50
	小计	68489	114123	18107	3287	51001.5
未确定分类地位类群						
[1]	environmental_samples_norank	30932	781	115290	97983	61246.50
[2]	Fungi_norank	54	96	4916	1633	1674.75
[3]	environmental_samples	449	0	1603	879	732.75
	小计	31435	877	121809	100495	63654
原生生物类						
[1]	拟单齿线虫属(*Mononchoides*)	0	0	1511	0	377.75
[2]	*Parasterkiella*(纤毛虫的属)	14	0	638	40	173.00
[3]	薄咽虫属(*Leptopharynx*)	242	0	401	13	164.00
[4]	*Rigifila*(原生生物的属)	0	0	215	90	76.25
[5]	棕鞭藻属(*Ochromonas*)	25	0	88	52	41.25

续表

序号	分类阶元	AUG_CK	AUG_H	AUG_L	AUG_PM	平均值
[6]	*Protacanthamoeba*(原生生物的属)	93	0	0	0	23.25
[7]	*Amastigomonas*(藻类的属)	1	0	49	0	12.50
[8]	*Capsaspora*(原核生物的属)	24	0	21	0	11.25
[9]	*Echinamoeba*(原生生物的属)	18	0	16	4	9.50
[10]	*Demospongiae_norank*(寻常海绵纲的属)	0	0	26	6	8.00
[11]	*Copromyxa*(原生生物的属)	0	0	0	30	7.50
[12]	*Stenamoeba*(原生生物的属)	17	0	0	2	4.75
[13]	*Amoebozoa_norank*(原生生物的属)	0	0	11	0	2.75
[14]	*Korotnevella*(原生生物的属)	0	0	0	8	2.00
[15]	*Paratrimastix*(原生生物的属)	8	0	0	0	2.00
[16]	*Parastrombidinopsis*(原生生物的属)	0	6	0	0	1.50
[17]	*Prototheca*(原壁菌属,藻类)	5	0	0	0	1.25
[18]	*Dermamoeba*(原生生物的属)	0	0	3	0	0.75
	小计	447	6	2979	245	919.25
	合计	100371	115006	142895	104027	115574.75

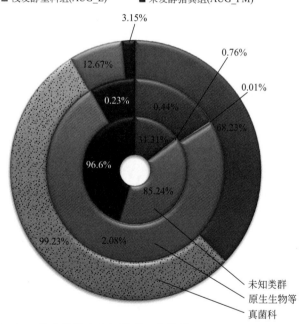

图 5-26 异位发酵床未知类群、真菌科、原生生物等组成比例

异位发酵床未知类群、真菌科、原生生物等组成比例。分析结果见表 5-50 和图 5-26。从图 5-26 可知,内圈为未知类群宏基因组,在浅发酵垫料组和未发酵猪粪组分布比例较高,分别为 85.24% 和 96.60%;中圈为原生生物属宏基因组,在浅发酵垫料组分布比例较高,为 2.08%;外圈为真菌属宏基因组,在垫料原料组和深发酵组分布比例较高,分别为68.23% 和 99.23%。

表 5-50　异位发酵床未知类群、真菌、原生生物等组成比例

分类阶元	垫料原料组（AUG_CK）		深发酵垫料组（AUG_H）		浅发酵垫料组（AUG_L）		未发酵猪粪组（AUG_PM）	
	数量	比例/%	数量	比例/%	数量	比例/%	数量	比例/%
未确定地位的属	31435	31.31	877	0.76	121809	85.24	100495	96.60
原生生物等的属	447	0.44	6	0.01	2979	2.08	245	0.23
真菌属	68489	68.23	114123	99.23	18107	12.67	3287	3.15
总和	100371	—	115006	—	142895	—	104027	—

异位发酵床真菌属群落数量（reads）结构分析。分析结果按平均值大小排序见表 5-51。不同处理组真菌科种类和总数（reads）差异显著，垫料原料组（AUG_CK）、未发酵猪粪组（AUG_PM）、浅发酵垫料组（AUG_L）、深发酵垫料组（AUG_H）真菌属种类分别为 38、12、18、22，总数（reads）分别为 68489、114123、18107、3287。

表 5-51　异位微生物发酵床不同处理组真菌属群落数量（reads）

真菌属	AUG_CK	AUG_H	AUG_L	AUG_PM	平均值
毛孢子菌属（Trichosporon）	89	58879	8862	1272	17275.50
Naganishia（酵母菌的属）	34	43243	20	15	10828.00
曲霉属（Aspergillus）	31630	1	1074	958	8415.75
小克银汉霉属（Cunninghamella）	11341	0	0	0	2835.25
Cyberlindnera（酵母的属）	10298	0	12	6	2579.00
支顶孢霉属（Acremonium）	9	9066	0	3	2269.50
地霉属（Geotrichum）	0	0	5073	714	1446.75
生丝毕赤酵母属（Hyphopichia）	3366	0	0	2	842.00
横梗霉属（Lichtheimia）	3222	12	1	7	810.50
毕赤酵母属（Meyerozyma）	3167	0	1	57	806.25
红酵母属（Rhodotorula）	213	2151	0	9	593.25
假丝酵母属（Candida）	2312	0	28	5	586.25
Apiotrichum（产油酵母的属）	36	452	1286	115	472.25
根霉属（Rhizopus）	1641	0	43	5	422.25
Achroceratosphaeria（真菌的属）	201	0	1230	85	379.00
Ascozonus（真菌的属）	53	156	85	0	73.50
头梗霉属（Cephaliophora）	11	73	107	1	48.00
犁头霉属（Absidia）	157	0	0	11	42.00
齿梗孢属（Scolecobasidium）	145	0	0	4	37.25
粉座菌属（Graphiola）	25	0	98	0	30.75
网褶菌属（Paragyrodon）	0	0	117	0	29.25
Jianyunia（真菌的属）	100	0	0	0	25.00
银耳属（Tremella）	30	19	40	5	23.50
根毛霉属（Rhizomucor）	85	0	0	0	21.25
双珠霉属（Dimargaris）	75	0	0	0	18.75
毛霉属（Mucor）	2	65	0	0	16.75
Spiromyces（真菌的属）	63	0	0	0	15.75
Alloascoidea（酵母菌的属）	56	0	0	0	14.00
Trechispora（真菌的属）	2	0	28	1	7.75
Cavernomonas（真菌的属）	23	0	0	5	7.00
麦轴梗霉属（Tritirachium）	28	0	0	0	7.00
Scheffersomyces（酵母的属）	16	0	0	0	4.00

续表

真菌属	AUG_CK	AUG_H	AUG_L	AUG_PM	平均值
Symmetrospora（真菌的属）	9	6	0	0	3.75
节担菌属（*Wallemia*）	14	0	0	0	3.50
Gaertneriomyces（真菌的属）	8	0	0	5	3.25
Tortispora（酵母的属）	9	0	0	0	2.25
酒香酵母属（*Brettanomyces*）	7	0	0	0	1.75
卷霉属（*Circinella*）	5	0	0	0	1.25
Ripidomyxa（真菌的属）	3	0	2	0	1.25
Kirschsteiniothelia（真菌的属）	4	0	0	0	1.00
Boudiera（真菌的属）	0	0	0	2	0.50
总和	68489	114123	18107	3287	51001.5

异位发酵床真菌属种类与数量结构见图 5-27。不同处理真菌属前 3 个数量最大的真菌种类和总数（reads）差异显著，垫料原料组（AUG_CK）自带的真菌优势种类为曲霉属（*Aspergillus*）（31630）、小克银汉霉属（*Cunninghamella*）（11341）、*Cyberlindnera*（酵母的属）（10298），真菌属总数较多；深发酵垫料组（AUG_H）在浅发酵垫料组的基础上继续发酵一段时间，真菌属优势种类为毛孢子菌属（*Trichosporon*）（58879）、*Naganishia*（酵母菌的属）（43243）、支顶孢霉属（*Acremonium*）（9066），真菌总数最大；浅发酵垫料组（AUG_L）将垫料原料组和未发酵猪粪组混合，经过短时间发酵，真菌属优势种类为毛孢子菌属（*Trichosporon*）（8862）、地霉属（*Geotrichum*）（5073）、*Apiotrichum*（产油酵母的属）（1286），真菌属总数较少；毛孢子菌属（*Trichosporon*）（1272）、曲霉属（*Aspergillus*）（958）、地霉属（*Geotrichum*）（714），真菌属总数最少。

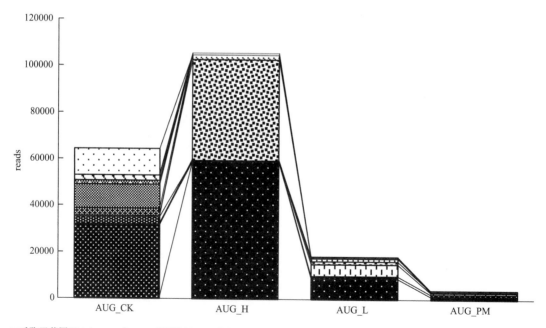

图 5-27　异位发酵床真菌属种类与数量结构

2. 群落种类（OTUs）结构

属群落种类（OTUs）结构。分析结果见表 5-52。异位发酵床不同处理组共检测到 62 个真核生物纲种类，其中未确定分类地位的群落种类在异位发酵床不同处理组 AUG_CK、AUG_H、AUG_L、AUG_PM 分布分别为 61、11、72、71；原生生物等分别为 10、1、11、9；真菌属分别为 43、14、18、22。

表 5-52 异位微生物发酵床真菌属种类（OTUs）分布多样性

序号	分类阶元	AUG_CK	AUG_H	AUG_L	AUG_PM
真菌属					
[1]	犁头霉属（*Absidia*）	1	0	0	1
[2]	*Achroceratosphaeria*（真菌的属）	1	0	1	1
[3]	支顶孢霉属（*Acremonium*）	1	2	0	1
[4]	*Alloascoidea*（酵母菌的属）	1	0	0	0
[5]	*Apiotrichum*（产油酵母的属）	1	1	1	1
[6]	*Ascozonus*（真菌的属）	1	1	1	0
[7]	曲霉属（*Aspergillus*）	2	1	1	1
[8]	*Boudiera*（真菌的属）	0	0	0	1
[9]	酒香酵母属（*Brettanomyces*）	1	0	0	0
[10]	假丝酵母属（*Candida*）	4	0	1	1
[11]	*Cavernomonas*（真菌的属）	1	0	0	0
[12]	头梗霉属（*Cephaliophora*）	1	1	1	1
[13]	卷霉属（*Circinella*）	1	0	0	0
[14]	小克银汉霉属（*Cunninghamella*）	1	0	0	0
[15]	*Cyberlindnera*（酵母的属）	1	0	1	1
[16]	双珠霉属（*Dimargaris*）	1	0	0	0
[17]	*Gaertneriomyces*（真菌的属）	1	0	0	0
[18]	地霉属（*Geotrichum*）	0	0	1	1
[19]	粉座菌属（*Graphiola*）	1	0	1	0
[20]	生丝毕赤酵母属（*Hyphopichia*）	1	0	0	0
[21]	*Jianyunia*（真菌的属）	1	0	0	0
[22]	*Kirschsteiniothelia*（真菌的属）	1	0	0	0
[23]	横梗霉属（*Lichtheimia*）	2	1	1	1
[24]	毕赤酵母属（*Meyerozyma*）	1	0	1	1
[25]	毛霉属（*Mucor*）	1	1	0	1
[26]	*Naganishia*（酵母菌的属）	1	1	1	1
[27]	网褶菌属（*Paragyrodon*）	0	0	1	0
[28]	根毛霉属（*Rhizomucor*）	1	0	0	0
[29]	根霉属（*Rhizopus*）	1	0	1	1
[30]	红酵母属（*Rhodotorula*）	1	1	0	1
[31]	*Ripidomyxa*（真菌的属）	1	0	1	0
[32]	*Scheffersomyces*（酵母的属）	1	0	0	0
[33]	齿梗孢属（*Scolecobasidium*）	1	0	0	1
[34]	*Spiromyces*（真菌的属）	1	0	0	0
[35]	*Symmetrospora*（真菌的属）	1	1	0	0

续表

序号	分类阶元	AUG_CK	AUG_H	AUG_L	AUG_PM
[36]	*Tortispora*（酵母的属）	1	0	0	0
[37]	*Trechispora*（真菌的属）	1	0	1	1
[38]	银耳属（*Tremella*）	1	1	1	1
[39]	毛孢子菌属（*Trichosporon*）	1	2	1	1
[40]	麦轴梗霉属（*Tritirachium*）	1	0	0	0
[41]	节担菌属（*Wallemia*）	1	0	0	0
	小计	43	14	18	22
未确定分类地位类群					
[1]	environmental_samples	4	0	5	5
[2]	environmental_samples_norank	56	10	66	65
[3]	Fungi_norank	1	1	1	1
	小计	61	11	72	71
原生生物等					
[1]	*Amastigomonas*（藻类的属）	1	0	1	0
[2]	*Amoebozoa_norank*（原生生物的属）	0	0	1	0
[3]	*Capsaspora*（原生生物的属）	1	0	1	0
[4]	*Copromyxa*（原生生物的属）	0	0	0	1
[5]	*Demospongiae_norank*（寻常海绵纲的属）	0	0	1	1
[6]	*Dermamoeba*（原生生物的属）	0	0	1	0
[7]	*Echinamoeba*（原生生物的属）	1	0	1	1
[8]	*Korotnevella*（原生生物的属）	0	0	0	1
[9]	薄咽虫属（*Leptopharynx*）	1	0	1	1
[10]	拟单齿线虫属（*Mononchoides*）	0	0	1	0
[11]	棕鞭藻属（*Ochromonas*）	1	0	1	1
[12]	*Parasterkiella*（纤毛虫的属）	1	0	1	1
[13]	*Parastrombidinopsis*（原生生物的属）	0	1	0	0
[14]	*Paratrimastix*（原生生物的属）	1	0	0	0
[15]	*Protacanthamoeba*（原生生物的属）	1	0	0	0
[16]	*Prototheca*（原壁菌属，藻类）	1	0	0	0
[17]	*Rigifila*（原生生物的属）	0	0	1	1
[18]	*Stenamoeba*（原生生物的属）	1	0	0	1
	小计	10	1	11	9

真菌属群落种类在异位发酵床不同处理组分布为 AUG_CK（44）＞AUG_PM（22）＞AUG_L（18）＞AUG_H（14）。原料垫料组种类最多的是假丝酵母属（*Candida*）（4），深发酵垫料组种类最多的是支顶孢霉属（*Acremonium*）（2），浅发酵垫料组种类最多的是真菌的属（*Achroceratosphaeria*）（1），未发酵猪粪组种类最多的是犁头霉属（*Absidia*）（1）。

3. 群落丰度（%）结构

分析结果见表 5-53、表 5-54、图 5-28。未确定分类地位的类群丰度，在异位发酵后深发酵垫料组（AUG_H）分布很低（0.76%），在其他 3 个处理组分布在 30%～97%。原生生物等丰度在异位发酵床所有处理组分布都很低，不超过 3%（表 5-53）。真菌属丰度分布为 AUG_H（99.23%）＞AUG_CK（68.24%）＞AUG_L（12.67%）＞AUG_PM

（3.16%）。

表 5-53　异位微生物发酵床不同处理组群落相对丰度分布

序号	分类阶元	AUG_CK	AUG_H	AUG_L	AUG_PM
未确定分类地位类群					
[1]	environmental_samples	0.004473	0.000000	0.011218	0.008450
[2]	environmental_samples_norank	0.3081767	0.006791	0.8068162	0.9418997
[3]	Fungi_norank	0.000538	0.000835	0.034403	0.015698
	小计	0.3131877	0.007626	0.8524372	0.9660477
原生生物等					
[1]	*Amastigomonas*（藻类的属）	0.000010	0.000000	0.000343	0.000000
[2]	*Amoebozoa_norank*（原生生物的属）	0.000000	0.000000	0.000077	0.000000
[3]	*Capsaspora*（原核生物的属）	0.000239	0.000000	0.000147	0.000000
[4]	*Copromyxa*（原生生物的属）	0.000000	0.000000	0.000000	0.000288
[5]	*Demospongiae_norank*（寻常海绵纲的属）	0.000000	0.000000	0.000182	0.000058
[6]	*Dermamoeba*（原生生物的属）	0.000000	0.000000	0.000021	0.000000
[7]	*Echinamoeba*（原生生物的属）	0.000179	0.000000	0.000112	0.000038
[8]	*Korotnevella*（原生生物的属）	0.000000	0.000000	0.000000	0.000077
[9]	薄咽虫属（*Leptopharynx*）	0.002411	0.000000	0.002806	0.000125
[10]	拟单齿线虫属（*Mononchoides*）	0.000000	0.000000	0.010574	0.000000
[11]	棕鞭藻属（*Ochromonas*）	0.000249	0.000000	0.000616	0.000500
[12]	*Parasterkiella*（纤毛虫的属）	0.000139	0.000000	0.004465	0.000385
[13]	*Parastrombidinopsis*（原生生物的属）	0.000000	0.000052	0.000000	0.000000
[14]	*Paratrimastix*（原生生物的属）	0.000080	0.000000	0.000000	0.000000
[15]	*Protacanthamoeba*（原生生物的属）	0.000927	0.000000	0.000000	0.000000
[16]	*Prototheca*（原壁菌属，藻类）	0.000050	0.000000	0.000000	0.000000
[17]	*Rigifila*（原生生物的属）	0.000000	0.000000	0.001505	0.000865
[18]	*Stenamoeba*（原生生物的属）	0.000169	0.000000	0.000000	0.000019
	小计	0.004453	0.000052	0.020848	0.002355
真菌属					
[1]	犁头霉属（*Absidia*）	0.001564	0.000000	0.000000	0.000106
[2]	*Achroceratosphaeria*（真菌的属）	0.002003	0.000000	0.008608	0.000817
[3]	支顶孢霉属（*Acremonium*）	0.000090	0.078831	0.000000	0.000029
[4]	*Alloascoidea*（酵母菌的属）	0.000558	0.000000	0.000000	0.000000
[5]	*Apiotrichum*（产油酵母的属）	0.000359	0.003930	0.009000	0.001105
[6]	*Ascozonus*（真菌的属）	0.000528	0.001356	0.000595	0.000000
[7]	曲霉属（*Aspergillus*）	0.315131	0.000009	0.007516	0.009209
[8]	*Boudiera*（真菌的属）	0.000000	0.000000	0.000000	0.000019
[9]	酒香酵母属（*Brettanomyces*）	0.000070	0.000000	0.000000	0.000000
[10]	假丝酵母属（*Candida*）	0.023035	0.000000	0.000196	0.000048
[11]	*Cavernomonas*（真菌的属）	0.000229	0.000000	0.000000	0.000048
[12]	头梗霉属（*Cephaliophora*）	0.000110	0.000635	0.000749	0.000010
[13]	卷霉属（*Circinella*）	0.000050	0.000000	0.000000	0.000000
[14]	小克银汉霉属（*Cunninghamella*）	0.112991	0.000000	0.000000	0.000000
[15]	*Cyberlindnera*（酵母的属）	0.102599	0.000000	0.000084	0.000058

续表

序号	分类阶元	AUG_CK	AUG_H	AUG_L	AUG_PM
[16]	双珠霉属(*Dimargaris*)	0.000747	0.000000	0.000000	0.000000
[17]	*Gaertneriomyces*(真菌的属)	0.000080	0.000000	0.000000	0.000048
[18]	地霉属(*Geotrichum*)	0.000000	0.000000	0.035502	0.006864
[19]	粉座菌属(*Graphiola*)	0.000249	0.000000	0.000686	0.000000
[20]	生丝毕赤酵母属(*Hyphopichia*)	0.033536	0.000000	0.000000	0.000019
[21]	*Jianyunia*(真菌的属)	0.000996	0.000000	0.000000	0.000000
[22]	*Kirschsteiniothelia*(真菌的属)	0.000040	0.000000	0.000000	0.000000
[23]	横梗霉属(*Lichtheimia*)	0.032101	0.000104	0.000007	0.000067
[24]	毕赤酵母属(*Meyerozyma*)	0.031553	0.000000	0.000007	0.000548
[25]	毛霉属(*Mucor*)	0.000020	0.000565	0.000000	0.000000
[26]	*Naganishia*(酵母菌的属)	0.000339	0.376006	0.000140	0.000144
[27]	网褶菌属(*Paragyrodon*)	0.000000	0.000000	0.000819	0.000000
[28]	根毛霉属(*Rhizomucor*)	0.000847	0.000000	0.000000	0.000000
[29]	根霉属(*Rhizopus*)	0.016349	0.000000	0.000301	0.000048
[30]	红酵母属(*Rhodotorula*)	0.002122	0.018703	0.000000	0.000087
[31]	*Ripidomyxa*(真菌的属)	0.000030	0.000000	0.000014	0.000000
[32]	*Scheffersomyces*(酵母的属)	0.000159	0.000000	0.000000	0.000000
[33]	齿梗孢属(*Scolecobasidium*)	0.001445	0.000000	0.000000	0.000038
[34]	*Spiromyces*(真菌的属)	0.000628	0.000000	0.000000	0.000000
[35]	*Symmetrospora*(真菌的属)	0.000090	0.000052	0.000000	0.000000
[36]	*Tortispora*(酵母的属)	0.000090	0.000000	0.000000	0.000000
[37]	*Trechispora*(真菌的属)	0.000020	0.000000	0.000196	0.000010
[38]	银耳属(*Tremella*)	0.000299	0.000165	0.000280	0.000048
[39]	毛孢子菌属(*Trichosporon*)	0.000887	0.511965	0.062018	0.012228
[40]	麦轴梗霉属(*Tritirachium*)	0.000279	0.000000	0.000000	0.000000
[41]	节担菌属(*Wallemia*)	0.000139	0.000000	0.000000	0.000000
	小计	0.682362	0.992321	0.126718	0.031598

表 5-54　异位微生物发酵床不同处理组未确定分类地位类群、原生生物等、真菌属群落相对丰度分布

分类阶元	AUG_CK	AUG_H	AUG_L	AUG_PM
未确定分类地位类群	0.3131877	0.007626	0.8524372	0.9660477
原生生物等	0.004453	0.000052	0.020848	0.002355
真菌属	0.682362	0.992321	0.126718	0.031598

4. 真菌属群落相关分析

（1）基于真菌属群落的不同处理组相关分析　不同处理组真菌属群落数量平均值和相关系数分析结果见表 5-55。垫料原料组含有的真菌属数量平均值较高，为 1670.46，占总和的 33.57%；未发酵猪粪组真菌属群落数量平均值最低，为 80.17，占总和的 1.61%；经过浅发酵垫料组发酵，平均值上升到 441.63，占总和的 8.88%；经过深发酵组发酵，平均值上升到 2783.49，占总和的 55.94%。研究表明，未发酵猪粪真菌含量很低，深发酵后发酵产物真菌含量较高。

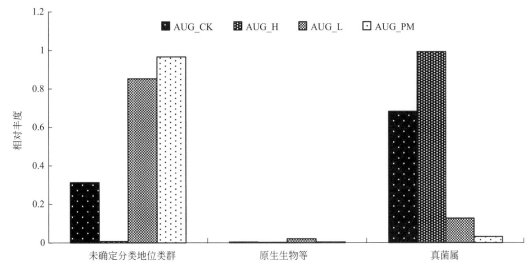

图 5-28　异位微生物发酵床不同处理组未确定分类地位类群、原生生物等、真菌属群落丰度分布

表 5-55　异位发酵床真菌属群落数量不同处理组平均值和相关系数

处理组	平均值	标准差	AUG_CK	AUG_H	AUG_L	AUG_PM
AUG_CK	1670.46	5386.73	1.00	−0.08	0.01	0.44
AUG_H	2783.49	11298.33	−0.08	1.00	0.66	0.56
AUG_L	441.63	1586.20	0.01	0.66	1.00	0.88
AUG_PM	80.17	264.88	0.44	0.56	0.88	1.00
合计	4975.75	18536.14				

相关系数临界值，$a=0.05$ 时，$r=0.3081$；$a=0.01$ 时，$r=0.3978$。

相关系数分析结果表明，除了垫料原料组（AUG_CK）分别与浅发酵垫料组（AUG_L）和深发酵垫料组（AUG_H）不存在相关性外，其余处理组之间存在着显著相关或极显著相关，其中，相关性最高的组是未发酵猪粪组（AUG_PM）与浅发酵垫料组（AUG_L），相关系数为 0.88，最低的为垫料原料组（AUG_CK）与未发酵猪粪组（AUG_PM），相关系数为 0.44，表明未发酵猪粪组携带着真菌属群落与垫料原料组携带的真菌属群落存在着一定的相关，混合后经过浅发酵，两者真菌属群落同源，具有较高的相似性。

（2）基于不同处理组的真菌属群落相关分析　不同处理组的真菌属群落数量平均值分析结果见表 5-56。不同真菌属群落数量平均值差异显著，前三个数量最高的真菌属群落为 Trichosporonaceae（酵母真菌的属），平均值为 17747.75，占比 34.78%；线黑粉菌属（Filobasidiaceae），平均值为 10828.00，占比 21.22%；曲霉菌属（Aspergillaceae），平均值为 8415.75，占比 16.49%。

表 5-56　异位发酵不同处理组的真菌属群落数量平均值

序号	真菌属	平均值	标准差	比值/%
[1]	毛孢子菌属（Trichosporon）	17275.50	28006.70	33.87
[2]	Naganishia（酵母菌的属）	10828.00	21610.00	21.23
[3]	曲霉属（Aspergillus）	8415.75	15483.63	16.51
[4]	小克银汉霉属（Cunninghamella）	2835.25	5670.50	5.55

续表

序号	真菌属	平均值	标准差	比值/%
[5]	*Cyberlindnera*（酵母的属）	2579.00	5146.00	5.05
[6]	支顶孢霉属（*Acremonium*）	2269.50	4531.00	4.44
[7]	地霉属（*Geotrichum*）	1446.75	2440.82	2.83
[8]	生丝毕赤酵母属（*Hyphopichia*）	842.00	1682.67	1.65
[9]	横梗霉属（*Lichtheimia*）	810.50	1607.67	1.58
[10]	毕赤酵母属（*Meyerozyma*）	806.25	1574.06	1.58
[11]	红酵母属（*Rhodotorula*）	593.25	1043.15	1.16
[12]	假丝酵母属（*Candida*）	586.25	1150.56	1.14
[13]	*Apiotrichum*（产油酵母的属）	472.25	571.71	0.92
[14]	根霉属（*Rhizopus*）	422.25	812.73	
[15]	*Achroceratosphaeria*（真菌的属）	379.00	573.28	
[16]	*Ascozonus*（真菌的属）	73.50	65.22	
[17]	头梗霉属（*Cephaliophora*）	48.00	50.61	
[18]	犁头霉属（*Absidia*）	42.00	76.84	
[19]	齿梗孢属（*Scolecobasidium*）	37.25	71.86	
[20]	粉座菌属（*Graphiola*）	30.75	46.36	
[21]	网褶菌属（*Paragyrodon*）	29.25	58.50	
[22]	*Jianyunia*（真菌的属）	25.00	50.00	
[23]	银耳属（*Tremella*）	23.50	15.02	
[24]	根毛霉属（*Rhizomucor*）	21.25	42.50	
[25]	双珠霉属（*Dimargaris*）	18.75	37.50	
[26]	毛霉属（*Mucor*）	16.75	32.18	
[27]	*Spiromyces*（真菌的属）	15.75	31.50	
[28]	*Alloascoidea*（酵母菌的属）	14.00	28.00	
[29]	*Trechispora*（真菌的属）	7.75	13.52	
[30]	*Cavernomonas*（真菌的属）	7.00	10.92	
[31]	麦轴梗霉属（*Tritirachium*）	7.00	14.00	
[32]	*Scheffersomyces*（酵母的属）	4.00	8.00	
[33]	*Symmetrospora*（真菌的属）	3.75	4.50	
[34]	节担菌属（*Wallemia*）	3.50	7.00	
[35]	*Gaertneriomyces*（真菌的属）	3.25	3.95	
[36]	*Tortispora*（酵母的属）	2.25	4.50	
[37]	酒香酵母属（*Brettanomyces*）	1.75	3.50	
[38]	*Ripidomyxa*（真菌的属）	1.25	1.50	
[39]	卷霉属（*Circinella*）	1.25	2.50	
[40]	*Kirschsteiniothelia*（真菌的属）	1.00	2.00	
[41]	*Boudiera*（真菌的属）	0.50	1.00	
		51001.5		

占比超过1%的真菌属群落有12个种类。其相关系数见表5-57。研究表明，真菌属间极显著相关的有27对，其中曲霉属（*Aspergillus*）与6种真菌属存在极显著相关关系，它们是小克银汉霉属（*Cunninghamella*）、*Cyberlindnera*（酵母的属）、生丝毕赤酵母属（*Hyphop-*

ichia）、横梗霉属（*Lichtheimia*）、毕赤酵母属（*Meyerozyma*）、假丝酵母属（*Candida*）。

表 5-57　基于不同处理组的真菌属群落相关系数

序号	真菌属	1	2	3	4	5	6	7	8	9	10	11	12	13
[1]	毛孢子菌属（*Trichosporon*）	1.00												
[2]	*Naganishia*（酵母菌的属）	0.99	1.00											
[3]	曲霉属（*Aspergillus*）	−0.44	−0.36	1.00										
[4]	小克银汉霉属（*Cunninghamella*）	−0.41	−0.33	1.00	1.00									
[5]	*Cyberlindnera*（酵母的属）	−0.41	−0.33	1.00	1.00	1.00								
[6]	支顶孢霉属（*Acremonium*）	0.99	1.00	−0.36	−0.33	−0.33	1.00							
[7]	地霉属（*Geotrichum*）	−0.26	−0.40	−0.38	−0.40	−0.39	−0.40	1.00						
[8]	生丝毕赤酵母属（*Hyphopichia*）	−0.41	−0.33	1.00	1.00	1.00	−0.33	−0.40	1.00					
[9]	横梗霉属（*Lichtheimia*）	−0.41	−0.33	1.00	1.00	1.00	−0.33	−0.40	1.00	1.00				
[10]	毕赤酵母属（*Meyerozyma*）	−0.42	−0.34	1.00	1.00	1.00	−0.34	−0.40	1.00	1.00	1.00			
[11]	红酵母属（*Rhodotorula*）	0.98	1.00	−0.27	−0.24	−0.24	1.00	−0.45	−0.24	−0.24	−0.25	1.00		
[12]	假丝酵母属（*Candida*）	−0.41	−0.34	1.00	1.00	1.00	−0.34	−0.39	1.00	1.00	1.00	−0.25	1.00	
[13]	*Apiotrichum*（产油酵母的属）	0.12	−0.02	−0.50	−0.51	−0.51	−0.02	0.93	−0.51	−0.51	−0.52	−0.08	−0.50	1.00

相关系数临界值，$a=0.05$ 时，$r=0.9500$；$a=0.01$ 时，$r=0.9900$。

5. 真菌属群落聚类分析

（1）基于真菌属群落的不同处理组聚类分析　利用表 5-56 中的真菌属群落数据构建矩阵，以真菌属指标，以不同处理组为样本，数据矩阵不作转化，采用欧氏距离，以可变类平均法进行系统聚类。分析结果见表 5-58。可将不同处理为 2 类：第 1 类为终结发酵特性，包括了 AUG_H，体现了发酵结束后真菌属群落数量差异；第 2 类为初始发酵特性，包括了处理 AUG_CK、AUG_PM、AUG_L，体现了垫料原料组＋未发酵猪粪组进行浅发酵过程，真菌属群落数量的相似性（图 5-29）。

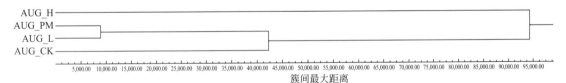

图 5-29　基于真菌属群落的不同处理组聚类分析

基于不同处理组聚类组的真菌属群落数据和类别平均值见表 5-58。在第 1 类中，真菌属群落数量总和为 114123，占比 79.20%，平均值最大的前 5 个优势真菌属分别为毛孢子菌属（*Trichosporon*）（58879）、*Naganishia*（酵母菌的属）（43243）、支顶孢霉属（*Acremonium*）（9066）、红酵母属（*Rhodotorula*）（2151）、*Apiotrichum*（产油酵母的属）（452）；在第 2 类中，真菌属群落数量总和为 29961.01，占比 20.79%，平均值最大的前 5 个优势真菌属分别为曲霉属（*Aspergillus*）（11220.67）、小克银汉霉属（*Cunninghamella*）（3780.33）、*Cyberlindnera*（酵母的属）（3438.67）、毛孢子菌属（*Trichosporon*）（3407.67）、地霉属（*Geotrichum*）（1929）。结果表明，第 1 类终结发酵阶段真菌属群落较多，而以毛孢子菌属等为优势种；第 2 类初始发酵阶段真菌属群落较少，以曲霉属等为优势种。

表 5-58　基于不同处理组聚类组的真菌属群落数据和类别平均值

序号	组别	第 1 组 1 个样本		第 2 组 3 个样本			
		AUG_H	平均值	AUG_CK	AUG_L	AUG_PM	平均值
[1]	毛孢子菌属(Trichosporon)	58879.00	58879.00	89.00	8862.00	1272.00	3407.67
[2]	Naganishia(酵母菌的属)	43243.00	43243.00	34.00	20.00	15.00	23.00
[3]	曲霉属(Aspergillus)	1.00	1.00	31630.00	1074.00	958.00	11220.67
[4]	小克银汉霉属(Cunninghamella)	0.00	0.00	11341.00	0.00	0.00	3780.33
[5]	Cyberlindnera(酵母的属)	0.00	0.00	10298.00	12.00	6.00	3438.67
[6]	支顶孢霉属(Acremonium)	9066.00	9066.00	9.00	0.00	3.00	4.00
[7]	地霉属(Geotrichum)	0.00	0.00	0.00	5073.00	714.00	1929.00
[8]	生丝毕赤酵母属(Hyphopichia)	0.00	0.00	3366.00	0.00	2.00	1122.67
[9]	横梗霉属(Lichtheimia)	12.00	12.00	3222.00	1.00	7.00	1076.67
[10]	毕赤酵母属(Meyerozyma)	0.00	0.00	3167.00	1.00	57.00	1075.00
[11]	红酵母属(Rhodotorula)	2151.00	2151.00	213.00	0.00	9.00	74.00
[12]	假丝酵母属(Candida)	0.00	0.00	2312.00	28.00	5.00	781.67
[13]	Apiotrichum(产油酵母的属)	452.00	452.00	36.00	1286.00	115.00	479.00
[14]	根霉属(Rhizopus)	0.00	0.00	1641.00	43.00	5.00	563.00
[15]	Achroceratosphaeria(真菌的属)	0.00	0.00	201.00	1230.00	85.00	505.33
[16]	Ascozonus(真菌的属)	156.00	156.00	53.00	85.00	0.00	46.00
[17]	头梗霉属(Cephaliophora)	73.00	73.00	11.00	107.00	1.00	39.67
[18]	犁头霉属(Absidia)	0.00	0.00	157.00	0.00	11.00	56.00
[19]	齿梗孢属(Scolecobasidium)	0.00	0.00	145.00	0.00	4.00	49.67
[20]	粉座菌属(Graphiola)	0.00	0.00	25.00	98.00	0.00	41.00
[21]	网褶菌属(Paragyrodon)	0.00	0.00	0.00	117.00	0.00	39.00
[22]	Jianyunia(真菌的属)	0.00	0.00	100.00	0.00	0.00	33.33
[23]	银耳属(Tremella)	19.00	19.00	30.00	40.00	5.00	25.00
[24]	根毛霉属(Rhizomucor)	0.00	0.00	85.00	0.00	0.00	28.33
[25]	双珠霉属(Dimargaris)	0.00	0.00	75.00	0.00	0.00	25.00
[26]	毛霉属(Mucor)	65.00	65.00	2.00	0.00	0.00	0.67
[27]	Spiromyces(真菌的属)	0.00	0.00	63.00	0.00	0.00	21.00
[28]	Alloascoidea(酵母菌的属)	0.00	0.00	56.00	0.00	0.00	18.67
[29]	Trechispora(真菌的属)	0.00	0.00	2.00	28.00	1.00	10.33
[30]	Cavernomonas(真菌的属)	0.00	0.00	23.00	0.00	5.00	9.33
[31]	麦轴梗霉属(Tritirachium)	0.00	0.00	28.00	0.00	0.00	9.33
[32]	Scheffersomyces(酵母的属)	0.00	0.00	16.00	0.00	0.00	5.33
[33]	Symmetrospora(真菌的属)	6.00	6.00	9.00	0.00	0.00	3.00
[34]	节担菌属(Wallemia)	0.00	0.00	14.00	0.00	0.00	4.67
[35]	Gaertneriomyces(真菌的属)	0.00	0.00	8.00	0.00	5.00	4.33
[36]	Tortispora(酵母的属)	0.00	0.00	9.00	0.00	0.00	3.00
[37]	酒香酵母属(Brettanomyces)	0.00	0.00	7.00	0.00	0.00	2.33
[38]	Ripidomyxa(真菌的属)	0.00	0.00	3.00	2.00	0.00	1.67
[39]	卷霉属(Circinella)	0.00	0.00	5.00	0.00	0.00	1.67
[40]	Kirschsteiniothelia(真菌的属)	0.00	0.00	4.00	0.00	0.00	1.33
[41]	Boudiera(真菌的属)	0.00	0.00	0.00	0.00	2.00	0.67
			总和=114123	23523.38	13199.95	11921.12	总和=29961.01

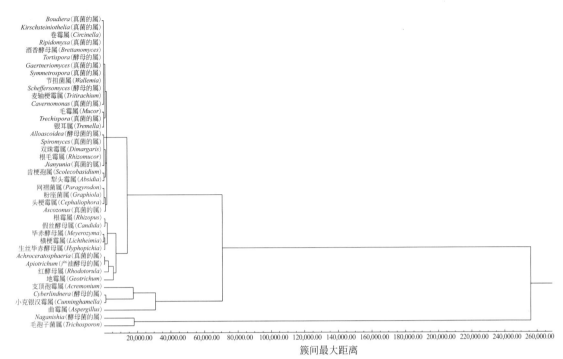

图 5-30　基于不同处理组的真菌属群落聚类分析

（2）基于不同处理组的真菌属群落聚类分析　利用表 5-59 中的真菌属群落数据构建矩阵，以不同处理组为指标，以真菌属为样本，数据矩阵不作转化，采用欧氏距离，以可变类平均法进行系统聚类。分析结果见表 5-59 和图 5-30。可将真菌属群落分为 3 类：第 1 类为高含量类，含有两个真菌属群落，即 *Trichosporonaceae*（酵母真菌的属）、线黑粉菌属（*Filobasidiaceae*），群落数量的平均值的总和为 56207，主要分布在深发酵垫料组；第 2 类为中含量类，含有 4 个真菌属群落，主要群落有曲霉属（*Aspergillus*）（33663）、小克银汉霉属（*Cunninghamella*）（11341）、*Cyberlindnera*（酵母的属）（10316）、支顶孢霉属（*Acremonium*）（9078），平均值总和为 16099.5，主要分布在垫料原料组；第 3 类为低含量组，含有了剩余的 35 个真菌属群落，主要类群有地霉属（*Geotrichum*）（5787）、生丝毕赤酵母属（*Hyphopichia*）（3368）、横梗霉属（*Lichtheimia*）（3242）、毕赤酵母属（*Meyerozyma*）（3225）、红酵母属（*Rhodotorula*）（2373），主要分布在垫料原料组和浅发酵垫料组。

表 5-59　基于不同处理组的真菌属群落聚类分析

组别	样本号	AUG_CK	AUG_H	AUG_L	AUG_PM	到中心距离
1	毛孢子菌属（*Trichosporon*）	89.00	58879.00	8862.00	1272.00	9003.45
1	*Naganishia*（酵母菌的属）	34.00	43243.00	20.00	15.00	9003.45
第1组2个样本	平均值	61.50	51061.00	4441.00	643.50	总和＝56207
2	曲霉属（*Aspergillus*）	31630.00	1.00	1074.00	958.00	18481.48
2	小克银汉霉属（*Cunninghamella*）	11341.00	0.00	0.00	0.00	3030.64
2	*Cyberlindnera*（酵母的属）	10298.00	0.00	12.00	6.00	3793.49
2	支顶孢霉属（*Acremonium*）	9.00	9066.00	0.00	3.00	14950.92

续表

组别	样本号	AUG_CK	AUG_H	AUG_L	AUG_PM	到中心距离
第2组4个样本	平均值	13319.5	2266.75	271.5	241.75	总和=16099.5
3	地霉属(*Geotrichum*)	0.00	0.00	5073.00	714.00	4908.30
3	生丝毕赤酵母属(*Hyphopichia*)	3366.00	0.00	0.00	2.00	2945.43
3	横梗霉属(*Lichtheimia*)	3222.00	12.00	1.00	7.00	2801.51
3	毕赤酵母属(*Meyerozyma*)	3167.00	0.00	1.00	57.00	2747.11
3	红酵母属(*Rhodotorula*)	213.00	2151.00	0.00	9.00	2091.71
3	假丝酵母属(*Candida*)	2312.00	0.00	28.00	5.00	1894.02
3	*Apiotrichum*(产油酵母的属)	36.00	452.00	1286.00	115.00	1186.90
3	根霉属(*Rhizopus*)	1641.00	0.00	43.00	5.00	1227.78
3	*Achroceratosphaeria*(真菌的属)	201.00	0.00	1230.00	85.00	1028.57
3	*Ascozonus*(真菌的属)	53.00	156.00	85.00	0.00	413.28
3	头梗霉属(*Cephaliophora*)	11.00	73.00	107.00	1.00	439.50
3	犁头霉属(*Absidia*)	157.00	0.00	0.00	11.00	369.55
3	齿梗孢属(*Scolecobasidium*)	145.00	0.00	0.00	4.00	378.95
3	粉座菌属(*Graphiola*)	25.00	0.00	98.00	0.00	436.93
3	网褶菌属(*Paragyrodon*)	0.00	0.00	117.00	0.00	455.06
3	*Jianyunia*(真菌的属)	100.00	0.00	0.00	0.00	414.24
3	银耳属(*Tremella*)	30.00	19.00	40.00	5.00	450.27
3	根毛霉属(*Rhizomucor*)	85.00	0.00	0.00	0.00	426.32
3	双珠霉属(*Dimargaris*)	75.00	0.00	0.00	0.00	434.48
3	毛霉属(*Mucor*)	2.00	65.00	0.00	0.00	489.30
3	*Spiromyces*(真菌的属)	63.00	0.00	0.00	0.00	444.37
3	*Alloascoidea*(酵母菌的属)	56.00	0.00	0.00	0.00	450.18
3	*Trechispora*(真菌的属)	2.00	0.00	28.00	1.00	483.52
3	*Cavernomonas*(真菌的属)	23.00	0.00	0.00	5.00	477.74
3	麦轴梗霉属(*Tritirachium*)	28.00	0.00	0.00	0.00	473.76
3	*Scheffersomyces*(酵母的属)	16.00	0.00	0.00	0.00	484.02
3	*Symmetrospora*(真菌的属)	9.00	6.00	0.00	0.00	489.04
3	节担菌属(*Wallemia*)	14.00	0.00	0.00	0.00	485.73
3	*Gaertneriomyces*(真菌的属)	8.00	0.00	0.00	5.00	490.62
3	*Tortispora*(酵母的属)	9.00	0.00	0.00	0.00	490.03
3	酒香酵母属(*Brettanomyces*)	7.00	0.00	0.00	0.00	491.76
3	*Ripidomyxa*(真菌的属)	3.00	0.00	2.00	0.00	494.27
3	卷霉属(*Circinella*)	5.00	0.00	0.00	0.00	493.48
3	*Kirschsteiniothelia*(真菌的属)	4.00	0.00	0.00	0.00	494.34
3	*Boudiera*(真菌的属)	0.00	0.00	0.00	2.00	497.69
第3组35个样本	平均值	431.09	83.83	232.54	29.51	总和=776.97

6. 真菌属群落主成分分析

（1）基于异位发酵床不同处理组的真菌属群落数量主成分分析　规格化特征向量见表5-60，特征值见表5-61，因子得分见表5-62，主成分分析见图5-31。分析结果表明，前2个主成分累计特征值达89.6667%，很好地涵盖了主要信息，第1主成分定义为定义为发酵过程主成分，主要影响因子为深发酵垫料组（AUG_H）（0.4981）、浅发酵垫料组（AUG_L）（0.5977）、未发酵猪粪组（AUG_PM）（0.6059），影响该主成分的主要真菌属为毛孢子菌属（*Trichosporon*）（8.3234）；第 2 主成分定义为原料阶段主成分，主要影响因子为原料垫料组（AUG_CK）（0.8836），影响该主成分的主要真菌属为曲霉属（*Aspergillus*）（5.7048）等。

表 5-60　基于真菌属群落数量的不同处理组主成分分析规格化特征向量

处理组	因子 1	因子 2	因子 3	因子 4
垫料原料组（AUG_CK）	0.1660	0.8836	0.3070	0.3121
深发酵垫料组（AUG_H）	0.4981	−0.3668	0.7857	0.0008
浅发酵垫料组（AUG_L）	0.5977	−0.1751	−0.4613	0.6319
未发酵猪粪组（AUG_PM）	0.6059	0.2323	−0.2750	−0.7094

表 5-61　基于真菌属群落数量的不同处理组主成分分析特征值

序号	特征值	百分率/%	累计百分率/%	Chi-Square	df	*p* 值
[1]	2.4421	61.0525	61.0525	137.2827	9.0000	0.0000
[2]	1.1446	28.6142	89.6667	96.6889	5.0000	0.0000
[3]	0.3889	9.7226	99.3893	56.8711	2.0000	0.0000
[4]	0.0244	0.6107	100.0000	0.0000	0.0000	1.0000

表 5-62　基于真菌属群落数量的不同处理组主成分分析因子得分

真菌属	$Y(i,1)$	$Y(i,2)$	$Y(i,3)$	$Y(i,4)$
毛孢子菌属（*Trichosporon*）	8.3234	−1.9653	0.1248	0.0745
Naganishia（酵母菌的属）	1.4253	−1.5927	2.9106	−0.0855
曲霉属（*Aspergillus*）	3.0468	5.7048	0.4190	−0.3639
小克银汉霉属（*Cunninghamella*）	−0.1745	1.6552	0.5693	0.5988
Cyberlindnera（酵母的属）	−0.1884	1.4880	0.5001	0.5271
支顶孢霉属（*Acremonium*）	−0.1172	−0.4954	0.5507	−0.0651
地霉属（*Geotrichum*）	3.0208	−0.1392	−2.2937	0.0504
生丝毕赤酵母属（*Hyphopichia*）	−0.4157	0.3487	0.1127	0.1315
横梗霉属（*Lichtheimia*）	−0.4078	0.3290	0.0998	0.1101
毕赤酵母属（*Meyerozyma*）	−0.2956	0.3642	0.0439	−0.0270
红酵母属（*Rhodotorula*）	−0.4020	−0.2322	0.0753	−0.0698
假丝酵母属（*Candida*）	−0.4308	0.1754	0.0413	0.0735
Apiotrichum（产油酵母的属）	0.2447	−0.2551	−0.5370	0.1482
根霉属（*Rhizopus*）	−0.4458	0.0636	−0.0013	0.0406
Achroceratosphaeria（真菌的属）	0.1401	−0.2335	−0.5116	0.2158
Ascozonus（真菌的属）	−0.4834	−0.2109	−0.0880	−0.0212
头梗霉属（*Cephaliophora*）	−0.4778	−0.2167	−0.1036	−0.0176
犁头霉属（*Absidia*）	−0.4940	−0.1698	−0.0796	−0.0785
齿梗孢属（*Scolecobasidium*）	−0.5104	−0.1779	−0.0730	−0.0605
粉座菌属（*Graphiola*）	−0.4863	−0.2119	−0.1042	−0.0177
网褶菌属（*Paragyrodon*）	−0.4799	−0.2181	−0.1111	−0.0116
Jianyunia（真菌的属）	−0.5209	−0.1888	−0.0714	−0.0524

续表

真菌属	$Y(i,1)$	$Y(i,2)$	$Y(i,3)$	$Y(i,4)$
银耳属（*Tremella*）	−0.4957	−0.2009	−0.0909	−0.0539
根毛霉属（*Rhizomucor*）	−0.5214	−0.1912	−0.0723	−0.0532
双珠霉属（*Dimargaris*）	−0.5217	−0.1929	−0.0728	−0.0538
毛霉属（*Mucor*）	−0.5211	−0.2070	−0.0725	−0.0580
Spiromyces（真菌的属）	−0.5220	−0.1949	−0.0735	−0.0545
Alloascoidea（酵母菌的属）	−0.5223	−0.1960	−0.0739	−0.0549
Trechispora（真菌的属）	−0.5111	−0.2071	−0.0862	−0.0496
Cavernomonas（真菌的属）	−0.5118	−0.1970	−0.0810	−0.0702
麦轴梗霉属（*Tritirachium*）	−0.5231	−0.2006	−0.0755	−0.0565
Scheffersomyces（酵母的属）	−0.5235	−0.2026	−0.0762	−0.0572
Symmetrospora（真菌的属）	−0.5234	−0.2039	−0.0762	−0.0576
节担菌属（*Wallemia*）	−0.5236	−0.2029	−0.0763	−0.0574
Gaertneriomyces（真菌的属）	−0.5123	−0.1995	−0.0819	−0.0711
Tortispora（酵母的属）	−0.5237	−0.2037	−0.0766	−0.0576
酒香酵母属（*Brettanomyces*）	−0.5238	−0.2040	−0.0767	−0.0578
Ripidomyxa（真菌的属）	−0.5231	−0.2049	−0.0775	−0.0572
卷霉属（*Circinella*）	−0.5238	−0.2044	−0.0768	−0.0579
Kirschsteiniothelia（真菌的属）	−0.5239	−0.2045	−0.0769	−0.0579
Boudiera（真菌的属）	−0.5194	−0.2034	−0.0792	−0.0635

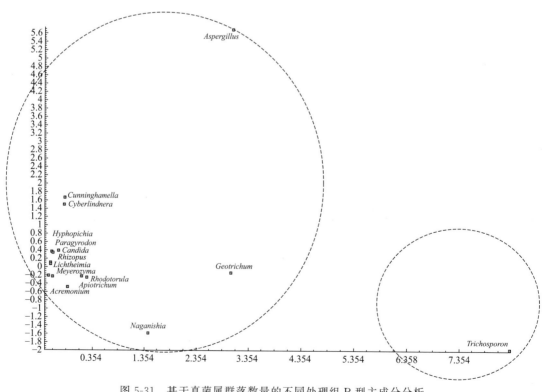

图 5-31　基于真菌属群落数量的不同处理组 R 型主成分分析

（2）基于真菌属群落数量的异位发酵床不同处理组主成分分析　分析结果规格化特征向量见表5-63，特征值见表5-64，主成分分析得分见表5-65。主成分分析见图5-32。前2个主成分累计特征值达85.8777%，很好地涵盖了主要信息；分析结果表明，异位发酵床不同处理真菌属群落主成分分散在不同区域，AUG_CK分布在第一象限，AUG_L在第二象限，AUG_PM和AUG_H在第三象限，表明不同发酵阶段处理发酵床垫料真菌群落组成差异很大。第1主成分的主要影响因子为垫料原料组（AUG_CK）（7.7094），第2主成分的主要影响因子为浅发酵垫料组（AUG_L）（3.9021）。

表5-63　异位发酵床真菌属群落宏基因组指数主成分分析规格化特征向量

真菌属	因子1	因子2	因子3
犁头霉属（Absidia）	0.1935	0.0018	0.0127
齿梗孢属（Scolecobasidium）	0.1931	0.0048	0.0295
毕赤酵母属（Meyerozyma）	0.1930	0.0055	0.0332
曲霉属（Aspergillus）	0.1928	0.0152	0.0324
小克银汉霉属（Cunninghamella）	0.1927	0.0067	0.0401
Cyberlindnera（酵母的属）	0.1927	0.0070	0.0400
生丝毕赤酵母属（Hyphopichia）	0.1927	0.0066	0.0399
横梗霉属（Lichtheimia）	0.1927	0.0057	0.0403
Jianyunia（真菌的属）	0.1927	0.0067	0.0401
根毛霉属（Rhizomucor）	0.1927	0.0067	0.0401
双珠霉属（Dimargaris）	0.1927	0.0067	0.0401
Spiromyces（真菌的属）	0.1927	0.0067	0.0401
Alloascoidea（酵母菌的属）	0.1927	0.0067	0.0401
麦轴梗霉属（Tritirachium）	0.1927	0.0067	0.0401
Scheffersomyces（酵母的属）	0.1927	0.0067	0.0401
节担菌属（Wallemia）	0.1927	0.0067	0.0401
Tortispora（酵母的属）	0.1927	0.0067	0.0401
酒香酵母属（Brettanomyces）	0.1927	0.0067	0.0401
卷霉属（Circinella）	0.1927	0.0067	0.0401
Kirschsteiniothelia（真菌的属）	0.1927	0.0067	0.0401
假丝酵母属（Candida）	0.1926	0.0103	0.0407
根霉属（Rhizopus）	0.1924	0.0146	0.0421
Cavernomonas（真菌的属）	0.1923	−0.0089	−0.0481
Gaertneriomyces（真菌的属）	0.1659	−0.0374	−0.2092
Ripidomyxa（真菌的属）	0.1440	0.2099	0.1107
Symmetrospora（真菌的属）	0.1437	−0.1545	0.2058
银耳属（Tremella）	0.0411	0.2480	0.2726
粉座菌属（Graphiola）	−0.0252	0.3239	0.1228
Boudiera（真菌的属）	−0.0463	−0.0698	−0.3946
Achroceratosphaeria（真菌的属）	−0.0480	0.3229	0.0914
红酵母属（Rhodotorula）	−0.0562	−0.2488	0.2586
Ascozonus（真菌的属）	−0.0571	−0.0877	0.3826
Trechispora（真菌的属）	−0.0630	0.3134	0.0980
毛霉属（Mucor）	−0.0682	−0.2439	0.2523

续表

真菌属	因子 1	因子 2	因子 3
网褶菌属（Paragyrodon）	−0.0730	0.3048	0.1059
Naganishia（酵母菌的属）	−0.0733	−0.2417	0.2486
支顶孢霉属（Acremonium）	−0.0733	−0.2418	0.2486
地霉属（Geotrichum）	−0.0826	0.3065	0.0524
毛孢子菌属（Trichosporon）	−0.0895	−0.2074	0.2691
头梗霉属（Cephaliophora）	−0.1096	0.1479	0.2917
Apiotrichum（产油酵母的属）	−0.1097	0.2404	0.1789

表 5-64   异位发酵床真菌属群落宏基因组指数主成分分析特征值

序号	特征值	百分率/%	累计百分率/%	Chi-Square	df	p 值
1	26.6743	65.0592	65.0592	0.0000	860.0000	0.9999
2	8.5356	20.8185	85.8777	0.0000	819.0000	0.9999
3	5.7901	14.1223	100.0000	0.0000	779.0000	0.9999

表 5-65   异位发酵床真菌属群落宏基因组指数主成分分析因子得分

处理组	$Y(i,1)$	$Y(i,2)$	$Y(i,3)$
垫料原料组（AUG_CK）	7.7094	0.0854	0.3484
深发酵垫料组（AUG_H）	−2.9372	−3.0944	2.1586
浅发酵垫料组（AUG_L）	−2.9216	3.9021	0.9199
未发酵猪粪组（AUG_PM）	−1.8506	−0.8931	−3.4269

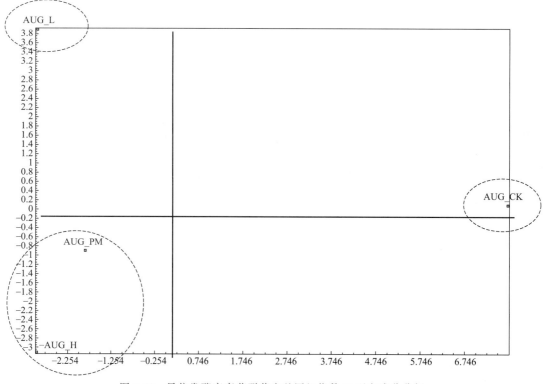

图 5-32   异位发酵床真菌群落宏基因组指数 Q 型主成分分析

六、真菌种数量（reads）分布结构

1. 群落数量（reads）结构

分析结果按不同处理组的平均值排序见表5-66。异位发酵床不同处理组共分析检测到78个真菌、原生生物、藻类、线虫以及未确定分类地位等种类（以下称真菌种及其他），不同处理组的真菌种及其他种类差异显著，垫料原料组（AUG＿CK）含有61个真菌种及其他，数量最大的真菌种是曲霉属（*Aspergillus*）（31627）；深发酵垫料组（AUG＿H）含有16个真菌种及其他，数量最大的真菌种是*Trichosporon*＿dohaense（毛孢子菌属的种）（58879）；浅发酵垫料组（AUG＿L）含有41个真菌种及其他，数量最大的真菌种是*Trichosporon*＿dohaense（毛孢子菌属一种）（8862）；未发酵猪粪组（AUG＿PM）含有43个真菌种及其他，数量最大真菌是*Trichosporon*＿dohaense（毛孢子菌属一种）（1272）。

表 5-66　异位发酵床不同微生物处理组真菌种群落数量（reads）

序号	真菌种类	AUG_CK	AUG_H	AUG_L	AUG_PM	平均值
未确定分类地位类群						
[1]	environmental_samples_uncultured_eukaryote	28616	772	102222	94281	56472.75
[2]	environmental_samples_uncultured_fungus	2270	9	12962	3267	4627
[3]	fungal_sp._Tianzhu-Yak18	54	96	4916	1633	1674.75
[4]	environmental_samples_uncultured_endogone	60	0	868	567	373.75
[5]	environmental_samples_uncultured_nucleariidae	178	0	632	260	267.5
[6]	environmental_samples_uncultured_opisthokont	0	0	37	405	110.5
[7]	environmental_samples_uncultured_valsaceae	211	0	69	50	82.5
[8]	environmental_samples_uncultured_	0	0	53	0	13.25
[9]	environmental_samples_uncultured_eimeriidae	0	0	34	0	8.5
[10]	environmental_samples_uncultured_freshwater	21	0	10	2	8.25
[11]	environmental_samples_uncultured_chrysophyte	19	0	4	8	7.75
[12]	environmental_samples_uncultured_malassezia	0	0	0	19	4.75
[13]	environmental_samples_uncultured_marine	6	0	0	0	1.5
[14]	environmental_samples_uncultured_chytridiomycota	0	0	2	1	0.75
[15]	environmental_samples_uncultured_glomus	0	0	0	2	0.5
	小计	31435	877	121809	100495	63654
原生生物等						
[1]	*Leptopharynx_costatus*（有肋薄咽虫，原生生物）	242	0	401	13	164.00
[2]	*Protacanthamoeba_bohemica*（原生生物）	93	0	0	0	23.25
[3]	*Amastigomonas*_sp._ⅣY8c（原生生物的一种）	1	0	49	0	12.50
[4]	*Capsaspora_owczarzaki*（原生生物的一种）	24	0	21	0	11.25
[5]	*Echinamoeba_thermarum*（原生生物的一种）	18	0	16	4	9.50
[6]	*Copromyxa_protea*（原生生物的一种）	0	0	0	30	7.50
[7]	*Cavernomonas_mira*（原生生物的一种）	23	0	0	5	7.00
[8]	*Stenamoeba_amazonica*（原生生物的一种）	17	0	0	2	4.75
[9]	*Symmetrospora_marina*（原生生物的一种）	9	6	0	0	3.75
[10]	*Amoebozoa*_sp._amMP3（原生生物的一种）	0	0	11	0	2.75
[11]	*Paratrimastix_pyriformis*_ATCC50562（原生生物的一种）	8	0	0	0	2.00
[12]	斯密拟拟盗虫（*Parastrombidinopsis_shimi*）	0	6	0	0	1.50
[13]	威克海姆原藻（*Prototheca_wickerhamii*）	5	0	0	0	1.25
[14]	*Ripidomyxa*_sp._RP010（原生生物）	3	0	2	0	1.25

序号	真菌种类	AUG_CK	AUG_H	AUG_L	AUG_PM	平均值
[15]	*Dermamoeba_algensis*（原生生物）	0	0	3	0	0.75
[16]	*Korotnevella_stella*（原生生物的一种）	0	0	0	8	2.00
[17]	*Parasterkiella_thompsoni*（原生生物的一种）	14	0	638	40	173.00
[18]	*Rigifila_ramosa*（原生生物的一种）	0	0	215	90	76.25
[19]	*Mononchoides*_sp._WB-2010（拟单齿线虫属的一种）	0	0	1511	0	377.75
[20]	*Ochromonas_perlata*（棕鞭藻属的一种）	25	0	88	52	41.25
[21]	*Halichondrida*_sp._USNM_1133814（软海绵目的一种）	0	0	26	6	8.00
	小计	482	12	2981	250	931.25
真菌种						
[1]	*Trichosporon_dohaense*（毛孢子菌属的种）	89	58879	8862	1272	17275.50
[2]	*Naganishia_globosa*（一种酵母菌）	34	43243	20	15	10828.00
[3]	土曲霉（*Aspergillus_terreus*）	31627	1	1074	958	8415.00
[4]	*Cunninghamella_echinulata*（小克银汉霉属的一种）	11341	0	0	0	2835.25
[5]	*Cyberlindnera_americana*（毕赤酵母属的一种）	10298	0	12	6	2579.00
[6]	*Acremonium_alcalophilum*（枝顶孢属的一种）	9	9066	0	3	2269.50
[7]	*Geotrichum_candidum*（地霉属的一种）	0	0	5073	714	1446.75
[8]	*Hyphopichia_heimii*（生丝毕赤酵母属的一种）	3366	0	0	2	842.00
[9]	横梗霉（*Lichtheimia_ramosa*）	3222	12	1	7	810.50
[10]	季也蒙酵母（*Meyerozyma_guilliermondii*）	3167	0	1	57	806.25
[11]	*Rhodotorula_mucilaginosa*（红酵母属的一种）	213	2151	0	9	593.25
[12]	*Apiotrichum_veenhuisii*（酵母菌的一种）	36	452	1286	115	472.25
[13]	*Candida_melibiosica*（假丝酵母属的一种）	1789	0	28	5	455.50
[14]	*Rhizopus_microsporus*（根霉属的一种）	1641	0	43	5	422.25
[15]	*Achroceratosphaeria_potamia*（真菌的一种）	201	0	1230	85	379.00
[16]	*Candida_blankii*（假丝酵母属的一种）	483	0	0	0	120.75
[17]	*Ascozonus_woolhopensis*（真菌的一种）	53	156	85	0	73.50
[18]	不规则头梗霉（*Cephaliophora_irregularis*）	11	73	107	1	48.00
[19]	*Absidia_glauca*（犁头霉属的一种）	157	0	0	11	42.00
[20]	*Scolecobasidium_cateniphorum*（齿梗孢属的一种）	145	0	0	4	37.25
[21]	刺葵粉座菌（*Graphiola_phoenicis*）	25	0	98	0	30.75
[22]	*Paragyrodon_sphaerosporus*（真菌的一种）	0	0	117	0	29.25
[23]	*Jianyunia_sakaguchii*（真菌的一种）	100	0	0	0	25.00
[24]	*Tremella_resupinata*（银耳属的一种）	30	19	40	5	23.50
[25]	微小根毛霉（*Rhizomucor_pusillus*）	85	0	0	0	21.25
[26]	*Dimargaris_bacillispora*（双珠霉属的一种）	75	0	0	0	18.75
[27]	*Mucor_circinelloides*（毛霉属的一种）	2	65	0	0	16.75
[28]	*Spiromyces_minutus*（真菌的一种）	63	0	0	0	15.75
[29]	*Alloascoidea_hylecoeti*（酵母菌的一种）	56	0	0	0	14.00
[30]	*Candida*_sp._BG01-7-24-002F-2-1（假丝酵母属的一种）	34	0	0	0	8.50
[31]	*Trechispora_farinacea*（真菌的一种）	2	0	28	1	7.75
[32]	*Tritirachium*_sp._IHEM4247（麦轴梗霉属的一种）	28	0	0	0	7.00
[33]	*Scheffersomyces*_sp._BG-809.6.7.3.3.35（酵母菌的一种）	16	0	0	0	4.00
[34]	*Wallemia_hederae*（节担菌纲的一种）	14	0	0	0	3.50
[35]	半球状哥德纳壶菌（*Gaertneriomyces_semiglobifer*）	8	0	0	5	3.25
[36]	*Tortispora_caseinolytica*（酵母菌的一种）	9	0	0	0	2.25
[37]	*Brettanomyces_naardenensis*（酒香酵母属的一种）	7	0	0	0	1.75

续表

序号	真菌种类	AUG_CK	AUG_H	AUG_L	AUG_PM	平均值
[38]	*Candida_sorboxylosa*（假丝酵母属的一种）	6	0	0	0	1.50
[39]	*Circinella_umbellata*（卷霉属的一种）	5	0	0	0	1.25
[40]	*Kirschsteiniothelia_aethiops*（真菌的一种）	4	0	0	0	1.00
[41]	*Aspergillus_avenaceus*（曲霉属的一种）	3	0	0	0	0.75
[42]	*Boudiera_acanthospora*（真菌的一种）	0	0	0	2	0.50
	小计	68454	114117	18105	3282	50989.5
	合计	100371	115006	142895	104027	115574.7

异位发酵床未知类群、真菌种、原生生物等组成比例。分析结果见表 5-67 和图 5-33。从图 5-33 可知，内圈为未知类群宏基因组，在浅发酵垫料组和未发酵猪粪组分布比例较高，分别为 85.24％和 96.60％；中圈为原生生物等的种宏基因组，在浅发酵垫料组分布比例较高，为 2.08％；外圈为真菌种的宏基因组，在垫料原料组和深发酵组分布比例较高，分别为 68.23％和 99.23％。

表 5-67　异位发酵床未知类群、原生生物等、真菌种组成比例

分类阶元	垫料原料组（AUG_CK）		深发酵垫料组（AUG_H）		浅发酵垫料组（AUG_L）		未发酵猪粪组（AUG_PM）	
	数量	比例/%	数量	比例/%	数量	比例/%	数量	比例/%
未知类群	31435	31.31	877	0.76	121809	85.24	100495	96.60
原生生物等	482	0.44	12	0.01	2981	2.08	250	0.23
真菌种	68454	68.23	114117	99.23	18105	12.67	3282	3.15
总和	100371	—	115006	—	142895	—	104027	—

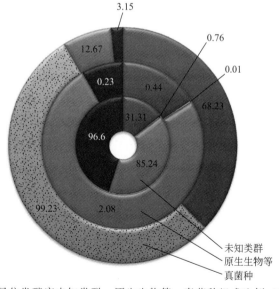

图 5-33　异位发酵床未知类群、原生生物等、真菌种组成比例（单位：%）

异位发酵床真菌种群落数量（reads）结构分析。分析结果按平均值大小排序列表 5-68。不同处理组真菌种类和总数（reads）差异显著，垫料原料组（AUG_CK）、未发酵猪粪组

（AUG＿PM）、浅发酵垫料组（AUG＿L）、深发酵垫料组（AUG＿H）真菌属种类分别为39、11、17、21，总数（reads）分别为68454、114117、18105、3282。

表 5-68　异位发酵床不同微生物处理组真菌群落数量（reads）

真菌种类	AUG_CK	AUG_H	AUG_L	AUG_PM	平均值
Trichosporon_dohaense（毛孢子菌属的种）	89	58879	8862	1272	17275.50
Naganishia_globosa（一种酵母菌）	34	43243	20	15	10828.00
土曲霉（*Aspergillus_terreus*）	31627	1	1074	958	8415.00
Cunninghamella_echinulata（小克银汉霉属的一种）	11341	0	0	0	2835.25
Cyberlindnera_americana（毕赤酵母属的一种）	10298	0	12	6	2579.00
Acremonium_alcalophilum（枝顶孢属的一种）	9	9066	0	3	2269.50
Geotrichum_candidum（地霉属的一种）	0	0	5073	714	1446.75
Hyphopichia_heimii（生丝毕赤酵母属的一种）	3366	0	0	2	842.00
横梗霉（*Lichtheimia_ramosa*）	3222	12	1	7	810.50
季也蒙酵母（*Meyerozyma_guilliermondii*）	3167	0	1	57	806.25
Rhodotorula_mucilaginosa（红酵母属的一种）	213	2151	0	9	593.25
Apiotrichum_veenhuisii（酵母菌的一种）	36	452	1286	115	472.25
Candida_melibiosica（假丝酵母属的一种）	1789	0	28	5	455.50
Rhizopus_microsporus（根霉属的一种）	1641	0	43	5	422.25
Achroceratosphaeria_potamia（真菌的一种）	201	0	1230	85	379.00
Candida_blankii（假丝酵母属的一种）	483	0	0	0	120.75
Ascozonus_woolhopensis（真菌的一种）	53	156	85	0	73.50
不规则头梗霉（*Cephaliophora_irregularis*）	11	73	107	1	48.00
Absidia_glauca（犁头霉属的一种）	157	0	0	11	42.00
Scolecobasidium_cateniphorum（齿梗孢属的一种）	145	0	0	4	37.25
刺葵粉座菌（*Graphiola_phoenicis*）	25	0	98	0	30.75
Paragyrodon_sphaerosporus（真菌的一种）	0	0	117	0	29.25
Jianyunia_sakaguchii（真菌的一种）	100	0	0	0	25.00
Tremella_resupinata（银耳属的一种）	30	19	40	5	23.50
微小根毛霉（*Rhizomucor_pusillus*）	85	0	0	0	21.25
Dimargaris_bacillispora（双珠霉属的一种）	75	0	0	0	18.75
Mucor_circinelloides（毛霉属的一种）	2	65	0	0	16.75
Spiromyces_minutus（真菌的一种）	63	0	0	0	15.75
Alloascoidea_hylecoeti（酵母菌的一种）	56	0	0	0	14.00
*Candida*_sp._BG01-7-24-002F-2-1（假丝酵母属的一种）	34	0	0	0	8.50
Trechispora_farinacea（真菌的一种）	2	0	28	1	7.75
*Tritirachium*_sp._IHEM4247（麦轴梗霉属的一种）	28	0	0	0	7.00
*Scheffersomyces*_sp._BG090809.6.7.3.3.35（酵母菌的一种）	16	0	0	0	4.00
Wallemia_hederae（节担菌纲的一种）	14	0	0	0	3.50
半球状哥德纳壶菌（*Gaertneriomyces_semiglobifer*）	8	0	0	5	3.25
Tortispora_caseinolytica（酵母菌的一种）	9	0	0	0	2.25
Brettanomyces_naardenensis（酒香酵母属的一种）	7	0	0	0	1.75
Candida_sorboxylosa（假丝酵母属的一种）	6	0	0	0	1.50
Circinella_umbellata（卷霉属的一种）	5	0	0	0	1.25
Kirschsteiniothelia_aethiops（真菌的一种）	4	0	0	0	1.00

续表

真菌种类	AUG_CK	AUG_H	AUG_L	AUG_PM	平均值
Aspergillus_avenaceus（曲霉属的一种）	3	0	0	0	0.75
Boudiera_acanthospora（真菌的一种）	0	0	0	2	0.50
总和	68454	114117	18105	3282	50989.5

异位发酵床真菌种类与数量结构见图5-34。不同处理真菌属前3个数量最大的真菌种类和总数（reads）差异显著，垫料原料组（AUG_CK）自带的真菌优势种类为土曲霉（*Aspergillus_terreus*）（31627）、*Cunninghamella_echinulata*（小克银汉霉属的一种）（11341）、*Cyberlindnera_americana*（毕赤酵母属的一种）（10298），真菌总数较多，占比33.56%；深发酵垫料组（AUG_H）在浅发酵垫料组的基础上继续发酵一段时间，真菌优势种类为*Trichosporon_dohaense*（毛孢子菌属的一种）（58879）、*Naganishia_globosa*（一种酵母菌）（43243）、*Acremonium_alcalophilum*（枝顶孢属的一种）（9066），真菌总数最大，占比55.95%；浅发酵垫料组（AUG_L）将垫料原料组和未发酵猪粪组混合，经过短时间发酵，真菌优势种类为*Trichosporon_dohaense*（毛孢子菌属的种）（8862）、*Geotrichum_candidum*（地霉属的一种）（5073）、*Apiotrichum_veenhuisii*（酵母菌的一种）（1286），真菌数量较低，占比8.87%；未发酵猪粪组自带的真菌优势种类为*Trichosporon_dohaense*（毛孢子菌属的种）（1272）、土曲霉（*Aspergillus_terreus*）（958）、*Geotrichum_candidum*（地霉属的一种）（714），真菌总数最少，占比1.69%。

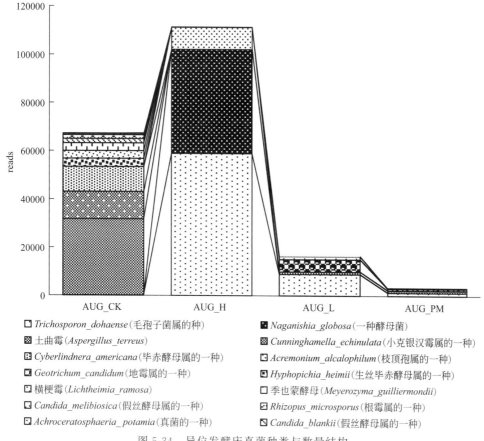

图 5-34 异位发酵床真菌种类与数量结构

2. 群落种类（OTUs）结构

种群落种类（OTUs）结构。分析结果见表 5-69。异位发酵床不同处理组共检测到 62 个真核生物纲种类，其中未确定分类地位的群落种类在异位发酵床不同处理组 AUG_CK、AUG_H、AUG_L、AUG_PM 分布分别为 61、11、72、71；原生生物等分别为 13、2、12、10；真菌纲分别为 40、13、17、21。

表 5-69　异位微生物发酵床真菌种群落种类（OTUs）分布多样性

序号	真菌种类	AUG_CK	AUG_H	AUG_L	AUG_PM
未确定分类地位类群					
[1]	environmental_samples_uncultured_banisveld_eukaryote	0	0	1	0
[2]	environmental_samples_uncultured_chrysophyte	1	0	1	1
[3]	environmental_samples_uncultured_chytridiomycota	0	0	1	1
[4]	environmental_samples_uncultured_eimeriidae	0	0	1	0
[5]	environmental_samples_uncultured_endogone	1	0	1	2
[6]	environmental_samples_uncultured_eukaryote	45	8	54	54
[7]	environmental_samples_uncultured_freshwater_eukaryote	1	0	1	1
[8]	environmental_samples_uncultured_fungus	8	2	7	6
[9]	environmental_samples_uncultured_glomus	0	0	0	1
[10]	environmental_samples_uncultured_malassezia	0	0	0	1
[11]	environmental_samples_uncultured_marine_eukaryote	1	0	0	0
[12]	environmental_samples_uncultured_nucleariidae	2	0	2	1
[13]	environmental_samples_uncultured_opisthokont	0	0	1	1
[14]	environmental_samples_uncultured_valsaceae	1	0	1	1
[15]	fungal_sp._Tianzhu-Yak18	1	1	1	1
	小计	61	11	72	71
原生生物等					
[1]	*Amastigomonas*_sp._IVY8c（原生生物的一种）	1	0	1	0
[2]	*Amoebozoa*_sp._amMP3（原生生物的一种）	0	0	1	0
[3]	*Capsaspora_owczarzaki*（原生生物的一种）	1	0	1	0
[4]	*Cavernomonas_mira*（原生生物的一种）	1	0	0	1
[5]	*Copromyxa_protea*（原生生物的一种）	0	0	0	1
[6]	*Dermamoeba_algensis*（原生生物）	0	0	1	0
[7]	*Echinamoeba_thermarum*（原生生物的一种）	1	0	1	1
[8]	*Halichondrida*_sp._USNM_1133814（软海绵目的一种）	0	0	1	1
[9]	*Korotnevella_stella*（原生生物的一种）	0	0	0	1
[10]	*Leptopharynx_costatus*（有肋薄咽虫，原生生物）	1	0	1	1
[11]	*Mononchoides*_sp._WB-2010（拟单齿线虫属的一种）	0	0	1	0
[12]	*Ochromonas_perlata*（棕鞭藻属的一种）	1	0	0	0
[13]	*Parasterkiella_thompsoni*（原生生物的一种）	1	0	1	1
[14]	*Parastrombidinopsis_shimi*（斯密拟盗虫，原生生物）	0	1	0	0
[15]	*Paratrimastix_pyriformis*_ATCC50562（原生生物的一种）	1	0	0	0
[16]	*Protacanthamoeba_bohemica*（原生生物）	1	0	0	0
[17]	威克海姆原藻（*Prototheca_wickerhamii*）	1	0	0	0
[18]	*Rigifila_ramosa*（原生生物的一种）	0	0	1	1

续表

序号	真菌种类	AUG_CK	AUG_H	AUG_L	AUG_PM
[19]	*Ripidomyxa*_sp._RP010（原生生物）	1	0	1	0
[20]	*Stenamoeba_amazonica*（原生生物的一种）	1	0	0	1
[21]	*Symmetrospora_marina*（原生生物的一种）	1	1	0	0
	小计	13	2	12	10
真菌种					
[1]	*Absidia_glauca*（犁头霉属的一种）	1	0	0	1
[2]	*Achroceratosphaeria_potamia*（真菌的一种）	1	0	1	1
[3]	*Acremonium_alcalophilum*（枝顶孢属的一种）	1	2	0	1
[4]	*Alloascoidea_hylecoeti*（酵母菌的一种）	1	0	0	0
[5]	*Apiotrichum_veenhuisii*（酵母菌的一种）	1	1	1	1
[6]	*Ascozonus_woolhopensis*（真菌的一种）	1	1	1	0
[7]	*Aspergillus_avenaceus*（曲霉属的一种）	1	0	0	0
[8]	土曲霉（*Aspergillus_terreus*）	1	1	1	1
[9]	*Boudiera_acanthospora*（真菌的一种）	0	0	0	1
[10]	*Brettanomyces_naardenensis*（酒香酵母属的一种）	1	0	0	0
[11]	*Candida_blankii*（假丝酵母属的一种）	1	0	0	0
[12]	*Candida_melibiosica*（假丝酵母属的一种）	1	0	1	1
[13]	*Candida_sorboxylosa*（假丝酵母属的一种）	1	0	0	0
[14]	*Candida*_sp._BG01-7-24-002F-2-1（假丝酵母属的一种）	1	0	0	0
[15]	不规则头梗霉（*Cephaliophora_irregularis*）	1	1	1	1
[16]	*Circinella_umbellata*（卷霉属的一种）	1	0	0	0
[17]	*Cunninghamella_echinulata*（小克银汉霉属的一种）	1	0	0	0
[18]	*Cyberlindnera_americana*（毕赤酵母属的一种）	1	0	1	1
[19]	*Dimargaris_bacillispora*（双珠霉属的一种）	1	0	0	0
[20]	半球状哥德纳壶菌（*Gaertneriomyces_semiglobifer*）	1	0	0	1
[21]	*Geotrichum_candidum*（地霉属的一种）	0	0	1	0
[22]	刺葵粉座菌（*Graphiola_phoenicis*）	1	0	1	0
[23]	*Hyphopichia_heimii*（生丝毕赤酵母属的一种）	1	0	0	1
[24]	*Jianyunia_sakaguchii*（真菌的一种）	1	0	0	0
[25]	*Kirschsteiniothelia_aethiops*（真菌的一种）	1	0	0	0
[26]	横梗霉（*Lichtheimia_ramosa*）	2	1	1	1
[27]	季也蒙酵母（*Meyerozyma_guilliermondii*）	1	0	1	1
[28]	*Mucor_circinelloides*（毛霉属的一种）	1	1	0	0
[29]	*Naganishia_globosa*（一种酵母菌）	1	1	1	1
[30]	*Paragyrodon_sphaerosporus*（真菌的一种）	0	0	1	0
[31]	微小根毛霉（*Rhizomucor_pusillus*）	1	0	0	0
[32]	*Rhizopus_microsporus*（根霉属的一种）	1	0	1	1
[33]	*Rhodotorula_mucilaginosa*（红酵母属的一种）	1	1	0	1
[34]	*Scheffersomyces*_sp._BG090809.6.7.3.3.35（酵母菌的一种）	1	0	0	0
[35]	*Scolecobasidium_cateniphorum*（齿梗孢属的一种）	1	0	0	1
[36]	*Spiromyces_minutus*（真菌的一种）	1	0	0	0
[37]	*Tortispora_caseinolytica*（酵母菌的一种）	1	0	0	0

序号	真菌种类	AUG_CK	AUG_H	AUG_L	AUG_PM
[38]	*Trechispora_farinacea*（真菌的一种）	1	0	1	1
[39]	*Tremella_resupinata*（银耳属的一种）	1	1	1	1
[40]	*Trichosporon_dohaense*（毛孢子菌属的种）	1	2	1	1
[41]	*Tritirachium_sp._IHEM4247*（麦轴梗霉属的一种）	1	0	0	0
[42]	*Wallemia_hederae*（节担菌纲的一种）	1	0	0	0
	小计	40	13	17	21

真菌种在不同处理组分布见图 5-35。真菌种群落种类在异位发酵床不同处理组分布为 AUG_CK（40）＞AUG_PM（21）＞AUG_L（17）＞AUG_H（13）。原料垫料组种类最多的是假丝酵母属（*Candida*）（4），深发酵垫料组种类最多的是支顶孢霉属（*Acremonium*）（2），浅发酵垫料组种类最多的是 *Achroceratosphaeria*（真菌的属）（1），未发酵猪粪组种类最多的是犁头霉属（*Absidia*）（1）。

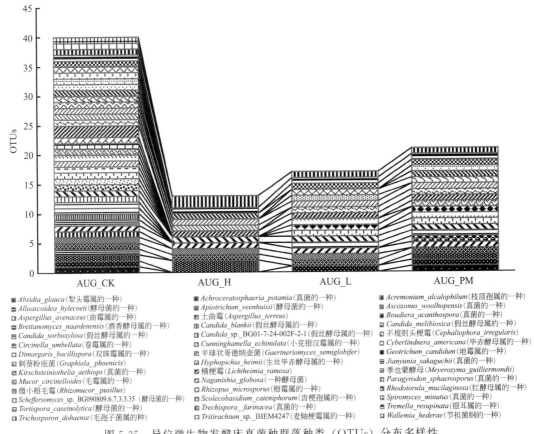

图 5-35　异位微生物发酵床真菌种群落种类（OTUs）分布多样性

3. 群落丰度（%）结构

分析结果见表 5-70、表 5-71、图 5-36。未确定分类地位的类群丰度，在异位发酵后深发酵垫料组（AUG_H）分布很低（0.76%），在其他 3 个处理组分布在 30%～97%。原生生物等丰度在异位发酵床所有处理组分布都很低，不超过 3%。真菌属丰度分布为 AUG_H（99.23%）＞AUG_CK（68.20%）＞AUG_L（12.67%）＞AUG_PM（3.16%）。

表 5-70　异位微生物发酵床不同处理组种群落丰度（%）分布

序号	分类阶元	AUG_CK	AUG_H	AUG_L	AUG_PM
未确定分类地位群落					
[1]	environmental_samples_uncultured_banisveld_eukaryote	0.000000	0.000000	0.000371	0.000000
[2]	environmental_samples_uncultured_chrysophyte	0.000189	0.000000	0.000028	0.000077
[3]	environmental_samples_uncultured_chytridiomycota	0.000000	0.000000	0.000014	0.000010
[4]	environmental_samples_uncultured_eimeriidae	0.000000	0.000000	0.000238	0.000000
[5]	environmental_samples_uncultured_endogone	0.000598	0.000000	0.006074	0.005451
[6]	environmental_samples_uncultured_eukaryote	0.285102	0.006713	0.715364	0.906313
[7]	environmental_samples_uncultured_freshwater_eukaryote	0.000209	0.000000	0.000070	0.000019
[8]	environmental_samples_uncultured_fungus	0.022616	0.000078	0.090710	0.031405
[9]	environmental_samples_uncultured_glomus	0.000000	0.000000	0.000000	0.000019
[10]	environmental_samples_uncultured_malassezia	0.000000	0.000000	0.000000	0.000183
[11]	environmental_samples_uncultured_marine_eukaryote	0.000060	0.000000	0.000000	0.000000
[12]	environmental_samples_uncultured_nucleariidae	0.001773	0.000000	0.004423	0.002499
[13]	environmental_samples_uncultured_opisthokont	0.000000	0.000000	0.000259	0.003893
[14]	environmental_samples_uncultured_valsaceae	0.002102	0.000000	0.000483	0.000481
[15]	fungal_sp._Tianzhu-Yak18	0.000538	0.000835	0.034403	0.015698
	小计	0.313187	0.007626	0.852437	0.966048
原生生物等					
[1]	Amastigomonas_sp._ⅣY8c（原生生物的一种）	0.000010	0.000000	0.000343	0.000000
[2]	Amoebozoa_sp._amMP3（原生生物的一种）	0.000000	0.000000	0.000077	0.000000
[3]	Capsaspora_owczarzaki（原生生物的一种）	0.000239	0.000000	0.000147	0.000000
[4]	Cavernomonas_mira（原生生物的一种）	0.000229	0.000000	0.000000	0.000048
[5]	Copromyxa_protea（原生生物的一种）	0.000000	0.000000	0.000000	0.000288
[6]	Dermamoeba_algensis（原生生物）	0.000000	0.000000	0.000021	0.000000
[7]	Echinamoeba_thermarum（原生生物的一种）	0.000179	0.000000	0.000112	0.000038
[8]	Halichondrida_sp._USNM_1133814（软海绵目的一种）	0.000000	0.000000	0.000182	0.000058
[9]	Korotnevella_stella（原生生物的一种）	0.000000	0.000000	0.000000	0.000077
[10]	Leptopharynx_costatus（有肋薄咽虫，原生生物）	0.002411	0.000000	0.002806	0.000125
[11]	Mononchoides_sp._WB-2010（拟单齿线虫属的一种）	0.000000	0.000000	0.010574	0.000000
[12]	Ochromonas_perlata（棕鞭藻属的一种）	0.000249	0.000000	0.000616	0.000500
[13]	Parasterkiella_thompsoni（原生生物的一种）	0.000139	0.000000	0.004465	0.000385
[14]	Parastrombidinopsis_shimi（斯密拟拟盗虫，原生生物）	0.000000	0.000052	0.000000	0.000000
[15]	Paratrimastix_pyriformis_ATCC50562（原生生物的一种）	0.000080	0.000000	0.000000	0.000000
[16]	Protacanthamoeba_bohemica（原生生物）	0.000927	0.000000	0.000000	0.000000
[17]	威克海姆原藻（Prototheca_wickerhamii）	0.000050	0.000000	0.000000	0.000000
[18]	Rigifila_ramosa（原生生物的一种）	0.000000	0.000000	0.001505	0.000865
[19]	Ripidomyxa_sp._RP010（原生生物）	0.000030	0.000000	0.000014	0.000000
[20]	Stenamoeba_amazonica（原生生物的一种）	0.000169	0.000000	0.000000	0.000019
[21]	Symmetrospora_marina（原生生物的一种）	0.000090	0.000052	0.000000	0.000000
	小计	0.004802	0.000104	0.020862	0.002403
真菌种					
[1]	Absidia_glauca（犁头霉属的一种）	0.001564	0.000000	0.000000	0.000106

序号	分类阶元	AUG_CK	AUG_H	AUG_L	AUG_PM
[2]	*Achroceratosphaeria_potamia*(真菌的一种)	0.002003	0.000000	0.008608	0.000817
[3]	*Acremonium_alcalophilum*(枝顶孢属的一种)	0.000090	0.078831	0.000000	0.000029
[4]	*Alloascoidea_hylecoeti*(酵母菌的一种)	0.000558	0.000000	0.000000	0.000000
[5]	*Apiotrichum_veenhuisii*(酵母菌的一种)	0.000359	0.003930	0.009000	0.001105
[6]	*Ascozonus_woolhopensis*(真菌的一种)	0.000528	0.001356	0.000595	0.000000
[7]	*Aspergillus_avenaceus*(曲霉属的一种)	0.000030	0.000000	0.000000	0.000000
[8]	土曲霉(*Aspergillus_terreus*)	0.315101	0.000009	0.007516	0.009209
[9]	*Boudiera_acanthospora*(真菌的一种)	0.000000	0.000000	0.000000	0.000019
[10]	*Brettanomyces_naardenensis*(酒香酵母属的一种)	0.000070	0.000000	0.000000	0.000000
[11]	*Candida_blankii*(假丝酵母属的一种)	0.004812	0.000000	0.000000	0.000000
[12]	*Candida_melibiosica*(假丝酵母属的一种)	0.017824	0.000000	0.000196	0.000048
[13]	*Candida_sorboxylosa*(假丝酵母属的一种)	0.000060	0.000000	0.000000	0.000000
[14]	*Candida_sp._BG01-7-24-002F-2-1*(假丝酵母属的一种)	0.000339	0.000000	0.000000	0.000000
[15]	不规则头梗霉(*Cephaliophora_irregularis*)	0.000110	0.000635	0.000749	0.000010
[16]	*Circinella_umbellata*(卷霉属的一种)	0.000050	0.000000	0.000000	0.000000
[17]	*Cunninghamella_echinulata*(小克银汉霉属的一种)	0.112991	0.000000	0.000000	0.000000
[18]	*Cyberlindnera_americana*(毕赤酵母属的一种)	0.102599	0.000000	0.000084	0.000058
[19]	*Dimargaris_bacillispora*(双珠霉的一种)	0.000747	0.000000	0.000000	0.000000
[20]	半球状哥德纳壶菌(*Gaertneriomyces_semiglobifer*)	0.000080	0.000000	0.000000	0.000048
[21]	*Geotrichum_candidum*(地霉属的一种)	0.000000	0.000000	0.035502	0.006864
[22]	刺葵粉座菌(*Graphiola_phoenicis*)	0.000249	0.000000	0.000686	0.000000
[23]	*Hyphopichia_heimii*(生丝毕赤酵母的一种)	0.033536	0.000000	0.000000	0.000019
[24]	*Jianyunia_sakaguchii*(真菌的一种)	0.000996	0.000000	0.000000	0.000000
[25]	*Kirschsteiniothelia_aethiops*(真菌的一种)	0.000040	0.000000	0.000000	0.000000
[26]	横梗霉(*Lichtheimia_ramosa*)	0.032101	0.000104	0.000007	0.000067
[27]	季也蒙酵母(*Meyerozyma_guilliermondii*)	0.031553	0.000000	0.000007	0.000548
[28]	*Mucor_circinelloides*(毛霉属的一种)	0.000020	0.000565	0.000000	0.000000
[29]	*Naganishia_globosa*(酵母菌的一种)	0.000339	0.376006	0.000140	0.000144
[30]	*Paragyrodon_sphaerosporus*(真菌的一种)	0.000000	0.000000	0.000819	0.000000
[31]	微小根毛霉(*Rhizomucor_pusillus*)	0.000847	0.000000	0.000000	0.000000
[32]	*Rhizopus_microsporus*(根霉属的一种)	0.016349	0.000000	0.000301	0.000048
[33]	*Rhodotorula_mucilaginosa*(红酵母属的一种)	0.002122	0.018703	0.000000	0.000087
[34]	*Scheffersomyces_sp._BG090809.6.7.3.3.35*(酵母菌的一种)	0.000159	0.000000	0.000000	0.000000
[35]	*Scolecobasidium_cateniphorum*(齿梗孢属的一种)	0.001445	0.000000	0.000000	0.000038
[36]	*Spiromyces_minutus*(真菌的一种)	0.000628	0.000000	0.000000	0.000000
[37]	*Tortispora_caseinolytica*(酵母菌的一种)	0.000090	0.000000	0.000000	0.000000
[38]	*Trechispora_farinacea*(真菌的一种)	0.000020	0.000000	0.000196	0.000010
[39]	*Tremella_resupinata*(银耳属的一种)	0.000299	0.000165	0.000280	0.000048
[40]	*Trichosporon_dohaense*(毛孢子菌属的种)	0.000887	0.511965	0.062018	0.012228
[41]	*Tritirachium_sp._IHEM4247*(麦轴梗霉属的一种)	0.000279	0.000000	0.000000	0.000000
[42]	*Wallemia_hederae*(节担菌纲的一种)	0.000139	0.000000	0.000000	0.000000
	小计	0.682013	0.992269	0.126704	0.031550

表 5-71　异位微生物发酵床不同处理组未确定分类地位类群、原生生物等、真菌种群落相对丰度分布

分类阶元	AUG_CK	AUG_H	AUG_L	AUG_PM
未确定分类地位类群	0.313187	0.007626	0.852437	0.966048
原生生物等	0.004802	0.000104	0.020862	0.002403
真菌种	0.682013	0.992269	0.126704	0.03155

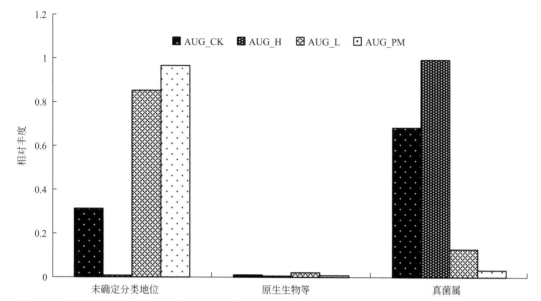

图 5-36　异位微生物发酵床不同处理组未确定分类地位类群、原生生物等、真菌种群落相对丰度分布

4. 真菌种群落相关分析

（1）基于真菌种群落的不同处理组相关分析　不同处理组真菌种群落数量平均值和相关系数分析结果见表 5-72。垫料原料组含有的真菌种数量平均值较高，为 1629.86，占总和的 33.56%；未发酵猪粪组真菌种群落数量平均值最低，为 78.14，占总和的 1.61%；经过浅发酵垫料组发酵，平均值上升到 431.07，占总和的 8.88%；经过深发酵组发酵，平均值上升到 2717.07，占总和的 55.95%。研究表明，未发酵猪粪真菌含量很低，深发酵后发酵产物真菌含量较高。

表 5-72　异位发酵床真菌种群落数量不同处理组平均值和相关系数

处理组	平均值	标准差	AUG_CK	AUG_H	AUG_L	AUG_PM
AUG_CK	1629.86	5322.32	1.00			
AUG_H	2717.07	11167.99	−0.07	1.00		
AUG_L	431.07	1568.23	0.02	0.66	1.00	
AUG_PM	78.14	261.95	0.44	0.56	0.88	1.00

相关系数临界值，$a=0.05$ 时，$r=0.3044$；$a=0.01$ 时，$r=0.3932$。

相关系数分析结果表明，除了垫料原料组（AUG_CK）分别与浅发酵垫料组（AUG_L）和深发酵垫料组（AUG_H）不存在相关性外，其余处理组之间存在着显著相关或极显著相关，其中，相关性最高的组是未发酵猪粪组（AUG_PM）与浅发酵垫料组（AUG_L），相关系数为 0.88，最低的为垫料原料组（AUG_CK）与未发酵猪粪组（AUG_PM），相关系数为 0.44，表明未发酵猪粪组携带着真菌属群落与垫料原料组携带的真菌属群落存在

着一定的相关，混合后经过浅发酵，两者真菌属群落同源，具有较高的相似性。

（2）基于不同处理组的真菌种群落相关分析　不同处理组的真菌种群落数量平均值分析结果见表 5-73。不同真菌种群落数量平均值差异显著，前三个数量最高的真菌种群落为 *Trichosporon _ dohaense*（毛孢子菌属的种），平均值为 17275.50，占比 33.87%；*Naganishia _ globosa*（一种酵母菌），平均值为 10828.00，占比 21.22%；土曲霉（*Aspergillus _ terreus*），平均值为 8415.00，占比 16.49%。

表 5-73　异位发酵不同处理组的真菌种群落数量平均值

序号	真菌种类	平均值	标准差	比值/%
[1]	*Trichosporon_dohaense*（毛孢子菌属的种）	17275.50	28006.70	33.87
[2]	*Naganishia_globosa*（一种酵母菌）	10828.00	21610.00	21.23
[3]	土曲霉（*Aspergillus_terreus*）	8415.00	15482.13	16.51
[4]	*Cunninghamella_echinulata*（小克银汉霉属的一种）	2835.25	5670.50	5.55
[5]	*Cyberlindnera_americana*（毕赤酵母属的一种）	2579.00	5146.00	5.05
[6]	*Acremonium_alcalophilum*（枝顶孢属的一种）	2269.50	4531.00	4.44
[7]	*Geotrichum_candidum*（地霉属的一种）	1446.75	2440.82	2.83
[8]	*Hyphopichia_heimii*（生丝毕赤酵母属的一种）	842.00	1682.67	1.65
[9]	横梗霉（*Lichtheimia_ramosa*）	810.50	1607.67	1.58
[10]	季也蒙酵母（*Meyerozyma_guilliermondii*）	806.25	1574.06	1.58
[11]	*Rhodotorula_mucilaginosa*（红酵母属的一种）	593.25	1043.15	1.16
[12]	*Apiotrichum_veenhuisii*（酵母菌的一种）	472.25	571.71	1.14
[13]	*Candida_melibiosica*（假丝酵母属的一种）	455.50	889.08	0.92
[14]	*Rhizopus_microsporus*（根霉属的一种）	422.25	812.73	
[15]	*Achroceratosphaeria_potamia*（真菌的一种）	379.00	573.28	
[16]	*Candida_blankii*（假丝酵母属的一种）	120.75	241.50	
[17]	*Ascozonus_woolhopensis*（真菌的一种）	73.50	65.22	
[18]	不规则头梗霉（*Cephaliophora_irregularis*）	48.00	50.61	
[19]	*Absidia_glauca*（犁头霉属的一种）	42.00	76.84	
[20]	*Scolecobasidium_cateniphorum*（齿梗孢属的一种）	37.25	71.86	
[21]	刺葵粉座菌（*Graphiola_phoenicis*）	30.75	46.36	
[22]	*Paragyrodon_sphaerosporus*（真菌的一种）	29.25	58.50	
[23]	*Jianyunia_sakaguchii*（真菌的一种）	25.00	50.00	
[24]	*Tremella_resupinata*（银耳属的一种）	23.50	15.02	
[25]	微小根毛霉（*Rhizomucor_pusillus*）	21.25	42.50	
[26]	*Dimargaris_bacillispora*（双珠霉属的一种）	18.75	37.50	
[27]	*Mucor_circinelloides*（毛霉属的一种）	16.75	32.18	
[28]	*Spiromyces_minutus*（真菌的一种）	15.75	31.50	
[29]	*Alloascoidea_hylecoeti*（酵母菌的一种）	14.00	28.00	
[30]	*Candida_*sp._BG01-7-24-002F-2-1（假丝酵母属的一种）	8.50	17.00	
[31]	*Trechispora_farinacea*（真菌的一种）	7.75	13.52	
[32]	*Tritirachium_*sp._IHEM4247（麦轴梗霉属的一种）	7.00	14.00	
[33]	*Scheffersomyces_*sp._BG090809.6.7.3.3.35（酵母菌的一种）	4.00	8.00	
[34]	*Wallemia_hederae*（节担菌纲的一种）	3.50	7.00	
[35]	半球状哥德纳壶菌（*Gaertneriomyces_semiglobifer*）	3.25	3.95	

续表

序号	真菌种类	平均值	标准差	比值/%
[36]	*Tortispora_caseinolytica*（酵母菌的一种）	2.25	4.50	
[37]	*Brettanomyces_naardenensis*（酒香酵母属的一种）	1.75	3.50	
[38]	*Candida_sorboxylosa*（假丝酵母属的一种）	1.50	3.00	
[39]	*Circinella_umbellata*（卷霉属的一种）	1.25	2.50	
[40]	*Kirschsteiniothelia_aethiops*（真菌的一种）	1.00	2.00	
[41]	*Aspergillus_avenaceus*（曲霉属的一种）	0.75	1.50	
[42]	*Boudiera_acanthospora*（真菌的一种）	0.50	1.00	
	合计	50989.5		

占比超过1%的真菌种群落有12个种类。其相关系数见表5-74。研究表明，真菌种间极显著相关的有20对，其中土曲霉（*Aspergillus _ terreus*）与5种真菌种存在极显著相关关系，它们是 *Cunninghamella _ echinulata*（小克银汉霉属的一种）、*Cyberlindnera _ americana*（毕赤酵母属的一种）、*Hyphopichia _ heimii*（生丝毕赤酵母属的一种）、横梗霉（*Lichtheimia _ ramosa*）、季也蒙酵母（*Meyerozyma _ guilliermondii*）。

表 5-74　基于不同处理组的真菌种群落相关系数

序号	真菌种	1	2	3	4	5	6	7	8	9	10	11	12
[1]	*Trichosporon_dohaense*（毛孢子菌属的种）	1.00											
[2]	*Naganishia_globosa*（一种酵母菌）	0.99	1.00										
[3]	土曲霉（*Aspergillus_terreus*）	−0.44	−0.36	1.00									
[4]	*Cunninghamella_echinulata*（小克银汉霉属的一种）	−0.41	−0.33	1.00	1.00								
[5]	*Cyberlindnera_americana*（毕赤酵母属的一种）	−0.41	−0.33	1.00	1.00	1.00							
[6]	*Acremonium_alcalophilum*（枝顶孢属的一种）	0.99	1.00	−0.36	−0.33	−0.33	1.00						
[7]	*Geotrichum_candidum*（地霉属的一种）	−0.26	−0.40	−0.38	−0.40	−0.39	−0.40	1.00					
[8]	*Hyphopichia_heimii*（生丝毕赤酵母属的一种）	−0.41	−0.33	1.00	1.00	1.00	−0.33	−0.40	1.00				
[9]	横梗霉（*Lichtheimia_ramosa*）	−0.41	−0.33	1.00	1.00	1.00	−0.33	−0.40	1.00	1.00			
[10]	季也蒙酵母（*Meyerozyma_guilliermondii*）	−0.42	−0.34	1.00	1.00	1.00	−0.34	−0.40	1.00	1.00	1.00		
[11]	*Rhodotorula_mucilaginosa*（红酵母属的一种）	0.98	1.00	−0.27	−0.24	−0.24	−0.45	−0.24	−0.24	−0.25	1.00	
[12]	*Apiotrichum_veenhuisii*（酵母菌的一种）	0.12	−0.02	−0.50	−0.51	−0.51	−0.02	0.93	−0.51	−0.51	−0.52	−0.08	1.00

注：相关系数临界值，$a = 0.05$ 时，$r = 0.9500$；$a = 0.01$ 时，$r = 0.9900$。

5. 真菌种群落聚类分析

（1）基于真菌种群落的不同处理组聚类分析　利用表5-75中的真菌种群落数据构建矩阵，以真菌种为指标，以不同处理组为样本，数据矩阵不作转化，采用欧氏距离，以可变类平均法进行系统聚类。分析结果见图5-37。可将不同处理为2类：第1类为终结发酵特性，包括了AUG _ H，体现了发酵结束后真菌种群落数量差异；第2类为初始发酵特性，包括了处理 AUG _ CK、AUG _ PM、AUG _ L，体现了垫料原料组＋未发酵猪粪组进行浅发酵过程，真菌种群落数量的相似性。

基于不同处理组聚类组的真菌种群落数据和类别平均值见表5-75。在第1类中，真菌种群落数量总和为114117，占比79.20%，平均值最大的前5个优势真菌种分别为，*Trichosporon _ dohaense*（毛孢子菌属的种）（58879）、*Naganishia _ globosa*（一种酵母菌）（43243）、*Acremonium _ alcalophilum*（枝顶孢属的一种）（9066）、*Rhodotorula _ mucilaginosa*（红酵

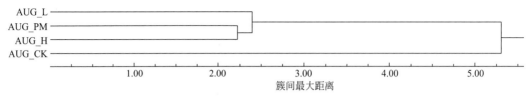

图 5-37　基于真菌种群落的不同处理组聚类分析

母属的一种）（2151）、*Ascozonus_woolhopensis*（产油酵母属的一种）（452）；在第 2 类中，真菌种群落数量总和为 29947，占比 20.79%，平均值最大的前 5 个优势真菌种分别为土曲霉（*Aspergillus_terreus*）（11219.67）、*Cunninghamella_echinulata*（小克银汉霉属的一种）（3780.33）、*Cyberlindnera_americana*（毕赤酵母属的一种）（3438.67）、*Trichosporon_dohaense*（毛孢子菌属的种）（3407.67）、*Geotrichum_candidum*（地霉属的一种）（1929.00）；结果表明，第 1 类终结发酵阶段真菌种群落较多，而以毛孢子菌属的种等为优势种，第 2 类初始发酵阶段真菌种群落较少，以土曲霉等为优势种。

表 5-75　基于不同处理组聚类组的真菌种群落数据和类别平均值

真菌种	第 1 类 1 个样本		第 2 类 3 个样本			
	AUG_H	平均值	AUG_CK	AUG_L	AUG_PM	平均值
土曲霉（*Aspergillus_terreus*）	1.00	1.00	31627.00	1074.00	958.00	11219.67
Cunninghamella_echinulata（小克银汉霉属的一种）	0.00	0.00	11341.00	0.00	0.00	3780.33
Cyberlindnera_americana（毕赤酵母属的一种）	0.00	0.00	10298.00	12.00	6.00	3438.67
Trichosporon_dohaense（毛孢子菌属的种）	58879.00	58879.00	89.00	8862.00	1272.00	3407.67
Geotrichum_candidum（地霉属的一种）	0.00	0.00	0.00	5073.00	714.00	1929.00
Hyphopichia_heimii（生丝毕赤酵母属的一种）	0.00	0.00	3366.00	0.00	2.00	1122.67
横梗霉（*Lichtheimia_ramosa*）	12.00	12.00	3222.00	1.00	7.00	1076.67
季也蒙酵母（*Meyerozyma_guilliermondii*）	0.00	0.00	3167.00	1.00	57.00	1075.00
Candida_melibiosica（假丝酵母属的一种）	0.00	0.00	1789.00	28.00	5.00	607.33
Rhizopus_microsporus（根霉属的一种）	0.00	0.00	1641.00	43.00	5.00	563.00
Achroceratosphaeria_potamia（真菌的一种）	0.00	0.00	201.00	1230.00	85.00	505.33
Apiotrichum_veenhuisii（酵母菌的一种）	452.00	452.00	36.00	1286.00	115.00	479.00
Candida_blankii（假丝酵母属的一种）	0.00	0.00	483.00	0.00	0.00	161.00
Rhodotorula_mucilaginosa（红酵母属的一种）	2151.00	2151.00	213.00	0.00	9.00	74.00
Absidia_glauca（犁头霉属的一种）	0.00	0.00	157.00	0.00	11.00	56.00
Scolecobasidium_cateniphorum（齿梗孢属的一种）	0.00	0.00	145.00	0.00	4.00	49.67
Ascozonus_woolhopensis（真菌的一种）	156.00	156.00	53.00	85.00	0.00	46.00
刺葵粉座菌（*Graphiola_phoenicis*）	0.00	0.00	25.00	98.00	0.00	41.00
不规则头梗霉（*Cephaliophora_irregularis*）	73.00	73.00	11.00	107.00	1.00	39.67
Paragyrodon_sphaerosporus（真菌的一种）	0.00	0.00	117.00	0.00	0.00	39.00
Jianyunia_sakaguchii（真菌的一种）	0.00	0.00	100.00	0.00	0.00	33.33
微小根毛霉（*Rhizomucor_pusillus*）	0.00	0.00	85.00	0.00	0.00	28.33
Tremella_resupinata（银耳属的一种）	19.00	19.00	30.00	40.00	5.00	25.00
Dimargaris_bacillispora（双珠霉属的一种）	0.00	0.00	75.00	0.00	0.00	25.00
Naganishia_globosa（酵母菌的一种）	43243.00	43243.00	34.00	20.00	15.00	23.00
Spiromyces_minutus（真菌的一种）	0.00	0.00	63.00	0.00	0.00	21.00

续表

真菌种	第 1 类 1 个样本		第 2 类 3 个样本			
	AUG_H	平均值	AUG_CK	AUG_L	AUG_PM	平均值
Alloascoidea_hylecoeti（酵母菌的一种）	0.00	0.00	56.00	0.00	0.00	18.67
*Candida_*sp._BG01-7-24-002F-2-1（假丝酵母属的一种）	0.00	0.00	34.00	0.00	0.00	11.33
Trechispora_farinacea（真菌的一种）	0.00	0.00	2.00	28.00	1.00	10.33
*Tritirachium_*sp._IHEM4247（麦轴梗霉属的一种）	0.00	0.00	28.00	0.00	0.00	9.33
*Scheffersomyces_*sp._BG090809.6.7.3.3.35（酵母菌的一种）	0.00	0.00	16.00	0.00	0.00	5.33
Wallemia_hederae（节担菌纲的一种）	0.00	0.00	14.00	0.00	0.00	4.67
半球状哥德纳壶菌（*Gaertneriomyces_semiglobifer*）	0.00	0.00	8.00	0.00	5.00	4.33
Acremonium_alcalophilum（枝顶孢属的一种）	9066.00	9066.00	9.00	0.00	3.00	4.00
Tortispora_caseinolytica（酵母菌的一种）	0.00	0.00	9.00	0.00	0.00	3.00
Brettanomyces_naardenensis（酒香酵母属的一种）	0.00	0.00	7.00	0.00	0.00	2.33
Candida_sorboxylosa（假丝酵母属的一种）	0.00	0.00	6.00	0.00	0.00	2.00
Circinella_umbellata（卷霉属的一种）	0.00	0.00	5.00	0.00	0.00	1.67
Kirschsteiniothelia_aethiops（真菌的一种）	0.00	0.00	4.00	0.00	0.00	1.33
Aspergillus_avenaceus（曲霉属的一种）	0.00	0.00	3.00	0.00	0.00	1.00
Mucor_circinelloides（毛霉属的一种）	65.00	65.00	2.00	0.00	0.00	0.67
Boudiera_acanthospora（真菌的一种）	0.00	0.00	0.00	0.00	2.00	0.67
		114117				29947

　　（2）基于不同处理组的真菌种群落聚类分析　利用表 5-75 中的真菌种群落数据构建矩阵，以不同处理组为指标，以真菌种为样本，数据矩阵不作转化，采用欧氏距离，以可变类平均法进行系统聚类。分析结果见表 5-76 和图 5-38。可将真菌种群落分为 3 类：第 1 类为高含量类，含有 2 个真菌种群落，即 *Trichosporon_dohaense*（毛孢子菌属的种）、*Naganishia_globosa*（酵母菌的一种），不同处理组种类群落数量的平均值的总和为 56207.00，主要分布在深发酵垫料组；第 2 类为中含量类，含有 3 个真菌种群落，主要群落有土曲霉（*Aspergillus_terreus*）、*Cunninghamella_echinulata*（小克银汉霉属的一种）、*Cyberlindnera_americana*（毕赤酵母属的一种），平均值总和为 18438.99，主要分布在垫料原料组；第 3 类为低含量组，含有了剩余的 37 个真菌种群落，主要类群有 *Hyphopichia_heimii*（生丝毕赤酵母属的一种）、横梗霉（*Lichtheimia_ramosa*）、季也蒙酵母（*Meyerozyma_guilliermondii*），平均值总和为 979.1，主要分布在垫料原料组、深发酵垫料组和浅发酵垫料组。

表 5-76　基于不同处理组的真菌种群落聚类分析

组别	样本号	AUG_CK	AUG_H	AUG_L	AUG_PM	合计
第 1 组 2 个样本	*Trichosporon_dohaense*（毛孢子菌属的种）	89.00	58879.00	8862.00	1272.00	
	Naganishia_globosa（酵母菌的一种）	34.00	43243.00	20.00	15.00	
	平均值	61.50	51061.00	4441.00	643.50	56207.00
第 2 组 3 个样本	土曲霉（*Aspergillus_terreus*）	31627.00	1.00	1074.00	958.00	
	Cunninghamella_echinulata（小克银汉霉属的一种）	11341.00	0.00	0.00	0.00	
	Cyberlindnera_americana（毕赤酵母属的一种）	10298.00	0.00	12.00	6.00	
	平均值	17755.33	0.33	362.00	321.33	18438.99

续表

组别	样本号	AUG_CK	AUG_H	AUG_L	AUG_PM	合计
	Acremonium_alcalophilum（枝顶孢属的一种）	9.00	9066.00	0.00	3.00	
	Geotrichum_candidum（地霉属的一种）	0.00	0.00	5073.00	714.00	
	Hyphopichia_heimii（生丝毕赤酵母属的一种）	3366.00	0.00	0.00	2.00	
	横梗霉（*Lichtheimia_ramosa*）	3222.00	12.00	1.00	7.00	
	季也蒙酵母（*Meyerozyma_guilliermondii*）	3167.00	0.00	1.00	57.00	
	Rhodotorula_mucilaginosa（红酵母属的一种）	213.00	2151.00	0.00	9.00	
	Apiotrichum_veenhuisii（酵母菌的一种）	36.00	452.00	1286.00	115.00	
	Candida_melibiosica（假丝酵母的一种）	1789.00	0.00	28.00	5.00	
	Rhizopus_microsporus（根霉属的一种）	1641.00	0.00	43.00	5.00	
	Achroceratosphaeria_potamia（真菌的一种）	201.00	0.00	1230.00	85.00	
	Candida_blankii（假丝酵母属的一种）	483.00	0.00	0.00	0.00	
	Ascozonus_woolhopensis（真菌的一种）	53.00	156.00	85.00	0.00	
	不规则头梗霉（*Cephaliophora_irregularis*）	11.00	73.00	107.00	1.00	
	Absidia_glauca（犁头霉属的一种）	157.00	0.00	0.00	11.00	
	Scolecobasidium_cateniphorum（齿梗孢属的一种）	145.00	0.00	0.00	4.00	
	刺葵粉座菌（*Graphiola_phoenicis*）	25.00	0.00	98.00	0.00	
	Paragyrodon_sphaerosporus（真菌的一种）	0.00	0.00	117.00	0.00	
	Jianyunia_sakaguchii（真菌的一种）	100.00	0.00	0.00	0.00	
第3组37个样本	*Tremella_resupinata*（银耳属的一种）	30.00	19.00	40.00	5.00	
	微小根毛霉（*Rhizomucor_pusillus*）	85.00	0.00	0.00	0.00	
	Dimargaris_bacillispora（双珠霉属的一种）	75.00	0.00	0.00	0.00	
	Mucor_circinelloides（毛霉属的一种）	2.00	65.00	0.00	0.00	
	Spiromyces_minutus（真菌的一种）	63.00	0.00	0.00	0.00	
	Alloascoidea_hylecoeti（酵母菌的一种）	56.00	0.00	0.00	0.00	
	*Candida_*sp._BG01-7-24-002F-2-1（假丝酵母属的一种）	34.00	0.00	0.00	0.00	
	Trechispora_farinacea（真菌的一种）	2.00	0.00	28.00	1.00	
	*Tritirachium_*sp._IHEM4247（麦轴梗霉属的一种）	28.00	0.00	0.00	0.00	
	*Scheffersomyces_*sp._BG090809.6.7.3.3.35（酵母菌的一种）	16.00	0.00	0.00	0.00	
	Wallemia_hederae（节担菌纲的一种）	14.00	0.00	0.00	0.00	
	半球状哥德纳壶菌（*Gaertneriomyces_semiglobifer*）	8.00	0.00	0.00	5.00	
	Tortispora_caseinolytica（酵母菌的一种）	9.00	0.00	0.00	0.00	
	Brettanomyces_naardenensis（酒香酵母属的一种）	7.00	0.00	0.00	0.00	
	Candida_sorboxylosa（假丝酵母属的一种）	6.00	0.00	0.00	0.00	
	Circinella_umbellata（卷霉属的一种）	5.00	0.00	0.00	0.00	
	Kirschsteiniothelia_aethiops（真菌的一种）	4.00	0.00	0.00	0.00	
	Aspergillus_avenaceus（曲霉属的一种）	3.00	0.00	0.00	0.00	
	Boudiera_acanthospora（真菌的一种）	0.00	0.00	0.00	2.00	
	平均值	407.16	324.16	219.92	27.86	979.10

6. 真菌种群落主成分分析

（1）基于异位发酵床不同处理组的真菌种群落数量主成分分析　规格化特征向量见

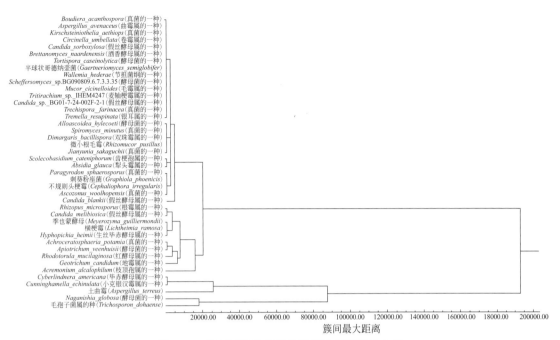

图 5-38　基于不同处理组的真菌种群落聚类分析

表 5-77，特征值见表 5-78，因子得分见表 5-79，主成分分析见图 5-39。分析结果表明，前 2 个主成分累计特征值达 89.6861%，很好地涵盖了全部信息：第 1 主成分定义为定义为发酵过程主成分，主要影响因子为深发酵垫料组（AUG＿H）（0.4979）、浅发酵垫料组（AUG＿L）（0.5973）、未发酵猪粪组（AUG＿PM）（0.6059），影响该主成分的主要真菌种为 Trichosporon＿dohaense（毛孢子菌属的种）（8.4277）等；第 2 主成分定义为原料阶段主成分，主要影响因子为原料垫料组（AUG＿CK）（0.8834），影响该主成分的主要真菌种为土曲霉（Aspergillus＿terreus）（5.7719）等。

表 5-77　基于真菌种群落数量的不同处理组主成分分析规格化特征向量

处理组	因子 1	因子 2	因子 3	因子 4
垫料原料组（AUG_CK）	0.1680	0.8834	0.3067	0.3120
深发酵垫料组（AUG_H）	0.4979	−0.3677	0.7854	0.0007
浅发酵垫料组（AUG_L）	0.5973	−0.1763	−0.4618	0.6316
未发酵猪粪组（AUG_PM）	0.6059	0.2310	−0.2753	−0.7097

表 5-78　基于真菌种群落数量的不同处理组主成分分析特征值

序号	特征值	百分率/%	累计百分率/%	Chi-Square	df	p 值
[1]	2.4442	61.1053	61.1053	141.2340	9.0000	0.0000
[2]	1.1432	28.5808	89.6861	99.4429	5.0000	0.0000
[3]	0.3883	9.7072	99.3932	58.5394	2.0000	0.0000
[4]	0.0243	0.6068	100.0000	0.0000	0.0000	1.0000

表 5-79　基于真菌种群落数量的不同处理组主成分分析因子得分

真菌种类	$Y(i,1)$	$Y(i,2)$	$Y(i,3)$	$Y(i,4)$
Trichosporon_dohaense（毛孢子菌属的种）	8.4277	−1.9998	0.1240	0.0743

续表

真菌种类	$Y(i,1)$	$Y(i,2)$	$Y(i,3)$	$Y(i,4)$
Naganishia_globosa(一种酵母菌)	1.4538	−1.6085	2.9456	−0.0854
土曲霉(*Aspergillus_terreus*)	3.1058	5.7719	0.4237	−0.3666
Cunninghamella_echinulata(小克银汉霉属的一种)	−0.1595	1.6808	0.5776	0.6072
Cyberlindnera_americana(毕赤酵母属的一种)	−0.1740	1.5116	0.5076	0.5346
Acremonium_alcalophilum(枝顶孢属的一种)	−0.1061	−0.4958	0.5590	−0.0646
Geotrichum_candidum(地霉属的一种)	3.0661	−0.1423	−2.3200	0.0511
Hyphopichia_heimii(生丝毕赤酵母属的一种)	−0.4066	0.3589	0.1159	0.1343
横梗霉(*Lichtheimia_ramosa*)	−0.3987	0.3389	0.1029	0.1127
季也蒙酵母(*Meyerozyma_guilliermondii*)	−0.2853	0.3743	0.0463	−0.0260
Rhodotorula_mucilaginosa(红酵母属的一种)	−0.3941	−0.2290	0.0781	−0.0694
Apiotrichum_veenhuisii(酵母菌的一种)	0.2596	−0.2536	−0.5416	0.1509
Candida_melibiosica(假丝酵母的一种)	−0.4388	0.0967	0.0136	0.0450
Rhizopus_microsporus(根霉属的一种)	−0.4378	0.0704	0.0007	0.0423
Achroceratosphaeria_potamia(真菌的一种)	0.1539	−0.2315	−0.5159	0.2193
Candida_blankii(假丝酵母属的一种)	−0.5023	−0.1213	−0.0481	−0.0293
Ascozonus_woolhopensis(真菌的一种)	−0.4765	−0.2074	−0.0870	−0.0203
不规则头梗霉(*Cephaliophora_irregularis*)	−0.4708	−0.2132	−0.1028	−0.0166
Absidia_glauca(犁头霉属的一种)	−0.4871	−0.1658	−0.0785	−0.0782
Scolecobasidium_cateniphorum(齿梗孢属的一种)	−0.5037	−0.1739	−0.0718	−0.0600
刺葵粉座菌(*Graphiola_phoenicis*)	−0.4794	−0.2084	−0.1034	−0.0167
Paragyrodon_sphaerosporus(真菌的一种)	−0.4729	−0.2147	−0.1104	−0.0105
Jianyunia_sakaguchii(真菌的一种)	−0.5144	−0.1849	−0.0702	−0.0518
Tremella_resupinata(银耳属的一种)	−0.4889	−0.1972	−0.0899	−0.0533
微小根毛霉(*Rhizomucor_pusillus*)	−0.5148	−0.1874	−0.0711	−0.0526
Dimargaris_bacillispora(双珠霉属的一种)	−0.5151	−0.1891	−0.0716	−0.0532
Mucor_circinelloides(毛霉属的一种)	−0.5145	−0.2033	−0.0713	−0.0575
Spiromyces_minutus(真菌的一种)	−0.5155	−0.1911	−0.0723	−0.0539
Alloascoidea_hylecoeti(酵母菌的一种)	−0.5157	−0.1922	−0.0727	−0.0543
*Candida*_sp._BG01-7-24-002F-2-1(假丝酵母属的一种)	−0.5164	−0.1959	−0.0740	−0.0556
Trechispora_farinacea(真菌的一种)	−0.5045	−0.2034	−0.0852	−0.0489
*Tritirachium*_sp._IHEM4247(麦轴梗霉属的一种)	−0.5166	−0.1969	−0.0744	−0.0560
*Scheffersomyces*_sp._BG090809.6.7.3.3.35(酵母菌的一种)	−0.5170	−0.1989	−0.0750	−0.0567
Wallemia_hederae(节担菌纲的一种)	−0.5171	−0.1992	−0.0752	−0.0568
半球状哥德纳壶菌(*Gaertneriomyces_semiglobifer*)	−0.5057	−0.1958	−0.0808	−0.0707
Tortispora_caseinolytica(酵母菌的一种)	−0.5172	−0.2000	−0.0755	−0.0571
Brettanomyces_naardenensis(酒香酵母属的一种)	−0.5173	−0.2003	−0.0756	−0.0572
Candida_sorboxylosa(假丝酵母属的一种)	−0.5173	−0.2005	−0.0756	−0.0573
Circinella_umbellata(卷霉属的一种)	−0.5173	−0.2007	−0.0757	−0.0573
Kirschsteiniothelia_aethiops(真菌的一种)	−0.5174	−0.2008	−0.0757	−0.0574
Aspergillus_avenaceus(曲霉属的一种)	−0.5174	−0.2010	−0.0758	−0.0574
Boudiera_acanthospora(真菌的一种)	−0.5129	−0.1997	−0.0781	−0.0630

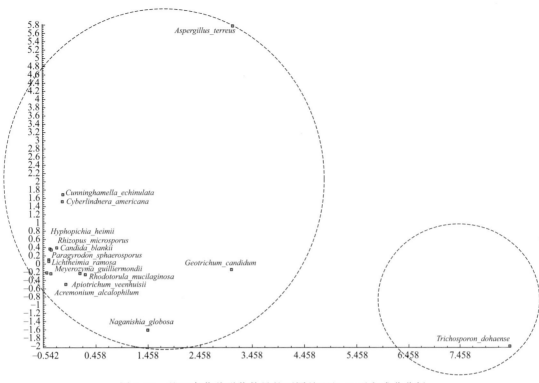

图 5-39　基于真菌种群落数量的不同处理组 Q 型主成分分析

（2）基于真菌种群落数量的异位发酵床不同处理组主成分分析　分析结果规格化特征向量见表 5-80，特征值见表 5-81，主成分分析得分见表 5-82。主成分分析见图 5-40。前 2 个主成分累计特征值达 86.9143%，很好地涵盖了全部信息；分析结果表明，异位发酵床不同处理真菌种群落主成分分散在不同区域，AUG_CK 分布在第一象限，AUG_L 在第二象限，AUG_PM 和 AUG_H 在第三象限，表明不同发酵阶段处理发酵床垫料真菌群落组成差异很大。第 1 主成分的主要影响因子为垫料原料组（AUG_CK）（7.7094），第 2 主成分的主要影响因子为浅发酵垫料组（AUG_L）（3.9021）。

表 5-80　异位发酵床真菌种群落宏基因组指数主成分分析规格化特征向量

真菌种类	因子 1	因子 2	因子 3
Trichosporon_dohaense（毛孢子菌属的种）	−0.0867	−0.2088	0.2824
Naganishia_globosa（一种酵母菌）	−0.0711	−0.2447	0.2626
土曲霉（*Aspergillus_terreus*）	0.1864	0.0168	0.0340
Cunninghamella_echinulata（小克银汉霉属的一种）	0.1862	0.0081	0.0422
Cyberlindnera_americana（毕赤酵母属的一种）	0.1862	0.0084	0.0421
Acremonium_alcalophilum（枝顶孢属的一种）	−0.0711	−0.2449	0.2625
Geotrichum_candidum（地霉属的一种）	−0.0801	0.3184	0.0431
Hyphopichia_heimii（生丝毕赤酵母的一种）	0.1862	0.0080	0.0419
横梗霉（*Lichtheimia_ramosa*）	0.1862	0.0071	0.0424
季也蒙酵母（*Meyerozyma_guilliermondii*）	0.1865	0.0068	0.0351
Rhodotorula_mucilaginosa（红酵母属的一种）	−0.0546	−0.2518	0.2732
Apiotrichum_veenhuisii（酵母菌的一种）	−0.1064	0.2528	0.1750

续表

真菌种类	因子 1	因子 2	因子 3
Candida_melibiosica（假丝酵母属的一种）	0.1861	0.0129	0.0428
Rhizopus_microsporus（根霉属的一种）	0.1860	0.0163	0.0439
Achroceratosphaeria_potamia（真菌的一种）	−0.0466	0.3363	0.0829
Candida_blankii（假丝酵母属的一种）	0.1862	0.0081	0.0422
Ascozonus_woolhopensis（真菌的一种）	−0.0556	−0.0823	0.3950
不规则头梗霉（*Cephaliophora_irregularis*）	−0.1064	0.1595	0.2937
Absidia_glauca（犁头霉属的一种）	0.1871	0.0025	0.0142
Scolecobasidium_cateniphorum（齿梗孢属的一种）	0.1866	0.0059	0.0313
刺葵粉座菌（*Graphiola_phoenicis*）	−0.0247	0.3381	0.1152
Paragyrodon_sphaerosporus（真菌的一种）	−0.0708	0.3178	0.0982
Jianyunia_sakaguchii（真菌的一种）	0.1862	0.0081	0.0422
Tremella_resupinata（银耳属的一种）	0.0392	0.2629	0.2718
微小根毛霉（*Rhizomucor_pusillus*）	0.1862	0.0081	0.0422
Dimargaris_bacillispora（双珠霉属的一种）	0.1862	0.0081	0.0422
Mucor_circinelloides（毛霉属的一种）	−0.0661	−0.2469	0.2664
Spiromyces_minutus（真菌的一种）	0.1862	0.0081	0.0422
Alloascoidea_hylecoeti（酵母菌的一种）	0.1862	0.0081	0.0422
*Candida*_sp._BG01-7-24-002F-2-1（假丝酵母属的一种）	0.1862	0.0081	0.0422
Trechispora_farinacea（真菌的一种）	−0.0612	0.3266	0.0899
*Tritirachium*_sp._IHEM4247（麦轴梗霉属的一种）	0.1862	0.0081	0.0422
*Scheffersomyces*_sp._BG090809.6.7.3.3.35（酵母菌的一种）	0.1862	0.0081	0.0422
Wallemia_hederae（节担菌纲的一种）	0.1862	0.0081	0.0422
半球状哥德纳壶菌（*Gaertneriomyces_semiglobifer*）	0.1607	−0.0432	−0.2124
Tortispora_caseinolytica（酵母菌的一种）	0.1862	0.0081	0.0422
Brettanomyces_naardenensis（酒香酵母属的一种）	0.1862	0.0081	0.0422
Candida_sorboxylosa（假丝酵母属的一种）	0.1862	0.0081	0.0422
Circinella_umbellata（卷霉属的一种）	0.1862	0.0081	0.0422
Kirschsteiniothelia_aethiops（真菌的一种）	0.1862	0.0081	0.0422
Aspergillus_avenaceus（曲霉属的一种）	0.1862	0.0081	0.0422
Boudiera_acanthospora（真菌的一种）	−0.0442	−0.0811	−0.4028

表 5-81　异位发酵床真菌种群落宏基因组指数主成分分析特征值

序号	特征值	百分率/%	累计百分率/%	Chi-Square	df	*p* 值
[1]	28.5452	67.9648	67.9648	0.0000	902.0000	0.9999
[2]	7.9588	18.9496	86.9143	0.0000	860.0000	0.9999
[3]	5.4960	13.0857	100.0000	0.0000	819.0000	0.9999

表 5-82　异位发酵床真菌种群落宏基因组指数主成分分析因子得分

处理组	$Y(i,1)$	$Y(i,2)$	$Y(i,3)$
垫料原料组（AUG_CK）	7.9728	0.0965	0.3475
深发酵垫料组（AUG_H）	−3.0483	−2.9216	2.1639
浅发酵垫料组（AUG_L）	−3.0332	3.7938	0.8095
未发酵猪粪组（AUG_PM）	−1.8913	−0.9688	−3.3210

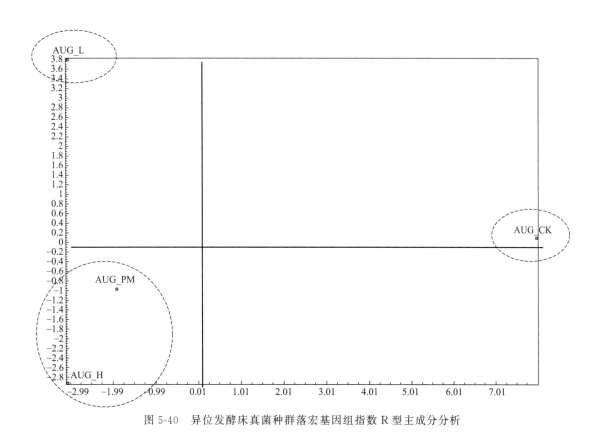

图 5-40　异位发酵床真菌种群落宏基因组指数 R 型主成分分析

| 第二节 | 真菌群落种类（OTUs）分布多样性

一、真核生物界（OTUs）分布结构

异位微生物发酵床真核生物界种类（OTUs）分布多样性分析结果见表 5-83，分析结果表明，不同处理组共检测到 11 个阶元，包括了真菌界（Fungi）、囊泡虫总门（Alveolata）、变形虫门（Amoebozoa）、天燕虫门（Apusozoa）、后生动物（Metazoa）、后鞭毛生物（Opisthokonta）、有孔虫界（Rhizaria）、不等鞭毛类（Stramenopiles）、绿色植物界（Viridiplantae），不同处理组种类组成差异显著，真菌界含量最高。异位发酵床不同处理原料垫料组（AUG_CK）、深发酵垫料组（AUG_H）、浅发酵垫料组（AUG_L）、未发酵猪粪组（AUG_PM）真菌界种类含量分别为 52、17、28、34。

表 5-83　异位微生物发酵床真核生物界种类（OTUs）分布多样性

序号	分类阶元	AUG_CK	AUG_H	AUG_L	AUG_PM
[1]	真菌界（Fungi）	52	17	28	34
[2]	囊泡虫总门（Alveolata）	2	1	3	2
[3]	变形虫门（Amoebozoa）	4	0	4	4
[4]	天燕虫门（Apusozoa）	1	0	2	1

序号	分类阶元	AUG_CK	AUG_H	AUG_L	AUG_PM
[5]	后生动物（Metazoa）	0	0	2	1
[6]	后鞭毛生物（Opisthokonta）	3	0	4	2
[7]	有孔虫界（Rhizaria）	1	0	0	1
[8]	不等鞭毛类（Stramenopiles）	2	0	2	2
[9]	绿色植物界（Viridiplantae）	1	0	0	0
[10]	Eukaryota_unclassified_eukaryotes	1	0	0	0
[11]	environmental_samples	47	8	56	55

二、真菌门种类（OTUs）分布结构

统计结果见表5-84。异位发酵床不同处理检测到主要的真菌门4个，即子囊菌门（Ascomycota）、担子菌门（Basidiomycota）、壶菌门（Chytridiomycota）、球囊菌门（Glomeromycota），在不同处理组的分布差异显著；原料垫料组、浅发酵垫料组、未发酵猪粪组以子囊菌门种类（OTUs）为主，种类数量分别为20、9、12，深发酵垫料组以担子菌门种类为主（7）。

表 5-84　异位微生物发酵床真菌门种类（OTUs）分布多样性

分类阶元	AUG_CK	AUG_H	AUG_L	AUG_PM
真菌门				
子囊菌门（Ascomycota）	20	5	9	12
担子菌门（Basidiomycota）	11	7	7	7
壶菌门（Chytridiomycota）	1	0	1	2
球囊菌门（Glomeromycota）	0	0	0	1
小计	32	12	17	22
原生生物、线虫、藻类等				
Discosea	2	0	1	2
Eukaryota_norank	1	0	0	0
Ciliophora	2	1	2	2
Chlorophyta	1	0	0	0
Cercozoa	1	0	0	1
Apicomplexa	0	0	1	0
Nematoda	0	0	1	0
Apusozoa_norank	1	0	2	1
Nucleariidae_and_Fonticula_group	2	0	2	1
Opisthokonta_incertae_sedis	1	0	1	0
Porifera	0	0	1	1
Stramenopiles_norank	2	0	2	2
Tubulinea	2	0	2	2
Amoebozoa_unclassified_amoebozoa	0	0	1	0
小计	15	1	16	12
未确定分类地位类群				
Fungi_incertae_sedis	11	2	3	5
Fungi_unclassified_fungi	1	1	1	1
environmental_samples	8	2	8	7
environmental_samples_norank	47	8	56	55
小计	67	13	68	68

三、真菌纲种类（OTUs）分布结构

统计结果见表 5-85。异位发酵床不同处理组共分离到 17 个真菌纲种类，即酵母纲（Saccharomycetes）、银耳纲（Tremellomycetes）、粪壳菌纲（Sordariomycetes）、散囊菌纲（Eurotiomycetes）、伞菌纲（Agaricomycetes）、伞型束梗孢菌纲（Agaricostilbomycetes）、壶菌纲（Chytridiomycetes）、囊担菌纲（Cystobasidiomycetes）、座囊菌纲（Dothideomycetes）、外担菌纲（Exobasidiomycetes）、球囊菌纲（Glomeromycetes）、锤舌菌纲（Leotiomycetes）、盘菌纲（Pezizomycetes）、共球藻纲（Trebouxiophyceae）、Mitosporic _ Ascomycota（子囊菌门的纲）、节担菌纲（Wallemiomycetes）、Tritirachiomycetes（真菌的纲），含量最高的纲为酵母纲，真菌纲种类小计在不同处理组原料垫料组（AUG _ CK）、深发酵垫料组（AUG _ H）、浅发酵垫料组（AUG _ L）、未发酵猪粪组（AUG _ PM）的分布分别为 32、11、16、19。

表 5-85　异位微生物发酵床真菌纲种类（OTUs）分布多样性

序号	分类阶元	AUG_CK	AUG_H	AUG_L	AUG_PM
真菌纲					
[1]	酵母纲（Saccharomycetes）	11	0	4	5
[2]	银耳纲（Tremellomycetes）	4	5	4	4
[3]	粪壳菌纲（Sordariomycetes）	3	2	2	3
[4]	散囊菌纲（Eurotiomycetes）	2	1	1	1
[5]	伞菌纲（Agaricomycetes）	1	0	2	1
[6]	伞型束梗孢菌纲（Agaricostilbomycetes）	1	0	0	0
[7]	壶菌纲（Chytridiomycetes）	1	0	0	1
[8]	囊担菌纲（Cystobasidiomycetes）	1	1	0	0
[9]	座囊菌纲（Dothideomycetes）	1	0	0	0
[10]	外担菌纲（Exobasidiomycetes）	1	0	1	0
[11]	球囊菌纲（Glomeromycetes）	0	0	0	1
[12]	锤舌菌纲（Leotiomycetes）	1	1	1	0
[13]	盘菌纲（Pezizomycetes）	1	1	1	2
[14]	共球藻纲（Trebouxiophyceae）	1	0	0	0
[15]	mitosporic_Ascomycota（子囊菌门的纲）	1	0	0	1
[16]	节担菌纲（Wallemiomycetes）	1	0	0	0
[17]	真菌的纲（Tritirachiomycetes）	1	0	0	0
	小计	32	11	16	19
原生生物等					
[1]	Amoebozoa_norank（原生生物,变形虫）	0	0	1	0
[2]	Apusozoa_norank（原生生物,天燕虫）	1	0	2	1
[3]	Cercozoa_norank（原生生物,丝足虫）	1	0	0	1
[4]	Chromadorea（线虫,色矛纲）	0	0	1	0
[5]	金藻纲（Chrysophyceae）	2	0	2	2
[6]	Coccidia（原生生物,球虫纲）	0	0	1	0
[7]	寻常海绵纲（Demospongiae）	0	0	1	1
[8]	Discosea_norank（原生生物）	2	0	1	1
[9]	Euamoebida（原生生物）	1	0	1	2

序号	分类阶元	AUG_CK	AUG_H	AUG_L	AUG_PM
[10]	Eukaryota_norank(真核生物)	1	0	0	0
[11]	Flabellinia(原生生物)	0	0	0	1
[12]	Ichthyosporea(原生生物)	1	0	1	0
[13]	梳霉菌纲(Kickxellomycotina)	2	0	0	0
[14]	Malasseziomycetes(真菌的纲)	0	0	0	1
[15]	微球黑粉菌纲(Microbotryomycetes)	1	1	0	1
[16]	Mucoromycotina(真菌的纲)	9	2	3	5
[17]	Nassophorea(原生生物)	1	0	1	1
[18]	Nucleariidae_and_Fonticula_group_norank(原生)	2	0	2	1
[19]	Spirotrichea(原生生物,旋毛纲)	1	1	1	1
[20]	Tubulinea_norank(原生生物,变形虫纲)	1	0	1	0
	小计	26	4	19	19
未确定类型类群					
[1]	Fungi_norank(真菌)	1	1	1	1
[2]	environmental_samples	0	0	1	1
[3]	environmental_samples_norank	55	10	64	62
	小计	56	11	66	64

四、真菌目种类（OTUs）分布结构

统计结果见表5-86。异位发酵床不同处理组共分离到26个真菌目种类，即Agaricostil-bales_incertae_sedis（担子菌的目）、牛肝菌目（Boletales）、小球藻目（Chlorellales）、色金藻目（Chromulinales）、囊担菌纲（Cystobasidiomycetes_incertae_sedis）、寻常海绵纲（Demospongiae_unclassified）、间座壳目（Diaporthales）、双珠霉目（Dimargaritales）、内囊霉目（Endogonales）、座囊菌纲（Dothideomycetes_incertae）、散囊菌目（Eurotiales）、外担菌目（Exobasidiales）、线黑粉菌目（Filobasidiales）、球囊霉目（Glomerales）、Glomerellales（盘菌的目）、梳霉目（Kickxellales）、马拉色菌目（Malasseziales）、毛霉目（Mucorales）、盘菌目（Pezizales）、酵母目（Saccharomycetales）、小壶菌目（Spizellomycetales）、锁掷酵母目（Sporidiobolales）、Thelebolales（子囊菌的目）、糙孢孔目（Trechisporales）、银耳目（Tremellales）、Trichosporonales（酵母的目），含量最高的纲为酵母目，真菌目种类小计在不同处理组原料垫料组（AUG_CK）、深发酵垫料组（AUG_H）、浅发酵垫料组（AUG_L）、未发酵猪粪组（AUG_PM）的分布分别为41、14、20、26。

表5-86　异位微生物发酵床真菌目种类（OTUs）分布多样性

序号	分类阶元	AUG_CK	AUG_H	AUG_L	AUG_PM
真菌目					
[1]	酵母目(Saccharomycetales)	11	0	4	5
[2]	毛霉目(Mucorales)	8	2	2	3
[3]	散囊菌目(Eurotiales)	2	1	1	1
[4]	Trichosporonales(酵母的目)	2	3	2	2
[5]	Agaricostilbales_incertae_sedis(担子菌的目)	1	0	0	0
[6]	小球藻目(Chlorellales)	1	0	0	0

续表

序号	分类阶元	AUG_CK	AUG_H	AUG_L	AUG_PM
[7]	色金藻目(Chromulinales)	1	0	1	1
[8]	囊担菌纲(Cystobasidiomycetes_incertae_sedis)	1	1	0	0
[9]	间座壳目(Diaporthales)	1	0	1	1
[10]	双珠霉目(Dimargaritales)	1	0	0	0
[11]	内囊霉目(Endogonales)	1	0	1	2
[12]	座囊菌纲(Dothideomycetes_incertae)	1	0	0	0
[13]	外担菌目(Exobasidiales)	1	0	1	0
[14]	线黑粉菌目(Filobasidiales)	1	1	1	1
[15]	Glomerellales(盘菌的目)	1	2	0	1
[16]	梳霉目(Kickxellales)	1	0	0	0
[17]	盘菌目(Pezizales)	1	1	1	2
[18]	小壶菌目(Spizellomycetales)	1	0	0	1
[19]	锁掷酵母目(Sporidiobolales)	1	1	0	1
[20]	Thelebolales(子囊菌的目)	1	1	1	0
[21]	糙孢孔目(Trechisporales)	1	0	1	1
[22]	银耳目(Tremellales)	1	1	1	1
[23]	牛肝菌目(Boletales)	0	0	1	0
[24]	寻常海绵纲(Demospongiae_unclassified)	0	0	1	1
[25]	球囊霉目(Glomerales)	0	0	0	1
[26]	马拉色菌目(Malasseziales)	0	0	0	1
	小计	41	14	20	26
原生生物类					
[1]	Amoebozoa_norank(原生生物)	0	0	1	0
[2]	Apusozoa_norank(原生生物)	1	0	1	0
[3]	Cercomonadida(原生生物)	1	0	0	1
[4]	Choreotrichida(原生生物)	0	1	0	0
[5]	Dactylopodida(原生生物)	0	0	0	1
[6]	双胃线虫目(Diplogasterida)	0	0	1	0
[7]	Euamoebida_norank(原生生物)	1	0	1	0
[8]	Eucoccidiorida(原生生物)	0	0	1	0
[9]	Eukaryota_norank(真核生物)	1	0	0	0
[10]	Ichthyosporea_norank(原生生物)	1	0	1	0
[11]	Leptomyxida(原生生物,细胶丝目)	1	0	1	0
[12]	Longamoebia(原生生物)	2	0	1	0
[13]	Microthoracida(原生生物)	1	0	1	1
[14]	Nucleariidae_and_Fonticula_group(原生生物)	2	0	2	1
[15]	Pisorisporiales(真菌的目)	1	0	1	1
[16]	Rigifilida(原生生物)	0	0	1	1
[17]	Sporadotrichida(原生生物)	1	0	1	1
[18]	Tritirachiales(原生生物)	1	0	0	0
[19]	Tubulinida(原生生物)	0	0	0	1

续表

序号	分类阶元	AUG_CK	AUG_H	AUG_L	AUG_PM
[20]	Wallemiales	1	0	0	0
	小计	15	1	14	10
未确定分类地位类群					
[1]	Fungi_norank	1	1	1	1
[2]	environmental_samples	1	0	1	1
[3]	environmental_samples_norank	55	10	65	63
[4]	mitosporic_Ascomycota_norank	1	0	0	1
	小计	58	11	67	66

五、真菌科种类（OTUs）分布结构

统计结果见表 5-87。异位发酵床不同处理组共分离到 40 个真菌科种类，即 Trichosporonaceae（酵母真菌的科）、Lichtheimiaceae（真菌的科）、Debaryomycetaceae（真菌的科）、Mitosporic_Saccharomycetales（酵母真菌的科）、曲霉科（Aspergillaceae）、Ascodesmidaceae（真菌的科）、内囊霉科（Endogonaceae）、线黑粉菌科（Filobasidiaceae）、Plectosphaerellaceae（真菌的科）、银耳科（Tremellaceae）、单鞭金藻科（Chromulinaceae）、小克银汉霉科（Cunninghamellaceae）、刺孢菌科（Hydnodontaceae）、法夫酵母科（Phaffomycetaceae）、Pisorisporiales_norank（真菌的科）、Rhizopodaceae（真菌的科）、锁掷酵母科（Sporidiobolaceae）、Thelebolaceae（真菌的科）、黑腐皮壳科（Valsaceae）、Cystobasidiomycetes_incertae（囊担菌纲的科）、Dipodascaceae（酵母的科）、粉座科（Graphiolaceae）、毛霉科（Mucoraceae）、小壶菌科（Spizellomycetaceae）、Mitosporic_Ascomycota_norank（子囊菌门的科）、Agaricostilbales_incertae（真菌的科）、Alloascoideaceae（酵母的科）、双珠霉科（Dimargaritaceae）、小球藻科（Chlorellaceae）、Dermamoebida（原生生物）、艾美虫科（Eimeriidae）、球囊霉科（Glomeraceae）、Gyrodontaceae（真菌的科）、Kirschsteiniotheliaceae（真菌的科）、盘菌科（Pezizaceae）、梳霉科（Kickxellaceae）、Pichiaceae（酵母的科）、Trigonopsidaceae（酵母的科）、Wallemiales_incertae_sedis（节担菌门的科）、Tritirachiaceae（真菌的科），含量最高的科为 Lichtheimiaceae（真菌的科），真菌科种类小计在不同处理组原料垫料组（AUG_CK）、深发酵垫料组（AUG_H）、浅发酵垫料组（AUG_L）、未发酵猪粪组（AUG_PM）的分布分别为 45、14、22、26。

表 5-87 异位微生物发酵床真菌科种类（OTUs）分布多样性

序号	分类阶元	AUG_CK	AUG_H	AUG_L	AUG_PM	平均值
真菌						
[1]	Lichtheimiaceae(真菌的科)	4	1	1	1	1.75
[2]	mitosporic_Saccharomycetales(酵母真菌的科)	4	0	1	1	1.50
[3]	Debaryomycetaceae(真菌的科)	3	0	1	2	1.50
[4]	Trichosporonaceae(酵母真菌的科)	2	3	2	2	2.25
[5]	曲霉科(Aspergillaceae)	2	1	1	1	1.25
[6]	小克银汉霉科(Cunninghamellaceae)	2	0	0	1	0.75

序号	分类阶元	AUG_CK	AUG_H	AUG_L	AUG_PM	平均值
[7]	Ascodesmidaceae(真菌的科)	1	1	1	1	1.00
[8]	内囊霉科(Endogonaceae)	1	0	1	2	1.00
[9]	线黑粉菌科(Filobasidiaceae)	1	1	1	1	1.00
[10]	Plectosphaerellaceae(真菌的科)	1	2	0	1	1.00
[11]	银耳科(Tremellaceae)	1	1	1	1	1.00
[12]	单鞭金藻科(Chromulinaceae)	1	0	1	1	0.75
[13]	刺孢菌科(Hydnodontaceae)	1	0	1	1	0.75
[14]	法夫酵母科(Phaffomycetaceae)	1	0	1	1	0.75
[15]	Pisorisporiales_norank(真菌的科)	1	0	1	1	0.75
[16]	Rhizopodaceae(真菌的科)	1	0	1	1	0.75
[17]	锁掷酵母科(Sporidiobolaceae)	1	1	0	1	0.75
[18]	Thelebolaceae(真菌的科)	1	1	1	0	0.75
[19]	黑腐皮壳科(Valsaceae)	1	0	1	1	0.75
[20]	Cystobasidiomycetes_incertae(囊担菌纲的科)	1	1	0	0	0.50
[21]	粉座科(Graphiolaceae)	1	0	1	0	0.50
[22]	毛霉科(Mucoraceae)	1	1	0	0	0.50
[23]	小壶菌科(Spizellomycetaceae)	1	0	0	1	0.50
[24]	mitosporic_Ascomycota_norank(子囊菌门的科)	1	0	0	1	0.50
[25]	Agaricostilbales_incertae(真菌的科)	1	0	0	0	0.25
[26]	Alloascoideaceae(酵母的科)	1	0	0	0	0.25
[27]	双珠霉科(Dimargaritaceae)	1	0	0	0	0.25
[28]	小球藻科(Chlorellaceae)	1	0	0	0	0.25
[29]	Kirschsteiniotheliaceae(真菌的科)	1	0	0	0	0.25
[30]	梳霉科(Kickxellaceae)	1	0	0	0	0.25
[31]	Pichiaceae(酵母的科)	1	0	0	0	0.25
[32]	Trigonopsidaceae(酵母的科)	1	0	0	0	0.25
[33]	Wallemiales_incertae_sedis(节担菌门的科)	1	0	0	0	0.25
[34]	Tritirachiaceae(真菌的科)	1	0	0	0	0.25
[35]	Dipodascaceae(酵母的科)	0	0	1	1	0.50
[36]	Dermamoebida(原生生物)	0	0	1	1	0.50
[37]	艾美虫科(Eimeriidae)	0	0	1	0	0.25
[38]	球囊霉科(Glomeraceae)	0	0	0	1	0.25
[39]	Gyrodontaceae(真菌的科)	0	0	1	0	0.25
[40]	盘菌科(Pezizaceae)	0	0	0	1	0.25
	小计	45	14	22	26	
未确定分类地位类群						
[1]	environmental_samples_norank	56	10	66	64	49.00
[2]	environmental_samples	0	0	0	1	0.25
[3]	Fungi_norank	1	1	1	1	1.00
[4]	Eukaryota_norank(原核生物)	1	0	0	0	0.25
	小计	58	11	67	66	
原生生物等(线虫、藻类)						

序号	分类阶元	AUG_CK	AUG_H	AUG_L	AUG_PM	平均值
[1]	Nucleariidae(原生生物的科)	2	0	2	1	1.25
[2]	Echinamoebidae(原生生物)	1	0	1	1	0.75
[3]	小胸虫科(Microthoracidae)	1	0	1	1	0.75
[4]	尖毛虫科(Oxytrichidae)	1	0	1	1	0.75
[5]	天燕虫科(Apusomonadidae)	1	0	1	0	0.50
[6]	单鞭毛虫科(Cercomonadidae)	1	0	0	1	0.50
[7]	Demospongiae_norank(寻常海绵纲的科)	0	0	1	1	0.50
[8]	Flabellulidae(原生生物)	1	0	1	0	0.50
[9]	Ichthyosporea_norank(原生生物)	1	0	1	0	0.50
[10]	Rigifilida_norank(原生生物)	0	0	1	1	0.50
[11]	Thecamoebida(原生生物)	1	0	0	1	0.50
[12]	Amoebozoa_norank(原生生物)	0	0	1	0	0.25
[13]	Centramoebida(原生生物)	1	0	0	0	0.25
[14]	Neodiplogasteridae(线虫的科)	0	0	1	0	0.25
[15]	Paramoebidae(原生生物)	0	0	0	1	0.25
[16]	Strombidinopsidae(原生生物)	0	1	0	0	0.25
[17]	Tubulinida_unclassified(原生生物)	0	0	0	1	0.25
	小计	11	1	12	10	
	合计	114	26	101	102	

六、真菌属种类（OTUs）分布结构

统计结果见表 5-88。异位发酵床不同处理组共分离到 39 个真菌属种类，即曲霉属（*Aspergillus*）、横梗霉属（*Lichtheimia*）、犁头霉属（*Absidia*）、*Achroceratosphaeria*（真菌的属）、枝顶孢属（*Acremonium*）、*Alloascoidea*（酵母的属）、*Apiotrichum*（真菌的属）、*Ascozonus*（真菌的属）、酒香酵母属（*Brettanomyces*）、头梗霉属（*Cephaliophora*）、卷霉属（*Circinella*）、小克银汉霉属（*Cunninghamella*）、*Cyberlindnera*（酵母的属）、双珠霉属（*Dimargaris*）、*Gaertneriomyces*（真菌的属）、棕榈斑叶病菌属（*Graphiola*）、生丝毕赤酵母属（*Hyphopichia*）、*Kirschsteiniothelia*（真菌的属）、*Meyerozyma*（真菌的属）、毛霉属（*Mucor*）、*Naganishia*（真菌的属）、藻属（*Ochromonas*）、*Parasterkiella*（真菌的属）、根毛霉属（*Rhizomucor*）、根霉属（*Rhizopus*）、红酵母属（*Rhodotorula*）、*Scheffersomyces*（酵母的属）、齿梗孢属（*Scolecobasidium*）、*Spiromyces*（真菌的属）、*Symmetrospora*（真菌的属）、*Tortispora*（酵母的属）、糙孢孔属（*Trechispora*）、银耳属（*Tremella*）、毛孢子菌属（*Trichosporon*）、麦轴梗霉属（*Tritirachium*）、节担菌属（*Wallemia*）、地霉属（*Geotrichum*）、*Boudiera*（真菌的属）、*Paragyrodon*（真菌的属），含量最高的属为曲霉属（*Aspergillus*），真菌属种类小计在不同处理组原料垫料组（AUG_CK）、深发酵垫料组（AUG_H）、浅发酵垫料组（AUG_L）、未发酵猪粪组（AUG_PM）的分布分别为 38、14、18、22。

表 5-88　异位微生物发酵床真菌属种类（OTUs）分布多样性

序号	分类阶元	AUG_CK	AUG_H	AUG_L	AUG_PM
真菌属					
[1]	曲霉属（Aspergillus）	2	1	1	1
[2]	横梗霉属（Lichtheimia）	2	1	1	1
[3]	犁头霉属（Absidia）	1	0	0	1
[4]	Achroceratosphaeria（真菌的属）	1	0	1	1
[5]	枝顶孢属（Acremonium）	1	2	0	1
[6]	Alloascoidea（酵母的属）	1	0	0	0
[7]	Apiotrichum（真菌的属）	1	1	1	1
[8]	Ascozonus（真菌的属）	1	1	1	0
[9]	酒香酵母属（Brettanomyces）	1	0	0	0
[10]	头梗霉属（Cephaliophora）	1	1	1	1
[11]	卷霉属（Circinella）	1	0	0	0
[12]	小克银汉霉属（Cunninghamella）	1	0	0	0
[13]	Cyberlindnera（酵母的属）	1	0	1	1
[14]	双珠霉属（Dimargaris）	1	0	0	0
[15]	Gaertneriomyces（真菌的属）	1	0	0	1
[16]	棕榈斑叶病菌属（Graphiola）	1	0	1	0
[17]	生丝毕赤酵母属（Hyphopichia）	1	0	0	1
[18]	Kirschsteiniothelia（真菌的属）	1	0	0	0
[19]	Meyerozyma（真菌的属）	1	0	1	1
[20]	毛霉属（Mucor）	1	1	0	0
[21]	Naganishia（真菌的属）	1	1	1	1
[22]	藻属（Ochromonas）	1	0	1	1
[23]	Parasterkiella（真菌的属）	1	0	1	1
[24]	根毛霉属（Rhizomucor）	1	0	0	0
[25]	根霉属（Rhizopus）	1	0	1	1
[26]	红酵母属（Rhodotorula）	1	1	0	0
[27]	Scheffersomyces（酵母的属）	1	0	0	0
[28]	齿梗孢属（Scolecobasidium）	1	0	0	1
[29]	Spiromyces（真菌的属）	1	0	0	0
[30]	Symmetrospora（真菌的属）	1	1	0	0
[31]	酵母的属（Tortispora）	1	0	0	0
[32]	糙孢孔属（Trechispora）	1	0	1	1
[33]	银耳属（Tremella）	1	1	1	1
[34]	毛孢子菌属（Trichosporon）	1	2	1	1
[35]	麦轴梗霉属（Tritirachium）	1	0	0	0
[36]	节担菌属（Wallemia）	1	0	0	0
[37]	地霉属（Geotrichum）	0	0	1	1
[38]	真菌的属（Boudiera）	0	0	0	1
[39]	真菌的属（Paragyrodon）	0	0	1	0
	小计	38	14	18	22

序号	分类阶元	AUG_CK	AUG_H	AUG_L	AUG_PM
未确定分类地位类群					
[1]	environmental_samples_norank	56	10	66	65
[2]	Candida	4	0	1	1
[3]	environmental_samples	4	0	5	5
[4]	Fungi_norank	1	1	1	1
	小计	65	11	73	72
原生生物等					
[1]	*Amastigomonas*（原生生物）	1	0	1	0
[2]	*Capsaspora*（原生生物）	1	0	1	0
[3]	*Cavernomonas*（原生生物）	1	0	0	1
[4]	*Paratrimastix*（原生生物）	1	0	0	0
[5]	*Protacanthamoeba*（原生生物）	1	0	0	0
[6]	*Amoebozoa_norank*（原生生物）	0	0	0	0
[7]	*Copromyxa*（原生生物）	0	0	0	1
[8]	*Demospongiae_norank*（寻常海绵）	0	0	1	1
[9]	*Dermamoeba*（原生生物）	0	0	1	0
[10]	*Korotnevella*（原生生物）	0	0	0	1
[11]	*Mononchoides*（原生生物）	0	0	1	0
[12]	*Parastrombidinopsis*（原生生物）	0	1	0	0
[13]	*Rigifila*（原生生物）	0	0	1	1
[14]	藻属（*Prototheca*）	1	0	0	0
[15]	*Echinamoeba*（原生生物）	1	0	0	0
[16]	*Jianyunia*	1	0	0	0
[17]	*Leptopharynx*（原生生物）	1	0	1	1
[18]	*Ripidomyxa*（原生生物）	1	0	1	0
[19]	*Stenamoeba*（原生生物）	1	0	0	1
	小计	11	1	10	8
	合计	114	26	101	102

七、真菌种种类（OTUs）分布结构

统计结果见表 5-89。异位发酵床不同处理组共分离到 41 个真菌种种类，即 *Lichtheimia _ ramosa*（横梗霉）、*Absidia _ glauca*（犁头霉属的一种）、*Achroceratosphaeria _ potamia*（真菌的一种）、*Acremonium _ alcalophilum*（枝顶孢属的一种）、*Alloascoidea _ hylecoeti*（酵母菌的一种）、*Apiotrichum _ veenhuisii*（酵母菌的一种）、*Ascozonus _ woolhopensis*（真菌的一种）、*Aspergillus _ avenaceus*（曲霉属的一种）、*Aspergillus _ terreus*（土曲霉）、*Brettanomyces _ naardenensis*（酒香酵母属的一种）、*Candida _ blankii*（假丝酵母属的一种）、*Candida _ melibiosica*（假丝酵母属的一种）、*Candida _ sorboxylosa*（假丝酵母属的一种）、*Candida _* sp. _ BG01-7-24-002F-2-1（假丝酵母属的一种）、*Cephaliophora _ irregularis*（不规则头梗霉）、*Circinella _ umbellata*（卷霉属的一种）、*Cunninghamella _ echinulata*（小克银汉霉属的一种）、*Cyberlindnera _ americana*（毕赤酵母属的一种）、*Dimargaris _ bacillispora*（双珠霉属的一种）、*Gaertneriomyces _ semiglobifer*（半球状哥德纳壶菌）、*Graphiola _ phoenicis*（刺葵粉座菌）、*Hyphopichia _ heimii*（生丝毕赤酵母属

的一种）、*Jianyunia _ sakaguchii*（真菌的一种）、*Kirschsteiniothelia _ aethiops*（真菌的一种）、*Meyerozyma _ guilliermondii*（季也蒙酵母）、*Mucor _ circinelloides*（毛霉属的一种）、*Rhizomucor _ pusillus*（微小根毛霉）、*Rhizopus _ microsporus*（根霉属的一种）、*Rhodotorula _ mucilaginosa*（红酵母属的一种）、*Scheffersomyces _ sp. _ BG090809.6.7.3.3.35*（酵母菌的一种）、*Scolecobasidium _ cateniphorum*（齿梗孢属的一种）、*Spiromyces _ minutus*（真菌的一种）、*Tortispora _ caseinolytica*（酵母菌的一种）、*Trechispora _ farinacea*（真菌的一种）、*Tremella _ resupinata*（银耳属的一种）、*Trichosporon _ dohaense*（毛孢子菌属的种）、*Tritirachium _ sp. _ IHEM4247*（麦轴梗霉属的一种）、*Wallemia _ hederae*（节担菌纲的一种）、*Boudiera _ acanthospora*（真菌的一种）、*Geotrichum _ candidum*（地霉属的一种）、*Paragyrodon _ sphaerosporus*（真菌的一种）、含量最高的属为 *Lichtheimia _ ramosa*（横梗霉），真菌属种类小计在不同处理组原料垫料组（AUG_CK）、深发酵垫料组（AUG_H）、浅发酵垫料组（AUG_L）、未发酵猪粪组（AUG_PM）的分布分别为 39、12、16、20。

表 5-89　异位微生物发酵床真菌种种类（OTUs）分布多样性

序号	分类阶元	AUG_CK	AUG_H	AUG_L	AUG_PM
真菌种					
[1]	*Lichtheimia_ramosa*（横梗霉）	2	1	1	1
[2]	*Absidia_glauca*（犁头霉属的一种）	1	0	0	1
[3]	*Achroceratosphaeria_potamia*（真菌的一种）	1	0	1	1
[4]	*Acremonium_alcalophilum*（枝顶孢属的一种）	1	2	0	1
[5]	*Alloascoidea_hylecoeti*（酵母菌的一种）	1	0	0	0
[6]	*Apiotrichum_veenhuisii*（酵母菌的一种）	1	1	1	1
[7]	*Ascozonus_woolhopensis*（真菌的一种）	1	1	1	0
[8]	*Aspergillus_avenaceus*（曲霉属的一种）	1	0	0	0
[9]	*Aspergillus_terreus*（土曲霉）	1	1	1	1
[10]	*Brettanomyces_naardenensis*（酒香酵母属的一种）	1	0	0	0
[11]	*Candida_blankii*（假丝酵母属的一种）	1	0	0	0
[12]	*Candida_melibiosica*（假丝酵母属的一种）	1	0	1	1
[13]	*Candida_sorboxylosa*（假丝酵母属的一种）	1	0	0	0
[14]	*Candida_sp._BG01-7-24-002F-2-1*（假丝酵母属的一种）	1	0	0	0
[15]	*Cephaliophora_irregularis*（不规则头梗霉）	1	1	1	1
[16]	*Circinella_umbellata*（卷霉属的一种）	1	0	0	0
[17]	*Cunninghamella_echinulata*（小克银汉霉属的一种）	1	0	0	0
[18]	*Cyberlindnera_americana*（毕赤酵母属的一种）	1	0	1	1
[19]	*Dimargaris_bacillispora*（双珠霉属的一种）	1	0	0	0
[20]	*Gaertneriomyces_semiglobifer*（半球状哥德纳壶菌）	1	0	0	1
[21]	*Graphiola_phoenicis*（刺葵粉座菌）	1	0	1	0
[22]	*Hyphopichia_heimii*（生丝毕赤酵母属的一种）	1	0	0	1
[23]	*Jianyunia_sakaguchii*（真菌的一种）	1	0	0	0
[24]	*Kirschsteiniothelia_aethiops*（真菌的一种）	1	0	0	0
[25]	*Meyerozyma_guilliermondii*（季也蒙酵母）	1	0	1	1
[26]	*Mucor_circinelloides*（毛霉属的一种）	1	1	0	0

序号	分类阶元	AUG_CK	AUG_H	AUG_L	AUG_PM
[27]	*Rhizomucor_pusillus*（微小根毛霉）	1	0	0	0
[28]	*Rhizopus_microsporus*（根霉属的一种）	1	0	0	1
[29]	*Rhodotorula_mucilaginosa*（红酵母属的一种）	1	1	0	1
[30]	*Scheffersomyces_*sp._BG090809.6.7.3.3.35（酵母菌的一种）	1	0	0	0
[31]	*Scolecobasidium_cateniphorum*（齿梗孢属的一种）	1	0	0	1
[32]	*Spiromyces_minutus*（真菌的一种）	1	0	0	0
[33]	*Tortispora_caseinolytica*（酵母菌的一种）	1	0	0	0
[34]	*Trechispora_farinacea*（真菌的一种）	1	0	1	1
[35]	*Tremella_resupinata*（银耳属的一种）	1	1	1	1
[36]	*Trichosporon_dohaense*（毛孢子菌属的种）	1	2	1	1
[37]	*Tritirachium_*sp._IHEM4247（麦轴梗霉属的一种）	1	0	0	0
[38]	*Wallemia_hederae*（节担菌纲的一种）	1	0	0	0
[39]	*Boudiera_acanthospora*（真菌的一种）	0	0	0	1
[40]	*Geotrichum_candidum*（地霉属的一种）	0	0	1	1
[41]	*Paragyrodon_sphaerosporus*（真菌的一种）	0	0	1	0
	小计	39	12	16	20
未确定分类地位类群					
[1]	environmental_samples_uncultured_eukaryote	45	8	54	54
[2]	environmental_samples_uncultured_fungus	8	2	7	6
[3]	environmental_samples_uncultured_nucleariidae	2	0	2	1
[4]	environmental_samples_uncultured_chrysophyte	1	0	1	1
[5]	environmental_samples_uncultured_endogone	1	0	1	2
[6]	environmental_samples_uncultured_freshwater_eukaryote	1	0	1	1
[7]	environmental_samples_uncultured_marine_eukaryote	1	0	0	0
[8]	environmental_samples_uncultured_valsaceae	1	0	1	1
[9]	environmental_samples_uncultured_banisveld_eukaryote	0	0	1	0
[10]	environmental_samples_uncultured_chytridiomycota	0	0	1	1
[11]	environmental_samples_uncultured_eimeriidae	0	0	1	0
[12]	environmental_samples_uncultured_glomus	0	0	0	1
[13]	environmental_samples_uncultured_malassezia	0	0	0	1
[14]	environmental_samples_uncultured_opisthokont	0	0	1	1
[15]	fungal_sp._Tianzhu-Yak18	1	1	1	1
	小计	61	11	72	71
原生生物等					
[1]	*Amastigomonas_*sp._IVY8c（原生生物的一种）	1	0	1	0
[2]	*Capsaspora_owczarzaki*（原生生物的一种）	1	0	1	0
[3]	*Cavernomonas_mira*（原生生物的一种）	1	0	0	1
[4]	*Echinamoeba_thermarum*（原生生物的一种）	1	0	1	1
[5]	*Leptopharynx_costatus*（有肋薄咽虫，原生生物）	1	0	1	1

序号	分类阶元	AUG_CK	AUG_H	AUG_L	AUG_PM
[6]	*Naganishia_globosa*（一种酵母菌）	1	1	1	1
[7]	*Ochromonas_perlata*（棕鞭藻属的一种）	1	0	1	1
[8]	*Parasterkiella_thompsoni*（原生生物的一种）	1	0	1	1
[9]	*Paratrimastix_pyriformis*_ATCC50562（原生生物的一种）	1	0	0	0
[10]	*Protacanthamoeba_bohemica*（原生生物的一种）	1	0	0	0
[11]	*Prototheca_wickerhamii*（威克海姆原藻）	1	0	0	0
[12]	*Ripidomyxa*_sp._RP010（原生生物的一种）	1	0	1	0
[13]	*Stenamoeba_amazonica*（原生生物的一种）	1	0	0	1
[14]	*Symmetrospora_marina*（原生生物的一种）	1	1	0	0
[15]	*Amoebozoa*_sp._amMP3（原生生物的一种）	0	0	1	0
[16]	*Copromyxa_protea*（原生生物的一种）	0	0	0	1
[17]	*Dermamoeba_algensis*（原生生物的一种）	0	0	1	0
[18]	*Halichondrida*_sp._USNM_1133814（软海绵目的一种）	0	0	1	1
[19]	*Korotnevella_stella*（原生生物的一种）	0	0	0	1
[20]	*Mononchoides*_sp._WB-2010（拟单齿线虫属的一种）	0	0	1	0
[21]	*Parastrombidinopsis_shimi*（斯密拟盗虫，原生生物）	0	1	0	0
[22]	*Rigifila_ramosa*（原生生物的一种）	0	0	1	1
	小计	14	3	13	11
	合计	114	26	101	102

参 考 文 献

[1] 安宝聚.发酵床养猪的猪舍设计、垫料制作与管理.养殖技术顾问,2012,3:4.

[2] 白威涛,李革,陆一平.畜禽粪便用堆肥用翻堆机的研究现状与展望.农机化研究,2012,(2):237-241.

[3] 曹传闻,甘叶青,卞益,等.微生物发酵床生态养猪的应用试验.上海畜牧兽医通讯,2014(6):46-47.

[4] 常秦.宏基因组数据分析中的统计方法研究.济南:山东大学,2012.

[5] 常志州,掌子凯.发酵床垫料的再生与堆肥.农家致富,2009,1:38.

[6] 陈春宏.不同土壤环境氨氧化古菌的分布及多样性研究.哈尔滨:哈尔滨工业大学,2011.

[7] 陈亮宇,王玉梅,赵心清.基因组挖掘技术在海洋放线菌天然产物研究开发中的应用及展望.微生物学通报,2013,(10):1896-1908.

[8] 陈林.老年人根面龋患者和健康人牙菌斑微生物群落的宏基因组学研究.武汉:武汉大学,2014.

[9] 陈绿素,彭乃木,郑秀兰,等.生物发酵舍零排放环保养殖技术的基本原理及关键技术.畜禽业生产指导,2010,7(255):32-33.

[10] 陈伟,季秀玲,孙策,魏云林.纳帕海高原湿地土壤细菌群落多样性初步研究.中国微生态学杂志,2015,(10):1117-1120+1123.

[11] 陈伟.天山1号冰川退缩地土壤微生物多样性研究.兰州:兰州交通大学,2012.

[12] 陈雅.利用复合铁酶促生物膜技术强化生物脱氮功能研究.青岛:青岛理工大学,2014.

[13] 陈志明.微生物发酵床养猪技术.新农业,2011(3):26-26.

[14] 池跃田,于洪斌,金玉波,等.微生物发酵床养猪不同垫料组合对生长育肥猪生长性能影响的试验.现代畜牧兽医,2011,3:49-50.

[15] 崔中利.江西红壤细菌BAC文库的构建及活性物质的筛选 第五次全国土壤生物和生物化学学术研讨会论文集.2009.

[16] 党秋玲,刘驰,席北斗,魏自民,李鸣晓,杨天学,李晔.生活垃圾堆肥过程中细菌群落演替规律.环境科学研究,2011,(02):236-242.

[17] 邓贵清,蒋宗平.废弃食用菌块在生物发酵床养猪生产中的应用.湖南畜牧兽医,2011,3:13-14.

[18] 邓伟.云南有色金属矿山细菌多样性的非培养分析.2012.

[19] 董建平,王玉海.发酵床养猪不同垫料配合效果观察.甘肃畜牧兽医,2012,42(1):11-12.

[20] 杜丽琴,庞浩,胡媛媛,韦宇拓,黄日波.蔗糖富集环境土壤微生物宏基因组分析及蔗糖水解相关酶基因克隆.应用与环境生物学报,2010,(03):403-407.

[21] 方蕾,陶韦,石振家,等.用宏基因组学手段研究滨海湿地沉积物的细菌多样性 "全球变化下的海洋与湖沼生态安全"学术交流会论文摘要集.2014.

[22] 方如相.生物发酵床养猪技术的操作与管理.浙江畜牧兽医,2012,2:27.

[23] 付君,张军强,张成保,等.ZF552型有机肥翻堆机电气系统的设计.农机化研究,2011,33(12):75-78.

[24] 高金波,牛星,牛钟相.不同垫料发酵床养猪效果研究.山东农业大学学报(自然科学版),2012,43(1):79-83.

[25] 高微微,康颖,卢宏,等.城市森林不同林型下土壤基本理化特性及土壤真菌多样性.东北林业大学学报,2016,(03):89-94+100.

[26] 高小玉,明红霞,陈佳莹,等.大连湾石油污染沉积物中细菌群落结构分析.海洋学报(中文版),2014,(06):58-66.

[27] 关琼,马占山.人类母乳微生物菌群的生态学分析.科学通报,2014,59(22):2205-2212.

[28] 管福生.厦工三重F3200型翻堆机通过省级鉴定.工程机械,2012,43(7):I0021-I0021.

[29] 韩玉姣.凡口铅锌尾矿酸性废水微生物宏基因组及宏转录组研究.中山:中山大学,2013.

[30] 贺纪正,张丽梅.氨氧化微生物生态学与氮循环研究进展.生态学报,2009,29(1):406-415.

[31] 胡雪婷.未培养细菌β-葡萄糖苷酶基因的克隆、表达及酶学性质的初步研究.南宁:广西大学,2007.

[32] 黄钦耿.森林红壤微生物的功能生态学分析及宏基因组文库构建.福州:福建师范大学,2009.

[33] 黄婷婷.江西典型红壤区土壤微生物多样性分析与宏基因组文库构建.南京:南京农业大学,2006.

[34] 黄义彬,李卿,张莉,等.发酵床垫料无害化处理技术研究.贵州畜牧兽医,2011,35(5):3-7.

[35] 黄玉溢,刘斌,陈桂芬,等.规模化养殖场猪配合饲料和粪便中重金属含量研究.广西农业科学,2007,38(5):

544-546.

[36] 姬洪飞，王颖.分子生物学方法在环境微生物生态学中的应用研究进生态学报，2016, 36 (24)：1-10.

[37] 贾晓静，张维强，杨军.FP2500A 型翻堆机关键零部件有限元分析.科学技术与工程，2012, 20 (17)：4111-4114.

[38] 江夏薇.基于嗜耐盐菌基因组分析与深海宏基因组文库的酯酶研究.杭州：浙江大学，2013.

[39] 姜远丽.天山一号冰川融水及底部沉积层酵母菌系统发育研究.石河子：石河子大学，2014.

[40] 蒋建林，周权能，车志群，邓珍琴，武波.PCR-RFLP 技术分析沼气池厌氧活性污泥细菌的多样性.广西农业生物科学，2008, (04)：372-377.

[41] 蒋建明，闫俊书，白建勇，等.微生物发酵床养猪模式的关键技术研究与应用.江苏农业科学，2013, 41 (9)：173-176.

[42] 蒋云霞.基于红树林土壤微生物资源研发的宏基因组学平台技术的建立与应用初探.厦门：厦门大学，2007.

[43] 蓝江林，刘波，陈峥，等.微生物发酵床猪舍环境气味电子鼻判别模型的研究.福建农业学报，2012, 27 (1)：77-86.

[44] 蓝江林，刘波，宋泽琼，等.微生物发酵床养猪技术研究进展.生物技术进展，2012, 2 (6)：411-416.

[45] 李聪.不同林型对林下土壤理化性质与土壤细菌多样性的影响.哈尔滨：东北林业大学，2013.

[46] 李道波，吴小江.高位微生物发酵床养猪技术应用研究.兽医导刊，2014 (7)：31-32.

[47] 李宏健，崔艳霞，刘让，等.不同条件下以棉秆为底物制作发酵床菌种配比的研究.饲料博览，2012, 5：6-9.

[48] 李娟，石绪根，李吉进，邹国元，王海宏.鸡发酵床不同垫料理化性质及微生物菌群变化规律的研究.中国畜牧兽医，2014, 41 (2)：139-143.

[49] 李翔，秦岭，戴世鲲，等.海洋微生物宏基因组工程进展与展望.微生物学报，2007, (03)：548-553.

[50] 李鑫.苏打盐碱地桑树/大豆间作的土壤微生物多样性研究.哈尔滨：东北林业大学，2012.

[51] 林家祥，刘慧丽.翻堆机清土铲避障装置的仿真设计.中国农机化学报，2015, 36 (1)：24-25.

[52] 林家祥，石光林.CWQ8350 型履带式全液压翻堆机.工程机械，2011, 42 (10)：9-11.

[53] 林家祥，石学堂，田伟.翻堆机工作装置的模态分析.中国农机化学报，2014, 35 (1)：121-123.

[54] 林家祥，田伟.翻堆机机架的力学分析与优化设计.农机化研究，2013, 35 (11)：156-158.

[55] 凌云，路葵，徐亚同.禽畜粪便堆肥中优势菌株的分离及对有机物质降解能力的比较.华南农业大学学报，2007, 28 (1)：36-39.

[56] 刘波，郑雪芳，林营志，等.零排放猪场基质垫层微生物群落脂肪酸生物标记多样性分析.生态学报，2008, 28 (12)：5488-5498.

[57] 刘波，蓝江林，唐建阳，等.微生物发酵床菜猪大栏养殖猪舍结构设计（英文）.福建农业学报，2014, 29 (9)：1521-1525.

[58] 刘波，朱昌雄.微生物发酵床零污染养猪技术研究与应用.北京：中国农业科学技术出版社.2009.

[59] 刘峰.红树林可培养微生物活性评价和土壤宏基因组文库构建及生物活性筛选.海口：华南热带农业大学，2006.

[60] 刘建民，胡斌，王保玉，等.利用宏基因组学技术分析煤层水中细菌多样性.基因组学与应用生物学，2015, (01)：165-171.

[61] 刘让，陈少平，张鲁安，等.生态养猪发酵益生菌的分离鉴定及体外抑菌试验研究.国外畜牧学——猪与禽，2010, 30 (2)：62-64.

[62] 刘荣乐，李书田，王秀斌，等.我国商品有机肥料和有机废弃物中重金属的含量状况与分析.农业环境科学学报，2005, 24 (2)：392-397.

[63] 刘新星，云慧，谢建平，等.磁小体形成过程相关基因和蛋白的研究进展.生物技术通报，2013, (08)：28-35.

[64] 刘云浩，蓝江林，刘波，等.微生物发酵床垫料微生物 DNA 提取方法的研究.福建农业学报，2011, 26 (2)：153 158.

[65] 柳云帆.复苏促进因子 Rpf 对淡水浮游细菌可培养性的影响.重庆：西南大学，2007.

[66] 卢舒娴.养猪发酵床垫料微生物群落动态及其对猪细菌病原生防作用的研究.福州：福建农林大学，2011.

[67] 栾炳志.厚垫料养猪模式垫料参数的研究.泰安：山东农业大学，2009.

[68] 罗昊昊.基于 UG 的 F3200 型翻堆机滚筒设计及有限元分析.机电技术，2013, 36 (3)：25-27.

[69] 吕甬勇.普洱茶渥堆发酵过程中微生物宏基因组学的测定与分析.昆明：昆明理工大学，2013.

[70] 马振刚，马淑华，张时恒，等.应用 DGGE 技术分析自然免耕土与普通耕作土细菌群落的多样性.江苏农业学报，

2011，（06）：273-278.

[71] 孟庆鹏.可培养海绵共附生微生物 PKS 和 SOD 功能基因的筛选.上海：上海交通大学，2007.

[72] 闵令强.QFJ600 型牵引式翻堆机的研究与设计开发.农业装备与车辆工程，2013，51（9）：67-69.

[73] 聂志强，韩玥，郑宇，申雁冰，王敏.宏基因组学技术分析传统食醋发酵过程微生物多样性.食品科学，2013，34（15）：198-203.

[74] 宁祎，李艳玲，周国英，等.青海上北山林场野生桃儿七根部内生真菌群落组成及多样性研究.中国中药杂志，2016，（07）：1227-1234.

[75] 彭帅.应用宏基因组方法检测猪致病微生物及分析牛胃菌群组成.长春：吉林大学，2015.

[76] 蒲丽.微生物发酵床日常管理和维护需注意的问题.现代畜牧兽医，2011，6：59.

[77] 强慧妮，田宝玉，江贤章，等.宏基因组学在发现新基因方面的应用.生物技术，2009，19（4）：82-85.

[78] 乔晓梅，赵景龙，杜小威，等.高通量测序法对清香大曲真菌群落结构的分析.酿酒科技，2015，（04）：28-31.

[79] 秦田.畜禽类无害化处理工艺中翻堆机使用效果分析.中国禽业导刊，2011，（20）：43-44.

[80] 沙宗权.微生物发酵床养猪技术的应用.现代农业科技，2013（10）：261-262.

[81] 盛华芳，周宏伟.微生物组学大数据分析方法、挑战与机遇.南方医科大学学报，2015，35（7）：931-934.

[82] 石莉娜，刘晓峰.真菌多样性研究方法进展.中国真菌学杂志，2014，（01）：60-64.

[83] 宋泽琼，蓝江林，刘波，等.养猪微生物发酵床垫料发酵指数的研究.福建农业学报，2011，26（6）：1069-1075.

[84] 唐建阳，郑雪芳，刘波，等.微生物发酵床养殖方式下仔猪行为特征.畜牧与兽医，2012，44（4）：000034-38.

[85] 唐婧，苏迪，徐小蓉，等.基于宏基因组学的茅台酒酒曲细菌的多样性分析.贵州农业科学，2014，（11）：180-183+182.

[86] 田伟，石学堂，林家祥.基于正交试验的翻堆机机架结构设计.广西工学院学报，2012，23（4）：64-67.

[87] 王步英，郎继东，张丽娜，等.基于 16SrRNA 基因测序法分析北京霾污染过程中 PM_（2.5）和 PM_（10）细菌群落特征.环境科学，2015，（08）：2727-2734.

[88] 王春香.西双版纳热带雨林土壤微生物群落结构多样性及其木质素降解酶相关基因资源的宏基因组学研究.福州：福建师范大学，2010.

[89] 王瑾，郑斯平，郭伟文.小叶满江红（*A. microphylla*）内生菌多样性的 T-RFLP 分析（一）华东六省一市生物化学与分子生物学会 2008 年学术交流会，2008.

[90] 王连珠，李奇民，潘宗海.微生物发酵床养猪技术研究进展.中国动物保健，2008，7：29-30.

[91] 王文波，王延平，王华田，等.杨树人工林连作与轮作对土壤氮素细菌类群和氮代谢的影响.林业科学，2016，（05）：45-54.

[92] 王永.我国 Epichloë yangzii 内生真菌中 NRPS 基因的探索和波胺合成基因 perA 的克隆.南京农业大学，2012.

[93] 王远孝，钱辉，王恬.微生物发酵床养猪技术的研究与应用.中国畜牧兽医，2011，38（5）：206-209.

[94] 王泽民，张维强.FP2500A 型翻堆机关键零件的模态分析.农机化研究，2013，35（10）：16-20.

[95] 王震，尹红梅，刘标，杜东霞，许隽，贺月林.发酵床垫料中优势细菌的分离鉴定及生物学特性研究.浙江农业学报，2015，27（1）：87-91.

[96] 王志彬，倪寿清.厌氧氨氧化代谢过程中相关功能基因含量及其信使 RNA 表达量研究 全国水处理化学大会暨学术研讨会，2014.

[97] 吴林坤，林向民，林文雄.根系分泌物介导下植物-土壤-微生物互作关系研究进展与展望.植物生态学报，2014，（03）：298-310.

[98] 吴莎莎，卢向阳，许源，等.宏基因组学在胃肠道微生物研究中的应用.激光生物学报，2012，21（1）：91-96.

[99] 武英，盛清凯，王诚，等.发酵床养猪技术的创新性研究.猪业科学，2012，29（8）：74-76.

[100] 夏乐乐，何彪，胡挺松，等.云南蝙蝠轮状病毒的分离与鉴定.病毒学报，2013，29（6）：632-637.

[101] 谢红兵，刘长忠，陈长乐，等.发酵床饲养对生长肥育猪生长性能与血液生化指标的影响.江苏农业科学，2011，39（6）：347-348.

[102] 许波，杨云娟，李俊俊，唐湘华，慕跃林，黄遵锡.宏基因组学在人和动物胃肠道微生物研究中的应用进展.生物工程学报，2013，29（12）：1721-1735.

[103] 杨官品，茅云翔.环境细菌宏基因组研究及海洋细菌生物活性物质 BAC 文库筛选.青岛海洋大学学报（自然科学版），2001，（05）：718-722.

[104] 杨金宏，孔卫青.基于16SrRNA测序研究蒙桑根际细菌多样性.基因组学与应用生物学，2015，（10）：2161-2168.

[105] 杨晓峰，吕杰，马媛.植物根围微生物分子生物学研究方法进展.北方园艺，2014，13：202-206.

[106] 应三成，吕学斌，何志平，等.不同使用时间和类型生猪发酵床垫料成分比较研究.西南农业学报，2010，23（4）：1279-1281.

[107] 袁小凤，彭三妹，王博林，等.利用DGGE和454测序研究不同浙贝母种源对根际土壤真菌群落的影响.中国中药杂志，2014，（22）：4304-4310.

[108] 张履祥.沈氏农书.北京：中华书局，1956，50.

[109] 张鹏，段承杰，庞浩，等.堆肥未培养细菌的宏基因组文库构建及新的木聚糖酶基因的克隆和鉴定.广西科学，2005，（04）：343-346.

[110] 张庆宁，胡明，朱荣生.生态养猪模式中发酵床优势细菌的微生物学性质及其应用研究.山东农业科学，2009，4：99-105.

[111] 张薇，高洪文，张化永.宏基因组技术及其在环境保护和污染修复中的应用.生态环境，2008，4：1696-1701.

[112] 张兴权.滚筒式内置动力装置污泥翻堆机的开发与应用.中国给水排水，2011，27（20）：106-108.

[113] 张学峰，周贤文，陈群，等.不同深度垫料对养猪土著微生物发酵床稳定期微生物菌群的影响.中国兽医学报，2013，33（9）：1458-1462.

[114] 张宜涛，惠明，田青.粘细菌的分离筛选方法及其应用前景.生物技术，2010，（06）：95-98.

[115] 张玉，茆振川，陈国华，等.南方根结线虫伴生细菌宏基因组fosmid文库构建及其特征分析.植物保护学报，2009，（06）：545-549.

[116] 赵国华，方雅恒，陈贵.生物发酵床养猪垫料中营养成分和微生物群落研究.安徽农业科学，2015，48（8）：98-101.

[117] 赵志祥，芦小飞，陈国华，杨宇红，茆振川，刘二明，谢丙炎.温室黄瓜根结线虫发生地土壤微生物宏基因组文库的构建及其一个杀线虫蛋白酶基因的筛选.微生物学报，2010，50（8）：1072-1079.

[118] 赵志祥，罗坤，陈国华，等.结合宏基因组末端随机测序和16S DNA技术分析温室黄瓜根围土壤细菌多样性.生态学报，2010，（14）：3849-3857.

[119] 郑社会.千岛湖利用生态猪场发酵床垫料废渣栽培鸡腿菇.浙江食用菌，2011，5：46.

[120] 郑雪芳，刘波，蓝江林，等.微生物发酵床对猪舍大肠杆菌病原生物防治作用的研究.中国农业科学 2011，44（22）：4728-4739.

[121] 郑雪芳，刘波，林营志，等.利用磷脂脂肪酸生物标记分析猪舍基质垫层微生物亚群落的分化.环境科学学报，2009，29（11）：2306-2317.

[122] 周俊雄.天然木质纤维素降解机制的宏基因组学和宏蛋白质组学分析.福州：福建师范大学，2015.

[123] 周开锋.垫料池的建设与垫料原料的选择.今日养猪业，2008，（3）：10-12.

[124] 黄循柳，黄仕杰，郭丽琼，林俊芳.宏基因组学研究进展.微生物学通报，2009，36（7）：1058-1066.

[125] 肖凯，曹理想，陆勇军，等.广东金山温泉沉积物中原核与真核微生物多样性初步分析.微生物学报，2008，48（6）：717-724.

[126] 张薇，胡跃高，黄国和，等.西北黄土高原柠条种植区土壤微生物多样性分析.微生物学报，2007，47（5）：751.756.

[127] 赵晶，杨祥胜，曾润颖.南极土壤微生物宏基因组文库构建及其抗肿瘤活性初探.自然科学进展，2007，17（2）：267.271.

[128] Zhang Y, Dong J, Yang Z, et al. Phylogenetic diversity of nitrogen-fixing bacteria in mangrove sediments assessed by PCR-denaturing gradient gelelectrophoresis. Arch Microbiol, 2008, 190 (1)：19-28.

[129] Bassiouni A, Cleland E J, Psaltis A J, Vreugde S, Wormald P J. Sinonasal microbiome sampling: a comparison of techniques. PLoS One, 2015, 10 (4)：e0123216.

[130] Bonazzi G, Navarotto P L. Wood shaving litter for growing - finishing pigs. Proceedings Workshop Deep Litter Systems for Pig Farming. Rosmalen, The Netherlands, 1992：57-76.

[131] Brady S F, Clardy J. Long-chain N-acyl amino acid antibiotics isolated from heterologously expressed environmental.

[132] Brady S F, Clardy J. Palmitoylputrescine, an antibiotic isolated from the heterologous expression of DNA extracted

from bromeliad tank water. J Nat Prod，2004，67（8）：1283-1286.

[133] Breitbart M，Hewson I，Felts B，et al. Metagenomic analyses of an uncultured viral community from human feces. J Bacteriol，2003，185（20）：6220-6223.

[134] Breitbart M，Salamon P，Andresen B，et al. Genomic analysis of uncultured marine viral communities. Proc Natl Acad Sci USA，2002，99（22）：14250-14255.

[135] Cann A，Fandrich S，Heaphy S. Analysis of the virus population present in equine faeces indicates the presence of hundreds of uncharacterized virus genomes. Virus Genes，2005，30（2）：151-156.

[136] Chan D K O，Chaw D，Lo C Y Y. Management of the sawdust litter in the 'pig-on-litter' system of pig waste treatment . Resources Conservation and Recycling，1994，11（1）：51-72.

[137] Chang Q，Luan Y，Sun F. Variance adjusted weighted UniFrac：a powerful beta diversity measure for comparing communities based on phylogeny. BMC Bioinformatics，2011，12：118.

[138] Cole J R，Wang Q，Cardenas E，et al. The Ribosomal Database Project：improved alignments and new tools for rRNA analysis. Nucleic Acids Research，2009，37（Database issue）：D141.

[139] Collin A，van Milgen J，Duboi S. Effect of high temperature on feeding behavior and heat production in group-housed young pigs. The British journal of nutrition，2001，86（1）：63-70.

[140] Desantis T Z，Hugenholtz P，Larsen N，et al. Greengenes，a chimera-checked 16S rRNA gene database and workbench compatible with ARB. Applied and Environmental Microbiology，2006，72（7）：5069-5072.

[141] DiazTorres M L，McNab R，Spratt DA，et al. Novel tetracycline resistance determinant from the oral metagenome. Antimicrob Agents Chemother，2003，47（4）：1430-1432.

[142] DNA. J Am Chem Soc，2000，122（51）：12903-12904.

[143] Edgar R C. UPARSE：Highly accurate OTUs sequences from microbial amplicon reads. Nature Methods，2013，10（10）：996-8.

[144] Fierer N，Breitbart M，Nulton J，et al. Metagenomic and small-subunit rRNA analyses reveal the genetic diversity of bacteria，archaea，fungi，and viruses in soil. Appl Environ Microbiol，2007，73（21）：7059-7066.

[145] Finkbeiner S R，Allred A F，Tarr P I. Metagenomic analysis of human diarrhea：Viral detection and discovery. PLoS Pathogens，2008，4（2）：1-9.

[146] Fish J A，Chai B，Wang Q，et al. FunGene：the functional gene pipeline and repository. Frontiers in Microbiology，2013，4（4）：291.

[147] Fouts D E，Szpakowski S，Purushe J，et al. Next Generation Sequencing to Define Prokaryotic and Fungal Diversity in the Bovine Rumen. Plos One，2012，7（11）：e48289.

[148] Gillespie D E，Brady S F，Bettermann A D，et al. Isolation of anti-biotics turbomycin A and B from a metagenomic library of soil microbial DNA. Appl Environ Microbiol，2002，68（9）：4301-4306.

[149] Groenestein C M，Faassen H G V. Volatilization of Ammonia，Nitrous Oxide and Nitric Oxide in Deep-litter Systems for Fattening Pigs. Journal of Agricultural Engineering Research，1996，65（4）：269-274.

[150] Jami E，Israel A，Kotser A，et al. Exploring the bovine rumen bacterial community from birth to adulthood. Isme Journal，2013，7（6）：1069-1079.

[151] Jiang X T，Peng X，Deng G H，et al. Illumina sequencing of 16S rRNA tag revealed spatial variations of bacterial communities in a mangrove wetland. Microbial Ecology，2013，66（1）：96-104.

[152] Kaufmann R. . Litière biomaï trisée pour porc à l'engrais：amélioration de la technique et valorisation des données importantes pour l'environnement. Journées de la Recherche Porcine en France. Paris，France，1997：311-318.

[153] Kim K H，Chang H W，Nam Y D，et al. Amplification of uncultured single-stranded DNA viruses from rice paddy soil. Applied and Environmental Microbiology，2008，74（19）：5975-5985.

[154] Kõljalg U，Nilsson R H，Abarenkov K，et al. Towards a unified paradigm for sequence - based identification of fungi. Molecular Ecology，2013，22（21）：5271-5277.

[155] Kurokawa K，Itoh T，Kuwahara T，et al. Comparative metagenomics revealed commonly enriched gene sets in human gut microbiomes. DNA Research，2007，14（4）：169-181.

[156] Laroche F，Jarne P，Perrot T，et al. The evolution of the competition-dispersal trade-off affects α- and β-diversity

in a heterogeneous metacommunity. Proceedings Biological sciences, 2016, 283 (1829). pii: 20160548.

[157] Le P. D., Aarnik A. J. A., Ogink N. W. M., et al. Odour from animal production facilities: its relationship to diet. Nutrition Reseach Reviews, 2005, 18: 3-30.

[158] Lozupone C A, Hamady M, Kelley S T, et al. Quantitative and qualitative beta diversity measures lead to different insights into factors that structure microbial communities. Applied and Environmental Microbiology, 2007, 73 (5): 1576-1585.

[159] MacNeil IA, Tiong C L, Minor C, et al. Expression and isolation of anti microbial small molecules from soil DNA libraries. J Mol Microbiol Biotechnol, 2001, 3 (2): 301-308.

[160] Majernik A, Gottschalk G, Daniel R. Screening of environmental DNA libraries for the presence of genes conferring Na^+ (Li^+) /H^+ Antiporter activity on *Escherichia coli*: Characterization of the recovered genes and the corresponding gene products. J Bacteriol, 2001, 183 (22): 6645-6653.

[161] Martin-Cuadrado A B, López-Garcia P, Alba J C, et al. Metagenomics of the deep mediterranean, a Warm Bathypelagic Habitat. PloS-ONE, 2007, 2 (9): 9-14.

[162] Masella A P, Bartram A K, Truszkowski JM, et al. PANDAseq: paired-end assembler for illumina sequences. BMC Bioinformatics, 2012, 13: 31. 8

[163] McDonald D, Price M N, Goodrich J, et al. An improved Green genes taxonomy with explicit ranks for ecological and evolutionary analyses of bacteria and archaea. ISMEJ, 2012, 6: 610 – 618.

[164] Mitloehner F. M., Schenker M. B. Environmental exposure and health effects from concentrated animal feeding operations. Epidemiology, 2007, 18: 309-311.

[165] Mori T, Mizuta S, Suenaga H, et al. Metagenomic screening for bleomycin resistance genes. Appl Environ Microbiol, 2008, 74 (21): 6803-6805.

[166] Morrison R S, Hemsworth P H, Cronin G M, et al. The social and feeding behaviour of growing pigs in deep-litter, large group housing systems. Applied Animal Behaviour Science, 2003, 82 (3): 173-188.

[167] Morrison R S, Johnston L J, Hilbrands A M. A note on the effects of two versus one feeder locations on the feeding behaviour and growth performance of pigs in a deep-litter, large group housing system. Applied Animal Behaviour Science, 2007, 107 (1 – 2): 157-161.

[168] Morrison R S, Johnston L J, Hilbrands A M. The behaviour, welfare, growth performance and meat quality of pigs housed in a deep-litter, large group housing system compared to a conventional confinement system. Applied Animal Behaviour Science, 2007, 103 (1 – 2): 12-24.

[169] Noval R M, Burton O T, Wise P, et al. A microbita signature associated with experimental food allergy promotes allergic senitization and anaphylaxis. The Journal of Allergy and Clinical Immunology. 2013, 131 (1) : 201-212.

[170] Oberauner L, Zachow C, Lackner S, et al. The ignored diversity: complex bacterial communities in intensive care units revealed by 16S pyrosequencing. Scientific Reports, 2013, 3 (3): 1413.

[171] Paul F K, Josephine Y A. Bacterial diversity in aquatic and other environments: what 16S rDNA libraries can tell us. FEMS Microbiol Ecol, 2004, 47: 161-177.

[172] Pedersen S. Thermoregulatory behavior of growing-finishing pigs in pens with access to out-door area . Agricultural Engineering, International, 2003: 21-25.

[173] Quast C, Pruesse E, Yilmaz P, et al. The SILVA ribosomal RNA gene database project: improved data processing and web-based tools. Nucleic Acids Research, 2013, 41 (Database issue): 590-596.

[174] Sabet S, Chu W P, Jiang S C. Isolation and genetic analysis of haloalkaliphilic bacteriophages in a north American Soda lake. Microbial ecology, 2006, 51 (4): 543-554.

[175] Schloss P D, Gevers D, Westcott S L. Reducing the Effects of PCR Amplification and Sequencing Artifacts on 16S rRNA-Based Studies. Plos One, 2011, 6 (12): e27310.

[176] Segata N, Izard J, Waldron L, et al. Metagenomic biomarker discovery and explanation. Genome Biology, 2011, 12 (6): R60.

[177] Shilton A. . Shallow beds mean simpler waste management. Pig. 1994, 15-24.

[178] Tam N F Y, Tiquia S M, Vrijmoed L L P. Nutrient transformation of pig manure under pig-on-litter system. The Science

of Composting. Springer Netherlands，1996：96-105.

[179] Tam，N. F. Y.，Vrijmoed，L. L. P. Effects of commercial bacterial product on microbial decompos ition of pig manure under pig-on-litter system. Research Report of the City Polytechnic of Hong Kong，1993，BCH-93-01.

[180] Tiquia S M，Tam N F Y，Hodgkiss I J. Effects of turning frequency on composting of spent pig-manure sawdust litter. Bioresource Technology，1997，62（1 - 2）：37-42.

[181] Tiquia，S. M. Further Composting of Pig-manure Disposed from the Pig-on-litter（POL）System in Hong Kong. The University of Hong Kong. Pokfulam Road，Hong Kong，1996.

[182] Turner S P，Ewen M，Rooke J A，et al. The effect of space allowance on performance，aggression and immune competence of growing pigs housed on straw deep-litter at different group sizes. . Livestock Production Science，2000，66（1）：47-55.

[183] Uchiyama T，Abe T，Ikemuraet T，et al. Substrate induced gene expression screening of environmental metagenome libraries for isolation of catabolic genes. Nat Biotechnol，2005，23（1）：88-93.

[184] Wang GY，Graziani E，Waters B，et al. Novel natural products from soil DNA libraries in a streptomycete host. Org Lett，2000，2（16）：2401-2404.

[185] Wang Q，Garrity GM，Tiedje JM，Cole JR. Naive Bayesian classifier for rapid assignment of rRNA sequences into the new bacterial taxonomy. Applied And Environmental Microbiology，2007，73（16）：5261-5267.

[186] Williamson L L，Borlee B R，Schloss P D，et al. Intracellular screen to identify metagenomic clones that induce or inhibit a quorum-sensing biosensor. Appl Environ Microbiol，2005，71（10）：6335-6344.

[187] Wirth H. Criteria for the evaluation of laboratory animal bedding. Laboratory Animais，1983，17：81.

[188] Yu Wang，Hua-Fang Sheng，et al. Comparison of the Levels of Bacterial Diversity in Freshwater，Intertidal Wetland，and Marine Sediments by Using Millions of Illumina Tags. Applied and Environment Microbiology. 2012，78（23）：8264.

[189] Zhang C，Li S，Yang L，et al. Structural modulation of gut microbiota in life-long calorie-restricted mice. Nature Communication，2013，4：2163.

附 录

一、真菌分类纲要

1. 鞭毛菌亚门

（1）主要特征　绝大部分为分枝的丝状体。菌丝通常无隔，多核。只在繁殖时期在菌丝顶端产生 1 个横隔，顶端细胞被隔开后，发育为一个无性繁殖器官——游动孢子囊，在游动孢子囊中产生具单鞭毛或双鞭毛的游动孢子。有性生殖产生卵孢子，低等的种类为同配或异配生殖。无性孢子是具鞭毛的游动孢子是本亚门的主要特征。

（2）代表种类

1）水霉属（*Saprolegnia*）。属于卵菌纲，水霉目。生活于水中，有腐生水霉和寄生水霉。常生活在死鱼、蝌蚪、昆虫和其他淡水动物的尸体上。也寄生在淡水鱼鳃盖、侧线或其他破伤的皮肤以及鱼卵上，是鱼类的大害。

2）菌丝体形态特征。菌丝体白色，绒毛状，分枝多，无隔，多核，是由 1 个细胞发展来的。有两种菌丝：第一种是短的深入到动物组织中的根状菌丝，吸收养料；第二种是细长分枝菌丝，生长在基质的表面，形成一团绒毛状的无色菌丝体。

3）霜霉属（*Peronospora*）。是高等植物病害的专性寄生菌，危害蔬菜作物和油料作物。常见的寄生箓霉（*P. parasitica*）主要危害十字花科植物。受害叶片的初期症状是产生淡黄病斑，背面生白色的粉霉。后期病斑枯黄色，叶片萎蔫，导致枯死。

4）绵霉属（*Achlya*）。能引起水稻烂秧。水稻育秧时，如长期阴雨，绵霉即易滋生。绵霉属的初生游动孢子从孢子囊内游到孢子囊开口处立即停止游动，以后萌发再生出次生游动孢子，因此双游现象很不明显。

2. 接合菌亚门

（1）主要特征　菌丝体特征与鞭毛菌亚门相同。为分枝的丝状体。菌丝通常无隔，多核。只在繁殖时期在菌丝顶端产生 1 个横隔，顶端细胞被隔开后，发育为一个无性繁殖器官——孢子囊，在孢子囊中产生不具鞭毛的静孢子（孢囊孢子）。借气流传播。

（2）代表种类　本亚门明显地由水生发展到陆生，由游动孢子发展到静孢子或分生孢子。根霉属（*Rhizopus*）：最常见的是黑根霉（*R. migricans*），又叫匍枝根霉（*R. stolonifer*）或面包霉。喜生于米饭、馒头、面包等富于淀粉质的食物上，使食物腐烂变质。菌丝体形态特征：菌丝体是管状单细胞，主枝横生匍匐，在其膨大处向下生假根，伸入基质吸取营养。红苕软腐病就是根霉属菌所引起的。孢子在红薯表面萌生，菌丝从伤口浸入，菌丝体分泌果胶酶，分解寄生细胞壁，引起迅速腐烂成糜粥状。毛霉属（*Mucor*）：与根霉很相近，二者常混生。毛霉与根霉属的主要区别是无匍匐枝和假根。孢子囊梗单株散生于横行的菌丝上，菌丝常有很多的分枝。

3. 子囊菌亚门

（1）主要特征　本亚门的主要特征有以下几种。①除酵母为单细胞有机体外，绝大部分子囊菌都是多细胞有机体。菌丝有隔，分枝，通常每个细胞中含有 1 个细胞核。②单细胞种类以出芽方式进行营养繁殖，多细胞种类产生分生孢子进行无性繁殖。③有性生殖时，形成子囊，合子在子囊内进行减数分裂后产生子囊孢子。产生子囊孢子是子囊菌亚门的主要特征之一。本亚门既不产生游动孢子，也不产生游动配子，具陆生植物的特征。④形成子实体，子囊菌的菌丝组织体称为子实体。单细胞种类子囊裸露，不形成子实体，多细胞种类营养菌丝密结形成子实体，子囊包于子实体中。子囊菌的子实体又称为"子囊果"。子囊果通常有 3 种类型：子囊盘——子囊盘状或杯状，盘中有大量的子囊和隔丝；子囊壳——子囊呈瓶状，顶端有一个细小的开口；闭囊壳——子囊呈球状，没有开孔。子囊果的形态是子囊菌分类的重要根据。

（2）代表种类

1）酵母属（*Saccharomyces*）。是子囊菌中最低级的类型。特征：单细胞，有明显的细胞壁和细胞核，不成菌丝体。主要以出芽或细胞分裂方式进行无性生殖。有性生殖时，两个性细胞结合后不产生产囊丝，由合子直接转变为子囊。子囊外无任何包被构造，故不形成子囊果。如酿酒酵母（*S. cerevisiae*）细胞球形或椭圆形，内有一个大液泡，细胞核很小。酿酒的原理是无氧发酵，将葡萄糖、果糖等单糖分解为 CO_2 和乙醇。还可用于发酵馒头和面包，以及利用酵母菌产生甘油和有机酸等。

2）赤霉菌属（*Gibberella*）。特征：菌丝体不发达。无性生殖产生分生孢子。子囊果为子囊壳。本属真菌多为危害农作物的寄生菌，常寄生在禾本科农作物和杂草上。危害玉米、水稻和小麦等穗状花序。呈现褐色菌斑。

3）麦角菌属（*Claviceps*）。特征：菌丝体不发达。无性生殖产生分生孢子。子囊果为子囊壳。本属真菌也危害禾本科农作物小麦、大麦、燕麦及许多牧草植物的子房。呈现黑色菌核斑。

4）青霉属（*Penicillium*）。分布极为普遍，多生于水果等果实的伤口处，导致果实腐烂，也见于淀粉性食物及酿酒原料上。青霉菌也侵害皮革、衣物和纺织品。最常见的是青霉（*P. citrinum*），多生于橘子、梨和苹果上。

特征：菌丝体发达，有隔，多分枝。每个细胞 1 个核。菌丝体淡绿色，主要产生分生孢子进行无性繁殖，有性生殖很少或不进行有性生殖。分生孢子梗顶端数次分枝，呈扫帚状，最末小枝称小梗，从小梗上生 1 串青绿色分生孢子（一种外生孢子）。孢子成熟后，随风飞散，落在基物上，在适宜的条件下，又可萌发为菌丝。

本属应用很广，如工业上应用某些青霉制造有机酸、乳酸等。药用青霉素（又名"盘尼西林"），即是从产黄青霉（*P. chrysogenum*）和点青霉（*P. notatum*）中提取出来的，二次世界大战期间，挽救了许多人的生命。

5）曲霉属（*Aspergillus*）。也是自然界中分布很广的真菌。能引起皮革、布匹及其他工业产品的严重霉劣化，许多种还能引起食物和饲料的霉变。

特征：曲霉的菌丝体发达，有隔，多分枝。主要产生分生孢子进行无性生殖。有性生殖很少见。气生菌丝直立无隔，称为分生孢子梗。梗顶端膨大成球，称为"泡囊或顶囊"，在泡囊表面产生许多放射状的瓶形小梗，小梗顶端长出一串黄、绿、黑、橙等色的分生孢子。

曲霉具有强大的酶活性，可用于发酵酿造工业，如酿造业发酵豆瓣和酱油；还可生产柠檬酸、葡萄糖酸和其他有机酸类和化学药品。但长在花生等油料作物上的黄曲霉、烟曲霉、土曲霉等能产生毒性很大的黄曲霉素，能引起人和动物的肝坏死或患肝癌。

子囊菌亚门的代表植物中，还有虫草属（Cordyceps）和羊肚菌属（Morchella）植物，是名贵的补药和食用菌。

4. 担子菌亚门

（1）主要特征

1）三个显著特征。营养菌丝是典型的双核菌丝，双核菌丝具有特殊的锁状联合，有性生殖产生担孢子是这个亚门的三个显著特征。

2）菌丝体特征。担子菌具有发育良好的、发达的菌丝体。菌丝有横隔，为多细胞有机体。菌丝体在完成其生活史之前，经过3个明显的发育阶段：①初生菌丝体；②次生菌丝体；③三生菌丝体，即由次生菌丝体形成的子实体或称担子果。初生菌丝体：通常是从担孢子萌发而来，最初是多核的，以后产生分隔形成多细胞，每个细胞中只含有1个细胞核而成为单核菌丝，或初生菌丝。次生菌丝体：单核菌丝体阶段很短，即初生菌丝体的寿命很短。一般情况下，单核初生菌丝体很快就进入次生菌丝体阶段。最初的次生菌丝体来源于两条（＋）、（－）初生菌丝体细胞的融合（配合），但只进行质配，不进行核配。即1条初生菌丝每个细胞中的核和细胞质流入另1条初生菌丝的每个细胞中，使之成为双核菌丝。以后双核细胞的每次分裂都是双核的。因此，一般看到的担子菌的营养体菌丝就是这种双核的次生菌丝体。三生菌丝体：由次生菌丝体特殊化、组织化形成了高等担子菌的子实体（即担子果），称为三生菌丝体。

3）锁状联合。次生菌丝细胞是怎样分裂使每个细胞保持双核的呢？这就是通过担子菌所特有的"锁状联合"方式以保持每个细胞具有2个核。

锁状联合是担子菌双核菌丝细胞进行有丝分裂的一种特殊方式，也是有丝分裂后所形成的一种特殊结构。

（2）代表种类

1）冬孢菌纲。主要特征：本纲大多是专性寄生在高等植物上，对农作物和林业危害严重。不形成担子果，担子从冬孢子上发生。冬孢子成堆或散生在寄生组织中。不同时期形成几种类型的孢子。常见代表种类主要有黑粉菌目的玉米黑粉菌（Ustilago maydis）、小麦黑粉菌（Ustilago tritici）和锈菌目的禾柄锈菌（Puccinia graminis）寄生于玉米、小麦和林木叶花等处。它们的生活史中能出现多种类型的孢子。如禾柄锈菌可产生5种孢子：冬孢子（双胞，双核，越冬）；担孢子（由冬孢子核配后减数分裂，形成4个担孢子）；性孢子（担子萌发而来）；锈孢子（又叫春孢子，双核）；夏孢子（单胞，双核，侵染小麦）。

2）层菌纲。主要特征：本纲菌类一般有发达的担子果（子实体）。担子果的质地有膜质、蜡质、革质、木质和肉质等，厚薄不一，形状多样。担子或被横隔或纵隔为4个细胞（或4个担子），或担子无隔为单细胞。担子通常整齐地排列形成子实层。子实层分布在菌髓的两侧。子实层中夹有侧丝、胶囊体等。本纲通常为腐生菌，分9个目，15000余种。一些种类是很有营养价值的食用菌，一些种类有剧毒。常见代表种类主要有以下几种。①银耳目（Tremellales）担子果（子实体），有柄或无柄，平伏、扁平、带状、棒状、匙状、珊瑚状或花瓣状等。通常胶质丰富。子实层生于担子果的一侧。担子被纵隔为 4 个细胞，每个细胞上有 1 个小梗，其上生 1 个担孢子。全是木材腐生菌。如银耳（*Tremella mesenterica*），子实体银白色，可食用，滋补。②木耳目（Auriculariales） 子实体胶质，耳状、壳状或垫状。子实层分布于表面，或大部分埋于子实体内，担子通常被横隔为 4 个细胞，每个细胞侧面生 1 个小梗，其上产生 1 个担孢子。为木材腐生菌。如木耳（*Auricularia auricula*），子实体黑色。可食用。③伞菌目（Agaricales） 子实体的特征：子实体（担子果）肉质，分为菌盖和菌柄（菌盖呈伞状或帽状，菌柄多为中生，也有侧生或偏生）；菌褶（位于菌盖的腹面呈放射状，子实层生于菌褶的两面。担子果幼嫩时常有内菌幕遮盖着菌褶。菌盖充分扩展时，内菌幕破裂）；菌环（在菌柄上环形残留的菌幕）；菌托（包围整个担子果的外菌幕，当菌柄伸长时，外菌幕破裂，一部分残留在菌柄的基部）。菌环、菌托的有无是伞菌分属的依据。子实层的构造：主要由担子和侧丝构成。担子无隔，单细胞，棒状，具 4 个小梗，即担子上生 4 个担孢子。常见代表：伞菌绝大部分是腐生菌，生于林地、草地、园地、粪土、树木以及植物死体上等。本目种类繁多。大多数是食用菌（有的是珍贵食用菌，俗称"山珍"），也有剧毒种类，误食中毒。例如：蘑菇属（伞菌属 *Agaricus*），菌盖肉质，形状规则，菌柄中生，易与菌盖分离。有菌环，孢子印为暗紫褐色。蘑菇（*A.campestris*）是鲜美的食用菌。还有香菇属（*Sentinus*）、口蘑属（*Tricholoma*）、牛肝菌属（*Boletus*）、侧耳属（凤尾菇属或平菇属 *Pleurotus*）、草菇属（*Volvariella*）以及毒伞属（*Amanita*）。d. 非褶菌目（多孔菌目 Aphyllophorales）：担子果一年生或多年生，担子果木质、木栓质、蜡质、海绵质、炭质、肉质等，子实层生于菌管内，担子无隔，棒状，单细胞，担子上生 4 个担孢子。本目菌类大部分生于活的树木、枯立木、倒木或木材上，导致木材腐朽。代表植物：种类多，形状差别很大。有蹄形、扇形、头状、珊瑚枝状等。例如，灵芝属（*Ganoderma*）的灵芝、猴头属（*Hericium*）的猴头等都是名贵食用菌或药材。

3）腹菌纲。主要特征：担子果很发达，担子果有几层包被。其内为产孢组织，通常多腔，担子沿着腔的边缘生出。本纲担子果大部分生于地面以下，成熟时露出地面。少数生于地面，一些永久生于土中。分 5 目，150 余属，700 多种。常见代表种类主要有：鬼笔目，担子果近球形生于地下，成熟时露出地面，包被开裂，孢托伸长，外露，包被遗留于孢托下部成为菌托。产孢组织成熟时有黏液，具恶臭。例如：竹荪属（*Dictyophora*），其是珍贵食用菌；鬼笔属（*Phallus*），一些种类有毒。马勃目，担子果近球形，无柄或有柄，基部有白色根状菌索；包被有几层，不开裂或有多种开裂方式；成熟后，其内部全部被青褐色、黑褐色的孢子充满。例如：马勃属（*Lycoperdon*）的梨形马勃（*L.pyriforme*），幼嫩时可食用，孢子可止血。地星属（*Geastrum*）的顶尖地星（*G.triplex*）。

5. 半知菌亚门

（1）主要特征　很多种是引起农作物和森林植物病害的病原菌。有的是引起人类和一些动物皮肤病的病原菌。特征：绝大部分是有隔菌丝。它们中产生分生孢子进行无性繁殖，没有发现有性生殖。因为只了解生活史的一半，故名半知菌。被人为归为一个亚门，实际上这些菌是子囊菌或担子菌的无性生殖阶段。

（2）代表种类　本亚门的种类也很多，对人类经济影响最大的是稻瘟病菌（*Piriculaxia oryzae*）、茄褐纹病菌（*Phomopsis vexans*）；幼苗立枯病菌（*Rhizoctonia solani*）等。

1）霉菌。亦称"丝状菌"。属真菌。体呈丝状，<u>丛生</u>，可产生多种形式的孢子。多腐生。种类很多，常见的有根霉、毛霉、曲霉和青霉等。霉菌可用以生产工业原料（柠檬酸、甲烯琥珀酸等），进行食品加工（酿造酱油等），制造抗菌素（如青霉素、灰黄霉素）和生产农药（如"920"白僵菌）等。但也能引起工业原料和产品以及农林产品发霉变质。另有一小部分霉菌可引起人与动植物的病害，如头癣、脚癣及番薯腐烂病等。

2）酵母菌。属真菌。体呈圆形、卵形或椭圆形，内有细胞核、液泡和颗粒体物质。通常以出芽繁殖；有的能进行二等分分裂；有的种类能产生子囊孢子。广泛分布于自然界，尤其在葡萄及其他各种果品和蔬菜上更多。酵母菌是重要的发酵素，能分解碳水化合物产生酒精和二氧化碳等。生产上常用的有面包酵母、饲料酵母、酒精酵母和葡萄酒酵母等。有些能合成纤维素供医药使用，也有用于石油发酵的。

3）啤酒酵母（Saccharomyces）。属酵母菌属。细胞呈圆形、卵形或椭圆形。以出芽繁殖，能形成子囊孢子。在发酵工业上，可用来发酵生产酒精或药用酵母，也可通过菌体的综合利用提取凝血质、麦角固醇、卵磷脂、辅酶甲与细胞色素丙等产品。

4）红曲霉素（Monascuspurpureus）。属于囊菌纲，曲霉科。菌丝体紫红色。无性生殖时，菌丝分枝顶端形成单独的或一小串球形或梨形的分生孢子。有性生殖时，产生球形、橙红色的闭囊果，内生含有八个子囊孢子的子囊。红曲霉可制红曲、酿制红乳腐和生产糖化酶等。

5）假丝酵母（Candida）。能形成假菌丝、不产生子囊孢子的酵母。不少的假丝酵母能利用正烷烃为碳源进行石油发酵脱蜡，并产生有价值的产品。其中氧化正烷烃能力较强的假丝酵母多是解脂假丝酵母（C. lipolytica）或热带假丝酵母（C. tropicalis）。有些种类可用作饲料酵母；个别种类能引起人或动物的疾病。

6）色念珠菌（Candidaalbicans）。亦称"白色假丝酵母"。一种呈椭圆形、以出芽繁殖的假丝酵母。通常存在于正常人的口腔、肠道、上呼吸道等处，能引起鹅口疮等口腔疾病或其他疾病。

7）黄曲霉（Aspergillusflavus）。半知菌类，黄曲霉群的一种常见腐生真菌。多见于发霉的粮食、粮食制品或其他霉腐的有机物上。菌落生长较快，结构疏松，表面黄绿色，背面无色或略呈褐色。菌体由许多复杂的分枝菌丝构成。营养菌丝具有分隔；气生菌丝的一部分形成长而粗糙的分生孢子梗，梗的顶端产生烧瓶形或近球形的顶囊，囊的表面产生许多小梗（一般为双层），小梗上着生成串的表面粗糙的球形分生孢子。分生孢子梗、顶囊、小梗和分生孢子合成孢子穗。可用于生产淀粉酶、蛋白酶和磷酸二酯酶等，也是酿造工业中的常见菌种。近年来，发现其中某些菌株会产生引起人、畜肝脏致癌的黄曲霉毒素。早在六世纪时，《齐民要术》中就有用"黄衣""黄蒸"两种麦曲来制酱的记载，这两种黄色的麦曲，主要由黄曲霉一类微生物产生的大量孢子和蛋白酶、淀粉酶所组成。

8）白地霉（Geotrichumcandidum）。属真菌。菌落平面扩散，组织轻软，乳白色。菌丝生长到一定阶段时，断裂成圆柱状的裂生孢子。菌体生长最适宜的温度为 28℃。常见于牛奶和各种乳制品（如酸牛奶和乳酪）中；在泡菜和酱上也常有白地霉。可用来提取核苷酸、制造酵母片等。

6. 名词解析

（1）抗生菌　亦称"拮（颉）抗菌"。能抑制别种微生物的生长发育，甚至杀死别种微生物的一些微生物。其中有的能产生抗菌素，主要是放线菌及若干真菌和细菌等。如链霉菌产生链霉素，青霉菌产生青霉素，多粘芽孢杆菌产生多粘菌素等。

（2）假菌丝　某些酵母如假丝酵母经出芽繁殖后，子细胞结成长链，并有分枝，称为假菌丝。细胞间连接处较为狭窄，如藕节状，一般没有隔膜。

（3）抗菌素　亦称"抗生素"。主要指微生物所产生的能抑制或杀死其他微生物的化学物质，如青霉素、链霉素、金霉素、春雷霉累、庆大霉素等。从某些高等植物和动物组织中也可提得抗菌素。有些抗菌素，如氯霉素和环丝氨酸，目前主要用化学合成方法进行生产。改变抗菌素的化学结构，可以获得性能较好的新抗菌素，如半合成的新型青霉素。在医学上，广泛地应用抗菌素以治疗许多微生物感染性疾病和某些癌症等。在畜牧兽医学方面，不仅用来防治某些传染病，有些抗菌素还可用以促进家禽、家畜的生长。在农林业方面，可用以防治植物的微生物性病害。在食品工业上，则可用作某些食品的保存剂。

（4）病原性真菌　真菌（Fungus）在生物学分类上属于藻菌植物中真菌超纲，具真核细胞型的微生物，它们在自然界分布广泛，绝大多数对人有利，如酿酒、制酱，发酵饲料，农田增肥，制造抗生素，生长蘑菇，食品加工及提供中草药药源（如灵芝、茯苓、冬虫夏草等，都是真菌的产物或本身或利用真菌的作用所制备的）。对人类致病的真菌分浅部真菌和深部真菌，前者侵犯皮肤、毛发、指甲，为慢性，对治疗有顽固性，但影响身体较小，后者可侵犯全身内脏，严重的可引起死亡。此外有些真菌寄生于粮食、饲料、食品中，能产生毒素引起中毒性真菌病。

二、细菌分类纲要

1. 细菌分类阶元

（1）Acetothermia

[1] Acetothermia

a) Acetothermiales

[2] 纲未定及环境样本

（2）Aerophobetes

[3] Aerophobae

a) Aerophobales

[4] 纲未定及环境样本

（3）酸杆菌门（Acidobacteria）

[5] Solibacteres

a) Solibacterales

b) 环境样本

[6] Holophagae

a) Acanthopleuribacterales

b) Holophagales

c) 环境样本

[7] Acidobacteria

a) Acidobacteriales

b) 环境样本

[8] 纲未定及环境样本

（4）放线菌门（Actinobacteria）

[9] Actinobacteria

a) Acidimicrobiales

b) Coriobacteriales

c) Nitriliruptorales

d) Euzebyales

e) Gaiellales

f) Rubrobacterales

g) Solirubrobacterales

h) Thermoleophilales

i) Bifidobacteriales

j) Actinomycetales

k) Actinomarinales

l) 目未定及环境样本

（5）Aminicenantes

[10] Aminicenanae

a) Aminicenanales

[11] 纲未定及环境样本

（6）装甲菌门（Armatimonadetes）

[12] Fimbriimonadia

a) Fimbriimonadales

[13] Armatimonadia

a) Armatimonadales

b) 环境样本

[14] Chthonomonadetes

a) Chthonomonadales

[15] 纲未定及环境样本

（7）产水菌门（Aquificae）

[16] Aquificae

a) Aquificales

b）环境样本

（8）Atribacteria

［17］Caldatribacteria

a）Caldatribacteiriales

（9）拟杆菌门（Bacteroidetes）

［18］拟杆菌纲（Bacteroidia）

a）拟杆菌目（Bacteroidales）

b）目未定及环境样本

［19］Cytophagia

a）Cytophagales

b）环境样本

［20］Flavobacteriia

a）Flavobacteriales

b）目未定及环境样本

［21］Sphingobacteriia

a）Sphingobacteriales

b）目未定及环境样本

［22］纲未定及环境样本

（10）Calescamantes

［23］Calescibacteria

a）Calescibacteriales

［24］纲未定及环境样本

（11）嗜热丝菌门（Caldiserica）

［25］Caldisericia

a）Caldisericales

［26］纲未定及环境样本

（12）衣原体门（Chlamydiae）

［27］Chlamydiae

a）Chlamydiales

（13）绿菌门（Chlorobi）

［28］Chlorobia

a）Chlorobiales

b）目未定及环境样本

［29］Ignavibacteria

a）Ignavibacteriales

（14）绿弯菌门（Chloroflexi）

［30］Dehalococcoidia

a）Dehalococcoidales

b）目未定及环境样本

［31］Anaerolineae

a）Anaerolineales

b）目未定及环境样本

［32］Ardenticatenia

a）Ardenticatenales

［33］Caldilineae

a）Caldilineales

b）目未定及环境样本

［34］Ktedonobacteria

a）Thermogemmatisporales

b）Ktedonobacterales

c）目未定及环境样本

［35］Thermomicrobia

a）Thermomicrobiales

b）Sphaerobacterales

c）目未定及环境样本

［36］Chloroflexi

a）Herpetosiphonales

b）Chloroflexales

［37］纲未定及环境样本

（15）产金菌门（Chrysiogenetes）

［38］Chrysiogenetes

a）Chrysiogenales

b）环境样本

（16）蓝藻门（Cyanobacteria）

［39］Cyanophyte

a）Chroococcales

b）Oscillatoriales

c）Nostocales

d）Pleurocapsales

e）Stigonematales

f）目未定及环境样本

［40］Prochlorophyte

a）Prochlorales

（17）Cloacimonetes

［41］Cloacimonae

a）Cloacimonales

［42］纲未定及环境样本

（18）脱铁杆菌门（Deferribacteres）

［43］Deferribacteres

a）Deferribacterales

b）目未定及环境样本

（19）异常球菌-栖热菌门（Deinococcus-Thermus）

［44］Deinococci

a）Deinococcales

b）Thermococcales

c）环境样本

［45］纲未定及环境样本

（20）网团菌门（Dictyoglomi）

［46］Dictyoglomi

a）Dictyoglomales

b）环境样本

（21）迷踪菌门（Elusimicrobia）

［47］Elusimicrobia

a）Elusimicrobiales

b）环境样本

［48］Endomicrobia

a）Endomicrobiales

b）环境样本

（22）Fervidibacteria

［49］Fervidibacteria

a）Fervidibacteriales

［50］纲未定

（23）纤维杆菌门（Fibrobacteres）

［51］Fibrobacteres

a）Fibrobacterales

b）环境样本

（24）厚壁菌门（Firmicutes）

［52］Bacilli

a）Bacillales

b）Lactobacillales

c）目未定及环境样本

［53］Clostridia

a）Clostridiales

b）Halanaerobiales

c）Natranaerobiales

d）Thermoanaerobacterales

e）目未定及环境样本

［54］Erysipelotrichia

a）Erysipelotrichales

b）环境样本

［55］Mollicutes

a）Acholeplasmatales

b）Anaeroplasmatales

c）Entomoplasmatales

d）Haloplasmatales

e）Mycoplasmatales

f）目未定及环境样本

［56］Negativicutes

a）Selenomonadales

b）环境样本

［57］Thermolithobacteria

a）Thermolithobacterales

［58］Synergistia

a）Synergistales

b）环境样本

［59］纲未定及环境样本

（25）梭杆菌门（Fusobacteria）

［60］Fusobacteria

a）Fusobacteriales

［61］纲未定及环境样本

（26）芽单胞菌门（Gemmatimonadetes）

［62］Gemmatimonadetes

a）Gemmatimonadales

b）目未定

［63］纲未定及环境样本

（27）Gracilibacteria

［64］Gracilibacteria

a）Gracilibacteriales

［65］纲未定及环境样本

（28）Hydrogenedentes

［66］Hydrogenedenae

a）Hydrogenedenales

［67］纲未定及环境样本

（29）Latescibacteria

［68］Latescibacteria

a）Latescibacteriales

［69］纲未定及环境样本

（30）黏胶球形菌门（Lentisphaerae）

［70］Lentisphaeria

a）Lentisphaerales

b）Victivallales

［71］Oligosphaeria

a）Oligosphaerales

［72］纲未定及环境样本

（31）Microgenomates

［73］Microgenomata

a）Microgenomatales

［74］纲未定及环境样本

（32）硝化螺旋菌门（Nitrospirae）

［75］Nitrospira

a）Nitrospirales

b）目未定及环境样本

（33）Omnitrophica

［76］Omnitropha

a）Omnitrophales

［77］纲未定及环境样本

（34）Parcubacteria

［78］Parcubacteria

a）Parcubacteriales

［79］纲未定及环境样本

（35）浮霉菌门（Planctomycetes）

［80］Phycisphaerae

a）Phycisphaerales

b）环境样本

［81］Planctomycetia

a）Planctomycetales

b）Brocadiales

c）目未定及环境样本

［82］纲未定

（36）变形菌门（Proteobacteria）

［83］Deltaproteobacteria

a）Bdellovibrionales

b）Desulfarcales

c）Desulfobacterales

d）Desulfovibrionales

e）Desulfurellales

f）Desulfuromonadales

g）Myxococcales

h）Syntrophobacterales

i）目未定及环境样本

［84］Epsilonproteobacteria

a）Nautiliales

b）Campylobacterales

c）目未定及环境样本

［85］Alphaproteobacteria

a）Caulobacterales

b）Kiloniellales

c）Kopriimonadales

d）Kordiimonadales

e）Magnetococcales

f）Parvularculales

g）Rhizobiales

h）Rhodobacterales

i）Rhodospirillales

j）Rickettsiales

k）Sneathiellales

l）Sphingomonadales

m）目未定及环境样本

［86］Zetaproteobacteria

a）Mariprofundales

b）目未定及环境样本

［87］Gammaproteobacteria

a）Acidithiobacillales

b）Aeromonadales

c）Alteromonadales

d）Cardiobacteriales

e）Chromatiales

f）Enterobacteriales

g）Legionellales

h）Methylococcales

i）Oceanospirillales

j）Orbales

k）Pasteurellales

l）Pseudomonadales

m）Salinisphaerales

n）Thiotrichales

o）Vibrionales

p）Xanthomonadales

q）目未定及环境样本

［88］Betaproteobacteria

a）Burkholderiales

b）Ferritrophicales

c）Ferrovales

d）Gallionellales

e）Hydrogenophilales

f）Methylophilales

g）Neisseriales

h）Nitrosomonadales

i）Procabacteriales

j）Rhodocyclales

k）目未定及环境样本

［89］纲未定及环境样本

（37）Saccharibacteria

［90］Saccharibacteria

a）Saccharibacteriales

［91］纲未定及环境样本

（38）螺旋体门（Spirochaetes）

［92］Spirochaetes

a）Spirochaetales

b）环境样本

［93］纲未定

（39）热脱硫杆菌门（Thermodesulfobacteria）

［94］Thermodesulfobacteria

a）Thermodesulfobacteriales

［95］环境样本

（40）热袍菌门（Thermotogae）

［96］Thermotogae

a）Thermotogales

b）环境样本

［97］纲未定

（41）疣微菌门（Verrucomicrobia）

［98］Opitutae

a）Opitutales

b）Puniceicoccales

c）目未定及环境样本

［99］Verrucomicrobiae

a）Verrucomicrobiales

b）环境样本

［100］Spartobacteria

a）Chthoniobacterales

b）目未定及环境样本

［101］纲未定及环境样本

2. 部分细菌名称

1　*Abiotrophia adjacens* 毗邻贫养菌

2　*Abiotrophia defectiva* 软弱贫养菌

3　*Achromobacter* spp. 无色杆菌属某些种

4　*Acinetobacter/Pseudomonas* spp. 不动杆菌/假单胞菌属某些种

5　*Acinetobacter baumannii* 鲍氏不动杆菌

6　*Acinetobacter calcoaceticus* 醋酸钙不动杆菌

7　*Acinetobacter haemolyticus* 溶血不动杆菌

8　*Acinetobacter johnsonii* 约氏不动杆菌

9　*Acinetobacter junii* 琼氏不动杆菌

10　*Acinetobacter lwoffii* 鲁氏不动杆菌

11　*Acinetobacter radioresistens* 抗辐射不动杆菌

12　*Acinetobacter* spp. 不动杆菌属某些种

13　*Acinetobacter* spp. /*Pseudomonas* spp. 不动杆菌属某些种/假单胞菌属某些种

14　*Acinetobacter/Pseudomonas* spp. 不动杆菌/假单胞菌属某些种

15　*Actinobacillus actinomycetemcomitans* 伴放线放线杆菌

16　*Actinomyces israelii* 衣氏放线菌

17　*Actinomyces meyeri* 麦氏放线菌

18　*Actinomyces naeslundii* 内氏放线菌

19　*Actinomyces neuii anitratus* 纽氏放线菌无硝亚种

20　*Actinomyces neuii neuii* 纽氏放线菌纽氏亚种

21　*Actinomyces neuii radingae* 纽氏放线菌罗亚种

22　*Actinomyces neuii turicensis* 纽氏放线菌图列茨亚种

23　*Actinomyces odontolyticus* 龋齿放线菌

24　*Actinomyces viscosus* 黏放线菌

25　*Aerococcus viridans* 绿浅气球菌

26　*Aeromonas caviae* 豚鼠气单胞菌

27　*Aeromonas hydrophila* 嗜水气单胞菌

28　*Aeromonas hydrophila* gr. 嗜水气单胞菌群

29　*Aeromonas salmonicida achromogenes* 杀鲑气单胞菌无色亚种

30　*Aeromonas salmonicida masoucida* 杀鲑气单胞菌杀日本鲑亚种

31　*Aeromonas salmonicida salmonicida* 杀鲑气单胞菌杀鲑亚种

32　*Aeromonas sobria* 温和气单胞菌

33　*Agrobacterium radiobacter* 放射形土壤杆菌

34　*Alcaligenes denitrificans* 反硝化产碱菌

35　*Alcaligenes faecalis* 粪产碱菌

36　*Alcaligenes* spp. 产碱菌属某些种

37　*Alcaligenes xylosoxidans* 木糖氧化产碱菌

38　*Alloiococcus otitis* 耳炎差异球菌

39　*Anaerobiospirllum succiniproducens* 产琥珀酸厌氧螺菌

40　*Arachnia propionica* 丙酸蛛菌

41　*Arcanobacterium bernardiae* 伯纳德隐秘杆菌

42　*Arcanobacterium haemolyticum* 溶血隐秘杆菌

43　*Arcanobacterium pyogenes* 化脓隐秘杆菌

44　*Arcobacter cryaerohoilus* 嗜低温弓形杆菌

45　*Arthrobacter* spp. 节杆菌属某些种

46　*Bacteroides caccae* 粪拟杆菌

47　*Bacteroides capillosus* 多毛拟杆菌

48　*Bacteroides eggerthii* 埃氏拟杆菌

49　*Bacteroides fragilis* 脆弱拟杆菌

50　*Bacteroides levii* 利氏拟杆菌

51　*Bacteroides merdae* 屎拟杆菌

52　*Bacteroides ovatus* 卵形拟杆菌

53　*Bacteroides stercoris* 粪便拟杆菌

54　*Bacteroides thetaiotaomicron* 多形拟杆菌

55　*Bacteroides uniformis* 单形拟杆菌

56　*Bacteroides ureolyticus* 解脲拟杆菌

57　*Bacteroides vulgatus* 普通拟杆菌

58　*Bergeyella zoohelcum* 动物溃疡伯格菌

59　*Bifidobacterium adolescentis* 青春双歧杆菌

60　*Bifidobacterium bifidum* 双歧双歧杆菌

61　*Bifidobacterium breve* 短双歧杆菌

62　*Bifidobacterium dentium* 齿双歧杆菌

63　*Bifidobacterium infantis* 婴儿双歧杆菌

64　*Bifidobacterium* spp. 双歧杆菌属某些种

65　*Bordetella avium* 鸟博德特菌

66　*Bordetella bronchiseptica* 支气管炎博德特菌

67　*Bordetella* spp. 博德特菌属某些种

68　*Branhamella catarrhalis* 黏膜炎布兰汉球菌

69　*Brevendimonas diminuta* 缺陷短波单胞菌

70　*Brevendimonas vesicularis* 泡囊短波单胞菌

71　*Brevibacterium casei* 乳酪短杆菌

72　*Brevibacterium epidermidis* 表皮短杆菌

73　*Brevibacterium* spp. 短杆菌属某些种

74　*Brucella* spp. 布鲁菌属某些种

75　*Budvicia aquatica* 水生布戴约维采菌

76　*Burkholderia cepacia* 洋葱伯克霍尔德菌

77　*Burkholderia diminuta* 洋葱伯克霍尔德菌

78　*Burkholderia gladioli* 唐菖蒲伯克霍尔德菌

79　*Burkholderia pseudomallei* 类鼻疽伯克霍尔德菌

80　*Buttiauxella agrestis* 乡间布丘菌

81　*Campylobacter coli* 大肠弯曲杆菌

82　*Campylobacter fetus fetus* 胚胎弯曲杆菌胚胎亚种

83　*Campylobacter fetus venerealis* 胚胎弯曲杆菌性病亚种

84　*Campylobacter hyointestinalis* 豚肠弯曲杆菌

85　*Campylobacter jejuni doylei* 空肠弯曲杆菌德莱亚种

86　*Campylobacter jejuni jejuni* 空肠弯曲杆菌空肠亚种

87　*Campylobacter lari* 红嘴鸥弯曲杆菌

88　*Campylobacter lari* UPTC 红嘴鸥弯曲杆菌 UPTC 变种

89　*Campylobacter mucosalis* 黏膜弯曲杆菌

90　*Campylobacter sputorrum bubulus* 唾液弯曲杆菌牛生物变种

91　*Campylobacter sputorrum fecalis* 唾液弯曲杆菌粪生物变种

92　*Campylobacter upsaliensis* 乌普萨拉弯曲杆菌

93　*Candida albicans* 白假丝酵母

94　*Candida boidinii* 博伊丁假丝酵母

95　*Candida catenulata* 链状假丝酵母

96　*Candida ciferrii* 西弗假丝酵母

97　*Candida colliculosa* 软假丝酵母

98　*Candida curvata* 弯假丝酵母

99　*Candida dattila dattila* 假丝酵母

100　*Candida drusei* 克鲁斯假丝酵母

101　*Candida dubliniensis* 杜氏假丝酵母

102　*Candida famata* 无名假丝酵母

103　*Candida glabrata* 光滑假丝酵母

104　*Candida globosa* 球形假丝酵母

105　*Candida guilliermondii* 高里假丝酵母

106　*Candida hellenical*（＝ *C. steatolytica*）*Candida holmii* 霍氏假丝酵母

107　*Candida inconspicua* 平常假丝酵母

108　*Candida intermedia* 中间假丝酵母

109　*Candida kefyr* 乳酒假丝酵母

110　*Candida krusei* 克柔假丝酵母

111　*Candida lambica* 郎比可假丝酵母

112　*Candida lipolytica* 解脂假丝酵母

113　*Candida lusitaniae* 葡萄牙假丝酵母

114　*Candida magnoliae* 木兰假丝酵母

115　*Candida melibiosica* 口津假丝酵母

116　*Candida membranaefaciens* 璞膜假丝酵母

117　*Candida norvegensis* 挪威假丝酵母

118　*Candida norvegica norvegica* 假丝酵母

119　*Candida parapsilosis* 近平滑假丝酵母

120　*Candida pelliculosa* 菌膜假丝酵母

121　*Candida pulcherrima* 铁红假丝酵母

122　*Candida rugosa* 皱褶假丝酵母

123　*Candida sake* 清酒假丝酵母

124　*Candida silvicola* 森林假丝酵母

125　*Candida sphaerica* 圆球形假丝酵母

126　*Candida tropicalis* 热带假丝酵母

127　*Candida utilis* 产朊假丝酵母

128　*Candida valida* 粗壮假丝酵母

129　*Candida zeylanoides* 涎沫假丝酵母

130　*Capnocytophaga gingivalis* 牙龈二氧化

碳嗜纤维菌

131 *Capnocytophaga ochracea* 黄褐二氧化碳嗜纤维菌

132 *Capnocytophaga* spp. 二氧化碳嗜纤维菌属某些种

133 *Capnocytophaga sputigena* 生痰二氧化碳嗜纤维菌

134 *CDC gruop* Ⅳ *C-2* CDC 菌群Ⅳ

135 *C-2Cedecea davisae* 戴氏西地西菌

136 *Cedecea lapagei* 拉氏西地西菌

137 *Cedecea neteri* 奈氏西地西菌

138 *Cedecea* spp. 西地西菌属某些种

139 *Cellulomonas* spp. 纤维单胞菌属某些种

140 *Cellulomonas turbata* 特氏纤维单胞菌

141 *Ceotruchum candidum* 假丝地霉

142 *Ceotruchum capitatum* 头状地霉

143 *Ceotruchum fermenfans* 发酵地霉

144 *Ceotruchum penicillatum* 潘氏地霉

145 *Ceotruchum* spp. 地霉菌属某些种

146 *Chromobacterium violaceum* 紫色色杆菌

147 *Chryseobacterium indologenes* 产吲哚金黄杆菌

148 *Chryseobacterium meningosepticum* 脑膜脓毒性金黄杆菌

149 *Chryseomonas luteola* 浅黄金色单胞菌

150 *Citrobacter amalonaticua* 无丙二酸柠檬酸杆菌

151 *Citrobacter braakii* 布氏柠檬酸杆菌

152 *Citrobacter farmeri* 法氏柠檬酸杆菌

153 *Citrobacter freundii* 弗氏柠檬酸杆菌

154 *Citrobacter freundii group* 弗氏柠檬酸杆菌群

155 *Citrobacter koseri* 柯氏柠檬酸杆菌

156 *Citrobacter koseri* 克氏柠檬酸杆菌

157 *Citrobacter koseri*（=*C. diversus*）克氏柠檬酸杆菌（=差异柠檬酸杆菌）

158 *Citrobacter koseri/amalonaticus* 克氏/无丙二酸柠檬酸杆菌

159 *Citrobacter youngae* 杨氏柠檬酸杆菌

160 *Clostridium acetobutylicum* 丙酮丁醇梭杆菌

161 *Clostridium barati* 巴氏梭菌

162 *Clostridium beijerinckii* 拜氏梭菌

163 *Clostridium beijerinckii /butyricum* 拜氏/丁酸梭菌

164 *Clostridium bifermentans* 双酶梭菌

165 *Clostridium botlinum* 肉毒梭菌

166 *Clostridium butyricum* 丁酸梭菌

167 *Clostridium cadaveris* 尸毒梭菌

168 *Clostridium clostridiiforme* 梭状梭菌

169 *Clostridium difficile* 艰难梭菌

170 *Clostridium fallax* 谲诈梭菌

171 *Clostridium glycolicum* 乙二醇梭菌

172 *Clostridium hastiforme* 矛形梭菌

173 *Clostridium histolyticum* 溶组织梭菌

174 *Clostridium innocuum* 无害梭菌

175 *Clostridium innocuum* 无害梭菌

176 *Clostridium limosum* 泥渣梭菌

177 *Clostridium paraputrificum* 类腐败梭菌

178 *Clostridium perfringens* 产气荚膜梭菌

179 *Clostridium ramosum* 多枝梭菌

180 *Clostridium septicum* 败毒梭菌

181 *Clostridium sordellii* 索氏梭菌

182 *Clostridium sporogenes* 生孢梭菌

183 *Clostridium* spp. 梭菌属某些种

184 *Clostridium subterminale* 近端梭菌

185 *Clostridium tertium* 第三梭菌

186 *Clostridium tetani* 破伤风梭菌

187 *Clostridium tyrobutyricum* 酪丁酸梭菌

188 *Comamonas acidovorans* 食酸丛毛单胞菌

189 *Comamonas* spp. 丛毛单胞菌属某些种

190 *Comonas testosteroni* 睾丸酮丛毛单胞菌

191 *Corynebacterium accolens* 拥挤棒杆菌

192 *Corynebacterium afermentans* 非发酵棒杆菌

193 *Corynebacterium amycolatum* 无枝菌酸棒杆菌

194 *Corynebacterium aquaticum* 水生棒杆菌

195 *Corynebacterium argentoratense* 银色棒杆菌

196 *Corynebacterium auris* 耳棒杆菌

197 *Corynebacterium bovis* 牛棒杆菌

198 *Corynebacterium cystitidis* 膀胱炎棒杆菌

199 *Corynebacterium diphtheriae belfanti*

200 *Corynebacterium diphtheriae gravis* 重白喉棒杆菌

201 *Corynebacterium diphtheriae mitis* 缓和白喉棒杆菌

202 *Corynebacterium glucuronolyticum* 解葡

萄糖苷

203　*Corynebacterium group F-1* F-1 群棒杆菌

204　*Corynebacterium group G* G 群棒杆菌

205　*Corynebacterium jeikeium* 杰氏棒杆菌

206　*Corynebacterium kutscher* 库氏棒杆菌

207　*Corynebacterium macginleyi* 麦氏棒杆菌

208　*Corynebacterium minutissimum* 极小棒杆菌

209　*Corynebacterium pilosum* 多毛棒杆菌

210　*Corynebacterium propinquum* 丙酸棒杆菌

211　*Corynebacterium pseudodiphtheriticum* 假白喉棒杆菌

212　*Corynebacterium pseudotuberculosis* 假结核棒杆菌

213　*Corynebacterium renale* 牛肾盂炎棒杆菌

214　*Corynebacterium renale group* 牛肾盂炎棒杆菌群

215　*Corynebacterium seminale* 生殖棒杆菌

216　*Corynebacterium striatum* 纹带棒杆菌

217　*Corynebacterium ulcerans* 溃疡棒杆菌

218　*Corynebacterium urealyticum* 解脲棒杆菌

219　*Cryptococcus albidus* 浅白隐球酵母

220　*Cryptococcus humicola* 土生隐球菌

221　*Cryptococcus humicolus* 土生隐球酵母

222　*Cryptococcus laurentii* 罗伦隐球酵母

223　*Cryptococcus neoformans* 新型隐球酵母

224　*Cryptococcus terreus* 地生隐球酵母

225　*Cryptococcus uniguttulatus* 指甲隐球酵母

226　*Cryytococcus neoformans* 白地霉

227　*Debaryomyces polymorphus* 多形德巴利酵母菌

228　*Dermabacter hominis* 人皮肤杆菌

229　*Dermacoccus nishinomiyaensis* 西宫皮肤球菌

230　*Dietzia* spp. 迪茨菌属某些种

231　*Edwardsiella hoshinae* 保科爱德华菌

232　*Edwardsiella tarda* 迟钝爱德华菌

233　*Eikenella corrodens* 啮蚀艾肯菌

234　*Enterobacter aerogenes* 产气肠杆菌

235　*Enterobacter amnigenus* 河生肠杆菌

236　*Enterobacter asburiae* 阿氏肠杆菌

237　*Enterobacter cancerogenus* 生癌肠杆菌

238　*Enterobacter cloacae* 阴沟肠杆菌

239　*Enterobacter gergoviae* 日沟维肠杆菌

240　*Enterobacter intermedius* 中间肠杆菌

241　*Enterobacter sakazakii* 阪崎肠杆菌

242　*Enterobacter* spp. 肠杆菌属某些种

243　*Enterococcus avium* 鸟肠球菌

244　*Enterococcus casselifavus* 铅黄肠球菌

245　*Enterococcus durans* 耐久肠球菌

246　*Enterococcus faecalis* 粪肠球菌

247　*Enterococcus faecium* 屎肠球菌

248　*Enterococcus gallinarum* 鹑鸡肠球菌

249　*Enterococcus hirae* 海氏肠球菌

250　*Enterococcus saccharolyticus* 解糖肠球菌

251　*Erwinia* spp. 欧文菌属某些种

252　*Erysipelothrix rhusiopathiae* 猪红斑丹毒丝菌

253　*Escherichia coli* 大肠埃希菌

254　*Escherichia fergusonii* 费格森埃希菌

255　*Escherichia hermannii* 赫氏埃希菌

256　*Escherichia vulneris* 伤口埃希菌

257　*Eubacterium aerofaciens* 产气真杆菌

258　*Eubacterium lentum* 迟缓真杆菌

259　*Eubacterium limosum* 黏液真杆菌

260　*Ewingella americana* 美洲爱文菌

261　*Flavimonas oryzihabitans* 栖稻黄色单胞菌

262　*Fusobacterium mortiferum* 死亡梭杆菌

263　*Fusobacterium necrogenes* 坏疽梭杆菌

264　*Fusobacterium necrophorum* 坏死梭杆菌

265　*Fusobacterium nucleatum* 具核梭杆菌

266　*Fusobacterium varium* 可变梭杆菌

267　*Gardnerella vaginalis* 阴道加德纳氏菌

268　*Gemella haemolysans* 溶血孪生球菌

269　*Gemella mobillorum* 麻疹孪生球菌

270　*Geotrichum candidum* 白地霉

271　*Geotrichum capitatum* 头状地霉

272　*Geotrichum penicillatum* 帚状地霉

273　*Gordona* spp. 戈登菌属某些种

274　*Haemophilus aphrophilus* 嗜沫嗜血杆菌

275　*Haemophilus influenzae* 流感嗜血杆菌

276　*Haemophilus influenzae*Ⅰ 流感嗜血杆菌Ⅰ型

277　*Haemophilus influenzae* Ⅱ 流感嗜血杆菌Ⅱ型

278　*Haemophilus influenzae*Ⅲ 流感嗜血杆菌

Ⅲ型

279   *Haemophilus influenzae* Ⅳ 流感嗜血杆菌

280   *Haemophilus somnus* 睡眠嗜血杆菌

281   *Hafinia alvei* 蜂房哈夫尼亚菌

282   *Hansenula polymorpha* 多形汉逊酵母

283   *Hansenula saturnus* 土星汉逊酵母

284   *Helicobacter cinaedi* 同性恋螺杆菌

285   *Helicobacter fennelliae* 芬纳尔螺杆菌

286   *Helicobacter pylori* 幽门螺杆菌

287   *Klebsiella ornithinolytica* 解鸟氨酸克雷伯菌

288   *Klebsiella oxytoca* 产酸克雷伯菌

289   *Klebsiella planticola* 植生克雷伯菌

290   *Klebsiella pneumonia ozaenae* 肺炎克雷伯菌臭鼻亚种

291   *Klebsiella pneumonia rhinoscleromatis* 肺炎克雷伯菌鼻硬结亚种

292   *Klebsiella pneumoniae pneumoniae* 肺炎克雷伯菌肺炎亚种

293   *Klebsiella terrigena* 土生克雷伯菌

294   *Kloeckera apiculata* 柠檬克勒克酵母

295   *Kloeckera apis* 蜜蜂克勒克酵母

296   *Kloeckera japonica* 日本克勒克酵母

297   *Kloeckera* spp. 克勒克酵母某些种

298   *Kluyvera ascorbata* 抗坏血酸克吕沃尔菌

299   *Kluyvera cryocrescens* 栖冷克吕沃尔菌

300   *Kluyvera* spp. 克吕沃尔菌属某些种

301   *Kluyvera terrigena* 土生克雷伯菌

302   *Kocuria kristinae* 克氏库克菌

303   *Kocuria roseus*（= *Micrococcus roseus*）玫瑰色库克菌（= 玫瑰色微球菌）

304   *Kocuria varians*（= *Micrococcus varians*）变异库克菌（= 变异微球菌）

305   *Koserella trabulsii* 特氏科泽菌

306   *Kytococcus sedentaruis* 不动盖球菌

307   *Lactobacillus acidophilus* 嗜酸乳杆菌

308   *Lactobacillus fermentium* 发酵乳杆菌

309   *Lactobacillus jensenii* 詹氏乳杆菌

310   *Lactococcus garvieae* 格氏乳球菌

311   *Lactococcus lactis cremoris* 乳酸乳球菌乳脂亚种

312   *Lactococcus lactis lactis* 乳酸乳球菌乳亚种

313   *Lactococcus raffinolactis* 棉籽糖乳球菌

314   *Leclercia adcarboxglata* 非脱羧勒克菌

315   *Leptotrichia buccalis* 口腔纤毛菌

316   *Leuconostoc* spp. 明串珠菌属某些种

317   *Listeria grayi* 格氏利斯特菌

318   *Listeria innocua* 无害利斯特菌

319   *Listeria ivanovii* 伊氏利斯特菌

320   *Listeria ivanovii* 依氏利斯特菌

321   *Listeria monocytogenes* 单核细胞增生利斯特菌

322   *Listeria seeligeri* 斯氏利斯特菌

323   *Listeria* spp. 利斯特菌属某些种

324   *Listeria welshimeri* 威氏利斯特菌

325   *Listeria welshimeri* 魏氏利斯特菌

326   *Luconostoc* spp. 明串珠菌属某些种

327   *Microbacterium* spp. 微小杆菌属某些种

328   *Micrococcus luteus* 滕黄微球菌

329   *Micrococcus lylae* 莱拉微球菌

330   *Micrococcus lylae* 里拉微球菌

331   *Micrococcus* spp. 微球菌属某些种

332   *Mobiluncus curtisii* 克氏动弯杆菌

333   *Mobiluncus mulieris* 羞怯动弯杆菌

334   *Mobiluncus* spp. 动弯杆菌属某些种

335   *Moellerella* spp. 米勒菌属某些种

336   *Moellerella wisconsensis* 威斯康星米勒菌

337   *Moraxella lacunata* 腔隙莫拉菌

338   *Moraxella nonliquefaciens* 非液化莫拉菌

339   *Moraxella osloensis* 奥斯陆莫拉菌

340   *Moraxella* spp. 莫拉菌属某些种

341   *Morganella morganii* 摩氏摩根菌

342   *Neisseria cinerea* 灰色奈瑟球菌

343   *Neisseria gonorrhoeae* 淋病奈瑟球菌

344   *Neisseria lactamica* 乳糖奈瑟球菌

345   *Neisseria meningitidis* 脑膜炎奈瑟球菌

346   *Neisseria mucosa* 黏液奈瑟球菌

347   *Neisseria polysacchalea* 多糖奈瑟球菌

348   *Neisseria sicca* 干燥奈瑟球菌

349   *Neisseria* spp. 奈瑟菌属某些种

350   *Neisseria subflava* 微黄奈瑟球菌

351   *Nocardia* spp. 奴卡菌属某些种

352   *Ochrobactrum anthropi* 人苍白杆菌

353   *Oerskovia* spp. 厄氏菌属某些种

354   *Oerskovia xanthineolytica* 溶黄嘌呤厄菌

355   *Oligella ureolytica* 解脲寡源杆菌

356　*Oligella urethralis* 尿道寡源杆菌

357　*Pantoea* spp. 泛菌属某些种

358　*Pasteurella aerogenes* 产气巴斯德菌

359　*Pasteurella gr. EF*4 巴斯德菌群 EF4

360　*Pasteurella haemolytica* 溶血巴斯德菌

361　*Pasteurella multocida* 多杀巴斯德菌

362　*Pasteurella pneumotropica* 侵肺巴斯德菌

363　*Pasteurella* spp. 巴斯德菌属某些种

364　*Peptococcus niger* 黑色消化球菌

365　*Peptostreptococcus anaerobius* 厌氧消化链球菌

366　*Peptostreptococcus asaccharolyticus* 不解糖消化链球菌

367　*Peptostreptococcus indolicus* 产吲哚消化链球菌

368　*Peptostreptococcus indolicus* 吲哚消化链球菌

369　*Peptostreptococcus magnus* 大消化链球菌

370　*Peptostreptococcus micros* 微小消化链球菌

371　*Peptostreptococcus prevotii* 普氏消化链球菌

372　*Peptostreptococcus* spp. 消化链球菌属某些种

373　*Photobacterium damsela* 美人鱼发光杆菌

374　*Pichia carsonii* 卡氏毕赤酵母

375　*Pichia etchellsii* 埃切毕赤酵母

376　*Pichia farinosa* 粉状毕赤酵母

377　*Pichia ohmeri* 奥默毕赤酵母

378　*Pichia spartinae* 斯巴达克毕赤酵母

379　*Plesimonas shigelloides* 类志贺邻单胞菌

380　*Porphyromonas asaccharolytica* 不解糖卟啉单胞菌

381　*Porphyromonas endodontalis* 牙髓卟啉单胞菌

382　*Porphyromonas gingivalis* 牙龈卟啉单胞菌

383　*Prevotella bivia* 二路普雷沃尔菌

384　*Prevotella buccae* 颊普雷沃菌

385　*Prevotella buccalis* 口颊普雷沃菌

386　*Prevotella denticola* 栖牙普雷沃菌

387　*Prevotella disiens* 解糖陈普雷沃菌

388　*Prevotella intermedia* 中间普雷沃菌

389　*Prevotella loeschii* 洛氏普雷沃菌

390　*Prevotella melaninogenica* 产黑色普雷沃菌

391　*Prevotella oralis* 口腔普雷沃菌

392　*Prevotella oris*（＝*Bacteroides oris*）口普雷沃菌（＝口拟杆菌）

393　*Propionibacterium acnes* 疮疱丙酸杆菌

394　*Propionibacterium avidum* 贪婪丙酸杆菌

395　*Propionibacterium granulosum* 颗粒丙酸杆菌

396　*Propionibacterium propionicum* 丙酸丙酸杆菌

397　*Proteus mirabilis* 奇异变形杆菌

398　*Proteus penneri* 彭氏变形杆菌

399　*Proteus vuigaris* 普通变形杆菌

400　*Prototheca wickerhamii* 魏氏原壁菌

401　*Providencia alcalifaciens* 产碱普罗威登斯菌

402　*Providencia rettgeri* 雷氏普罗威登斯菌

403　*Providencia rustigianii* 拉氏普罗威登斯菌

404　*Providencia stuartii* 斯氏普罗威登斯菌

405　*Providencia stuartii*/ *alcalifaciens* 司氏/产碱普罗威登斯菌

406　*Pseudomonas aeruginosa* 铜绿假单胞菌

407　*Pseudomonas alcaligenes* 产碱假单胞菌

408　*Pseudomonas fluorescens* 荧光假单胞菌

409　*Pseudomonas mendocina* 门多萨假单胞菌

410　*Pseudomonas pseudoalcaligenes* 假产碱假单胞菌

411　*Pseudomonas putida* 恶臭假单胞菌

412　*Pseudomonas* spp. 假单胞菌属某些种

413　*Pseudomonas sputita* 恶臭假单胞菌

414　*Pseudomonas stutzeri* 施氏假单胞菌

415　*Pseudomonsa aeruginosa* 铜绿假单胞菌

416　*Pseudomonsa fluorescens* 荧光假单胞菌

417　*Pseudomonsa pseudomallei* 类鼻疽假单胞菌

418　*Pseudomonsa putida* 恶臭假单胞菌

419　*Pseudomonsa* spp. 假单胞菌属某些种

420　*Rahnella aquatilis* 水生拉恩菌

421　*Rhodococcus* spp. 红球菌属某些种

422　*Rhodotorula glutinis* 红酵母

423　*Rhodotorula glutinis* 粘红酵母

424　*Rhodotorula minuta* 小红酵母

425　*Rhodotorula mucilaginosa* 粘质红酵母

426　*Rothia dentocariosa* 龋齿罗菌

427　*Saccharomyces cerevisiae* 酿酒酵母

428　*Saccharomyces kluyverii* 克鲁费酵母

429　*Salmonella arizonae* 亚利桑那沙门菌

430　*Salmonella choleraesuis* 猪霍乱沙门菌

431　*Salmonella enteritidis* 肠炎沙门菌

432　*Salmonella gallinarum* 鸡沙门菌

433　*Salmonella paratyphi A* 甲型副伤寒沙门菌

434　*Salmonella paratyphi B* 乙型副伤寒沙门菌

435　*Salmonella pullorum* 鸡白痢沙门菌

436　*Salmonella* spp. 沙门菌属某些种

437　*Salmonella typhi* 伤寒沙门菌

438　*Salmonella typhimurium* 鼠伤寒沙门菌

439　*Serratia ficaria* 无花果沙雷菌

440　*Serratia fonticola* 居泉沙雷菌

441　*Serratia liquefaciens* 液化沙雷菌

442　*Serratia marcescens* 黏质沙雷菌

443　*Serratia odorifera* 气味沙雷菌

444　*Serratia odorifera 1* 气味沙雷菌 1 型

445　*Serratia odorifera 2* 气味沙雷菌 2 型

446　*Serratia plymuthica* 普城沙雷菌

447　*Serratia proteamaculans* 变形斑沙雷菌

448　*Serratia putrefaciens* 腐败沙雷菌

449　*Serratia rubidaea* 深红沙雷菌

450　*Shewanella putrefaciens* 腐败希瓦菌

451　*Shigella bogdii* 鲍氏志贺菌

452　*Shigella dysenteriae* 痢疾志贺菌

453　*Shigella flexneri* 弗氏志贺菌

454　*Shigella sonnei* 索氏志贺菌

455　*Shigella* spp. 志贺菌属某些种

456　*Sphingobacterium multivorum* 多食鞘氨醇杆菌

457　*Sphingobacterium Spiritivovum* 嗜神鞘氨醇杆菌

458　*Sphingobacterium spiritovorum* 食神鞘氨醇杆菌

459　*Sphingomonas paucimobilis* 少动鞘氨醇单胞菌

460　*Sporobolomyces salmonicolor* 赭色掷孢酵母

461　*Staphylococcus arlettae* 阿尔莱特葡萄球菌

462　*Staphylococcus aureus* 金黄色葡萄球菌

463　*Staphylococcus auricularis* 耳葡萄球菌

464　*Staphylococcus capitis* 头状葡萄球菌

465　*Staphylococcus caprae* 山羊葡萄球菌

466　*Staphylococcus carnosus* 肉葡萄球菌

467　*Staphylococcus chromogenes* 产色葡萄球菌

468　*Staphylococcus cohnii cohnii* 科氏葡萄球菌科氏亚种

469　*Staphylococcus cohnii urealyticum* 科氏葡萄球菌解脲亚种

470　*Staphylococcus epidermidis* 表皮葡萄球菌

471　*Staphylococcus equorum* 马胃葡萄球菌

472　*Staphylococcus gallinarum* 鸡葡萄球菌

473　*Staphylococcus haemolyticus* 溶血葡萄球菌

474　*Staphylococcus hominis* 人葡萄球菌

475　*Staphylococcus hyicus* 猪葡萄球菌

476　*Staphylococcus intermedius* 中间葡萄球菌

477　*Staphylococcus kloosii* 克氏葡萄球菌

478　*Staphylococcus lentus* 缓慢葡萄球菌

479　*Staphylococcus lugdunensis* 路邓葡萄球菌

480　*Staphylococcus saccharolylicus* 解糖葡萄球菌

481　*Staphylococcus saprophyticus* 腐生葡萄球菌

482　*Staphylococcus schleiferi* 施氏葡萄球菌

483　*Staphylococcus sciuri* 松鼠葡萄球菌

484　*Staphylococcus simulans* 模仿葡萄球菌

485　*Staphylococcus warneri* 沃氏葡萄球菌

486　*Staphylococcus xylosus* 木糖葡萄球菌

487　*Stenotrophomonas maltophilia* 嗜麦寡养食单胞菌

488　*Stenotrophomonas maltophilia* 嗜麦芽寡养单胞菌

489　*Stomatococcus mucilaginosus* 黏滑口腔球菌

490　*Streptococcus acidominimus* 少酸链球菌

491　*Streptococcus agalactiae* 无乳链球菌

492　*Streptococcus alactolyticus* 非解乳糖链球菌

493　*Streptococcus anginosus* 咽峡炎链球菌

494　*Streptococcus bovis I* 牛链球菌 I 型

495　*Streptococcus bovis II* 牛链球菌 II 型

496　*Streptococcus canis* 狗链球菌

497　*Streptococcus constellatus* 星座链球菌

498　*Streptococcus downei* 汗毛链球菌

499　*Streptococcus dysgalactiae* 停乳链球菌停乳亚种

500　*Streptococcus dysgalactiae equlsimilis* 停

乳链球菌似马亚种

501　*Streptococcus equi equi* 马链球菌马亚种

502　*Streptococcus equi zooepidemicus* 马链球菌兽瘟亚种

503　*Streptococcus equinus* 马肠链球菌

504　*Streptococcus gordonii* 格氏链球菌

505　*Streptococcus* gr. L L 群链球菌

506　*Streptococcus intermadius* 中间链球菌

507　*Streptococcus mitis* 缓症链球菌

508　*Streptococcus mutans* 变异链球菌

509　*Streptococcus oralis* 口腔链球菌

510　*Streptococcus parasanguis* 副血链球菌

511　*Streptococcus penumoniae* 肺炎链球菌

512　*Streptococcus porcinus* 豕链球菌

513　*Streptococcus pyogenes* 化脓链球菌

514　*Streptococcus salivarius salivarius* 唾液链球菌唾液亚种

515　*Streptococcus salivarius thermophilus* 唾液链球菌嗜热亚种

516　*Streptococcus sanguis* 血链球菌

517　*Streptococcus sobrinus* 表兄链球菌

518　*Streptococcus suis* Ⅰ猪链球菌Ⅰ型

519　*Streptococcus suis* Ⅱ猪链球菌Ⅱ型

520　*Streptococcus uberis* 乳房链球菌

521　*Streptococcus vestibularis* 前庭链球菌

522　*Tatumella ptyseos* 痰塔特姆菌

523　*Trichosporon asahii* 阿氏丝孢酵母

524　*Trichosporon asteroides* 星状丝孢酵母

525　*Trichosporon inkin* 墨汁丝孢酵母

526　*Trichosporon mucoides* 黏性丝孢酵母

527　*Trichosporon ovoides* 卵形丝孢酵母

528　*Trichosporon* spp. 丝孢酵母某些种

529　*Veillonella parvula* 小韦荣球菌

530　*Veillonella* spp. 韦荣氏球菌属某些种

531　*Versinia enterocolitica* 小肠结肠炎耶尔森菌

532　*Versinia pseudotuberculosis* 假结核耶尔森菌

533　*Vibrio alginolyiicus* 解藻朊酸弧菌

534　*Vibrio cholerae* 霍乱弧菌

535　*Vibrio fluvialis* 弗氏弧菌

536　*Vibrio fluvialis* 河流弧菌

537　*Vibrio hollisae* 霍氏弧菌

538　*Vibrio metschnikovi* 梅氏弧菌

539　*Vibrio mimicus* 最小弧菌

540　*Vibrio parahaemolyticus* 副溶血弧菌

541　*Vibrio vulnficus* 创伤弧菌

542　*Weeksella virosa* 有毒威克斯菌

543　*Weeksella zoohelcum* 动物溃疡威克斯菌

544　*Yersinia enterocolitica* 小肠结肠炎耶尔森菌

545　*Yersinia frederiksenii* 弗氏耶尔森菌

546　*Yersinia intermedia* 中间耶尔森菌

547　*Yersinia kristensenii* 克氏耶尔森菌

548　*Yersinia pestis* 鼠疫耶尔森菌

549　*Yersinia pseudotuberculosis* 假结核耶尔森菌

550　*Yersinia ruckeri* 鲁氏耶尔森菌

551　*Zygosaccharomyces* spp. 接合酵母属某些种

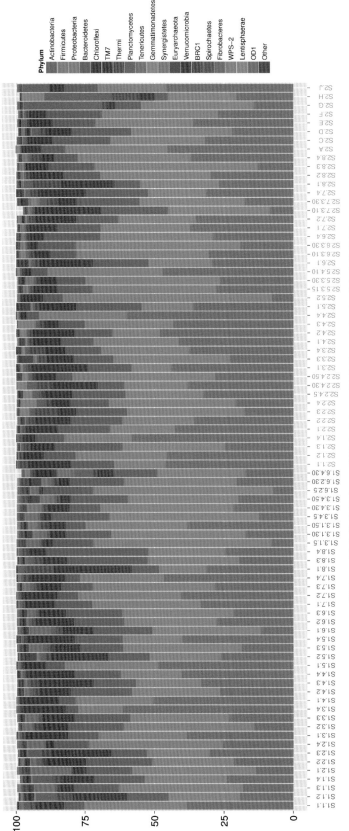

彩图 1　微生物发酵床 84 份样本 TOP20 门分类（OTUs）组成丰度柱状图

（横轴为样本名称，纵轴为相对丰度的比例。颜色对应不同物种名称，

色块长度表示该色块所代表的物种的相对丰度的比例）

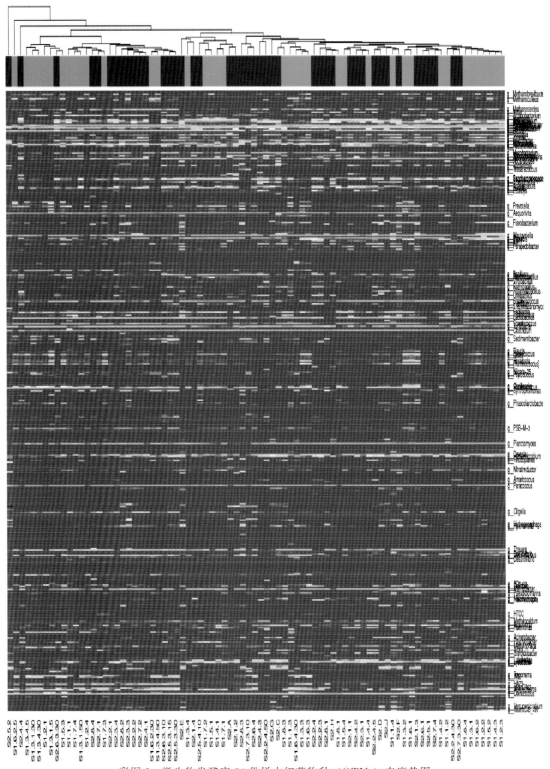

彩图 2　微生物发酵床 84 份样本细菌物种（OTUs）丰度热图

[Heatmap 是以颜色梯度来代表数据矩阵中数值的大小并能根据物种或样本丰度相似性进行聚类。如有样本
分组信息，图中前两行为样本分组信息（如只有一种分组情况，则只有一行），颜色与图列对应]

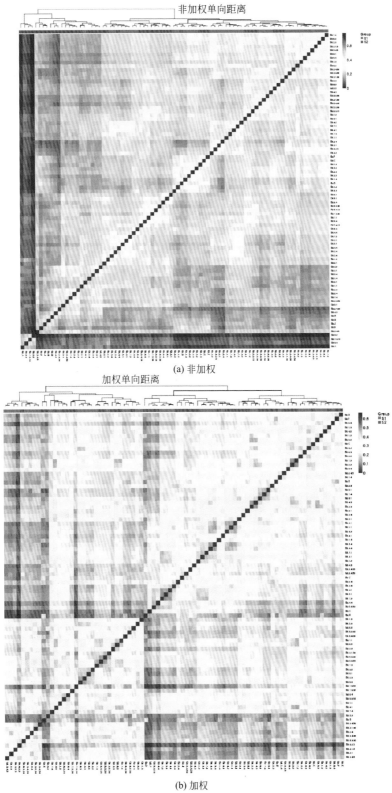

（a）非加权

（b）加权

彩图 3　冬季和春季 84 份样本的 β-多样性热图和聚类分析

(a) 柱状图

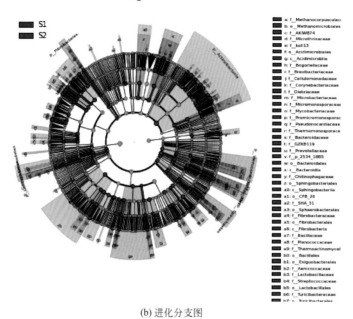

(b) 进化分支图

彩图 4　发酵床冬季（S2）和春季（S1）微生物组（OTUs）差异效应判别分析

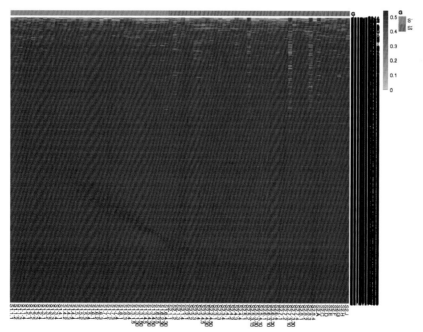

彩图 5　发酵床冬季和春季微生物组（OTUs）差异物种（属）的热图分析